ものづくりの寓話

フォードからトヨタへ

Kazuo Wada
和田一夫…………【著】

名古屋大学出版会

はじめに

本書で扱う「ものづくり」とは互換性部品を使って行う製造のことである。その一つの到達点は自動車製造である。トヨタ自動車工業（現・トヨタ自動車）の『トヨタ自動車二〇年史』はすぐれた社史であり、本書でも大いに利用していくことになるが、その社史が互換性について簡にして要を得た説明をしているので最初に紹介しておこう。

自動車工業にあっては、すべての部品を、それぞれ一定の品質と大きさをもつように仕上げることが、欠くことのできない条件なのです。正確につくられた部品で、組み立てられた自動車は、市場に出してから、かりに破損しても、同じ種類の新しい部品を送れば、寸法が同じだから、その場ですぐに取り替えることができます。このように、部品どうし取り替えのできることを互換性といっています。かつてアメリカのイーライ・ホイットニー（Eli Whitney 1765-1825）が、小銃の各部品を規格どおりにつくり、それらを、組みあわせて小銃を仕上げたのが、互換性という考え方のはじまりです。[1]

この社史が上梓されたのは一九五八年であるから、その時点での研究成果からすれば、まったく非の打ち所のない説明である。だが、その後、研究上に大きな転換をもたらす論文が現れた。ウッドベリの「イーライ・ホイットニーと互換性に関する伝説」[2]という、今となっては古典的な論文であり、その中でウッドベリは、ホイットニーの互換性生産への貢献の寓話性を明らかにしたのである。一九六〇年のことである。

ハウンシェルの『アメリカン・システムから大量生産へ』[3]は互換性製造の発達史を描いた評価の高い書物であるが、その第1章でもホイットニーの互換性製造への貢献については疑問があることが懇切丁寧に描かれた。この本の原著は一九八四年、邦訳書は一九九八年に出版されている。

しかし、いまだに多くの大学レベルの教科書や専門書でも、上の『二〇年史』と同様の説明を繰り返している。それはホイットニーが綿繰機の発明家として高校レベルの世界史の教科書にも掲載されるほどの著名人だからという理由からなのだろう。もちろん上記の論文や書物が言及されることも議論されることもほとんどない。『広辞苑』(第五版)でもホイットニーは次のように説明されている。

アメリカの発明家。綿繰機を発明。また、小銃の製造に互換式大量生産方式を初めて用いた。(一七六五〜一八二五)

ウッドベリの古典的な論文が出てから約半世紀たっても、この状況である。互換性製造の歴史はまだ日本では謎と闇に包まれているのである。

本書は上記のハウンシェルが描いたアメリカにおける互換性製造の道のりの後日談を、日本について描こうとしたものである。そのため、彼が到達点としたフォード社での成果を再解釈したうえで、それが日本にどのように持ち込まれ発達したのかを描いている。その受容と移転の道程は大きな苦難に充ち満ちたものだった。ものづくりを転換することはとても大変なことだったのである。もう一度、『二〇年史』を引いてみよう。

自動車を組立てるときになって、部品どうしが、うまくはまらず、ヤスリをかけたり、穴をさらえるとかの手直しをしなければならないようでは、シゴトの流れをすっかり乱してしまうからです。部品の寸法は、ぜひとも正確につくらねばなりません。(4)

つまり、部品の寸法を正確につくることさえできない中から、その他にも劣悪な材料しか手に入らず必要な工作機械も揃えることができない中から、日本のものづくり、特に自動車製造事業は始まらねばならなかったのである。

本章の構成を簡単に紹介しておこう。フォードＴ型車によってフォード社はそれまでにない規模で自動車を量産した。フォード社の生産システムはフォード・システムとして広く世に喧伝され、多くの企業者や企業がフォード・システムが持つ効率性を実現しようと試みた。互換性部品に基礎をおいて自動車を量産しようとする試みは日本では一九三〇年代頃に始まる。しかし、その頃にはフォード社の生産システムは、フォードＴ型を生産していた時代とは大きく変化していた。言ってみれば、日本の企業者が自動車製造事業に参入しようとしたときには、後発国の企業者の模倣すべき（あるいは、高い効率性を実現するための）ベスト・プラクティスは、フォードＴ型を生産していた頃のものとは違っていたのである。これを明らかにしていくのが第1章である。次に、なぜフォード・システムが高い効率性を実現しているのか、それをどのようにして日本で実現するのか、そのための取り組みが、日本では特に戦時期の航空機産業で生産技術者たちを中心に進められる。彼らは日本の状況を考慮しながら、生産現場を管理するためのさまざまな着想や手法を生み出す。これが第2章で扱うテーマである。第1章が、模倣すべきフォード・システムがどのようなものであったかを明らかにすることで、当時の企業の目指す方向性を提示するのに対し、第2章は、自動車事業に参入した企業者・企業が自動車を製造するためのシステムを生み出そうとしていたのとほぼ同じ時期に繰り広げられた着想や手法を示すのである。自動車事業に参入した企業者・企業にとっての時代的制約と条件を明らかにする意図がある。

ここまでの議論を踏まえ、以後は明確に、豊田喜一郎と彼が創設した自動車事業（本書では生産の局面を扱うので一貫してトヨタと記す）に焦点をあて、なぜ自動車事業に参入したか（第3章）、どのようにして自動車を生産するシステムを構築していったか（第4〜6章）を考察する。おそらく聞き飽きた議論だと考える読者も多いと思われる。だが、そうした読者が本書の目次をよく見れば、一見おなじみの題材にもかかわらず、見慣れない用語が並んでいることに気づくだろう。そして、聞き飽きた議論で使用されている文献とはまったく違うものに読者は出会うことになる。

しかし、本書中の文献や写真・図の一部は個人的に内外の古書店を通じて集めたものであるが、そのほとんどは公の図書館や文書館で入手したものである。こうした文献等に筆者が眼を向けたのは、本書が互換性部品を使った製造に焦点を絞っていることによる。互換性部品を使って製造する「もの」は一品限りではない。同じ形状の「もの」が繰り返し多数生産される。もちろん同じ部品群を使って異なった形状の「もの」をつくることもあろう。だが、それでも繰り返し多数生産される点に変わりはない。そのように生産する「もの」でなければ、互換性部品を使う必要があまりないからである。繰り返し同じ「もの」を生産する（多くの場合は組み立てる）ので、その加工（や組立）作業は反復される。そして、同一作業が反復されれば、労働者の習熟度も含めて生産現場の状況が不変な限りにおいて（したがって、ごく短期間には）唯一最善の作業方法を見出すことが可能である。それを標準的な作業方法として定着させ、その作業方法で予め定まった量を生産するのであれば、事前に原価を算定することができる。ここまでくれば、「原価という計数によって、単に製品価格の決定のみでなく、生産工程自体を把握し、目標どおりの生産を円滑に達成すべく工場全体を管理しようとする方法」[5]に向かう動きが出てくるのではないか。実際、このような動きはアメリカでは「二〇世紀に入るころから産業界に取り入れられ始めた」[6]と考えられている。これはフォード・システムとは親和性が高いであろう。たしかにハウンシェルもその著書で、フォード社は「月次そして年次の原価を、完成車の原価であれ、ハイランド・パーク［工場］やリバー・ルージュ［工場］で用いられた工作機械用鋼材の原価であれ、あるいは工作機械修理費用であれ、知っていたのである」[7]と論じていた。

このように考え、日本でフォード・システムを移植しようとした場合に、原価という計数で生産工程自体を把握し、工場全体を管理しようという動きはあったのだろうか、あったとすればそれはどのように展開したのだろうか、という疑問が、研究のモチーフとなった。推論に基づき文献を探し、さらに推論を重ねて探索をする作業を繰り返した結果が本書である。本書では、こうした筆者の思考過程もあえて具体的に示すよう努めている。それによって、読者の側でも筆書の推論に対する反論が容易になるようにと考えたのである。

目次

第1章　フォード・システムの寓話

——模倣すべきフォード・システムとは何だったのか？——

フォードT型のシャーシ（自動車の駆動部分）が検査を終えて組立ラインを離れるところ（1914年頃）

出所）Byron Olsen and Joseph Cabadas, *The American Auto Factory* (St. Paul : Moterbooks, MBI Pub., 2002), p. 56.

1　なぜ「フォード・システム」を再考するのか?

二一世紀にはいってから、日本の製造能力に再び関心が集まっているようである。「ものづくり」という用語が、あたかも流行語のように新聞紙上をにぎわしている。それとともに、現代の「ものづくり」を考える前提として、大量生産システム、具体的にはフォードの生産システム（ここでは簡単にフォード・システム）にも再び光が当てられているように思われる。ただし論者の多くは、フォード・システムや大量生産そのものにはあまり関心がないようであり、そのためフォード・システムに関する研究が過去一〇年ほどで大きく進展しているにもかかわらず、それを無視した論議が堂々とまかり通っているのが現状である。

おそらく読者のほとんどはフォード・システムについては十二分に知っていると考え、もうウンザリだと考えているだろうから、ここで再び検討する意義について触れておこう。理由は簡単である。これまで教科書などで書かれてきた「フォード・システム」は誤解に満ちているのである。大量生産システムと言えば、ほとんど反射的にヘンリー・フォードの名前と同時にフォード・システムを連想する読者は多かろう。これは根拠のない想定ではない。例えば、「大量生産」を『広辞苑』（第五版）は次のように説明する。

機械力によって物を画一的に、短時間内に大量に生産すること。マス・プロダクション。

「大量生産」という用語が「マス・プロダクション」という英語の訳語だということは広く知れ渡っていよう。

この大量生産に成功した人物こそ、T型自動車を完成したヘンリー・フォード（一八六三〜一九四七）だということもよく知られた事実である。再び『広辞苑』から「ヘンリー・フォード」の項を引用しておけば次のように説明されている。

アメリカの実業家。一九〇三年フォード自動車会社を創設。フォード・システムによって大量生産に成功。自動車王といわれる。

このように『広辞苑』の項目に「大量生産」も「ヘンリー・フォード」も採用されており、一般には定まった理解があると考えてよさそうである。ところが、数多くの教科書で説明されているフォード・システムでは、自動車の最終組立工程への移動式組立ラインの導入だけが大きく取り上げられてきた。フォード社の生産性の高さを象徴的に示すものとして、それは捉えられており、その導入の前提などについては論じられてこなかった。本章では、そうした点について論じることにする。加えて、移動式組立ラインが、一九世紀からの技術的な発展とともに工場そのものにもたらした変革までも含めて論じる。フォード社が低廉なコストで多数の自動車を生産したシステムを、フォード・システムとして捉えるならば、工場そのものまでも考える必要があると考えるからである。

しかし、フォード・システム（正確に言えば、その当時においてフォード・システムが実現していた高い生産性）を日本に移植しようとした企業者や技術者を含む実務家たちにとって、フォード・システムをそのまま移植するにはさまざまな制約があったことは疑いない。彼らが直面していた日本の現実は、アメリカの状況とは異なっていたからである。したがって、彼らはフォード社の生産システムを理解し、日本の現実に即してその基本的な諸要素を再構成することで、高い生産性を達成しようとしたのである。

本章の目的は、第一にフォード社での生産システムとはどのようなものであったかを、これまでの研究を批判的に検討して考察することである。これは、どのように当時の日本の企業者や実務家たちがフォード社の生産システムを吸収していったのかを検討するための予備的な考察となる。この予備的考察に紙幅を割くのは、最終組立工程への移動式組立ラインの導入をことさらに強調するような「フォード・システム」の理解では、当時の企業者や技術者たちの苦労を本当の意味で理解し得ないと考えるからである。

2 「フォード・システム」はどのように理解されてきたのか?

(1) コンベヤー・システムへの関心の集中

大量生産を実現したフォード社の生産システムは、どのようなものだったのか。この問いを学生に投げかけたとしてみよう。彼らのほとんどが、「ベルト・コンベヤーで自動車をつくる」と答えるであろう。この答えに読者はどのように反応するだろうか。おそらくは次のようにコメントするのが普通ではないか。「あまりに単純化しすぎているが、誤りではない」と。実際、まさしく枚挙にいとまがないほどのフォード社に関する研究書や論文でも、前述した学生の回答と大差のない解釈がなされているのである。

大量生産を実現した「フォード・システム」を理解する要が、コンベヤー・システムにあるという点は、これまで多くの研究者が下してきた結論とも、常識的に語られる自動車製造のイメージとも合致する。労働者ではなく加工対象がコンベヤーで移動しながら組立が行われるコンベヤー・システム、さらにはコンベヤーを利用した「移動式組立ライン」こそが、フォード・システムの中核をなすものだという見解である。

この「移動式組立ライン」に焦点を合わせてフォード・システムを理解する傾向は日本の研究者に限られているわけではない。例えば、デーヴィッド・ハウンシェルは、「コストの最小化と生産量の最大化によって利潤を最大にできる」という「経済革命」を「フォードが始めることができたのは、生産技術の進歩、とりわけ組立ラインによるものである」と論じている。[1] 実際、彼の分析の力点は最終組立ラインにあることは間違いない。フォード・システムの理解について、彼の最大の貢献の一つは、それまで疑いもなく正しいと考えられていた組立ラインの起源に関する説（フォードの部下であるチャールズ・ソレンセンの回想録と、後代の歴史家アラン・ネヴィンズによる記述との双方）に対し、具体的な証拠を示して疑義を唱えた点にあろう。

これまでの通説は、ソレンセンの回想録に基づいて次のように説明してきた。[2] 主な論点は二つある。

(1) 組立ラインのアイデアは一九〇八年にソレンセンが考えついていた。

(2) 最初の組立ラインはラジエーターの組立ラインで、一九一三年八月にソレンセンが実施した。

こうした記述は、後の歴史家に長らく事実として受け入れられてきた。これに対してハウンシェルは、(1) については反論しようもないので（ソレンセンの脳裏に浮かんだという主張を論証により覆すことは難しいので）、回想録の論調からして「真偽のほどはかなり疑わしい」と述べるにとどまっている。しかし、(2) のラジエーターの組立ラインが最初だという点については、ほとんどの研究者が疑うこともなかったのに対し、非常に丁寧な文献の読み込みによって徹底的な反証を行った。その結果、もはやフォード社における組立ラインの発展を単純明快に説明できると考える真摯な研究者はいなくなった。[3] このように、ハウンシェルはコンベヤー・システムの起源について詳細な論証を行ったのだった。だが、このこと自体、彼自身もフォードの生産システムに占めるコンベヤー・システムの重大な意義を認めていることを示しているのである。

(2)「フォード・システム」の標準的な説明

「フォード・システム」について触れた書物や論文は、それこそ汗牛充棟という表現があてはまるほど膨大な量に上るであろう。しかし、それらの研究は、移動式組立ラインを導入したことによって驚くほど効率が高くなりフォードT型のコストが大幅に低下したことを、疑うべくもない自明なことと考えている。それだけでなく、もちろん、そうした研究に全面的に依拠した啓蒙書やビジネス書も、フォード・システムがコンベヤーを使った組立ラインによって組立時間を大幅に減少させたことや、一人当たりの生産台数を飛躍的に向上させたこと、生産効率を向上させたことを褒め称えている。

コンベヤー・システムは「フォード・システム」を象徴的に示すものと考えられるようになるとともに、その高い生産性の象徴ともなったのである。しかし、本当に、コンベヤー・システム、とりわけ最終組立に移動式組立ラインを導入したことがT型車の製造コストを大幅に削減したのだろうか。経営学や経営史・経営管理の教科書であれ、その他の分野の書物であれ、フォード社のT型車に言及する場合には、ほとんど必ずといって良いほど、コンベヤー・システムによってT型車の組立時間が劇的に減少したことを述べている。

米倉誠一郎は『経営革命の構造』の中で「フォード・システム」について次のように説明する。

> ……仕事を人間のところにもってくる……これがベルトコンベアーやロールウェイによる移送式組立ラインの発想であり、フォードはデトロイト郊外のハイランド・パーク工場で綿密なライン生産を実用化した。T型フォードのシャーシ組立てに要する時間は、固定式の平均一二時間二八分から一九一二年には二時間三八分、一九一四年には一時間三三分にまで短縮された。(4)

この引用文を検討してみよう。「T型フォードのシャーシ組立てに要する時間」が、移動式（「移送式」は意味内容を的確に表す訳語ではあるが、本書では「移動式」とする）組立ラインを導入する前の作業方法である静止式（米倉の用語では「固定式」）では「平均一二時間二八分」（傍点は引用者。以下、特に断らない限り、同じ）かかったと米倉は書いている。だが、これは不正確である。静止式の組立方式で最も良かった記録が一二時間二八分だったのであり、決して「平均」ではない。しかも、この記録が達成されたのは一九一三年夏のことだった。(5) この記録を出した後、フォード社の技術者は静止式による組立方式から移動式による組立方式への試行錯誤を繰り返し、「二時間三八分」という記録を達成する。この記録は「静止式組立の最良の記録」を大幅に短縮しているのだから、静止式で実施されたものではない。とすれば、先の引用文が言う「一九一二年」であるはずがない。なぜなら、フォード社が移動式組立ラインを導入する試みを始めたのは一九一三年だからである。これは教科書レベルの書物にも載っていることであり、「二時間三八分」が一九一二年に達成されるはずがないのである。

引用文の記述は不正確で混乱している。だが、著者の言いたいことは次の点にあろう。フォード社の最終組立工程で、静止式の組立方式を採用していたときにはシャーシの組立に一二時間二八分かかっていたものが、コンベヤーを用いた移動式組立ラインを導入すると一時間三三分に短縮できた。つまり、約八分の一に組立時間が短縮された。これは確実にコストを低減させたに違いなく、移動式組立ラインはまさに驚くべき成果もたらしたのだ、と。このことは、なにも米倉だけが書いてきたわけではない[6]。ただ広く読まれている書物から引用しただけのことである。なお、引用文中の「シャーシ」とは自動車のボデー部分を除くもので、それ自体で走行可能なものである（本章の扉、および本章第6節(2)①も参照）。

この引用文が依拠しているデータの源は、アーノルドとファウロートの『フォード方式とフォード工場』（一九一九年）である[7]。この書物の内容は、最初はアーノルド一人の執筆による「フォード方式とフォード工場」という一連の論考の体裁で、『エンジニアリング・マガジン』誌に一九一四年四月号から掲載され始めた。しかしアーノルドが一九一五年一月に死去したため、ファウロートが編集し書物の形で出版した[8]。「六〇年の経験を持つ経験豊かな機械工にして工場管理者[9]」であったアーノルドが、フォード社のハイランド・パーク工場を一九一三年から一四年にかけて訪問し観察した事柄が、この書物には盛り込まれている。アーノルドがヘンリー・フォードとフォード社の機械工の協力を得て工場内部を実際に見て書いただけでなく、訪問した時期がフォード社で静止式の組立方式から移動式組立ラインに移行する時期であったため、この書物の資料的価値はきわめて高い。移動式組立ライン導入について論じる際には、この書物を無視しては語れない。そのため、多くの研究者が、この書物に繰り返し言及、引用してきたのである。米倉が直接この書物を参照したかどうかは定かでないが、どのような書物・論文を参照しようとも、米倉が論じる問題を扱う一次的な情報が掲載されているのは『フォード方式とフォード工場』以外にありえない。しかも同書のどの箇所が、上述のような説明の典拠になったかも特定できるのである。なぜなら、それは「移動式組立法が労働生産性に与えた推計について、最も広く引用されている」箇所であり[10]、専門家が上述の説明をする際には必ず参照すべき箇所だからである。というよりも、このような数値データが利用できる資料というのは、さしあたり『フォード方式とフォード工場』（あるいは書物として上梓される前の論考）の当該箇所しかない。これが現在の資料状況なのである。つまり、フォード社の研究は枚挙にいとまがないほどなのであるが、その生産システムを詳しく調べようとすると文献は限定されたものになり、結局のところ、同時代の観察者による論考に依拠したものにならざるを得ないのである。

その『フォード方式とフォード工場』によれば、「静止式組立の最良の記録」が一二時間二八分であり[11]、「一九一三年一二月一日」にフォードはおよそ「二時間三八分」という記録を達成しているのである[12]。

しかし、静止式で組立を行っていたときと比べて、本当に移動式組立ラインは、組立時間を約八分の一にまで短縮し、コストを大幅に削減したのだろうか。フォード社についての多くの論考はこのような時間の短縮とコストの削減について論じてきたが、これらの論考の焦点となってきた最終組立工程から、本章の分析を始めることにしたい。

3　静止式組立方式がもたらした成果と限界

（1）移動式組立ライン導入だけが組立時間の短縮に寄与したのか？

移動式組立ラインの導入が、組立時間を約八分の一に短縮したと繰り返し強調されてきた。その際、移動式組立ラインの成果を強調するために、引き合いに出されたのが静止式組立方式での最良の組立時間、一二時間二八分であった。それが約八分の一である一時間三三分に短縮されたという「観察事実」は、移動式組立ラインの成果を雄弁に語っており、それに疑いを挟む余地はないかのように思われる。一二時間二八分から一時間三三分への短縮という具体的な数値は、以後、繰り返し引用されることになった。特にアラン・ネヴィンズの『フォード』（一九五四年）に引用されたことにより、[13]さらに信憑性をまし、アーノルドの最初の論考は丹念に検証されることもほとんどないまま「観察事実」だけが喧伝されることになった。

しかし、移動式組立ラインによる時間短縮の効果を明確にするには、シャーシの組立時間に影響するさまざまな要因のうち、組立方式だけが変化して、他の要因が不変であったのでなければならない。この点を明確に意識して、教科書・啓蒙書や研究書が移動式組立ラインの効果を説明しているようには思われない。

移動式組立ラインの導入に加えて、フォード社に関する研究書や啓蒙書の多くが言及するのは、日給五ドル制の採用である。しかし、組立時間の短縮に言及する多くの論者は、この二つの事柄がほぼ同時期に導入されたことについて、あまり言及しないのである。

移動式組立ラインの導入を試行錯誤していたときに、フォード社では日給五ドル制が導入され、生産現場の雰囲気や労働者のモチベーションに大きな影響を及ぼすことになる。[14]フォード社は一九一四年一月五日に日給五ドル制を宣言し、一月一二日より導入した。フォード社では高い離職率が問題となっており、一九一三年一〇月一日に平均一三％の賃上げを発表し、全従業員の最低日給を二ドル三九セントにしていた。それでもなお離職率は高く、その解決策として日給五ドル制を導入したのである。この日給五ドル制の採用によって、フォード社は生産現場での離職率の高まりを解決した。アーノルドとファウロートが記録したシャーシ組立時間の劇的な短縮が生じたのは、まさしく日給五ドル制の導入を挟む時期であった。

ネヴィンズは日給五ドル制に労働者がどのように反応したかを、「（われわれが見出す限りでは）［工場］内部の何千人もが高揚していた」と述べ、生産現場の雰囲気が大きく変化したことを記している。[15]アーノルドとファウロートが示し、多くの研究者が受け入れてきたシャーシ組立時間の短縮には、ただ単に移動式組立ラインの導入による効果だけではなく、この日給五ドル制がもたらした生産現場での「高揚」、労働者のモチベーションの増大も考慮に入れねばならないであろう(16)。

この組立時間の短縮について、自動車産業の研究に偉大な足跡を残したアバナシーが次のように述べていたことは、もっと注目されてよかろう。

移動式組立ラインは自動車製造に導入された多くの変革の一つとして重要ではあるが、こうした［一二時間二八分から一時間三三分という］数字が示唆するほど重要ではないかもしれない。アーノルドとファウロートの八対一という割合［つまり一二時間二八分に対して一時間三三分という割合］は、この革新の重要性を示すものとして、絶えず引用されてきた。この事実は、当時、全国的に認知されていた自立したエンジニアであり著述家であった二人が注意深く説明したものではあるが、この改善は移動式組立ラインだけに帰するものとは思われない。移動式組立ラインが設置される一方で、フォードは第二の重要な変革［日給五ドル制］を行っていたのである。……二つの改革が同時に行われたので、アーノルドとファウロートの分析は、移動式組立ラインの革新のみならず、この［日給五ドル制という］変革による恩恵をも捕捉したのである。

このように移動式組立ラインはそれ自体たしかに重要ではあったが、その貢献は誇張されている可能性がある(17)。

とはいえ、日給五ドル制の採用が労働現場に（具体的にはシャーシの組立作業に）どのような影響を与えたかを具体的に算定することは困難である。またアーノルドとファウロートは、一二時間二八分という組立時間を観測した時点から、移動式組立ラインの導入によって組立時間が一時間三三分になった時点までの間に、作業現場でなされた個々の改善について、組立時間の減少がどれほどであったかを逐一記録にはとどめていない。彼らがまさに記録しなかったからこそ、シャーシ組立時間の大幅な短縮は、あたかも移動式組立ラインの導入という一つの要因がもたらしたものとして、多くの研究者は取り扱ってきたのであろう。

しかし、静止式から移動式への移行をフォード社の技術者が模索している最中にも、フォードはT型車の設計を変更している。一九一二年一〇月から投入された一九一三年型フォードT型は「以前のものと比べ、より単純化され費用のかからない、まったく新しい車体」になったと言われている。[18] フォードT型の愛好者であるマコーレーは、一九一三年型と一四年型には目に見えるような大きな変更があると述べた後に、さらに次のように述べている。「だが『目に見えない』変更が多数ある。フォードに典型的なように、すべてが一度に変更されたわけではない」と。[19] この「目に見えない」箇所の変更がシャーシの組立を容易にした可能性があろう。実際、フォード社では「生産方法が絶えず変更されたことに加え、生産しやすいように、部品コストを下げるように車それ自体の設計が修正されていた」のである。[20]

移動式によるシャーシ組立が行われている状況の中にあっても、フォード社の技術者は組立の効率をよりいっそう高める方策を模索していた。それまで労働者が屈みこんで作業をしていたのに着目し、技術者たちはシャーシ組立ラインを高くしてみたのである。最初に、一本のラインを約六八センチの高さにすると、作業時間を短縮することができた。それで、このラインでは背の高い人間が作業することにして、今度は、背の低い労働者向けに二本の組立ラインを約六二センチの高さにした。これに引き続いて、「シャーシ一台の組立に要した時間は一時間三三分」になったとアーノルドは書いているのである。[21]

こうした設計の部分的変更や作業改善の一つ一つが、シャーシの組立時間を即座に大幅に短縮したとは考え難いとはいえ、こうした変更や改善の積み重ねが組立時間の短縮に累積的な影響を及ぼしていたことは間違いあるまい。さらに日給五ドル制の採用という、労働現場に大きな影響を及ぼした制度的変更を考えれば、シャーシ組立時間の短縮がもっぱら移動式組立ラインだけによるものだとは言い難い。

しかし、こうした立論を認めた読者でさえその多くは、静止式の組立方式による約一二時間半から約八分の一の時間へと組立時間が大幅に短縮したことへの寄与は、移動式組立ラインの採用が格段に大きいと考えるであろう。筆者もそう考えるが、フォード・システムの誤解を解くには、こうした考察が必要なのである。少なくとも、移動式組立ラインが組立時間を約八分の一に短縮したというのは、アバナシーが言うように「誇張されている可能性」が高いのである。

（2）シャーシ一台の組立に、静止式では本当に一二時間半もかかったのか？

これまで、静止式の組立方式ではシャーシ一台の組立に最短で約一二時間半かかったという「観察事実」については、何ら検討されてこなかった。ここでは視点を変えて、この静止式での「観察事実」を検討するとともに、静止式で行われた組立の実態とその意義を考えてみよう。

①静止式シャーシ組立で最短時間を記録したのはいつか？

組立方式の変更に伴って、組立時間がどのように変化したかを論じる際に、研究者が依拠してきた資料は、前述したアーノルドとファウロートの『フォード方式とフォード工場』であり、しかも参照されてきたのはほぼ次の箇所に限られる。フォード社の工場で、移動式組立ラインを導入すると、次のようになったというのである。

一九一四年四月三〇日に、一日八時間労働で一二一二台のシャーシを組み立てた。シャーシ一台の組立に要した時間は一時間三三分で、これに対し静止式シャーシ組立での最良の記録は一九一三年九月の一二時間二八分であった。つまり七二八分［明らかに計算ミスで、正確には七四八分とすべきであろう。アーノルドの著作には、このような間違いが多く散見される。本書では、一二時間二八分を正しい数値として計算し、七四八分とする］に対し、九三分になったのである。(22)

この箇所こそ、ある著者の言によれば「移動式組立法が労働生産性に与えた推計について、最も広く引用されて

表 1-1　フォード社の自動車月産台数（1906〜13年）

年	1906	1907	1908	1909	1910	1911	1912	1913
1月	68	520	183	309	1,203	2,028	2,386	17,487
2	87	641	220	423	933	3,112	4,165	13,987
3	123	786	239	955	2,658	4,699	7,533	17,477
4	64	*	868	570	3,618	5,322	10,033	22,001
5	107	1,207	1,195	1,371	3,560	6,076	9,688	21,401
6	107	1,091	1,606	1,858	2,467	2,830	8,078	22,151
7	113	1,095	1,105	2,018	768	1,604	5,159	14,939
8	342	547	198	1,644	746	4,506	4,603	7,640
9	398	306	97	490	410	2,404	4,171	8,724
10	450	251	14	1,264	782	3,164	5,264	7,334
11	597	175	87	609	1,213	3,358	5,685	11,021
12	341	156	201	937	875	2,878	11,301	19,410
合　計	2,798	*	6,013**	12,448	19,233	41,981	78,066**	183,572

注1）フォードT型の第1号車が生産されたのは1908年9月である。
2）この表の生産台数の数値は他の資料の数値と齟齬があるが，この時期の月別生産高が判明するものとして，これを利用する。
3）*集計時には不明。** 合計は出所の記載とは違うが，各月の合計台数を積み上げた台数を掲げた。
出所）Bruce W. McCalley, *Model T Ford : The Car That Changed the World* (Wisconsin : Kraus Publications, 1994), p. 462.

いる」箇所である。[23] 移動式組立ライン導入による組立時間の短縮を主張している研究者は、この箇所を典拠としている（あるいは、この箇所を典拠にした文献に依拠している）のである。

アーノルドの説明を丁寧に追っていこう。静止式の組立方式での「最良の記録」は、アーノルドによれば一二時間二八分である。引用した文章では、この記録を達成した時期が明確に、「一九一三年九月」と書かれている。だが、アーノルドの記述には一貫性がなく、別の場所では「一九一三年八月（閑散期）」とある。[24] 最初に、この時期を確定しておこう。

表1-1にフォード社の月別の生産台数を掲げた。これによれば、アーノルドが対象にした一九一三年では、フォードT型の生産台数は八月と九月、一〇月は他の月と比べて明らかに低下している。八月であれ九月であれ、「閑散期」であったことは間違いない。アーノルドは「一九一三年八月（閑散期）」と書き、それに引き続き一日九時間労働、二六日間で六一八二台を生産したと書いている。この一カ月の稼働日数が二六日間であったというアーノルドの説明が正しいと

表 1-2　フォード社で自動車 1 台の製造に要する平均時間（1913 年）

月	生産台数	稼働日数*	時間（秒）
1	17,487	27	50.0
2	13,987	24	55.6
3	17,477	26	48.2
4	22,001	26	38.3
5	21,401	27	40.9
6	22,151	25	36.6
7	14,939	27	58.6
8	7,640	26	110.3
9	8,724	23	85.4
10	7,334	27	119.3
11	11,021	25	73.5
12	19,410	26	43.4

注 1）*稼働日数はエンジンが実際に製造された日数による。基本的には日曜日は休日で，それ以外には 1 月 1 日，9 月 1，29，30 日，12 月 25 日が休日だったようで，こうした日にはエンジンが製造されていない。このエンジン製造に関する情報は，McCalley, *Model T Ford*, pp. 506–08 による。

2）生産台数の数値は表 1-1 の 1913 年の月別台数。1 日の労働時間を 9 時間として，1 台当たりの組立に要した時間を計算。

すれば、稼働日数が二六日間の月を探せば特定できる。実は、九〇年も前の一企業（正確には特定の工場）が、ある月に何日間、稼働していたかを特定するのは、簡単なようで難しい。ところが、フォードT型の場合には可能なのである。というのもフォードT型の愛好者たちが、T型エンジンのシリアル番号の製造日を特定する作業を行ってきたからである。この実に労働集約的な作業を利用して、推定を行おう。シャーシ組立とエンジン製造の製造現場の稼働日数が一致していたと仮定しよう（同じハイランド・パーク工場にある製造担当部署の稼働日数が異なると考えるほうが奇妙であろう）。そうすれば、稼働日数は特定できる。その結果を表1-2に示した。一カ月の稼働日数が二六日間であった「閑散期」に、静止式組立方式の「最良の記録」が達成されたという、アーノルドの言明が本当であれば、それは一九一三年八月だったと考えてよかろう。

　静止式組立での「最良の記録」は、アーノルドの説明によれば、組立工二五〇人と部品運搬担当者八〇人との計三三〇人が、一日九時間労働で二六日間働き、六一八二台を生産したものである[25]。つまり、総労働時間七万七二二〇時間（＝三三〇×九×二六）で六一八二台を生産したことになる。つまり、一二時間半で一台を生産したのである[26]。

②約一二時間半の組立時間とは、実際にシャーシ一台を組み立てる時間なのか？

静止式組立方式でのシャーシ一台の組立時間が一二時間二八分だという「観察事実」は、どのような事態なのか。試みに、読者自身が製造現場に行ったときの情景を思い浮かべてほしい。一台のシャーシを何人かの労働者が忙しそうに組み立てている場所に、読者自身が立って、じっとその組立作業を見ているとしよう。何人かの労働者が一台のシャーシ組立作業に着手し始めてから、シャーシが完成するまで、読者がその場所に立っていると想定しよう。読者はどのくらいの時間、製造現場にいなければならないだろうか。多くの読者は即座に約一二時間半と答えるのではないだろうか。

しかし、これは違う。こうした観察方法によって、シャーシの完成までにかかる時間を測定すれば、長くて四時間、短くて二時間というのが、アーノルドの著作から出てくる観察結果である（この点は、次の③で考察する）。

このシャーシの組立時間に関しては、とりわけ日本では、きわめて曖昧に議論されているように思われる。組立時間が一二時間二八分とは何を指しているのかも曖昧にされてきた。そのため啓蒙書やテキスト、あるいはビジネス書では、労働者がシャーシ一台の組立作業を開始してから完成するまでに実際にかかる時間が約一二時間半、つまり現代の感覚で一日の作業時間を八時間とすれば、ほぼ一日半もかかって完成するかのように考えている記述（あるいは、そのように読者が誤解することを防ぐ配慮がなされていない記述）が多い。

しかし、静止式でのシャーシ組立の「最良の記録」として、アーノルドが提出している「観察事実」は、前述したように労働者三三〇人が、一日九時間労働で二六日間働き、六一八二台を生産したというものである。要するに、総労働時間七万七二二〇時間で六一八二台を生産したというのが、アーノルドが報告している「観察事実」である。くどいようだが、アーノルドの計算式は、①式であらわせる。

総労働時間(T)＝労働者数(n)×1日の労働時間(h)×労働日数(d)　……………………①

フォードでのシャーシ組立工程で行われた実験的な試みをアーノルドが記述するのに、①式の四変数T、n、h、dと、生産台数（p）だけしか彼は使っていない。これに基づいて、彼はシャーシ一台当たりの労働時間を、②式のようにして求めたのである。

シャーシ1台当たりの労働時間(t)＝総労働時間(T)÷生産台数(p)……………………②

ここからもわかるように、②式の「シャーシ一台当たりの労働時間（t）」というのは、正確に書けば「シャーシ一台を作るのに費やした労働時間の合計（t）」、あるいは「シャーシ一台を一人の労働者が作るのにかかる労働時間（t）」と書くべきものである。

アーノルドの目的からすれば、これで充分だったに違いない。彼の関心はシャーシ一台当たりの労働コスト、つまり一台のシャーシ組立にかかる直接作業者の賃金総額だったのであろう。それだからこそ、アーノルドは「シャーシ組立での信じられないほどの労働コストの削減によって、フォード社の技術スタッフは一息つき、業界全体の先例とか伝統にとらわれることなく、フォード工場の中で、他に労働削減の機会がないかと真剣に探すことになった[27]」と記したのである。

③静止式で実際にシャーシ一台の組み立てに要した時間はどのくらいか？

静止式でのシャーシ組立に約一二時間半かかったという「観察事実」は、シャーシ組立に携わった直接作業者の総労働時間（実務家が使う用語で言えば、「工数」）が約一二時間半だったということである。それでは、実際にシャーシ組立の現場に行って、シャーシ組立作業の始まりから最後までを観察するとすれば、何時間ぐらいかかったのだろうか。これには平均して何人の作業者が一台のシャーシ組立に携わったかがわかればよい。「最良の記録」には、組立工二五〇人と部品運搬担当者八〇人との計三三〇人が関わっていた[28]。シャーシ組立を行う場所が何カ所あったかがわかれば前述の時間は推定できる。

ところが、アーノルドは「最良の記録」を達成したときに、シャーシの組立場所《ステーション》がいくつだったかは書き記していない。だが、彼は九月の時点での状況を次のように描いている。シャーシ組立の行われていた場所は、長さ六〇〇フィート（約一八三メートル）で、そこに一二フィート（約三・六六メートル）間隔でシャーシの組立場所が五〇カ所、二列に並んでいた。つまり一〇〇カ所の組立場所があり、一〇〇台の自動車のシャーシ組立が同時並行的に行われていたのである。この組立作業に従事していたのは、五〇〇人の組立工と部品を運搬する作業者一〇〇人の六〇〇人であったという。この場合には、一カ所のシャーシ組立場所には五人の組立工がいたことになる。さらに全体で一〇〇人の運搬担当者がシャーシ組立に必要な構成部品を手作業で、組立場所に運んでいたのである[29]。

では、アーノルドが観察した静止式組立での「最良の記録」を達成したときに、シャーシ組立場所は何カ所あったのだろうか。そこで試みに、シャーシ組立工程において実験的な試みが始まる前と同じように、五〇カ所の組立場所が二列に並んでいた（つまり組立場所が一〇〇カ所あった）場合（一台平均三・三人の作業）と、閑散期なので（あるいは閑散期を利用した試験的試みだったので）組立場所は五〇カ所に半減していた場合（一台平均六・六人の作業）を想定して、シャーシ組立作業を作業者の傍らで、作業の着手から終了まで観察する場合に、どれくらいの時間がかかるかを算出してみよう。組立場所の数が一〇〇カ所なら約三時間四七分、もし五〇カ所に組立場所が削減されていれば約一時間五四分となる。

確認しておこう。アーノルドが書いた観察記録を基に、静止式のシャーシ組立にかかった時間が約一二時間半だというのは正確ではない。シャーシ組立の総労働時間が約一二時間半なのである。シャーシ組立作業の現場に立ち会って、一台のシャーシ組立の着手から完成までの時間を計れば、約三時間四七分から約一時間五四分の間程度であったと考えるべきであろう。静止式によるシャーシの組立時間を言う場合には、総労働時間と現場で観察する時間との違いを明確に意識しておく必要がある。

④静止式組立方式の実際の作業

静止式組立方式にもう少しこだわってみたい。前述したように、アーノルドによれば、一九一三年八月まで、シャーシ組立は一カ所に部品（車軸や車輪など）を順次運び、その場所で組立が行われていた。アーノルドは次のように説明している。

最初に、前車軸と後車軸が床に置かれ、次に発条の取り付けられたシャーシ・フレームと車軸が組み付けられ、次いで車軸に車輪が取り付けられ、残りの部品が次々と組み付けられシャーシが完成する。一台のシャーシを完成するのに必要な全部品は、各シャーシ組立場所に手で運び込まれねばならなかった。[30]

前述したように、一九一三年九月にはシャーシ組立作業に従事していたのは、五〇〇人の組立工と部品を運搬する作業者一〇〇人の六〇〇人であったという。[31]

このアーノルドの記述から、読者はどのような生産の状況を思い描くであろうか。塩見治人は「各ステーション［つまり、組立場所］当り組立工五人、部品運搬人一人の組作業」と述べる。[32] この説明からすると、塩見は次のようなイメージを思い描いているように思われる。一つの組立場所で、五人の組立工と一人の部品の運搬担当者が協同して一台のシャーシ組立を最初から最後まで行っている、と。たしかに、アーノルドの記述からは、そのようにも読みとれる。

この組立方式は小規模な作業場でも可能である。フォード社がこの方式を採用し、空間的に一カ所に寄せ集めていたとしよう。このような方式では、いかに広い場所で数多くの組立場所を設けて作業を行ったとしても、小規模の作業場における生産効率を大幅に上回ることはできまい。したがって、フォード社は小規模な作業場に対して、少なくとも組立工程に関しては競争力を発揮できないであろう。だとすれば、たとえ一時期そのような方式を採用していたとしても、フォード社はその後何らかの改革を行ったのではないだろうか。

こうした疑問を氷解させてくれるのが、『アメリカン・マシニスト』誌の一九一三年五月八日号に掲載された技術ジャーナリスト、フレッド・H・コルヴィンの論考である。彼がフォード社を訪問したときには、六〇台が同時に組み立てられており、運搬担当の集団が次々と構成部品を運んでいたという。一台の組立作業の様子を記した後、彼は次のように述べる。

そして、この車が組み立てられていくのを我々が観察している間にも、他の六〇台の組立も行われていた。各個人あるいは各集団が自分の担当を行い、次の組立場所に行き、その担当作業をそこで行う。言うまでもないことだが、彼らは専門家となり、ダッシュボードやフェンダーなどを素早く取り付ける。(33)

つまり、コルヴィンは、シャーシが静止式組立方式で行われているといっても、組立工の集団が特定の作業だけを行い、シャーシの多くの組立場所《ステーション》を次々に移動していく作業の様子を描いているのである。シャーシは個々の組立場所からは移動せず、その場所に静止したままである。しかし、塩見が要約した表現、「各ステーション［つまり、組立場所］当り組立工五人、部品運搬人一人の組作業」から多くの読者が想定すると思われる方式――同一の労働者集団が組立現場に留まり、一台のシャーシの組立作業を最初から最後まで行う方式――とは異なる組立方式が、コルヴィンの工場訪問時には採用されていた。たしかに加工対象は移動しないので静止式組立ではあるが、特定の作業だけを行う作業者が何グループも存在して、その労働者集団が次々とシャーシの組立場所を移動して、実際の作業を行うようになっていたのである。

⑤「四〇秒に一台」ずつ、シャーシが検査室に向かっていた

上述のコルヴィンはもう一つ重要な観察を記録している。彼が観察したのは、シャーシの組立作業場から、どのくらいの間隔で完成したシャーシが出てきて検査室に向かうかであった。図1-1のAという場所に立って観察していると、組立作業室から検査室に「四〇秒に一台」ずつ、シャーシが出てきたという。(34)これは決して誇張ではない。前掲表1-2の第四欄（「時間」という列）を参照すればわかろう。一九一三年四～六月頃にはフォード社の

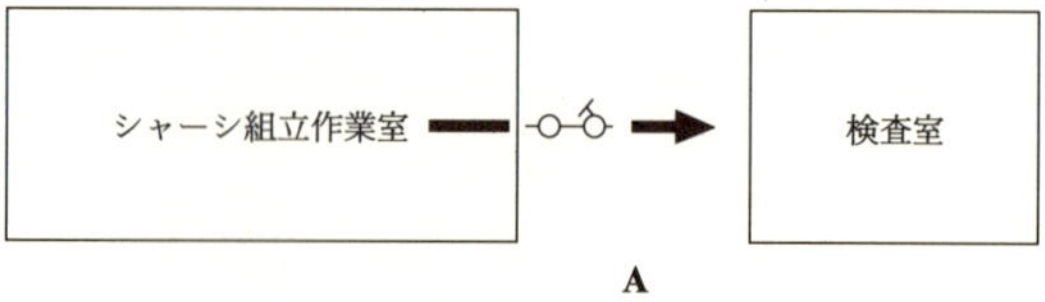

図1-1　コルヴィンの観察。「40秒に1台」の生産

シャーシ組立作業室から、四〇秒ないしは四〇秒未満の間隔でシャーシが出てきていたのである。

組立作業室で何が行われているかを見えないように隠して、現代の自動車現場を見慣れている研究者が図1-1のAという場所に立って観察すると仮定しよう。その研究者が眼にするのは、約四〇秒ごとにシャーシが組立作業室から出てきて検査室に向かう様子なのである。おそらく、現代の自動車工場を熟知している研究者でさえ、シャーシが組立作業室から出てくる間隔をひどく遅いとは感じないだろう。現代でも最終組立ラインで一台の車が生産ラインから出てくる時間は一分間に一台が一つの目安であり、販売が思わしくない車種であれば二分間に一台ということも珍しくない。つまり、フォード社は移動式組立ラインを導入する以前に、すでに「四〇秒に一台」という当時の観察者からすれば驚異的な（そして、現代の観察者にとってさえ、遅いという感想を抱かせないほどの）生産を行っていたことを忘れるべきではない。これが移動式組立ラインを導入する前に、静止式組立方式によって達成された数値なのである。フォード社は静止式組立方式によって「四〇秒に一台」を達成していたのだ。

⑥静止式で月産二万台を達成できたのはなぜか？

一九一三年四〜六月に、フォード社は月産二万台を達成していた。それ以前のフォード社の自動車生産高を月別に見てみよう（前掲表1-1参照）。一九〇六年には、月別の生産台数が数百台であったものが、翌〇七年には月産一〇〇〇台を超える生産を行っている。そして一九〇八年にはフォード社はT型を導入し、一〇月からT型第一号車の出荷を始め[35]、一三年には月産二万台を達成したのである。しかも、この月産二万台は移動式組立ラインを導入する前に達成したものであったことを忘れてはならない。

フォードは移動式組立ラインを導入する以前の一九一三年には、すでに月産二万台を達成していたのである。

この月産二万台という生産台数が、どのくらいの生産規模なのかを説明しておこう。日本の自動車アセンブラーであるトヨタが初めて年産二万台を達成したのは一九五四年（二万二七一三台）であり、日産は五五年（二万一七六七台）である。一九一三年の時点で、フォード社が静止式組立方式によって一カ月で生産していた台数を、ほぼ四〇年後の代表的な日本企業は一年かけて生産していたのである。年産二〇万台を超えたのは、トヨタが一九六一年（年産二一万九三七台）、日産が六二年（二一万二二五八台）である。この日本企業の生産台数は乗用車だけでなく、トラック・バスを含む車両全体の生産台数である。フォード社が移動式組立ラインを導入する前に、いかに多くの台数を生産していたかがわかろう。

最適生産規模を論じたマキシーとシルバーストンは『自動車産業』（一九五九年）の中で次のように論じている。

大規模なイギリス企業は、自動車の最終組立の最も効率的な技術を使用できるほど規模が十分に大きく、また個々の企業の総生産量もこの最終組立工程の最適規模――おそらく年産一〇万台ほど――を超えていることも疑いない。[36]

一九五〇年代後半の最新技術でも、最終組立工程の最適生産規模は年産一〇万台程度と想定されていたことを考えれば、フォード社が一九一三年で月産二万台（つまり理論的には年産二四万台が可能となる生産台数）を達成していたことは、ある意味で驚異的な生産量だったと言わざるを得ない。

フォード社が月産二万台を達成できた理由は何であろうか。もとより理由のすべてを明らかにすることはできないが、その一端は次に示す写真から推定できよう。最初に、フォード社のピケット・アベニュー工場における静止式組立を示す一九〇六年の写真を見てみよう（図1-2参照）。この組立現場の窓際には万力などが写っている。さらに、ハイランド・パーク工場に移った後の、T型車のシャーシ組立現場の様子を写した写真（図1-3参照）に

図 1-2　静止式による N 型シャーシの組立（1906 年）

出所）D. A. ハウンシェル，和田一夫他訳『アメリカン・システムから大量生産へ』（名古屋大学出版会，1998 年），283 頁。

も、まだ窓際に万力が写っている。これは『フォード・ファクトリ・ファクツ』（一九一二年版）に掲載されているもので、おそらく一九一一年頃の写真であろう。この写真につけられたキャプションには、「完璧な技量と、あらゆる部品が厳格に均一なことによって、組立が素早く、正確に行われる」とある[37]。まさしく部品が均一につくられていること、つまり部品に互換性があることの重要性を十分に意識した説明である。だが、窓辺に万力が存在することは、組立作業場で時折、部品にヤスリ掛けをする必要がまだあったことを示している。次に図1-4を見てみよう。これは、一九一三年におけるT型車のシャーシ組立が行われている作業所の中を示したものである。この時には、窓辺に万力が並んでいる様子はまったくない。したがって、少なくとも写真から判断する限り、一九一一年頃まではシャーシ組立作業の現場に運び込まれた部品に対し、万力などを使用して手直しを加えることが通常のことであったのに対し、一三年頃には行われなくなっていたか、行われることがあっても例外的な事態になっていたと考えられよう。

フォード社はT型にいたるまでは大きなモデル変更によって自動車としての基本性能の向上を図っていたが、それと同時に製造や組立の容易さを追い求めていた。こうした努力は否定しないものの、一九〇六年頃と一三年頃の状況で大きく変化したのは、部品製造における加工精度の向上が、互換性の水準を大きく押し上げていったことであろう。部品の互換性が大きく向上しなければ、組立現場では度重なる手直しに追われ、組立作業に専心できなくなる。互換性の向上こそ、一九一三年にフォード社が静止式でシャーシ月産二万台を組み立てることのできた前提条件だったのである。

シャーシ組立工程にいたる諸々の工程と工程の間には、滑り台やコンベヤーなどが設置され、仕掛品の移動が円

図 1-3　静止式によるＴ型シャーシの組立（1911 年頃）

出所）Ford Motor Company, *Ford Factory Facts* (Detroit : Ford Motor Company, 1912), p. 46.

図 1-4　静止式によるＴ型シャーシの組立（1913 年）

出所）ハウンシェル『アメリカン・システムから大量生産へ』301 頁。

滑になるとともに、さまざまな工程で組立ラインが実施に移されていった。それとともに、互換性部品の製造能力もフォード社では向上していたのである。こうした条件に支えられながら、T型フォードの需要の伸びに引っ張られるように、シャーシの月産二万台を静止式で実現したのであった。

(3) なぜ、フォードの技術者は静止式でのシャーシ組立をやめようとしたのか?

フォード社の技術者は、一九一三年四月から六月の三カ月間に、組立作業室から約四〇秒に一台の割合で検査室に自動車を送り込むという実績を残した。一九一三年四月、五月には月産二万台を連続して達成した。そうした実績がありながら、彼らは八月の閑散期になり、最終的にはシャーシの静止式組立を中断することにつながる実験をなぜ始めたのであろうか。約四〇秒に一台をシャーシ組立作業室から検査部門に送り込んでいたのに、その変更を試みるだけの積極的な理由が、フォード社の技術者にはあったのであろうか。なぜ彼らは静止式組立方式を変える模索を始めたのであろうか。

①フォード社の組立作業場の状況

フォード社が静止式組立方式によって、月産二万台を達成した頃の組立作業場の様子を考えてみよう。最初に簡単な数式から始める。アーノルドが言うシャーシ一台当たりの労働時間の「最良の記録」一二時間二八分をt_0としよう。

$$\{労働者数(n)\times 1日の労働時間(h)\times 労働日数(d)\}\div 生産台数(p)\geqq t_0$$

これから、労働者数を求める式は次のようになる。

労働者数(n)≧{生産台数(p)×t_0}÷{1日の労働時間(h)×労働日数(d)}

これに一九一三年四月の数値（時間はすべて分単位に直した数値）を代入して計算すれば、次のようになる。

$$n \geqq (22{,}001 \times 748) \div (9 \times 60 \times 26) = 1172.1$$

したがって、一九一三年四月においては、少なくとも一一七三人の労働者がシャーシ組立工程に投入されていたと推定される。同様に計算すれば、五月には一〇九八人、六月には一二二八人が少なくとも投入されていたことになる。つまり、少なく見積もっても一一〇〇人程度がシャーシ組立作業場にはいたことになろう。

前掲図1-4は、この頃のシャーシ組立作業が行われている現場の写真であった。窓とシャーシが置かれている場所の間にはかなり広い通路がとってあり、長さ六〇〇フィート（約一八三メートル）ほどのところをおそらく部品を運ぶ労働者が忙しく行き交い、さらに特定の組立作業だけを行う集団が何組も移動しながらシャーシを組み立てていたと考えられる。先ほどの計算が正しければ、少なくとも一一〇〇人もの労働者がここで組立作業をし、月産二万台ものシャーシを組み立てていたのである。

組立作業が行われていた現場はどんな状況だったのだろうか。アーノルドは「最良の記録」を達成した組立工二五〇人と部品運搬担当者八〇人との計三三〇人によるシャーシ組立作業を記した後に、次のように述べる。

組立ラインは長い――六〇〇フィート［約一八三メートル］――が、これでさえ十分な余裕がない……。[38]

三三〇名でさえ、空間的に「十分な余裕がない」といった状況なのに、一九一三年四月にはその同じスペースで三・三倍にあたる一一〇〇人ほどの労働者が、移動しながら組立作業を行っていたことになる。一九一三年四月の現場は「十分な余裕がない」どころか、労働者がひしめきあっている状況であったろう。

しかも、その混雑した状況だったであろう組立作業場の空間内で、一一〇〇人の労働者が何組、いや何十組の集団を組み、個々の集団が特定の作業を行いながら、次々とシャーシの組立場所を移動していたのである。これが整然と行われるには、各集団が組立場所で行う作業時間が一定であり、組立場所から次の組立場所への移動時間も一定である必要がある。それぞれの組立集団の組立作業を同じ時間にするためには、さまざまな工夫が行われたに違いない。作業に必要な工数が違うから、組立集団を構成する人数を担当作業によって変える、あるいは、組立作業に必要な工具類に工夫をこらす、具体的な組立作業の分担をある労働者集団から別の労働者集団に移すなどが考えられよう。しかし、現実には、すべての労働者集団の作業時間が一致することは難しかったであろう。また、たとえ作業時間がある時点で一致したとしても、労働者の習熟度に差が生じれば、各労働者集団の作業時間が一定である保証はなくなろう。加えて、各労働者集団の作業時間が一定であっても、ある組立場所から別の組立場所への移動時間が一定でなければならない。したがって、労働者集団の作業時間を一定に保とうとフォード社の技術者が懸命に努力しても、ある場所には労働者集団が幾組もダンゴ状態に集まり、他の組立場所にはまったくいないという状況が生じた可能性はきわめて高い。人間の集団が移動する作業方式なので、各組立集団が多少の時間を持て余しながら待機すれば、作業を進行させることは可能であろう。しかし、それが合理的かどうかは、組立作業を行っている現場に技術者が立ってみれば、一目瞭然であったに違いない。

②フォード社の技術者にとっての選択肢

一九一二年におけるフォードT型の販売台数は約七万八〇〇〇台であったものが、一三年には約一八万台と二倍を超える伸びを示していた[39]。この需要の急増が、フォード社での生産増大を促し、一九一二年一二月から一三年七月までの八カ月間、フォードT型の生産が月産一万台を連続して超えたのである（前掲表1-1参照）。しかも一九一三年四月から六月には三カ月連続して月産二万台を超えた。一九一二年一二月以前で、月産一万台を超えたのは、一二年四月だけである。このように八カ月間連続して月産一万台を超えたということは、フォード社の技術者による偉大な成果であったには違いない。しかし、一九一三年の自動車生産の閑散期を迎えたとき、生産台数を大幅に増加させたという達成感よりも、次の自動車の活発な需要期にどう対応するかがすでに焦眉の課題になっていたのではないだろうか。

フォード社の技術者にとって、次の点は明白だったであろう。それは、需要がさらに増えても、一九一三年春に月産二万台を記録した体制と同じままでは生産台数を大幅に伸ばすことは不可能だということである。すでに一九一三年前半の段階で、シャーシ組立作業を行っている場所は作業者であふれかえるという状況に近く、さらに組立台数を増やそうとすれば作業者集団の円滑な移動さえ困難になることが予想されたに違いない。

一九一三年のシャーシ組立作業所の状態が、これ以上、作業者を投入しても生産台数を増やせない限界状態に近かったとすれば、技術者が生産台数を大幅に増加させる方策としては何が考えられるだろうか。

おそらく多くの読者が思いつくように、一九一三年春とまったく同じような空間を持つシャーシ組立作業所を、もう一棟増設するという選択肢はあったであろう。つまり、それまでの技術水準をまったく変えず、二倍の空間で生産を行うことによって、二倍の生産台数を確保するという可能性は考えられる。この方策をとれば、新しい技術の採用によって予測不可能な問題に悩まされるという問題は避けられる。事実、アーノルドがハイランド・パーク工場を訪問していたときに、六階建ての新しい二棟が建設中であった。[40] これらは後にW棟、X棟と言われる建物である（この増設だけでは足りず、さらに、この二棟と同様の建物であるY棟とZ棟を建設する。なお各棟のハイランド・パーク工場内での位置については図1-5参照）。

このW棟、X棟について経営史家チャンドラーは次のように書いている。

一九一二年六月に、WおよびXとして知られている建物をハイランド・パーク工場に建設する計画がスタートした。建設工事は一三年五月に開始された。……これら二つの建物は、それぞれ六階建てで長さ八四〇フィート［約二五六メートル］、奥行六〇フィート［約一八・三メートル］、各階の床面積は三四万八八〇〇平方フィー

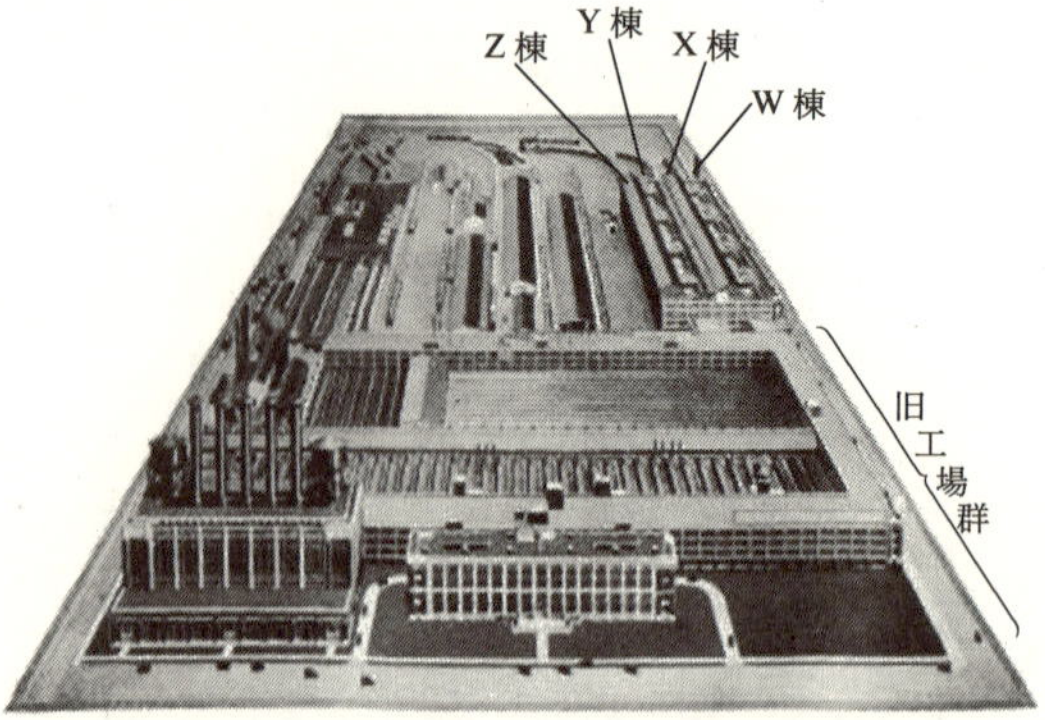

図 1-5　ハイランド・パーク工場の全容（1914 年頃）

出所）Ford Motor Company, *Ford Factory Facts* (Detroit: Ford Motor Company, 1915), p. 1.

ト［約三万二四〇四・六平方メートル、東京ドームのほぼ七割の面積］であった。この二つの建物の間には、長さ八〇〇フィート［約二四三・八メートル］、幅四〇フィート［約一二・二メートル］のクレーン走路があり、その天井はガラス張りであった。そのため建物のすみずみまで光線がよく通った。双方の建物のクレーン走路に面した側には壁がなく開放されていた。このため建物の換気は万全で、気温も一定していた。建物内の空気が、開放されている側面からクレーン走路に流れ出るため、自動的にクレーン走路の暖房と換気が行われ、そのため特別の費用がかからなかった。そうした点でこの建物は、工場建設としてはユニークなものだった(41)。

この新たに建設された六階建てのW棟、X棟は、「工場建設としてはユニーク」であっただけではない。それ以前にハイランド・パーク工場にあった旧工場とも一線を画すものであり、「この新工場［W棟やX棟などのこと］で、フォードの生産システムは完成した(42)」とまで評価する論者さえいるのである。つまり、組立作業場の物理的な空間を拡大しようという方策はすでにとられていたのである。

話を一九一三年の時点に戻そう。シャーシ組立を行っている作業現場は限界に達していた。つまり、労働者を投入しようとしても、できないような状況になっていた。簡単な解決策は、作業スペースを大幅に増やすことである。この方策をすでにフォード社はとっていた。しかし、新棟が完成するまでには、まだ時間があった。そのうえ、T型フォードの売れ行きは順調で、製造台数を急増させる必要があった。加えて、「フォード工場の離職率は一九一三年中に驚くほど高くなった。……一九一三年の離職率は三八〇パーセントに達した」のであった[43]。

こうした状況の中で、フォード社の技術者は生産を大幅に増加させる方策を、一九一三年の生産の繁忙期が過ぎた八月に模索し始めたのであろう。アーノルドが書いているように、この模索を始める前のフォード社がとっていた静止式組立方式は、「業界で最良のものとまったく互角」であったから[44]、何か新しい発想での実験を行わねばならなかった。「生産上の実験を行い、ゲージ、取付具の設計、工作機械の設計設置、工場レイアウト、品質管理、資材管理について新たな考えを生み出し」ていった技術者たちは、他の一部の工程で成果をあげつつあった組立ライン（最初は、労働者が横一列に並び、割り当てられた作業を終了すると、次の労働者に渡すといった単純なライン作業）や移動式組立ラインの導入に大きな影響を受け、シャーシ組立で移動式組立ラインにつながる実験を行うことになる。

この移動式組立ラインの導入について記録したアーノルドは、次のように書いていた。もう一度引用しておこう。

まったく当然のことながら、シャーシ組立での信じられないほどの労働コストの削減によって、フォード社の技術スタッフは一息つき、業界全体の先例とか伝統にとらわれることなく、フォード工場の中で、他に労働削減の機会がないかと真剣に探すことになった[45]。

つまり、シャーシ組立にかかる総労働時間が約八分の一に減ったことは、生産台数を増大させてもそれほど労働者数（さらには組立作業場のスペース）を増やす必要がなくなったことを意味した。

この実験結果を受け、フォード社では生産台数を急増させるため、「あらゆる部門に組立ラインが設置されるという見込みに立って労働者が増員され」た（それでも増員する必要はあったのである。次節参照）。しかし、「一九一三年末の数カ月には離職率は上昇し、労働者の不満は一層高まった」。このため、フォード社は最終的に一九一四年一月に日給五ドル制の採用を決め、「この非常に高い所得の『拘束力』」のもとで[46]、組立ラインが全面的に採用されていくことになる。こうして移動式組立ラインは、日給五ドル制の導入とともにフォード社で採用されることになったのである。

4　移動式組立ライン導入の経過とその効果

(1)　移動式組立ライン導入の経過

多くの研究者は、「フォード・システム」を論じるとき、移動式組立ラインに焦点を合わせて説明してきた。最終組立工程における移動式組立ラインに関心が集まったために、それがどのような工程に順次採用されフォード社の工場全体に波及したのかが研究者の大きな関心事になった。しかも、この普及過程は、きわめて簡単かつ明確なものだと考えられていた。例えば、自動車産業や自動車企業GMについても詳しい経営史家のチャンドラーは、その著書『経営者の時代』で次のように述べる。

……技術者はまた、各自が高度に専門化された作業を割り当てられ組立てを行なっている労働者へ部品を移動するための、コンベアー・ベルトの使用の実験を始めた。こうした移動組立ラインは、最初、はずみ車つき磁石発電機、ついで他のエンジン部品、さらにエンジン全体、そして最後に一九一三年一〇月、シャシーの組立てと完成車への仕上げで試みられた。(47)

この書物が出版されたのは一九七〇年代末であるから、このように組立ラインが出現した工程の順序を系統立って示しているのは、当時の研究水準を的確に反映している。フォード社の工場内部で、組立ラインがどの箇所に最初に出現し、次にどの箇所に採用されていったかを、具体的に説明するというのが、当時の研究水準だったのである。

この研究状況を大きく変えたのがハウンシェルであった。フォード文書館での精緻な調査を踏まえ、彼はこのように述べる。

フォード文書館には組立ラインの展開を書き留めた当時の記録文書はない。この事実はヘンリー・フォードの『我が人生と仕事』を綿密に調べればはっきりする。組立ラインを論ずる際に、フォードのゴーストライターであるサミュエル・クローサーは、ホーラス・アーノルドの『フォード方式とフォード工場』の記述に全面的に頼っている。[48]

この組立ラインの試みが行われた時期にフォード社を訪れたアーノルドによって書かれた『フォード方式とフォード工場』に矛盾した点があることをハウンシェルは詳細に論証した。また、それまで疑いもなく正しいと考えられていた組立ラインの起源に関する説に対し、ハウンシェルが具体的な証拠を示して疑義を唱えたことについては、すでにふれた。[49] こうした新しい研究状況のため、二一世紀になって『生産マネジメント入門』という教科書を書いた藤本隆宏は、組立ラインが導入された工程を列挙したあと、「どれが移動式組立の第一号かは謎」という文章を挿入せざるを得なかったのであろう。[50] 移動式組立ラインの普及過程に関する「正確で、曖昧さの残らない、時宜を得た記録」をフォード社の技術者は残しておらず、他の資料を援用しても、この普及過程を明確にできない。これを現在の研究が明らかにしたのである。

移動式組立ライン導入の経過や経路を明確にすることは困難だとしても、考慮すべき大きな問題が残っている。本当に、移動式組立ラインの導入がT型車の製造コストを大幅に引き下げたのかという問題である。この点を次に考えてみたい。

(2) 移動式組立ラインの導入によってコストは下がったのか？

移動式組立ラインの導入によって、T型車の製造コストが大幅に削減されたという説明に、ほとんどの読者は疑問を抱くことすらないだろう。シャーシ組立で、静止式から移動式へと組立方式を切り替えて一台の組立にかかるる。

総労働時間が約八分の一に減ったのだから、コストが下がらなかったはずがないと、多くの人々は考えるに違いない。しかし、最近の研究は、移動式組立ラインを導入した時期に、コストは大幅に下がらなかったと主張している。

①移動式組立ラインの導入によって、組立工程全体で総労働時間はどれだけ減少したのか？

移動式組立ラインの導入について述べてきた論考のほとんどが、シャーシの組立工程についてだけ述べている。アーノルドは他の組立工程についても丁寧に記録し、移動式組立ラインが導入されなかった工程でも組立時間が短縮したことを記録している。それにもかかわらず、シャーシの組立工程だけに議論が集中してきたと言えよう。

近年、ようやくアーノルドが残した観察記録全体から組立時間の短縮を整理した論文が発表された。(51) これにより、移動式組立ラインが導入された工程と移動式組立ラインが導入されなかった工程との時間短縮が整理して示された。それをまとめたものが表1-3と表1-4である。これによれば、移動式組立ラインが導入された工程全体としては、組立時間がほぼ四分の一になったことがわかる。これは大幅な時間短縮と言える。ただ、表1-3からも明らかなように、移動式組立ラインの導入による組立時間の短縮幅は、シャーシ組立が他の工程より抜きん出て大きかったことには留意しなければならない。また、移動式組立ラインが導入されなかった工程でも組立時間が短縮されており（表1-4参照）、度重なる組立方法の改善などで、組立時間は全体として約二分の一になっていた。シャーシ組立を検討した際にも述べたように、この時期にフォード社の技術者は、移動式組立ラインを導入した工程でもさまざまな工程の改良や改善を行っていた。移動式組立ラインを導入しなかった組立工程で、そうした改良・改善によって作業時間が約二分の一になった事実から、移動式組立ラインのみで作業時間をどれだけ短縮したかを大雑把に考えるならば、約四分の一ではなく、約二分の一にしたと考えるべきであろう。これでも大幅な作業時間の短縮だったことは間違いない。だが、シャーシ組立工程だけの検討から、移動式組立ラインの導入が作業時

表 1-3　移動式組立ラインを導入した工程での総労働時間の変化

組立工程	総労働時間		(B)/(A)	原著頁
	移動式組立方式の導入前（A）	移動式組立方式の導入後（B）		
シャーシ	(分) 840 748［最良の記録］ (728)*	(分) 93［1914年4月30日］	(%) 11.1 12.4 (12.8)	103 139 139
エンジン	594	238［1914年5月4日］ 226［1914年5月8日］	40.1 38.0	103 116
マグネト	20	5	25.0	115
トランスミッション	18	9.2	51.1	115
フロント・アクスル	150 66.5［1914年1月1日］**	26.4	17.6 39.7	193
合　計	1,622*** (1,426.5)	359.6	22.2 (25.2)	—

注）* 本文でも指摘したように，アーノルドとファウロートは12時間28分と書くことが多いが，同じ箇所で728分とも書いているので，念のため728分という数値も示した。
** 移動式組立の導入は1914年6月1日で，それ以前の時点で原著者が示している「最良の数値」。
***最も大きな数値を示した。下の括弧内の数値は最も少ない数値を示した。

出所）J. E. Gibson and Nasr Mahmoud, "The Moving Assembly Line: Real Labor Productivity Improvements Produced", *Journal of Manufacturing and Operations Management*, vol. 3, no. 4 (1990)，ただし，この論文の値に疑問がある場合は，H. L. Arnold and F. L. Faurote, *Ford Methods and the Ford Shops* (New York: Engineering Magazine, 1919）によった。「原著頁」の数値は後者の頁を示す。

表 1-4　移動式組立ラインを導入しなかった工程での総労働時間の変化

組立工程	改善前(A)	改善後(B)	(B)/(A)	原著頁
	(分)	(分)	(%)	
ピストンおよびコネクティング・ロッド（4個セット）	12.3/セット	5.6	45.5	108-09
コンミテータおよびハウジング	24.3	16.5	67.9	219
アルミ鋳造トランスミッション・カバーの製造と仕上げ	35.6	13.2	37.1	281
ブシング	59/台	28.8	48.8	306
カムシャフト成形	5.33	0.58	10.9	326
合　計	136.5	64.7	47.4	—

出所）表1-3と同じ。

間を約八分の一に縮める効果があったというのは、移動式組立ラインの効果を誇張するものであろう。

さらに考えておくべきことがある。移動式組立ラインが導入された工程は、T型車の生産全体の中でどのくらいの割合を占めていたかである。つまり、移動式組立ラインがどんなに総労働時間を大幅に削減しようとも、そうした工程が全生産工程のかなりの部分を占めるのか、ごく限定された部分しか占めないのかによって、全体の総労働時間の短縮に大きく影響するからである。

アーノルドの観察によれば、移動式組立ラインでの直接労働者は七六四名である。[52] この時期、ハイランド・パーク工場全体における直接労働者の数は七〇〇〇人を上回っていたと言われる。したがって、移動式組立ラインの直接労働者の割合は、一割を上回るにすぎない。全製造コストの一割の工程で、ある画期的な技術が導入されて、製造コストが八分の一に削減された（つまり、従来の製造コストから八七・五％も削減された）としても、全製造コストに及ぼす影響は八・七五％の削減である。その工程でのコストが二分の一になったとしても、全製造コストは五％低下するにとどまる。この労働者数から想定されることは、移動式組立ラインによる組立時間を大幅に短縮したとしても、全体の労働コストに及ぼす影響は限定的だったのではないかということであろう。[53]

だが、これは推測にすぎない。次に視点を変えて、同じ問題を扱おう。

②移動式組立ライン導入によりコストが低減したから、販売価格が急落したのか？

シャーシ組立工程における移動式組立ラインの導入によって、シャーシ組立にかかる総労働時間が約八分の一になった。この大幅な労働コストの削減は、間違いなくT型車の生産コストを下げたに違いない。これを示すのが、T型フォードの販売価格の急激な低下（図1-6参照）だと、当然のように取り扱われてきた。だが、販売価格の低下は必ずしも製造コストの低減を意味しない。経営陣の方針によっては、少なくとも一定期間に限れば製造コストと販売価格の推移は乖離する可能性があることを忘れてはならない。したがって、図1-6から販売価格が低下

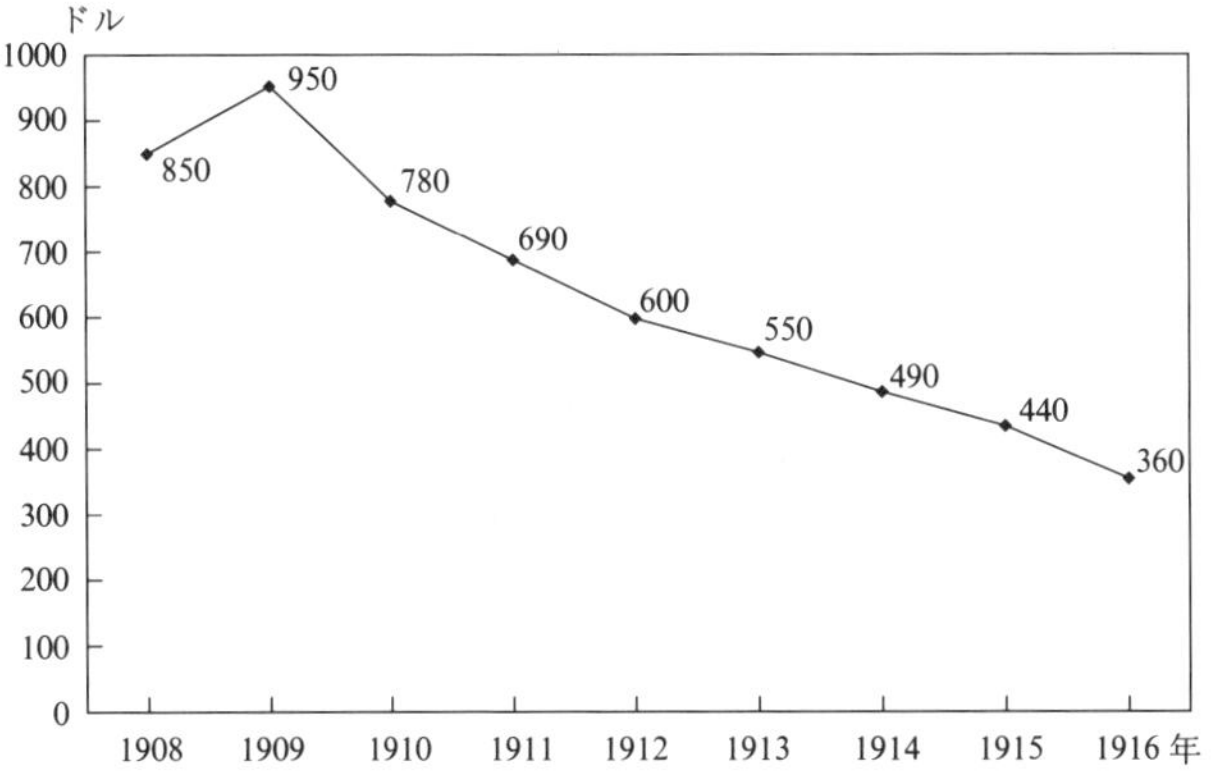

図1-6　フォードT型（ツーリング・カー）の販売価格の推移（1908〜16年）

出所）ハウンシェル『アメリカン・システムから大量生産へ』285頁。

しているからといって、製造コストが低減したとは必ずしも言えないのである。

T型車の価格の動きをもう少し詳しく検討してみよう。T型車と言っても、実はさまざまなタイプの車が販売されているが、ここでは主力車種であるツーリング・カー（幌付き自動車）の価格の推移を見てみよう。ほとんどの研究者が検討してきたのも、図1-6に示したツーリング・カーである。実はツーリング・カーの価格はただ下落を続けたのではない。この図には示していないが、一九一八年二月には四五〇ドルに値上げ（二五%の値上げ）をし、同年八月には五二五ドルに値上げ（一六・七%の値上げ）を実施している。こうした値上げは、軍需生産など第一次世界大戦の影響や、戦後の経済状況を考慮に入れねばならないので、ここでは考察外としよう。

ツーリング・カーの価格推移に触れる研究者やジャーナリストの多くは、一九〇八年に生産・販売が始まったT型車がその一年後に約一〇%値上げされたことを無視している。八五〇ドルで市販されたツーリング・カーは、一九〇九年一〇月一日に九五〇ドルに値上げされている。そして翌年一〇月一日に七八〇ドルに価格が引き下げられるまでの一年間、九五〇ドルのままだったのである。移動式組立ラインの導入前のことであるので、静止式組立方式のために生産コストが上昇したのだろうと考えてか、図1-6を示す者はこの事実に触れることはほとんどない。

静止式組立方式が採用されていたためにコストが上昇したとい

う因果連関を推定したと仮定しよう。この推定が正しいとすれば、移動式組立ラインを導入する一九一三年以前に価格が低下している事実を、移動式組立と結びつけることは論理的に困難となろう。そのためか、ツーリング・カーの価格の推移は示すものの、ほとんど何の説明も付け加えないのが通例である。

価格の改定には普通は何らかの意図的な経営判断が働くのではなかろうか。そうした観点からヘンリー・フォードの自伝『我が人生と事業』を読むと、価格改定の説明が次のように明快になされている。

一九〇九〜一〇年の間、［ハイランド・パーク工場用の］新しい土地と家屋の支払いにあてるために私は価格をわずかながら上げた。……まったく同じことを数年前にも行った。この場合は、リバー・ルージュ工場を建設するために、毎年の恒例となっていたほどには価格を引き下げなかったのである。……ロードスター以外の全モデルの価格を一〇〇ドル値上げした……。……新たな施設が整った一九一〇〜一一年にはツーリング・カーの価格を九五〇ドルから七八〇ドルに切り下げた。[54]

つまり、ハイランド・パーク工場を建設する際に、フォードは価格を意図的に引き上げたのである。少なくとも短期的には、販売価格と実際の製造コストは乖離する。実際に、T型の場合にもそれは生じていたのである。

しかし図1-6によれば、販売価格が傾向的に低減していることは疑いのない事実である。長期にわたって製造コストが販売価格を上回る事態が続けば経営は破綻するから、やはりT型の製造コストは傾向的に低減していたというのが、常識的な考え方であろう。この考え方は、移動式組立ラインの導入が大幅に製造コストを引き下げたという常識を疑いなき事実と見なすようにしてきた。しかし、図1-6からも明らかなように、最終組立工程に移動式組立ラインが導入された一九一三年以前にも、T型（ツーリング・カー）の販売価格は低下している。それにもかかわらず、この図は移動式組立ラインによって製造コストが低減したことを示すものとされてきた。

図1-6から直接的にT型の製造コストを推定することは論理的に無理がある。したがって、何か別の方法で製造コストを推定するしかない。これによって、従来言われているように、移動式組立ラインの導入がT型車の製造

コストを引き下げたと言うことができるのかどうかを検証してみよう。

③フォードT型の製造にかかる労働時間の推移

フォードT型の製造にどの程度のコストがかかったかが簡単にわかっていれば、おそらく「フォード・システム」の理解も違った展開をとげていたであろう。実際には、フォードT型の製造コストの推移を推定する試みは、ここ一〇年ほどの間に大きく進展し始めたにすぎない。これまで述べてきたことから、なぜ、多くの研究者が直接に製造コストを推定しようとしなかったかも明らかであろう。つまり「フォード・システム」に関心を抱いた人物の多くが、研究者であれ、ジャーナリストであれ、次のように考えたのである。第一に、移動式組立ラインの導入によってシャーシ組立の労働時間が約八分の一になったという観察結果が端的に示すように、移動式組立ラインの導入はT型の製造コストを大幅に低減させた。第二に、T型の販売価格が傾向的に下降していたことは厳然たる事実である以上、製造コストも長期的に見れば低減していた。この二つの点から、T型の製造コストは、移動式組立ラインの導入によって大幅に下がったと考えられたのである。そしてさらに進んで、移動式組立ラインを導入したからこそ、T型の製造コストは低下したというように因果関係が単純化された。一般には、コンベヤーを導入すれば、コストは下がるというような形で受け取られ、実務家にも大きな影響を与えたのである。

しかし、T型の販売価格は移動式組立ラインを導入する前から低下傾向を示していたことは紛れもない事実である。また、最終組立工程は言うまでもなく、さまざまな組立工程の全体をとっても、それらが自動車製造コストのほぼ全部を占めるわけでもない。それにもかかわらず、最終組立工程への移動式組立ラインの導入による劇的とも言える労働時間の削減を示したアーノルドの観察記録は、移動式組立ラインの導入によって製造コストが大幅に削減されたという単純な因果連関として多くの人々に受け入れられていった。研究者も、この問題を再考しても新しい発見は得られまいと考えて、他の魅力的な研究テーマを追究していった。その結果、T型車の製造コストを一定

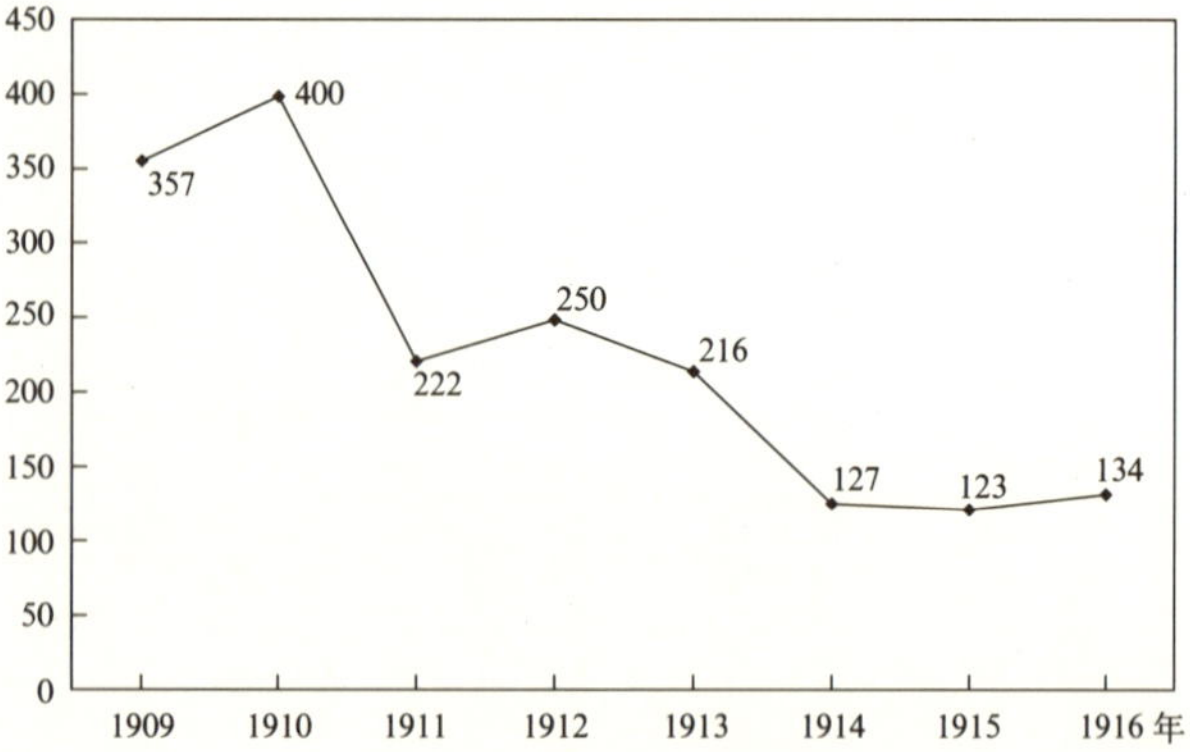

図 1-7　フォードT型1台に要する労働時間の推移（1909～16年）

出所）Karel Williams et als., "The Myth of the Line", *Business History*, vol. 35, no. 3 (1993), p. 73.

の時期にわたって推定してみるという基礎的な作業は、労多くして益の少ないものだと考えられ、実際には近年まで行われてこなかったのである。

こうした状況の中で、ウィリアムズらの「ラインの神話」という論文が一九九三年に発表される。[55] この論文の主張を端的に示すのが図1-7である。この図からもわかるように、フォードT型一台当たりにかかる総労働時間は、一九一〇～一一年と一三～一四年の二回にわたり大幅に減少しており、この二つの時期に挟まれた年月には、ほとんど変化がない。一九一〇～一一年には移動式組立ラインは導入されていない。したがって、移動式組立ラインが導入されたから、T型一台の製造にかかる労働時間が大幅に減少したとは言い難い。さらに、一九一三～一四年の労働時間の減少がすべて移動式組立ラインの導入によるものかどうかは不確かである。シャーシ組立に移動式組立ラインが導入されて削減された労働時間は約一一時間であるから、図1-7が示す一九一三～一四年にフォード社で生じた約九〇時間に及ぶ労働時間削減の約一割しか説明できない。また、アーノルドとファウロートが記録したさまざまな組立工程での移動式組立ライン導入によって削減された労働時間は約二一時間であり（前掲表1-3参照）、約九〇時間の削減のうちの四分の一に満たない。たしかに削減された労働時間の四分の一も説明できることは大きな要因である。しかし、だからといって、あたかも移動式組立ライン導入がT型車の組立時間が大幅に削減された要因のすべてであるかのように言うわけにはいかない。

ウィリアムズらの論文「ラインの神話」は、直接にT型車の製造コストを推定したものではないが、製造コストの中で大きな割合を占めると思われる総労働時間が移動式組立ラインの導入以前に大きく減少していたこと、また移動式組立ラインの導入によって削減された労働時間は減少した労働時間の過半を説明するものではないと主張したことによって、それまでの「フォード・システム」の理解に再考を迫るものであった。

このウィリアムズらの示したデータは年次データである。この時期のフォード社が急激な変革期にあったことを考えれば、年次データのような間隔の粗いデータによって、この時期のフォード社の状況を捉えられるのかという批判はありえよう[56]。こうした不満に応えるかのように現在までに提示された論考として、「神話の測定」というワーキング・ペーパーがある[57]。「神話の測定」の著者たちは、次のように説明する。

> 一台当たりの総労働時間は一九一三年から一四年にかけて少しだけしか減少せず、約二二五時間になった。それから一九一四年末までに一台当たり約一二〇時間にまで落ち、二一年までその水準に留まった[58]。

総労働時間が二二五時間に減少したことについて、「神話の測定」の著者たちのように、「少しだけしか低下」しなかったと評価を下すのが適切かどうかは見解が分かれよう。彼らのデータから確実に言えることは、一九一四年末まで総労働時間は傾向的に減少していたということであろう。実際、「神話の測定」の著者たちも次のように述べている。

> ウィリアムズら[の「ラインの神話」]は、[移動式]組立ラインがフォードにおける最も重要な発展ではなかったと主張しているが、この[われわれの]データも彼らの主張を一定程度、裏付けるものである。生産性の上昇とか、間接労働に対する直接労働の比率が低下傾向を示すといった何らかの際立った変化は、組立ラインの導入時にはない。組立ラインの導入時には、それまでのフォードにおけるコスト低減が単に持続されたように思われる[59]。

このようにして、月次ベースのデータを使った分析でも次の二点が主張されたのである。つまり第一に、T型車一台の製造にかかる総労働時間は移動式組立ラインの導入前から傾向的に減少していたこと、第二に、その減少傾向はラインの導入によっては大きく変化しなかったことである。

研究の現状からすれば、今や移動式組立ラインの導入だけが（あるいは、この導入が唯一の要因として）T型車製造に必要な総労働時間を大幅に削減したとは言えないであろう。上述した近年の研究は、「フォード・システム」を移動式組立ラインの導入にだけ焦点をあてて理解することに反省を迫っている。

④フォード社における生産性の推移

移動式組立ラインを扱った研究や概説書のほとんどは、アーノルドとファウロートの『フォード方式とフォード工場』に依拠して議論を進めてきた。そのため、移動式組立ラインの効率を考える指標として実質的に総労働時間に焦点があてられてきた。

こうした議論の展開には大きな制約があることは自明であろう。前述したようにT型の価格は販売開始から大幅に下降した。普通なら少なくとも、生産額の総計を全労働者数で割った労働生産性が重要な論点になるべきである。しかし、データの入手とその処理が困難なためか、労働生産性についてはほとんど議論がなされてこなかった。さらにフォード社では生産施設に莫大な投資がなされ、T型発売時にも有形固定資産は大幅に上昇した。したがって資本生産性にも大きな変化があったと想定されるにもかかわらず、ほとんどの研究者はこれを無視してきた。そのうえ、多くの論者が移動式組立ラインを生産技術上の革新と考えて、これを研究対象にしたにもかかわらず、全要素生産性の推定には無関心だったと言ってよい。

こうした研究の流れに疑問を呈したのがラフである。彼の試みは一九九六年の論考に始まり、二〇〇三年四月に改訂されたワーキング・ペーパーでも続けられている。[60] その推計を表1-5に掲げた。推計値に変動があり、この推計を確定的なものと見るには留保が必要である。ただ、二つの推計とも同じような傾向を示しており、他にはこれに類した推計がないため、ラフの推計を前提にして論を進めよう。

最初に、フォード社における全要素生産性の伸びは、一九〇九年から一四年までの期間全体として見れば大きかったことが強調されるべきであろう。フォード社における全要素生産性は、ラフによる一九九六年の推計では、この期間に年率にして二二%伸びている。同じ時期、アメリカ経済全体の全要素生産性は年に一・五%しか伸びていなかったのに、である。主要な産業セクターをとっても、年率一%を超える伸びを示していたのは金属製品(一・八%)と輸送機器(七%)だけであった[61]。このことを考えれば、フォード社における全要素生産性の伸びはきわめて高く、ある種の技術革新や組織革新がフォード社で生じていたことを裏付けるものだと言えよう。

このラフによる全要素生産性の推定も、移動式組立ラインが導入される前にすでに大幅に上昇していたことを裏付けている。詳しく見れば、一九〇九年から一〇年にかけて、全要素生産性は上昇するどころか下降し、一〇年から一一年にかけて大幅に上昇した。その後も上昇は大幅だったとはいえ、一九一〇年から一一年にかけての大幅な伸びを上回るものではなかった。これは「ラインの神話」や「神話の測定」によるフォードT型一台の製造にかかる労働時間の推定ともほぼ一致している(前掲図1-7参照)。

一九〇九年から一〇年にかけて全要素生産性が低下した理由を推測するのは容易であろう。フォード社は、デトロイト郊外のハイランド・パークに本格的な自動車専門工場を一九一〇年一月一日に開所する。生産設備の移転や新しい環境への適応に時間がかかったため、ハイランド・パーク工場の開所直後は生産性が低下したと思われる[62]。

表 1-5　フォード社の全要素生産の推計（1909～14 年）

期　間	推計 A（1996）年成長率（%）	推計 B（2003）年成長率（%）
1909～10 年	−23	−13.6
1910～11	72	56.6
1911～12	35	33.3
1912～13	47	43.6
1913～14	3	18.6

出所）推計 A は，Daniel M. G. Raff, “Productivity Growth at Ford in the Coming of Mass Production : A Preliminary Analysis”, *Business and Economic History*, vol. 25, no. 1 (1996), p. 182. 推計 B は，同著者の “What Happened at Highland Park?”, *Working Paper at the Wharton School and National Bereau of Economic Research* (Revised at April 20, 2003), p. 39 による。

フォード社の全要素生産性の上昇は、当時のアメリカの中でも群を抜いていた。何らかの技術的・組織的な革新が生じていたのである。しかし、全要素生産性は移動式組立ラインが導入される前に大幅に上昇していた。これはT型一台の製造にかかる労働時間の推定ともほぼ一致する。フォードで大幅な生産性の伸びがあったことは事実だとしても、その原因を移動式組立ラインの導入だけに求めることは、研究の現状をまったく反映しない見解にすぎないのである。

⑤上述の研究における問題点

一九九〇年代以降の研究は、どれもシャーシ組立への移動式組立ライン導入による効率の上昇を過度に強調することを否定してきた。「ラインの神話」が年次データ、「神話の測定」が月次データによるとしても、両論文の結論はほぼ同じである。また、「ハイランド・パークで何か起きたか?」で、「ラインの神話」が依拠する資料について批判したラフの結論も大差ない。これらの研究は一定程度の評価を得てきている。とすれば、彼らの研究が指し示す方向を前提に、「フォード・システム」を理解してよいのだろうか。筆者は上述の研究には大きな資料的な問題があると考える。

ラフが論文タイトルに掲げた「ハイランド・パーク」とは、言うまでもなくフォード社の主力工場であるハイランド・パーク工場の所在地である。ここで主力工場とあえて書いたのは、フォード社の組立工場は一九一四年の時点ではハイランド・パーク工場だけではなかったからである。「ラインの神話」の方も副題は「ハイランド・パークにおけるフォードによるT型車の生産」となっているが、この著者たちはハイランド・パーク工場の他に組立工場が存在していることを明確に意識している(63)。

しかしながら、彼らは「ハイランド・パーク」と明確に論文タイトルに書きながら、分析はすべての組立工場を対象としたものになっている。実際、資料の状況からすれば、彼らが扱った時期においては、ハイランド・パーク工場とそれ以外の組立工場を分けて扱うことができないからである。つまり、フォード社は複数の組立工場をすでに保有していたにもかかわらず、一九二〇年までは組立工場別にT型車の組立台数を示す資料は存在しないのである。[64]

したがって上述の研究は、ハイランド・パーク工場における最終組立工程に焦点を合わせた形になっているが、実際はフォード社全体での組立台数を基準にさまざまな推定がなされているという資料操作上の重大な欠点がある。ハイランド・パーク工場だけがフォード社の組立工場であるかのような想定をするのではなく、フォード社には複数の組立工場が存在したという事実を分析の中に明示的に組み込む必要がある。

最終組立工程での移動式組立ラインが生産性の上昇をもたらしたとこれまで信じられてきたが、このことに疑念を投げかけたという点では、「ラインの神話」とそれに続く研究は意義があった。しかし、最終組立工程に移動式組立ラインを導入した時点で、フォード社はハイランド・パーク工場だけでなく他の組立工場でも完成車を組み立てていた。フォード社におけるハイランド・パーク工場と他の組立工場との関係を明確にしなければ、移動式組立ライン導入の効果も判断しようがないのである。

5　工場群としての「フォード・システム」

(1) 組立分工場の展開

実は、フォード社が早い時期から分工場（主力工場から分かれて設置された工場）を展開してきたことはよく知られた事実である。米倉も本章第2節(2)で引用した文章に続けて、「フォードはつづいてこうした組立工場をアメリカ各地に分散させ、輸送費を節減するノックダウン方式も積極的に展開した」と書いている。[65] だが、フォード社に関する多くの説明と同様、彼も各地に工場が分散されたとは書いているものの、それらの分工場における実際の組立台数については何も説明していない。

一九〇三年にフォード社が設立された後、同社はただちに地域代理店制度をとった。しかしすべての代理店が熱心にフォード社の自動車を販売するわけではなかったので、フォード社は自ら支社を設置し、ディーラーを直接に監督し始める。一九〇六年秋には九つの支社が置かれ、四五〇のディーラーが傘下にあったという。さらに一九〇九年には、地域代理店の担当地域を支社直轄にするといった方策をとり始め、一二年にはすべての販売地域を代理店ではなく、支社が担当するようになり、一四年にはアメリカ全土を覆うように支社が置かれた。そして、一九一〇年からはT型の組立作業を行う支社もでてきた。これが組立分工場の始まりである。[66]

フォード社が各地に設置した組立工場は、販売面にもきわめて大きな影響を及ぼした。支社と一体化した組立工場は、支社が管轄する販売地域のディーラーに対し、在庫部品を直接提供するようになった。それだけでなく、「各地に工場が設けられるに従い、ディーラーに対する監督は、各地工場のマネジャーの手でおこなわれるようになった。ディーラーに対する管理や監督は綿密を極めたといわれている。ディーラーは需要の多い部品についてはつねに適正在庫の保持が要求され、その結果、自動車所有者に対するすばやいサービス、すばやい補修が可能に」なり、[67]フォードT型の販売増大に貢献したのである。

この組立分工場はどれだけ設置されたのだろうか。フォード社の広報用パンフレット『フォード・ファクトリ・ファクツ』（一九一二年版）は、フォードが主力工場の他にアメリカ国内で四つの組立分工場、イギリスに一つの組立分工場を保持していることを明示している。[68]さらに数年後に発行された『フォード・ファクトリ・ファクツ』（一九一五年版）は、アメリカ国内に二八の組立分工場があると明記している。[69]一九一七年版『フォード・ファクトリ・ファクツ』もまったく同じ情報を掲げている。ここではフォード社による組立分工場の展開を示すものとして図1-8を掲げておく。[70]

フォード社の販売を統轄する支社で最初に組立を行ったのは、ミズーリ州のカンザス・シティ支社である。フォード社は一九〇九年六月にこの支社に組立工場を建設する決定をした。その後、組立分工場が増大していくが、これはフォード社が意図したものであった。一九一二年初頭、フォード社は毎年の利益のうち一五％を生産能力の拡張に使うことを決める。一九一二年一〇月一日から一五年一二月一日までの利益の一五％は約一六三二万ドルであった。[71] このうち約一三〇〇万ドルを使って、組立分工場が各地に設置されていき、それ以外の金額はハイランド・パーク工場の拡張に投資された。一九一二年の決定がなされる前にすでにカンザス・シティに組立分工場が設置されていたが、一二年の決議によって組立分工場が急速に設置されることになったのである。[72]

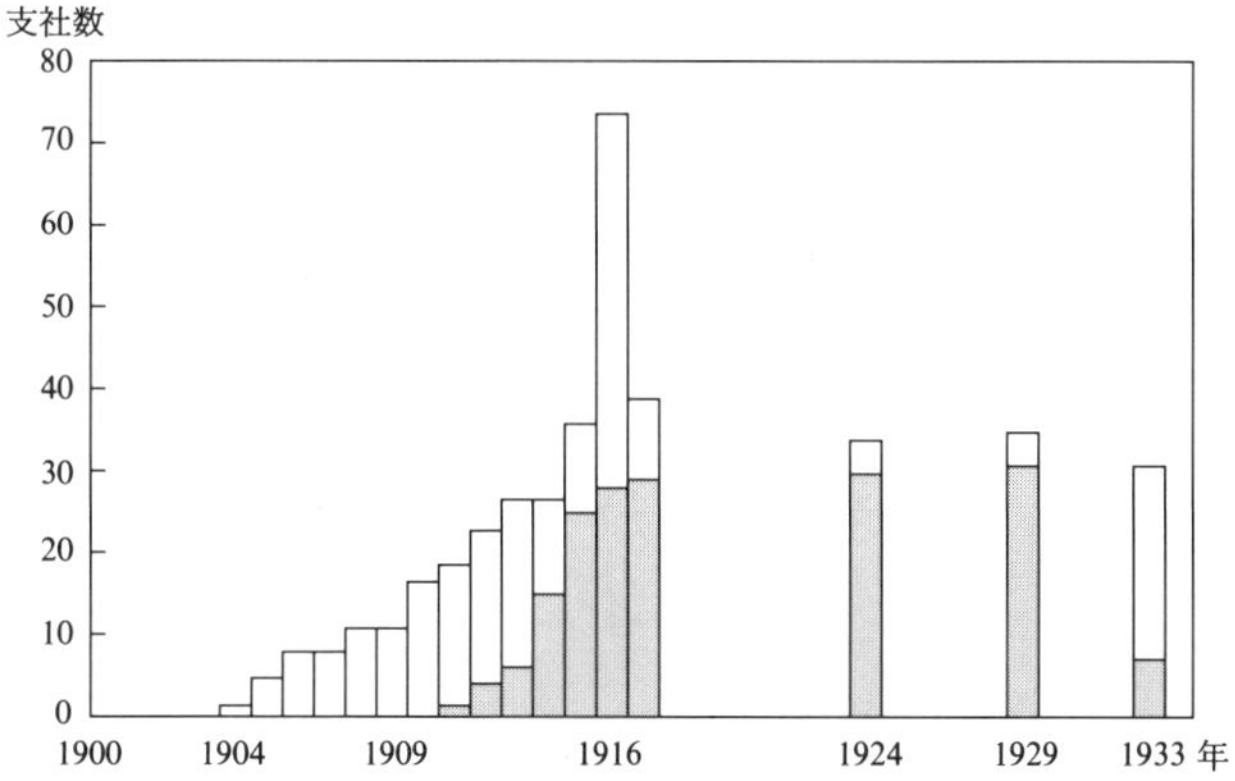

図 1-8　フォード社の支社と組立分工場の展開（1903 年以降）

注）着色部分が組立を行う工場を持っている支社である。

出所）G. T. Bloomfield, "Coils of the Commercial Serpent", in Jan Jennings ed., *Roadside America* (Ames : Iowa State University Press, 1990), p. 41.

　主力工場に加え地理的に離れた場所に分工場を設置することは、それまでのアメリカ自動車企業にはないことだった。まさに「フォード社特有のものだった」のであり、その理由は「他の自動車企業は地方に分工場を設置することが経済的になるほど、多くの台数を生産していなかった」からであった。[73] アバナシーは、共通の製造プロセスを持つ工場を別の地域に設置すること自体がアメリカ産業全体の中でも初めてのことかもしれないと、フォード社が主力工場の他に分工場を持つことになった意義を高く評価している。[74]

　フォード社が早い時期から分工場を各地に展開していった理由

については、論者の見解はほぼ一致している。塩見が述べているように、「フォード社のT型車をノックダウン形態で輸送する場合、完成車六台分のスペースで部品一〇台分が運べたといわれ、この方法で輸送費を半分近くまで節約する可能性さえあ」った。[75] これが、フォードによる分工場展開の理由であったことは間違いないだろう。

(2) 移動式組立ラインが設置された実態

①ハイランド・パーク工場新棟での移動式組立ライン

ところで、これまでフォード社における移動式組立ラインを扱ってきた論者のほとんどは、その実験の成果については書いても、それが具体的にどのように行われてきたかについてはほとんど関心を示さなかった。最終組立ラインの様子として、よく掲げられる写真を見られたい（図1-9参照）。現代の自動車メーカーを見学している者にとっては奇異に感じられよう。作業現場に数多くの柱が立っているのである。理由は簡単である。最終組立は複数階の建物で行われていたので、強度を保持するために多数の柱が必要だったのである。

ハイランド・パーク工場の建設開始時には、コンベヤー・システムの使用は想定されていなかった。また、フォード社がハイランド・パーク工場を拡張するために、前述したW棟、X棟の建設をしていたときでさえ、コンベヤー・システムは実現していなかった。このW棟、X棟は六階建てで、多数の柱がある中で最終組立が行われていたのである。

写真によって具体的にW棟、X棟での作業状況を確認しておこう。先に引用したチャンドラーの説明文からも明らかなように、この二つの建物の間には「クレーン走路があり、その天井はガラス張りであった。そのため建物のすみずみまで光線がよく通った。双方の建物のクレーン走路に面した側には壁がなく開放されていた」。[76] この様子は図1-10の①と②からわかろう。①の中央上部にケージがあり、そこに人間が乗ってクレーンを操っている。クレーンを操る様子は③から、クレーンで資材を運んでいる様子は④を見ればわかろう。①と②では、両側の建物からの多数の突出部が確認できよう。①では、その突出部には何も置かれていないが、②を見ればそこに資材が置かれている様が確認できる。このクレーンが運ぶ資材はどこから運ばれてくるのだろうか。①と②の中央部に（つまり、両側の建物に囲まれた空間の地上部に）、屋根のようにも思える黒い部分が写っている。これは引き込み線から入ってきた貨車の上部である。⑤を見ればはっきり貨車だと確認できよう。この図で上から下に伸びているもの、つまり建物の一階部分と上層階を結びつけている一直線の装置については、「車体用巻き上げ機」(Body Elevator) との説明がある。加工前の車体が上層階に運ばれて最終加工がなされたのであろう。その後、⑥に見られるように、完成した車体は下層階まで滑り降ろされたのである。

図 1-9　フォード社での移動式組立ライン導入後の最終組立工程

出所）H. L. Arnold and F. L. Faurote, *Ford Methods and Ford Shops* (New York : Engineering Magazine, 1919), p. 143. これと同じ写真は，Ford Motor Company, *Ford Factory Facts* (1915), (1917) にも掲載されている（1914〜15 年頃撮影されたものと推定される）。

新棟での作業状況を簡単に説明しておこう。最初にクレーンがW棟などの各階に材料などを運ぶ。その後、各階で作業が行われる。例えば次のようにである。

　この［後車軸《リア・アクスル》］組立は、［W棟などの］六階建て工場の三階で行われる。これとは別に、駆動軸《ドライブ・シャフト》に関する全作業が四階で行われ、完成した部品がチェイン・コンベヤーで三階に運ばれる。[77]

この引用文からは、一九一七年頃になると新棟の四階から三階に部品を運ぶためにも、コンベヤーが設置されていたことがわかる。水平的な移動だけでなく、高低差のある場所に仕掛品や部品を移動させる手段としてもコンベヤーが使われていたのである。

各種部品の組立が終わると一階に運ばれ、それらはシャーシ

①

②

③

④

⑤

⑥

図 1-10　W 棟，X 棟の内部の様子

出所）① Ford Motor Company, *Ford Factory Facts* (1915), p. 28.
② Ford Motor Company, *Ford Factory Facts* (1917), p. 28.
③〜⑤ Arnold and Faurote, *Ford Methods and Ford Shops*, pp. 403–04, 408.
⑥ L. Biggs, *The Rational Factory* (Baltimore : Johns Hopkins University Press, 1996), p. 125.

組立ラインで取り付けられていった。そのために各階の床には「穴が開けられ、［大体において］最上階を出発した未加工部品が、シュート、コンベヤー、もしくはチューブを通って自らの重力で下降し、完成品となって一階にでて」[78]きて、最終組立ラインでシャーシに取り付けられた。

W棟などの新棟は鉄筋コンクリートなどを使い、空間を広くとった斬新な設計による工場であった。各階の床面積は東京ドームの七割の面積を持つほど広く、コンベヤー・ラインを設置することも可能であった。しかし、これら新棟は、資材を水平に移動させるコンベヤー・システムを想定して設計された工場ではなかった。クレーンを使い各階に資材を運んだ後は、基本的には最上階から一階まで材料が流れるように下降しながら最終生産物に加工されることを理想として設計された工場だったのである。それまでの機械加工業で、こうした理想を実現しようとした工場はなく、その意味で画期的な工場であったことは疑いない[79]。

だが、重力を利用して加工対象物を垂直に移動させるだけでなく、コンベヤーを利用して水平に移動させることが技術的に可能になると、W棟などの新棟が理想としていた工場設計に対案が浮かび上がることになった。コンベヤー・ラインを多用して加工対象物を水平に移動させることが可能になるのであれば、工場は平屋にすればよいというアイデアであった。たしかに工場用地が広くなるので取得費用は嵩むし、コンベヤーの設置費用も嵩む。だが工場自体の建築コストは低減し、多層階を支える柱などが減るために生産設備レイアウトの自由度は大幅に増す。このアイデアに基づいた工場を建築するか、W棟などで行われていた操業の状態を維持するか。このどちらを選択すべきなのかは、フォード社の将来だけでなく二〇世紀における工場の構造にも影響を与える問題であった。この点は、これまでほとんど論じられていない重要な点であるので、後に立ち返ることにして（本章第7節）、さしあたり移動式組立ラインが組立分工場に設置されたのかを、次に考えておきたい。

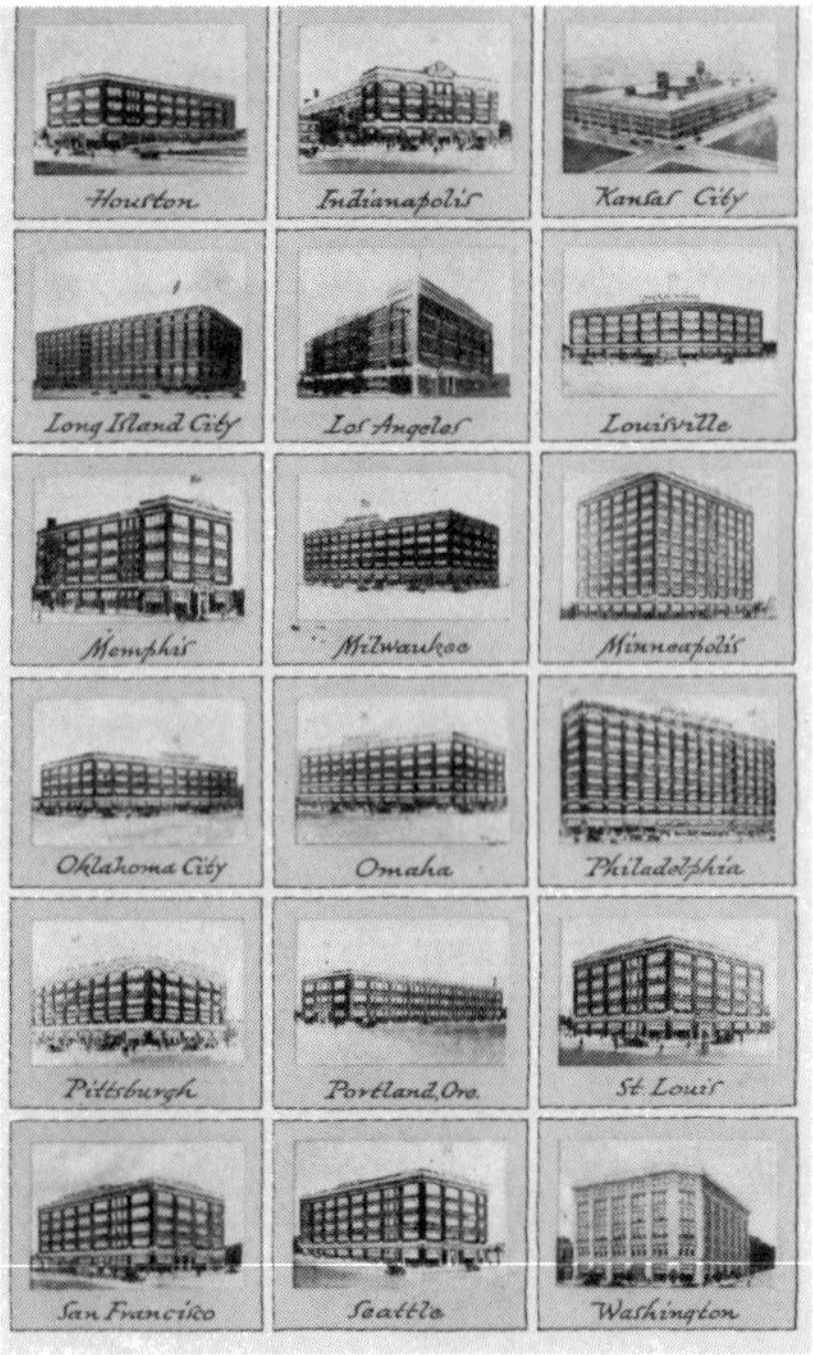

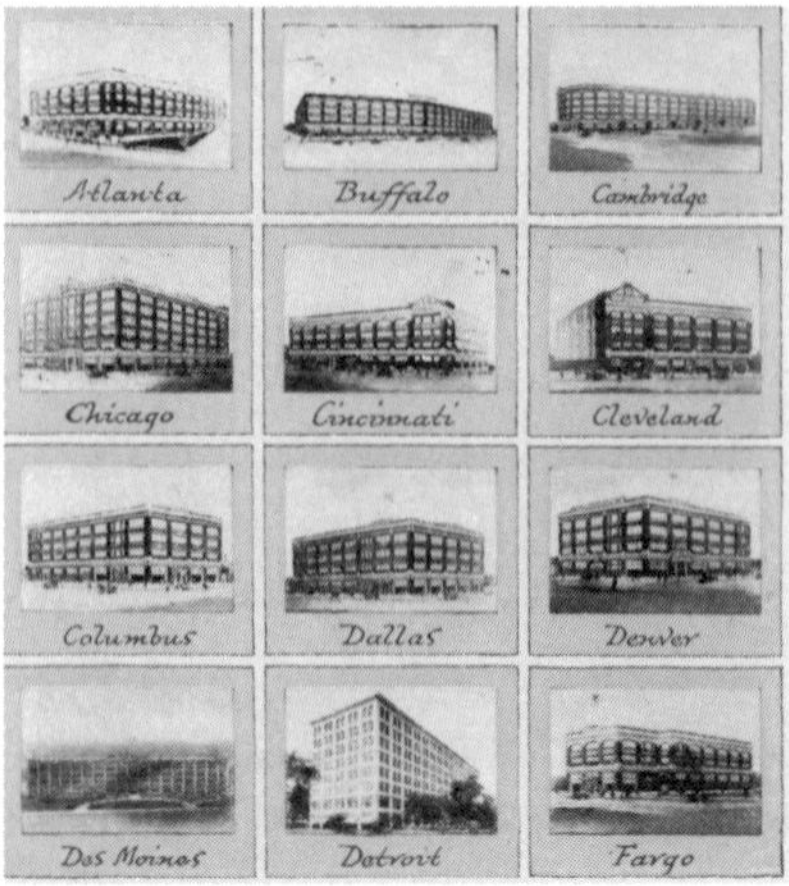

図 1-11　フォード社の組立分工場の外観

出所）Ford Motor Company, *Ford Factory Facts* (1917), pp. 67-68.

②組立分工場に移動式組立ラインは設置されたのか？

フォード社が各地に展開した組立分工場の多くは複数階の建物であった。『フォード・ファクトリ・ファクツ』（一九一七年版）は組立分工場が三〇あると述べ[80]、その外観写真を掲載している（図1-11参照）。この工場はどれも複数階の工場のように見える。

しかし外観写真だけでは、建物のデザインにより実際の階数と外観から得られる印象が違う場合がある。フォード文書館の資料によって、もう少し詳しく個別の組立分工場の状況を見てみよう。記述資料によれば、例えば一九一二年から組立を開始したロング・アイランド・シティの工場は地上三階、地下一階であったし、一四年に組立を開始したセント・ルイスの工場も地上五階、地下一階であった。さらにハイランド・パーク工場に移動式組立ラインが導入された後に工場建設が始まった（一九一五年秋に建設開始）オクラホマの工場も四階建てで、一六年春には組立を開始した。[81]

フォード社が組立分工場への大規模な投資をしていった時点では、ハイランド・パーク工場の最終組立工程でさえも移動式組立ラインが設置されていなかった。また、移動式組立ラインの実験さえも試みられていなかった。したがって、一九一四年以前に設置された組立分工場には、移動式組立ラインが導入されていたはずがない。最初の組立分工場であったカンザス・シティ工場の例をあげよう。

一九一二年に、最初の自動車がここ［カンザス・シティ工場］で組み立てられた。デトロイト以外の分工場で組み立てられた最初の自動車である。……その年の生産は日産二五台という驚くべきものであった。車は木製の台の上で、少数のスパナだけで組み立てられたのである。[82]

さらに一九一四年に開業したセント・ルイス工場の場合も見ておこう。

これらの建物［セント・ルイス工場］が建設されたときには、コンベヤーは知られていなかった。生産は一日数台で始まった。[83]

これらからもわかるように、後掲の表1-7に示す組立分工場は、移動式組立ラインがハイランド・パーク工場で実験される前に建設計画が決まっており、組立作業が始まっても、ほとんどのところで移動式組立ラインは設置されていなかったのである。

セント・ルイス工場は多めに見ても各階の床面積は二万二五〇〇平方フィート（約二一〇〇平方メートル）であり[84]、ハイランド・パーク工場のW棟などの床面積の六・五％ほどしかなかった。このW棟各階の床面積が東京ドームの六九％の面積であったのに対して、セント・ルイス工場のそれは四・五％だったのである。この床面積ではコンベヤー・ラインを敷設することは困難だったに違いない。[85]まさしく、組立分工場は「静止式組立を想定しており、一日に一〇〇台以上の組立を行うことは想定されていなかった。多くが複数階の建物であり、コンベヤー、つまり移動式組立ラインを設置するには狭すぎた。広々とした建物もあったが、中央にあるエレベーター用シャフトのために効率的なレイアウトができなかった」[86]。これにはフォード社の経営陣も重大な関心を払い、一九二三年、二四年には一億一〇〇〇万ドルから一億一五〇〇万ドルをかけて、七都市に分工場を新設していったが、その際、彼らが望ましいと考えた工場はもはや複数階の建物ではなく、平屋の工場だった[87]。生産設備のレイアウトを自由にできるように床面積を広くとり、柱などをなくすことを考えると、複数階の建物よりも平屋の工場の方がコスト的に有利だと判断されたのである。

フォードT型の完成車組立という側面だけを取り上げて、これを「フォード・システム」と理解しようとしても、それだけでは不十分である。最終工程に移動式組立ラインが設置された時点では、いまやハイランド・パーク工場と複数の分工場を視野に入れる必要がある。一九一四年末までには、主力工場であるハイランド・パーク工場に加えて、二八の組立分工場が設置されていた。したがって、主力工場と分工場での組立台数はどのくらいの割合で推移したのかという問題は、フォードT型の組立コストを考える場合には重要な意味を持とう。しかも、移動式組立ラインは一九一四年にはハイランド・パーク工場に導入されていたが、各地に設立された組立分工場に導入されたのは時期的にはずっと後だったのである。これまでの研究はこの問題についてほとんど触れてこなかった。この点を次に検討しよう。

(3) フォードT型の完成車組立はどのように分担されていたのか?

フォードT型の完成車組立はハイランド・パーク工場と組立分工場でどのように分担されていたのであろうか。T型完成車のほぼ全台数が、ハイランド・パーク工場で組み立てられていたのであれば、「フォード・システム」をわざわざ工場群として把握する必要もなかろう。すでに述べたように、一九二〇年以前に関しては組立分工場ごとの組立台数を示すことは資料的には不可能である。だが、アーノルドは組立分工場とハイランド・パーク工場との関係を示唆する記録を残している。これを最初に考察し、さらに一九二〇年以降については資料に基づいて、ハイランド・パーク工場と組立分工場の間でT型完成車の組立がどのように分担されていたのかを見てみよう。

①一九二〇年以前

移動式組立ラインの導入について貴重な記録を残したアーノルドとファウロートの『フォード方式とフォード工場』は、ハイランド・パーク工場と分工場の組立台数について次のように書いている。

フォード工場の製品は常に売れ行きがよく、たった一日でもハイランド・パーク工場に在庫としておかれている車は一台もない。……ハイランド・パークから出荷される自動車のうち九〇％が現金引き換え払い証とともに運び出されていく。ハイランド・パークで生産される残り一〇％がさまざまなフォードの「分工場」に出荷されている。(88)

この文章が最初に発表されたのは『エンジニアリング・マガジン』誌の一九一四年五月号である。(89)

アーノルドが観察したように、一九一四年にはハイランド・パーク工場で九割が組み立てられ、一割が組立分工場で組み立てられていたと考えよう。その上で、ハイランド・パーク工場ではすべてが移動式組立ラインで組み立てられ、各地の組立分工場では静止式組立の「最良の記録」で組み立てられていたと仮定しよう。この仮定によれば、フォード社全体で最終組立工程における一台当たりにかかる平均労働時間は二時間三八分である。組立分工場の割合が二割にまで増加したと仮定すれば、この数値は三時間四四分となる。静止式組立の「最良の記録」から組立時間は一〇時間から一一時間ほど短縮されたことになり、また静止式組立の初期の記録一四時間（前掲表1-3参照）から考えれば約一一時間一五分から一一時間半ほど短縮されたことになる。通常いわれている「最良の記録」から移動式組立の導入によって、六時間半短縮されたのではなく、一九一三年から一四年にかけて一一時間半短縮されたとしてみよう。つまり、先の図1-7で一九一四年の数値をさらに六時間半だけ少なくしたとしよう。それでもこの図からすれば、フォード社が労働時間を大幅に削減したのは、一九一三年から一四年ではなく、一〇年か

表 1-6　フォード T 型の生産台数（1908〜27 年）

年	生産台数	期　間
1909	10,660	1908 年 10 月 1 日〜09 年 9 月 30 日
1910	19,050	1909 年 10 月 1 日〜10 年 9 月 30 日
1911	34,858	1910 年 10 月 1 日〜11 年 9 月 30 日
1912	68,773	1911 年 10 月 1 日〜12 年 9 月 30 日
1913	170,211	1912 年 10 月 1 日〜13 年 9 月 30 日
1914	202,677	1913 年 10 月 1 日〜14 年 7 月 31 日
1915	308,162	1914 年 8 月 1 日〜15 年 7 月 31 日
1916	501,462	1915 年 8 月 1 日〜16 年 7 月 31 日
1917	735,020	1916 年 8 月 1 日〜17 年 7 月 31 日
1918	664,076	1917 年 8 月 1 日〜18 年 7 月 31 日
1919	498,342	1918 年 8 月 1 日〜19 年 7 月 31 日
1920	941,042	1919 年 8 月 1 日〜20 年 7 月 31 日
1921	928,750	1921 年 1 月 1 日〜21 年 12 月 31 日
1922	1,301,067	1922 年 1 月 1 日〜22 年 12 月 31 日
1923	2,011,125	1923 年 1 月 1 日〜23 年 12 月 31 日
1924	1,922,048	1924 年 1 月 1 日〜24 年 12 月 31 日
1925	1,911,706	1925 年 1 月 1 日〜25 年 12 月 31 日
1926	1,554,465	1926 年 1 月 1 日〜26 年 12 月 31 日
1927	399,725	1927 年 1 月 1 日〜27 年 12 月 31 日

出所）McCalley, *Model T Ford*, pp. 462–463.

ら一一年にかけてということになろう。

移動式組立ラインの導入は、たしかに最終組立での労働時間を大幅に短縮するものであったが、自動車製造全体にかかる労働時間の削減から見れば、その短縮は限定されたものだった。しかも、フォード社が移動式組立ラインを導入しない小規模な組立分工場を設置し、そこでの組立台数を増やせば、フォード社全体での完成車組立にかかる労働時間は（組立ラインの導入実験が示すほど急激には）減少しなかったと推定されるのである。

アーノルドがハイランド・パーク工場を訪ねたと考えられる一九一四年春頃は年産二〇万台程度の生産量であった（表1-6参照）。その後、T型車の販売台数は急増する。その過程でハイランド・パーク工場と組立分工場で組立台数はどのように分担されていったのだろうか。

②フォード社は年産二〇〇万台をどのようにして達成したのか？

フォードT型の生産台数は一九二三年には年産二〇〇万台にも達した（表1-6参照）。この年産二〇〇万台という水準を日本のトヨタと日産が実現したのはそれぞれ一九七二年、七三年のことであった。日本の自動車メーカーがこれを実現する約半世紀も前に、フォード社は年産二〇〇万台を実現していた。日本の自動車メーカーは、年産二〇〇万台を達成するために、自社で組立や機械加工などの専門工場を新設し、旧設備を増設しただけでなく、他社に生産を委託して二〇〇万台の自動車を生産した。[90] フォード社がT型車の年産二〇〇万台を達成したときにはどうだったのであろうか。

述べてきたように、一九一〇年以降フォード社は組立分工場を各地に積極的に展開した。分工場の数が増えていったにもかかわらず、研究者はハイランド・パーク工場に関心をほぼ限定してきた。それは、一九一四年に導入された移動式組立ラインが人々の耳目を引いたからでもあったろう。しかし、フォード社はハイランド・パーク工場だけで二〇〇万台の完成車を組み立てたのではない。フォードT型車の最終組立工程を考察するのであれば、ハイランド・パーク工場だけでなく、多数の分工場でも組立が行われていたことに眼を向けなければ、T型車の最終組立の実態について誤った理解に導くことになろう。

ハイランド・パーク工場と各地の分工場の組立台数を工場ごとに示すことは、一九二〇年以降であれば、フォード文書館の資料によって可能である。問題を複雑にしないため、アメリカ国内に所在する工場だけに限定し、一九二〇～二五年における組立台数の分布を表1-7に簡略に示す（アメリカ国内での組立台数はフォード社全体の約八割から九割であるので全体の傾向は十分わかろう）。フォード社の組立分工場のほとんどが一年間に一〇万台も組み立てていないだけでなく、五万台未満の工場が多い。それどころか本章で検討している時期、アメリカ国内の組立台数が最多になった一九二三年（フォード社全体では二〇〇万台の完成車を組み立てた年）でさえ、アメリカ国内の分工場における平均組立台数は七万台にも達していなかったのである。二九の組立分工場のうち、一〇工場が五万台未満しか組み立てていなかった。これは全世界におけるフォード社の組立分工場における組立台数の分布を見ても状況は変わらない（表1-8参照）。一九二三年には世界で三七の組立分工場においてT型車が組み立てられていたが、その半数近くが年間二万五〇〇〇台未満しか組み立てていない工場から出荷されたものだった。これは一九二三年だけの特殊な状況でなかったことは、世界のフォード社工場の組立台数別の分布を示した表1-9からも明らかであろう。

表 1-7 フォード社のアメリカ国内組立分工場の組立台数分布（1920〜25 年）

①年間組立台数別の工場数

組立台数	1920 年*	1921 年	1922 年	1923 年	1924 年	1925 年
5 万台未満	17	20	15	10	13	18
5 万〜10 万台未満	6	5	7	17	15	12
10 万台以上	0	0	2	2	3	2
組立工場の総数	23	25	24	29	31	32
組立台数総計	865,142	928,750	1,232,209	1,915,485	1,790,278	1,775,245
フォード社の全世界工場の組立台数に占める割合（%）	86.8	91.6	88.1	91.6	89.8	89.2

注）表中の数値は各組立工場数を示す。例えば，表の 2 列目，2 欄の数値「17」は 1920 年には 5 万台未満を組み立てた工場は 17 工場であったことを示す。

②組立工場規模別の組立台数の分布

組立工場の規模		1920 年*	1921 年	1922 年	1923 年	1924 年	1925 年
5 万台未満	組立台数の小計(A)	481,501	585,020	571,619	344,061	409,350	691,820
	(A)/(X)%	55.7	63.0	46.4	18.0	22.9	39.0
	1 工場当たりの平均組立台数	28,324	29,251	38,108	34,406	31,488	38,434
5 万〜10 万台未満	組立台数の小計(B)	383,641	343,730	416,030	1,233,766	991,702	834,686
	(B)/(X)%	44.3	37.0	33.8	64.4	55.4	47.0
	1 工場当たりの平均組立台数	63,940	68,746	59,433	72,574	66,113	69,557
10 万台以上	組立台数の小計(C)	0	0	244,560	337,658	389,226	248,739
	(C)/(X)%	0	0	19.8	17.6	21.7	14.0
	1 工場当たりの平均組立台数	—	—	122,280	168,829	129,742	124,370
全工場での組立台数総計（X）		865,142	928,750	1,232,209	1,915,485	1,790,278	1,775,245
1 工場当たり平均組立台数		37,615	37,150	51,342	66,051	57,751	55,476
1 工場での最小組立台数		4,984	780	25,028	13,416	2,234	15,023
1 工場での最大組立台数		78,149	93,409	128,805	215,236	169,824	137,321

③ 10 万台未満を組み立てた組立工場の分布

組立台数	1920 年*	1921 年	1922 年	1923 年	1924 年	1925 年
1 万台未満	2	2	0	0	1	0
1 万〜2 万台未満	23	4	0	2	3	2
2 万〜3 万台未満	5	4	4	0	1	2
3 万〜4 万台未満	4	4	3	5	3	4
4 万〜5 万台未満	4	6	8	3	5	10
5 万〜6 万台未満	2	3	5	4	6	4
6 万〜7 万台未満	3	0	2	3	5	2
7 万〜8 万台未満	1	0	0	3	1	2
8 万〜9 万台未満	0	1	0	5	2	2
9 万〜10 万台未満	0	1	0	2	1	2

注）*1920 年は 1919 年 8 月 1 日から 20 年 7 月 31 日の数値。他の年次は暦年の数値。

出所）Ford Archives : Acc. 396 ; “Reports—Car Assembly Model T 1919〜20” ; McCalley, *Model T Ford*, pp. 463-70.

表1-8　フォード社の組立分工場における組立台数の分布（1923年）

年間組立台数	工場数	総組立台数に占める割合（%）	総組立台数に占める累積的な割合（%）
2万5,000台未満	8	21.6	21.6
～5万台未満	9	24.3	46.0
～7万5,000台未満	9	24.3	70.3
～10万台未満	9	24.3	94.6
～12万5,000台未満	1	2.7	97.3
～15万台未満	0	0	97.3
～17万5,000台未満	0	0	97.3
～20万台未満	0	0	97.3
21万台以上	1	2.7	100.0

注）この表の「組立分工場」の中には，ハイランド・パーク工場を含めている。
出所）McCalley, *Model T Ford*, p. 465.

表1-9　フォード社の組立分工場の組立台数別分布（1920～25年）

組立台数	1920年	1921年	1922年	1923年	1924年	1925年
5万台未満	23	27	21	17	21	26
5万台～10万台未満	7	5	8	18	16	13
10万台以上	0	0	2	2	3	2
組立分工場の総数	30	32	31	37	40	41

注）この表の「組立分工場」の中には，ハイランド・パーク工場を含めている。
出所）表1-7に同じ。

ハイランド・パーク工場の組立台数はどうだったのか。表1-10からわかるように、一九二〇年、二一年は一〇万台に達していなかった。これは第一次大戦直後という特殊事情によるものとも考えられよう。だが、その後の推移を見ても、少なくとも表1-10に掲載した一九二五年までは一一万台から一二万台の組立台数にとどまっている。フォード社全体におけるT型車の総組立台数の中で、ハイランド・パーク工場の組立台数がどれほどの割合を占めていたかについても、フォード社の世界全体での組立台数ではなく、アメリカ国内の組立台数だけを見ても、資料が入手可能な一九二〇年以降においては、ハイランド・パーク工場がフォード社の全組立台数の一〇%を上回るT型車を組み立てたことはなかったのである。

一九一四年頃にアーノルドが観察した

表 1-10　ハイランド・パーク工場のフォード社に占める位置（1920〜25年）

年	ハイランド・パーク工場の組立台数	フォード社全体の総組立台数に占める割合（%）	アメリカ国内での総組立台数に占める割合（%）
1920	78,149	7.8	9.0
1921	88,173	8.7	9.5
1922	115,755	8.3	9.4
1923	122,422	5.9	6.4
1924	112,702	5.7	6.3
1925	111,418	5.6	6.3

出所）McCally, *Model T Ford*, pp. 463-69. ハイランドパーク工場の組立台数を基に表 1-6，表 1-8 より総組立台数に占める割合を算出。

状況とまったく逆転していたわけである。すなわち、一九一四年にはハイランド・パーク工場が全体の九割を、各地の組立分工場は一割を組み立てていたが、二三年にはその比率は完全に逆転し、全社で二〇〇万台を組み立てたうち、ハイランド・パーク工場は約六％を組み立てていたにすぎなかった。しかも、一九二一年以降、ニュージャージー州のカーニィ工場がハイランド・パーク工場を上回る完成車を組み立てていた。特に一九二三年にはカーニィ工場は約二一万五〇〇〇台を組み立てた。つまり、ハイランド・パーク工場はフォードの完成車全体のうち、ごく限られた割合を組み立てていたにすぎなかっただけでなく、フォード最大の組立工場でもなくなっていたのである。

③ハイランド・パーク工場はいかなる意味で主力工場だったのか？

それでもハイランド・パーク工場はフォード社の主力工場だったと言えるのだろうか。フォード社のT型車生産を支えていた意味からして、真の意味での中核的な工場だったのだろうか。また、全体の組立台数に占めるハイランド・パーク工場の割合が低くなっているのは、偶然的な要素が強く、フォード社が意図的に推し進めたものではなかったのだろうか。たとえ意図的だったとしても、そこには合理性があったのだろうか。

ハイランド・パーク工場は巨大な敷地を持つ工場であった。しかし意外なことに、ハイランド・パーク工場の具体的な広さに言及している文献は少ない。フォード社の広報用冊子『フォードの産業』はハイランド・パーク工場について次のように述べているので紹介しておこう。

フォードのハイランドパーク工場は世界の観覧場所の一に数えられ、此工場を参観する人は毎年数万に上ります。生産量から申しますと世界最大の自動車製造所で、其敷地二百七十八エーカー（約百十一町歩）建物の坪数実に十二万六千坪に及んで居ります。

此工場はフォードの世界的大組織の策源地であり、有名なるフォード経営法もフォード経営方針も皆茲で案出され、研究されたのであります。[91]

この敷地の広さは約一一二万五〇〇〇平方メートルで、東京ドームの約二四倍もの広さがあり、工場建物だけでも東京ドームの約九倍にもなる。たしかに広大な敷地ではある。だが、日本のトヨタ自動車工業が自動車進出を考えて一九三五年一二月に取得した工場用地（後に、トヨタの本社工場ができる）は約一九一万平方メートル（東京ドームの約四〇倍の広さ）であり、ハイランド・パーク工場の敷地を上回る広さだった。この本社工場だけでトヨタが一カ月間に組み立てた台数は最高で約九一〇〇台（昭和三四〔一九五九〕年七月の生産実績）であった。この実績を基に一年間の最高の組立台数を算出してみれば約一一万台となる。これは、戦後になって前述のマキシーとシルバーストンが『自動車産業』で、イギリス企業の最終組立工程の最適生産規模を年産一〇万台ほどと推定していたことと符合する。[92]組立ラインの効率や土地利用の仕方は企業によって差があるにしても、このトヨタ本社工場よりも狭い敷地のハイランド・パーク工場でフォード社がT型車のほとんどすべてを組み立てることは不可能だったに違いない。

それではフォード社は意図的にハイランド・パーク工場での組立台数を抑制していたのだろうか。その通りである。『フォード・ファクトリ・ファクツ』（一九一七年版）は明確に次のように書く。

当社方針の趨勢は次のようである。主力工場がフォード車の部品を製造し、その部品は流通上の戦略的な場所に位置した組立工場に配送され、それらの工場で部品が完成車として組み立てられ、近隣の販売地域に供給される。したがって、この［ハイランド・パーク］工場は一日に三〇〇〇台以上の自動車の部品を生産するが、この親工場（the home factory）ではごく少数の自動車しか完成車としては組み立てない。[93]

『フォード・ファクトリ・ファクツ』（一九一七年版）はハイランド・パーク工場のことをデトロイト親工場（Detroit-Parent Plant）とし、「生産能力」（capacity）を年産七五万台（750,000 cars annually）と明記している。[94] これは上述した一九二〇年以降のハイランド・パーク工場での組立台数と大きく乖離した数値である。ハイランド・パーク工場では年産一二万台を上回る数を組み立ててはいなかった。それでは、この「生産能力」とは何を意味するのだろうか。『フォード・ファクトリ・ファクツ』（一九一七年版）で言う生産能力の数値は、前掲表1-6からわかるように、一九一六年八月一日より一七年七月三一日までの一年間でのフォードT型車の生産台数七三万五〇二〇にほぼ等しい。また、『フォード・ファクトリ・ファクツ』（一九一五年版）ではハイランド・パーク工場の生産能力を年産五〇万台としているが、これも一九一五年八月一日より一六年七月三一日までのT型生産台数五〇万一四六二台とほぼ同じなのである（表1-6参照）。つまり、ハイランド・パーク工場が「親工場」、あるいは主力工場と呼ばれていたのは、組立台数が多いからではなく、組立分工場に対し部品のほぼ全量を供給していたからだった。

中核工場であるハイランド・パーク工場は、T型の総組立台数が増えようとも年産一〇〜一二万台ほどの完成車を組み立てるにとどまり、各地に設立した組立工場に対し部品を供給していた。ハイランド・パーク工場は組立工場というより、部品供給の要の地位にあったと理解する方が実態にあっているのである。[95]

このようにハイランド・パーク工場を把握するとき、マキシーとシルバーストンによるイギリス企業の最終組立工程の最適生産規模の推定[96]と考え合わせてみれば、前掲表1-10は示唆的ではなかろうか。ハイランド・パーク工場は、第二次大戦後のイギリス企業の調査により推定された最適生産規模から考えて、ほぼ合理的と思われる組立台数を保持していたことになろう。[97] また、マキシーらの最適生産規模の粗い推定では、プレス工程では一〇〇万台、機械加工工程では五〇万台レベルに達する可能性が示されていた。(98) ハイランド・パーク工場がプレスや機械加工などを用いた部品製造の規模を大きくしていたことは、最適生産規模の推定が正しければ、理にかなった企業行動だったと言えよう。

フォード社は、T型車という強力な製品を持ち、ハイランド・パーク工場が部品供給をほぼ一手に担い、各地に設置した販売機能を併せ持った組立分工場、さらに本章では扱わなかった配送機能が有機的に結びつき、まさに「フォード・システム」として機能したのである。これがフォード社の姿だった。自動車製造コストの中では、ごく一部しか占めない最終組立ラインの導入だけにフォード社の強みを見いだすのではなく、部品製造と完成車組立とを有機的に見ていく必要がある。ハイランド・パーク工場を移動式組立ラインの発祥の地としてではなく、T型車の巨大な部品製造所として捉える必要があろう。

6　なぜフォードT型は生産を終えたのか？

（1）標準的な説明とその資料との対比的考察

①学生向け教科書での説明

周知のようにフォードT型は一九二七年にその生産を終える。なぜ、この時点でフォード社はT型の生産を中止することになったのであろうか。この理由は図1-12を示しながら次のように説明されるのが普通である。あえて学生向けの教科書から長く引用しよう。

安いT型車は急速に普及していったのです。一九二五年ごろにはT型車の累積生産台数は一二〇〇万台に達しています。しかし、まさにそのころ市場は以前とはまったく異なったものとなっていたのでした。つまり、ア

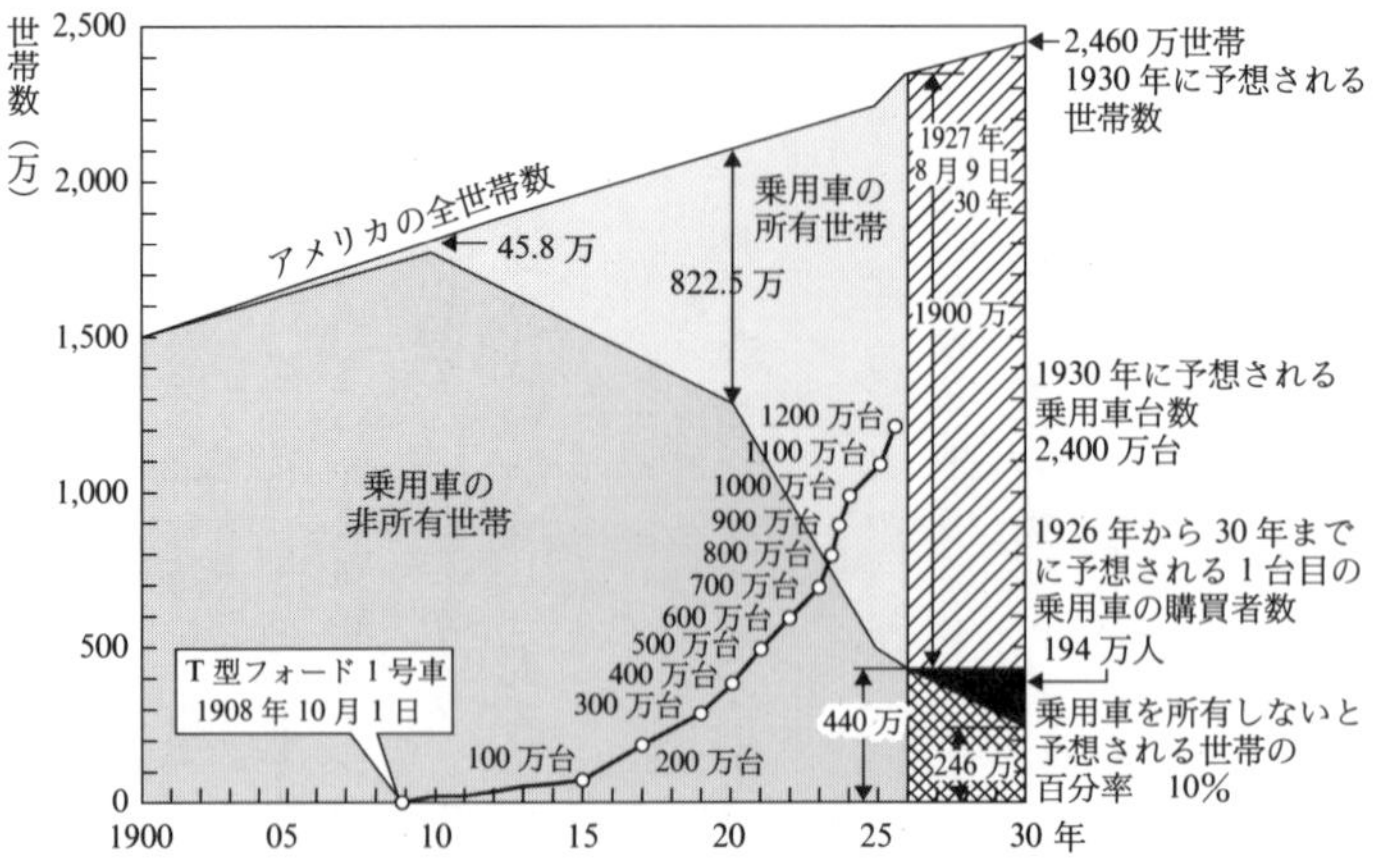

図 1-12　アメリカの自動車所有世帯数の推移（1900〜30 年）

出所）A. D. チャンドラー，Jr, 内田忠夫・風間禎三郎訳『競争の戦略』（ダイヤモンド社，1970 年），173 頁。

メリカの全世帯（二三四〇万世帯）の約八〇％（一九〇〇万世帯）がすでに自動車を所有し、自動車市場は新規の購入ではなく買換えが中心となっていたのです。二六年から三〇年までに一台目の自動車を購入する人はわずか一九四万人、年四〇万台弱と予想されました。市場がこのような状態になることを「市場の成熟化」と呼んでいます。安い車を投入すれば売れるという時代は終わっていました。二台目の車を買う人は、安いが変わりばえのしないT型車よりも、少々値が張ってもスタイルのいい高級感のある車を求めるようになっていました。フォードはいまだに従来のやりかたがベストだと信じていました。新しいやり方を導入したのは、常にフォード社の後塵を拝していたGMの社長スローンでした[99]。

この説明はごく標準的なものであり、ここからGMのスローンの「フルライン戦略」に話題を移して創業者フォードの頑迷さと対比しながらGMの事業部制組織などに触れる。多少でもアメリカ企業の盛衰に関する物語を知っている読者なら、こうしたことは周知の事実に違いない。

②チャンドラーによる説明

この標準的な説明に資料的根拠を与えているチャンドラーは、

『競争の戦略』の中で図1-12を掲げて市場の変化を論じた後、「フォード自動車の人気低下の原因」について論じる。[100] 彼は図1-13を掲げて次のように言う。

五年前の一九二一年には——ロードスターとクーペを除き、四人乗りおよび五人乗りのオープンカーと、クローズド・カーだけを計算に入れた場合——、一、〇〇〇ドル以下の売価のモデルはわずか三種類、そのうち七五〇ドル以下の売価のそれはたったの一種類しかなかった。これら三つのモデルのうち二つはフォード車で、フォードのオープンカーと、種類のいかんを問わず価格面で最も競合的な他社の乗用車との間の値開きは四五五ドルもあった。T型フォードはわずかに四四〇ドルであった。だが一九二六年のはじめには、売価一、〇〇〇ドル以下の四人乗りおよび五人乗りのオープン・カーとクローズド・カーは合計二七種類にも及び、そのうち一一のモデルが七五〇ドル以下、三つのモデルが五〇〇ドル以下であった。二七のモデルのうち一六がクローズド・タイプ、一一がオープン・タイプであった。ロードスターとクーペを計算に入れると今日売価一、〇〇〇ドル以下のモデルは四一を数える。このことは、過去五年間に、フォードの競争相手がいかにふえたかを示すものである。[101]

この引用文を理解するには自動車そのものについての知識が必要であろう。チャンドラーが「ロードスターとクーペを除き」という意味は「ロードスター」つまり二、三人乗りで屋根なしの自動車と、二人乗りで屋根付きの自動車である「クーペ」を除外して考えるという意味である。つまり、四人ないし五人乗りという条件を一定にして、自動車の車体に屋根がある「閉鎖型（クローズド）ボデー」と、屋根なし「開放型（オープン）ボデー」の自動車に分けて、価格一〇〇〇ドル以下の市場でどのように変化してきたかを考察すると、競争状態が五年間で大きく変化したと彼は述べているのである。

実は、邦訳『競争の戦略』によって図1-13を掲げたが、原著の表が多少わかりにくいこともあって、図1-13は原著の情報を一部欠落させて伝えている。この図の最も下の欄に何度も「ツーリング」と「セダン」が出てくる

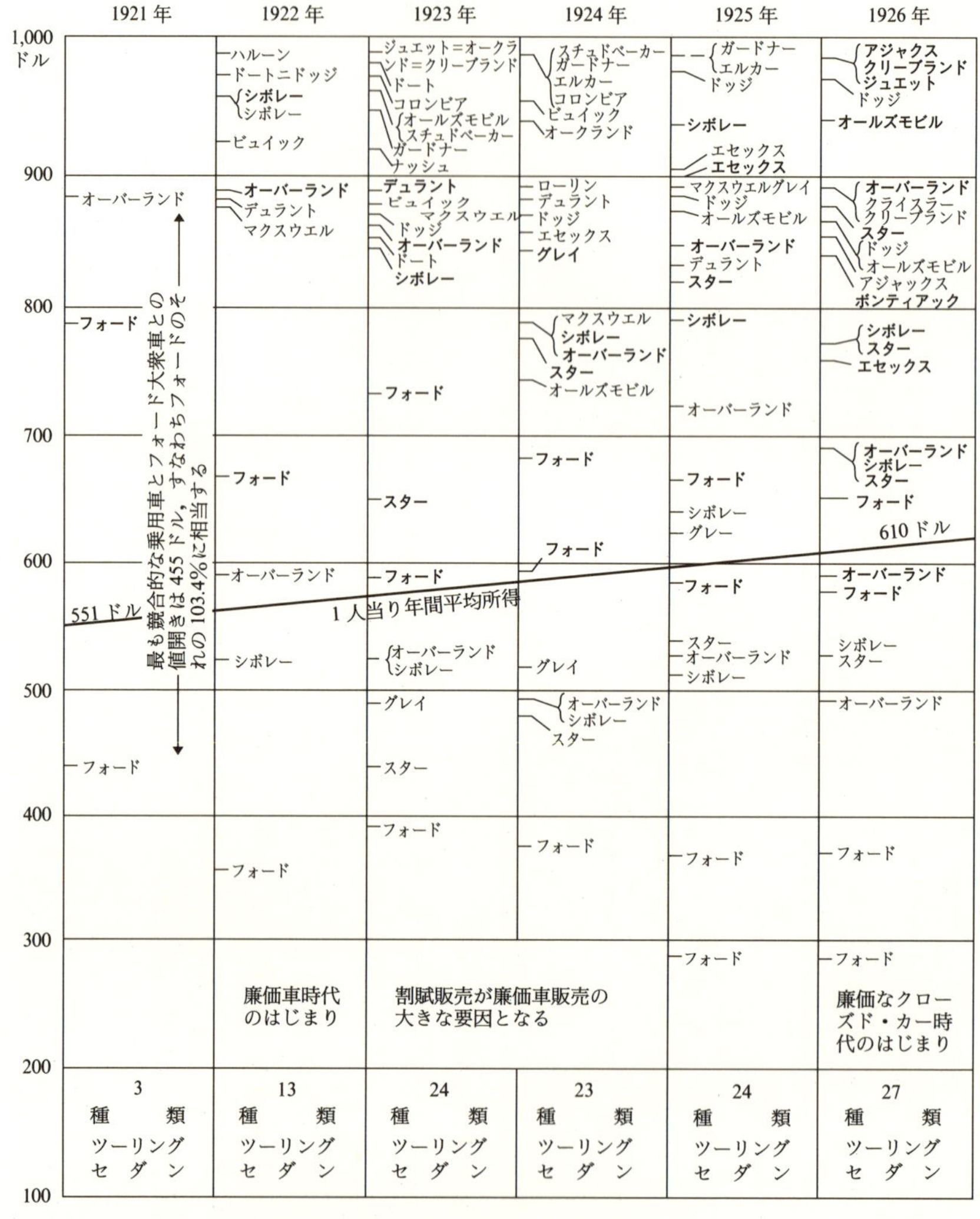

図 1-13　1,000 ドル以下の自動車市場

注）“1,000 ドル以下” の市場での競争がどのように激化していったかを示す。1920 年には，T 型ツーリング・カーは事実上，市場を独占していた。1926 年ではそれが 27 種類にも達している。各年の数字は 1 月時点のものである。4 人乗りおよび 5 人乗り乗用車のみが表示されている。ゴシック体の名称はクローズド・カーを，それ以外はツーリング・カーを示す。

邦訳書には年次が掲載されていないので，補った。

出所）チャンドラー『競争の戦略』176 頁。

①ツーリング・カー

②セダン

図 1-14　自動車の種類

注）①②とも，1926 年にフォード社が発表したフォード T 型である。

出所）McCalley, *Model T Ford*, pp. 382-83.

が、この「ツーリング」というタイプの自動車は、車体の屋根として幌が使われていて、屋根を開放することも閉じることも可能なタイプの自動車、つまり「開放型ボデー」の自動車のことである。その例を図1‐14に示しておく。これに対して、現代の人間が乗用車と言われて、とっさに脳裏に浮かべるのが「セダン」、つまり箱形の車体で屋根が覆われている自動車、つまり「閉鎖型ボデー」の自動車である。原著では一九二一〜二六年にかけて、一〇〇〇ドル以下の市場で両タイプの自動車の選択肢がどのように変化したかも示しているのだが、図1‐13に書き加えるとあまりに煩雑なので、その情報を表1‐11として掲げる。この表からわかることは、一〇〇〇ドル以下の四、五人乗りの自動車市場では消費者にとっての選択肢が増えただけでなく、「閉鎖型ボデー」の種類数が一九二六年になって「開放型ボデー」を上回ったことである。フォード社に注目して図1‐13を見れば、一九二一年にフォード社の「開放型ボデー」と他社のそれとでは四五五ドルあった価格差が次第に縮小していったことがわかる。一九二六年の「開放型ボデー」について見れば、フォード社の低価格タイプは他社の最安値の「開放型ボデー」タイプの自動車とは二〇〇ドルほどの差があったが、高価格タイプのものは百数十ドルに価格

表 1-11 1,000 ドル以下の自動車市場での車種数（1921〜26 年）

年	1921	1922	1923	1924	1925	1926
		廉価車時代のはじまり	割賦販売が廉価車販売の大きな要素となる			廉価なクローズド・カー時代のはじまり
車種の総数	3 (2)	12 (2)	21 (3)	23 (3)	23 (4)	27 (4)
内「ツーリング」(開放型ボデー）の車種数	2 (1)	9 (1)	15 (1)	17 (1)	16 (2)	11 (2)
内「セダン」(閉鎖型ボデー）の車種数	1 (1)	3 (1)	6 (2)	6 (2)	7 (2)	16 (2)

注）車種数のうち，括弧内はフォード車が販売している車種数。車種数は図 1-13 や原著が明示しているものと異なるが，原著の図から数えたものを掲載した。

出所）Alfred D. Chandler, Jr. compiled and edited, *Giant Enterprise : Ford, General Motors, and the Automobile Industry : Sources and Readings* (New York : Harcourt, Brace & World, 1964), p. 109.

差が縮まっている。さらに，「閉鎖型ボデー」タイプについて言えば，フォード社が提供する上位車種と下位車種との間の価格帯に，他社の「閉鎖型ボデー」タイプの自動車が割り込んで来ていることがわかろう。しかもフォード社の「閉鎖型ボデー」の上位車種よりも数十ドルだけ高い価格で，シボレーなど三車種の「閉鎖型ボデー」タイプが販売されていたのである。これは，チャンドラーが言うように「フォードの競争相手がいかにふえたか」を示すだけでなく，フォード社が価格面で他社に圧倒的な差をつける状況ではなくなっていたことを示していよう。特に「閉鎖型ボデー」について言えば，もはやフォード社は低価格車の供給者として抜きん出た存在ではなくなっていたのである。

フォード社がリバー・ルージュ工場の建設費用などを捻出するために，販売価格を大幅には下げることをやめた事情もあったために[102]，フォード社の販売価格に他社が追いつき始めたという説明も可能であろう。しかし，他社はフォード社の生産プロセスを分析し，追いつき始めていたのであり[103]，すでにフォード社が他社と隔絶するほど高い生産性を保持していなかったことも無視すべきではない。こうした事情を認めつつ，本章ではフォードT型の終焉を別の角度から考えてみたい。

③競争相手スローンはどのように事態を見ていたのか？

先に掲げた教科書からの引用文でも、ＧＭの社長スローンの名前があげられていた。フォード社の競争相手は、事態の進展をどのように見ていたのだろうか。これも著名なスローンの『ＧＭとともに』から最初に引用しよう。彼は明確に市場が変化していたことを指摘する。

一九二〇年代の初期と、一九二四年から二六年にかけて、自動車市場の性格をこれまでとは一変させるような変化が起こった（自動車業界の歴史を通じて、このときのような急激な変化が起こったのはごくまれで、それまでたしか一回だけであったと思う。それは、一九〇八年以降フォードのＴ型車が市場に進出したときであった）。この変化はわれわれに幸いした。……自動車産業の発展に端を発して、一九二〇年代には、アメリカ経済は新しい上昇期にはいった。それに伴って新たな要素があらわれ、再び市場が変化し過去と現在とを区分する分岐点が生じたのである。

これらの新たな要素を大別すると、割賦販売、中古車の下取り、セダン型の車体、アニュアルモデル（毎年の新型車）の四つにわけられる（もし自動車の環境を考慮に入れるならば、改善された道路をこれに加えたい[104]）。

こうしたスローンの記述をたどり、多くの論者は「フルライン戦略」の勝利を書く。しかし、ここで着目したいのはスローンがあえて「セダン型の車体」、つまり閉鎖型ボデーについて触れている点である。フォードＴ型に固有の問題がここにあった。競争相手であったスローンは明確に次のように述べる。

フォードとの競争における最後の決定的要素は、クローズド・タイプ車であったと信ずる。基本的運輸機関としての車に、技術的信頼がおけるようになってからの自動車史上、最もめざましい進歩はクローズド・タイプ車であった。クローズド・タイプ車は四季を通じて、乗り心地のよい車として効用を増したが価格もかなり高かった[105]。

この引用文だけでも、スローンがクローズド・タイプ（閉鎖型ボデー）の自動車をかなり重要視していたことがわかろう。この問題について、彼はより具体的に次のように説明している。

クローズド・タイプ車に対する需要の急激な増大によって、フォード氏は低価格車の分野における絶対的優勢を維持できなくなった。というのは、氏が固執していたT型車は、元来オープン車として設計されていたからである。T型車はシャシが軽く、重いクローズド・タイプ車には不向きであった。そこで二年も経たないうちに、すでに流行おくれとなったT型車のデザインはクローズド・タイプ車として技術的に対抗できなくなった。それにもかかわらずフォード氏はT型車のシャシにクローズド・ボディーをとりつけ、一九二四年には、生産の三七・五パーセントを、この型式の車にして売りさばいた。その後三年間にクローズド・タイプの市場は急激に拡大したにもかかわらず、一九二六年のフォード・クローズド・タイプの売上は、全フォード車の五一・六パーセント、一九二七年には五八パーセントにすぎなかった[106]。

この引用文を読んで奇妙な感じにとらわれた読者も多いのではないだろうか。クローズド・タイプ、つまり閉鎖型ボデーの売り上げがフォード車全体の半分を超えているにもかかわらず、スローンはそれを半分に「すぎなかった」と言っている、と。これを理解するためには、どれほどアメリカ市場で閉鎖型ボデーが急速にシェアを伸ばしていたかを理解する必要がある。この時期、アメリカの自動車市場ではスローンの言う通り大きな変化が生じていた。一九二四年にアメリカで販売された閉鎖型ボデーの自動車は一四二万台であったものが、五年後の一九二九年には約三倍の四二八万台にもなっていたのである（図1-15①参照）。しかもただ閉鎖型ボデーの自動車が伸びたのではなく、急速に開放型ボデーの売れ行きが落ち、開放型ボデーから閉鎖型ボデーへと消費者の自動車に対する要求が変わっていたのだ。これはボデーのタイプ別に市場シェアを見ればより明確にわかろう（図1-15②参照）。一九二四年にはアメリカで販売された自動車のうち閉鎖型ボデーは四三％を占めていたが、その二年後の一九二六年にはそのシェアはほぼ七〇％にも達していた。この大きな市場の変化に対して、フォード社はついていけず、それでスローンは全フォード車の中で閉鎖型ボデーが占めていたのは約半分に「すぎなかった」と言っているのである。スローンが言うように、フォードT型はもともと開放型ボデーを想定して設計された自動車であり、「重いクローズド・タイプ車には不向き」だったのである。

読者の中にはこのように考える人がいるのではないだろうか。前掲図1-14のツーリング・カー（開放型ボデー）とセダン（閉鎖型ボデー）を見比べて、それほど重量の差があるのだろうかと。たしかにツーリング・カーにない屋根とそれを支える柱がセダンにはあるが、ツーリング・カーにも屋根となる幌が装備されている。スローンが「重いクローズド・タイプ車」と言っているのは、T型車の短所を誇張しすぎているのではないだろうか。この疑

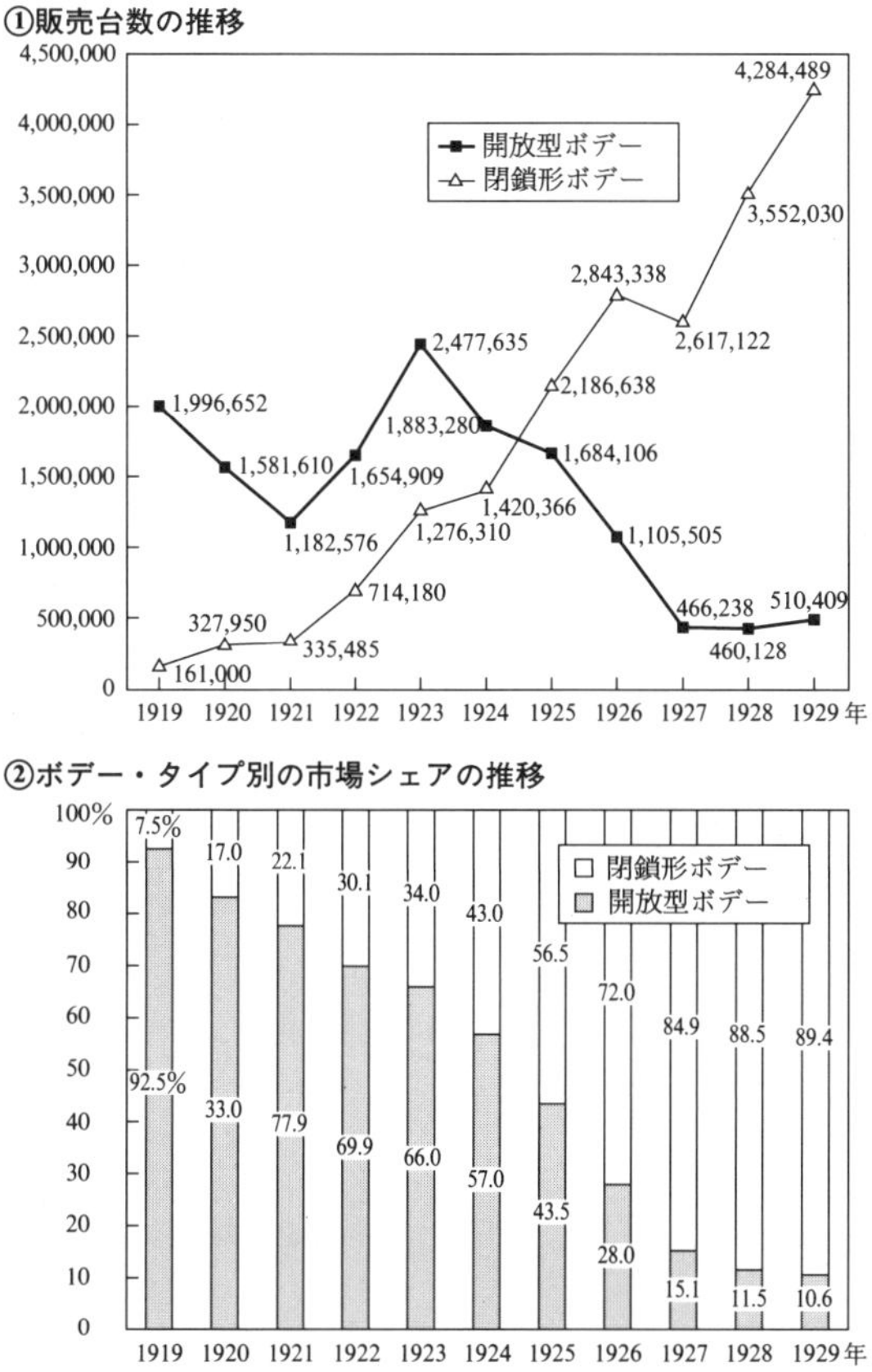

図1-15　ボデー・タイプ別の自動車販売台数の推移（1919〜29年）

出所）*Facts and Figures of the Automobile Industry* (1930 edition), p. 8.

問を解くには、当時の「完成車」が何を意味するかを理解していなければならない。次に、この問題を扱い、スローンが「重いクローズド・タイプ車」と形容した背景には当時の技術的問題があったことを示そう。これがわからなければ、チャンドラーが『競争の戦略』の中で、一九二六年をことさら「廉価なクローズド・カー時代のはじまり」と呼んだ理由もわからないのである（前掲図1-13と表1-11参照）。

（2）閉鎖型ボデーの出現

①当時の「完成車」とは何を意味したのか？

閉鎖型ボデーの出現が自動車産業にどれほど大きな影響を与えたかは、当時の「完成車」とは何かがわからなければ理解できない。本章では、最初に「シャーシ組立」の問題を扱った。その後、「完成車」の組立とか「最終組立」などの表現を混在させながら論を展開した。注意深い読者はすでに気づいて、次のような疑問を持っているに違いない。本章第5節(3)で論じた際の数値は、「シャーシ」と「完成車」を取り違えた議論なのではないか、と。あるいは、意図的にハイランド・パーク工場が「完成車」組立に果たした役割を隠すために、「シャーシ」ではなく「完成車」という表現を使ったのではないか、と。たしかに、その項では意図的に「完成車」という表現を使い、「シャーシ」という表現を避けた。しかし、これは当時の自動車の生産と販売のあり方を知っていれば、こうした表現を採用するしかないと考えられるのである。

「完成車」とは何であろうか。二一世紀に生きている人間ならば、自動車（乗用車）を購入したら、そのまま運転席に座り（さらに他の誰かが座席に座り）道路に出て運転することを念頭に置こう。この場合、「完成車」とは言うまでもなく次のようなものを思い浮かべるのが普通であろう。すなわち、自動車のブランドや型式、車体の色やオプションなどを決めて、販売店に発注した仕様通りの自動車こそが、購入者にとっての「完成車」である。その自動車は最終組立ライン（総組立ラインとも言う）を離れたときには、「完成車」となっている。これと同じように、フォードT型でも最終組立を終え、出荷待ちの状態になった自動車を「完成車」と呼んだ。こう説明しても、おそらく明敏な読者の中には、本章では「シャーシ」と「完成車」を依然として混乱させたままだと、筆者を批判される方もいよう。

だが、ハイランド・パーク工場での出荷待ちのT型を撮影した貴重な写真を見て欲しい（図1-16）。これはアーノルドとファウロートの『フォード方式とフォード工場』に掲載されているハイランド・パーク工場内の写真であり、キャプションには「この写真は一日に一〇〇〇台が出荷されている時期に撮影された」とある。繁忙な時期に撮影されながらも、出荷待ちの「完成車」の数は少なく、次々と工場から出荷されていった状況を示している。

図1-16　ハイランド・パーク工場で出荷を待つフォードT型（1915年頃）

出所）Arnold and Faurote, *Ford Methods and Ford Shops*, p. 152.

この写真の説明に対し、「たしかに完成車も写っているが、ただ単にシャーシだけで車体が架装されていないものも写っており、すべてが完成車ではない」と異論を唱える読者も多かろう。たしかに写真の左手から「ツーリング・カー」、「クーペ」と思われる自動車もあり、さらに「シャーシ」だけのものも並んでいる。しかし実は、これらすべてがフォードT型の「完成車」なのである。「シャーシ」はハンドルや駆動装置がついているが、運転手が快適に運転できる車体は閉鎖型ボデーであれ、開放型ボデーであれ、ついていない。それでも「シャーシ」は「完成車」なのである。

「シャーシ」について念のため説明しておこう。アバナシーは次のように書いている。
シャーシは自動車全体のことであるが、車体を除いたものである。シャーシにはフレームやエンジン、トランスミッション、ブレーキ、車輪、ラジエーターなど機構的なものが含まれているが、乗客を囲うもの（車体）とその備品は含まれていない。[107]

現代の常識であれば、「車体」があってこそ自動車である。しかしフォードが自動車の製造に乗り出した頃は、フォードのような自動車メーカー（現代的に言えば、アセンブラー）はシャーシだけでも販売し、消費者が気に入った車体を架装することがあった。フォード社の場合も、一九一四年八月発表の価格リストから、シャーシだけの価格を掲載し始めている。[108] その当時は、シャーシだけで最終出荷製品にする場合もあったのである。

一九一六年八月には「トラック・シャーシ」も販売されるようになる。[109] さらに興味深いことに、単なる「シャーシ」と「トラック・シャーシ」にはそれぞれ重量が違う二タイプが発売され出すのである。フォードT型が最高の販売台数を記録した一九二三年を例にとれば、「シャーシ」には重量が一〇六〇ポンドと一二一〇ポンド（それぞれ約四八〇・八キログラム、約五四八・八キログラム）の二タイプが、「トラック・シャーシ」には一四七七ポンドと一五七七ポンド（それぞれ約六七〇キログラム、約七一五・三キログラム）の二タイプが発売されていた。「シャーシ」の売り上げは五万二三一七台、「トラック・シャーシ」は二六万一六六一台が販売された。「シャーシ」と「トラック・シャーシ」の合計は三一万台を超え、フォード社全体の販売台数の一五％も占めていたのである。[110]

このようにそれぞれ重さの違う「シャーシ」と「トラック・シャーシ」が存在し、かなりの台数が販売されていたことは何を意味するのだろうか。フォードT型は単一車種でほとんど変わらないまま、長い期間にわたって販売されたという考え方では、これは説明がつかない。フォードT型はまさに「伸縮可能な製品」であって、[111] シャーシの長ささえ、たとえ一定の範囲内であっても変更されていたのである。エンジンも電気式スタータが全車種に搭載されるようになるなど、時期を追って多数の変更が加えられていた。[112] また、フォード社が提供する車体も年次によって変更が加えられていた。しかもフォード社の提供した車体だけでなく、違ったサイズのシャーシに消費者が好みの車体を架装することもあって、フォードT型は多様な外観の自動車となっているのである。この一つの例が、一九二三年の関東大震災の後、東京を走った通称、円太郎バスだった。

②ボデーはどのように製作されていたのか？

「なぜフォードT型は生産を終えたのか」という問いと、「ボデーはどのように製作されていたのか」という質問が、なぜ関係があるのかと多くの読者はいぶかるに違いない。先に引用したスローンが「重いクローズド・タイプ車」とあえて「重い」と付け加えている意味を理解するためには、ボデーがどのように作られているかについて多少の知識が必要である。

フォードT型が出現した頃のアメリカでのボデー製作現場を撮った写真を見て欲しい（図1-17参照）。図1-17①からもわかるように、木でボデーの枠を形作った後で、②のように鉄板で覆って成型していくのが通常のやり方であった。この図に示したのは、明らか

①
②

図1-17　ボデー製作の様子（1915年頃）

出所）Byron Olsen and Joseph Cabadas, *The American Auto Factory* (St. Paul : Moterbooks, MBI Pub., 2002), pp. 52, 43.

にツーリング・カーのボデー製作であり、フォード社におけるボデー製作ではない。図1-18はフォード社での四ドアセダンのボデー製作を示す図である。これによって、フォード社も木でボデーの枠を作り、鉄板で覆ってボデーを成型していたことがわかろう。このボデー製作には労働集約的な作業が必要であり、シャーシが量産できるようになるとボデー製作はボデーを含めた自動車生産にとっては生産上のボトルネックとなっていった。

だが、このようにボデーの大枠が木製の場合、ツーリング・カーと比べて、クローズド・カーであるセダンは「重いクローズド・タイプ車」と言われるほど重量差があったのであろうか。スローンが言ったのは、このようなボデー製作の状況を指しているのではない。実は、ボデーの製作方法が一九二〇年代中頃に大きく変わり、急速に

図 1-18　フォード社における 4 ドアセダンのボデー製作

出所）John H. Van Deventer, “Ford Principles and Practice at River Rouge : XI—The Manufacture of Ford Car Bodies”, *Industrial Management*, vol. 66, no. 2 (August 1923), p. 86.

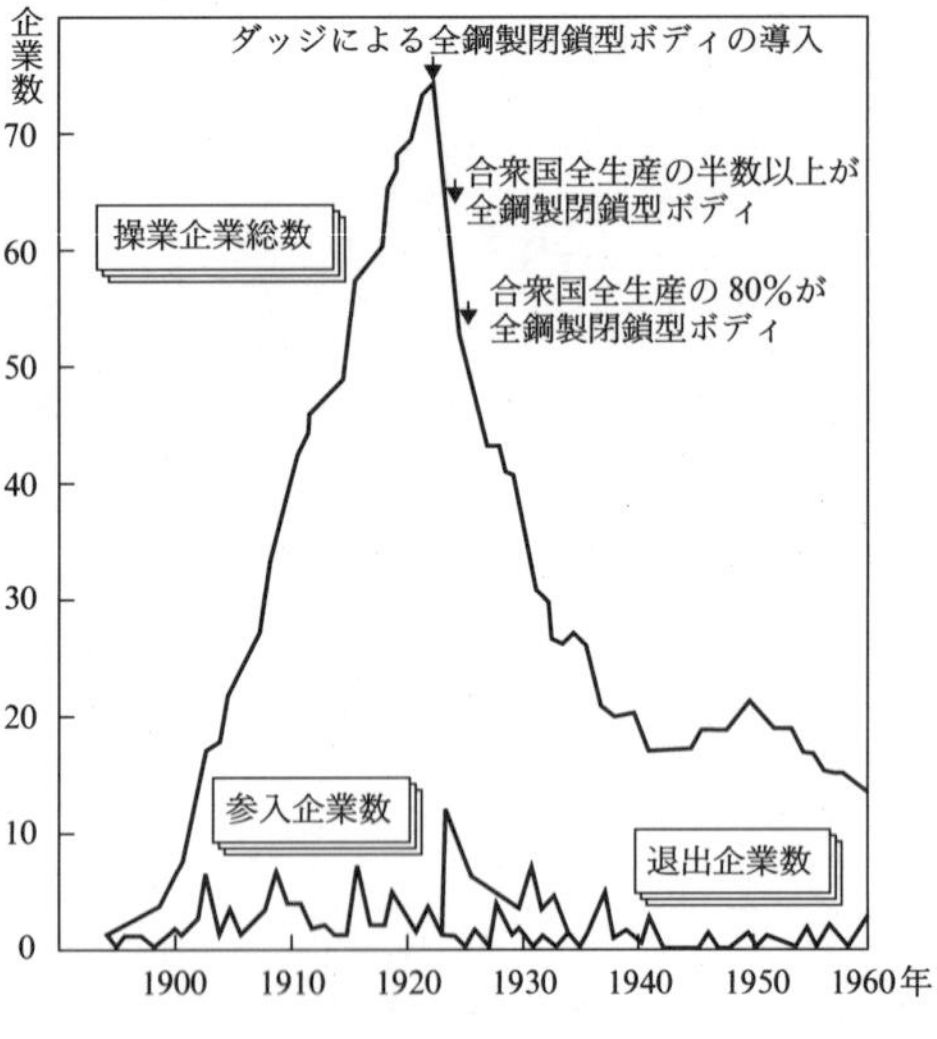

図 1-19　アメリカの自動車産業における企業数の推移（1894～1962 年）

出所）J. M.アッターバック，大津正和・小川進監訳『イノベーション・ダイナミクス――事例から学ぶ技術戦略』（有斐閣，1998 年），60 頁。

全金属製のボデーが普及し始める。[113] この全金属製の閉鎖型ボデーが採用されたことによって、車体をも量産できる可能性がでてきた。これは自動車の製造方法だけでなく、自動車のスタイリングにも大きな影響を与えることになった。そして、「元来オープン車として設計されていた」フォードT型は、「重いクローズド・タイプ車には不向き」となったのである。これにより、フォードT型は商品としての魅力を失っていった。フォード社と競争していたGMのスローンは、フォード社の動きを冷徹に見ていたのである。「流行おくれとなったT型車のデザインはクローズド・タイプ車として技術的に対抗できなくなった。それにもかかわらずフォード氏はT型車のシャシにクローズド・ボディーをとりつけ」たと。

全金属製の閉鎖型ボデーへの移行は急速であった。具体的には、一九二三年にダッジが全金属製の閉鎖型ボデーを導入し、それまでの自動車製作でのボトルネックとなっていた木骨ボデーから、金属プレスを使った車体製作へと向かう急速な変化が生じた。「一九二五年までにはアメリカの自動車生産の優に半分」が全金属製の閉鎖型ボデーを採用したのである。[114] 金属製の車体を製造するためには、金型およびプレス機械への多額の投資が必要であった。そのため全金属製の閉鎖型ボデーの採用は自動車産業での競争を激化し、この巨額の投資に耐えられないメーカーは脱落することになり、図1-19に見られるように自動車メーカーの数は激減したのである。

7　コンベヤーの導入が変えたもの
——工場そのもの——

(1) リバー・ルージュ工場に関する標準的な説明

全金属製の閉鎖型ボデーが急速に普及する過程で、フォードT型も最終的に製造・販売を終えた。このフォードT型が製造されていた時期におけるフォード社の主力工場は、これまでにも述べたようにハイランド・パーク工場であった。さらにフォード社は大規模なリバー・ルージュ工場を建設する。これが次のフォード社の主力工場となった。リバー・ルージュ工場ではフォードT型は一台も組み立てられることはなかったが、この工場の建設はフォードT型の製造方法が変化したことによって大きな影響を受けていた。この点を考えれば、ハイランド・パーク工場やその分工場だけを論じ、リバー・ルージュ工場について論じずにフォード・システムを語るわけにはいかない。だが、少なくともわが国の研究者が書いた論考を見る限り、このフォード社の主力工場について比較検討し、その違いを明確に述べたものは少ない。

その中で、フォード社のハイランド・パーク工場とリバー・ルージュ工場について各生産工程にまで立ち入って詳しく検討した研究書に、塩見治人『現代大量生産体制論』(一九七八年)がある。塩見は次のように述べる。

個々の工場の内部構造に関するかぎり、ハイランド・パーク工場とリバー・ルージュ工場との間に質的段階のちがいは基本的に認められない。強いてあげれば、リバー・ルージュ工場はレイアウトがより整然とし、工程の分割がより深化し、専用的機械的搬送手段の導入がより拡充し、これによって個々の工場内部および各工場間の連続化がより進展していることにみいだされよう。……工程の再分割がすすみ、機械体系が緻密化している。……［この両工場間の］もっとも著しい相違点は、加工対象が最短距離をすすむように整然とされた機械レイアウトと、これらの機械の間を結ぶコンベアの設置である。このコンベアによって全工程が同期化し、作業の連続化をますます完全なものにし……工程間の正確な数的比例性を要求することになって機械の台数を増加させた。……以上のようなライン生産の緻密化という側面をふくみながら、リバー・ルージュ工場は、ハイランド・パーク工場の量的拡大の側面でとらえることができる。……リバー・ルージュ工場のもっとも大きな特色は……鉄鋼一貫製鉄所の建設による機械工業と鉄鋼業の垂直的統合であり、これを基軸とした副生品・スクラップの総合的利用のための生産技術体系の確立にもとめられる。[115]

リバー・ルージュ工場は「鋼とガラスと木材を含めて、素材から完成車まで一貫体制とし、月曜日に高炉に鉄鉱石が装入されれば水曜日には完成車が出来上がってくると言われたほど整然と、全生産工程を包括管理することが目指され」た工場であった[116]。塩見は、こうした垂直統合的な面を高く評価しつつも、リバー・ルージュ工場に含まれた個々の工場については、ハイランド・パーク工場での各工場と比べた場合、「内部構造に関するかぎり」「質的段階のちがいは基本的に認められない」と主張しているのである。また多くの論者も、リバー・ルージュ工場について、その巨大な敷地や徹底的な垂直的統合に対し驚嘆することはあっても、ハイランド・パーク工場との相違を積極的に論じることはない。この意味で、先の引用文は、通説的な見解となっていよう。

（2）リバー・ルージュ工場の意義

①リバー・ルージュ工場建設にいたる経過

塩見も述べているように、リバー・ルージュ工場の建設は「一九一五年に約二〇〇〇エーカー［東京ドーム約一七三個分の広さ］の土地を購入、翌年から着工されたが、［第一次］大戦中は軍用艦イーグル船（Eagle boat）の建造に使用され、のちに車体とトラクターの組立工場となるB工場（B building）だけであった。自動車工場としての拡充は戦後にはじまり、二〇年代に入って本格的稼働にはいり、一九二五年頃に完成姿態をとった[117]」。さらに塩見は図1-20を掲げて、リバー・ルージュ工場のレイアウトを示している。

この塩見の説明は簡潔で要を得たものである。だが、なぜフォード社という自動車企業が駆逐艦イーグル船の建造からリバー・ルージュ工場の操業を始めたのか、と疑問を持つ読者はいないだろうか。これに答えるために、次の事実に注目しよう。フォードT型の販売台数が大幅に伸びていたにもかかわらず、奇妙なことにヘンリー・フォードとフォード社が資金難に陥っていた時期があるのである。そもそもフォード社の株主であるダッジ兄弟は一九一六年にフォード社とヘンリー・フォードを訴えていた。株主に配当すべき利益を工場の拡張や製品価格の引き下げに使っているというのである。一九一九年二月に裁判所はダッジ兄弟の訴えを認め、フォード社は株主に対

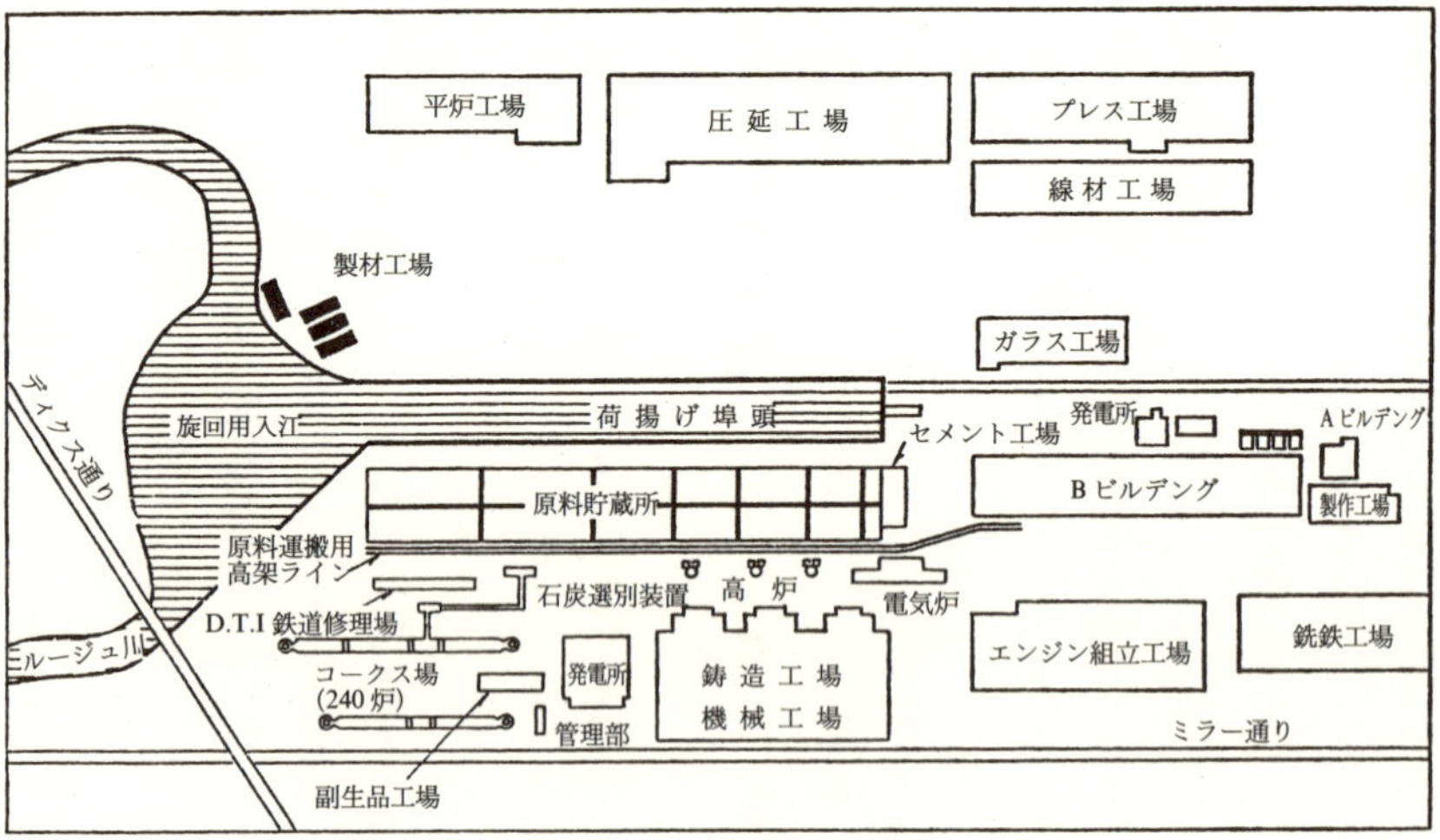

図 1-20　リバー・ルージュ工場の配置図（1926 年 9 月）

出所）塩見治人『現代大量生産体制論』（森山書店，1978 年），234 頁。

して一九〇〇万ドルの配当と未支払い期間における利子相当額を支払うことになる。これに対し、ヘンリー・フォードは経営の自由裁量を求めて、既存の株主から株式を買い戻しフォード家の構成員だけでフォード社の全株式を持つことを選ぶ。いろいろな駆け引きの後、ヘンリー・フォードと既存株主の間の交渉が一九一九年七月にどうにかまとまる。この株式の買収に要した金額は、約一億五八二万ドルであった[118]。

この莫大な金額を調達するために、ヘンリー・フォードは「六〇〇〇万ドルを借り入れ、フォード社は在庫を現金化する」状況となった[119]。この取引の結果、ヘンリー・フォードはフォード社の経営については大幅な自由裁量を持つことになったが、フォード社にもヘンリー・フォードにとっても、大規模な工場建設を進めるだけの潤沢な資金はなくなってしまったのであった。それゆえ、アメリカ連邦政府と交わしていた駆逐艦イーグル船の建造契約によって、ようやくリバー・ルージュ工場の建設が可能となったのである。「結局のところ、アメリカ合衆国がリバー・ルージュ工場の揺籃期に対して支払いをすることで、フォードは彼の最大の産業的実験を始めることができた[120]」というのも、あながち誇張とは言えない。だからこそ、リバー・ルージュ工場ではB工場が

①**建設途中**（1918年5月11日撮影）

②**B工場から出てくるイーグル船の1号船**（1918年6月10日撮影）

図1-21　リバー・ルージュ工場のB工場

出所）Joseph Cabadas, *River Rouge : Ford's Industrial Colossus* (St. Paul : Motorbooks International, 2004), pp. 30, 32.

最初に稼働を始めたのである。

このB工場は駆逐艦の建造用に建設されたものであるから、建物は巨大であった（図1-21参照）。B工場は三層を想定した建物であったが、駆逐艦の建造を目的としたものであったので床は張られずに高層の平屋建ての工場として最初は利用された。工場の床は一七〇〇×三〇〇フィート（約五一八×九一メートルで、東京ドームとほぼ同じ面積）の広大な空間を擁した工場だった。

②工場の内部構造に対する予備的考察——中岡哲郎の観察

リバー・ルージュ工場とハイランド・パーク工場に設置された個別の工場の内部構造に差がないかを検討するために、迂遠なようだが、中岡哲郎が『工場の哲学』で述べている次のような感想を最初に考慮しておこう。中岡はその書物の「《機械体系》——大量生産工場」と題した節を次のような文章で始めている。

> マルクスの書いている工場のイメージは、現在のわれわれの見なれている工場のイメージとどこかちがっている。それも人々が基幹産業という言葉で思い浮かべる近代的大量生産工場とくいちがう。くいちがいの原因は

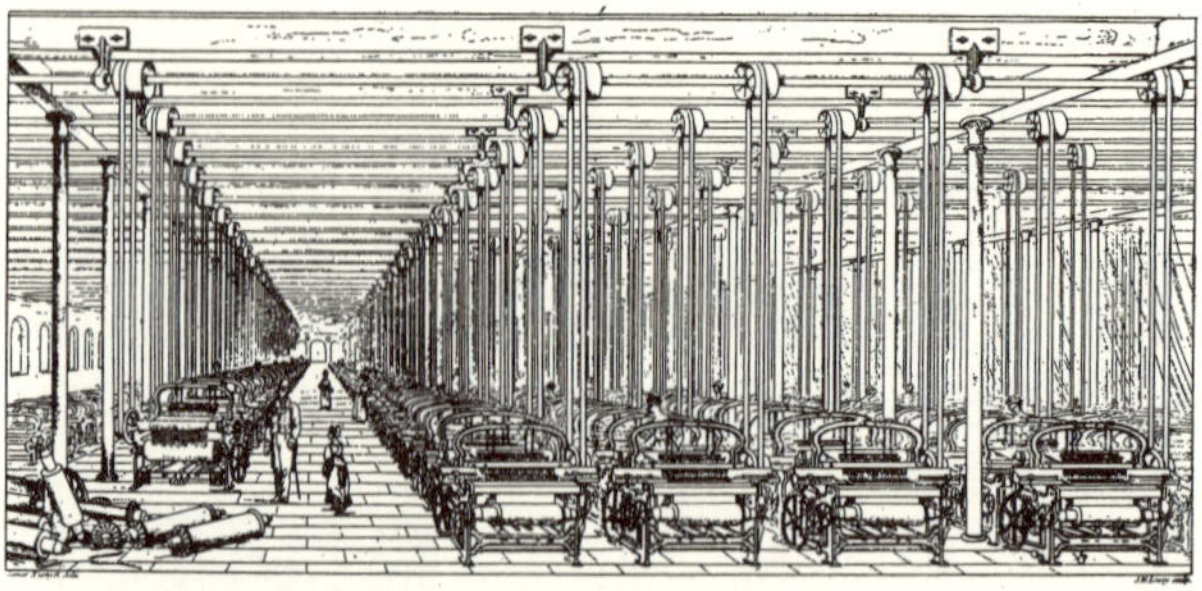

図 1-22　マルクスによる工場のイメージ

出所）中岡哲郎『工場の哲学——組織と人間』（平凡社，1971 年），40-41 頁。

どうやら、マルクスが工場の配置を動力の伝達機構を中心に考えようとするところからくるらしい[121]。

中岡はさらに「マルクスの最も発達した工場のイメージ」として、マルクスの次の言葉も引用する。

> 伝力機に媒介されてのみ一個の中央的自動装置から運動を受けとる編制された諸作業機の体系として、機械経営はその最も発達した姿態を有する。この場合には個々の機械の代りに一個の機械的怪物が現われるのであって、その体軀は全工場建築物にいっぱいとなり、その悪魔的力は、その巨大な肢体のいと荘重・謹厳な運動によって最初には隠されているが、その無数の本来的作業器官の熱狂的乱舞において爆発する[122]。（傍点は原文）

このマルクスの「工場のイメージ」を補強するためと思われるが、中岡はさらにユーアの『マニュファクチュアの哲学』から図1-22を掲げる。そして次のように述べる。「マルクスの知っていた原動機、シャフト、歯車、ベルトという組合わせからなる動力伝達機構はマルクスの工場のイメージをいちじるしく制約していた」と[123]。

それでは、この図のような状況は、どのようにして「現在のわれわれの見なれている工場」に変わったのか。この点についても中岡は明確に次のように述べる。

> フレクシブルな一対の長い針金をとおってどのような場所へでも自由に入ってゆける電力という動力の登場が、機械や装置の配置をいちじるしく自由にしてはじめて、工程原理にもとづく工場の編成は十分な展開をと

げるのである。[124]
中岡が指摘した論点を考慮に入れながら、リバー・ルージュ工場とハイランド・パーク工場における個別の工場を観察したときに、何が見えてくるだろうか。それが次の課題である。

③個々の工場の内部構造――ハイランド・パーク工場とリバー・ルージュ工場の比較

ハイランド・パーク工場における個々の工場の内部がどのようになっていたかを観察してみよう。手掛かりは当時の写真である。図1-23はいずれも『フォード・ファクトリ・ファクツ』の一九一五年版からのものであるが、同じ写真は同冊子の一九一七年版にも掲載されている。またハウンシェルは『アメリカン・システムから大量生産へ』の中で、図1-23の①と③を掲げ、ネガ番号を添えて一九一五年と記しているので、[125]図1-23の写真はいずれも一九一五年頃に撮影されたものと考えてよいだろう。この図に示した機械加工の部門は、ハイランド・パーク工場の本館と新棟のW棟、X棟にはさまれた鋸状の屋根を持つ平屋建ての建物の中でその作業が行われていた。

この図1-23の写真は、中岡が『工場の哲学』の中で示した図（図1-22）と異なっているだろうか。たしかに図1-22のほうがスペースに余裕がある印象はあるが、「シャフト、歯車、ベルトという組合わせからなる動力伝達機構」の存在は図1-22と図1-23では基本的に変わらない。それどころか、ハイランド・パーク工場の方がベルトの数は多く、混み合っていることが印象的であろう。

だが、留意しておかねばならないのは、ハイランド・パーク工場が巨大な発電設備を所持していたことである。中岡が言う「電力という動力の登場」はすでにこの工場に生じていたのである。原動機はもはや蒸気機関ではなかった。それにもかかわらず、ハイランド・パーク工場の機械加工部門の様子を見る限りでは「マルクスの工場のイメージ」とさほど変わらない状況だったのである。

それでは、リバー・ルージュ工場の内部はどうなっていたのだろうか。リバー・ルージュ工場内部の写真を図

①クランクシャフト研削部門

②ピストン機械加工部門

③シリンダー・ブロックの機械加工部門

図 **1-23**　ハイランド・パーク工場の内部（1915 年頃）

出所）Ford Motor Company, *Ford Factory Facts* (1915), pp. 10, 18–19.

1-24に掲げる。いずれも『インダストリアル・マネジメント』誌の一九二三年五月のリバー・ルージュ工場訪問記に掲載された写真である。それぞれの写真に説明文が付いているので紹介しておこう。①の「ピストンの機械加工部門」については、以下のように述べられている（ちなみに、この時期のリバー・ルージュ工場はトラクター（商品名フォードソン）の部品製造と組立が主要業務であり、フォード社の広報資料で同工場が「フォードソン工場」と記されていた時期もある）。

トラクター用ピストンの作業は、軽度な機械加工作業におけるフォード社での慣行の良い事例である。鉄骨の枠が、軽量の工作機械を集団運転用の主軸、副軸シャフトを保持していることに留意。[126]

また、②の「シリンダー・ブロックの機械加工部門」には次のような説明文が付いている。

この工場における大型、中型の工作機械は、個別の電動モーターで稼働している。このようにして、頭上の空間が仕掛品を取り扱う装置のために空けられている。[127]

①ピストンの機械加工部門

②シリンダー・ブロックの機械加工部門

図 1-24　リバー・ルージュ工場の内部（1923 年頃）

出所）John H. Van Deventer, "Ford Principles and Practice at River Rouge : IX —Machine Tool Arrangement and Parts Transportation", *Industrial Management*, vol. 65, no. 5 (May 1923), pp. 265-26.

ここからもわかるように、「機械や装置の配置をいちじるしく自由に」したのは、ただ単に「電力という動力の登場」ではなく、個々の工作機械に個別の電動モーターが取り付けられて初めてそれが可能になったのである。ただし、一九二三年の時点における観察でも、リバー・ルージュ工場のすべての工作機械に個別モーターが設置されていたわけではないことも、上記の説明から明らかである。だが、ハイランド・パーク工場とリバー・ルージュ工場では明らかにその内部は大きな質的な変化を見せ始めていたのである。

中岡の言う「マルクスの工場のイメージ」とは違う工場へと変化し始めていたのだ。

個別モーターが工作機械に取り付けられている部署では、天井にシャフトがあってそこからベルトで個別の機械が動力を得て稼働するといったことはなくなった。これは図を見れば明らかであろう。また、個別のモーターが工作機械に取り付けられていない部署でも、もはやシャフトが天井に取り付けられるのではなく（正確に言えば、シャフトやベルトによる荷重を工場の天井や屋根で支えるのではなく）、工場内部に鋼鉄で枠組みを作り、そこで荷重を受けるというふうに変化していた。さらに、その枠組みにはしばしば小型電動ホイストが取り付けられて、重たい仕掛品の移動に使われるようになっていた。

こうしたことが可能になったのは、小型電動モーター、小型電動ホイストの価格が下がり急速に普及し始めたからである。それは例えば『インダストリアル・マネジメント』誌を見ていくと、一九二〇年代中頃から、そうした電動モーター、電動ホイストの広告が増えてくることからも実感できる。実際、「一九二〇年までには電力は動力の主要な源となっていたが、二九年になって――工場で電力が最初に使われてから実に四五年も経て――機械を駆動する馬力数のうち、電動モーターが約七八％になった」のである[128]。つまり、電力が工場で動力として使用され始めても、蒸気力の効率性を上回ることがなかなかできず普及は容易に進まなかった。それだけでなく、安価で効率的な小型電動モーターが普及するまでは、工場で動力として電力が用いられるようになっても、単に蒸気エンジンを電動モーターに置き換えただけで、シャフトやベルトはそのまま動力の伝達機構として残り、「マルクスの工場のイメージ」は存在し続けたのである。

日本における蒸気力から電力への動力の転換を研究した南亮進も次のように言う。

……電化の真の意義は、作業機械の集団運転から単独運転への切り替えを実現した点にある、といえる。単独運転方式では、動力が個々の電動機から個々の作業機へ直接伝達されるため（直接駆動方式）、集団運転方式で必要であった長大なシャフトやベルトが不必要となった[129]。

小型電動モーターが普及し個々の工作機械に取り付けられることにより、「作業機械の集団運転から単独運転への切り替え」が生じ、その結果、中岡の言う「マルクスの工場のイメージ」は消え去っていった。この移行過程を示しているのが、ハイランド・パーク工場とリバー・ルージュ工場における個々の工場の内部構造の違いなのである。

④個別工場の構造と工場全体の編成における変化

工場内部でシャフトやベルトが不必要になることは、実に大きな影響を工場の建物に与えた。この問題についても、前述の南が検討をしている。その中で、ここで注目しておきたいのは、次の点である。

シャフト・ベルトの廃止によって建物のスペースが節約され、シャフトの荷重を負う必要がなくなったため建物の構造は簡単となり、資本費用は減少した。(130)

シャフトやベルトがなくなると、すでに述べたように工場内部に大きな変化が見られた。ここで着目したいのは、工場の建物そのものの構造である。「シャフトの荷重を負う必要がなくなったため」工場の建物自体に変化が生じたのである。すでに見たように、リバー・ルージュ工場では、たとえシャフトやベルトを使っている部署でも、工場の内部に鉄鋼で骨組みをつくり、そこでシャフトなどの荷重を負い、工場の屋根や天井に荷重をかけない工夫も行われていた。だが、これは一九二三年に掲載された雑誌記事を検討したものである。リバー・ルージュ工場内ではさらに工場の建設が進行中であった。こうした工場の建物に変化は見られなかったのだろうか。この点を次に検討してみたい。特に工場建設費の負担は企業にとっては大きく、その建設費用が大幅に低減すれば経営に与える影響は大きい。このことを考えれば、工場の建物そのものについての検討が必要なことは了解されよう。

最初にハイランド・パーク工場について検討してみよう。図1-25①はハイランド・パーク工場の建設途中を示したものである。おそらく、読者の多くは現代の建築現場となんら変わらないと思うに違いない。また、ハイラン

①建設途中

②工場の典型的な内部

図 1-25　ハイランド・パーク工場（1909 年頃）

出所）Grant Hildebrand, *Designing for Industry : the Architecture of Albert Kahn* (Cambridge, Mass.: MIT Press, 1974), pp. 46, 49.

ド・パーク工場の典型的な内部を示した②を見ても、特に何の違和感も持たないであろう。しかし、当時の工場建築の水準を考えれば、これは先端的な建築なのである。戦前、日本で紹介されている記事から引用しよう。

> 一九〇三年にアルバート・カーンに依て、アメリカでは鉄筋コンクリート造工場が設計されたが、それは英国からわざわざスチール、サッシュ［サッシ］を取り寄せて出来た非常に窓面積の大きな当時では珍しがられた建物である。この明るくて優れた構造手法は、率先的な努力のたまものとして一般から認められやがて急速に一般建築にも採用せられて、ガラスと鉄とコンクリートの新形式となったのである。[131]

ハイランド・パーク工場を設計する前に、アルバート・カーンは一九〇三年にパッカード自動車会社の工場を建設しており、その設計の斬新さがハイランド・パーク工場に取り入れられている。多層構造と床スラブで当時としては広い空間を確保したのである（図 1-25②参照[132]）。

このハイランド・パーク工場は、前述した新棟のW棟、X棟と同じように、建物の中に製造プロセス全体を含めようとしていた。アルバート・カーンの言葉を引用しよう。

> ほぼすべての部署を中庭も隔壁も設けずに一つ屋根の下に置こう——これによって監視が単純になり、製造コ

ストが節約される――と最初に主張したのは彼［ヘンリー・フォード］であった。現在では普通に使われている鋼鉄製サッシを最初に使ったのもフォード氏なのである。[133]

カーンは次のようにも言う。

ヘンリー・フォードが現在ハイランド・パーク工場の建っている競馬場の跡地に私を連れて行って、彼が望んでいることを私に語って聞かせたとき、彼は気が狂っていると私は感じたものである。彼が私に語ったような建物は、それまでなかったからである。フォード氏の産業向け建築に対する大きな貢献は、一つの屋根の下に多くの活動を取り込んで、建築や暖房、維持の費用を節約したことである。[134]

カーンはあまりにもヘンリー・フォードの役割を過大視している。一つの屋根の下に、あらゆる部署を置こうとしたのは何もハイランド・パーク工場が初めてではない。イギリスの産業革命期に出現し始めた綿工場はほとんどの製造プロセスをすでに一つの建物に置いていた。またサッシも、ハイランド・パーク工場以前にカーンは自分の設計した工場に使用していた。[135]

さらにハイランド・パーク工場の特徴を付け加えるならば、関連する工場が隣接して建設されたことである。前掲図1-5を見れば、その様子がわかろう。新棟W、X棟はそれまでの工場群と道を隔てていたが、最初に建てられたハイランド・パーク工場の工場群は隣接していた（正確に言えば、連結していた）のである。その意味で、「一つの屋根の下に」という発想が徹底されていたことは強調されるべきであろう。

これに対し、リバー・ルージュ工場はどのような特徴を持っていたのだろうか。最初に前掲図1-21①と図1-25①を比べて欲しい。二つの写真はともに工場の建設途中を示したものである。ハイランド・パーク工場を示した写真（図1-25①）では鉄筋コンクリートらしいもので建物の構造が形作られていることがわかろう。これに対して、リバー・ルージュ工場のB工場を示した写真（図1-21①）では、鉄骨だけで建物の構造が形作られている。その内部は広大な空間を可能にしており、三階建てに相当する高さを確保しながら、高さが必要な駆逐艦の建造を目的

図1-26　リバー・ルージュ工場のB工場の内部（1918年）

出所）Hildebrand, *Designing for Industry*, p. 98.

としていたため、床は設置されず、平屋の建物として使われていた（B工場の内部を示す図1-26参照）。実は、これが工場建築に生じた大きな変化だったのである。

B工場は駆逐艦建造のために急いで建設された工場だから、このような簡素な構造で建設されたと考える読者は多いのではないだろうか。しかし、それは違う。これ以後、リバー・ルージュ工場で建設されていく工場の多くは、鋼鉄で建物の外枠をあたかも籠のように頑丈に作って広い空間を確保し、これを簡素で平坦な外壁で囲っていく平屋の構造に変わっていったのである[136]。ガラス工場も平炉工場も、基本的にはこの構造で建設された。

さらに個別の工場が前掲図1-20で圧延工場とかエンジン組立工場とか具体的に何をしている工場かがわかるかたちで記載されているように、各工場の機能は単一の作業に特化し、それ自体で独立したものとなった。ハイランド・パーク工場が「一つの屋根の下に」多くの部署を置いたのと対照的に、リバー・ルージュ工場では「一つの屋根の下に」あるのは単一の作業に特化した部署であった。各工場は他の工場とは空間的に離れた場所に位置した自律的な工場となったのである。

しかも、各工場は平屋であり、多層階の工場ではなくなった。なぜ平屋の建物に工場は変化していったのだろうか。アルバート・カーンは次のように説明する。

多層階の建物を床面積にして何百エーカーも建築した後で、資材を上層階にエレベータで運び上げるのは、人間が費やす時間と資材の運搬費からして経済的に無駄なことだと結論を下したのも彼［ヘンリー・フォード］

であった。彼はデトロイトや他の都市で六階や八階のビルを建てていた。だが、多層階のビルが彼の製品の製造にとって経済的でないと確信すると、天窓から採光する平屋構造で、それ以前の建物では柱と柱の間は二五フィート［約七・六メートル］であったのをほぼ四〇フィート［約一二メートル］にした建物に、彼は次々と古い建物を替えていった。この平屋建ての工場は、少なくとも多くの場合において、ある種の製品の製造にとっては適切な解決策であったことは、この後、他の多くの会社が採用していったことで証明されている。自動車の製造に対してフォード氏が示した勇気は、工場建設の場合にも示された。彼以外の誰が、あの巨大なハイランド・パーク工場を放棄して、リバー・ルージュを開発し、そこに平屋構造の工場にとって十分な広さと、より経済的な生産の機会とともに、従業員に良好な作業環境を確保することをしただろうか[137]。

図1-27　リバー・ルージュ工場の概観（1940年頃）

出所）“River Rouge”, *Life* (August 1940), pp. 38-39.

「資材を上層階」に持ち上げる垂直的な移動が無駄だと考えて、平屋建て構造の工場群にした。つまり、コンベヤーにより資材を水平的に移動することが可能になったのであれば、建設費の高くつく多層階の建物で作業を行う必要もなくなったというわけである。まさしく組立分工場が多層階の建物から平屋建て構造の建物に建て替えられていったのと同じ理由から、フォード社は主力工場ハイランド・パーク工場が存在していたにもかかわらず、リバー・ルージュ工場の建設に進んでいったのである。リバー・ルージュ工場は最初に駆逐艦を建造したが、その後にフォードソン・トラクターの部品製造や組立を行うようになった。最後までフォードT型を組み立てることはなかったが、フォードA型の組立は、かつて駆逐艦が建造された建物を改造して行われた。

リバー・ルージュ工場の敷地には次々と多くの工場が建設されていった。基本的に平屋構造で、単一機能に絞った複数の工場から成り立っているのがリバー・ルージュ工場であってみれば、個々の工場の関係はどのように考えられていたのであろうか。それを端的に示しているのが、図1-27である。前掲図1-20と比べてみれば、個別の工場が増えているのがわかる。また、個別の工場は一定の方向にきれいに揃えて建設され、資材や部品が最終的に自動車の最終組立部門に運ばれていく様子が示されている。これがヘンリー・フォードとフォード社の構想した工場であった。

8 フォード・システムとは何だったのか?

フォードT型の製造実態を報告したアーノルドとファウロートの『フォード方式とフォード工場』は、最終組立工程へのコンベヤー・ラインがその工程での総労働時間を約八分の一にしたという劇的な削減を示していた。その後の研究者は、その研究を参照・引用することで、コンベヤー・ラインあるいは移動式組立ラインが高い生産性をもたらしたと繰り返し述べてきた。だが、自動車製造全体のコストの中で、最終組立工程がどれほどの割合を占めているのかもあまり深く検討されないまま、劇的な労働時間(つまりは労働コスト)の削減があったと主張されてきたのだった。

移動式組立ラインが円滑に運用されるためには、その組立ライン内での各工程にかかる作業時間が同じでなければならない。さらに、組立ラインで作業する労働者が部品を組み立てようとしたときに、部品同士の噛み合わせがうまくいかないからと手直しをしているようでは移動式組立ラインが円滑に稼働することはない。つまり、部品の互換性が達成され、作業工程が少なく一定の期間において安定的で、それに基づいて作業工程が細分されている必要がある。

また、部品の互換性が達成されているということは、部品に一定の標準的な仕様が決まっていることも意味しよう。とすれば、フォードT型のように需要が飛躍的に伸びた最終製品に使われている部品の標準化がなされ、大規模に製造されれば、その製造コストは劇的に低下することも生じるだろう。

ここで述べたような諸要因（さらには、日給五ドル制の導入による労働者側でのモチベーションの向上）が効いて、フォードT型の製造コストは下落していった。多くの研究者は、こうした要因を列挙する労をとるのではなく、「最終組立工程への移動式組立ラインの導入によって、フォード社はフォードT型の製造コストを大幅に下げた」ということを象徴的に捉え、事実関係を説明してきたのかもしれない。だが、こうした言明は、最終組立を担う分工場が数多く設置され、そこでは移動式組立ラインが容易には導入されなかったという事実を無視することになった。

フォード社の工場は、水平的に資材を運搬できるコンベヤーが利用できるようになって、また安価な小型電動モーターが利用可能になり、さらに鉄鋼が安価に大量に供給されるようになって、大きく変貌していった。組立分工場は多層階から平屋の建物に替わっていき、主力工場もハイランド・パーク工場から川縁の土地に新たに工場群が建設されたリバー・ルージュ工場となった。全鋼鉄製ボデーの導入により車体重量が増したため、シャーシが対応できなくなりフォードT型が生産を中止した後、フォード社が新たに製造したフォードA型はこのリバー・ルージュ工場を主力工場として組み立てられていった。

一九二〇年代末や三〇年代初頭の時点で、フォード社のように数多くの自動車を大量に低いコストで製造する方式を模倣しようとした場合、模倣の対象となる工場はハイランド・パーク工場ではもはやなかった。その対象は、リバー・ルージュ工場であった。その設計家アルバート・カーンはフォード社のみならず他の自動車会社の工場も設計したこともあって、リバー・ルージュと同じような工場建築は急速に広まっていった。

アメリカ国内に位置し、フォード社と似通った生産要素を同程度のコストで利用可能である企業者ならば、フォード社と自社の生産性に大きな格差があっても、それを分析し追いつく方策を立案することはそれほど困難ではなかったかもしれない。だが、一九二〇年代初頭に年産二〇〇万台を達成していたフォード社の、低廉なコストで多数の自動車を製造する生産システムを導入することは、日本のような後進工業国の企業者にとってはそれほど簡単なことではなかっただろう。

本章では、「歴史家の後知恵」という特権を活かして、筆者なりにフォード社が低コストで大量の自動車を製造したシステム（フォード・システム）について、最終工程だけに限定することなく、工場建築にまで眼を配って論じてきた。しかし、当時にあって、フォード社の生産性に追いつこうとした企業者・実務者にとって何が主要なポイントと考えられたかということ、広く言えば彼らが理解した「フォード・システム」は、ここで論じたフォード・システムと必ずしも同一だとは限らない。また、アメリカの企業者であれば、その当時のベスト・プラクティスを見ているだけで、必ずしも分析的な思考を経なくとも模倣が容易だったかもしれないが、経済的環境や技術的発達の程度が大きく異なる日本のような後進工業国にフォード・システムを移転するには、どの要素を捨てどの要素を取り込むかといった分析的思考なくしては困難だったに違いない。豊富な資金力もない状況であれば、ベスト・プラクティスを無批判に丸ごと導入することは不可能だったからである。たとえベスト・プラクティスをそのまま移植したところで、その企業がつくる製品が消費者に受け入れられ成功する保証もない。このような状況で日本の企業者や企業はどのようにフォード・システムの移転を試みようとしたのであろうか。

フォード・システムを最終組立工程での移動式組立ラインの導入と同一視することなく、本章での論点を考慮しながら、日本の企業者や技術者を含めた実務家たちがフォード・システムをどのように吸収し変容させていったのかを考察すること、これが本書全体の目的である。

第2章 「フォード・システム」の日本への受容

フォード社の写真部門による路上撮影の様子（1920年代）。ヘンリー・フォードは自社の活動を記録するのに熱心で，フォード社の写真部門は世界で最も大きな動画・静止画を撮影する部局だったと言われている

出所）Jeanine M. Head and William P. Pretzer, *Henry Ford : A Pictorial Biography* (Dearborn : Henry Ford Museum and Greenfield Village, 1990), p. 65.

1　フォード社による「フォード・システム」の広報

(1) フォード社による積極的な情報開示

フォード社は移動式組立ラインを積極的に宣伝に利用した。一九一五年二月に、パナマ太平洋万国博覧会が開催されると、フォード社は展覧会場で移動式組立ラインを公開した（会場の様子を写した図2-1参照）。「数カ月前から、コンベヤーが［フォード社から博覧会会場のある］西部のサンフランシスコに運ばれ、設置されテストされ(1)て、まさしく「大量生産がベールを脱いだ」のであった(2)。この博覧会の期間中、合計四三三八台が会場で組み立てられ、実際に出荷されたという(3)。

フォード社は工場も一般の人々に積極的に公開した。例えば、『フォード・ファクトリ・ファクツ』（一九一五年版）によれば、一カ月に一万七二四一人もの人々が同社の工場を参観し、夏期には一日に三〇〇～四〇〇人が訪れたという(4)。この参観者数は一九一七年版の同冊子によると、一カ月に三万三一二八人、夏期には一日三〇〇～一五〇〇人と増えている(5)。また同冊子は、その参観者はアメリカ国内だけではなく、世界の高位高官が訪問したと述べている。後に映画『モダン・タイムズ』で大量生産方式を風刺したチャーリー・チャップリンも同社工場を訪問している。さらに時期を下れば、日本からは高松宮親王夫妻一行が一九三一年五月一一日に同社工場を訪問し、ヘンリー・フォード自らが案内している写真が残っている(6)。もちろん、このような自動車産業には直接関係のないような人物だけでなく、フランスのルノーやシトローエンも自らアメリカのフォード社に足を運び、工場の様子を見たことが報告されている。(7) このようなことから判断しても、『フォード・ファクトリ・ファクツ』の記述はけっして誇張されたものではない。

当初、ヘンリー・フォードはフォード社の工場をジャーナリストに公開することには積極的ではなかった。ハイランド・パーク工場の操業に関する論考を一九一三年から一四年にかけて『アメリカ・マシニスト』誌に連載したフレッド・コルヴィンによれば、ピケット工場で何が行われているかを詳細な記事にしようと試みたが、ヘンリー・フォードは拒絶したという。(8) しかし、少なくとも一九一三年以降は、一転して工場の公開に積極的になる。アーノルドが『エンジニアリング・マガジン』誌に「フォード方式とフォード工場」の連載を始めた時には、「フォード社は、その商業面、管理面および機械の運用法についてどんなことであれ、完全に、何の制限も加えずに活字にすることを了解してい」たのであった。(9) その結果、自動車に関心のある技術者（あるいは起業を目指す人物）は、自ら工場を訪問しなくともフォード社の生産技術に関する情報をある程度までは得ることができるようになった。さらに、フォード社は『フォード・ファクトリ・ファクツ』などの多数の冊子やパンフレットを公刊していただけでなく、当時の最新技術である映画を使う宣伝活動や工場内部を記録することも行った。「どのようにフォード社は自動車を製造しているのか」というタイトルの映画は、「フォード車の製造プロセスの最初か

図2-1　パナマ太平洋万国博覧会でのフォードT型の組立（1915年）

出所）Frank Morton Todd, *The Story of the Exposition: Being the Official History of the International Celebration held at San Francisco in 1915 to Commemorate the Discovery of the Pacific Ocean and the Construction of the Panama Canal* (New York: Published for the Panama-Pacific International Exposition Co. by G. P. Putnam), vol. 4, p. 251.

ら、ユーザーに渡せる最終製品になるまでを示す」ものであった。[10] その映画は一般の人々が興味を抱いただけでなく、「一日に三千台以上の自動車生産が可能な方法を知りたいと思う機械関連の専門家」にとっても価値のあるものだった。[11] このようにフォード社は自社工場や生産方法を積極的に公開したのである。

このフォード社による積極的な情報開示は、他の自動車メーカーや自動車産業以外の分野でのコンベヤー・システムの導入を促すことになった。これはフォード社の自動車が革新的な技術によって製造されていることを印象づけることにもつながり、フォード車の販売促進にも大きな影響を及ぼしたと言えよう。一九二〇年代中頃でさえ、販売店で自動車の最終組立を見せることは顧客を集める手段としては有効だった（図2-2参照）。革新的な組立方式を最初に開発した会社として、フォード社は顧客に自社の自動車を宣伝することができたのである。

図 2-2 フォード社のニューヨーク支社の様子（1925年）

出所）Henry L. Dominguez, *The Ford Agency : A Pictorial History* (Osceola : Motorbooks International, 1981), p. 52.

（2）フォード社広報活動の変化――コンベヤー・システムの強調

フォード社以前にオールズモビル社が、コンベヤー・システムを用いた最終組立の原型とも言うべきものを採用していたことが知られている。

彼［オールズ］のシステムは、ある組立集団から別の組立集団へと移動式台車が渡っていき、資材が便利な場所に置かれており、現代の組立ラインにおける全要素が含まれていた。唯一、欠けていた要素は動力を使ったコンベヤーであった[12]。このためか、移動式組立ラインで最終組立を行うようになった後でも、フォード社の広報誌での説明は次のようであり、慎ましやかでさえあった。

見学者にとって、全工場の中で最も興味深い部門は、おそらく最終組立であろう。ここでは、あらゆる組立ユニットは必要な場所で組立コンベヤーと出会う。行程の最初で、前車軸ユニットや後車軸ユニット、フレーム・ユニットが組み付けられる。それから組立はチェーン・コンベヤーによって動き始め、作業室内を分速八フィート［約二・四メートル］という一定速度で移動し、各作業者がシャーシに一つの部品を組み付けるか、彼に割り当てられた一作業を行い、ラインの最後まで来るとシャーシがそれ自体で走る準備が整っている。

次に、チェーン・コンベヤーでフレームと車軸とを組み合わせる場所以降の最終組立では、見学者はあらゆる作業が行われる手際の良さに感嘆する。例えば、ガソリン・タンクは建物の外にあるコンベヤーによって四階から降りてきて、シュートによって組立ライン上のブリッジに落下する[13]。

これは『フォード・ファクトリ・ファクツ』（一九一五年版）からの引用であるが、一九一七年版になってもこの説明は実質的には変わらない[14]。本社工場で最終組立がなされる自動車の台数が少ないことなどが述べられており、コンベヤー・システムの意義を強く際立たせるものではない。

実際、一九一五年のパナマ太平洋万国博覧会での展示を除けば、フォード社の出版物で移動式組立ライン、つまりコンベヤー・システムだけを強調する広報宣伝活動は見られない。だが、少なくとも一九二〇年代中頃以降になると、フォード社の広報誌はコンベヤー・システムに力点を置くものに変化する。一九二五年版、二七年版の『フォード・インダストリーズ』誌は「コンベヤー・システム」という項目を掲げるようになる。この項目の文章は両年次とも変わらないので、二五年版から最初のパラグラフを掲げておこう。

図 2-3　シカゴ「進歩の世紀」博覧会（1933〜34 年）における GM 社パビリオン内部の様子

出所）General Motors Corporation, *What We Saw in the General Motors Exhibit Building at A Century of Progress International Exposition* (Chicago : General Motors Corporation, 1933).

> 資材や部品を工場内の各所に運ぶコンベヤーがあるので、労働者は自分の持ち場を離れずにじっとしていることができる。このコンベヤー・システムはフォード自動車会社で開発されたものである。これによって、時間とエネルギーが驚くほど節約されたため、他の製造業者もコンベヤーを設置することになった。[15]

さらに、一九二七年版の次に発表された二九年版の『フォード・インダストリーズ』では、二五年版、二七年版と同じ文章で始まっているものの、それに引き続くパラグラフに、以前の『フォード・インダストリーズ』にはなかった次の文章が挿入される。

> 自動車産業の初期においては、工場内を動き回る台車を使って組立途中の各自動車のそばにさまざまな部品を置いていき、労働者集団が自動車を組み立てていた。ある集団はフレームを、別の集団がエンジンを、別の集団が後車軸を置いていくといったふうであった。組立集団が次々と動きまわり、作業が遅いか、怠け者の集団がいると全体の作業が滞った。
>
> 後には、資材は定まった組立場所に置かれ、車は手で次の場所にまで動かされた。まもなく、車が動力で動かされる最終組立ラインが試され、部品は現在とほぼ同じように配置された。このシステムから生ずる困難が解決された後、現在のような効率性を達成した。このシステムが持つ物理的な労働量を減らすというメリットは、あらゆる製造業で認められている。[16]

このようにして、フォード社は自社の製造方法を説明する際には、コンベヤー・システムに重点を置くようになっていった。これは第1章で述べたように、コンベヤーの利用が可能になって工場そのものの設計を変更し、実際にコンベヤーを積極的に敷設したリバー・ルージュ工場が稼働し始めたことと軌を一にしていた。

ヘンリー・フォードが自伝を発表したことや、『ブリタニカ百科事典』に「大量生産」(Mass Production) という項目を寄稿したことなどにより、フォード・システムへの関心は高まった。それにともない、もはや「フォード・システム」としてではなく、「大量生産」システムとして世に広まることになった。[17] 専門家はともかく、一般には自動車の最終組立工程におけるコンベヤー・ラインを使う生産という印象は強く、またそれを実際に見たいという要望も大きかった。例えば、一九三三～三四年にシカゴで開催された「進歩の世紀」博覧会では、フォード社のライバル企業であるGM社が自社パビリオンでコンベヤー・ラインによってシボレー車の最終組立を実際に行い、多数の観客を集めた(図2-3参照)。コンベヤー・システムを用いた自動車の最終組立は、一九三〇年代のアメリカにおいてさえも多くの観客を集めることのできる「見せ物」であったと同時に、もはやフォード社だけがその製造方法を採用しているのではなく、広く自動車産業で採用されている生産方法だということが一般に認知されるようになっていた。

2　日本における「フォード・システム」の受容

(1)「流れ作業」方式への着目

フォード社は日本フォード社を設立し、一九二五年には横浜に組立工場を開設した。この工場も一般に公開し、多数の人々が訪れた。しかし、フォード社がコンベヤー・ラインを強調した広報活動を積極的に行っていたにもかかわらず、かつ最終組立ラインを日本に設置したにもかかわらず、日本の技術者たちは「フォード・システム」（フォード社が低廉なコストで多数の自動車を製造したシステムの肝要な点だと彼らが理解したということ）について、コンベヤー・ラインだけに重点をおいて説明をすることは稀であった。彼らは「流れ作業」という曖昧な用語を使いながら「フォード・システム」を紹介することが通例となっていく。

フォード社が示した高い生産性に追いつこうとするアメリカ以外の国の技術者が「流れ作業」として「フォード・システム」を理解することは日本だけに見られたわけではない。イギリスの技術者ウラードは、第二次大戦後に『大量および流れ生産の原理』を発表している[18]。そこでは、「大量生産」は標準化された製品を大量に生産する方法であるのに対し、彼の言う「流れ生産」は工程から工程へと中断されることなく部品が動いていく方法だと述べられている。これに続けて、彼は次のような比喩で流れ生産を説明する。

流れ生産の理想的な配置は流域（a watershed）に似ている。主要な組立を行う経路である河川には、部分組立のラインである支流が流れ込む。その支流には機械加工ラインの小川が流れ込んでおり、小川には資材を運ぶコンベヤーを典型とする細流が流れ込む。どの部品も継続的に前に向かって流れる。ほとんど湾曲部もなく、水が河口――販売業者――、さらに究極的には海――消費者――にまで必然的に流れていくことを妨げる逆流やダム、嵐、凍結もない[19]。

ウラードは、この書物の中で、「流れ生産技術は自動車の組立ラインに起源を持つ[20]」として、明らかにフォード社の生産システムが高い生産性を実現したことを明確に意識していた。しかし、膨大な量を生産しなくても「流れ生産の原理を研究することで、少量の生産でも、しばしば驚くほど利益が得られる[21]」と考えていたのである。ウラードは生産工程全体の「流れ」をいかに確保するかに関心があり、彼の書物には工程と工程の間を矢印でつないだ図が多数挿入されている。

ウラードの書物が発表されたのは第二次大戦後である。日本の技術者たちは、それより以前から「流れ」に着目して生産工程の編成を明示的に考え始めていた。戦前では多くの場合、「流れ作業」という用語が使われていた。ここではさしあたり「流れ作業」とは何かについて定義せずに、当時の技術者たちが「流れ作業」という用語を用いながらどのような議論を展開したのかをまず追うことにしたい。このような論旨の運び方に対しては、「流れ作業」について定義をしなければ、厳密な論議はできまいという批判はあり得よう。ここで「流れ作業」についての理論構築を目指すのであれば、そういう批判は正鵠を射ている。だが、現実には「流れ作業」という用語は幅広く解釈され、雑多な理解をも包み込んできた。ここでの論点は、「流れ作業」という概念を純化することではなく、「流れ作業」という曖昧とも言える用語によりながら、当時の技術者たちが生産方式をどのように理解してきたかを考察する点にある。フォード社の生産システムが示した高い生産性に追いつこうとしたときに、「流れ作業」として生産工程を把握した彼らが、それをどのようにして実現しようとしたのか（あるいは実現しなかったのか）を考えてみたいのである。

①日本学術振興会による「流れ作業」方式の調査

日本において「流れ作業」に対する関心が高まったことを端的に示すのは、一九四一年に日本学術振興会が「流れ作業」の実態調査を実施したことであろう。この年の四月一日に日本学術振興会は、戦時の資材・労働力不足のもとで生産力拡充をはかる方法を研究するために工業改善第十六特別委員会を三年間の予定で設置した[22]。この委員会には五つの分科会が設けられ[23]、この中の第三分科会が一九四一年に全国的な規模で流れ作業方式に関する実態調査を行い、四二年に報告書を公表した[24]。この調査は全国二八〇の機械工場、化学工場、鉱山を対象としたアンケート調査であり、八〇工場からの回答を得た。この調査によれば、機械工場、化学工場、鉱山という「三つの分類のなかでは、……機械工場での流れ作業の採用率が高」かった[25]。しかし、調査に回答した五二の機械工場のうち、流れ作業を生産工程に実施していた工場は——全面的ではなく部分的に採用していた工場まで含めても——半数にも満たない状況であった。[26]

なぜ工業改善第十六特別委員会第三分科会は流れ作業の実態調査を行ったのだろうか。委員長の波多野貞夫によれば、「第三分科会主査トシテ『流レ作業』ニ関スル調査研究ヲ行ウ為ノ資料トシテ蒐集」したということである。[27]しかし、すでに日中戦争が始まっている中で調査が行われ、太平洋戦争開戦後に報告書が公表された調査が、単なる学術的関心からだけで「流れ作業」の実態を調査したものとは思われない。事実、この流れ作業に関する調査報告書の序で馬場粂夫は次のように調査の目的を説明しているのである。[28]

人ト物トノ不足スル今日ニ於テハ現在ノ人ト設備トヲ最大限ニ利用工夫シテ生産増加ノ方策ヲ講ゼネバナラナイ。其ノ方策ノ一ツトシテ「流レ作業」ノ実施及ビ之ガ原則ノ応用ヲ採用スルコトガ絶対ニ必要デアル。[29]

しかも、この第三分科会の調査は、機械工業一般に流れ作業方式を導入し、普及することを企図して行ったものではなく、より具体的な目的をもった調査であった。それは、次に掲げる第三分科会の構成メンバーとそれぞれの研究テーマを見れば明らかである。[30]

主査：佐久間一郎［中島飛行機武蔵野製作所所長］
　航空機の発動機生産増加、主として流れ作業の研究
委員：服部譲次［三菱重工業名古屋航空機製作所技師部長］
　製作に関する研究
委員：藤森正己［中島飛行機小泉製作所所長］
　製作に関する研究
委員：松田敏夫［中島飛行機太田製作所技師］
　設計を主とする研究
委員：波多野貞夫［学術振興会学術部次長ならびに工業改善第十六特別委員会委員長、海軍中将］

飛行機機体の生産増加の研究

そもそも第三分科会の目的は、「時局下の工業現況に対処する工業改善策実施に関する調査研究、特に航空機生産工程の合理化に関する研究」なのである。その構成メンバーも、波多野以外は、航空機製造企業の四名（中島飛行機から三名、三菱重工業から一名）であった。まさしく「航空機生産工程の合理化」研究の一環として流れ作業の調査が行われたのである。[31] また、技術院での研究テーマが次第に航空機を数多く生産する方式を探求していく時期とも一致している。日本で「流れ作業」方式が注目されたのは、航空機の量産という当時の現実的な課題に直面しての論議だったのである。

②工業改善第十六特別委員会委員長・波多野の問題意識

工業改善第十六特別委員会設立時の委員長であった波多野は、同委員会が「流れ作業」に関する完全な報告書をまとめる前に死去する。この委員会がどのような考えを抱き、「流れ作業」の調査を行ったかを理解する手がかりの一つとして、委員長・波多野が「流れ作業」をどのように考えていたのかを探ってみよう。

最初に波多野の経歴を簡単に見ておこう。彼は呉工廠検査官などを経て、一九二七年に海軍中将、三二年に予備役となる。その後も彼は、日本能率連合会理事長や日本学術振興会学術部次長などの要職を務めた。こうした経歴を考えれば、彼は生産管理や工程管理について明るい人物であったように思われる。彼自身は「工場ノ経営ハ自分ノ本当ノ専門デハナイ。自分ノ専門ハ研究実験ニ基ク設計考案デアル」と著書『戦時下ニ於ケル工場経営管理』[32] の序文に述べている。だが、工場の経営管理全般を詳細に論じた同書こそ、波多野が工場の生産面にいかに通暁していたかを示すものであった。

こうした経歴を持つ波多野は、何のために「流れ作業」に注目したのであろうか。経歴から考えて、単なる思弁のために、あるいは個人的な理論的興味だけから、「流れ作業」に着目したとは思われない。こうした観点から興味深いのは、一九四一年、つまり工業改善第十六特別委員会の設置と同じ年に波多野が発表した論文である[33]。この論考における彼の問題意識は明確であった。彼は次のように論を進める。「生産力拡充」のためには「機械工業ノ生産能率ヲ増進セネバナラナイ」。そのために「生産技術者ノ実力ヲ増スコト」、それに「生産様式ノ改善、殊ニ流レ作業ノ実施ヤ作業方法ノ改善進歩ヲ計ラネバナラナイ」と彼は考えた[34]。まさに、第十六特別委員会の設置目的と同じく、「生産力拡充」こそが彼の関心事であった。具体的には、機械工業の生産能率を増進させる方策の一つとして（つまり、波多野は機械工業の生産能率の現状に不満を抱き、その解決策の一つとして）、「流れ作業」に関心を持ったのである。

波多野は機械工業の生産能率が悪いと認識し、その原因は一工場で多数の種類の製品を作るからだと考えていた。一種類の製品だけを製造するのであれば、その工程に従って機械を工程順に並べて仕事を行うことになる。しかし、一工場で多品種の製品を製造する状況になると、作業計画の立案は難しく煩雑になり、「機械ヤ仕事ヲソノ種別毎ニ一群トシテ集中」して対応せざるを得ない[35]。このように、機械を種類ごとに集めて配置し同種作業を一カ所にまとめているために、仕掛品の工場内での移動距離が長くなるか、あるいは仕掛品がある工程で滞るなどの事態が生じ、生産能率が悪くなっていると彼は考えたのである。

波多野の現状認識からすれば、解決策は明確である。彼は言う。「ドウシテモ工場ノ専門化、分業化ヲ行イ、多量生産ヲ実施」する必要がある、と[36]。こうした観点から、波多野は一九四〇年一二月の商工次官通牒「機械鉄鋼製品工業整備要綱」を評価する。「要綱」の「機械工業専門化、分業化ノ方針」によって、機械工場が「新シイモノノ設計ト組立ヲ主トスル工場、部品工場、下請工場」の三種類に専門化、分業化する契機が与えられ、「一工場ノ製品種ヲ少ナクシテ多量生産」する可能性が生じたと考えたのである[37]。その結果、「機械加工デモ、組立デモ、流レ作業実施或ハソノ原則ノ応用ガ有利ナモノニハ之ヲ実施スベキ」時期が到来したのだとも言う[38]。しかし、波多野は要綱のみによって、そのような分業化が実現すると考えるほど楽天的でもなかった。たとえ要綱があっても、

「工場ノ専門化、分業化ノ完全ナ実施ハ我ガ国デハ急ニハ行カナイ」と、冷静に現実を見据えていたのである。[39]

しかし、「工場ノ専門化、分業化」が急速に行われないからといって、機械工業の生産能率の向上を完全にあきらめることも波多野にはできなかった。それでは彼が考えた現実的な方策とは何だったのか。彼は次のように現状を把握し直す。たしかに、多くの機械工場では「多種製品ノ少量生産」を行っているが、こうした機械工場の中には同一品の受注量が比較的多い工場もある。こうした工場なら、「少シ努力スレバ立派ナ流レ作業」ができる。[40]また、大きさや形状が異なるものを多種、少量生産している工場でも「ソノ工作ノ工程ガ同ジ製品ハ可成リアル」から、「機械ヤ仕事ヲ工程順ニ並べ、作業ガ流レル様ニスレバ、生産能率ヲ倍加スルノハナンデモナイ」。[41]要綱があろうとなかろうと、現状のままでも工夫さえすれば「作業ガ流レル様ニ」でき、その結果、ある程度まで生産性を上げることが可能だ、と波多野は考えたのである。

この「流れ作業」実施を阻んでいる原因は、「先ニ立ッテ万難ヲ排シテ之ヲ実行スル企業者ト工場長ト之ヲ計画シ万難ヲ排シテウマク運行スル迄ニ持ッテ行ク技術者ヲ欠クカラ」[42]だと彼は考えた。それだからこそ、技術者教育や企業家の啓蒙に努めようと波多野は訴え、日本能率連合会の理事長でもあった彼は、[43]日本能率連合会の活動、および機関誌『産業能率』を通じて、「流れ作業」の研究・啓蒙を行っていったのである。[44]

波多野は「機械ヤ仕事ヲ工程順ニ並べ、作業ガ流レル様ニスレバ、生産能率ヲ倍加スルノハナンデモナイ」とまで述べる。ところが、彼は「流れ作業」について厳密な定義をしたわけではない。彼の言う「流れ作業」とは、よく言えば広義であるが、茫漠としたものにすぎない。作業を規則的に進行させるコンベヤーが不可欠だと考えているわけでもなく、ただ「作業ガ流レル様ニ」という一点を強調するのみである。[45]これは先に見たように、フォード社が自社の生産システムを説明する際に、コンベヤーを次第に強調していったことを考えれば、非常に対照的であった。だが、後に触れる戦前における代表的な経営学者の一人である平井泰太郎の主張を考えれば、[46]波多野のように「流れ」を強調することは、日本においては突飛などころか、ごく普通に見られた主張であった。

(2)「流れ作業」の定式化

波多野が一九四二年に死去した後、四四年に工業改善第十六特別委員会第三分科会は報告書『生産力と流れ作業』を公表する。[47] この報告書は三部からなり、第一部が「流れ作業実施に関する条件の検討」、第二部が「半流れ作業生産方式に関する研究」、第三部が「流れ作業実施に基く生産期間短縮の実例」となっている。すなわち、第一部で「流れ作業の基礎的諸問題」を考察し、第二部、第三部は発動機生産を事例にとって、完全な流れ生産をとれない場合（第二部）と、完全な流れ生産を実施できたピストンの例（第三部）を示すという構成になっていた。この報告書は、「流れ作業」について次のような説明をする。

流れ作業の本質は物を製造する順序に従って淀みなく作業し、生産過程の中途に於ける間隙と逆流を除くことにある。従って一人で手工業的生産をなす場合にも流れ作業に依り得る……[48]

この説明は前述した波多野の見解とも似ており、「流れ」を重視したものである。しかし第三分科会は、戦時期において航空機生産工程の合理化研究の一環として流れ作業を研究しており、その報告書が「一人で手工業的生産をなす場合にも流れ作業に依り得る」と述べることには違和感があろう。同時代においても、次のような厳しい批判があった。

歴史的な段階的発達の観点に立たないで、流れ作業もまた多量生産方式の一種であるとか、「最も合理的な」方式であるとかいってみても始まらないであろう。

甚だしきに至っては、「流れ作業の本質は、物を製造する順序に従って淀みなく作業し、生産過程の中途に於ける間隙と逆流を除くことにある」というのは、法外な概念の超歴史的拡張という外ない。この高度な生産方式の段階において、幼稚な手工業的生産を「流れ作業化」するなどということになると、時代錯誤の感を催す外はない。たとえ精密な且つ大掛かりな専門生産化をみた、たとえばスイス時計工業における工業形態の場合でも、そこでリレー的生産速度が保持されたとしても誰も「流れ作業方式」とはいわないであろう。何故なれば、それは方式成立に必要な機械的基礎と歴史的条件とを欠いているからである。[49]

第三分科会の報告書は「法外な概念の超歴史的拡張」を行っているという批判のほうが、現代に生きる読者にとっては説得的に聞こえよう。つまり、波多野は「流れ作業」を詳しく定義もしていないではないか、ただ「流れ」が重要だと強調しているにすぎない、という批判である。また、第三分科会の報告書のように、「一人で手工業的生産をなす場合にも流れ作業に依り得る」などというのは、まさしく「概念の超歴史的拡張」を行う「時代錯誤」だと批判したほうが、納得が行こう。

だが、このような批判にさらされることを第三分科会のメンバーは想定していなかったのだろうか。第三分科会報告の第三部「流れ作業実施に基く生産期間短縮の実例」は、「コンベア式流れ作業の概況」と題する節で始まっており、その書き出しは次のようである。

流れ作業方式というのは、結局作業機械と運搬装置との結合によって、手待［ち］及び手持［ち］の無いように品物が流動し、計画通りに生産が行われるような生産方式であるといえる。流れ作業の基礎的諸問題に就いては、第一部に於いて述べた……[50]

すなわち、第三分科会としても、先の引用文のような批判があることは十二分に承知していながら、あえて「第一部」では「流れ作業」を広義に理解し、「第三部」では狭義の「流れ作業」、つまりコンベヤーを用いた「流れ作業」の例を示していたのである。

「法外な概念の超歴史的拡張」という批判は、ある意味では的を射ているが、「流れ作業」をこのように極めて広義に理解することは、戦前の日本では当然のように行われていた。例えば、戦前期日本における代表的な経営学者の一人である平井泰太郎は、彼の監修による『産業合理化図録』（一九三二年）の中で、「流れ作業に於ける工場配置」として図2-4を掲げて次のような説明を行っていた。

流れ作業に於いては先ず無数の運搬路と貯蔵庫とが整理される。輸送路は単一化し短縮する。同種の機械集団

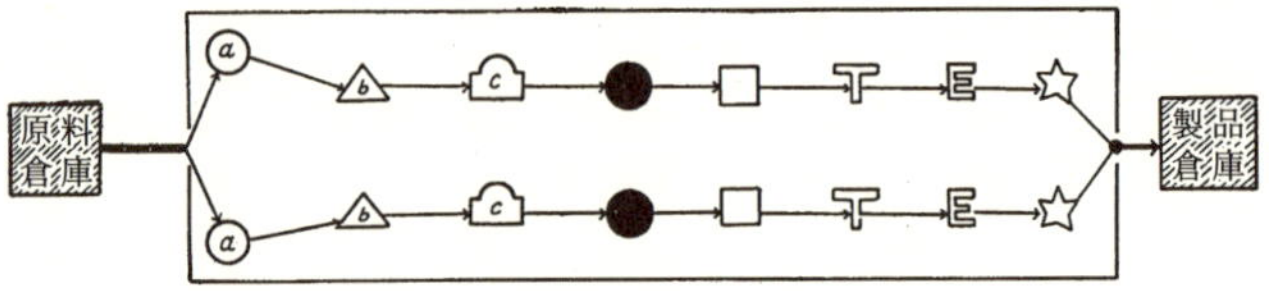

図 2-4　平井泰太郎による流れ作業

注）a, b, c は機械の種類を表し，矢印は加工材料の流れを示す。
出所）平井泰太郎監修，神戸商業大学経営学研究室『産業合理化図録』（春陽堂，1932 年），233 頁。

は解かれて異種の工程順に秩序正しく肩を並べ、材料はこれ等の機械や作業台の上を絶えざる加工を受けながら流るるが如く一途に製品倉庫へと急ぐのである。(51)

この図には、コンベヤーも書かれておらず、説明も「流るるが如く」という加工対象のスムーズな流れに力点があると言って良い。この点は、同書本文では次のようにさらに徹底している。

> 世人は往々流れ作業と言えば直ちにコンベーヤーを連想し、コンベーヤーは流れ作業の要件であるかの如く考えるが必ずしもそうではない。搬送は手から手へ送られる場合も少なくはない。その著しい例として福助足袋工場に於ける足袋製造過程を挙げ得る。又搬送機は動力による場合と然らざる場合例えば重力を利用する場合とがあり、尚作業が搬送機に於いて行われる場合と別に作業台に取出し又は機械にかける場合とがある。(52)

第三分科会の報告のように、流れ作業をこのように「流れ」を重視して理解することは、日本では上野陽一らによる「科学的管理方式」導入期以来行われてきた。一九二〇（大正九）年に、上野はライオン歯磨の工場で袋詰め作業の改善を行う。その際、彼は工程の所要時間を計測したうえで、作業台の配置替えを行い、生産高をほぼ二〇％増加させている。上野は自伝の中でこの試みを「今日のコトバで言えば、いわゆる流れ作業の実施であった」とし、さらにこの作業台の配置は「私［上野］がフォードの進行式組立作業方式をマネて試みた配置」だったと述べている。(53) つまり、日本の生産管理技術者の多くは、おそらくはフォードの移動式組立ラインに着目しながらも、そのコンベヤー等の機械的な運搬方式を二義的なものと見て、生産工程の流れの形成を重視してきたのであった。

「流れ」を重視し流れ作業方式を広義に理解する第三分科会の見解は、例えば中島飛行機技師・前川正男の著書『流れ作業』においても次のように継承されている。

流れ作業とは物を製造する順序に従って淀みなく作業し、生産過程の中途に於ける隙と逆流のない作業をいう。

即ち、あらゆる生産方式中で最も能率的な作業である[54]

前川は、この引用文に引き続き、「一人の作業を検討」している[55]。第三分科会の流れ作業についての定式化は、批判があったにもかかわらず、生産管理技術者の間に定着していったと思われるのである。

問題はむしろ次の点にあろう。第三分科会が流れ作業を極めて広義に定式化したことに現実的な意味があったのか。二一世紀初頭に生きる読者からしても、「概念の超歴史的拡張」だと思われるほどに、流れ作業を広義に捉えることにどのような意味があったのか。時局の要請に応えて設置された第三分科会では、彼らの目的遂行に実践的な意味のない問題に衒学的な議論で時間を空費する余裕はなかったはずであろう。「概念の超歴史的拡張」にも彼らなりの実践的な意義が考慮されていたのではないか。報告書は次のように述べる。

流れ作業が順調に行われるためには、「各工程の所要単位時間が一定でなければならない」ことが必須条件であることが解るのである。それならば、この単位時間は何分とすべきかは、技術的に相当面倒な問題である。勿論単位時間を短くすれば、生産量は多くなるが、二秒、三秒というような単位時間は事実に於いて成立しない。また作業を分割すれば、単位時間は短くなり、各工程の時間を揃えるにも比較的容易である。

上述のように流れ作業が成立するためには、各工程に共通な生産単位時間が定められ、この単位時間内毎に一個の製品が必ず出来上り、然も各工程に於て手持もなく、手持の増減もなく、品物が流動することが必要なのである[56]。

当時の日本における製造現場では各工程の加工時間を一定にすることさえできていなかった状況の中での第三分

科会の提言だったのである。

当時の日本では、製品が標準化されておらず、同一製品を多数つくることさえできていなかった。前述したように、波多野はこの状況を憂い、一工場では単一の製品をつくるようにと提言し、製品を標準化し工場内の機械設備を工程順に配置して、「流れ作業」を実現しようと考えた。この第三分科会は、工程を分割し各工程の加工時間を一定することこそ、「流れ作業」を実施する基本だと考えたのであった。日本の製造現場の現実では、コンベヤーを導入する前提条件さえも整っていないのだという状況認識が彼らにはあったのである。

(3)「多量生産」の提唱

生産管理に関する第二次大戦期あるいは敗戦直後の文献には、「流れ作業」という用語と並んで、「多量生産」という用語が数多く使われている。しかし、二一世紀初頭の日本では「多量生産」という用語を文献で見ることは稀である。例えば、『広辞苑』などの国語辞典を参照しても、「多量」という項目や、「大量生産」という項目はあっても、「多量生産」という項目は掲載されていない。当時、「多量生産」が使われていたのは、どのような理由だったのだろうか。

日本に「時間研究」を導入した先駆者の一人、野田信夫は、「増産決戦と多量生産」と題する興味深い短文を一九四三年に公にしている。[57] その中で「戦争は物財の大量消耗を必至とするから、戦時の生産は言うまでもなく多量生産でなければならない」と論じたうえで、彼は「多量生産方式への転換が現下の日本能率界の最大問題である」と主張していた。[58] 彼は「多量生産」を次のように定義している。

多量生産とは、互換性部品の大量組立であると言い得る。ここに互換性部品と称するのは、用途を異にする製品相互間に於ける部品の互換性を指すのではなく、同一製品に対し多数の同一部品が、何れも即座に嵌合するように仕上げられた部品を言う。即ちA製品を構成するa、b、cと言う三種の部品があるとする。今a部品のどの一個を取って、どのA製品にとり着けても手仕上げを要せず即座に取り着け得る。b部品、c部品、も同様である如き組立製品を造らなければ多量生産は成立せぬ。更に言い換えれば、A製品を幾つか解体してa、b、cの部品を分類集合し、再び元と同じ数の部品を任意の部品個体を以て直ちに組立て得る如き互換性を持つ製品でなければ、多量生産は成立せぬ。要するに、所謂「絶対互換性」の確保を必要とする。これが多量生産品の本質である。従って斯の如き製品を多量生産することが多量生産の本質である。故に所謂「仕上工」を多く要する如き機械工場は、生産方式が低度であることを示すものである。[59]

この野田の文章は、ヘンリー・フォード（正確には彼のゴースト・ライター）が大量生産方式を定義した『ブリタニカ百科事典』の論稿を意識している。それは、この引用文の最後がフォードの論稿にある有名な一節「大量生産には仕上げ工はいない」（Mass production has no fitter）と呼応していることからも明らかであろう。[60] つまり、フォードがマス・プロダクションと呼び、われわれが今日では通常「大量生産」と訳しているものを、野田はここで「多量生産」と呼んでいるのである。

もしも「多量生産」という用語が、われわれが日常的に使う「大量生産」と何ら内容的に変わりがないとすれば、ここで「多量生産」をわざわざ検討するまでもない。しかし、野田の文章を丹念に読むと、やや違うことがわかる。もう少し、野田がどのように論じたかを追うことにしよう。

この「多量生産」を実現するためには、「作業を高度に機械化することが絶対に必要」であると野田は主張する。それでは「機械化」とは何か。彼の言う「機械化」とは次の三点を主に意味する。すなわち「(1)ジグ、ゲージの徹底利用、(2)工作機械の単能化と多刃化、(3)専門工作機械の使用」である。それでは、「機械化」が必要なのはなぜか。彼の理由づけは次の三点である。「(1)絶対互換性を保つため、即ち各部品個体の仕上り精度を厳密に一定するため、(2)加工時間を短縮するため、(3)加工工程を時間的に統一するため」である。[61] こうした論点は、まさしく「大量生産」に関する説明と同じである。あえて「多量生産」を「大量生産」と区別する意義も意味もないと言わざるを得ない。

しかし、野田は「多量生産」をこのように説明したうえで、当時の日本における製造事業実態の批判に向かうのである。野田の認識によれば、当時の日本では「工場を大きくし、機械の台数だけ増やし、此を以て、多量生産なりと考えている例が珍らしくない」。だが、「かかる生産様式は決して多量生産ではない」と野田は断じ、「多量生産は流れ工程でなければならないことを明確に知る必要がある」と主張する。[62] つまり、野田にとって「互換性部品の大量組立である」多量生産の本質は、流れ工程にある。しかし、この「流れ工程そのものは、決して機械化を前提とするものではな」く、「純然たる手作業でも流れ工程はいくらでも成立する」。そのうえで、野田は「本式の多量生産は『機械化した流れ工程』の生産様式をその本質とする」と論じる。[63] こうした論理の展開により、「多量生産」ではなく、「本式の多量生産」こそがマス・プロダクションと定義し直されたのである。

「本式の多量生産」(すなわち、マス・プロダクション=「大量生産」)こそ、本来ならば目指すものである。しかし、機械化を実施できない現状を踏まえるならば、生産工程を「流れ工程」として整備するしかない。それによって、生産量を増加させることは可能だと言うのである。これは「本式の多量生産」ではないが、制約の多い中で量産を志向するという意味で「多量生産」と呼んだのである。

野田が「本式の多量生産」を「多量生産」と区別したことは、彼がおかれていた時代状況からすれば当然とも言えた。太平洋戦争開戦後、とりわけ一九四二年末以降になると、航空機と船舶の増産が統制経済の重要な課題となっていた。一九四三年六月には「戦力増強企業整備要綱」が制定され、企業整備が促進されることになる。[64] この意図について、商工省機械局長の美濃部洋次は、「飛行機、船舶その他の輸送力の強化、この二つが日本の今日なすべき大きな二大眼目」だと明言していた。[65] しかも「今度の企業整備は従来の合せ物離れ物と云うような企業整備よりは余程難しい。……整理統合と云っても、難しいと思へば難しいがただ合すだけであるからたいしたことはないが、併し今度の企業整備はそれで終らない。中の作業のやり方を変えて行く、ここに企業整備の本当の目的がある」とまで述べていた(66)。つまり、航空機、船舶の増産が緊急課題となった状況下で、「企業内部の作業運営それ自体に中心を置いた企業整備」を行うというのである。その目的は、「作業方式、仕事のやり方を変えて行くことによって各個の企業の生産性を高いものに」することにあった。この「生産性の昂揚の一大眼目」は「日本的な大量生産方式を拵へて行く」ことにあると美濃部は明確に述べている(67)。

この美濃部の言う「日本的な大量生産方式」こそ、野田が論じようとしたことであった。戦争遂行上、軍需物資の増産が至上命令となったにもかかわらず、「作業を高度に機械化」できない現実が彼の前にあった。こうした状況で現実的な対応策として考えられるのは、「作業を高度に機械化」せず、増産を推し進めることでしかあり得ない。こうした状況把握が、野田に「本式の多量生産」と区別された「多量生産」を構想させたのである。この際、特徴的であったのは、「機械化」ができないのであれば、「流れ工程」(「流れ作業」)だけでも実現しようという意図であった。これが工業改善第十六特別委員会の認識とも一致していることは明らかであろう。

流れ工程を実現するための要件として野田は次のことを列挙した。それは、作業研究と工程分析を行い、作業の単位時間を設定し、作業そのものを見直し、必要に応じて分割や結合を行い、機械や工具などの配置を考えるといったことであった。これは、工程そのものを分析し編成して、どのように流れ工程、流れ作業を実現するかを論じただけであり、とりたてて新味があるというものではない。ただ興味深いのは、野田が工程そのものの分析を超えて、企業間の分業関係にまで踏み込んでいる点である。すなわち、大規模企業(工場)と中小規模の企業(工場)との関係までを視野において、流れ工程を行い、多量生産を実現させなければならないと彼は明確に論じるようになったのである。

多量生産は大工場に生産を集中させることであるから、中小工場は不用になると言う考えに傾き易い。これは大なる誤りである。多量生産は……互換性部品の大量組立であって、大工場を要するのは、この組立作業と基本部分の一貫工作とを行う工場であって、其の他数千種類を数える部品は、本来皆協力工場又は下請工場に於て製作又は加工されるのである。故に、一軒の多量生産の大工場を能率よく成立せしめる為には、数千の中小工場を絶対に必要とする。(68)

野田の念頭にあるのは、飛行機の生産であり、組立加工の問題である。飛行機を「多量生産」するには、多種類、多数の部品を生産し、それを組立加工しなければならないが、その生産全体を一つの大企業で行うことは経済合理性に反し、企業間の分業を考えるべきだというのである。

組立作業を担当する大工場と部品の製作を行う中小工場（協力工場）との分業関係によって、「多量生産」の実現を企図するこの構想は、現状への批判へと結びつく。大工場が「形だけは大きくなり過ぎる位大きくなっても……片々たる部分の機械加工等迄やって」おり、「只屋根が大きくなっただけで、生産様式は変わらない」状況を変革しない限り、「多量生産」は実現できない。大工場が「片々たる部分の機械加工等迄」行わなければならないのは、信頼できる中小企業が不足しているためであり、これまで協力工場を育成してこなかった大工場側の責任でもあるが、現状では協力工場を育成指導する技術者が不足していると野田は嘆く。(69) 外部の中小企業を部品の製造に組み込み、流れ工程の一環に位置づけるには、大工場とともに部品の製作を行う中小企業を協力工場として育成していくことが不可欠というのが、野田の構想である。

流れ工程を実現するとともに、大企業と中小企業との企業間分業によって、多量生産を実現しようという考えは、野田だけが抱いた構想ではない。多くの技術者が、野田の構想と同じ考えを表明している。野田論文が掲載された翌年（一九四四年）に出版された『航空機の多量生産方式』は、タイトルからもわかるように、「航空機の大量需要が存在する」状況を眼前にし、(70)「従来の生産方式を蟬脱して所謂多量生産方式を採用」しなくてはならないことを訴えた書物である。(71) 工業改善第十六特別委員会の「流れ作業」の定義を援用しながら、この書物の中では「多量生産方式」とは「一言にして言えば機械化された流れ作業方式である。流れ作業とは製品の生産過程が一定の順序に従って淀みなく進行し、生産過程の中途に於ける間隙や逆流が生じない」作業方式であるとされた。(72) こうした「流れ作業」の捉え方は、大企業と中小企業との企業間分業によって「多量生産」を実現しようという意図とともに、「工場の中の流れ作業式も必要ですが、各工場間の流れ作業式まで行かない[73]」といけないという発言に象徴されるような、一工場、企業を超えて生産工程全般にわたって、「流れ」を確保することが重要だという意識を生み落とすまでになったのである。

流れ作業方式は、一工場内部の作業方式のみならず企業間の関係をも含んだ概念として提起されることによって、組立メーカーとサプライヤーとの関係をも含むものとなった。このことは当時の中小企業政策との関連でも、注目すべき点を提示することになった。

(4)「フォード・システム」の日本的受容

野田の言う「多量生産」であれ、波多野や第三分科会の前川政男が言う「流れ作業」であれ、美濃部洋次が説明した「日本的な大量生産方式」であれ、彼らの現状認識はほとんど変わらなかった。それを改めてくどくどと説明はするまい。だが、彼らが現状を把握する際に、彼らの脳裡にあったものについては一こと付言しておきたい。いや、「脳裡にあった」というのは曖昧にすぎよう。野田が「多量生産」と言うときに、「本式の多量生産」として想定していたもの（すなわち、自らが言う「多量生産」は「本式」ではないと考えさせる思考の基準となっていたもの）は何だったのか。第三分科会などが「流れ作業の本質は物を製造する順序に従って淀みなく作業」をすることだとして、あえて「一人で手工業的生産をなす場合にも流れ作業に依り得る」とした検討を行った際に彼らが基準として考えていたもの、あるいはその批判者が「概念の超歴史的拡張」だと言うときに想定していた基準とは何だったのか。

戦争末期の一九四五年五月に発刊された増地庸治郎編『生産管理の理論』に収録された「フォード・システム」という論考は、時局を色濃く反映した次のような文章で始まっている。

航空機と鉄の量を以てする敵米英の反抗は太平洋に関する限り一応成功しつつあるかの如くである。出来る限り早く我に致命傷的打撃を与えんとしてあせる敵を迎えて之を我に有利に転換し、却て之を撃滅せんには彼に勝るとも劣らない量の力を確保しなければならない。生産増強分けても航空機増産が我国策の最高峰に位する所以であるが、我国現下の生産条件は決して必要生産を容易に実現し得る状態にはない。殊に緊急国策としての生産増強は単なる量の問題のみではなく、時間の問題が頗る重要な要素となっているのであって、量と質とが時間に於て最も有効なる如く完遂されねばならない。此の要求を充すべき生産様式として今日注目の的となっているのが多量生産様式乃至流れ作業である。軍需品の多量生産は独ソ米英等に於て既に着々実施しつつあるところで、皇国の興廃を決する現下の危局を克服するにはこの多量生産に成功する以外に途はない。この秋に当り、仮令敵米国が生んだものとはいえ、この多量生産様式乃至流れ作業を最も典型的な形に実現したフォード・システムを他山の石として研究すべき価値洵に大である。(74)

戦争がすでに敗色濃厚な中にあって、急務とされている飛行機の増産を実現するためにも、「フォード・システム」を研究する価値があるというのである。この際、「フォード・システム」が研究される理由は、それが「多量生産」や「流れ作業」を典型的な形で実現したからだという。これは生産現場で能率向上に携わっていた人たちの思考の基準をはっきりと示すものであろう。批判する者も、「流れ作業」「多量生産」を提唱する者も、「フォード・システム」こそが基準となっていたのである。「本式」でないとか「日本的」と言いながら、「フォード・システム」が実現した高い生産効率に近づこうとしていたのである。

前に見たように、フォード社が自社の生産システムについてコンベヤー・システムに重点をおいた広報を行っていたにもかかわらず、日本の文献では「フォード・システム」をコンベヤーではなく、「流れ」に力点をおいて理解しようとする傾向が強まっていった。もちろん、これには資金不足、資材不足などにより、「作業を高度に機械化」できない現実があったわけだが、こうした現実を認識していたからこそ、「本式」とは違う「日本的」なシステムの構想に彼らは向かったのである。

「物を製造する順序に従って淀みな」い「流れ」を生み出すことを重視したことは、当然のことながら工程分析や作業分析を徹底させることに向かわせた。それにとどまらず、野田が構想したように、一企業の枠を超えて、製品の製造工程全体を「流れ」として捉えるようになり、中核的な企業とそれに部品・材料を提供する企業との間さえも視野に入れる考えを生み出すようになったのである。

3　航空機生産工程における「流れ作業」方式

日中戦争以後の戦時体制の進展の中で、兵器や輸送機器が大量に必要となり、日本の製造企業は生産の拡大を迫られ、企業は生産設備の拡張を行うとともに、生産現場の全体的なシステムを見直さなければならなくなった。その際、彼らが意識していたのは、アメリカでフォードが作り上げた大量生産システムであった。しかし、「フォード・システム」が前提としていたような多数の専用工作機械を生産工程に投入することは不可能であり、一気に生産工程の機械化を図れる状況ではなかった。このため、日本の企業はフォード社が開発した大量生産システムを意識しつつも、それとは異なった量産化の方策を模索せざるを得なかった。すなわち、彼らは少なくとも工程全体を流れ作業的に組織することで、効率的に物を生産しようと考えたのである。これが最も顕著に見られたのが航空機産業と造船業であった。この節では、工業改善第十六特別委員会第三分科会が直接の研究対象とした航空機生産の工程において、流れ作業実現のためにどのようなアイデアが構想されたのかを考察していこう。

しかし、読者の中には「フォード・システム」とは自動車の製造を目的に生み出された生産システムであり、飛行機の製造に「フォード・システム」を適用するといったことはあり得ないだろうとか、そうした試みがあったとしても、それは馬鹿げた試みであり、検討するまでもないことだと考える人たちもいよう。そうした先入観を取り除くために、ここではあえてフォード社自体が自らの生産システムを自動車以外の製品に適用したことを最初に簡単に紹介することから始めよう。

（1）フォード社による自動車以外への「フォード・システム」の適用

フォード社はT型車や、その後同社が発表した自動車だけに「フォード・システム」を適用したわけではない。フォード社は、第一次大戦中には船舶や戦車の製造に関与し、第二次大戦期になると飛行機製造を行った。[75] ここではフォード社の造船建造と飛行機製造への関与について簡単に紹介しておこう。

第1章でも述べたように、フォード社は第一次大戦中イーグル船という駆逐艦を海軍向けに建造する。一九一八年一月一五日に正式に契約を結び、自動車製造で培った製造方法を駆使して船舶を建造するということであった。まさに「フォード・システム」を生み出したハイランド・パーク工場の中でイーグル船の原寸大モデルが作成され（図2-5参照）、同一形状の駆逐艦が一一二隻建造される予定であった。ヘンリー・フォードとフォード社の技術者は、移動式組立ラインによって船舶を建造したのである。このプロジェクトについては『インダストリアル・マネジメント』誌が連載記事を掲載し、その詳細も知られることになる。[76]

ヘンリー・フォードもその自伝で、このイーグル船について次のように述べている。

［イーグル船の］設計は海軍省が行い、一九一七年一二月二二日に、海軍向けにイーグル船を建造することを私が申し出た。海軍省との議論は一九一八年一月一五日に終え、フォード社がその日に契約した。七月一一日に、最初の完成船が進水した。我々は船体と機関の両方を建造したが、機関以外の建造に関わる鍛造品や圧延鋼の梁材はつくらなかった。我々は鋼板を打ち出すことで船体のすべてをつくった。イーグル船は屋内で建造された。四カ月以内に、リバー・ルージュに長さ三分の一マイル［約五三六メートル］、幅三五〇フィート［約

一〇七メートル」、高さ一〇〇フィート［約三〇メートル］で、面積一三エーカー［約五万二六〇九平方メートル、東京ドームのほぼ一・一倍］を超える工場を建設した。このイーグル船は造船技術者によって建造されたものではない。それはわれわれの製造原理を単に新たな製品に適用して建造したものなのである。[77]

実際、フォード社では、自動車の最終組立をコンベヤー・ラインによって行ったように、船舶を移動させながら組立をした（図2-6参照）。といっても、数カ所の組立場所で停止させ、組立が終わると次の組立場所に移動させることを繰り返して、船を完成させたのである。その意味で、フォードが「われわれの製造原理を単に新たな製品に適用して建造した」と言うのは間違っていない。

イーグル船の一号船は予定通り一九一八年七月に完成する。しかし、その後続船は予定通りに建造できなかったばかりか、船体自体に欠陥があると指摘されるようになる。[78] このイーグル船事業はフォード社の製造原理を造船に適用したものだが、「不運な試み」だったとハウンシェルが厳しく評価しているのは妥当であろう。[79]

図2-5　ハイランド・パーク工場で建造中のイーグル船原型モデル（1918年頃）

出所）Fred E. Rogers, "Ford Methods in Ship Manufacture—I", *Industrial Management*, vol. 57, no. 1 (January 1919), p. 2.

だが、この試みは第二次大戦中にリバティ船で繰り返され、第二次大戦後になるとその成果の一端が日本の呉造船所で披露されることになる。したがって、フォード社の試みは後の造船界には多大な影響を及ぼすことになった。

ヘンリー・フォードは第一次大戦中に飛行機製造に実質的に関与し始めていた。無人飛行機（誘導弾）を製造し戦線に送る予定で、密かに開発が進められ、実験機も製造されていた（図2-7参照）。しかし、実戦に投入する前に欠陥が発見さ

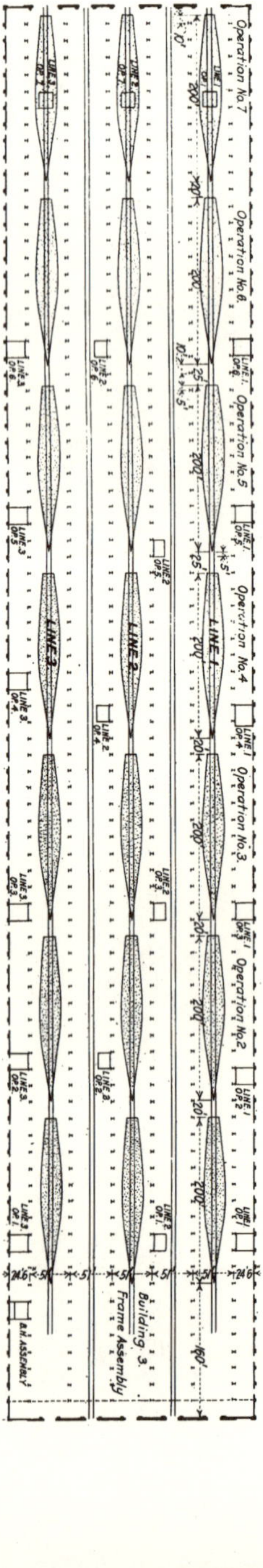

図2-6　イーグル船の建造工程（1919年頃）

注）工程（Operation）は7工程に分かれ3ラインで建造されることになっていた。船体は工程終了後，次の工程に移動させられた。
出所）Rogers, "Ford Methods in Ship Manufacture—III", *Industrial Management*, vol. 57, no. 3 (March 1919), p. 192.

れ、それへの対応をしている最中に第一次大戦が終わり、この無人飛行機製造計画は中止されることになった[80]。この事実は、ヘンリー・フォードが早い時期から飛行機に並々ならぬ関心を抱いていたことを示している。だが、図2-7から窺えるように、第一次大戦中の飛行機事業はフォード社がその製造原理を飛行機に適用したというものではなかった。

フォード社が自動車の量産に成功した後、航空機生産に携わる多くの技術者は飛行機をフォードの自動車のように量産することを夢見た。しかし、その夢はあくまで夢にとどまっていた。一九三九年になっても、アメリカ最大規模の機体メーカーでさえ、受注残があってもせいぜい日産三機しか生産できなかった[81]。

ヘンリー・フォード自身も飛行機を大量生産方式で製造するという夢にあこがれた一人であった。フォード社の技術者たちは、複雑な飛行機の製造工程を分析し、「それまで試みられたことがなかった製造の流れ（a flow of manufacturing）を考案[82]」し、実際に第二次大戦中には飛行機の製造に着手した。

フォード社が製造したのは重爆撃機B24（リベレーター）である。このB24はかつてないほどの数（総計で一万八一八一機）が生産された機種である。フォード社はミシガン州ウィローランに新たに工場を建設し、第二次大戦中に総計八六八五機のB24を製造した(83)。フォード社製はB24の総生産数のうち、一九四四年には四八・五％、四五年には七〇％にも達したという。その生産機数の多さは図2-8を見ればわかろう。

この重爆撃機B24を量産するために、フォード社は機体全体の生産工程を二万に細分し、機体を七〇の主要部分に分割し、そのそれぞれを別々に組み立て、その後にコンベヤーで運び、最終組立ラインで機体組立を行った。こ

図2-7　フォード社による無人飛行機（誘導弾）の製造現場（1918年）

出所）Ford R. Bryan, *Beyond the Model T : The Other Ventures of Henry Ford* (Detroit : Wayne State University Press, 1990), p. 165.

図2-8　ウィローラン工場内部に並ぶ重爆撃機B24（第二次大戦中）

出所）Allan Nevins and Frank Ernest Hill, *Ford : Expansion and Challenge, 1915-1933* (New York : Scribner, 1957), p. 140-41.

の生産のために、七五万から一〇〇万ドルをかけ、約二万九〇〇〇の型と約二万一〇〇〇の治具・取付具が制作されたという。これは「デトロイト的大量生産を軍用機の生産に適用した、もっとも極端な実験」であったが、結果は「せいぜいのところ、引き合わない勝利」でしかなく、フォード社による航空機製造への大量生産方式の適用も実質的には失敗であったと評価されている[84]。

第二次大戦中の日本においてさえ、技術者は飛行機の量産を夢見たのであった。当時の日本にあって飛行機の量産は重大な政策課題になりつつあり、それをどのように実現するかが真剣に考えられた。その際に、技術者が意識したのはやはり、フォード社の大量生産方式であったが、日本の技術者たちは自分たちのおかれた状況を考えながら、生産の流れを重視していったのである。次に、戦時下の日本で飛行機を量産するために、技術者がどのような方策を案出していったかを考察しよう。

(2) 流れ作業の適用——航空機生産の場合

①わが国における航空機生産の歩み

わが国で飛行機生産が始まったのは第一次大戦直後からである。当時は、航空機メーカーは欧米から技術者を招聘し、その指導の下に生産を行いつつ、設計技術などを習得していった。その後、国産機の開発が進められたが、生産機数も限られており、飛行機生産の重点は試作におかれた。この段階では、試作機が軍部の試験に合格すれば、試作工場でそのまま生産が行われた。それらの工場では「工員は万能工であり……部品を製作し、組立し、艤装し、最後には飛行整備まで」していたという[85]。つまり、生産量が少ない状況下では、工場間の機能は未分化にとどまり、作業者も特定の作業に特化する必要もなかったのである。

生産量が増加すると、航空機メーカーは尾翼工場や胴体工場等のように部品の種類別に工場を分類し、工場間の分業を行った。さらに、各工場内部では製造する部品ごとに分割して増産を図った。一層の増産が必要になると、こうした工場間の関係はそのままで、各工場の規模を拡張し、工員数を急増させた。これにより、生産の絶対量を増加させることが可能であった。だが、問題も生じることになった。「各工場の連絡不充分、命令の不徹底のために部品の生産は不平均を来し、局部的部品の増加に依り半成品倉庫は膨大化」したという。個々の工場は生産量の増大を図ったことは間違いない。そうした各工場の生産増大に向けた努力は、飛行機生産を全体として増やすことには直結しない。ある部品・原材料は十二分にあり倉庫内に山積みしてあっても、特定の部品が不足しているために、飛行機を生産できなかったりしたのであろう。その結果、各工場が生産増大に励んでいても、完成した飛行機から計算してみれば「一人宛の生産頓数は些かの増加もなし得なかった」のである。(86)

こうした状況で、さらに飛行機の生産量を増大させようとする圧力が強まれば、どのような事態が生じるだろうか。各工場の生産担当者は担当の工場で不足している部品を探し回るか、その部品の製造を督促するために奔走しよう。その結果は、まさに「生産管理は混沌たる状態となり、救うべからざる混迷状態」が生ずることになったという。(87) ある一定限度までの生産量増大には対応できた方策も、生産量が一定規模を超えると混乱を招いたのである。生産技術者たちが「拡充の限界点を突破した能率の低下をしみじみと痛感せねばならなかった」というのは、事態を的確に表現していよう。(88)

この事態に直面した生産技術者たちは、「試作工場の独立、生産管理部門の強化拡充、作業方式に流れ作業を採用することに依り解決しようとした」という。(89) 飛行機の生産機種が少ない段階では、受注が決まると、試作工場を量産のための工場に整備することが行われていた。だが、試作機を次々と製作する状況が続けば、試作工場を独立させたほうが効率的だと考えたのである。また、生産現場が混乱に陥ったのは、それぞれの生産担当部署が自分たちの部署での生産量を増加させる方策に走り、飛行機の生産全体を考えた調整が行われなかったからであることを踏まえ、生産全体を調整する管理部署を確立しようとした。それに加え、生産量がある程度まで増えたので、流れ作業を導入しようとしたのであった。各生産工程の加工時間を一定にでき、生産全体を統轄する管理部署が機能すれば、生産管理の「混沌たる状態」や「混迷状態」から脱却できると考えたのであろう。

しかし、「作業方式に流れ作業を採用すること」は容易ではなかった。前述したように、T型車の量産を実現していたフォード社でさえ、航空機の量産には苦労していたのである。日本ではさらに事態は容易ではなかった。その一例をあげよう。

日中戦争の開戦後一年半ほど経った一九三九年一月に、陸軍航空本部がアメリカのカーチス・ライト社から二人の技師を招いて一週間にわたる講演会を開いた。[90] それは航空機発動機の大量生産に関するもので、その内容は多岐にわたり、設計、生産から組織、原価計算、工作機械の配置にまでも及んでいた。この講演後、日本の技術者たちは講師に対してさまざまな質問を投げかけている。その中には、鋳物のテストピースの取り方とか、機械建物の償却方法といった技術上・経営上の初歩的な質問もあった。[91] 二人のアメリカ人技師は月産三〇〇基を生産する工場の計画まで立案して、[92] 日本人の技師たちに示しもした。三菱重工の名古屋発動機製作所では、この講演を三巻本のかたちで日本語に訳し社内に回覧したのであった。[93] さらに、アメリカとの戦争が勃発した後の一九四二年二月、三月にはドイツのユンカース社から技師が来日し、機体とエンジンの多量生産について講演を行っている。[94] 日本企業が順調に航空機の量産を行っていたとすれば、一九三〇年代後半や四〇年代初頭に外国から技師を招いてこのような講演会を開く必要もなかったであろう。こうした講演を聞き、その内容を翻訳して社内で回覧していること自体が、日本企業が飛行機の量産に苦しんでいたことを示すものである。

それにもかかわらず、飛行機を量産しようとして、その生産を流れ作業的に実施しようとする試みが第二次大戦中の日本でなされることになった。その代表的な例が、わが国の二大航空機メーカーである中島飛行機と三菱重工業であった。[95] 両社とも多大な時間と努力を注ぎ、飛行機の生産を流れ作業的に編成しようとした。以下では、飛行機生産を流れ作業的にするために構想された作業方式を、機体組立と部品製造の部門に分けて考察することにしよう。

②機体組立における流れ作業方式

機体組立の分野で「最も能率を上げ得る方策は分割［組立］作業方式並に前進作業方式である」と断定的に、三菱重工業名古屋航空機製作所の技師であった守屋学治は書いている。[96] この分割組立作業方式と前進作業方式が、機体組立に流れ作業方式を導入しようとして考案された作業方式であった。

a：分割組立作業方式　飛行機は当初は船舶と同じように、胴体と翼をまず作り、その中に艤装部品を取り付けて組み立てられていた。これに対して、胴体や翼をいくつかに分割し、そこに艤装部品をほとんど取り付け、その後に分割した部分を組み立てて、機体を完成させる方式が採用されるようになる。これが機体の分割組立方式である。

中島飛行機の太田製作所では一九三八年から量産を行った陸軍の九七式戦闘機（キ二七）の設計に際し、「主翼を一枚構造とし、胴体を前後部に分割し、別々の組立ラインで製造する革新的な分割構造方式を採用し」た。その結果、機体完成に必要な延べ作業時間を大幅に短縮でき、「同業他社が一五日要したものが、四日半で完成」できたという。[97] 機体を分割して製作すれば、各部位の製作作業を同時並行的に進めることが可能になり、製作日数が短縮されたわけである。

これに対し、三菱は機体設備を大幅に拡張したにもかかわらず、生産方式が旧来のままであったために、中島に遅れをとったと考えられている。こうした対比的な説明はそれなりの説得力を持っている。その理由は、戦略爆撃団の調査報告という精度が高いと思われる資料に基づく主張だからである。また、実際に一九四三年以降、三菱の機体生産数は中島に追い抜かれている。それだけでなく、労働者数と機体生産量による「労働生産性」の推定によっても、中島が一九四三年夏に三菱を上回り、三菱の「生産性」は四一年以後、停滞的だと考えられるのである。[98] このように生産方式を観察しても、機体生産の実績からしても、中島飛行機の先進性は揺るがないように思われる。

こうした主張を前提にすると、日本機械学会が戦後に上梓した書物は奇妙な評価を行っているように見える。その評価によると、分割組立の試みの中で「最も進歩したものが三菱のキ六七」だったというのである。[99] このキ六七（陸軍の四式重爆撃機飛龍）という機種の製作は、一九四二年末から三菱重工業名古屋航空機製作所で行われ、機体製作の「作業期間は一般に三箇月に対して一箇月半にて竣工された」という。[100] この機体製作期間の短縮が画期的な意味を持つかどうかは、先に述べた中島の場合と較べてみても、基準とする同業他社の製作日数が一五日間と三カ月間とで隔たりがありすぎ、（飛行機の機体そのものの重量および構造面での違いもあるから）日数短縮の効果を単純には比較できない。製作日数がどれほど短縮したかだけを比較して、中島と三菱の分割組立のいずれが「最も進歩し」ていたかを論じるわけにはいかないのである。けれども、ここで注目すべきなのは、「最初から徹底した分割組立方式のもとに設計の最初より計画された……と同時に、わが国の設計と生産が同列になし得た最初の記念すべき飛行機」だったという三菱のキ六七への評価である。[101] 三菱の分割方式では、「設計と生産が同列」にあったとは、具体的に何を意味しているのだろうか。この点を理解するために、三菱での機体分割の歩みを次に見ておこう。

三菱重工業名古屋航空機製作所で、陸軍関係の製作を担当していた第二工作部は、キ六七の試作一号機を一九四二年一二月に完成し、四四年四月には量産体制に移行した。[102] このキ六七の試作に際して、名古屋航空機製作所は試作機に対する考え方を転換する。それまでは試作機を早く作り、すみやかに量産に移行することが方針であった。それを「如何にして多量生産の方式を試作の時に織り込むか、如何にして試作より多量生産に早く入り得るか」を重視する方針に転換したという。[103] 試作機一機を丁寧に製造する段階では重大な問題と意識されないことがらでも、その飛行機を数多く製造するとなると、製造上の隘路になることがあると理解されたためであった。キ六七の製造にとりかかる直前に、名古屋航空機製作所第二工作部はキ二一（陸軍の九七式重爆撃機）を製造していた。この飛行機では分割組立方式を採用しておらず、機体全体の構造が出来上がった後に、狭い場所で艤装を行ったため、艤装に長時間が必要となり「とても多量生産できるものではなかった」という。[104]

このキ二一の試作審査が終了した頃（一九三七年七月頃）に日中戦争が始まる。そのため試作段階から「急速に生産移行の必要に迫られ」、「増産会議が数回開催され、工作簡易化・多量生産的構造化に関し、設計並びに工作法の再検討が行われた」という。しかし、「既に図面に出来上がっているものを変更することは仲々面倒なことで」あり、一つの部品を溶接から鍛造に変えることすら困難だった。飛行機の生産が急がれる状況では、個々の部品を検討するよりも、飛行機を一機でも多く製作することに努力を向けざるを得ない。その結果、「大した工作簡易化を実施することができなかった」のである。「図面の完成した飛行機」を、試作から本格的な生産に移るからと生産に適した「設計にやり直して生産に入るという理想案は、設計能力から言っても、また、試作から生産へ移る実際的の時間的条件から見ても不可能」だということがわかる。また、別の飛行機の経験からも、「設計と現場が二本建てでなく、結局、設計と現場が一本になるような形を採らねばならぬ」という結論に達する。[105]

三菱では「設計と現場が一体となって、徹底的に従来の試作における多量生産性の不満足を一挙に解決せんとした」[106]。それがキ六七の試作であった。設計担当者を集め、量産に適した設計についての理解を求めたうえで組織を変革した。設計（基礎設計・細部設計）組織を翼や胴体、油圧装置などの機能別に編成し[107]、一方で生産現場の工作技術を一括して管理する工作技術課を設置した。さらに、この工作技術課内の技術係に各工場の専門部門の担当者からなる工作技術委員会を置く。この委員会が「試作機の構造決定の時から、設計の諮問に応じてこれに参与し、意見を具申して、多量生産の可能なる構造を取り、また個々の部品に対しても、工作の容易なる方法を設計に取り入れ」た。つまり、量産可能な工作法を試作機の設計に反映させたという。これが額面通りに機能したとすれば、設計・現場が一体化する方向に動いたことになろう。この点について、当時、第二工作部技術課長であった奥田健蔵は、「キ六七において、分割構造・鈑金部品のプレス化、溶接作業の減少、鋳物への置換など、従来に比し画期的生産方式を行うことのできたのも、すべてこの委員会を通じての設計と現場との綿密なる協調によりて得た所産」としている。[108]

このような組織変革が行われる中で、三菱はキ六七で初めて機体分割に取り組んだ。当時の担当者の回想によれば、「外国の文献あたりで知識として知っていた機体分割を、我々なりにキ六七で実践しよう」とし、「全く文献だけが頼りの、ほぼ独自開発に近い」ものだったという。[109]「設計と現場の綿密なる協調」により、キ六七で機体の分割組立を行うといっても、ただ単に機体構造を分割して組立作業を行うといったことにとどまらず、設計図にも大きな変革があった点を当時の関係者は強調する。飛行機の基本構想ができあがり、設計、製造関係者の会議で望ましい分割の仕方を決定すると、その分割案に基づき、分割単位ごとの設計図が描かれる。それまでの説明的な図面を廃止し、製作単位ごとの図面を作成し、単一部品、部品組立、総組立の各段階用の図面が作成されて、その設計図には関連する艤装品がすべて書き込まれた。キ六七の機体の設計図は、「どうやって造るかという体系、および手順、工程、すなわち材料の流れ、従業員配置予定表に必要な資料に至るまで、どんなものを造るか、という従来の設計図を分解し、整理して、生産の工程ごとに必要な資料に展開して、整理し[110]」たものであったのであろう。こうした図面に基づいて、三菱では機体が分割されたまま艤装が行われるようになった。[111]

三菱は組織を変革して、試作から量産段階での工作法を考慮した設計を行い、さらに生産工程ごとに詳細な指示を書き込んだ設計図を作成して、キ六七で機体の分割組立を行った。これが当時の関係者による証言・回想が示唆することである。これが実際にどれほどまで実現されたかは不明である。しかし、機体分割組立の中で「最も進歩したものが三菱のキ六七」であると、戦後に日本機械学会が述べたのは、三菱による上記の試みを高く評価してのことであろう。この試みが戦時中にどれほど実行されたかは疑問ではあるが、量産段階での工作法を考慮した設計を行おうとした試みがあったことは着目されてよかろう。

b：前進作業方式　機体の分割組立への志向が生じると、機体の組立工程へ流れ作業方式を導入することが試みられた。それが前進作業方式である。[112] この前進作業方式を最初に実施したのは三菱重工業名古屋航空機製作所である。同所を視察した観察者は、この方式を「タクト・システムによる前進式流れ作業」と呼び、「持場持場の組立時間の限度が到来」すると、「各持場のレールに載った機体は一齣一齣前進させられ」たと当時の模様を語っている[113]。つまり、作業者はそれぞれの持ち場で機体の組立に一定時間携わり、ラッパや国旗の掲揚などの合図で作業を止め、次工程に機体を送り、別の機体の作業にとりかかった。これが前進作業方式である。

前進作業方式は、三菱重工業名古屋航空機製作所で陸軍司令部偵察機キ四六を試作する際に佐々木渉、土井守人、石井稔の三技師が考案し[114]、試験的に成功したのは一九四一年九月であったと言われている[115]。この後、「昭和十八［一九四三］年四月、陸軍第二回技術研究会において同方式研究及び実施代表者佐々木渉技師の表彰」がなされた後、この前進作業方式は「能率協会その他の機関を通じて『公開』され」た[116]。この結果、前進作業方式は他のメーカーでも実施されることになった。

しかし前進作業方式を最初に実施した名古屋航空機製作所でさえ、この方式を全面的に実施するまでにかなりの年月が必要であったという。「何処に隘路があるかと云うことがはっきり」すると「其の隘路を補強し」ながらといった漸進的なやり方でこの方式を実現したのであった。名古屋航空機製作所がこの方式を実施しはじめて二年を経ても「未だ流れに入って居ない部分」がある状態であったと言われている[117]。

前進作業方式を効率的に運用しようとすれば、分割した各工程での作業時間をほぼ一定に保たねばならない。各工程の作業時間が均一でなければ、最も時間のかかる工程での作業を終えるまで加工対象物を一斉に次の工程に送ることができない。逆に言えば、一定の時間が過ぎても作業が終わらない工程が明確になるので、その工程に人員を追加的に投入するなり、作業方法を変えるなりして、各工程の作業時間を均一化させることも可能である。しかし、工作機械が質量ともに不足し、資材・部品も満足に供給されない状況の中では、各工程の作業時間を一定させることは困難であったと想像される[118]。したがって、名古屋航空機製作所で二年の歳月をかけても、前進作業方式は技術者の理想とはほど遠い状態だったのである。

前進作業方式を完全な形で実施するのが困難であったとすれば、たとえ前進作業方式の概要が「公開」されたからといって、どの程度まで他社で実施されたのだろうか。戦後に編纂された『民間航空機工業史』が、機体組立の「生産工程システム」について積極的な言及を行っている会社は、川崎航空機工業株式会社と九州飛行機株式会社、昭和飛行機株式会社、日本飛行機株式会社、立川飛行機株式会社の五社である。[119]このうち前四社に関しては、それぞれ「タクトシステム」、「前進作業」方式が導入された旨の記述がある。[120]しかし、それがどれほどの成果をあげたかについては具体的には述べていない。川崎航空機工業株式会社では「生産の急速な増加を計った」[121]とあるが、どのような成果をあげたかについて具体的に言及することはない。昭和飛行機株式会社の場合を見ると、機体の組立には「分割方式」、艤装工程には「一四工程の分割した流れ作業方式を実施した」[122]とあるが、その結果については一切言及がなされていない。さらに、日本飛行機株式会社と九州飛行機株式会社の場合には、それぞれ「前進流れ作業方式を採用したが、資材部品などの取得難等種々の原因に依って特に其の成果を得るに至らなかった」[123]、「前進流れ作業方式の採用を企図したが、諸種の原因に依りその円滑な運用の域に到達し得ず終った」[124]とあり、実際の生産への寄与については否定的である。この『民間航空機工業史』は、中島飛行機、三菱重工業両社の機体組立の「生産工程システム」については一切触れていない。山本潔の研究によれば、中島飛行機の小泉製作所が「零戦」の生産に前進作業方式を用いたが、一組立ラインの生産機数は一日二機が標準的な状態であり、この生産機数ですらも安定的には生産できなかったという。[125]このように前進作業方式が戦時中に少なくとも一部の事業体で実施され、ある程度の成果をあげたことはあっても、すでに資材不足や爆撃の影響などを受けた状況下にあっては生産量を大幅に増大させたとは言い難い。

これに対し生産技術者は前進作業方式の採用を称揚するのが通例である。その代表的な例は、戦後になり堀米建一の語った言葉であろう。彼は言う。「三菱は、陸軍関係の全工場をその後急速にタクトにしたね。それは素晴しかった」[126]と。たしかに、キ六七を製作していた工場群を指して、アメリカの戦略爆撃団調査も「一九四四年一月以降、名古屋の大江工場は航空機組立は現代的な生産ライン方式であった……。知多工場も現代的な設備であり、最終組立はライン方式であった」と指摘している。[127] だが、原材料・部品の供給が覚束なくなり、爆撃も激しくなる中で、実際に前進作業方式がどの程度まで実施され、具体的な成果をあげたかについては懐疑的にならざるを得ない。そのうえで、生産技術者が何を意図して前進作業方式を導入したのかを検討してみよう。

既述したように、前進作業方式の考案者は佐々木渉と考えられている。残念ながら佐々木は前進作業方式導入にいたる経緯や意図について詳述したものを管見の限り残していない。しかし堀米建一によれば、前進作業方式導入は土井守人が「主体」であったという。すなわち、「佐々木［渉］という工場長がいて、私［堀米建一］の講習にも出ており、工場で前進作業を指導した。この人は自分の部下を、工員、職員、役付と全部説得するのに非常に苦労し、過労からか胸を患って戦争中に亡くなられた。その人の残した下地があって、その仕上げを土井君がやったわけだ」という。[128] この土井守人の論稿によって、彼らが何を企図して前進作業方式を導入しようとしたかを考察してみよう。土井は次のように前進作業方式導入の経緯を説明している。

三菱の前進作業は流れ作業を初めから実施する為に行ったのではなく、現在より少しでも作業を容易にして生産を挙げる為と、部品を合理的に、又容易に集める為、詰り部品は組立の方から逆に引張ると云った意味で、先ず組立工場から始めたのである。実際は部品工場から始めた方が計画的で宜いと思うが入り方としては組立から入った方がやり易いと云う意味で、組立から実施した訳である。[129]

土井の説明によれば、「部品が予定通り入手出来る」ことが「現状としては直ちに是が望めない」状況下で、部品を「容易に集める為」に、最終工程の組立から前工程の部品を引き取ることを始めた。これが結果的に、流れ作業を生むことになったというのである。

一方、中島飛行機太田製作所での工程改善の試みは、三菱の前進作業方式導入とは正反対のアプローチを採用した。中島飛行機はその中核工場である太田製作所での「場当たり的」な工程管理を改める目的で、組織を一九三九年八月に変更する。それまでは機体の最終組立部門のみを重視し、生産プロセス全体の管理には目が届いていなかったという。組立部門の生産が遅延すれば部品工場の生産を督促し、さらに部品工場は外注工場に督促していた。いわば「芋蔓式」に前工程を「引張り」ながら生産を行っていた。[130] この説明を文字通りとれば、三菱が前進作業方式を導入する際に行ったことと同様なことを、中島でも行っていたことになる。ところが、中島の太田製作所ではこれがうまくいかずに、組織変更をした。説明によれば、太田製作所は一九四〇年四月から部品工場の工程改善に着手し、四一年九月になって組立工場の工程改善に着手することになったという。[131] しかし、生産の管理と外注部品の発注が違う部署で行われていたこともあって、外注工場の生産と社内の「生産との調和に甚だ欠ける」状態が生じた。[132] つまり、工程全体を円滑に管理する状態とはほど遠く、再び一九四一年一一月に組織変更を行っている。前述したように、すでに一九四一年九月頃には三菱の名古屋航空機製作所は前進作業方式を試験的にではあるが成功させていた。この点だけを考えれば、中島飛行機の工程管理が進んでいたとは言い難い。

しかし、三菱の名古屋航空機製作所でさえも工程管理の水準が高かったとは考えられない。この名古屋航空機製作所で前進作業方式を実施するにあたり、土井守人は工程分析を行い、さらに「物が出来て行く順序、組立工場に入る部品単位」で組立表を作った。そのうえで、この「組立表と工程分析を一緒にして工程組立表を作」り、組立順序、加工順序、加工時間、必要な作業人員、さらには主たる作業と準備作業の区分けなどを明確にしたと述べている。[133] こうした訓練を土井は「生産技術者講習会」で得ていた。この講習会は、日本能率協会が「日本工業協会の時代に体系化されたものをそのまま踏襲したもの」で、「約三カ月にわたる講習期間中、特定の工場に参集して作業現場において実地に分析研究するという、極めて実践的な訓練方式」であった。[134] この講習会に三菱重工業から派遣されたのが土井であり、彼の他にも一〇人程度を派遣したという。守屋学治はこの間の事情を次のように語っている。

各地でいわゆる生産管理講習会とか、いろいろな講習会が今の日本能率協会のような所が主催して盛んに開かれて［いた。］……その中に、昔鉄道工場に勤めていた堀米［建二］さんという先生がいて教えてもらった。

いろいろと聞いてみると地道でよい。我々は今まで習慣で物を作っているだけで、そこの所をもっと詳細に分析する必要がある。物を作るには材料から入って、どの様な道具を使って、誰がやって、いつ検査して、次に組立に入って、……を工程記号で全部書き出し、その時の歩行距離、作業時間を計測して作ることを実習で指導してくれるという。その第一号が土井守人さんで、三カ月位どこかの工場に入り込んで、各社から集まった実習生と一緒に実地教育をやってもらった。工作技術なる物は、大変な手間がかかりそうだということで、その後も、二〜三回、職員、工長級にも受講させ、計一〇人程度になった[135]。［先の堀米建一の言によれば、ここに佐々木渉も含まれていたことになる。］

つまり、当時の日本企業、しかも三菱重工業のような工場でさえ、生産工程の流れ作業的な編成に不可欠な工程分析を学習し、吸収する段階からの出発だったのである[136]。

③部品工程における流れ作業方式の導入

生産技術者が新たなアイデアによって作業方式を変革しようとしたのは、機体組立部門にとどまらなかった。生産技術者にとり前進作業方式は、流れ作業方式を適用する少なくとも一つの突破口であったはずである。しかも、最終組立工程から始めて「部品は組立の方から逆に引張る」ことを行い始めると、前工程である部品の製造工程にも何らかの影響を及ぼす。最終組立工程で流れ作業実施の目途が一応たったと判断すれば、生産技術者は前工程から部品が円滑に運ばれる方策を講じ始めよう。事実、ある生産管理技術者は「前進作業の最大の敵は部品の遅延することである。部品がよくついて行けば前進作業もうまく行き、前進作業がうまく行けば、部品の整備又容易になる」と述べているのである[137]。

このような認識から、部品の生産を流れ作業的に行おうとする試みがなされた。その試みの中から、ここでは「半流れ作業方式」と「推進庫方式」を紹介しておこう。

a：半流れ作業方式　機体組立部門での生産にあわせて部品を遅滞なく供給するために、部品生産を流れ作業的に編成して生産量を増大しようと考えても困難があった。生産量が多い部品であれば、ほぼ完全な形で流れ作業を行うことができる。しかし、生産量が少ない部品を流れ作業的に生産するのは困難である。これに一つの解答を与えたのが、中島飛行機武蔵野製作所で行われた「半流れ作業方式」であった。つまり、生産数量の少ない部品を可能な限り流れ作業に近い形で生産しようと構想された方式である。

この方式は、前述した日本学術振興会の工業改善第十六特別委員会第三分科会が佐久間一郎を主査としてまとめた報告書『生産力と流れ作業』の第二部で発表されたものである[138]。報告書の例示によれば、発動機が月産三〇〇基以上で発動機一基につき十数個使われる部品であれば流れ作業で生産でき経済的にも意味があるという。問題はそこまでの生産量に達しない部品（例えば発動機一基につき数個しか使用されない部品）である。こうした部品は、発動機の生産が月産三〇〇基に達しても流れ作業方式で生産できない[139]。こうした部品を擬似的な流れ作業で生産するために構想されたのが半流れ作業方式であり、次のように説明されている。

同種部品即ち類似工程を有する部品の生産に関して設備機械を工程順に配列し生産単位「ロット」と工程時間とを出来得るかぎり合理的に組［み］合わせ、部品が淀みなく移動して行くように計画したもの[140]。

つまり、生産量が少なく流れ作業方式を適用しても経済的に意味のない部品の中から、似通った加工作業をする部品を集めてグループに分ける。各グループには、大きさや形状が違っても加工作業は似通った部品が集まる。そのグループによって擬似的に流れ作業方式で生産しようとしたのである。

具体的に説明しよう。この当時、発動機に使用される歯車の種類は約五〇種類だったという。その五〇種類にもなる歯車は、個々の種類では発動機一基につき三個程度しか使用されない。発動機が月産三〇〇基だとすると個々の歯車では前述した月産三〇〇〇個という、流れ作業で生産をする採算ラインには乗らない。しかし、発動機一基に一種類の歯車が三個ずつ使用され、五〇種類の歯車が使用されているとすれば、発動機の生産が月産三〇〇基であれば、歯車全体の生産量は月産一万五〇〇〇個に達している。しかも歯車はその大きさや形状に違いがあっても、その生産工程は似通っており、何種類かの歯車を集めて同一工程で一度に加工することができる。このように同一の生産工程あるいは類似の工程を持つ部品を集めて、一定数量以上の生産を行い、擬似的に流れ作業を実施しようとしたのがこの方式である。

どのように擬似的な流れ作業を実施したのであろうか。歯車の生産工程順に機械をフライス盤、旋盤等のようにほぼ種類ごとに集めて配列し、数種類の歯車を各工程でまとめて加工するようにした。このほぼ同種類の機械の一群からなる場所は「作業区」と呼ばれ、図2-9のように生産工程は複数の作業区から構成された(141)。ここで各作業区の加工時間を一定にできれば、この部品の生産があたかも流れ作業になるのである(142)。

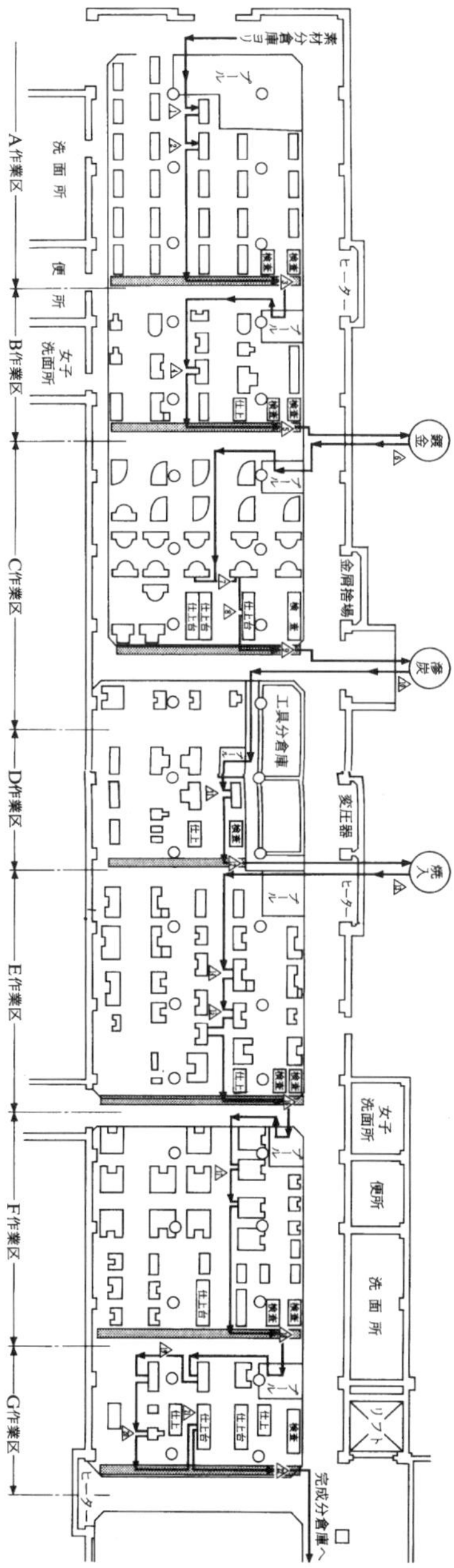

図2-9　半流れ作業方式における機械配列図

注）矢印は加工品の流れを示す
出所）日本学術振興会第16特別委員会第3分科会『生産力と流れ作業』第2部「半流れ作業方式に関する研究」（大日本工業学会，1944年）。

この図からもわかるように、各作業区の作業終了時には必ず検査工程が配置され、各作業区に仕掛部品が入る前に「プール」を通過するようになっている。作業区ごとに配置された「プール」は、作業区の倉庫であると同時に、作業区間の加工時間を調整するバッファーの役目を果たすことにもなった。各作業区の加工時間を一定させようとしても、まったく同一の部品を加工するのでない限り限度がある。そうした事情などから生じる加工時間の差異を「プール」を設置することで調整しようとしたのである。

生産現場が複数の作業区から構成されたことによって、思わぬ効果も生むことになった。各作業区には検査員が配置されたため、検査機能がある程度まで作業現場に委譲されただけでなく、組長と推進係が各作業区に配置され、作業区内の作業の配分、進捗に責任を持つことになった。したがって、生産現場の管理が多少なりとも分権化されることになったのである。

さらに、生産現場で仕掛部品の管理が容易になるように、次のような工夫も考えられていた。

運搬箱は一「ロット」一箱を建前として部品の大きさに依り一箱に収容し得ざる場合に限り、連続符号を明らかならしめて二箱以上に分割収容する。而して運搬箱には完成期日、工程順序、機械番号、運搬先等を明瞭に表示する。例えば運搬箱を白塗［り］とし、記号は総て黒エナメルを以て表示し、別に特急、又は特定部品の運搬箱は赤塗［り］とし、特別運搬順序を明記する等の方法を講ずる。(143)

こうした工夫があれば、作業者が伝票によらなくとも加工指示に関する情報をただちに確認できることになる。戦後における日本の生産現場と、発想としては似た工夫が提案されていたのである。

しかし、このような工夫が生産現場でなされていても、類似の工程を持つ部品にしか半流れ作業方式は実質的に適用できない。また、そうした部品の種類には限りがあった。しかも、設計や製造方法に変更があれば、機械の配置の変更が必要となるはずである。したがって、この方式の持つメリットには限界があった。後者の問題点を武蔵野製作所は工作機械の配置替えを迅速に行うこと、および治工具を工夫することで、ある程度まで克服していた。

同所は工作機械を工場の床に固定せず、楔などの簡単な方法で揺れ動かないように配置し、また工作機械を原動機に直結して天井の電線から動力をとっていた。この結果、同所の工作機械の移動は驚くほど迅速に行うことができ、「二百台ノ機械ヲ三日デ新シイ配列ニ」することができたとまで言われている[144]。日本経済連盟会が「機械の据附移動を簡易化」するために、機械の下に「樫の楔を挿入して機械の水平安定」を図るだけで工作を行うこと、工作機械の運搬に際し「機械運搬車」を使用することを推奨していたのは、この武蔵野製作所の事例を念頭に置いたものであろう[145]。こうした工夫がなされれば（もちろん、このような工作機械の設置方法できわめて精密な加工ができるのかという問題は残るが）、設計や工作法の変更に柔軟には対応できる。しかし、工作機械を自由に配置するには、工作機械一台一台に電動機が直結していることが条件であり、それにはコストがかかる。したがって、中島飛行機の武蔵野製作所などの大規模な工場以外ではこのような方法は採用できなかった[146]。

b：推進庫方式　半流れ作業方式さえ実施できない工場はどのような生産方式をとろうとしたのだろうか。工作機械一台一台に電動機を直結させることができず、シャフトとベルトによって動力を伝えるしかない従来の工場（つまり、機械が機種別に集団的に配置されている工場）では、どのように生産の流れを達成しようとしたのだろうか。日本では蒸気力から電力への転換は先進国に比べてすみやかになされ、安価な小型モーターの出現により中小規模の企業でも機械の単独運転方式に変遷していく[147]。ただ当時の文献を見ていく限り、技術者たちはシャフトとベルトを使う工場の問題を数多く扱っており、その問題をここで考えておきたい。

何種類もの部品の加工が行われていても、部品の種類ごとに加工に必要な機械の種類と順番がわかり、それぞれの加工作業に必要な標準時間を確定できれば、工場内で加工される部品全体の移動距離の総計が最短になるように機械を配置し、必要な機械の台数を決めることができる[148]。生産数量の少ない部品を何種類も加工している工場内部で、仕掛品が動く経路は図2-10のように入り組み、互いに交差さえしているのだが、それでも技術者たちは、全体として見れば、左から原材料が入り、右から成形された部品が出て行くように配慮しようとした。この考え方からすれば、一工場で加工する部品の数を限定するか、加工工程が類似する部品だけに限定することを目指すことにもなろう。

しかし、この考えで工場内を編成し終えても、加工作業の標準時間を確定できるほど、一定期間にわたって作業工程を安定させることはできなかった。また、生産する部品の種類が頻繁に変更され、工程も変更せざるを得なかった。作業手順がめまぐるしく変わり、作業標準も一定できない状況では、工場内の編成が長期間にわたって合理的根拠を持つことはあり得ない[149]。さらに敗戦間近ともなれば、材料は不足し、工場内の再編に力を注ぐどころではなくなっていた。「材料が入らねばどんな理想を持っておっても駄目で出来れば材料工場を管理して材料をぐっと握っているような機械工場でないとどんな生産方式をとっても直ぐ駄目になる」状況になっていったのである[150]。

一部の大規模な工場を除けば、戦時期の多くの工場の現場は惨憺たる状況に陥ったと言われている。原材料が入手できたとしても、設計変更や工作法の変更が頻繁になされ、そのたびごとに工程管理係は工場内を飛び回り、対象となる加工部品を現場から探し出し、その部品についている現品票を回収し、訂正発行しなければならなかった。工場では多種類の伝票を使っており、その数は「戦時中に飛行機工場で数十万に達したところがある」とも[151]、「現場に流す伝票だけで月にトラック一台分を必要とする場合もあった」ともいう[152]。しかも、現場の担当者は事務に不慣れな場合が多く、伝票の処理は後回しにされたうえ、伝票の紛失が頻繁に生じた。当時の状況をある論者は次のように記している。

一般工場に於ては屢々物と伝票と作業が遊離し、工程管理係は物を追って工場中を駆け廻り、現場の役付者は物の取扱、整理に追われて、増産の為に最も肝要な作業改善を為す暇もなく、労して効無き日々を送っていたのである[153]。

このように伝票と現品が遊離してしまった結果、伝票を基に日程計画、生産量を把握していても無意味になってしまったのである。

この状況で何とか生産現場を管理しようという試みが現れた。戦争末期に日本能率協会が航空機の機体部品工場を対象に、伝票によらずに工場内の仕掛部品を直接掌握することを目的に「推進庫方式」という工程管理方式を提唱したのである。[154] この方式は推進庫という一種の職場単位を生産現場に配置して、その推進庫に部品生産の日程管

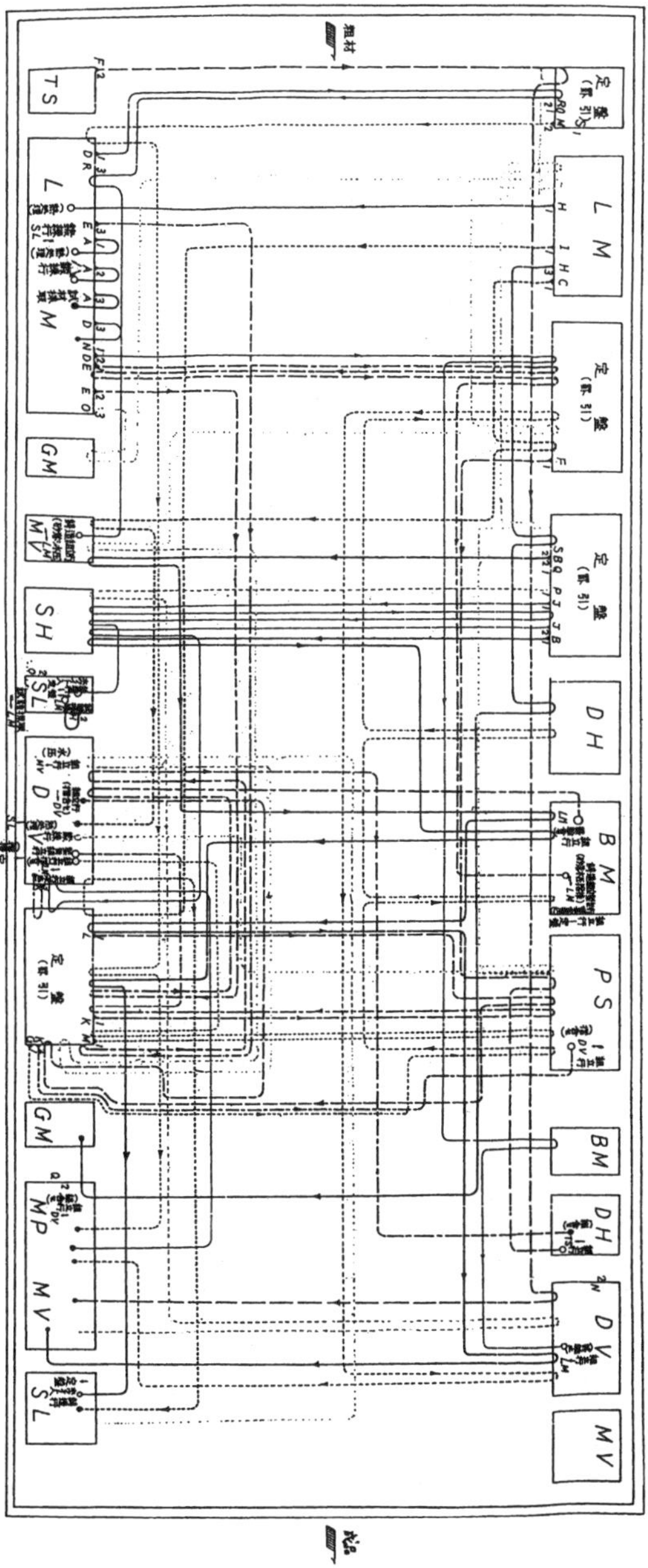

図 2-10　機械工場内での部品加工の経路

注）LMなどは機械の種類と配置を示し，矢印は加工材料の流れを示し，この工場内部で加工される全部品の加工経路が図示されている。

出所）日本経済連盟会調査課編『産業能率と生産技術及組織問題』（山海堂，1944年），付表。

理、工程管理の責任を委ね、推進庫間の調整を中央の管理部門が行うという分権的なやり方に特徴があった。推進庫という単位には班長、進行係、検査係が配属された。彼らは前工程から送られてきた仕掛部品を検査した後、倉庫に収納し、日程計画に従って仕掛部品を倉庫から出して加工に回した。推進庫に配置された班長などが事務手続きを行い、現場作業者にかかる事務的負担を取り除いた。

この方式の提唱者は、部品工場にとどまらず、他の業種にも推進庫方式は適用可能だと考えた[155]。だが、いくつかの航空機メーカーで実験的に試みられただけで、本格的に普及する以前に敗戦となったのである。

④構想と現実のギャップ

機体の最終組立部門では、(どの程度まで実施されたのかは検討の余地があるにせよ) 機体の分割組立、前進作業方式により、工程は多少なりとも流れ作業的に組織された (あるいは、その可能性が生じた)。しかし、これらの方式はけっして日本独自のものではなかった。荒木東一郎は『能率一代記』の中で、川崎航空機工業での経営指導について触れて次のように述べている。

飛行機生産の流れ作業にかかった。この流れ作業には二つのやり方がある。ドイツのメッサーシュミットのやり方、アメリカのロッキードのやり方である。……私は後者 [ロッキード式] ……を採るべきであると主張した。……この流れ作業をまず岐阜の工場で実行して見て、大体見当がついたので、……このやり方をタクトシステムにのせることにし [た] ……タクトシステムは、当時文献の上ではドイツからどんどん紹介されていたので、三菱重工その他の大工場で考えられていた[156]。

荒木の書物には多少の誇張があるが、機体の最終組立部門における分割組立、(当時、タクトシステムと称されることが多かった) 前進作業方式は、けっして日本独自のものではなく、外国の影響を受けたものであったことがわかろう。

機体組立部門で流れ作業方式が採用されたことは、部品部門での生産のあり方を見直そうという動きを生んだ。しかし、機体の部品生産に関しては、いわゆる「本格的な流れ作業」方式を実施するに足るだけの生産数量に達する部品の種類は少なく、旧来の作業方式を多少改変しながら、機体組立部門の要求に応えようとした。本項で紹介したような試みがその例である。(157) その中でも、半流れ作業方式と推進庫方式の両者は、現場の作業単位にある程度権限を委譲する方向だった点では一致している。工程と工程の間に倉庫という緩衝域を意図的に設ける点でも一致していた。しかし、半流れ作業方式の場合には、佐久間は類似の工程を持つ部品に限定して提唱していたのに対し、推進庫方式の場合にはより一般化して提起されたのが特徴であった。また、こうした部品部門の生産量は部品の種類別に見れば少なかった。こうした多品種な部品を少量ずつ生産しながら、流れ作業的にそれを行おうとした試みは、諸外国にはない状況に適応しようとしたものだった。その意味で、日本で独自な取り組みとなったのである。

しかし問題は、機体組立部門、部品部門といった機体生産を行っていた大規模な企業だけの問題ではない。生産を円滑に行うために解決すべき問題は企業内部だけにとどまらなかった。多数の部品が必要な飛行機生産の場合には、多数の中小規模工場が部品生産に組み込まれていた。これら下請け企業からの部品が円滑に供給されなければ、最終組立は齟齬をきたす。例えば中島飛行機の場合、発動機部門だけでも「協力工場八四社で、各協力工場の作業の当社［中島］の作業に対する割合は約七〇％」であり、「小物部品に関する協力工場は三二〇に達して」いたという。(158) それゆえ、外注企業の管理もこの時期の生産管理の大きな課題の一つになった。同社の場合には、これら工場の多くを定期的に集め、同社の「要求する部品、数量、納期及び資材等について打合せを行」って、外注管理の徹底を図った。(159) だが、下請け企業の技術水準の向上を図る余裕は、ほとんどの大企業にはなかった。たしかに協力企業の技術指導に関する論考は、たびたび掲載されていた。例えば、東洋ベアリング製造の例として、『東洋経済新報』は「数十に及ぶ下請工場……の指導には最も熟練せる工員を数人派遣して、その下請工場の現場で共に作業に従事しながら訓練」しているという記事を掲載している。[160] こうした事例があえて紹介されていること自体、逆に言えば、こうした事例が少なかったことを物語っていると考えたほうがよかろう。

さらに戦時のように資材不足の状況下では、親企業側は下請け企業にできるだけ少ない量の資材しか回さず、また下請け企業側は親企業側から供給された資材をできるだけ節約して、余った資材を売却することで利益を生もうという誘因が生まれた。[161] こうした状況下では、たとえ親企業と下請け企業の関係を政府が意図的に固定する政策をとっても、親企業側は下請け企業の行動に疑心暗鬼とならざるを得なかったのは当然であった。例えば戦時期に三菱重工業が主要部品の外注企業に資本参加しているが、それもこうした状況を抜きには考えられないのである。[162]

部品生産から機体組立という飛行機生産全体のプロセスをとってみれば、バランスのとれた生産は行われていなかった。工場内部に資材や半製品が山積みにされたり、数種類の部品生産の遅れのために機体生産が大幅に遅延するという事態が頻繁に生じていた。生産技術者たちは、この解決に力を注いだが、その努力は実を結ぶことなく敗戦となったのである。

4　戦後の展開
――推進区制方式の提唱と限界――

(1)推進区制方式の提唱

敗戦直後、航空機産業は実質的に消滅する。その結果、前進作業方式や分割組立は言うまでもなく、半流れ作業方式といった名称も戦後になってほとんど聞かれることがなくなった。戦時期に飛行機の機体部品工場にとどまらず、他の業種にも適用可能だとされた推進庫方式ですら、ほとんど論議されることがなくなった。それでは、戦時期に提唱された生産管理に関する数々のアイデアは戦後に継承されることはなかったのだろうか。

戦後の一時期、推進区制方式と呼ばれる工程管理方式がわが国の製造業企業に採用されたことがある。この推進区制方式は、戦争末期に提唱された推進庫方式が戦後に完成され、一九五〇年代初頭に日程計画などに工夫を加えて一つのシステムとして提示されたものである(163)。これは、まさしく戦時期の生産方式の総仕上げとも言えるものであった(164)。戦時期に航空機メーカーで生産工程の変革に関与していた主要な生産技術者たちの参画していた日本能率協会が積極的にこの方式の普及を図った。そのため、一九五〇年代までは数多くの日本企業でこの推進区制方式が実施されていた(165)。例えば、キヤノン、日本ビクター、日本エヤーブレーキ、ヂーゼル機器、三菱重工名古屋機器製作所、愛知時計電機、カヤバ工業、トヨタ車体、大隈鉄工所などの企業がこの方式を実施していたことが確認できる(166)。

この推進区制方式とは、簡単に言ってしまえば、工程管理の対象となる部門全体を適切な大きさに分割して、工程管理の区切りとなる推進区という管理単位を設定し、この管理単位を通して現場の管理、日程の管理を行うものである(167)。推進区には組長と進行係、検査係の三名がおかれ、最小の管理単位とされた。この推進区では作業の進捗管理を行い、検査も行う。ある推進区で加工を終えた仕掛品はただちに検査がなされ、次の推進区に送られる。この間、進行係は全体の日程計画をにらみながら推進区内の作業を進捗させる。他方で全体の調整を図る中央本部が設けられ、各推進区はこの本部からの計画指示に従い活動を行う。しかし、推進区内の活動については自立的な活動が許され、推進区自体が責任を持つことになっていた(168)。図2-11は推進区の実例を示したもので、戦後しばらくの間、小型自動車を製作していた高速機関工業という会社で、日本能率協会が作り上げた推進区の系列図である。この図からは、この会社の生産現場の全体が推進区で構成されていたことがわかる(169)。また、推進区制方式では工程管理に関係するすべての部門に推進区が設置されるから、例えば工場の管理組織図も図2-12のように、推進区を工程管理の末端組織として描くことができる(170)。

この方式では推進区に管理の権限を委譲したうえで、中央本部が各推進区に生産予定を守らせる仕組みを、従来

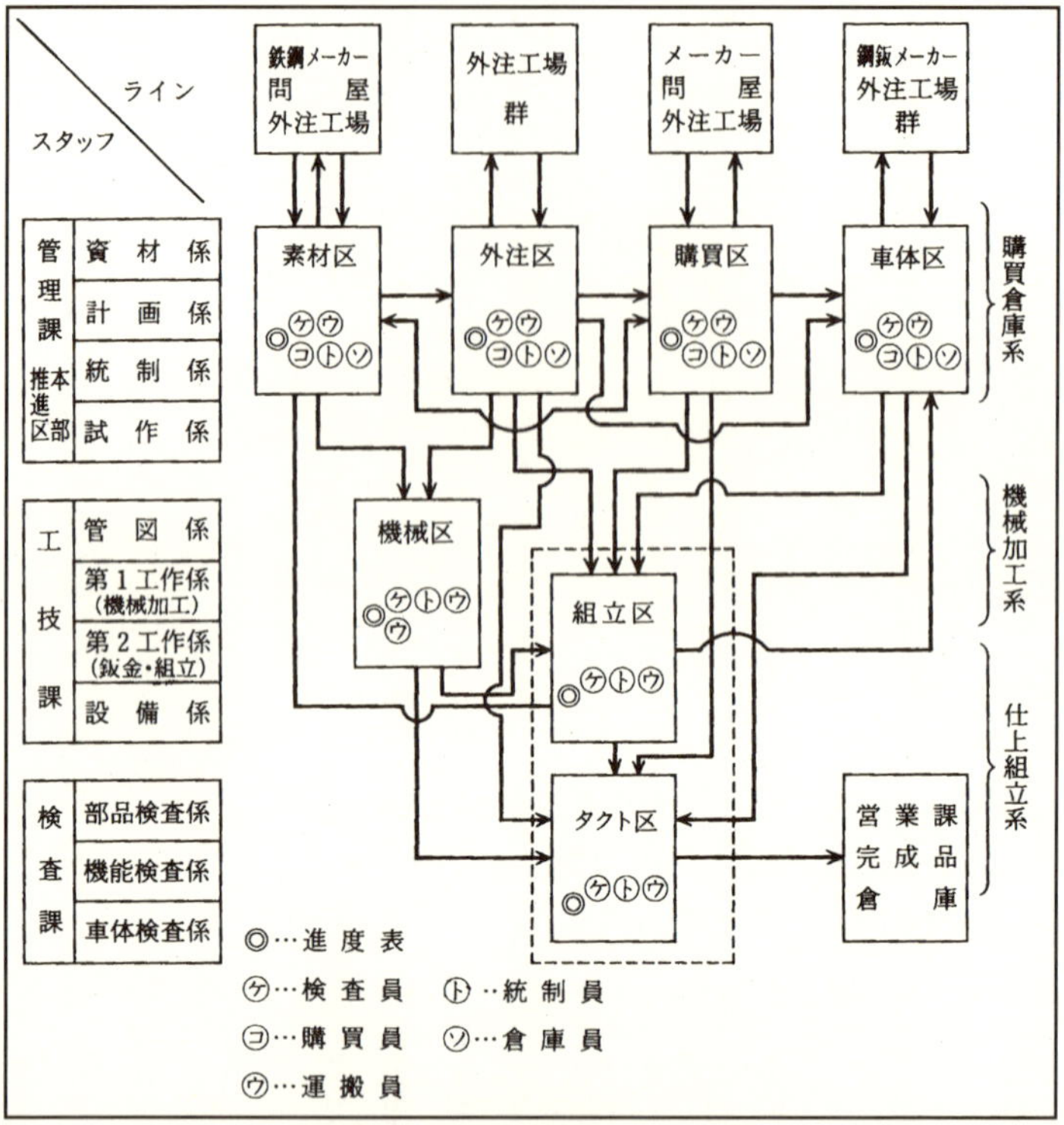

図 2-11　推進区制方式の実施例

出所）『マネジメント』10巻5号（1951年），55頁。

の伝票方式ではない形で具体的に提示した点に特徴があった。しかし、月別生産数量を上位の管理組織が末端の管理単位に示すだけでは、月末に駆け込み生産が行われるという弊害を招じやすく、生産の平準化は達成できにくい。戦時期における航空機生産において、月末に駆け込み生産が行われていたことは、図2-13を見ても明らかであろう。この戦時中の経験を踏まえ、推進区制方式では進度管理をきめ細かく行うと同時に、計画変更に柔軟に対応できるように生産予定の指示の仕方に工夫がなされた。

この方式では、生産予定は「手配番数」（あるいは略して「手番」）と「号機」（「追番」とも言う）という概念から作成される。詳細は省くが、基本的な点だけを紹介しておこう。

「手配番数」とは、製品の完成日に対し何日前に着手するかを示す無名数である。もしも、A部品のX工程は三

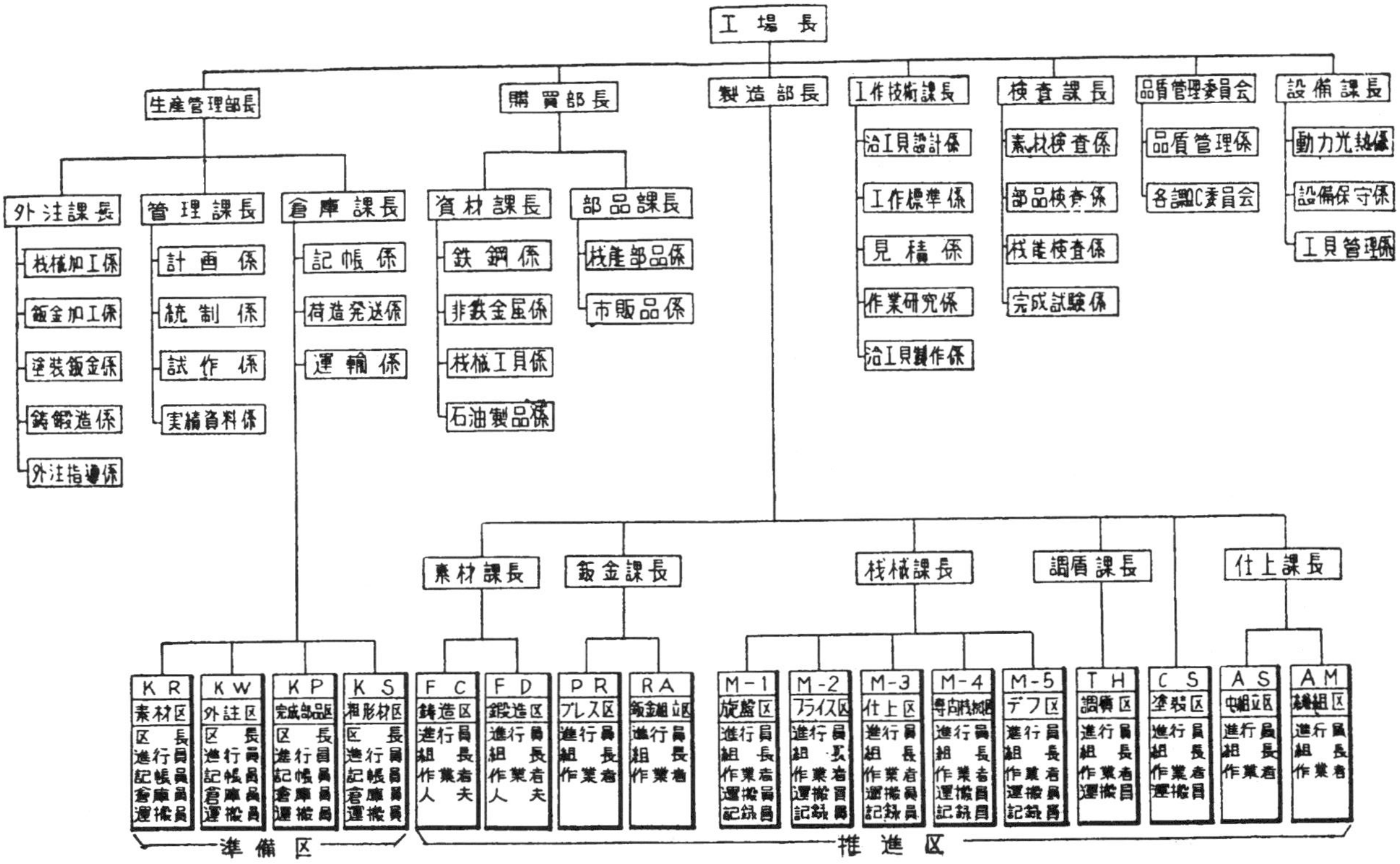

図 2-12　推進区制方式を採用した工場の管理組織図（自動車工場の事例）

出所）通商産業省合理化審議会編『工程管理』（日刊工業新聞，1953 年），50 頁。

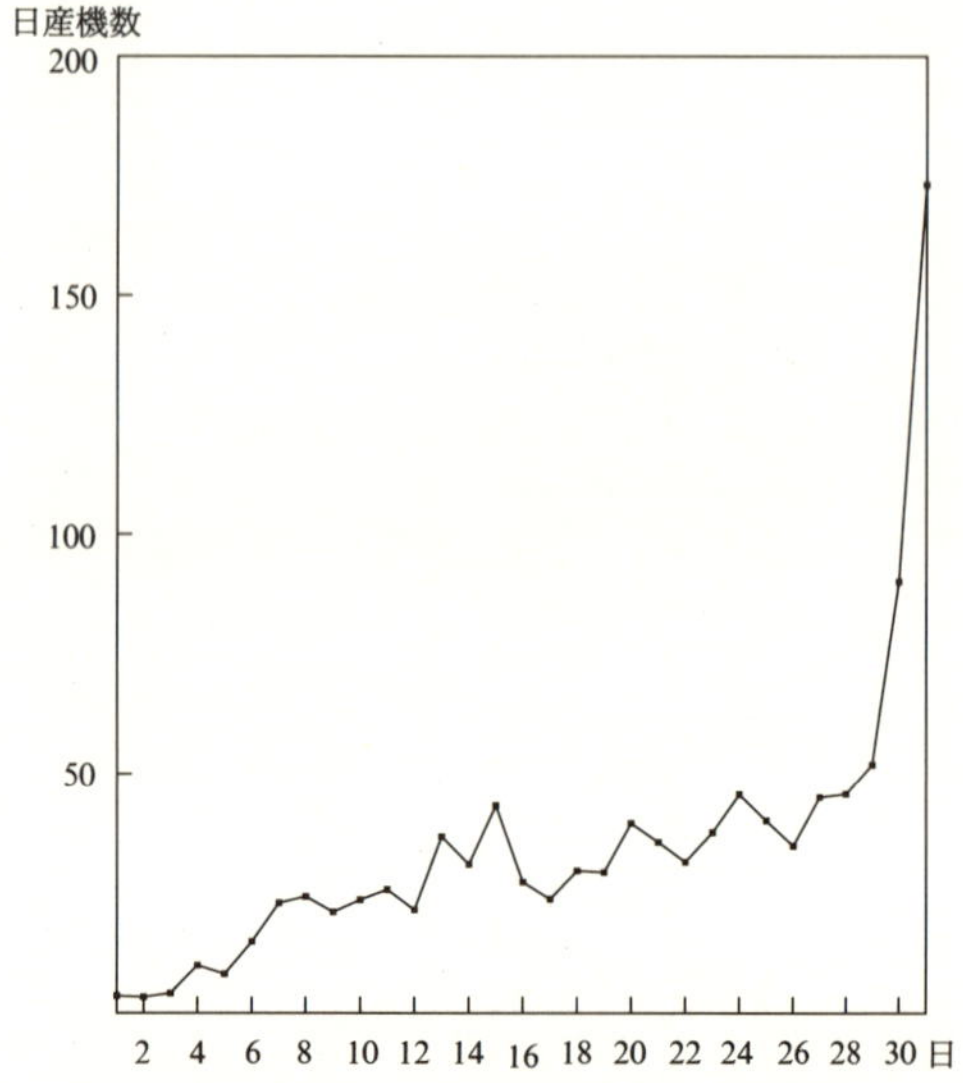

図 2-13　飛行機の日産機数（1944 年 7 月）

出所）日本機械学会編『日本機械工業五十年』（1949 年），973 頁。

〇日前に着手すべき作業であれば、その手配番数は三〇である。工程分析などから手配番数を割り出し、基準日程をつくり上げる。したがって、手配番数を聞けばあと何日で完成予定か、予定進度からどれほど遅れているかも判明する。

「号機」とは、最終製品の累計生産数によるシリアル番号である。これは最終製品に付けられた番号であって、ロットに付けられた番号ではない。航空機工場において、一ロット一〇機体でロット生産を行っていたとする。一機体につき必要な部品数が一万点だったとすれば、一ロットに必要な部品総数は一〇万点になる。ある部品が一機体の生産につき四個必要だとすれば、一ロットに必要な量は四〇個である。しかし、一ロット一〇機体だとしても、一機体ずつ生産されるのだから、最終製品一機体ごとに番号を付け、その構成部品にも同じ番号を付けて整理したのである。例えば、二〇〇八年一二月に完成すべきロットのうち最初にとりかかる機体の号機番号を〇八一二〇一とするのである。

わざわざ号機を使って管理しようとしたのはなぜか。これは、戦時期の航空機工場での経験について、森川覚三が次のように語っている。

戦時中に新たに設計された航空機が、試作を経て大量生産に移され、種々の準備が進められて、所謂生産に入った頃、試作品の試験飛行を重ねた結果一部の変更が必要となって来た場合が非常に多かったのであるが、多くの飛行機工場が伝票式管理であったため、実際は数多くの部品に対する数多くの伝票の回収と訂正再発行が完全に出来なかった為、航空機工場は常に混乱と事故の連続であったと云っても過言でない困難に遭遇したのであった。勿論新設計新設計と焦り抜いた軍部技術者に大半の責任はあるが、工場側でも、航空機の様な部品の多い工程の複雑な、従って管理の困難な仕事に対する準備が充分研究されていなかった点に於いて責任はあったと思う。[171]

号機により製品を構成する部品すべてを統一的に管理すれば、たとえ変更が生じても構成部品すべてについて変更を加えることが容易になるというのである。また、最終製品の生産数に対する部品の過不足も簡単にわかる。これも戦時期に組立段階で不足した部品の生産を急がせるために、伝票に「特急」などと指示して現場に流した結果、「結局特急品の洪水となり、特急品の区別をつけるために、更めてそれ等を急、特急、火急の三段階に分けざるを得なかった……笑えぬナンセンス[172]」に対する反省でもあった。

(2)推進区制方式の導入

推進区制方式を実際に導入した企業の事例を見ておこう。最初にキヤノンを取り上げる。一九五七年にキヤノンは「高性能カメラの量産方式を確立した」という理由で第三回大河内記念生産賞を受賞している。その際の推薦対象項目の一つが「推進区制工程管理の実施」であった。[173]この方式をキヤノンが導入したのは、同社の社史によれば、次のような経緯であったという。同社では従来「製造ロット別に一定量の部品で手配する伝票式工程管理方式をとっていたが、管理に必要な工程系列・手配番号などの管理標準や手法が十分でなく、生産規模の拡大に伴い、どこに［部品が］何個あるかも把握しきれなくなって」いた。[174]そこで、生産を一工場に集中するのを機会に、一九五二年一月から日本能率協会の指導を受けながら推進区制方式の導入をはかった。社史によれば、同社ではこの方式によって「目に見える管理が可能となった」という。[175]

トヨタ車体でも一九四九年七月から推進区制方式を実施している。[176]同社では「車種、形式が増加し、進度管理が複雑になって」きていた。そこで「そのころ日本能率協会が提唱していた方式」（つまり、推進区制方式）を日本能率協会から「専門技師を招いて導入した」[177]。また、ヂーゼル機器でも日本能率協会による紹介で一九五三年七月に推進区制方式を導入した。[178]各推進区の自主的管理に基づいた推進区制方式を導入すれば、それまでのように職制を通じて下部に生産目標を伝達する「中央集権的な工程管理による〝統制の限界〟を克服」可能だと考えたのだという。[179]

推進区制は造船業にも影響を与えた。戦後の日本造船業の発展を支えた重要な要素の一つがブロック建造方式である。この方式とは次のようなものであった。船体をいくつかのかたまり（ブロック）に分け、そのブロックを地上で製作したうえで、そのブロックをドックまたは船台で組み立てて行く方法で、従来のやり方に比べて大幅な工期短縮を可能にした。[180]だが、ただ形式的にブロック建造方式をまねても、工程管理をうまく行わなければ、生産量をあげながら工期を短縮することはできない。生産量が一定量以下であれば、「工程管理の精度が悪く、未加工材や所在不明の特別管理材が発生し、加工工程の手配に前後するものが出ても、何とかうまく処理でき」るが、生産量が一定量を超えて増大すると「工程管理の精度」を高める必要に迫られる。三菱長崎造船所では一九五六年頃にこうした状況になったという。そのため、同所ではブロックが「必要な時期に、必要な順序で必要な数だけ手順よく生産されること」を目指し、工程全体の見直しをすることになった。[181]その際、三菱長崎造船所は日本能率協会に診断を委託し、同協会の技師五名が一九五六年から現場の能率診断を行う。この診断結果を踏まえ、長崎造船所は「それまでの職種中心の職制」を「ステージすなわち作業所ベースの職制に移行」させ、船体を構成するものを一つ一つ実際の寸法で描く現図段階から船台組立段階にいたる工程を、一六の「ステージ」に区切って管理する体制をつくり上げた。[182]これにより、同所は「各船毎にブロック別罫書の小日程計画を立て、鋼材搬入の段階から完全にブロック別、手番別」による進度管理を行い、生産方式が「流れ作業」的に編成されたと伝えられている。[183]三菱長崎造船所はNBC呉造船所のブロック建造方式に「範をとり、他の日本造船所よりも一歩早く、基礎研究（工程の細分研究）から出発し」たというが[184]、その背景には、日本能率協会によって、工程の分割管理、進度管理の徹底という推進区制方式のアイデアがもたらされたという事情があったのである。

戦時期の経験を踏まえ、敗戦直後に提起された推進区制方式は、簡単なサーベイによっても少なくとも一時期の一部の日本企業に採用されていたことがわかる。日本能率協会を中心とした人々がそのアイデアを企業に広めて実施され、戦後の一時期には造船業も含めた企業の生産現場に大きな影響を与えていたのである。

（3）推進区制方式の限界とその衰退

推進区制方式は戦後の一時期には大きな影響を与えたものの、一九五〇年代末頃になると、この方式に対する企業側の関心は薄れていく。中岡が鋭くも指摘しているように、この推進区制方式は「一九五〇年代前半（しかしその頃にかぎって）大きな成功を収め」たのである[185]。推進区制方式を採用した企業でも、実施からしばらく経つと、この方式を放棄している場合がある。その原因は推進区制方式に内在する問題にもあった。最初に、そうした事例をあげておこう。

推進区制方式では工程全体に多くの推進区を配置する。そのため生産現場に投入される人員数は従来の管理方式に比較して多くなる。したがって、人員抑制を行わざるを得ない状況の企業にとって、推進区制方式は採用し難い管理方式であった。この方式を導入したトヨタ車体は、「現物管理の重要性の認識が高まり、部品遅延によるロス抑制に効果」があり[186]、また「工程管理の方法も……標準化」したと一定の評価を下していたにもかかわらず[187]、「管理面に多数の人員を要することが難点」だと考えていた[188]。このため同社が一九五五年に人員整理を行わざるを得ない状況になると、推進区制方式の実施を止めたのである[189]。

また、推進区制方式の本格的な実施には、現状調査を行い、さまざまな工程分析資料が必要である。したがって、それまで工程分析を十分に行っておらず、工程に関する詳細な資料がない企業でこの方式を実施しようとすれば、かなりの準備期間が必要になる。ヂーゼル機器は一九五三年七月に日本能率協会の紹介により推進区制方式を導入したが、「準備期間が短かった」ため、「各計画を立案するために集めた資料に変更が多く、手配番数の修正、常備品発注の修正が必要となり、加えて進度管理を単純化するために機械の配置を変更すること、および外注工場の能力強化が必要になることも判明し」、推進区制方式の定着に苦労を重ねている。[190] 推進区制方式が比較的うまく実施されたと考えられるキヤノンの場合も、同社の実施担当者は次のように語っている。「推進区制［方式］を採り入れて足掛け四年になりますが、切換え後軌道に乗るまでは苦闘の連続でした」と。[191] これは、当時の日本企業が詳細な工程分析に不慣れだっただけでなく、おそらく加工作業そのものが安定しない状況のため、工程管理に役立つ工程分析を行うことが著しく困難な状況にあったことを反映していよう。

推進区制方式は取引先企業との関連をも工程管理の対象としていたので、取引先企業の協力も不可欠であった。「推進区制［方式］では仕掛品を減少させることが一つのスローガンとなって」おり、[192] このためには生産の平準化が不可欠であった。しかし、ヂーゼル機器は「仕掛在庫ゼロ方針」によって推進区制方式を導入したにもかかわらず、納入先企業が発注計画をたびたび変更するために、同方式に修正を加えていった。そして、一九五八年になると、同社は販売予測を二カ月前にたて、在庫を三カ月分保持するという方針を公式に打ち出さざるを得なくなる。[193] そして結局、同社は推進区制方式を放棄することになる。

しかしながら、推進区制方式が姿を消していった原因は、この方式自体に内在する問題よりも、むしろ企業が工程の機械化を進め工程管理の質そのものが変化していったことにあったように思われる。その格好の例がキヤノンであろう。推進区制方式を比較的うまく行っていたキヤノンがこの方式から転換したことが、これを端的に示している。

キヤノンは一九五〇年代末頃になると「部品加工の機械化、自動化」を進め、組立工程での「コンベア化」を進めた。一九六〇年には同社は「仕上課を廃止し……修正作業用のヤスリ、ハンマー使用禁止」を実施できるほど部品の加工精度を高めることができた。こうして、「生産工程への専用機、自動機の徹底した導入とコンベア化が進」められた。その結果、従来のように熟練作業者ではなく経験年数の浅い作業者を中心に生産ラインを組むようになる。[194]

キヤノンで進行した事態は、推進区制の役割が終わったことを端的に示している。推進区制とは日本の現状に即して考案されたものである。その現状とは次のようなものであった。

個々の作業の安定度が極めて低い、我国事業場の現状に於いて、又高度の分業を進めるには、高級専門機械の供給が充分でない我国に於いて、更に又、下請部品工場の大多数が町工場的水準に在って、然かも国家全体の工業用品規格が充分に普及して居ない現状に於いて、産業能率を改善向上して行くためには、遂行すべき幾多の改善が山積している……。[195]

この現状にあって、推進区制方式の目的の一つは次の点にあった。

安定度もまだ低い、機械も足りないが、不断の努力に依って、徐々に安定度が高くなり、機械も増して来る過程に於いて、充分発達して来た場合に到達せらるべき、タクト作業への準備訓練乃至実習と体験を持たせ度い点にある。[196]

つまり推進区制方式とは、工程の機械化が進み、加工時間が一定に保たれるまでの過渡的な方式だったのである。したがって、キヤノンのように自社で「組立の工程、作業、動作、手順を分析」し、「生産工程への専用機、自動機の徹底した導入とコンベア化[197]」を実施できるだけの能力を蓄積した企業にとっては、推進区制方式を続ける意味はまったくなくなった。その結果、同社はこの方式から脱却していったのである。

一九五〇年代後半には、キヤノンの他にも専用機を多用して量産システムを構築しようとする企業が多く出現するようになっていた。日本の製造業においてオートメーションブームが起こったのが、一九五〇年代中頃から六〇年代初めであったことからも、この間の状況が読みとれよう。高性能の工作機械を大量に導入して機械化された流れ作業に転換し、また個々の工程の生産性も大幅に上昇した、新たな段階での生産工程間のバランスを取り直す必要が出てきた。その結果、日本の生産技術者たちは、それまでほとんど取り上げてこなかった「大量生産という現象を統計学的に把握し分析するアプローチ[198]」に急速に関心を抱き始めた。キヤノンの事例はそうした潮流を象徴的に示している。同社は、既述のように「推進区制工程管理の実施」を推薦対象項目の一つとして大河内記念生産賞を一九五七年四月に受賞したが、その同じ月には日本科学技術連盟から講師を招いて統計的品質管理研修を実施したのである[199]。

このように日本企業が専用工作機を多用して量産に向かおうとする時期になると、推進区制方式は日本の生産現場から消え去っていった。一九五〇年代以降、アメリカから導入された生産管理技術が日本の製造業に急速に普及していく。

5　一九五〇年代初頭の日本におけるフォード・システム受容の到達点

フォード社がT型車の量産を可能にした生産方式は、日本だけでなく世界各国の技術者に大きな影響を与えた。フォード社はその生産方式を自動車の製造だけでなく、造船や航空機製造にも適用しようとした。フォード社の生産システム（フォード・システム）は、フォード社の積極的な広報活動にもより、多くの人々にとってはコンベヤーを多用した生産方法として理解されるようになる。ところが、日本の生産現場に携わる技術者たちは、コンベヤーという搬送装置に重きを置かずに、あえて「流れ作業」という曖昧な定式化をしながら、フォード・システムの持つ高い生産性に追いつこうとした。これは多数の専用工作機械を使い、加工精度の高い部品を前提としたシステムを構築することが資金的・技術的に困難である状況を見極めたうえでの対応でもあった。ともかく加工対象物が生産工程を遅滞なく流れていくことを理想として、生産工程の分割・各工程の所要時間を一定にすることに精力を傾けることになった。

こうした努力は戦時期になると、特に飛行機の増産に向けられ、海外からもたらされた情報などをもとに、飛行機の機体を分割して製造した後に結合することも試みられた。機体製造での変革は、飛行機部品の製造にも影響を及ぼすことになった。日本の飛行機生産に携わる技術者が直面した問題は、たしかに部品の「量産」であった。だが、その「量産」は絶対量が小さく、専用工作機械を多用するフォード・システムを単純に模倣しても単位当たりのコストを低減できるものではなかった。そうした状況の中で、生産現場に携わっていた技術者たちは、部品製造の工程を擬似的に流れ作業的に編成することで、生産の増大を図ったのである。しかも、大規模な工場だけでなく、その工場に部品や材料を供給する小さな工場を含めた、いわば生産プロセス全体を流れ作業的に編成しようとした。しかし、材料不足や爆撃などによって、生産技術者たちの意図は実現されなかった。

戦時中に生産技術者たちが試行錯誤しながら生み出した考えは、戦後になり推進区制方式として体系化され、特に一九五〇年代初め頃の日本企業では、重要な工程管理方式の一つとして採用された。この推進区制方式は戦時中からのわが国の生産技術者の努力の到達点であった。この方式は、工程の機械化が進まず、工程間の加工時間も一定に保ち得ない状況の中で生産を流れ作業的に編成しようとした試みの帰結であった。中岡が指摘しているように、推進区制方式は「戦中以来、一貫した一企業全体の整合的な工程の編成、そこにおける生産の計画と管理の独自のシステムとして完成」したのである。しかし同時にそれは「後の管理システムとくらべれば問題にならない素朴なシステム」にすぎなかった。だが、この「素朴なシステム」が「当時の日本の機械工業の水準に適合して」おり、「日本の生産管理が、それに続いてくるアメリカからの全面的な技術移転に先立って、まがりなりにもこの種の独自のシステムをもちえていたことの意味は見落としてはならない[200]」。この意味で推進区制方式は、フォード・

システムを日本に受容しようとした生産技術者たちが、与えられた条件の中で苦闘しながら到達した独自性を示すものであった。

日本においてフォード・システムがどのように受容されたかという問題が本章の解き明かすべき課題であった。その意味で、推進区制方式が到達点であったというのは一つの解答であろう。だが、本章では意識的に対象から外した問題がある。フォード・システムがフォード自動車会社という自動車企業で生誕したのであれば、日本で自動車製造企業がどのようにフォード・システムを受容したのかが解明されねばならないのである。この問題は多くの論者が扱い、いわゆる「トヨタ生産方式」(あるいは「かんばん方式」)の説明・解明がこれまでの焦点となってきた。この方式を称揚することに多くの論者は熱心であったが、しかし、推進区制方式が「最良の管理が行われる時、仕掛品が最小になるようにシステムが作られる点では、後のトヨタのかんばん方式と似て[201]」いたことは忘れていたように思われる。生産工程を流れ作業的に編成しようとしたことや、生産の平準化、あるいは仕掛在庫を少なくしようとした点では、トヨタは多くの企業群の中の一社にすぎず、その生産工程の編成にあたっては従来の考え方から多くを学んでいたことを忘れてはならないであろう。それではもしも、いわゆるトヨタ生産方式が、言われるように革新的なものであるとすれば、それはいかなる意味で革新的なのであろうか。それはなぜトヨタで、どのようなプロセスを経て生まれたのであろうか。この点の解明が残された大きな課題となる。

第3章

自動車事業におけるフォード・システム移転の試み

——自動車製造の「流れ作業」的編成に向けて——

プラット社の織機組立現場（1920年代中頃）

出所）Platt Brothers & Co. Limited, *Souvenir : 1821-1926* (Privately Printed, 1926), p. 20.

1　フォード・システムを移転しようとした企業者と企業はいつ出現したのか？

（1）量産を意識した自動車製造事業の開始はいつか？

日本で量産と呼べる規模の自動車製造を目指して態勢が整備され始めたのはいつ頃であろうか。フォード・システムを意識した自動車製造事業はいつ頃日本で始まったのだろうか。

アメリカでフォードT型が販売される前年（一九〇七年）に、日本初の国産ガソリン乗用車タクリー号が輸入部品を使って組み立てられている。その後も、快進社の橋本増次郎や宮田製作所などが自動車製作を試みたが、「何れも企業としては成功していな」かったという[1]。この時代はまさしく自動車の試作段階と言える時期であり、いずれも量産を目指す事業というにはほど遠いものであった。

日本で自動車の量産を目指す企業家が出現するのは、一九二〇年代になってアメリカ企業が日本で組立工場を開所した時である。一九二五年にフォード社、二七年にはGM社が日本で完成車の組立に着手したのである。この二社は、当時の日本における自動車需要の多くを握ると同時に、日本にも自動車の購買層が存在することを事実によって示した。こうした状況において、後続の起業家がとるべき策には大別して二種類があろう。一つは、日本の市場で実際にフォードT型やシボレーといった「大衆車」が売れている状況が眼前にある以上、そうした自動車に需要があると考え、アメリカ企業と真っ向から競争することを覚悟して、「大衆車」で市場に参入しようとする方策である。二つめは、「大衆車」が売れている状況を認識しつつも、アメリカ企業との競合を避けるため、「大衆車」より高級で大型の車種か、それよりも小型の車種（場合によれば三輪車）を生産車種として選択して自動車事業へ参入する方策である。このアメリカ企業との競合を避ける後者の方策が実際に最初に生じた。

一九二九年から三五年までの日本における自動車製造台数を見てみよう（表3-1参照）。この表では、日本企業が部品から生産した台数と、外国からの部品輸入による日本での組立台数（そのほとんどがフォード社とGM社によるもの）とを分けて示している。この期間において外国車の輸入組立台数が日本における自動車製造で大きな地位を占め、外国車の組立台数が増えていたことが明白であろう。同時に小型車の生産台数がこの表に出現する一九三二年以降、急増し、一九三五年までの五年間に約二八倍にもなり、日本の自動車生産台数の七割を占めた。この時期の日本における自動車の生産増大を担ったのは小型車に他ならなかったのである。

表3-1　日本における自動車生産台数と輸入組立台数（1929～35年）

年	生産台数	（その内，小型車の台数）	輸入組立台数
1929	437		29,338
1930	458		19,678
1931	434		20,109
1932	840	144	14,087
1933	1,612	557	15,082
1934	2,701	1,366	33,458
1935	約5,350	4,170	30,787

出所）商工省工務局編『自動車製造事業参考資料』（商工省工務局，1936年）。

しかし、このまま小型車と外国製「大衆車」が日本市場を制覇していくことはなかった。「当時の『大衆車』が日本の民度にそぐわない、またそれだけに軍用トラックベースとして応用可能な万能車であった」[(2)]ため、日本政府は自動車製造事業法を一九三六年に施行し、「大衆車」の量産を支援することになる。一九三八年以降、小型車の製造業者に対する原材料の鉄配給が制限され、実質的に事業を縮小・廃止せざるを得なくなった。その結果、自動車製造事業法の下で許可会社に当初指定された日産と豊田自動織機製作所の二社、および後に追加指定され主にディーゼル自動車・軍用トラックを製造することになった東京自動車工業（一九四一年にディーゼル自動車工業と改称。

現・いすゞ自動車）を加えた三社によって日本の自動車製造は担われることになる。こうして、量産を意識した自動車製造事業が日本でも端緒についたのである。

（2）フォード・システムの移転は単に量産を目指すことだったのか？

フォード・システムが注目を浴びたのは、それまでの常識を打ち破るほどの膨大な数量の製品を製造でき、かつ一台当たりの製造コストも非常に低く販売価格も格安の自動車を製造できる生産システムだったからである。厳密に言えば、その量産した製品を販売していく体制をいかにつくっていくかも重要なポイントであった。しかし、ここではさしあたり、低コストで量産可能な生産システムに限定して考察する。

前章で見たように、フォード・システムの持つ効率性を自動車製造以外の業種で、特に飛行機や船舶の製造で実現するための探求が戦前・戦時期の日本で行われていた。だが、眼を自動車の製造に向けたとき、移転すべきフォード・システムとは何だったのだろうか。一九三〇年代中頃の日本で、量産を意識した自動車製造事業を起こそうと考えた企業者にとって意識しなければならないものとは（あるいは、模倣すべき対象）とは具体的に何だったのだろうか。

第1章で見たように、フォード社は一年間で二〇〇万台を超すT型車の生産を達成した。だが、そのT型車も一九二七年には生産を打ち切り、少なくとも乗用車に関しては全鋼鉄製の閉鎖型ボデーが主流となっていた。フォード社もリバー・ルージュ工場を建設し、そこでT型車の後継車となるA型車の組立が行われた。ハイランド・パーク工場とは外観も内実も大きく異なった「工業の巨像」としてリバー・ルージュ工場は出現した[3]。リバー・ルージュ工場は広大な敷地内に工場群を配し、一九三〇年代ともなれば、模倣すべきフォード・システムの中核工場はハイランド・パーク工場ではなく、このリバー・ルージュ工場となっていた。したがって一九三〇年代の日本で乗用車の量産を意図して自動車製造事業に乗り出そうとする企業者にとって、模倣すべき対象はフォードT型車とハイランド・パーク工場ではなく、閉鎖型ボデーとリバー・ルージュ工場に他ならなかった。

しかし、日本で自動車製造事業を設立・定着させることは、フォードT型車の時代でさえも困難だと企業者には感じられていた。例えば、石川島造船所がイギリスのウーズレー社と契約を結んで自動車事業に進出しようとした時に、デトロイトを経てイギリスに渡った技師が次のように回顧している。

大正七［一九一八］年の年の暮れ、横浜を出帆して太平洋上で新年を迎え、アメリカ経由で英国に渡った。途中デトロイトに立寄り、フォードその他の工場を見て廻った。フォードはすでにマス・プロ［ダクション］作業で、一分間に一台の割合で、自動車が完成してゆくのを見ると、その大規模な生産方式には、すっかり感心すると同時に、いまさら一〇〇万円位の資金を使って、日本で新たに自動車を作り始めるとして、どれほどのものになるかと、つくづくいやになり自信も失ってしまった。ところが、英国に渡りウーズレー［社の］工場に行ってみると、ここではまだ日本流に手で加工して、やすりなど使って仕上げをやっていた。これを見てこれなら日本だってできるぞと、大いに意を強くして、一生けん命技術を修得して、約八カ月ののち、アメリカ経由で日本に帰った。(4)

互換性部品を使って自動車製造するのは困難だが、「手で加工して、やすりなどを使って仕上げ」をする部品で自動車を組み立てるのなら、なんとか日本で事業化できると考えたのである。

精度の高い互換性部品こそがT型車を量産できた理由の一つであった。互換性部品を使わずして、コンベヤーによる移動式組立ラインを導入しても、自動車の量産は難しい。この事情をフォード社の工場を訪問したことのある技術ジャーナリストのフレッド・コルヴィンは次のように書いている。

フォード社のほとんどの競争相手が、コンベヤー・ラインによる組立システムを採用後、間もなく次のことに気づいた。すなわち、このシステムはただ単に生産のスピードを上げただけでなく、部品が組立ラインに到達したときに手直し（hand fitting）をする必要がないように、［組立ラインの前工程である］部分組立（subassemblies）での機械加工の精度をも向上させていたことに気がついたのである[5]。

コンベヤー・ラインを導入しても、組立作業を行う現場で部品にヤスリ掛けなどで手直しをしていれば作業時間がかかる。したがって、コンベヤー・ラインを有効に使い組立作業を円滑に速やかに行うには、部品の互換性が保たれている必要があるのである。

このように考えてくると本章の課題も多少なりとも明確になるであろう。互換性部品を使い製造工程全体を流れ作業的に編成して自動車の量産を目指す試みが日本でどのように行われたかを追究していくことが、ここでの課題となる。しかも、一九三〇年代に自動車製造の量産に乗り出すとなれば、閉鎖型ボデーとリバー・ルージュ工場を模倣すべき対象として事業構想を思いめぐらすのでなければならなかった。フォードT型も（少なくとも組立工場としての）ハイランド・パーク工場もすでに模倣すべき対象ではなくなっていたのである。

（3）なぜ豊田喜一郎、トヨタを対象とするのか？

一九三〇年代の日本で、自動車と工場の、歴史的とも言える大きな変革を的確に把握したうえで、自動車製造事業に乗り出そうと考えた企業者や企業があったのであろうか。端的に言えば、存在した。その企業者が豊田喜一郎であり、その事業体が豊田自動織機製作所から分離独立したトヨタ自動車工業（現・トヨタ自動車）である。なお、現・トヨタ自動車につらなる自動車製造は、豊田自動織機製作所で開始され、その後、トヨタ自動車工業で行われ、いわゆる工販分離によって自動車販売を担うトヨタ自動車販売が設立され、さらに工販合併によってトヨタ自動車が誕生した。こうしたことを考えれば、その時々によって、正式な会社名称をいちいち明記する方が正確ではあろう。しかし、本書は製造に焦点をあてており、トヨタと記してもトヨタ自動車工業のことか、トヨタ自動車のことかは自明と思われるので、煩雑さを避けるために、主にトヨタと記す場合が多いことをあらかじめ断っておきたい。

本章第1節(1)で量産体制が「端緒についた」と書いたところでは、豊田自動織機製作所の他に、日産と東京自動車工業の二社の名前をあげた。では、なぜこの二社を対象としないのか。東京自動車は、石川島造船所の自動車製造事業を一つの起源に持つ。前項で紹介した技師の回想からも、この事業体は少なくとも最初は互換性部品製造を回避し、「手で加工して、やすりなどを使って仕上げ」をすることで自動車事業に参入しようとしていた。また、周知のように日産は、アメリカから製造設備一式を輸入して製造事業を開始したため、フォード・システムの日本での「受容」を考察するに限界がある。[6] さらに、実は日産の工場敷地がその後の展開には大きな制約になっていく(第6章第2節(6)②参照)。このように比較的単純な基準で消去していくと、上記の三社で残るのは、トヨタにつながる事業体だということになるのである。

しかし、この消去法で残った一社、つまりトヨタは本当に研究対象にする価値があるのだろうか。これが次の問いかけでなければならない。フォード・システムの移転を意図したうえでトヨタは自動車事業に進出したのであろうか。これに答えるには、次の三つの基準を満たしているか否かを考える必要があろう。

（1）互換性部品の製造を意図して自動車事業に進出したのか。

（2）ハイランド・パーク工場ではなく、リバー・ルージュ工場を意識した工場を建設したのか。

（3）乗用車ボデーは木骨構造ではなく、全鋼鉄製の閉鎖型ボデーに変化したことを理解していたのか。

設定した（1）(2）の基準ともにトヨタは満たしている。（1）の基準については次の第2節で扱うが、これこそがトヨタの実質的な創業者である豊田喜一郎が自動車製造事業に進出しようとした契機だと筆者は考えている。また、トヨタが自動車の試作段階から量産へ移行しようとして建設した挙母工場（現・本社工場）こそ、（2）の基準を満たすことを如実に示している。

残るは（3）の基準である。これに対する答えは微妙である。なぜなら、本書が対象とする時期のトヨタは乗用車ではなく、トラック主体の生産を行っていたからである。トヨタの全生産台数の中で乗用車が過半数になったの

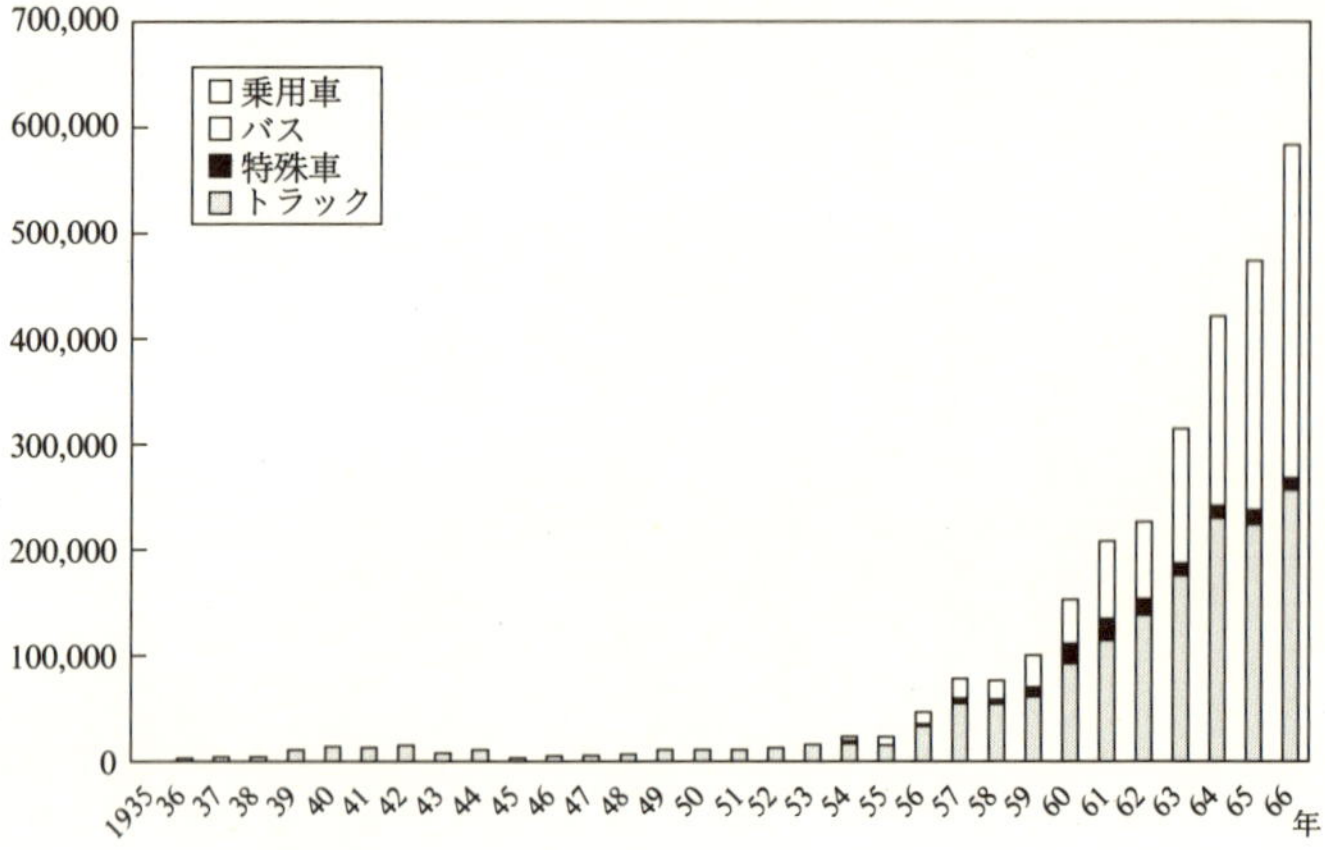

図 3-1　トヨタの年産台数（1935〜66 年）

出所）『トヨタ自動車 30 年史』。

は一九六六年であったことも強調しておきたい（図3-1参照）。

だが、豊田喜一郎は、乗用車を製造するのであれば全鋼鉄製の閉鎖型ボデーを採用しなければならないことは十二分に意識していた（本章第3節(3)②参照）。しかし、戦時経済に突入したためトラック主体の製造になり、おそらく技術的には最大の難関であったはずの薄板鋼を使用したボデーの製造、しかもそれを大量に製造することは喫緊の課題とはしなくなったのである。

このように考えると、トヨタは先に設定した基準をすべて満たしているのである。この基準からトヨタを対象として設定したのだから、対象とする時期も、リバー・ルージュ工場を意識して建設されたトヨタの挙母工場が主力工場だった（正確に言えば、トヨタには、試作段階の刈谷工場以外には挙母工場しかなかった）期間に限定することにしたい。トヨタは一九五八年九月に元町工場の建設に着手し、翌年の八月には一期工事を終え生産を開始している。したがって、ほぼ一九五八年頃までが本書の主たる対象時期となる。

この時期の特徴とは何だろうか。『トヨタ自動車三〇年史』に記載されている月産台数をグラフにした図3-2を見ると、トヨタが初めて月産一万台を超えたのは一九五九年一二月で、一万四五三台であったことがわかる。翌月は一万台には届かなかったものの、一九六〇年二月からは継続的に月産一万台を超える生産を行っている。このことからわかるように、本書が対象とする時期は生産台数から見ればトヨタが月産一万台を達成するまでの時期とほぼ合致するのである。一九三五年五月に最初の一台が製造されてから、月産一万台に到達するまでの期間は実に二四年七カ月である。トヨタ自動車工業が設立されてからでも二〇年を超える長い年月を経て、ようやく月産一万台の水準に到達したのだ（しかも、これは単一の工場で実現された数値ではなく、元町工場を含めた数値である）。

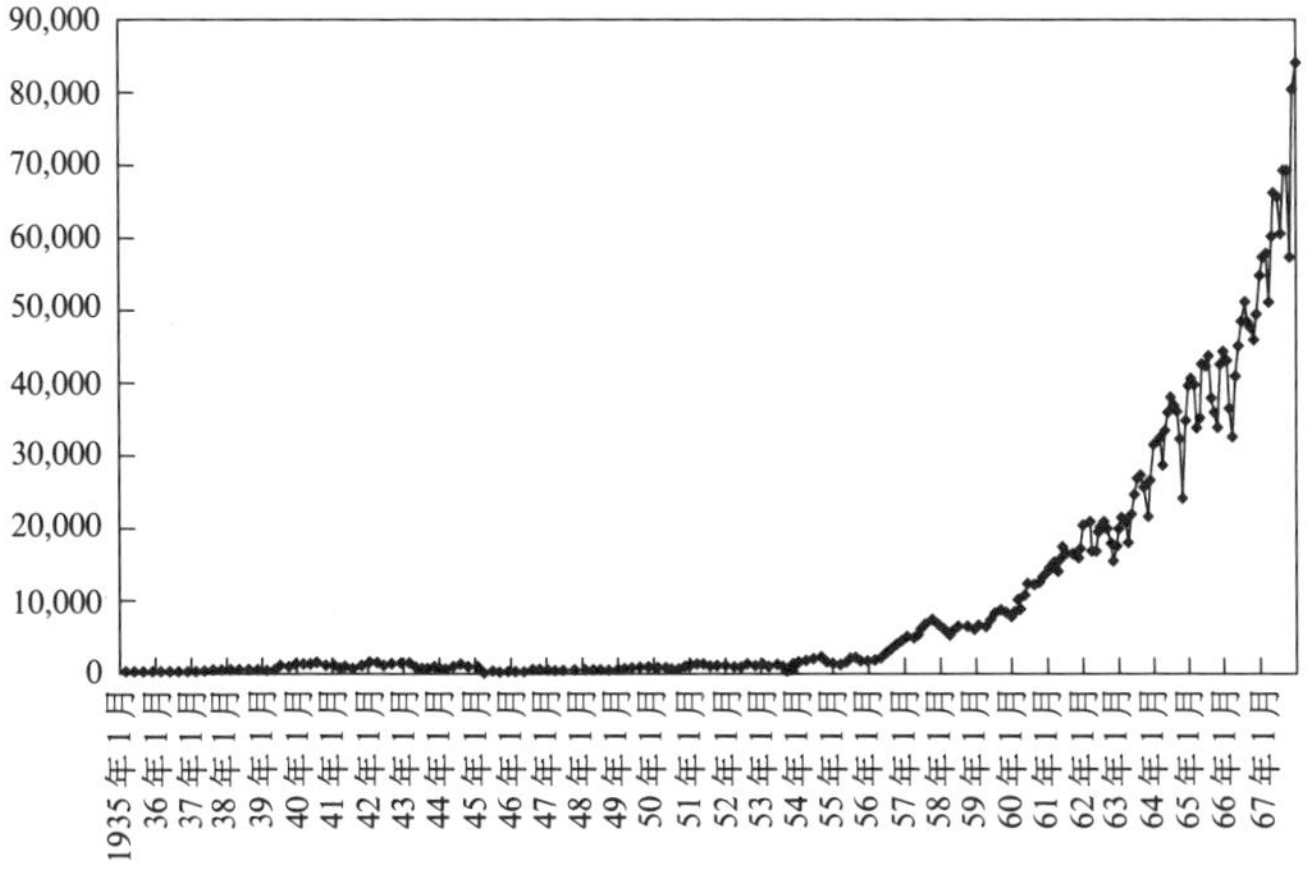

図 3-2　トヨタの月産台数（1935〜67 年）

出所）『トヨタ自動車 30 年史』（1967 年）。

図3-2を見てもわかるように、実に長い期間にわたって生産台数が低迷していたのである。この時期を無視して一九六〇年以降の急速に生産台数の伸びていく時期こそ検討の対象とすべきだと考える読者もいるかもしれないが、一見したところ低迷の時期であってもそのときの取り組みこそが、後続の時期における発展の方向を基礎づけたと考えて、この時期の検討を進めていくことにしたい。

さて最初に問うべき問いは、トヨタはなぜ自動車事業に参入しようとしたのかという問題である。自動車生産を互換性生産として理解して参入を決断したのでなければ、フォード・システムの移転を試みようとは考えなかったであろう。したがって、トヨタの実質的な創業者として知られる豊田喜一郎が、互換性生産をどのように考え、具体的にそれをどのように導入したのかを検討してみたい。そのため、次の節では自動車製造参入以前の事業から説き起こすこととする。

2　互換性部品の重要性はどのように認識され、実践されたのか？
――「許容公差」概念の認識から、その製造への実践――

豊田自動織機製作所が自動車生産に踏み切る中で、互換性部品を用いることの重要性がどのように認識されるようになったかを、最初に考えることにしよう。中岡哲郎が言うように、互換性部品を使った生産にとっての「鍵は許容公差［許容誤差］であり、製作図に寸法と許容公差が必ず記載され、部品が公差の範囲内の精度で加工されさえすれば、組み立ては仕上工［本書では、「手直し工」と呼ぶ］なしで行われ、膨大な工数［つまり延べ作業時間数］が節約される」(7)。

互換性部品を使うことを前提にせずに自動車製造に乗り出したとすれば、自動車の量産によってコストと価格を下げることは不可能に近い。その互換性部品を使った生産にとっての「鍵」となる「許容公差」という概念を心底から理解することなしに、製造業者が互換性部品を用いた製造に向かうことはあるまい。そう考えるならば、豊田自動織機製作所（より限定すれば、その事業体の中で自動車事業進出に積極的であり、後のトヨタ自動車工業の実質的な創業者となる豊田喜一郎）が、自動車製造事業進出にいたる歩みの中で、許容公差あるいは許容誤差と呼ばれる概念をいつ、どのように会得したのか（あるいは、無謀にもその概念を知らずに事業構築を目指したのか）をまず考えておく必要がある。

(1)「許容公差」概念認識の経緯

①なぜ自動織機の製造から自動車への進出を決断したのか？

ここで注目しておくべきことは、豊田自動織機製作所という、自動車製造とはさしあたり関係がなかった会社が自動車製造事業に乗り出したということである。この事業進出への推進者が豊田喜一郎であったことは衆目の一致するところである。ところが、彼は自動車事業について、技術者として大学で学んだことはなかった。学生時代に自動車製造と関わったとすれば、大学の授業で工場実習（神戸製鋼所）をした際に、大阪砲兵工場で軍用自動車の製作現場を見る機会があった程度である。本人が「クワシク見タカッタガ案内者ガイソグノデ素通リノ様ニシテ見テシマッタ」と書き記しているほどだから、(8)学生時代に自動車製造について関心があったにしても、それに関する詳しい知識を得たかと言えば疑問であろう。彼自らが謙遜を込めながら「織機でなら先ず右に出る者も無いと自負して居るが自動車の方については素人なのである(9)」と語っていたと言われるように、繊維機械の技術者としての自負はあっても、自動車技術に関して積極的に発言したものはほとんどない。事実、彼は杼換《ひかえ》式自動織機に関する発明で、一九三八年に帝国発明協会から恩賜記念賞を受賞している人物なのである。

当然、自動車と自動織機に何の技術的関連があるのかと疑問に思う読者も多かろう。従来は、自動織機に使われた鋳物の技術が自動車エンジンの製作に転用できたことが強調されてきた。たしかに自動車事業への参入に際し、少なくとも日本の他の企業と比べてこの点で競争上の優位が自社にあると、喜一郎は認識していたに違いない。喜一郎よりも先に参入を試みて挫折した白揚社の豊川順弥が「いちばん困ったのは鋳物」だと述懐していたように、先駆者たちはエンジンの基幹的部分をなすシリンダー・ブロックの製造、つまり鋳造に手こずっていた。(10)自動織機・紡機の生産には鋳物技術が不可欠であったから、たしかに豊田自動織機製作所には鋳物技術の蓄積があった。したがって、同製作所には鋳造技術にかけては他の企業と比べての技術的優位があったはずである。それゆえ、「豊田［喜一郎］が自動車製造を決意したのは、鋳物に自信を持ったから」という主張を完全に否定することはできない。

しかし通常の鋳造をやっていて（例えば、表面に何ら精密な加工も施さず、均一性もまったく問題にならないような鍋などを鋳造している業者が）、自動車のシリンダー・ブロックも鋳物であり基本的には同じ素材だという理由だけで自動車製造に進出したと主張しても、あまり説得力を持たないであろう。鋳物という素材、鋳造技術という製造に関わる重要な技術という大まかな基準では同一のものであろうが、シリンダー・ブロックが要求する精度と質は、繊維機械でのそれとは大きく異なる。この程度のことは、大学で技術教育を受けた喜一郎には自明のことだったのではないだろうか。同じ鋳物だからという発想で自動車に進出したという理由付けはいかにも単純で、自動車のシリンダー・ブロックをつくれる見込みがあると喜一郎に認識させる「何か」があってこそ、彼が「鋳物に自信を持った」という意味を説明できるのではなかろうか。それが「何か」を説明してこそ、「鋳物に自信を持った」という説明が意味をなそう。

しかも、彼がその「何か」を理解でき「自動車位の鋳物は何とでも解決」できると自信を持ったはずのこの技術で、喜一郎は、日本で自動車製造に携わった先駆者たちのようにシリンダー・ブロック、シリンダー・ヘッドの鋳造に悪戦苦闘したのである。「シリンダーをふいて九十%以上に成功する迄には」「シリンダー五六百個ペケにして鋳つぶ」すなどの「相当の失敗」をした後、「一年余り」かかってようやく「成功」したという。[11] 彼の予想以上に、自動車のシリンダー・ブロックの鋳造は困難だったことを物語るものであろう。

新たな事業に進出する際、特に事業の立ち上げ時期には技術的問題に遭遇することはよくある。これをそうした問題だと考えることも、また「自動車位の鋳物は何とでも解決」できるという自信がただの過信であったという解釈も十分に成り立ち得よう。だが、喜一郎の自信は、豊田自動織機製作所の設立に際し、社内に単に鋳造施設を保有するだけでなく、鋳物技術の向上のために、当時の鋳物業界では「使用困難視サレタル**モールジング　マシン**」をあえて採用し、「高級鋳物ノ研究ノ為メ紡織機製作ニハ不必要ナル**電気炉**ヲ使用シタ」という準備をしてあったうえでのものであった。[12]「自動車位の鋳物は何とでも解決」できるという自負は周到な準備から生まれたものであり、向こう見ずに自動車事業へと突き進んだのではないことがわかる。

自動車事業に乗り出し辛酸を嘗めた先行者と同様に、豊田自動織機製作所も「シリンダー五六百個ペケにして鋳つぶ」すといった苦労を重ねなければならないものの、ともかくも自動車用の鋳物部品を製作するという難関を乗り越えることができた理由は何であろうか。「モールジング　マシン」（通常の現代的な表記では「モールディングマシン」）とは、鋳物用の鋳型をつくる機械のことで、圧縮空気などを使い、砂を自動的につき固め、反転や型抜きなどを行うものである。これは同じ鋳型を数多くつくるのに利用される。豊田自動織機製作所ではG型自動織機の売れ行きが好調だったため、同じ鋳型を多数つくる必要があったので、モールディングマシンを導入する意味があったのであろう。だが、こうした機械の使用は、それまでの伝統的な鋳物作業者の気風にはなじまず、「使用困難視」されていたのだと考えられよう。設備に関しては、「電気炉」を使用したことを喜一郎は指摘している。その理由として、「紡織機製作ニハ不要」だったけれども、「高級鋳物ノ研究」をするために設置したと述べている。[13]電気炉が必要だったか否かは、ここでは問題にしない。また、「高級鋳物」が具体的に何を指すのかは文面からはわからない。だが、そうした「高級鋳物」が紡織機製作に本当に不要だったかはともかく、文面を追う限り「鋳物に自信を持った」のは「高級鋳物ノ研究」をしていたからであり、そのおかげで「自動車位の鋳物は何とでも解決」できると考えるにいたったと読める。

このように考えると、紡織機の開発製造を進めていく過程で（おそらくは何らかの事情による必要によって）、鋳物部品の精度や品質（あるいは、それを製作するための加工技術など）において他の鋳物業者を上回るものができ、それが自動車に使われる鋳物部品にも十分使えると判断したからこそ、喜一郎は自動車事業に進出する決断をしたのではなかろうか。だからこそ、（誇張も含まれてはいようが）「自動車位の鋳物は何とでも解決」できると言い切ることもできたのではないだろうか。

自動織機の開発製造を進める過程において、上述のようなことがあったかどうかを次に検討してみよう。そのためには、喜一郎だけではなく佐吉・喜一郎の父子二代にわたる開発製造についての検討が必要になる。

②豊田佐吉の織機開発・製造の評価――鋳造技術による制約

佐吉についての評伝としては、一次資料的に扱われることの多い『豊田佐吉傳』を除けば、楫西光速の『豊田佐吉』が著名である。[14] だが、こと技術に関する限り、東條恒雄（の名前で発表した三枝博音）の「技術者小傳　豊田佐吉」を見逃すことはできない。[15] これは短いものではあるが、佐吉の貢献を検討するには重要な意味を持つ論考である。佐吉の業績を検討する視角について、東條は次のように始める。

> 豊田佐吉はわが国の織物技術の歴史の上に大いなる業績をのこしている。けれども私たちは、わが織物史から引き離して彼をひとり不出世《ママ》の独創的な発明家だと見る見方をすることを警めたいと思う。むしろ、豊田佐吉をわが織物技術史のうちに没せしめてみる見方をしたいのである。そうやってみると、紆余曲折《うよきょくせつ》困難な道を打開して進んだ日本の織機技術の迹《あと》が、却ってはっきりしてくる。豊田という一つの大いなるくさびが織物という文化殿堂の築き上げられるに是非になくてはならなかったということが、はっきりわかってくる。そのように豊田佐吉を見てゆくとき、はじめて彼が技術家としてわが工業技術一般の歴史の上に意義をもって現われてくるのだと思う。[16]（傍点は原文）

この視角から東條は何を言おうとしたのか。日本における織機の発展について、彼は単純に「居座機、バッタン仕掛なしの高機、バッタン付の高機（足踏機）、力織機というように発達の順序」だけを考えるのではなく、「木製と要所金属性《ママ》と金属性《ママ》」という素材の軸と「動力の種類」の軸を入れて、それらの混合を考えると「明治時代の織機の発達の経路は決して簡単ではない」とする。[17] そのうえで彼は、『伊勢崎織物組合史』に掲載されている統計に依拠して、「普通に考えられているよりもはるかに、便利な織機の利用は遅れている」ことを示す。[18] このような状況に直面していた「秀でた織機技術のよき発明家は……わが国の織機発達の中で先走りせず、抽象的でなく振舞ってゆくのでなければならなかった」[19]。つまり、高品質の素材が安価で入手できる状況でもなく、動力機の利用もままならない状況を認識し、便利な織機を安価に提供できる発明を志す者こそが「秀でた織機技術のよき発明者」なのだと言うのである。したがって、佐吉が発明した織機は「西陣織やその他紋織物の精巧を目指すような織物のための機械ではない」[20]。東條は「近代日本の織物産業の数量に於て主位を占めるであろう綿織物の生産技術の大道の中にたった技術者の一人」[21]として佐吉を考えようとしたのである。

このように考えるからこそ、佐吉が鉄製ではなく木製の織機から発明を始め、次第に動力、自動装置に向かう点を高く評価する。東條の言葉で語ろう。

豊田佐吉の明治二十四［一八九一］年に工夫し［仕］上げた織機が木製で「人力織機」であることはとにかく日本の織機発明家の生涯を《ママ》［の］出発点として注目せられる。彼の「動力織機」は同三十年の発明であるが、これも日本の製造機械に於ける動力使用の歴史からすれば豊田の貢献は決して遅くない。……次に豊田の最初の「自動装置」をもつ織機は三十五年であるが、後年豊田織機と屢々比較されたノースロップの自動織機が日本に輸入されたのは三十七年頃であるといわれているから、たとえ三十五年の「自動装置」織機がノースロップと優劣を考えられるほどのものでないにしても豊田の将来の織機発明の途はすでに拓かれていたとせねばならない。広く普及されることを生命とする豊田織機にしてみれば、三十八年の「軽便［式動力］織機」は何よりも彼の技術発展上の躍進とせねばならない。

私たちが豊田佐吉の織機製造技術の発展を考えてみるには、ただ機械そのものが「自動性」に於て完全さを獲得してゆくという線のみに注意していては、或は過りを冒すかも知れぬと思われる。鉄で造られることの技術が問題である[22]。

この引用の最後の一文によって、東條は佐吉を単なる機構の考案者として位置づけることを脱して、わが国の工業技術発達の制約下で、もがきながらも現実的な解決策を探った発明家として描こうとしたことがよくわかろう。東條は、「機械の各部分の鋳造の技術が織機そのものの改良に追いつくことができなかった」[23]点にこそ着目したのである。したがって、「豊田織機の技術的発達は単に織物織機そのものの工夫や考案の進歩や特許の数などをもってはこれを確実に知ることはできない」[24]と言うのである。

こうした東條の視点を実質的に踏襲したのが、互換性生産という視角から力織機製造を扱った鈴木淳である。[25]ただし、佐吉が「鋳造の技術が織機そのものの改良に追いつくことができなかった」点を強調する東條に対して、鈴木の論調は明るい。「現場の作業の中心となる熟練工のレベルまで発明家としてある種のカリスマ性を持った豊田［佐吉］は技術者との直接のつながりをもち、その関係の下で、新たな製造方法［互換性生産］が現場に定着していったのである」と。[26]鈴木の関心からすれば、互換性生産が「紡織関係では力織機、工作機械では旋盤など最も基本的な部分にとどまる限界があっ」ても、「互換性生産による製品全体の輸入代替」[27]ができる目処がたった点が明らかになれば十分なのであろう。しかし、彼は「新たな生産方式である互換性生産が達成された」[28]とはいうものの、互換性部品を使った生産にとっての「鍵は許容公差［許容誤差］であ」るという観点からはほとんど議論をしない。それどころか、「許容公差［許容誤差］」についてすら語らない。その結果、豊田自動織機製作所が織機から自動車に向かうときの困難について語ることもなく、同製作所の設立後に「多数の豊田式織機（株）の技術者や熟練工が移動し、それが豊田喜一郎らによる自動織機、ハイドラフト精紡機、さらには自動車の開発と量産の基盤になって行く」と述べるにとどまる。

鋳造技術が織機の開発を制約した側面に焦点を合わせることによって佐吉の持つ時代性を明らかにしたのが、東條であった。これに対し、互換性生産という新たな生産方式の基盤を提供したことに注目したのが、鈴木であった。だが、鈴木は許容公差を語らず、互換性の水準という問題を視野に入れず、力織機と自動車の製造との間にある差を述べることもない。この点は本書の観点からすれば不十分だと言わざるを得ない。

佐吉・喜一郎による織機の開発・製造過程では、互換性部品製造の「鍵」とも言える「許容公差」についての概念を理解することもなかったのであろうか。無理解だったからこそ、自動車進出後に苦労せざるを得なかったのだろうか。いや、そうではない。先回りして結論を簡潔に述べるならば、少なくとも喜一郎は「許容公差」を十分に理解する機会を得て、（まさに東條が佐吉の開発を考える際に強調したように）当時における日本の工作技術の限界を踏まえた開発を行っていたのである。そうした経験があったからこそ、「自動車位の鋳物は何とでも解決」できるとして自動車に進出したが、実際には想像以上の困難に直面したのだと筆者は考える。それを探る手掛かりとして、次に喜一郎自身による英文の論考を考察することにしよう。

③喜一郎の英語論文「豊田織機」

一九二九年一〇月二九日、東京の日比谷公会堂で万国工業会議の開会式が催された。この会議はアメリカ機械学会の要請を受けて日本の工学会が約四年もの準備期間を経て開催したものである。参加者総数は約四五〇〇名、海外から四二カ国、約一三〇〇名が参加した。世界の技術者や工学研究者が一堂に介する国際会議であり、西洋に遅れて工業化を開始した日本にとっては、その工業の現状を広く紹介するという意味もあった。そのため政府も一五万円の補助を出し、その当時の工学会は「この会議の為に特設されたかの如き目覚ましい活動を続けた[29]」というほどの力の入れようであった。

この万国工業会議に提出された論文は海外二一カ国から四四二編、日本から三七一編あり、一二分科会に分かれて発表された。この会議の第八部会（機械工業、冷凍工業、繊維機械工業、自動車工業）に提出された論文の中に豊田喜一郎の「豊田織維機械」（The Toyoda Textile Machinery）があった[30]（ただし、このときには彼は日本を離れており、自ら論文を読み上げたわけではない[31]）。この論文は、喜一郎自らが佐吉・喜一郎の父子二代にわたる自動織機の発明を語ったものである。

この論文の中で喜一郎は父・佐吉の発明の歩みを最初に簡潔に要約した後、「自動織機が彼の主たる業績である。この織機こそが、彼の発明家としての経歴を通して全力を傾注しつづけた変わらぬ対象だった[32]」と述べ、佐吉にとって自動織機が主要業績であったことを強調する。日本で取得された自動織機に関する最初の特許は外国人のも

表 3-2　日本における自動織機に関する主要な発明

特許番号	発明の名称	特許出願日	特許取得日	発明権者
6787	織機	明治 36(1903)年 8月 6日	明治 36(1903)年 11月 4日	豊田佐吉
7433	織機	明治 37(1904)年 4月 23日	明治 37(1904)年 6月 1日	豊田佐吉
8320	織機	明治 37(1904)年 11月 28日	明治 38(1905)年 1月 19日	豊田佐吉
12059	自働杼換装置	明治 39(1906)年 12月 31日	明治 40(1907)年 5月 1日	豊田佐吉
13779	二階堂式織機	明治 40(1907)年 11月 25日	明治 41(1908)年 3月 4日	二階堂篤彌
17028	自働杼換装置	明治 42(1909)年 6月 10日	明治 42(1909)年 9月 18日	豊田佐吉
25221	石井式無窮緯補機	大正 2(1913)年 7月 25日	大正 2(1913)年 12月 25日	石井憲三
29484	自働織機	大正 3(1914)年 12月 15日	大正 5(1916)年 5月 18日	豊田佐吉
37818	自働織機	大正 9(1920)年 8月 11日	大正 10(1921)年 1月 12日	得永為文，高木岳日
38582	織機	大正 9(1920)年 5月 28日	大正 10(1921)年 5月 6日	得永為文
63345	織機ニ於ケル杼ノ自働連続転換装置	大正 11(1922)年 10月 26日	大正 14(1925)年 4月 15日	原田守夫
65156	杼換式自動織機	大正 13(1924)年 11月 25日	大正 14(1925)年 8月 10日	豊田喜一郎

出所）Kiichiro Toyoda, “The Toyoda Textile Machinery”, in *World Engineering Congress, Tokyo, 1929: Proceedings*, Vol. 28 (Refrigerating Industry; Textile Industry; Automotive Engineering), edited and published by World Engineering Congress (Kogakkai, 1931), p. 153. 原文の特許番号を手掛かりに，特許名称や出願日，取得日の情報を追加した。また原文が英文なため，発明権者名も姓はローマ字表記で名もイニシャルだけであったものを，日本語の姓名に表記を改めた。

のであり（特許三六四九号）、日本人による最初の自動織機に関する特許は父・佐吉が取得したことを明示し、その後の重要な発明を喜一郎は列挙している。彼があげた発明について、その名称と出願日・取得日などの情報を加えて表3-2に示しておく。

喜一郎は、日本人の手によって実際に完成の域に達して市場で販売された織機は特許番号六七八七、七四三三（いずれも佐吉による発明）だと言う。しかし、この織機は五〇〇台製作されて実際に使われたものの、「成功といわれるものではなかった。まもなく廃棄された」[33]。それから、ノースロップの自動織機が輸入されたけれども、わが国の状況にあわず、結果として「自動織機は一時的に挫折を味わうことになり、しばらくはこうした織機の重要性は減じた[34]」という。その後、日本的な条件に適応した自動織機が開発され、「豊田織機は最近になって、特許六五一五六に体現されている緯糸補給機構を完成させた[35]」と喜一郎は書く。この特許六五一五六の発明権者は、表3-2にもあるように喜一郎であり、佐吉ではない。この問題は、すでに自動織機の特許を詳細に検討した石井正の研究が次のように明確にしている。

佐吉による特許第一七〇二八号の発明［自働杼換装置］で、シャトル交換の機構としては基本的解決は行われていたが、なお実用自動織機という観点からは、いくつかの問題があった。それは、シャトル交換時の予備シャトルの押し込みと、旧シャトルの押し出しの時間的誤差の問題である。当時すでに織機の運転速度は一分間二〇〇回程にまでなっていた。

したがって、シャトルがボックス内に停止している時間は、きわめて短い時間であって、この短時間内にシャトル交換をすまさなければならず、これが少しでも遅れると、ただちに経糸の切断事故につながる。特許第一七〇二八号では、試作段階ではいささかの問題もなくても、大量に生産したときに、作動時間のわずかな誤差が大きな問題になった。この原因は予備シャトルの押し込みと、旧シャトルの上方運動を別々に行ったためである[36]。

佐吉の自働杼換装置は、「作動時間のわずかの誤差」をも許さない機構であったために、実際の製作は困難をきわめたのである[37]。この問題については筆者も『豊田喜一郎伝』の中で論じたので[38]、ここでは詳述しない[39]。

ここで問題としたいのは、誰の考案（アイデア）が自動織機を実現させたのかという点ではない。先に東條が指摘した、「ただ機械そのものが『自動性』に於て完全さを獲得してゆくという線のみに注意していては、或は過りを冒すかも知れぬ」という点である。すなわち、佐吉だけでなく喜一郎も、その当時の工作技術や使用する鋳物に制約されながら、より良い現実的な考案を具現化しようとしていたのである。そうした視点なくして、誰の考案ということに絞ってしまっては、互換性生産の「鍵」となる「許容公差」という概念をどのように会得したのかが不分明になろう。

いかに佐吉が現実的な解決を模索したかに関して、「経糸切断停止装置」についてある技術者が説明している文章を引用しておこう。ちなみに、この装置は織機を自動化するために必要不可欠なものである。

一八九四年（明治二七年）［の］ノースロップの自動織機にも、明治三六年の豊田の自動織機にも、たて糸切断停止機構が取付けられている。ノースロップのものは、長い板状のドロッパ……で行われていたが、日本では均一な厚みの金属板ができなかったので、簡単なワイヤ製のドロッパ……で試みられた。(40)

「均一な厚みの金属板」ができない日本の状況を前提に、必要な機構をどのように実現したかを、この引用文は示していよう。このように、佐吉・喜一郎による自動織機完成に向けた考案は、素材や工作技術による制約を所与としたものであったのである。現実を無視して、空理空論をもてあそぶものではなかった。それだからこそ、素材や工作技術による制約を切り離して、ただ「自動性」に関する考案がどれだけ優れているかのみに焦点をあてることを東條は警告していたのである。

この点で、喜一郎が「豊田織機」の結論部分で、杼換式自動織機を開発するにあたって、彼が日本における条件を考えて配慮したのは、「第一に、最大限の許容公差（アロウアンス）を確保する」ことだったと言っているのは興味深い。第一に、明確に「許容公差」という用語を使用している点で、第二に、なぜ日本の状況では許容公差を最大限にする必要があると考えたのかという点で。この考察によって、喜一郎を自動車へと踏み切らせた「何か」が理解できよう。まさしく互換性生産にとって「鍵」となる「許容公差」に関わることであり、本書にとってきわめて重要な点である。

④なぜ杼換式の自動織機に向かったのか？

喜一郎の論考「豊田織機」の中心部分は、万国工業会議に提出されたこともあり技術的な問題を取り扱っている。その内容を精査していくと、実は喜一郎が一九二七年に発表した「豊田自動織機に杼替式を採用したる理由」に類似していることが明らかになる。ここでは、この日本語論文により、本当に喜一郎は許容公差という概念を重要なものと考えていたのかを検討することにしたい。

「採用したる理由」の論文で、「アロウアンス」という用語が最初に出現する箇所は「断然杼換式を採用したる理由（其の一）自動織機の研究に対する最も大切なること」という箇所である。この箇所の冒頭を彼は次のように始める。

> チャージするものはフィッキストプレイスにありチェンジされるものはムービングパートにあり固定位置よりムービングパートに移すものであるからムービングパートがフィッキストプレイスに対して常にレラチブポヂションが極く精確な運動をしなくてはならぬ事である、然るに織機に於はこれが甚だ不確実なもので自動織機の最も困難とする点である。[41]

説明すれば次のようになろう。緯糸が巻いてあるものをコップ（ないしはボビン、木管）といい、それがシャトル（杼）の中に収納されている。織機では杼が経糸と経糸の間を移動することで、経糸と緯糸が組み合わさって布が織られていく。緯糸がなくなった時に、織機を停止させずに緯糸を補充していくのが自動織機である。その時、緯糸がなくなったシャトル全体を取り替えるか、シャトルの中にあるコップだけを取り替えるかによって、シャトルチェンジ（杼換式）かコップチェンジ（木管換式）かに大別できる。いずれにせよ、緯糸がなくなったシャトル（ないしコップ）——これをS_0と呼ぼう——は織機が作動している最中に新たなシャトル（ないしコップ）——これをS_1と呼ぼう——に交換されねばならない。さらに緯糸がなくなれば、また新たなシャトル（ないしコップ）に交換していく。つまり、$S_0 \to S_1 \to S_2 \to \cdots S_n \to S_{n+1} \to \cdots$という風に続く。$S_n$が$S_{n+1}$に交換される時点を考えてみよう。この時点で$S_n$は動いているが、$S_{n+1}$は固定した位置にある。織機を停止させることなく、動作中のS_nを円滑にS_{n+1}に交換することが自動織機製作の中心的な課題であると彼は言っているのである。

この課題を複雑にしているのは、S_nとS_{n+1}の「両者の相対位置が正確にして一定不変のものであるとすれば問題は甚だかんたんであるが事実に於てはそうでない[42]」という事情である。この両者は上下、前後、左右の方向で変化する。例えば、前後運動について述べるところで、喜一郎は次のように言う。一般織機では「メタルの摩滅レースの歪など」でS_n（シャトルないしコップ）の「前後運動は不確実になり」一六分の一インチ程度（約〇・一六ミリメートル）の違いは容易にあり、この程度の「がたつきで［S_nからS_{n+1}への］チェンジに無理を生ずる様な自動織機、即ちアロワンスの少ないものなれば設計の困難、製作の困難、材料選定の困難を伴い甚だ高価なる織機となる」ばかりか、「調節が困難になる」のである。[43] このように、自動織機をシャトルチェンジにするかコップチェンジにするかの選択にあたって、重要な概念として「アロワンス」、すなわち許容公差がしっかりと見据えられていることがわかろう。

喜一郎が「アロワンス」を使って、より詳細に説明している箇所を引用しよう。

自動織機に於ては此三方向［上下、前後、左右の方向］に相当の狂いを生ずるものと見て設計されたものでないと永年の使用に堪えず古くなるに従い狂いを生ずること大にして調節困難となる、一口に調節取扱いの容易と言えば何んでも無い様なれど実はこのアロワンスの大小に関係するものでこれは如何なる織機に於ても最も大切な事である。

総て機械は其の設計と少しの差違［異］もなく運動することは不可能にて多少の狂いはまぬかれぬものである、其狂いの主なるものは（1）製作上の差違（2）取りつけ上の差違（3）歪より来たる差違（4）振動より来たる差違（5）摩滅より来たる差違等にてこれ等の合計がその部分に於けるアロワンスの範囲内におさまらなくてはならぬ。[44]

彼はただ単に設計の上での「アロワンス」だけでなく、自動織機の製作過程からその後の使用過程についても考慮しなければならないというのである。したがって、できるだけ「アロワンス」を大きくしなければならないと繰り返す。「アロワンス大なる程……」とか、「アロワンス大なる設計……」、「アロワンスを大きくする方法」などという表現が使われている。なぜ杼換式の自動織機にしたかという点についても、明確に「杼替式の方がアロワンスを大きく取り得るる為め調節容易にして狂いが生じないから我［が］国状に適し」ていることが(45)、結論部分で第一に掲げられている。

この喜一郎の態度とは正反対の方向に、論点を整理することも可能だと考える読者も多いかもしれない。例えば、あえて「アロワンスを小さくする」方向（つまりは、コップチェンジ式）の織機開発に向かうことで、技術的な能力を飛躍的に高めていく可能性があろうという見解である。これをおそらく意識してのことであろう、喜一郎は次のように言う。コップチェンジ方式をとれば、「現在のノースロップ式以上のアロワンスと回転数」を出さなければならなくなる。そうすればどうなるか。「製作上甚だ六敷なりノースロップの様な高価なものとなり、我［が］国状に適しない(46)」と。

この説明は、東條が佐吉について語った次の言葉と見事に重なろう。

　秀でた織機技術のよき発明家は……わが国の織機発達の中で先走りせず、抽象的でなく振舞ってゆくのでなければならなかった(47)。

⑤杼換自動装置から杼換式自動織機への方針転換

自動織機の方式を選択する際に、許容公差という概念が重要な役割を果たしていたことは、これまでの説明で了解できよう。しかし、こうした説明は所詮、紙の上だけのことであって、これだけのことならば大学などでの講義や書物からでもわかる話だと思っている読者も多かろう。許容公差の重要性などを言うことぐらいは簡単なことだと考えている読者もいるに違いない。先にあげた「豊田自動織機に杼替式を採用したる理由」という文章も、自動織機の開発を終えた後に書かれたものであって、後からは何とでも言えると、冷ややかな眼を向ける読者もいるかもしれない。事実、喜一郎も自動織機の開発に関わった当初から許容公差がこれほど重要な概念だとは考えていなかったと思われる。その彼が開発を終えた後で、これほどまでに許容公差を強調するようになったことが重要なのである。したがって、彼がこの概念をどのように獲得していったのかを考える次の一歩として、杼換式自動織機そのものを取り上げてみたい。

喜一郎らによって開発されたG型自動織機の特許をめぐって、いわゆる「豊田プラット協定」が結ばれたことは有名な事実である。その内容についてここでは詳しく考察しないが、この協定の結果、当時、世界でも有数の繊維機械メーカーであったプラット社が、このG型自動織機を製作し、イギリス綿業の本場とも言えるランカシャーにおける能力試験に出した。その結果はここでの問題ではないが、このときの様子を伝える専門誌が、この自動織機について次のような印象を書いていることには注目したい。

［この織機には］かなり多くの止めネジやボルトが使われており、……この織機が完全な自動織機ではなく、織機の付属機構であるかのような印象を与える。[48]

専門家の眼は鋭い。まさしく佐吉も喜一郎も開発で当初から目指していたのは杼換機構であった。決して、「完全な自動織機」全体の製作を目指していたのではなかった。

喜一郎は、先に見たように父・佐吉について、「自動織機が彼の主たる業績である」と述べていた。しかし、正確に言うならば、自動杼換装置こそが佐吉が努力を傾注した対象であった。これは特許第一七〇二八号によって「基本的な解決は行われていたが、なお実用自動織機という観点からは、いくつかの問題があった[49]」。何よりこの特許名が「自働杼換装置」であったことが事態を明瞭に物語る。佐吉がこの自動杼換装置を完成させようとしていたのは、豊田式織機会社においてであったが、この会社を佐吉が去り、豊田自動織機製作所がG型自動織機を製作した後、この豊田式織機会社もこの特許によって自動織機の開発を続けていた。この模様を一九二九年九月号の『紡織界』は「豊田式織機会社の杼替自動織機の完成近し」として次のように伝えている。

研究中の豊田式杼替アタッチメントは愈々完成し服部紡、和泉紡等に於て試験の結果良好なりとし、一般に売り出すこととなり、近く浜松市近郊の某工場へ約一百台の契約なりたる由。(50)

佐吉の発明は、まさしく普通の織機に取り付ける自動杼換装置であり、「アタッチメント」だったのである。言い換えれば、織機本体に取り付ける装置として開発を目指したものだった。この事情をまったく知らなかったにもかかわらず、イギリスの専門家が実物を見ただけで「織機の付属機構であるかのような印象」だと書き記したのは、慧眼という他ない。

しかし、次のような疑問が残ろう。自動杼換装置として開発されたものが、なぜ途中から自動織機の本体として製作されねばならなかったかである。これまでの評価は石井正の研究に依拠したものである。彼が明らかにしたのは次のような事実であった。すなわち、佐吉の特許第一七〇二八号「自働杼換装置」は杼換交換の機構の基本的問題を解決したが、実用面から言えば、杼を交換する際に生じる時間差があり、これを解決したのが喜一郎の特許六五一五六であったという事実である。それ以来この点が強調され、特許六五一五六の意義が説明されてきた。だが、この説明は、あくまでも着想や考案に焦点を絞ったものである。しかし、石井も言うように、佐吉の二段階動作での杼交換でも「試作段階ではいささかの問題もなくても、大量に生産したときに、作動時間のわずかな誤差が大きな問題になった」(51)。これはなぜなのだろうか。石井は「当時すでに織機の運転速度は一分間二〇〇回程にまでなっていた」(52)として、杼を交換する際に許される時間が短くなった点にその理由を求める。これも一因であることは間違いあるまい。だが、本当に運転速度だけが問題であれば、試作段階で織機の運転速度を上げれば問題点は明白となったはずではないのか。二段階での交換に時間がかかるために杼換作業が円滑にならないという現象は、一台の織機でも十分に再現できよう。目標の運転速度を決めて織機を稼働させてみればよい。あるいは、その装置で可能な最高の運転速度はどの程度かという実験も、さしあたり一台の織機でも一応は行えよう。このように考えると、運転速度に主因を求めた説明では、「試作段階ではいささかの問題もなくても、大量に生産したときに[53]」問題が生じることの説明になっていないのではなかろうか。

問題を明確にするためにも、自動織機の開発過程を時間の経過通りに整理しておこう[54]。

(1) 一九二三年末から二四年にかけて、佐吉の特許「自働杼換装置」に基づいて、二段階作用の杼替装置が稼働可能になる。三〇台ほどの試作をすませる。

(2) 二〇〇台の製作について豊田式織機に製作費折半という申し込みをする。豊田式織機側が佐吉の特許「自働杼換装置」は自社に本来所属するものだというクレームをつける。

(3) 佐吉は「試験費ナドハ問題ニ非ズ。何程カカッテモヨイカラ発明セヨ」と命じる。

(4) 喜一郎らは、試作した三〇台の研究中に「機構的には全く単純で、しかも作動ミスがない」杼換装置を思いつき、新しい自動織機を試作する。

(5) 佐吉が、その新しいタイプの自動織機を見て感激する。

(6) 一九二五年、喜一郎らは順次、二〇〇台までの自動織機を製作し、この二〇〇台の織機で稼働試験を続ける。その中に佐吉も加わった。

(7) 二〇〇台の自動織機の試験過程で実用品としての不具合を把握して、部分改良を重ね、実用品として完成させる。

この(4)の時点で(三〇台で試験中に)、二段階の動作による杼換操作の問題点を見つけて、新たな杼換装置の着想を得ているので、この杼換機構の着想だけの問題であれば、ここで解決していたことになる。したがって、問題は(7)の段階である。ここでは依然として、最初は杼換装置をアタッチメントとしてつけて実験を始め、それが問題を引き起こしている。その結果、アタッチメントとしての杼換装置ではなく、その装置を含めた自動織機としての完成を目指すことになったのである。

この事情こそが、本書にとって重要な点なので、次に喜一郎自身の言葉を引用しておこう。

新しき普通織機に自動織機の部分品をつけ［つまり、アタッチメントとして杼換装置をつけ］刈谷工場で二〇〇台運転して大失敗を致しました。今から思うと馬鹿らしい様な事ではあるが其当時は自動織機の調節に非常に骨を折ったもので、思いもよらん故障を生じたり、何となく調子のうまく出ないものであったりして自動織機はまるで魔物の様な気が致しました。二〇〇台をすえつけるまでには三〇台の自動織機を十分試験してもう大丈夫だと思って思い切って二〇〇台を据えつけた所が右記の様なしまつで一時は全く絶望だと思った事もありました。この苦い経験から旧来の普通織機、殊に古織機に自動部分を取り付ける事は全く不可能だと云うことを堅く信ずる様になりました。[55]

つまり、自動杼換装置に改良をほどこした後でさえ、旧来からある普通の力織機に取り付けると問題が出てきた。三〇台の織機で稼働可能な状況にできたので、問題が解決したと思い、二〇〇台で運転するとまたもやうまく自動杼換装置が動かなかったのである。原因がつかめないまま途方にくれてしまい、「自動織機はまるで魔物の様な気」にもなったのであろう。

しかし、ここから喜一郎らは事態の真の原因をつかんだ。それが「アロワンス」（許容公差）だったのである。織機は簡単に言えば次のようになる。経糸と経糸の間に緯糸を通し筬《おさ》打ちをする作業を繰り返して布を織る機構が備わっているのが織機であり、この作業を人力でなく、動力を使って行うのが力織機である。これに緯糸がなくなった時に自動的に補充する機構を備えたものが自動織機になる。正常に稼働している力織機に自動杼換装置をつけて自動織機に転換することの問題は、自動杼換装置の方にあると最初は喜一郎らも考えたわけである。だが、実際に多数の力織機にアタッチメントとして付けると、ある織機ではうまくいくのに別の織機ではうまく稼働しない。おそらくアタッチメントの交換をするなど、いろいろと試しても原因がつかめない状況が続いたであろう。

しかし、アタッチメントとして製作された杼換装置がいくら精巧につくられても、その装置から予備の杼を供給して、その杼が押し出す対象となる、緯糸のなくなった杼が稼働しているのは、アタッチメントを取り付けることになった力織機である。自動杼換のような精巧な動作が、問題なく作動するためには、関連する部分の動作すべてが一定範囲内の差異に収まっていなければならない。つまり許容公差（許容誤差）には一定の範囲がある。しかも、杼換を行う動作は精巧であるから、その範囲は狭くなる。杼換装置を精密に工作しても（関連する部分が許容公差の範囲内に収まるように工作しても）、杼換という動作は力織機とアタッチメントのすべての関連する部分を考えたうえで、全体として許容公差の範囲内に収まっていなければならないのである。おおまかに言えば、このようになる。

そして、杼換装置は自分たちで製作するのだから、許容公差を考えてつくり上げることは可能である。ところが、その装置を旧来からある力織機に取り付けた場合には、その織機の状態は一定でなく、千差万別であろう。そもそも普通織機は自動織機ほど精密な動作を必要としないため、許容公差は大きくとってある。このためアタッチメントを取り付けた織機全体として、杼換装置が稼働する許容公差の範囲内に収まっているという保証はないのである。喜一郎は書く。

　従来の普通織機ではアロワンスをあまり大きく取りすぎて居るからアロワンスの比較的小さな自動部分を従来の織機につけることは全く無謀である。[56]

まさしくアロワンス（許容公差）という概念を使って、アタッチメントとして市場に出すことをあきらめざるを得ないことを理解したのである。

こうして互換性生産の「鍵」となる許容公差を理解した人物には、自動織機が持つ限界も見えてくることになったのではないか。力織機よりも、自動織機の許容公差は狭く、精密な加工が必要となった。しかし、織機全般の中では許容公差の狭い自動織機よりも、さらに許容公差が狭く、精密な加工が必要なものが世の中には存在する。技術者として許容公差が実に重要な概念であることを体験から理解した後になっては、さらに許容公差の狭いものに眼が向くというのは自然であろう。「織機にてはこのアロワンスが非常に大きなもので内燃機やタービンとは同日の談ではない[57]」と書く喜一郎の中に、自動織機よりも許容公差の狭い「内燃機」、つまり「シリンダー内で燃料を爆発燃焼させ、その熱エネルギーによって仕事をする原動機」（『広辞苑』第五版）を使う自動車への挑戦を、秘めた課題とする気持ちが生じた可能性があるのではなかろうか。力織機から自動織機へと精度を高めた開発・製作に関わり、その過程でのトラブルから許容公差という概念の重要性を認識して、それを冷静に書き留めている中で、さらに精度が高い製作が必要になる、自動車の心臓部であるエンジンが意識にのぼったのではないだろうか。

喜一郎の特許第六五一五六号が「杼換式自動織機」となっていることから、喜一郎は最初から自動織機全体を構想していたのであって、ここで述べてきたようにアタッチメントとして開発していったのではないと考える読者もいるかもしれないが、それは違う。たしかに、佐吉の特許第一七〇二八号は「自動杼換装置」となっており、特許の名称だけから考えれば佐吉が装置として構想していたのを、喜一郎が織機として改変したのだという主張は成り立ちそうである。その疑問に答えるには、特許第六五一五六号「杼換式自動織機」の発明明細書を検討すればよい。その「発明ノ性質及目的ノ要領」には次のように書かれているのである。

……［緯糸のなくなった杼を次の杼で押し出して交換するような］杼換装置ヲ具フル自動織機ニ係リ其ノ目的トスル所ハ敏速ニ軽快ニ且ツ正確ニ杼換動作ヲ遂クルコトヲ得セシメ以テ高速度ノ力織機ニ応用スルモ何等ノ支障ヲ来スコト無ク完全ニ運転スルヲ得ルニ在リ

この特許の名称は、佐吉の特許第一七〇二八号「自働杼換装置」をめぐって紛議が生じていたこともあり、その違いを名称の上でも強調する必要があったために、あえて「杼換式自動織機」としたものと思われるが、その核心部分は杼換装置である。この特許ではその杼換装置を力織機に付けて自動織機にすることを想定していたのである。ところが、通常の力織機に杼換装置をアタッチメントとして付けようとしたものの、調整が難しく苦労を重ねていくうちに喜一郎は、許容公差という概念の重要性を認識したと考えるべきであろう。

⑥豊田自動織機製作所は他社と際立った差があったのか?

現代のトヨタ自動車につながる存在として、豊田自動織機製作所の豊田喜一郎らが許容公差という概念の重要性をどのような過程で理解するようになったかを考えてきた。だが、次に少し視点を変え、一九二〇年代中頃以降の日本における互換性生産の歩みの中で、豊田自動織機製作所だけが抜きんでた存在だったのかを考えてみたい。

前述したように、喜一郎が杼換式自動織機を選択した理由の一つは、コップチェンジ(管替式)に比べて「アロワンスが大きく取」れるからであった。逆に言えば、精密な工作をコストをかけずにできれば、管替式も選択肢に入ることを意味しよう。実際、豊田自動織機製作所が杼換式自動織機を開発した後、管替式自動織機を開発した人物がいた。阪本久五郎である。阪本も喜一郎も特許庁が監修した『日本発明家五十傑選』[58]に収録されており、その発明について高く評価された人物である。阪本は木管替式自動織機の研究を続け、一九二六年末に実用的な自動織機を開発した。その様子を一九二六年一二月号の『紡織界』は次のように伝えていた。

試験室に動いて居るのは在来の遠州の織機である。それにドレーパー型のホッパーを取り付け、管替えもそれに似たもの、フィーラーも同様のプリンシパルから出来たものを結び付けて二百回の速度で……織っている。コップ替えは非常に完全に行なわれる。それはシャットルの位置を決定する一種の工夫が用いられているから、普通織機で此仕事ができるのである。

シャットルの位置を決定するのに阪本式はステッキの裏面に山形を二つ合わせた様な金具を付けフレームの一方からスプリングで此山形の谷に当[た]る所へ適合するもので圧さえ込む様にしてあるから、ステッキが金具で谷を圧え込まれるため、いつでも定位置で止まり、従ってシャットルが完全に、コップを打ち込むのに都合のよい場所に停まるのである。[59]

この記事からすれば、杼（シャトル）を一定の場所に止める独特の工夫で、緯糸の切れた管（コップ）を予備の管に入れ替えることにより、アロワンスが小さく工作が難しいと喜一郎が述べていた方式に一つの解決策を与えたのである。[60]この自動織機に対して商工省は一九二六年に工業奨励金を与え、二九年一月にはその完成を認めている。[61]

遠州織機は一九二八年に開かれた博覧会、共進会に積極的にその自動織機を出品し、受賞を重ね、声価を高めていった。そして一九二九年になると、豊田側の工場公開という戦術をまねて、遠州織機もその自動織機が工場で稼働している状況を公開し、巻き返しにでた。同社の営業報告書は誇らしげに次のように書いている。

［一九二九年］十月二十三日大阪府泉南郡熊取村中林綿布会社織布工場阪本式自働織機五百二十九台及ビ阪本式超高速度緯糸捲返機運転中ノ公開ニヨリ斯界ノ権威者専門家百数十名ノ縦覧ニ供シタル処又々多大ノ衝動ヲ捲キ起シ其結果一段ト其名声を高ムルニ至リ各方面ヨリ陸続自働化ニ対スル照会ヲ受ケツツアリ[62]

一九二九年の上、下両期における両社の自動織機出荷台数を見ると、豊田側が二三九八台に対し、遠州織機は二六〇三台となっていた。[63]

さらに阪本は杼換式自動織機の開発にも取りかかる。その意図と状況についても『紡織界』は次のように伝えている。

織物の種類に応じて管替式杼替式、両様の自動織機を供給すべく、遠州織機会社に於いては、管替式がいよいよ完備の域に達したるに依り、目下阪本氏自ら杼替を研究し、［一九二九年］十月中旬までには試作を完了し、成績良好なれば直ちに各紡績織布会社へ試験台を納入することとなり居る由なり。[64]

しかも、遠州織機は互換性生産を意識的に追求していた。同社の営業報告書は製造方法に触れて次のように書いている。

製作法ニ於イテハ飽ク迄優良工作機械ヲ採用シ使用材料ノ選択ト「リミットゲージシステム」ニヨル工作法ヲ

錬磨採用シツツアル結果遺憾ナク各部品ノ互換性ト正確サヲ認メラレルルニ至レリ[65]

これを積極的に推進していた人物こそ、阪本久五郎であった。もしも多少なりとも、この阪本の履歴を知っていれば、「あの時、阪本がいれば……」と思わずにはいられない人物である。彼は大阪高等工業学校機械科を一九〇八年九月に卒業後、鉄道院に勤務したものの一四年四月に辞し、大阪の繊維機械メーカーである木本鉄工株式合資会社に勤める。木本鉄工で阪本は同社にあったイギリス製の優秀な工作機械を駆使し、毛織機械や絹用紡績機械を製作している。この木本鉄工が一九一六年に豊田式織機に併合され、大阪工場となる。通常、織機よりも精密な製作が要求されると考えられている紡機の製作に、豊田式織機はこの大阪工場を基盤に乗り出して成功するのである。阪本は一九一九年頃まで木本鉄工にいたと解釈されるので、紡機製作に対し阪本が直接貢献していたと考えられる。「あの時、阪本がいれば……」というのは、この阪本が豊田式織機の名古屋の工場に赴任し、豊田佐吉に会っていれば、佐吉の自動織機製作はもっとスムーズだったのではないかという想像をめぐらしたくなるからである。しかし、阪本は佐吉と同じ職場で働く機会を得ないまま、一九二一年一二月に支配人兼技師長の立場で遠州織機の前身である鈴政式織機に着任し、豊田自動織機製作所の競争相手として登場したのである[66]。

阪本に『力織機の研究』という著書がある。この書物を読めば、互換性生産に彼がいかに通じていたかがわかる。長文ではあるが二カ所から引用しよう。最初は「機械仕上げ作業」というところである。

機械を使用し鋳物及鉄材などを設計寸法通り製作する最も枢要なる作業なり、如何に鋳物を精巧に作り上げたりとするも仕上げ方法拙劣なる時何等其効なし、例えば鋳放しの「タペットホイール」に於ても鋳物に於て其歯の「ピッチ」完全せると雖此作業に於て「シャフト」穴の穿ち方に少しにても狂いある時は其効なし故に仕上作業には総て「ゲージ」を用うること肝要なり之を「ゲージシステム」という。「ゲーヂ《ママ》」とは設計図通りに自動的に仕上がるように造りたる型にして織機の部分品各一個毎に特別設計により作りたる金属製の工具なり（此工具は秘密に属す）即ち此型を用いて仕上げたる部分品は何千個何万個ありと雖同一部分品は皆一定の寸法を保ち得るが故に組立作業に於ても鑢を用いて中心と中心とを合する必要なく又同一型の織機に於ては何れに取付けても寸法に差異を生ずること絶対になし。(67)

次に「組立作業」について彼の言うところを聞こう。

上記各作業により出来上りたる部分品を用いて完全軽快なる織機を組立つる作業なり。

此作業に於ては最初左右「フレーム」を水平なる定盤の上にて荒組立てをなし次に定盤の上に設置せる「クランクシャフト」穴と「アンダーシャフトヅシュ」穴とを一時に「ボーリング」し得る特種機械を用いて工作するなり。

即ち此機械は「スピンドル」二本ありて平行し且つ「クランクホイール」と「タペットホイール」との中心距離と同様に精密に「セット」せり故に此機械にて工作せば何百台製作しても其「センター」は総て同一なり。

此作業を終れば「クランクメタル」を入れそれより「クランクシャフト」「ボットムシャフト」を入れて「クランクホイール」「タペットホイール」をギアせしめ小指にて回転し得るよう「メタル」を摺り合せ次に其他の部分品取付係は鑢を絶対に用いず之を取付けて出来上がりたる織機は「リードキャップ」を持ち片腕にて容易に回転し得るよう組立て而してペンキを塗りて出荷するなり。

上記の如くにして製作したる織機は試運転の必要なく据付後直ちに所定の回転数にて製織し得るなり。世界一般の織機が数日間乃至月余に亘り試運転せざれば充分の能率を挙げる事能わざるは是其工作の完全ならざるを証明せるものなり。

何となれば初めより設計寸法通りに製作せるものなれば其回転も何等のこだわりもなく優秀なる能率を挙げ得べきなればなり。故に素人が織機工作の善悪を簡単に鑑定せんとせば最初其織機が片腕にて容易に回転し得るや否やを試むれば足るという事を得べし。(68)（傍点は原文）

阪本はゲージシステムについて語り、さらに専用工作機についても、また組立部門では部品にヤスリ掛けしないことも語る。加えて、最終検査についても「試運転の必要なく」とまで語る。この検査については、フォード社を訪ねたコルヴィンが最終検査方法について語っていたことさえ想起させる。[69] それをハウンシェルの説明によって紹介しておこう。

フォード社では、ほとんどの自動車メーカーとは異なり、シャシに組付けが終わるまではエンジンを始動させなかった。フォード社は、出荷の準備ができて初めて、自動車のエンジンを始動させた。フォード社はT型車には走行テストを行わなかった。部品が正確につくられ、正確に組立てられていれば、最終製品には欠陥は無いはずだと、ソレンセンやマーティンらは考えていたのである。[70]

阪本が書き記したものは、明確に互換性部品生産、さらにはフォード社の考え方に似通った方向さえ示していたのである。

阪本は書物の自序の中であえて次のように書き、この書物で述べていることが実体験に基づくことを強調する。

故に予は本書に於いても可成、多くの力織機に関する著書より参考資料を蒐集する事を避け専ら予が経営の衝に当りつつある遠州織機株式会社其他に於いて幾多失敗に失敗を重ねて得たるが苦がき経験の結果の実績を基準として自己の所信を率直に披瀝したるに過ぎず。[71]

事実、遠州製作の『五〇年史』の「略年譜」には一九二三年の欄に「ゲージ金型類の整備ほぼ完了、能率向上、製品の完全統一をはかる」と明記されている。[72]

ここで、互換性部品の製造に欠かせない限界ゲージ（リミットゲージ）の使用が当時の日本でどの程度まで普及していたかを簡単に見ておこう。限界ゲージとは許容公差の最大と最小とに相当するゲージを組み合わせて用い、加工対象の出来上がり寸法が許容公差の範囲内にあるようにするためのものである。したがって、限界ゲージの普及を見ることは、許容公差という概念が製造の現場でどの程度まで実際に浸透していたかを見ることにもなる。一九三〇年に発行された『日本工業大観』には「限界ゲージシステム実施の概況」という項目がある。そこには「陸海軍諸工廠、鉄道省各工場」の他に関東地方では一〇社、中部地方では「遠州織機会社、豊田織機製造会社［このような会社はなく豊田自動織機製作所を指すと思われる］」、大隈鉄工所」の三社、関西では一〇社が具体的にあげられている。その他にも多数の工場で実施していることを述べたうえで、一九二四年六月には関西地方で限界ゲージに関する協会が設立されたことが述べられている。(73) このような叙述からしても、一九二〇年代中頃から三〇年代にかけて、日本では次第に互換性製造の鍵となる許容公差に対する認識が高まり、実際の作業現場で限界ゲージの使用もようやく広まりつつあった状況だったと考えられる。したがって、豊田自動織機製作所一社だけが、許容公差の重要性を認識することに頭抜けた存在であったとか、互換性製造への歩みが際立っていたというのは実態からかけ離れていよう。互換性生産へ進んでいる先頭には少なくとも十数社がおり、互いに競い合っていたという表現のほうが実態に合っていよう。

このように考えると、また別の問題が出てこよう。十数社が競い合っている中でなぜ、豊田自動織機製作所がいち早く自動車製造に進出したのかという疑問である。この疑問に幾分かでも光を当てるために、現在のスズキ株式会社の前身である鈴木式織機株式会社の自動車製造の試みを紹介しておこう。この会社は一九〇九年に鈴木式織機製作所として創業し、二〇年に法人化された繊維機械メーカーであり、豊田自動織機製作所や遠州織機と同じように中部地域にあった企業である。この鈴木式織機でも一九三六年に自動車製造を試みたことがある。同社は戦前に小型自動車への進出を考え、一九三七年秋にはオートバイ・エンジンの試作に成功した。さらに同年、イギリスの小型四輪車オースティンセダンを購入して自動車製造の研究に進む。しかし、一九四〇年に軍部から軍需品の増産命令を受けたことを機に、時局を考慮して自動車事業への進出を諦める。軍用自動車であったいすゞ自動車の六気筒エンジン用のクランクシャフトやピストンの下請け加工をしていたものの、それも軍の生産命令を優先する過程で四輪車に関連する製造に鈴木式織機はまったく関与しなくなっていった。(74) それでも、この鈴木式織機の試みは、一九三〇年代に繊維機械メーカーが新たに進出する分野を考えた場合には、自動車製造事業が視野に入って来ていたことを示していよう。

当時の鈴木式織機が本当に自動車製造に参入できるだけの技術的な能力があったかという質問に答えて、戦前の自動車製造進出の試みについて知る鈴木俊三（スズキの二代目社長）は次のように語っている。

自動車をつくるのには、精密な仕事ですから工作機械が良くなければ……うちの当時の工作機械ではとても無理だと考えたのですが、おやじは［スズキ自動車の初代社長、鈴木道雄］は勘のいい人で、工作機械なんかなくても、ヤスリ一本あればできる、というセンスなんです。しかし、思いこんだら何が何でもやり通すという気迫と実行力は大したものでした(75)。

この鈴木俊三の発言だけを取り出すと、工作機械の整備が進まないまま自動車製造に乗り出そうとした実に無謀な試みであったように聞こえる。だが、この発言に続けて、彼が次のように述べていることにも注目したい。

昭和一二年ごろでしたか、日本の産業界も戦時体制を迎えたわけですが、おやじは大阪の造兵廠と契約して、軍需生産をやることになったのです。当時の機械設備の状況を無視した強引なものでしたが、プレスを始め、必要な工作機械はすべて社内で製作するという、造兵廠で、驚くほどのことをやりとげたのです。工作技術的には相当優れた水準にあったし、流れ作業を導入して大量生産にも応えることもできました。おやじはその功績によって戦前、勲五等を授けられました(76)。

工作機械を内製する能力があり、その機械で軍需品を製造したということは、完全な互換性生産になっていなくとも、鈴木式織機ではかなり精度の高い加工ができるようになっていたことを示していよう。

この鈴木式織機だけでなく、前述した遠州織機も後に軍需生産に関与していった。さらに豊田式織機もいわゆる中京デトロイト計画で自動車製造に関与し、その計画が挫折した後には軍需生産に関わっていく。繊維機械メーカーは遅くとも一九三〇年代中頃にもなると、精度の高い加工技術を獲得し、そのために戦時期には軍需生産を担わざるを得なくなったのである。これらの企業はこうした能力を活かし、戦後になると（社名を上に登場したままで書くと）鈴木式織機はオートバイから四輪自動車へと事業分野を転換していき、遠州織機と豊田式織機は工作機械の製造に活路を見いだしたのである。

喜一郎らが杼換式自動織機の開発過程で悩んだ「アロワンス」（許容公差）は、互換性部品製造の「鍵」とも言える概念であった。おそらく、この概念の重要性は工学教育の普及により、早い時期から理論としては理解されていたと思われるが、その現実的な適用は一九二〇年代には限定的であったものが、三〇年代にもなると限界ゲージの普及に見られるように日本でも進展し始めていた。[77]こうした許容公差が実際の製品の製造に大きな意味を持ったものの中に、機械的構造が複雑・精密になった自動織機があったのである。この開発製造に大きく貢献した喜一郎（東京帝国大学〔現・東京大学〕工学部卒）と阪本久五郎（大阪高等工業学校〔現・大阪大学工学部〕卒）がともに工学教育を受けた人物であることは象徴的であろう。この時期の日本の繊維機械メーカーは急速に加工技術を高度化していった。その中にあって、豊田自動織機製作所は紛れもなく先頭グループに位置していたとしても、後続企業は急速に力をつけていたのであり、たとえ同製作所が他社を寄せ付けないほどの技術力を一時期保持していたとしても、その差をいつまでも維持できる保証は何もなかったというのが実際のところであろう。

このように考えると、こうした繊維機械メーカーの中で、なぜ豊田自動織機製作所だけが自動車製造事業に本格的に進出できたのかが疑問になる。これを完全に文献から実証することは不可能であるが、ここでは事業分野の設定に対する視野の違いを強調しておきたい。阪本久五郎が指揮していった遠州織機の場合、力織機から管替式自動織機、さらには杼換式自動織機、他の繊維機械の開発製造へと進んでも、一九三〇年代になってから繊維機械以外の分野への進出が考慮された形跡は、社史から見る限り窺えない。これに比べ、豊田自動織機製作所の場合には、遅くとも一九三〇年春には自動車製造への進出を意識した行動が見られる。それから五、六年後に鈴木式織機は自動車製造への進出を意識した行動をとるが、この数年間の差は大きかった。自動車製造事業法が施行後、許可会社に指定されなかった企業が自動車製造を続けるための資材を確保することは困難になり、自動車製造を諦めざるを得なくなった。事業分野を繊維機械に限定していたかどうかは決定的な差を生み、たとえ自動車製造を事業分野として視野に入れていたとしても迅速に行動に移さなかった企業にはこの分野への参入の道がなくなったのである。

しかし、豊田式織機は豊田自動織機製作所よりも早く自動車製造に進出し、実際に自動車を完成させていた。その意味では、自動車製造を次の事業分野として設定し、いち早い行動をとっていた。それがなぜ、自動車製造を断念しなければならなかったのだろうか。これも事業分野の設定の相違から説明できると思われる。だが、これについて詳しく説明するには名古屋で展開された「中京デトロイト計画」との関連を述べねばならないので、項を改めて説明することにしよう。

⑦「中京デトロイト計画」での自動車製造計画

一九三〇年に当時の名古屋市長・大岩勇夫が、中京地域をアメリカのデトロイトのような自動車製造の中心地にしたいと考え、名古屋の有力な企業に自動車製造を呼びかけた。これが「中京デトロイト計画」であった。この計画は、「日本自動車(株)の技師を勤め、大正一一［一九二二］年秋渡米して自動車工場で働きながら自動車を研究し、大正一五年帰国した川越庸一[78]」が、愛知時計電機の社長・青木鎌太郎、豊田式織機の社長・兼松熈の二人を中心に、大岩の強力なバックアップのもとで、資本金一〇〇〇万円の中京自動車工業を設立して自動車製造に進出しようとしたものである。

大岩がこの計画を提唱した理由は、その当時の愛知県の状況から説明できよう。『愛知県昭和史』によれば、愛知県での生産総額は一九一五年に約二億円に達し、その後も急速に伸びて二六年には約九億円へと、一〇年ほどで四・五倍にもなる。この年、愛知県では生産総額の七八％を工業生産額が占め、その工業生産額で愛知県は大阪府、東京府、兵庫県に次いで四番目の地位を占める工業県になった。職工五人以上の工場での数値を見ると、その愛知県全体の工業生産額の六四％を、従業員数では六九％を、工場の数でも五一％

を占めていたのが紡織工業であった[79]。しかし一九二七年に金融恐慌がおき、愛知県でも銀行の一斉休業や名古屋株式取引所の立会停止などが行われた。さらに一九三〇年には日本も世界恐慌に巻き込まれ、株式相場や商品価格が大幅に下落し、深刻な不況となる。愛知県の生産総額は一九三〇年には前年と比べて二四％も下落し、県最大の工業である紡織工業の生産額も約三〇％下落。さらに県内の失業者も一万三〇〇〇人を超えた[80]。不況が深刻化する中で、名古屋市長が将来に向けた地域振興策を打ち出そうとしたのが、「中京デトロイト計画」だったのである。実際、名古屋市内には機械工業に関連した大規模工場もあり、市長がそれら企業の力を結集して、自動車製造を名古屋にと考えたことは十分理解できる。

また不況に苦しんでいた当該地域の企業にとっても自動車製造は打開策の一つと考えられた。当時の地元新聞は、「中京工業界巨頭連　自動車製作へ乗出す　近く共同試作の上」と題する次のような記事を掲載している。

名古屋の大隈鉄工所社長大隈栄一氏は財界不況の影響を受け業績とんと挙らず悲境の状態にある……［この］打開策として近年わが国における自動車事業の発展目覚しく将来ますます有望視せられ［ていることを考え］……とも角試作せんと思立ち、これを自動車工業に多少共関係ある同市日本車輌の秋山正八、同岡本自転車製作所の岡本松造、豊田［式］織機の土田富五郎の三氏に相談せしところ、それ等各氏の関係する事業も同じく悲境状態にあり、かつ自動車工業に対しては同様将来を有望視しているのみか、年々数千万円の補給自動車を全然輸入品に委しておくが如きは国家政策上、又工業家の立場からいうも大に研究すべき問題であると直に共鳴し茲に前記四氏は企業計画の第一手段として先以て自動車の共同試作を行い其技術上の能否と経済的採算の可否を実験ししかして、その結果如何によって第二段に入るべきや否やを決定するため、自動車研究会なるものを組織し、既にナッシュ自動車一台を五千百五十円で購入し日本車輌及び大隈鉄工所の両工場で関係会社の技術員立会の下に車体その他を分解して日々研究中であると、……[81]。

結局、不況への対策として、当時の名古屋財界の重鎮である青木鎌太郎（愛知時計電機）の協力も得て、大隈鉄工所と、日本車輌製造、岡本自転車、豊田式織機が自動車製造に進出することになった。これが俗に言う「中京デトロイト計画」である。これはまさに当時の名古屋における機械工業の超有力企業が参画した一大プロジェクトであり、一九三二年夏頃にはアメリカの乗用車ナッシュをモデルにした試作車「アツタ号」が完成する。そしてこのアツタ号のエンジン鋳物を製作したのが豊田式織機だったのである。

このように考えると、「中京デトロイト計画」に参画し、いち早く自動車製造事業に進出した豊田式織機は事業分野の設定においても、その目標に向けた行動の迅速さにおいても、豊田自動織機製作所と比べて何ら遜色ないように思われる。この「計画」は、二年余りで試作車も完成させた。だが、結果から言えば「計画」は失敗であり、豊田式織機は自動車製造から離れる(82)。

この「計画」はなぜ失敗したのだろうか。失敗の要因の一つとしてただちに思い浮かぶのは、自動車製造が認可事業に移っていく中で、政治的な感覚が欠如していたことである。もちろん、そうした側面を見落とすことはできないが、別の要因も考えておくべきであろう。

この「中京デトロイト計画」が試作した乗用車は高級車ナッシュをモデルとしたものであった。たしかに、当時の日本で自動車への潜在的な需要が大きいかどうかは、乗用車事業に乗り出そうとする企業者にとって判断に迷う点であった。関東大震災後、日本で自動車販売が上向いていたとしても、この売れ行きがどれほど力強く続くのかは疑わしかった。名古屋に三輪自動車メーカーが出現していても、「計画」実施に携わった人たちがつくるべき自動車として選んだのは、高級なナッシュであった。ここに失敗のもう一つの要因があったと考えるべきであろう。

この「計画」に関与した企業には、時計や自転車のように、互換性部品を使った製造に親和的と思われる業種の企業が含まれている。しかし、「計画」での車種の選択や生産台数から見る限り、互換性部品を使った製造を意識した自動車産業への進出だったとは思われない。自動車を一台ごとに丁寧に製造し、内装も綺麗に仕上げていったことだろう。製品一つ一つに人手をかけ、丁寧にヤスリ掛けし、摺り合わせに時間をかけることを前提とした構想だったとしか思われない。工作機械や治具、取り付け具、ゲージなどに多額の投資をして、個々の部品の許容公差を実現し、互換性部品を製造することとは無縁の製造方法であった。

豊田式織機の自動車事業への関与は、豊田自動織機製作所と遜色ないほど早かったものの、その製造方法に対する考え方は大きく異なっていたのである。「中京デトロイト計画」はフォード社などが立地するデトロイトの名を冠したものであったが、フォード・システムの根底にあった互換性部品についての理解をまったく欠いた計画であった。その意味で、この「計画」が日本における自動車産業発展の主流から外れたエピソードの一つとしての位置づけしか与えられていないのも当然であろう。ただ、強調してよいのは、この「計画」によって、実際に自動車を製造した経験を持った貴重な人材が世に送り出されたことである。事実、この「計画」に関与した人物の中から、豊田自動織機製作所に端を発する自動車製造事業に関わる者も出てくるのである。

（2）実際に互換性部品を使ってG型自動織機は製造されたのか？

①従来の繊維機械の組立方法——プラット社を例として

上に、杼換式自動織機の開発において、喜一郎が「アロワンス」（許容公差）という概念を理解することによって開発を成し遂げたばかりか、互換性部品を使った製造への道を切り開いたことを示してきた。その際、複雑な機構を持つ自動織機だからこそ、そうしたことが要請されたとした。それを確かめるためにも、複雑な自動機構を持たない繊維機械はどのように組み立てられていたのかをここで考察しておきたい。その対象とする工場現場はプラット社である。

なぜプラット社を対象とするかについて説明しておこう。

プラット社は我が国の綿業と非常に深い関わりがあった会社である。例えば、プラット社の繊維機械などが、五代友厚らの努力によって明治維新前の日本に設置されたが、これが日本における近代的な紡織業の始まりであった。[83] また、第二次大戦以前には数多くのプラット社製機械が日本に設置され、日本の紡績業興隆を支えていた。さらに、同社は、少なくとも第二次大戦前までは世界でも屈指の繊維機械メーカーであり、イギリス綿業だけでなく日本を含む後進国の綿業の発展に大きな影響を与えた。特に第一次大戦前では、プラット社単独の生産量だけでアメリカにおける繊維機械の全生産量に匹敵すると言われるほどであり、同社製機械が世界の繊維工場における標準的な設備であったというのも、あながち誇張とは言えない。[84] しかも、第一次大戦前までのプラット社の成長過程において、日本市場は大きな意味を持っていた。プラット社に関して、丹念な実証論文を書いているファーニによれば、一八八六年以降になるとプラット社はイギリスの同業他社と比べて輸出志向を強めたが、その際、ヨーロッパやアメリカ市場よりも、アジア市場の比重が同社の販売高に占める割合が大きくなった。中でも、三井物産という代理店を得た日本は、プラット社にとって極めて重要な市場となったのである。事実、一八九三年から一九一三年の期間に、イギリスから日本に輸出された繊維機械の総額のうち、プラット社製品の占める割合は実に四八％にも達していた。[85] 同じ期間に、プラット社によるイギリス国外への販売総額とそれに占める各地域別シェアを見ると（表3-3参照）、特に第一次大戦直前にはプラット社にとっても日本市場が大きな意味を持っていたことがわかる。

このプラット社で繊維機械はどのように組み立てられていたのであろうか。

繊維機械メーカーであるプラット社は、その製品に使用する鋳物を作るために鋳造所を保有しただけでなく、コークス製造の原料を得るために炭坑を所有するなど、垂直統合を推し進め、一八九七年には工場敷地内に運搬用の狭軌鉄道さえも敷設するほどであった。[86] また、多量の繊維機械の生産はイギリスの工場で集中的に行われ、一九世紀末には小さな部品の一部を一〇万個のロットで生産していた。そうした部品の製造には専門工作機械を使っていたという。[87] しかし、それらは限定的であり、同社製品の製造に専門工作機械が多用されていたという記録は見いだせない。それは同社がきわめて多様な製品を製造していたためでもある。この多様な製品の組立現場をすべて逐一取り上げることは不可能であるので、その一部をここでは検討する。

表3-3　プラット社の海外への販売総額と地域別シェアー

年	販売額総額 (£)	日本	インド	中国	ロシア	ヨーロッパ諸国*	アメリカ	南米諸国	その他
1893	918,757.00	15.74%	14.48%	3.16%	26.20%	26.84%	2.93%	10.09%	0.56%
1894	1,058,414.00	20.87	8.37	0.51	22.52	38.36	0.62	8.27	0.49
1895	1,048,633.00	12.39	10.51	0.17	26.98	35.31	6.48	7.83	0.34
1896	1,174,346.00	21.13	11.54	2.60	18.05	40.77	2.15	3.13	0.63
1897	791,127.00	33.51	8.47	2.03	14.33	35.36	1.38	3.14	1.79
1898	1,180,172.00	11.56	21.09	3.34	26.46	29.00	1.39	5.92	1.24
1899	1,171,469.00	2.46	14.88	4.51	36.23	25.53	0.72	10.12	5.56
1900	759,525.00	6.38	5.95	0.82	23.87	44.89	3.49	6.81	7.79
1901	616,630.00	11.84	10.18	0.12	8.76	55.90	3.18	4.83	5.18
1902	572,686.00	4.73	8.75	1.85	11.04	54.62	10.01	7.58	1.41
1903	595,336.00	6.35	12.41	0.17	11.16	52.17	8.14	6.47	3.13
1904	577,706.00	8.20	15.57	0.39	13.98	50.34	3.06	6.94	1.51
1905	719,802.00	16.90	19.76	0.05	9.19	42.84	5.06	4.82	1.37
1906	774,866.00	15.05	24.94	0.35	5.94	40.13	5.95	5.58	2.06
1907	1,065,601.00	19.69	24.45	0.74	9.09	35.99	3.27	4.52	2.25
1908	1,426,670.00	30.70	12.63	0.03	14.71	28.99	2.74	4.30	5.90
1909	1,242,875.00	24.24	13.55	0.07	13.71	27.73	9.16	8.12	3.42
1910	991,926.00	21.00	11.02	2.79	18.46	26.37	11.75	5.77	2.83
1911	799,285.00	14.03	12.12	0.07	28.93	28.88	1.66	11.51	2.79
1912	752,571.00	21.84	10.51	0.01	19.02	30.82	2.24	8.26	7.30
1913	1,062,826.00	38.85	12.99	0.15	13.59	17.74	0.53	4.62	11.52

注）* ヨーロッパ諸国にはイタリア，ポルトガル，フランス，ドイツ，オランダ，ノルウェー，スウェーデン，デンマーク，スイス，ベルギーなどが含まれる。

出所）Robert Michael Kirk, "The Economic Development of the British Textile Machinery Industry c.1850–1939" (unpublished PhD thesis, University of Salford, 1983), pp. 643–46.

だが生産現場、しかも半世紀以上も前の生産現場の実態を知ることは、それほど簡単ではない。工場が誰にでも開放されていたわけではなく、また生産現場を理解できる人間がその実態を簡明な言葉で書き記すことも少ないからである。一九世紀から二〇世紀にかけてのさまざまなイギリス製造業について資料を渉猟し、生産現場についてコメントをしているザイトリンでさえ、このプラット社について記すところは少なく、そのコメントも一九世紀末の『エンジニアリング』誌の記事に基づくものが主である[88]。しかし幸いにも、専門的な工学教育を受け、克明な実習日誌をつける訓練も施されていた人物が、一九二二年一月に二週間ほどプラット社に滞在した。その人物の日誌により、絶頂期のプラット社の製造現場の実態を、我々は克明に知ることができるのである。その人物こそ豊田喜一郎である。プラット社を訪問した当時、彼は二七歳であった。彼は父・佐吉の強い勧めもあり、紡績事業を将来的に営む準備として、一九二一年に豊田紡織に入社した後、アメリカを経てイギリスに渡ったのである。本来ならば二、三年間はイギリスに滞在する予定だったと思われる。だが実際にイギリスに滞在したのは二週間ほどで、そのほとんどの期間をプラット社での工場実習に費やすことになった。豊田佐吉は息子の喜一郎には紡績事業の経営に携わることを期待していたため、紡績機械そのものの工場での運用についても知っておく必要があると考え、喜一郎をプラット社に派遣したのであった[89]。

この喜一郎の記録を基に、一九二二年一月におけるプラット社の製造現場の様子を探ることにしよう。ここでの目的からすれば、力織機の部品製造、組立の作業現場が主となるべきであろうが、残念ながらその資料はないので、残存する記録から類推することにしたい。

プラット社の組立現場では、コンベヤー・システムを使った移動式組立ラインが取り入れられていたわけではない。作業現場の床に機械番号を書き、そこに分業化された職工たちが順次やってきて専門的な作業を入れ替わり立ち替わり行っていたのである。その様子を喜一郎は次のように書いている。

> Scutcher［打綿機］ノ組立テハ floor［工場の床］ニ組立テル可キ machine［打綿機］ノ番号ヲ書ク、ココニ frame［打綿機のフレーム枠］ナドヲハコンデ来テ、二人ノ職工ガ重《ママ》ニコレヲ組立テル。その他ニ painter［塗装工］ト穴ヲアケル職工、尚、前ノ部分ノミヲ専門ニナス職工、Cover ヲ専門ニナス職工、後部ヲ専門ニスルモノナドガ来テ追々組立テル[90]。

生産量が多いと言っても、せいぜいが日産二台にも達しない状況であれば、これは合理的な作業方法であろう。しかも職工たちの作業は専門化している。ちょうどフォード社が最終組立に移動式組立ラインを導入する寸前の静止式組立方式を思わせる（第1章第3節(2)④参照）。そこでは特定の組立作業だけに特化した労働者集団が、作業現場に置かれている加工組立対象に該当作業をすると、別の加工対象に移って組立作業を行うというように、労働者集団が次々と移動しながら作業していた。その方式で一カ月に二万台もの組立を行っていたのであった。一概に、プラット社が採用していた作業方式が非効率だとは決めつけられない。

本書の観点から特に興味深いのは次の観察である。

組立テノ大部分ハ、スリアワセデアルガ、組立室ノ周囲ニ、バイス［万力］ヤ、ナニカガアルカラ、一々ソコマデ行ッテ、ヤスリヲカケテ fitting［摺り合わせを］スルモノヲ、ナオシテ、又、組立テノ所ニツクモノヲ fitt［摺り合わせ］シテミル(91)。

つまり、プラット社は互換性部品を使用していたのではなく、作業現場で部品にヤスリ掛けをしながら製品を組み立てていたのである。おそらくプラット社での組立作業は、その時間の多くがヤスリ掛けに費やされていたはずである。そのヤスリ掛けをするには部品を固定する必要があり、職工たちは万力で部品を固定してヤスリを掛ける。組立作業は作業部屋の中央で行われているらしく、片や万力は部屋の窓際に置かれている。なぜなら、この時期には工場内部の照明に電灯が用いられることはほとんどなく、もっぱら外光に依存していたからである。そのため、ヤスリ掛けなどの細かい作業は、外光が十分に取り入れられる窓際で行われていたのである。これが工場内部のレイアウトの規制要因でもあった。したがって、ヤスリ掛けをするたびに、職工たちは組立作業が行われている部屋の中央から窓際に行く、それからまた中央部に戻り当該の部品を組立途中の製品に取り付けてみて、摺り合わせが完全かどうか確認する。まだヤスリ掛けが必要だと判断すれば、また窓際に行く。こうした作業が繰り返されていたのである。

一九二七年にプラット社が出した出版物に掲載されている写真を見ても（図3-3参照）、喜一郎が観察した状況と作業現場はほとんど変わっていないように思われる。窓際には数多くの万力が並んでいる。そばにはヤスリもあるように見える。組立現場で万力が使用されていることは、組立現場に運び込まれた部品がそのまま組み付けられ

図 3-3　プラット社の梳綿機の組立現場（1920 年代中頃）

注）この写真が掲載されたパンフレットには，梳綿機だけでなく，練条機と粗紡機，さらにはミュール精紡機の主軸台の組立作業現場の写真が収録されている。どの作業現場も梳綿機の作業現場と同様，窓辺に万力とヤスリが置かれている。

出所）Platt Brothers & Co. Limited, *Souvenir : 1821–1926* (Privately Printed, 1926), p. 14.

るのではなく、摺り合わせなどの作業が必要だったことを示す。言い換えれば、作業現場で労働者が絶えず窓際に移動したり、組立作業に戻ったりすることは、単なるレイアウトの問題ではなく、組立作業に用いる部品に互換性がなく、そのため絶えず摺り合わせ作業が必要だったことを示しているのである。

だが、プラット社製品の品質が高水準にあったことも疑いない事実である。その秘密がどこにあるのかが、喜一郎の最大の関心であったはずである。この高品質をつくり出している秘訣を、喜一郎は何に見いだしたのであろうか。細かい工程ごとの作業手順について、喜一郎は詳細な記述を書き残しているが、各種機械の組立作業を観察しながら、彼はプラット社製機械の品質はヤスリ掛けを多用し、部品の嚙み合わせを綿密に調整することで保持されていると結論づけた。つまり、喜一郎の観察した限りでは、組立作業それ自体は難しいものではなく、丹念にヤスリ掛けをして、丁寧に部品相互を摺り合わせる作業を行うこと、これこそがプラット社製機械の高品質を支えているものだった。そうであるからこそ、摺り合わせ作業を丁寧に行う熟達した職工が作業現場の中核をなし、彼らが作業ペースをコントロールすることができたのである。逆に言えば、部品が一定の規格に従って高精度に加工され、そのまま組立作業ができる状態ではなかったということになろう。

組立の終了した機械は、もう一度分解される。世界各地に輸送するには、分解して運んだほうが、輸送に要するスペースとコストが節約されるからであろう（まさに、第1章で述べたフォード社のT型車も、同じ理由で分解して運ばれていたことを想起されたい）。分解する際には、再び組立作業をするために必要な目印を打刻しながら作業がなされていた。一度、丁寧にヤスリ掛けをして製品として組み立てた部品は、そこに使われた部品同士であれば組み付けられるが、別の同種の製品に使われた部品と混じり合えば、組み付けが困難になるからであろう。この作業はシンガー社で実施されたことのある方法、つまり部品が「焼き鈍し状態の時に、手作業で仕上げを行い、全ての主要部品に同一の製造番号を刻印しておき、さらに焼き入れ後に同じ番号の部品を再び組み立てる」作業方式と似通っていたと言えよう。(92)

このようにプラット社では摺り合わせによって高品質を維持していたのであり、互換性部品を用いた生産ではなかった。ましてやフォード社のように同一製品の量産を目指したシステムでもなかった。これはプラット社の事業のありかたとも密接に関係していた。プラット社は工場の設計から実際の稼働までの諸々の業務を請け負っていた。したがって、カタログなどで、ある程度の大きさ・形状が記載してあっても、発注者の要望に応じて変更を行っていた。こうした受注方法がプラット社の強みであったので、同社が完全な互換性部品を用いた生産をせずに、時間をかけて摺り合わせを行うことで高品質を維持していたことは、まったく理にかなっていたのである。無論、外国のバイヤーに対して標準化を課し、遠隔地での部品交換に便利なように互換性も追求したが、それにも限界があった。

互換性生産によらずにプラット社は繊維機械を製造していた。おそらく日本における繊維機械の製造も、少なくとも第一次大戦前までは互換性生産ではなかったし、互換性部品を使用する必要も感じなかったであろう。しかし、喜一郎が自動織機の開発に取り組むことによって「アロワンス」を意識せざるを得なくなったように、自動織機の製造はこうした状況を大きく変えていったように思われる。次に、豊田自動織機製作所の製造について考えてみよう。

②豊田自動織機製作所は互換性生産に踏み出したのか？

豊田自動織機製作所が自動織機製作に進出した時期の作業のあり方について述べておこう。

『豊田佐吉傳』には「自動織機の出来るまで」として数枚の写真が並べてある頁があり、工程順を示すと思われる数字をつけて、次のように説明がなされている。

1鋳物工場――2引抜工場――3鍛工場――4鉄工場――5木工場――6杼製作工場――7織機組立工場――8杼換式豊田自動織機(93)

ここに杼の製作工場が含まれていることを奇異に感じる読者もいよう。だが自動織機には、普通織機の杼と比べて精密さが要求されたため、その製造には「完全な設備、適切な工程管理、厳密な検査を必要」としたのであった。豊田自動織機製作所『四十年史』は杼製作について次のように記している。

ここでは普通五〇〇丁を一号口とし、第一工程の製材機（丸鋸）により、一定の長さに切断することからはじまって、最後に磨き上げて艶付けされ、厳密な検査をして製品倉庫に納入されるまで、約一三〇工程を経て生産された(94)。

しかも、月に一万丁余りの杼が生産されていた。この生産の工程数の多さと生産量の多さには驚く。だが、本書の観点から興味深いのは、現在のトヨタ自動車でも使用されている用語が使われていることであろう。つまり、量産の単位を「号口」と呼んでいるのである。この杼の製作による説明では、一ロットを五〇〇丁として管理していたことになる。この「号口」と似通った用語としては、本書第2章で説明した「号機」というものがある。

杼の製作がかなりの量になっていることからもわかるように、G型自動織機の生産台数も多かった。販売台数を見てみると、一九二七年上期の販売台数は八八八台だったものが、その後二七年下期には一三一九台、二八年上期一二三八台、二八年下期一四五九台、二九年上期一二七〇台、二九年下期一一二八台となっている。つまり、一九二七年下期以降は月に二〇〇台ほどのペースで生産していたことになる。[95] 自動織機は見込み生産ではなく受注生産だったため、必要な生産台数の見通しが立てやすく、生産能力の増大という決断は比較的容易だったと思われるが、精密加工の必要な製品をどのようにして多量に生産することができたのであろうか。杼製作工場ではなく織機組立工場に焦点をあてて検討してみよう。

現場の労働者も監督者も眼前に差し迫った問題に対応することだけで普通は手一杯なため、製造現場の状況を文書記録だけから考察することは困難である。だが幸いなことに、名古屋にある産業技術記念館にはG型自動織機の組立工程が展示してある。豊田自動織機製作所が設立されたのが一九二六年で、翌二七年六月には工場が本格稼働するが、この二七年の組立工場の様子を示す展示である。この組立工程は「創業時の一四工程あったものを七工程に集約して再現」してあり、「展示部品のすべてが当時製造された」ものだという。[96] 事実、この展示は創業時の組立工場の写真（図3-4参照）と比較しても似通っている。

図3-4　G型自動織機の組立工場（1930年代初頭）

出所）『産業技術記念館　ガイドブック』改訂版（2007年），71頁。

この展示によれば、一九二七年にはすでに自動織機の生産に専用工作機械が導入されている。鋳鉄製の織機フレームを組み付けた状態で、織機に必要なシャフト（軸）を取り付けるための軸受け用の穴をあける専用工作機械である。産業技術記念館の展示説明には、「G型自動織機を高精度で量産するため、クランクシャフトなどの主要な三軸の軸受け穴と両側面をフレームを組付けた状態で、同時に通し加工することにより、中心線を一直線にそろえ、精度の確保と加工・組付けの高能率化を実現した」とある。また驚くべきことに、「軸受穴の加工位置変更にも対応できる調節機構の採用によって汎用性を備え、設備の経済性も実現し」ていたという。[97] こうして織機用フレームを加工した後、さまざまな部品が組み付けられていく。中でも眼をひくのは、ゲージ類が多く展示されていることである。展示説明にも「ゲージを使って杼箱部品を組み付け、杼箱の精度を確保する」とある。また、他の場所にはG型自動織機のシャットルマガジン（杼を保管しておく装置）を加工する治具が展示してあり（この展示物は「昭和初期のG型自動織機の量産に使われた実物」だという）、次のような説明書きがある。

G型自動織機のシャットルマガジンの加工にも治具が使われた。この治具にシャットルマガジンを取りつけ、治具にある六カ所の穴をドリルの下へ順次、移動させて穴あけ加工をする。治具の使用により、穴をあけるだけでなく、加工精度も大幅に向上した。[98]

さらに組立はコンベヤー・ラインになっており、その説明は次のようになされている。

組立ラインには二列の定盤とその間にチェーンコンベアが設置してあります。[織機の] フレームはチェーンコンベアに一定間隔に取付けられた突起に掛けて移動させます。[99]

G型自動織機の組立工程には、互換性生産に必須と思われるゲージ、治具のみならず専用工具が使用されていたうえに、さらに「定盤」までが用いられていたのである。「定盤」とは、正確な平面を持つ平板で、他の表面をテストしたり、厳密な測定や試験用の取付け具の位置決めに必要な真の平面をつくるものである。[100] G型自動織機の組立がいかに精密に行われていたかを示すものであろう。

ただし限界もあったことは指摘しておく必要があろう。組立工程の展示には「バイス台」があった。「バイス」、つまり万力が使われている台があり、その説明は次のようになっていた。

スイングレールシャフト組み付け時の心出しのため、ブジケットの取り付け面をヤスリで仕上げる。[101]

つまり、組立作業の現場からヤスリ掛け作業がすべて排除されるほどの互換性には達していなかったのであろう。また、チェーンコンベヤーの「進行速度は生産量によって調整され」、各工程の作業にかかる時間は秒単位や分単位よりもはるかに長かった。そのため、各工程の作業時間を厳密に一定にするまではいたらなかったと考えられる。だが、組立工程全体を一四工程に分割して、コンベヤー・ラインによって作業を行ったわけであるから、少なくとも各工程での加工時間を一定にしようという動機が生まれる基盤はあった。豊田自動織機製作所は完全な互換性生産というわけではなくとも、「アロワンス」を考えざるを得ない高精度な加工を必要とするG型自動織機に見合うだけの精密な加工に大きく踏み出していたのである。

③プラット社との比較

しかし、「精密な加工に大きく踏み出していた」という表現は曖昧である。だが実際、それがどの程度であったかを厳密に測定することはきわめて困難である。そこで、豊田自動織機製作所とプラット社との現場を比較することによって、豊田自動織機製作所の加工がどの程度であったかを相対的に描き出すことにしたい。ただしこれでさえも実は難しい。二カ所の製造現場で同種の製品（できれば同一の製品）を製造している状況があり、それほど長い時期を隔てることなく、ある程度の技術的な能力を持った人物が（できれば同一人物が）二カ所を比較している調査や報告などがあれば可能であるが、実際には、こうした状況は稀有であろう。だが周知のように、いわゆる「豊田プラット協定」によって、プラット社はG型自動織機を同社で製作する。その際、豊田自動織機製作所から技術者が派遣された。同製作所の社史は次のように書く。

昭和六［一九三二］年五月、任務を終えて、いよいよ帰国することになった鈴木周作は、一年半にわたる製作指導の経験にもとづき、詳細な注意事項を文書にまとめ、三井物産を通じプラット社へ提出した。これは一七カ条にわたって織機製作上、注意を要する事項を具体的に列挙したもので「要するに普通織機時代の頭を捨てて、紡機を製作すると同様な正確と緻密な注意を必要とすること」と結んでいる。[102]

つまり、二つの現場を比較した報告書は存在するのである。

では、この「鈴木周作」という人物はどのような技術者だったのであろうか。[103]

彼は優秀な技術者であったらしく、彼の滞英中の一九三一年二月二一日にプラット社は彼と共同で特許を申請したほどであった。[104] また、同年五月一三日開催の取締役会で、帰国前の鈴木に対して一四カ月の努力に報いるために贈り物をする決議がなされたほどだった。[105] プラット社が取締役会でわざわざ個人に何かを贈ることを決議するのは稀なことであり、例えばプラット社の得意先であった鐘紡の武藤山治が社長を退任する際などに限られていた。このことから判断しても、プラット社が鈴木の力量を高く評価していたことがわかろう。

プラット社側資料から、鈴木の報告書は確認できるのだろうか。プラット社の取締役でビゼットという人物がいる。まず、このビゼットに対する日本側の評価を紹介しておこう。日本スプリング製造の創業者・桑田権平は次のように書いている。

昭和六［一九三一］年三月ノ頃偶々英国ぷらっとPlatt社重役びぜっとBisset氏ガ三井物産ニ滞在シタル事アリ、余ハ予テヨリ同氏ハ技術方面ノ権威者ナルヲ知レバ此機逸スベカラズト同氏ヲ再三我社ニ誘イ現状視察ヲ乞イ……同氏蘊蓄ノ知識ヲ以テ教エラレ益スル処大ナリキ。[106]

つまり、繊維機械関連の人物にとっては、ビゼットの技量は知れ渡っていたということであろう。

そのビゼットが滞日中の一九三一年四月付で、プラット社に書き送った報告の中に次のような文章がある。

豊田喜一郎から、彼の部下・鈴木がこの織機［豊田自動織機］を製作する我が社［プラット社］のやり方について書き送ってきた内密な報告書の束を見せられた。私はこの内容を読み、説明を受けた。私はノートをとり、彼の工場を訪ねる次の機会に豊田とともに詳細に検討するつもりである。この情報は我が社にとっても有益と思われる。[107]

五月になると、ビゼットは報告書に次のように書く。

オールダムの我が社の工場にいる鈴木は我が社の自動織機の製作方法について、彼の故郷にいる豊田［喜一郎］に時折書き送ってきた。豊田は古市［勉］にその手紙を渡し、古市が私に読んでくれた。私はノートをとり、四月二〇日に刈谷を訪ねた際に提起された問題を検討した。有益と思われるので、ノートの写しを同封する（ノートは非常に技術的なので、ヒューズ氏に送付する）[108]。

この報告書には、鈴木の報告を日付順に要約したメモが添付されている[109]。しかし、その後、ビゼットが送付したノートに基づき製造技術について討議がなされた形跡は、少なくともプラット社の取締役会議事録からは確認できない。

それでは、豊田自動織機製作所『四十年史』が述べている「一七カ条にわたって織機製作上、注意を要する事項を具体的に列挙し」、「要するに普通織機時代の頭を捨てて、紡機を製作すると同様な正確と緻密な注意を必要とすること」と結んだ鈴木の「報告書」とはどんなものであろうか。おそらく、それは次に掲げるものと思われる。これは、プラット社に派遣された優秀な技術者が自動織機の製造に関してプラット社に対し改善を要望した事項であり、期せずしてプラット社と豊田自動織機製作所についての現場作業の比較になっている。しかも、それが一方的なものでなかったことは、ビゼットがノートをプラット社に送付したことからもわかる。資料的価値も高いので、この報告書の全文を掲載しよう。

報　告　書

プラットトヨダ自動織機を製作するに当り終始注意を要する事項を左に示す。

一、織機組立は完全な水平盤の上にてなすこと。

二、織機に使用する一般のシャフト類は出来得る限り真直ぐな品を供給すること。

三、運転直後すぐクランクメタルや、ロットのメタルに弛みの来る様な製作方法は改めねばならぬ。

四、一般に手仕上の部分は常に同様な完全さを保つこと、出来得る限り同一の品は同一工手に仕上げしむること、（然して初めて仕上上の責任を責めることが出来る。）

五、附属品の内特に重要な部分（例えば箱の部）の如き丈けでも検査工を設ける必要がある。殊に今後補充品に対しても同様完全な検査と正確な品を整えることが肝心である。

六、シャットルの製作は最も正確を必要とし、しかして、これに使用するボビンとがしっくり合う様に注文することが何より大切で出来得れば、シャットル製作所にて出来上りたる製品はプ［ラット］社にて更に一通り標準に基いて検査し、しかして完全な物のみをプラットトヨダの織機に使用せしむること。

七、最もデリケートな運動を必要とする、フィーラーの製作をがたつく程のゆるさに作らざること。右はきわめて小さいショックを常に与えるが故に、不正確な作り方はたちまち杼換の運動に影響を及ぼす、又これに使用するワイヤーは尚一段と良質の鋼材を撰ぶ要あり。

八、バックレスとロットの細き物は厚物を製織するに当り困難な現象を起す（経糸送出し運動のこと）トヨダ見本よりも太く出来れば最もよし。

九、木部の製作を手切れにし、しかしてボックスとレースとの関係は完全なゲージに依って製作し、従来の普通織との差のある点を製作者によく了解せしむること、これをゆるがせにすれば高速回転は不可能となる。

十、抒オサエ（スウーエル）の出加減はシャットルの進行の力とピッカーの耐久力とに関係するものなれば、常に規定のゲージを完全に使用すること。

十一、ヒズリ（レース）の木取り（木目の取り方）は今後必ず改めること。

十二、シャットルの触れる部分（例えばマガジンの如き）は一般になめらかにヤスリとペーパーとの仕上を必要とす。

十三、ラームアイオン（綜絖の串金）は、トヨダと同様中心を保つことが必要である。これは綜絖の振動により経糸の切断数を増すことになる。

尚これに直接関係あるタペットの磨きを尚一層なめらかにするを要す。
十四、自動織機としては経糸の切断を極度に減殺する関係部分の製作例えばイージーモーション、カムとレバーの位置の如きは製作に於ても使用に於ても特に注意を要す。
十五、送り出し運動の取付け不完全にして、重き時とかるく廻る時との差あるときは、薄地物で製織する場合必ず地合に不平均を来す。
故にこれに使用するシャフト類のヒズミなきものを使用することが必要である。
十六、見本織機として完全な運動と能率とを保つには必ず標準のプーリー十二吋物を使用すべし。場合によりては十一吋物を許すことあれども、八吋或は十吋と云うが如きものは、機能上甚だ不可なり。
十七、たとえ一台の見本織機にも、規定のゲージと使用必読の取扱法を一冊宛添えること。
要するに普通織機時代の頭を捨て紡機を製作すると同様な正確と緻密な注意を必要とすること。

以上[110]

この報告書の内容には驚かされる。第一項目の水平な面上で、つまりは定盤で組み立てるということは、精密な機械の組立では基本中の基本ではないのか。豊田自動織機では前述したように「組立ラインには二列の定盤とその間にチェーンコンベアが設置して[111]」あったのだから。鈴木が幾度となくプラット社側に申し入れても、それへの対応がなおざりだったのであろう。第二項目は、シャフトが真っ直ぐでなかったのかと驚かせるし、第十三項目を読むと、中心を出すという精密製作の基礎中の基礎もできていなかったのかと思わざるを得ない。さらに第六、九、十、十七項目は、まともにゲージを使っていないのかと思わせる内容である。加えて、第三項目からは、部品に使用していた材質さえ適切ではなかったと考えねばならない。

許容公差が問題にされるほど精密な製作が必要な自動織機に、プラット社の製造体制は対応していないというのが、鈴木の判断であろう。だからこそ、「要するに普通織機時代の頭を捨てて、紡機を製作すると同様な正確と緻密な注意を必要とすること」と最後に鈴木は書き加えたのであろう。

だが、プラット社は紡績機械も製造しており、それなりに高度の加工技術を誇っていたのではないかという疑問は拭えない。鈴木が凡庸な技術者ならば、鈴木の勘違いということもあり得ようが、プラット社自体が認めたほどの実力の持ち主である。プラット社の製造能力が落ちていたのではないかというのも、この疑問に対する一つの接近方法ではある。しかしこの点については議論したこともあるので、(112) 角度を変えて、プラット社のビゼットがどのように考えていたのかを見てみたい。

ビゼット自身、豊田自動織機製作所で自動織機の製作現場を見て、プラット社に一九三一年五月二五日付で報告を書き送っているので、それを紹介しておこう。

先週、これら［自動織機］の製造について豊田喜一郎と何回か話し合った。私はコンベヤー・システムで組み立てられている織機を見た。織機は最初にフレームが組み立てられ、それからクランク・シャフト、タペット・シャフト、フロント・ローラー用の軸受け穴が中ぐりされて表面仕上げがなされる。この後、これらはコンベヤーに乗せられる。組立は七工程でなされ、それぞれの工程の手近な場所に適切な資材が保管されている。この資材は、すべてが検査を受け、数量が数えられ、一度に五〇セットが供給される。資材の一部は一揃いになったものや、サブアセンブリ［部分組立］されたものである。工程のすべてが二人で作業されるわけではない。私が現場にいた時には四つの工程が一人で受け持たれており、生産量は一日に織機一四台であった。八番目の工程は検査用工程であった。コンベヤーを示す図面を同封する。コンベヤーは単純なもので費用はからない。こうした生産のやり方は我々も真剣に考慮してみる価値がある。しかし正確な機械加工は欠かせない。すなわち、実際、刈谷ではヤスリ掛け作業はほとんど、事実上はまったく行われていないのである。帰国次第、この問題について詳細に検討したい。(113)

ここでビゼットが記している内容は、工程の数などについて、前述した産業技術記念館の説明と多少の齟齬をきたす。しかし、対象とする時期がいつかによって多少の変化があったことを考えれば、両者の説明にはそれほどの違いはない。それどころか、組立作業場ではヤスリ掛け作業を実質的には行っていないなど重要な記述がある。また、組立用の部品などは五〇個をロット（「号口」）として供給されていることなどが書き留められている。コンベヤーの利用には正確な機械加工が欠かせない点を強調していることなどからも、ビゼットの素養が見て取れる。その彼が「帰国次第、この問題について詳細に検討したい」と言うのは、豊田自動織機の組立現場を観察して彼が感じたショックの大きさを示していよう。

ビゼットは何にショックを感じたのか。単純にコンベヤーを導入していたからという考え方もあろう。しかし、そうした理解はここではとらない。もう一つ、ビゼットが日本で遭遇した出来事を、三井物産の古市勉が記録しているので、それを紹介してから、ビゼットのショックについて考えよう。古市は次のように書く。

日本でどうやら紡機が出来ると云う事を聞き知り、Platt で技術重役の Bisset 氏を、日本に派遣した際、部品工場を見せろと云うので、……町工場へ案内したら［その工場の］おやぢさん……戸棚の抽出から種々のゲージを取り出して来て、之に合せて作ってますと、言われたには B［isset］氏も稍々驚ろきの目を見張った事を記憶する。ホテルへ帰って、B［isset］氏は Platt の職人に一吋の丸棒を作るには、どうしたら良いのかと聞くと、そりゃ、きっちり一吋に削ればよいのだろう。と云う返事で、話にならんと、こぼして居った。(114)

古市の話を信じれば、プラット社の製造現場では、熟練職工たちに許容公差に対する観念がなかったことになる。正確に言えば、個々の部品の製作には彼らなりの方法があったのだが、同じ物を繰り返し製作するときに、どの程度の精度で許容公差を設定するのかといったことや、またそれを簡便に実測するノウハウが不足していたことになる。それゆえ、古市は「当時はプラット社でさえ、職人の熟練によって、アロウワンス［許容公差］を定めて居った」とか、日本の紡績会社やメーカーのほうがプラット社よりも「リミットゲージに関する限りに於ては進歩して居った」と書き記しているのである。[115]
何度も記したように、互換性生産の鍵ともいうべきものが許容公差である。その範囲内に正確に機械加工されていれば、組立作業の現場でヤスリ掛けをする必要もない。ビゼットは豊田自動織機製作所で組立作業を自分の眼で見て、正確な機械加工によって組立作業現場から実質的にヤスリ作業が不要になっているのに驚いたのであろう。さらに、その前提にたって、コンベヤー・ラインを敷設して、簡易的なものながらフォード社の移動式組立ラインと似通った方式で自動織機が組み立てられていることに、しかも第一次大戦前にはプラット社とは比較にならないほど遅れた製造技術しか保持していなかった東洋の日本の企業でそれが行われていることにショックを受けたのであろう。このことはまた、プラット社製品の需要を、いずれ日本の繊維機械メーカーが代替していく可能性をも彼に示すものであったから、単なるショック以上にプラット社の将来に不安を投げかけるものとさえ感じたに違いない。彼が焦燥感に駆られても不思議ではない状況だったのである。[116]

このように、G型自動織機の製作によって、豊田自動織機製作所は互換性生産の方向に大きく踏み出した。そしてこれはプラット社で技術に詳しいと思われていたビゼットから見ても驚くほどのものだった。実際、日本でも、互換性部品を使用した組立加工型の製品を量産できる企業はまだ限られていた。互換性部品を高精度で効率的に製造し、さらに互換性部品を組み立てた製品を作るには、限界ゲージ（リミットゲージ）の使用が欠かせないことは繰り返し述べてきたところだが、その限界ゲージが日本で本格的に使用され始めたのは、一九二一年、呉海軍工廠砲熕部だと考えられている。[117]しかし、一九三五年頃に「同工廠砲熕部のある工場では摩耗限度を超えたゲージが全体の六〇％以上もあった」という。[118]一九三〇年代になると限界ゲージについての理解が進み、実際の使用も大きく普及に向かったとしても、現実には日本機械学会編『日本機械工業五十年』が言うように「当時の限界ゲージ［を使った］工作法が形式的のものであったことを示しているのである」。[119]たとえ「精密測定器ばやりとなって各工場は競ってこの種の測定器を整備し始めたが、それらは実用されるまでには至らず飾［り］物の域を脱しなかった」のだ。[120]

こうした状況を考えれば、豊田自動織機製作所は互換性生産に関する限り、他の日本企業と比べて遜色なかったどころか、大きくリードしていたと言わねばならない。しかも、イギリスやアメリカの繊維機械メーカーは第一次大戦後には不況に悩まされていた。プラット社は、日本の豊田自動織機製作所と豊田式織機を除外した、世界的な繊維機械メーカーのカルテルづくりに奔走していく。[121] これに対し、喜一郎は豊田自動織機製作所の製造能力を活かして自動車事業分野への進出を模索し始めるのである。たとえ萌芽的なものであろうとも互換性生産に踏み出した豊田自動織機製作所の製造能力を活かす方策として、自動車製造に進出することは一つの選択肢だったのである。

3　自動車製造事業創設の試み
――小規模な自動車生産体制の構築――

(1)　事業構想

自動車製造事業への進出は苦難の連続であった。そもそも自動車を製造したことのない人物たちが、自動車事業に進出しようというのである。

自動車事業への進出を推進した喜一郎は、自動車製造の困難さや外国車と競争しながら事業として成功させる難しさに気づいていなかったわけではない。それがどれほど困難なことかについて、彼は次のように書いている。

先づ自動車工業を完成するには莫大な資本を要し、至難な各部分品の製作技術を克服しなければならないし、錬達な組立技術をも掌中に納めなければならない。その原料のみから見ても鋼鉄、鋳鉄、ゴム、硝子、塗料等の広範な工業品に亘り、従って此等工業品がすべて或程度以上発達していなければ、到底自動車工業への着手が覚束ないのです。而も出来上った自動車は、市場に出たその瞬間から、半世紀に近い歴史を持ち、世界的市場を獲得している外国車と一騎打の戦いを押切って行かなければならないのです。こうした各様の困難に伴って、経済的犠牲の大なる事も加速して来ます。日本で果して大衆自動車が出来るであろうか[122]?

このように自動車事業への進出が困難なことを認識しながらも、そこにあえて飛び込む企業者にはそれなりの事業構想や採算の目処があるのが当然であろう。喜一郎の場合、それはどのようなものだったのだろうか。先の引用文で彼が困難だと言っているのは次の点である。

(1) 莫大な資本
(2) 部分品の製作技術
(3) 鋼鉄、鋳鉄などの原料
(4) 組立技術
(5) 外国車との一騎打ちの戦い

つまり、この事業を成り立たせるためには、莫大な資金力があり、さまざまな原材料を使った広範な部品を製作する技術と、その部品を自動車に組み立てる技術を持ち、外国車と競争できる自動車を市場に出すこと——これは品質だけでなく価格でも競争できる必要を意識したものである——、これが到達すべき目標である。目標に到達すべく、自動車事業に着手するには、「工業品がすべて或程度以上発達して」いるという条件が整っていなければならない。この条件が整っていれば、自動車製造に必要な原料や部品を市場で調達することが可能で、後は組立技術を習得し、外国車と競争できる自動車の製造に努力を集中すればよい。

しかるに、一九二〇年代末から三〇年代初頭の日本では、自動車に必要な原材料も部品も国内では調達が困難であったことは自明である。この条件の下で、あえて自動車事業に参入しようとした企業者はいったいどのように事業構想を練ったのであろうか。

こうした状況でも「国産自動車」(しかも「大衆自動車」)という条件、つまり日本国内の原材料を加工して部品を製作し大衆向けの自動車を製造するという制約条件を課さなければ、実現可能な事業構想を練ることは容易である。外国企業との提携などにより、「資材も機械も又ある程度の部品すらも」外国から「持って来る方が容易で経済的である」ことは「明瞭な事」なのである。[123] しかし「国産」にこだわれば、この構想はとれない。

アメリカでの「多量製作はフォードやシボレーの様に年に百万台以上も作る」方式である。これを日本で模倣することは不可能だろう。たしかにアメリカでは年産一〇万台程度の企業も存在している。では、こうした規模の企業の事業方式を模倣した事業構想を練ればよいのか。しかしこうした企業は、アメリカでは「大衆車の域を脱して」、つまり大衆車の製造業者としては生き残ることができずに、「高級車か特別車を作って居る会社」になってしまった。しかも、アメリカでは「相当の部分迄の部品を外注出来る」ので、「組立工場を主として考えて設立出来る状態になって居る」。この組立工場の最適生産規模は年産十数万台であった。喜一郎もこれを認識しており、組立工場でさえも「年産十万台以下では経済がとれぬと云われて居る」。したがって、年産十数万台の企業を模倣すれば、部品や原材料などをアメリカに依存せざるを得ず、「結局、組立だけが日本にてなされる様な結果」になる。これでは「真の国産車」とは言えない[124]。

日本の自動車製造事業は「既に進歩せる外国に比し甚だしく遅れて」いるのだから、「之を俄に回復して彼と伍して劣らぬ事を冀《こいねが》う前に、先づ基礎工業の進歩発達を計画する事が至当と思」われる。しかし、この「基礎工業の発達も……決して早急には行かぬ」ので、「之を最も急速に実現」しようとすれば「已むを得ず外国より材料を輸入する外に途はない」。「外国の材料さえ必要なる丈け輸入して使用することを得れば、我国の経済事情と需要の関係より見て満足なる国産自動車の産出は、就中容易なる問題となる」。しかし、自動車製造を支える「基礎工業の発達は外国の材料を全然用いざる場合に比べて遅々たることは免れない[125]」。

喜一郎の構想は、自動車の最終組立事業だけを日本でするのではなく、時間がかかっても原材料や部品などの「基礎工業」を日本で発達させてこそ、総合産業たる自動車製造事業を日本に創出した意味があるというものであろう。「許容公差」という概念を理解した人間にとって、互換性生産を日本に真の意味で定着させることが目標であれば、精密加工で製造された部品を外国から購入して、その組立工程のみを日本で行うことには関心がなかったのであろう。互換性部品を製造し組立を行い安価な大衆車を日本で生み出すことこそが目標なのであるから。しかし、現実にはアメリカで年産百万台の企業が出現していた。そのようなときに自動車をあえて国産化する必要があるのかという批判もあり得る。こうした批判に対する喜一郎の反論を引用しておこう。

国産自動車は果たしてものになるか。日本の自動車工業は確立し得るかと云う問題については色々な意見がありましょう。米国を視て来られた人は米国の非常に大きな所を見て来て到底日本では真似が出来ぬ。この工業に於て米国と対抗するのは無理であると云われ、又外人技師の意見を以ってすれば毎月何百万円と云う研究費を使って研究して居る自動車工業に、然も三十年来の経験を以って研究をつづけて居る我々に対抗出来るものではない。僅か三四年やってみた所で拾年位の開きは永久的にあるであろうと云う、相当根拠のある意見を出され、これに対して日本内地の人々は何そんなこともあるまいと、井戸の中の蛙の様なことを云うている人もあります。

然し斯う云うことは自動車事業に限らず何事業でも左様でありまして、我々が紡績機械を作る時もそうでありました。二百年来英国で研究した物が、貴国でそう簡単に出来るものか。第一鋳物が到底日本の物ではものにならぬと色々云われたもので、我々の紡機の製造を相当牽制されましたが、……今では外国紡機を問題にする人もなくなりました。最初の中は日本で作ったものは全然使用出来まいと云うことで使用しようとしてくれる人もなかったのでした。紡績事業にエキスパートである人程、国産紡織の不安を強調されましたが、素人の人が使用している居る中に段々良くなって来て、いつの間にか紡績エキスパートの人も見むく様になり、今では外国の物より日本のものの方が良いと云う迄になりました[126]。

彼はアメリカにおける自動車産業の状況を熟知しているにもかかわらず、ただ単純に外国の状況も知らず「井戸の中の蛙」であるかのように日本でも国産自動車を作ろうというのである。たしかに追いつくのは困難だというのは「相当根拠のある意見」だと認めるが、かつて繊維機械の場合でも鋳物の質が問題だとエキスパートが言い、イギリス製品に追いつくのは困難だと言っていたにもかかわらず、「今では外国の物より日本のものの方が良い」と言っているではないか。自動車製造事業は繊維機械事業とは「全く規模に於てちがって」いるから「相当の苦心もいり、又永年の努力もいる」だろうが、自動車製造事業を日本に創り出してみたい、というのが彼の考えである。

では、自動車製造事業をどのように創出するのか。彼の議論からすれば次のようになろう。自動車の原材料や部品の製造を日本で定着させねばならないが、それには時間がかかる。その研究をして、それを地道に育成しながら、完成車を組み立てる技術を学ぶことが必要である。最初から完成車の組立台数を年産十数万台にしたのでは、原材料や部品、組立技術を真に会得できない。とすれば、自動車事業を創出する方策としては小規模に参入することしかないであろう。実際、彼が自動車事業に参入できるかどうかを試そうとした生産水準は、月産二〇〇台だった。月産二〇〇台の乗用車が製作できるかどうかが、大衆車に進出できるか否かを推し量る基準だった。彼は次のように書いている。

最初ニ月産二〇〇台乗用車ノ製作ヲ試作センモノト着手セリ。最初ヨリ乗用車ヲメガケタルハ大衆車ノ製造ニ最モ困難ナルハ乗用車ノ製作、殊ニソノボデーヲ安価ニ製作シウルヤ否ヤノ点ニアリ。[127]

第1章でも論じた、一九二三年にダッジが導入した全金属製の閉鎖型ボデーは自動車産業に大きな影響を与えていた。この点について喜一郎は鋭敏な時代感覚を持っていたと言える。全金属製の閉鎖型ボデーが導入されると、自動車ボデーはオープン・ボデー（外気を遮るものがない車体）から閉鎖型ボデーに一気に変わっていったのである（前掲図1-15参照）。一九二〇年代末には乗用車の主流はもはや閉鎖型ボデーに移っていた。この閉鎖型ボデーを安価に量産しようとすれば、全金属製ボデーを採用するしかなかった。この時期ともなれば、乗用車に金属製の閉鎖型ボデーは不可欠とも言える状況だったのである。豊田自動織機製作所ではそれまで、薄板鋼をプレス型で製作する技術についてほとんど蓄積がなく、ボデー全体を高精度で作ることができるかどうか問題であった。それだけでなく、全金属製ボデーの採用は金型およびプレス機械への多額の投資が必要になることを意味していた。しかも、ボデーは自動車のスタイリングに関係するため、自動車の売れ行きが悪く自動車の外観を変えるとなれば、金型を再びつくり直さなければならない。そのためには、初期投資だけでなく、間歇的に多額の投資が必要になる。これをどのように解決していくかが問題であった。

しかし、こうした事業構想により豊田自動織機製作所は自動車事業への参入を試み、一九三七年にはトヨタ自動車工業が同製作所より分離独立して自動車製造事業に本格的に取り組んでいく。この事業がどのように展開していったのかを次に検討することにしよう。

（2）工場の拡張と生産台数の推移

自動車事業の創出が困難だったことは事実である。しかし、新規事業を始める場合に困難やリスクがあるのはある意味で当然であろう。特に起業の当初には事前に予想もしていなかった事態が次々と生じ、その経営自体を放棄せざるを得なくなることは現代でも多々起こる。

また、事業が一応の安定を見た時点での回顧は、それまでの乗り越えがたい難関をいかにうまく克服してきたかを示そうと、事業開始後の困難を強調しがちになろう。したがって単に回顧録やインタビュー記録など個人的な主観による情報だけではなく、最初に、工場がどのように拡張されたのかと、実際の生産台数がどのように推移したのかについて検討しておこう。対象とする時期は、喜一郎が自動車事業に進出する準備を具体的に始めたと明確に確認できる一九三〇年五月頃を一応の起点とし、終点は第二次大戦が終わった四五年八月としよう。この一五年間に何が起きていたのだろうか。

①工場の立地と拡張

一九三〇年五月頃、喜一郎は「豊田自動織機製作所に自動車の研究室を開設し、自動車に関する調査研究に着手」する。そして一九三三年九月に豊田自動織機製作所はいわゆる「自動車部」を設置したと言われ[128]、三四年一月の臨時株主総会で自動車事業への進出を正式に決定する。これ以降、会社組織をあげて自動車製作に取りかかれる状況が生まれ、自動車専用の試作工場を建設して操業を開始したのが一九三四年三月である。この試作工場が建設されるまで、自動車事業進出の模索は既存の豊田自動織機製作所の工場群の中で行われていたのである。

自動車専用の試作工場には「板金・組立工場」「機械、仕上工場」が約一〇〇〇坪ずつ、「倉庫」が約五〇〇坪、それに約二〇〇坪の「材料試験・研究室」が配置されている[129]（図3-5参照）。総面積が約二七〇〇坪（約九〇〇〇平方メートル）、つまり東京ドームの約二割の敷地で自動車の試作や研究が始まった。この試作工場に海外から買い付けた工作機械が運び込まれ設置されていく。

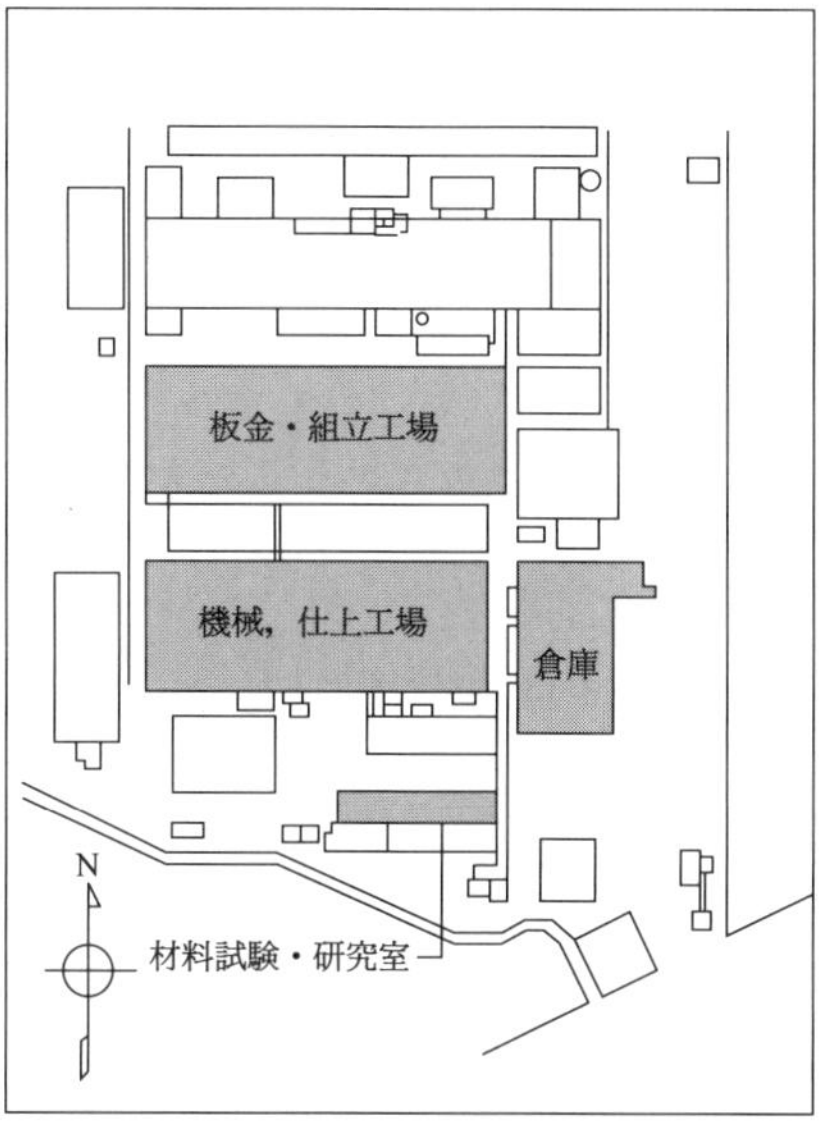

図3-5　自動車の試作工場の配置図（1934年頃）

出所）トヨタ自動車株式会社編『トヨタ創業期写真集――大いなる夢，情熱の日々』(1999年)，40頁。

この試作工場で特徴的なのは「材料試験・研究室」であろう。『トヨタ自動車三〇年史』によれば、ここに「機械的性質試験室、物理的性質測定室、顕微鏡試験室、化学分析室、塗料試験室、可燃性物質試験室、電気冶金試験室などを持ち、当時の大学、研究室などの材料試験室に匹敵するもの」だったという[130]。自動車の経験の蓄積がほとんどない国に位置する企業は、材質の研究と検討から始めなけ

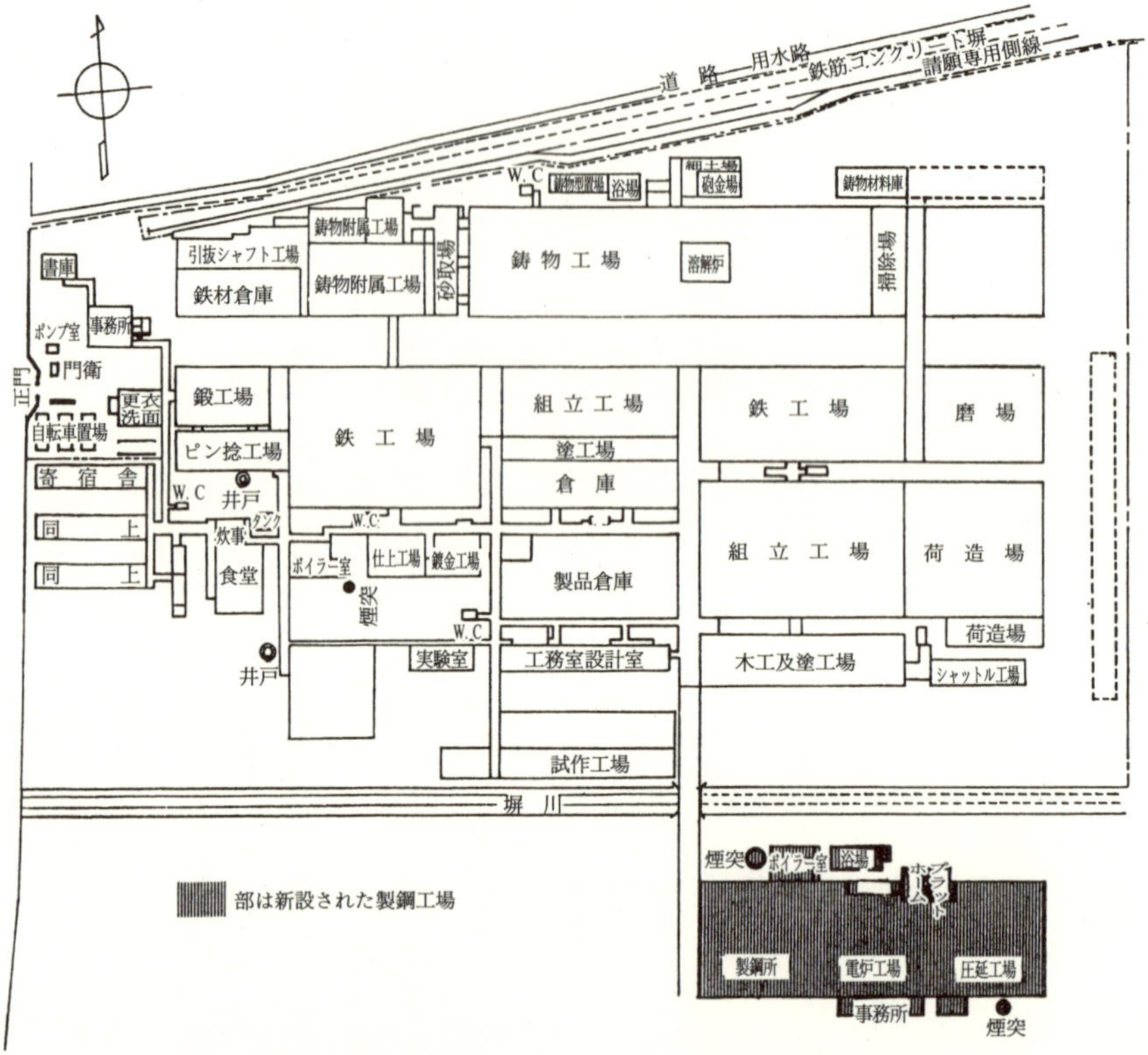

図 3-6　豊田自動織機製作所の工場配置図（1934 年頃）

出所）豊田自動織機製作所『四十年史』（1967 年），235 頁。

ればならなかったことを示している。

試作工場の操業開始から四カ月経った一九三四年七月には製鋼所が完成する。その意図は、「少量のため専門の大会社では作ってもらえない自動車用の特殊鋼、ならびに特殊な寸法の普通鋼を製作すること」、ならびに「自動車用鋼材の研究」だった。試作工場の「材料試験・研究室」とともに、この製鋼所も材質を検討する研究施設でもあった。製鋼所は豊田自動織機製作所『四十年史』が掲載する配置図（図3-6参照）によれば、豊田自動織機製作所の工場の南側に位置していた（また、この製鋼所の南側に自動車の試作工場が隣接しており[131]、立地そのものが鋼材の研究に便利なように考えられて

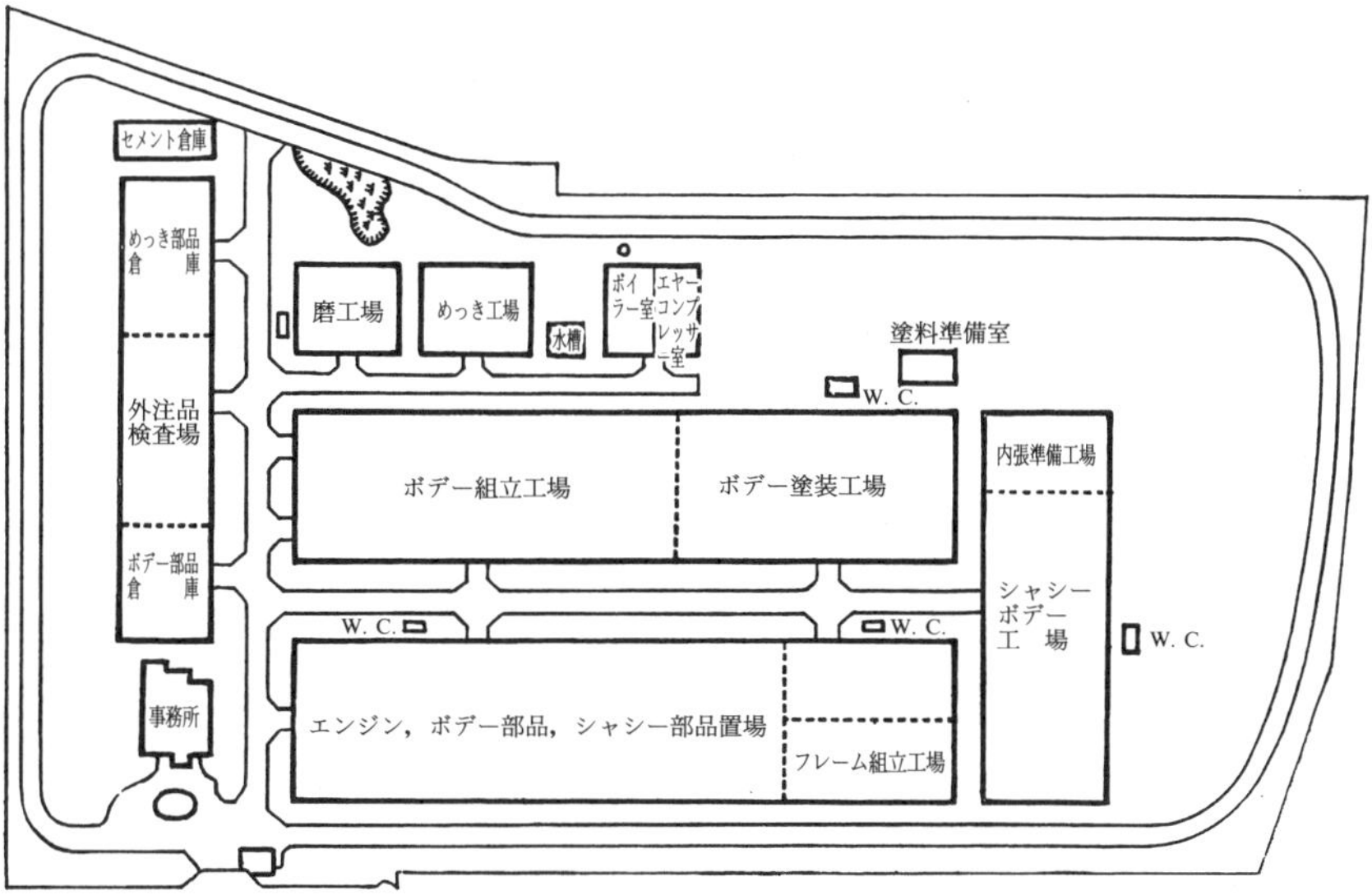

図 3-7　刈谷組立工場の配置図（1936 年 5 月）

出所）『トヨタ自動車 20 年史』(1958 年)，59 頁。

いたことがわかる)。

さらに一九三六年六月には刈谷組立工場が建設され、小規模ながら自動車製造事業の形態が整う。この刈谷組立工場は試作工場から一キロ離れた場所に総建坪約七五〇〇坪（約二万四八〇〇平方メートル、東京ドームの約半分）で建設された。試作工場から組立関係の設備がこの刈谷組立工場に移転された。そして、試作工場にプレス工場を設け、さらに従来からあった鋳物工場・エンジン工場・アクスル（車軸）工場を整備充実した。この結果、刈谷組立工場の配置は図3-7のようになった。

この刈谷組立工場は「大規模な量産工場の建設に着手する前の手ならしの意味でのパイロットプラント」であった。この刈谷組立工場の建設によって、豊田自動織機製作所の「自動車製造部門は粗形材製造から機械加工までの製作工場と、車体加工から最終組立までの組立工場との二部門に分かれ、同時に、工具設計部、エンジン・ボデー設計部、自動車研究所などの研究、設計部門も確立されていった」のである[132]。さらに一九三七年六月には「豊田自動織機製作所内に自動車製造用の工作機械治工具を自給自足するための工機工場が設け」られ、自動車製造の小規模な生産体制を支える陣容が出来上がった。

小規模ながら自動車製造を行う体制を整える一方で、大規模な工場建設の準備も行われた。豊田自動織機製作所は一九三四年七月三〇日に取締役会を開催して、愛知県西加茂郡挙母町で五〇万坪（東京ドーム三五個分）以上の土地を買収する決議を行った[133]。実際に、土地買収が完了するのは一九三五年一二月であるが[134]、これが自動車事業のために構想も新しく建築される挙母工場（三八年一一月竣工）の用地になる。

一九三五年八月九日には「自動車工業法案要綱」の閣議決定がなされた。その前文にあたる「自動車工業確立ニ関スル件」は、日産自動車とともに豊田自動織機製作所が推進していた自動車事業に触れている。二社の自動車製造事業は「未ダ完成ノ域ニ達シ居ラズ更ニ数段ノ努力ト犠牲トヲ必要トスル」としながらも、「其ノ計画ニシテ適切妥当ナルニ於テハ指導助成ノ方策ヲ講ズル必要アリ[135]」と明言したのである。広大な工場建設用地の買収計画は、政府が「指導助成ノ方策ヲ講ズル」対象として豊田自動織機製作所に言及することに大きく与っていたと思われる。そして翌三六年五月に自動車製造事業法が公布されると、九月には日産自動車とともに豊田自動織機製作所が自動車製造事業法の許可会社になる。

豊田自動織機製作所の自動車事業進出は、途中より、明らかに政府の動向を考慮したものとなっていた。製造事業法の公布・施行にあわせて、生産実績をあげておく必要もあり、自動車の開発とその生産体制の整備が急がれた。一九三六年九月には東京で「国産トヨダ大衆車完成記念展覧会」を開催し、AA型乗用車や幌型乗用車、トラック、バスなどを展示する[136]。これは商工省に設置された自動車製造事業委員会が許可会社を内定する日程にあわせ、製造した自動車を示す必要があったためであろう。ともかくも九月に豊田自動織機製作所は自動車製造事業法の許可会社に指定される。この九月にGA型トラックの生産が開始され、生産実績としては一〇月に初めて一台が計上された[137]。

そして翌三七年八月にトヨタ自動車工業が設立される。ただし、挙母工場の完成は、一九三八年八月に予定されていたものの、実際に竣工したのは同年一一月三日であった。さらに、本格的に工場が稼働するのは翌年春であった。この工場全体の敷地は約六〇万坪であったが、「さしあたり操業を開始する部分は、敷地一五万坪に亘る建坪約六万坪の工場」であった。『トヨタ自動車三〇年史』に掲載されている工場の内訳を参照すると、一九三九年初頭では約五万三〇〇〇坪、同年中に約一万六〇〇〇坪の建屋が拡張された[138]。ともかく約六万坪、つまり東京ドーム約五個分の大規模な工場群が一九三九年に稼働を開始したのである。

②生産台数の推移

こうした工場の増設や設備の整備にともない、自動車の生産台数はどのように増減したのだろうか。また、そこにどのような問題が見られたのだろうか。もちろん、表面的な生産台数の推移からは窺い知れない問題もあろうが、さしあたり簡単な接近から始めることにしたい。ここではまず、数字を確認しながら疑問点を順次指摘していこう。

最初に一九三九年四月までの月産台数を確認しておこう（図3-8参照）。一九三九年四月までとしたのは次の理由による。一九三八年一一月に挙母工場は竣工したが、完全に稼働し始めたわけではない。挙母工場の完成を記念して、全国のトヨタ自動車販売店を同工場に招くのが一九三九年三月なので、そうした行事が終わって一応の安定を取り戻したと思われるところまでを掲げたのである。つまり図3-8は、生産実績として一台が初めて記録される一九三五年一〇月から、挙母工場がようやく本格稼働を始めたところまでを示したものである。

しかし、生産実績の動向を見る前に、問われるべきことがある。一九三五年一〇月に最初の一台が生産されるまで何を行い、何が問題だったのか、である。一九三〇年春に自動車に関する調査研究に着手してから最初に自動車を生産するまでに約五年半という歳月がかかっている。そこで、どんな取り組みが行われ、何が問題だったのか。これが第一の問いである。

次に生産実績を見ていこう。一九三五年一〇月に最初の自動車が生産された後、その年の三カ月間で合計二〇台を生産し、そのすべてがトラックであった。翌三六年六月に刈谷組立工場が完成する。七月には月産一〇〇台にあと一台のところまで迫り、八月には生産台数が減少したものの、九月以降は急激に生産台数を増やし、一二月には二七〇台に達する（三六年の年間生産累計は一一四二台、そのうちトラックが約八割を占め、乗用車は一〇〇台、バス一三二台である）。翌三七年二月には一二三台と半減したものの、三月以降になると再び生産台数は上昇し、同年六月から三カ月間連続して月産四〇〇台を上回る。一九三七年九月、一〇月の二カ月間は四〇〇台を下回っていたものの、その後は三八年八月まで月産四〇〇台を安定的に上回っている。事実、一九三七年六月から翌三八年八月までの一四カ月間の平均月産台数は四四六台（標準偏差は五〇・九）であった。一九三八年八月にトヨタ自動車工業株式会社が設立されたのも、こうした順調な生産動向を反映した自信の現れでもあろう。しかし、一九三八年九月より翌三九年一月まで月産台数は減り続け、生産が上向くのは二月以降である。これは挙母工場の竣工に伴う準備作業や整備などのためであろう。そして、一九三九年一月には累積生産台数が一万台を超え、同年四月には月産一〇〇〇台の水準を初めて超えた。

このように月別に生産台数の推移を追ってみると、工場の新設や設備の移動などによる混乱があると生産台数は下落しているが、工場がいったん設置されれば生産は段階的に順調に上向いたように思われる。試作工場段階では二桁の月産台数であったものが、刈谷組立工場の設置によってほぼ月産一〇〇台を超え、その稼働一年後には月産四〇〇台をほぼ安定的に生産し、挙母工場が本格稼働し始めてからは月産一〇〇〇台に達したのである。

ところが、挙母工場の本格稼働後は一転して生産台数の変動が激しくなる（図3-9参照）。もちろん、この生産台数の変動だけに眼を奪われることなく、一九三九年四月から一九四五年八月までの図3-9の全期間（七七カ月間）をとっても月産平均台数は一〇〇〇台を上回っていたことにも着目しておかねばならない（平均一〇五二・四台、標準偏差は四一八・五）。戦争末期になれば資材調達が困難な状況が発生し生産の遂行すら困難だったと考えて、

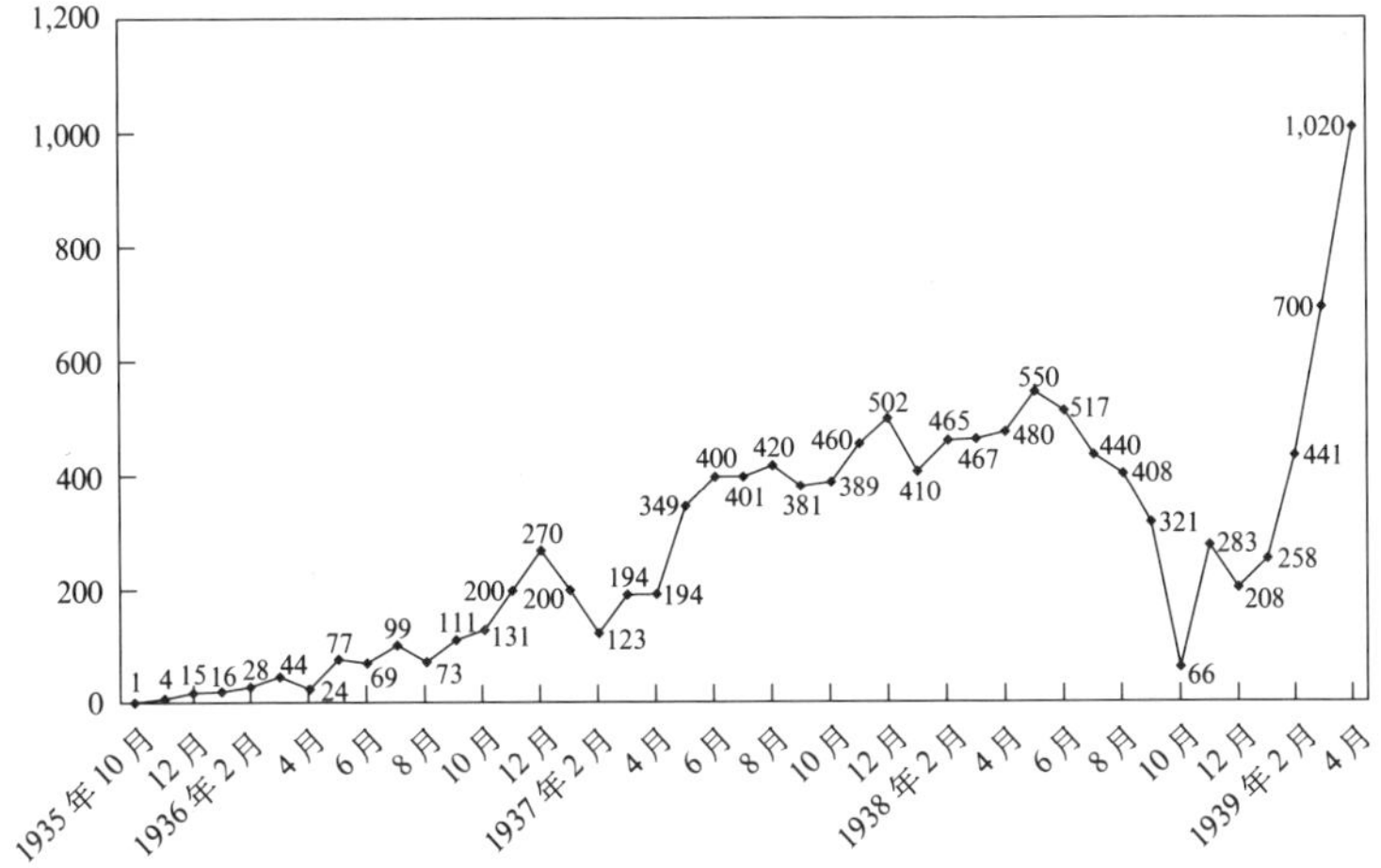

図 3-8　トヨタの月産台数の推移（1935 年 10 月〜1939 年 4 月）

出所）『トヨタ自動車 20 年史』702 頁。

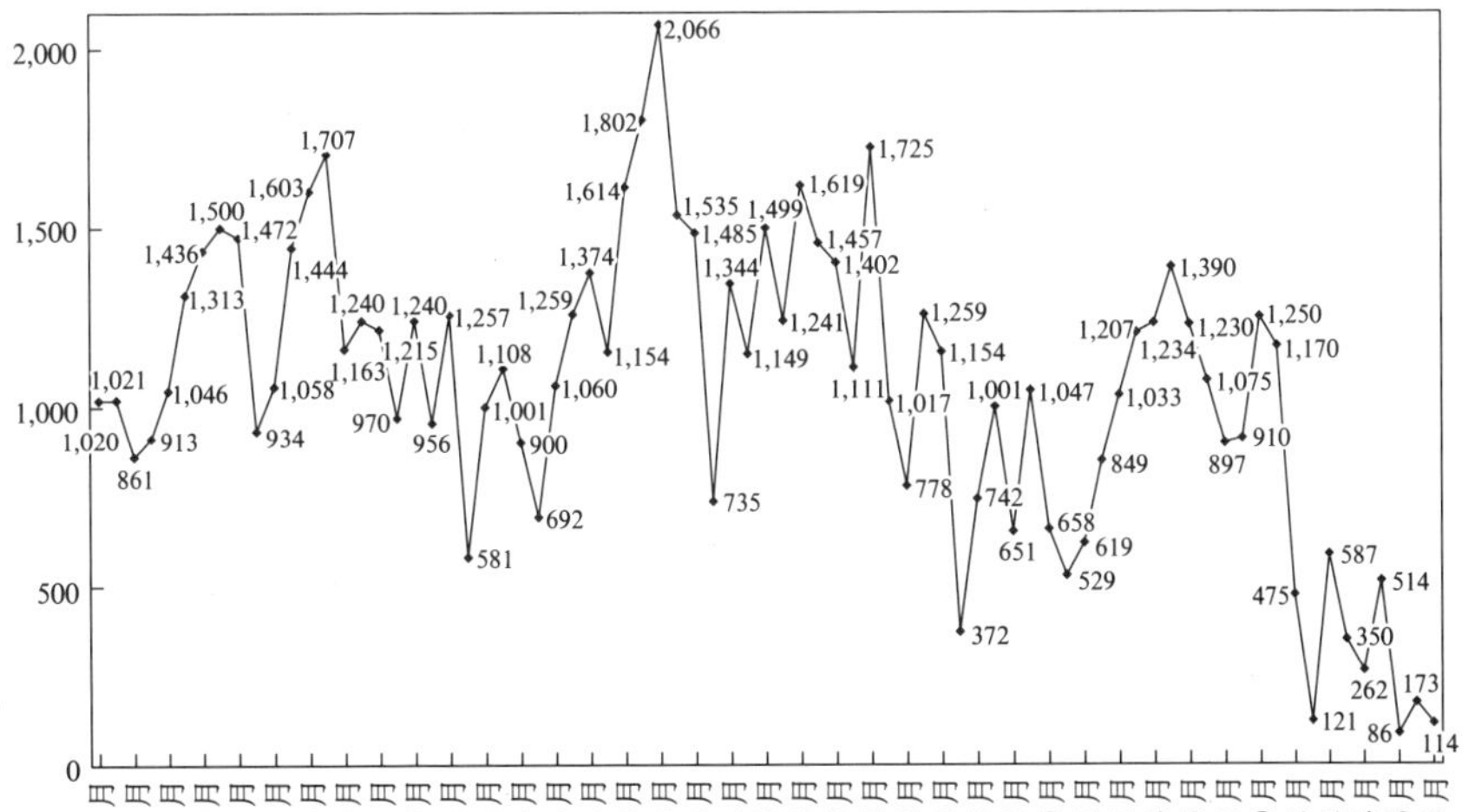

図 3-9　トヨタの月産台数の推移（1939 年 4 月〜1945 年 8 月）

出所）『トヨタ自動車 20 年史』702–04 頁。

戦時期に最後に月産一〇〇〇台を達成した四四年一一月までの六八カ月間のデータを見るなら、平均生産台数は一一五二・三台（標準偏差は三二七・九）になる。それにしても生産台数の変動が大きかったことに変わりはない。

最初の一台を生産するまでに長い助走期間が必要であったことはすでに指摘した。だが刈谷組立工場から挙母工場への移行は、生産台数だけを見れば一見順調に推移したかのようである。しかし、問題点も存在していた。まず、自動車の品質はどうだったのであろうか。また、「外国車との一騎打ちの戦い[139]」が念頭にあり、挙母工場が本格的な自動車工場として建設された以上、その本格稼働とともにコストが問題になったはずである。生産台数が月産平均で一〇〇〇台の水準に達した時点での品質とコストはどのようなものであったのか。これが長い助走期間に次ぐ第二の問いである。

第三に、社史などにおいては、挙母工場では自動車の組立はコンベヤーによって流れ作業的に行われていたかのように書かれることが多い。しかし、資材不足や政府（あるいは軍部）による圧力が原因であれ、生産台数が大きく変動している中で、本当に流れ作業が実現されていたのであろうか。

これら三つの問題、つまり長い助走期間、品質とコスト、流れ作業について以下順次考えてみたい。

（3）長い助走期間の問題

一九三〇年春に自動車の調査研究に着手し、最初に自動車の生産が行われるまで約五年半かかっている。このいわば助走期間においていったい何が問題だったのか。

これまでエンジンの問題が突出して大きく取り上げられてきた。自動車には数多くの部品が使われており、それの製造にも問題はあったはずであるが、現実にはエンジン以外の問題はあまり取り上げられていない。その理由の一端は、一九三五年五月にA1型乗用車第一号の試作が完了したことに触れて『トヨタ自動車二〇年史』が書くように「社内でつくったのはシリンダー・ヘッド、シリンダー・ブロック、ハウジング、トランスミッション・ケースていど。ギヤー関係、シャーシ部品は、ほとんどシボレーの部品を使った」という事情があったからである。「重要部品のすべてをつくるところまでいかなかった。やむをえずイミテーション・パーツを買って、車に組み付け」たのである。[140]この部品の問題については後で考察する機会があるので、ここでは取り扱わない。だが、すでに述べたように、喜一郎は「大衆車の製造ニ最モ困難ナルハ乗用車ノ製作、殊ニソノボデーヲ安価ニ製作シウルヤ否ヤ」だと考え、ボデーを重要視していた。したがって、ここではエンジンのみならずボデーについても何が初期の製作において問題になったかを検討しよう。

①エンジン

自動車製造事業に進出する際に、最初にエンジンの製造能力があるかどうかを検討するのは当然であろう。そのために、最初に模倣しながら試作をする対象に選んだものが、一九二〇年代の日本で数多く輸入されていたスミス・モーターだったという。これは小型のエンジンで、普通の二輪自転車や三輪自転車に取り付けられ、荷物運搬などに使う簡便な自動自転車になるよう使用されていたものである。これをモデルにしたエンジンは一九三〇年一〇月には完成し、三三年八月には六〇ccのバイク・モータ一〇台を試作したと言われている。一九三〇年五月頃から自動車研究を始めたとされているから、最初の小型エンジンの試作まで五カ月ほどかかり、ほぼ三年間にわたり小型エンジンの試作研究を繰り返して、自動車製造に進出することが可能かどうかを確かめたことになろう。豊田自動織機製作所が「自動車部」を一九三三年九月に設置したと言われているのは、この検討が終わったことを意味しよう。さらに前述のように、豊田自動織機製作所は一九三四年一月の臨時株主総会で自動車事業への進出を正式に決定し、これ以降は会社組織をあげて自動車製作に取りかかれる状況が生まれたわけだが、「A型エンジン（第一号エンジン）試作完了」は三四年九月であるから、自動車事業への進出を正式に決めた後、半年以上も自動車エンジンの試作が完了しなかったことになる。シリンダー・ブロックなどの鋳造に「悪戦苦闘」したためであったことは繰り返し語られてきた。「自動車位の鋳物は何とでも解決」できると自信を持っていたはずの鋳造でのトラブルが生じたのである。[141]

鋳物に関しては二つの問題点があった。第一は中子《なかご》、つまり中空の鋳物を製作する場合に、その中空部分に入れる鋳型に関するものであった。自動織機の製作では中空で複雑な形状をした鋳物をつくる必要はなく、中子をつくった経験がなかった。ところがエンジンには冷却水の通る複雑な形をした中空部分があり、その製作には中子が必要だった。第二は、シリンダー・ブロックを鋳物で製作することができるようになっても、その仕上げをするために研磨してみると、鋳物に「す」（「鬆」ないし「巣」）ができていたことである。「す」、つまり溶けた金属を鋳型に流し込んだ後、金属が冷えて固まる時に、空気や鋳型、溶けた金属などから出たガスが鋳物内部に閉じこめられて生じる細かい空洞部分があったのである。「す」があると強度が落ち、場合によっては意図した鋳物製品として使用できないことになる。

鋳物についての問題とその解決について語っている当時の従業員の発言を引用しておこう。

私が鋳物に［とり］かかったのは、昭和九［一九三四］年五月頃と思いますが、その当時、入社したばかりで、まだ実習中で、第一、どうして中子を組むんだろうとその組立からして、わからない。それに、たずさわっている人は、相当長い経験の人でしたが、シリンダーブロックは、初めての様でした。色々とやって、一応、形は出来ましたけれども、削ってみると、中から必ず巣が出るという状況で、当時鋳物工場は堅い所を削ってしまうと、摩耗に悪いと云う事で、仕上げ代［仕上げの切削などで失われる部分を見積もり、仕上り寸法よりも大きく作る部分］は、出来るだけ少なくすると云う事で、ボアー［シリンダーの内径］の仕上げ代は、片側で、一／一六吋ですから、大体一粍強しかなかったと思います。

その程度で、削りますと、いくつ、つくっても、巣が出て困った。その後、仕上げ代を、増して、やってみますと、巣が少なくなりました。それから順調になりました。[142]

こうして問題を一応、解決したが、今度は出来上がったシリンダー・ブロック内に中子で使った砂が残っていることが問題になる。この状況についても当時の従業員の発言を引用しておこう。

どうやら、巣も少なくなり鋳物が出来る様になったら、今度は［シリンダー・］ブロック内に残っている砂を、なんとか取らなくてはいかんと云う事で、それまでは油砂を使わずに硅砂を粘土でかためたもの、或は之にコークスのこまかい砂をまぜ合わして、かためたもので、非常にこわれやすい中子で、それでも熱のために砂が焼き付いて完全に取れなかった。(143)

この問題を解決するために導入されたのが油中子であった。中子を、油の粘結剤を含む鋳物砂で作ったのである。この油中子の使用も、それほど簡単ではなかった。

油砂中子を一応、使いこなせるのに、三カ月から半年ぐらいかかった。油中子は瓦斯抜きが良いと云う事を聞いており、事実、瓦斯抜きが良いので、完全に瓦斯抜きはしなければならない事に気が付いた。これを知らなかった為に、鋳型に注湯しても噴火口の様に湯を吹き上げられてしまった。今思うと、なんでもない事なんですが、その当時としてはそれで行き詰まっていた。(144)

このように自動車用エンジンの製作は、自動織機での鋳物製作の経験だけではうまくいかなかった。この点について豊田英二は次のように簡明に述べている。

喜一郎に言わすと、鋳物の塊みたいな自動織機を作っておったから、鋳物はいけると思っていたんですね。ところが、さあやってみると、なかなかうまくいかない。第一、自動織機はもともとが自分たちのオリジナルデザインでしたから、むしろ鋳物がやりやすいように初めからデザインしてしまっている。ところが、エンジンになるとそうはいかない。いくらやりいいようにやろうと思ったって、エンジンのシリンダブロックなどの場合には、中子のない鋳物ですむ織機みたいなわけにはいかない。

なかなかいいものができないわけです。まず、すのない鋳物をつくることから始まるわけですが、それがなかなかうまくいかない。やってみても不良ばっかりできる。そういうことでだいぶ苦労したり、費用をかけたりしました。(145)

このようにシリンダー・ブロックの製作に苦労したことは事実である。しかし、一九三四年一月に豊田自動織機製作所が臨時株主総会で自動車事業への進出を決定してから約一年半後の三五年七月に、同製作所が資本金の増資に踏み切ったことも事実である。増資の二カ月前（一九三五年五月）にはA1型乗用車の第一号車の試作を完了していることを考えれば、シリンダー・ブロックの製作は三四年春には一応解決していたと考えるべきであろう。喜一郎が自ら書いているように、鋳造に「悪戦苦闘」したけれども「一年余りで成功した」のである。

喜一郎が書いた文書を丹念に読んでいっても、それ以後のエンジン製造についてトラブル続きであったという記述はない。実際、A型エンジン（六気筒、排気量三三八四cc、六五馬力）の後、一九三八年三月にはB型エンジン（六気筒、三三八六cc、七五馬力）の試作を開始し、自動車にも搭載されていく。その他にも、一九三七年六月には小型乗用車の試作を進めており、それにE型エンジン（二気筒、五八五cc、一八馬力）を搭載した記録がある。(146)さらに一九三七年五月頃からC型エンジン（四気筒、二二五八cc、四八馬力）を進めており、翌三八年七月頃からこのエンジンを搭載した中型乗用車（AE型）の試作に着手している。(147)こうした展開を考えれば、エンジンの性能や量産にはなお問題を残していたとしても、初期の苦労だけを強調しすぎて、エンジンを製作する能力を獲得していたことを忘れるべきではないだろう。

②ボデー——全金属製閉鎖型ボデーの採用

喜一郎の目標は自動車事業に単に進出するのではなく、乗用車の製造にあった。すでに一九三〇年代初頭ともなれば、自動車製造、とりわけ乗用車の製造をたとえ小規模であれ量産型産業として構築しようとした場合には無視し得ない条件があった。それは第1章でも論じた、ダッジが一九二三年に導入した全金属製閉鎖型ボデーであった。これは自動車の製造方法だけでなく、自動車のスタイリングにも大きな影響を与えていたのである。乗用車製造を目標に掲げるのであれば、全金属製の閉鎖型ボデーの製作を避けて通ることはできなかった。

この全金属製ボデーを採用することは、先にもふれたように二つの大きな問題を提起した。第一に、豊田自動織機製作所においては、それまで薄板鋼をプレス型で製作する技術についてはほとんど経験がなく、技術的蓄積がない薄板鋼プレスでボデー全体を高精度で作ることができるかどうかである。第二に、全金属製ボデー採用は金型およびプレス機械への多額の投資が必要になることを意味していた。しかも、ボデーは自動車のスタイリングに関係するため、自動車の売れ行きが悪く自動車の外観を変えるとなれば、金型を再びつくり直さなければならない。そのため初期投資だけでなく、間歇的に多額の投資が必要になる要素があったのである。

この点について喜一郎も認識していた。彼は次のように言う。

我国で自動車工業の発達し難い一つの原因はボデーの製作が米国の如く多量製産でもいかないし、又手叩き程度のものでは自動車工業の確立は六敷しい。此の方面を如何に解決すべきかと云う事は当業者が常に頭を悩ます問題の一つでありました。……日本人は割合に器用である為めに手叩きで相当のものを作って居ますが、多量製産には何うしてもプレスでなくてはなりません。但し米国の如く何百万台も作る訳ではないので、型の製作に余り金を掛ける訳には行きません。何とか日本独特の方法を講ずる必要が有ります。主なる所はプレスで、後は手細工でやる位にしなくては到底米国その儘の方法を採用する訳にはゆきません(148)。

実際に目指した目標は月産二〇〇台の乗用車であったと彼は明言していたが(149)、しかしこの目標は、彼が死去した一九五七年になっても達成されなかった（同年の乗用車は年産一八五七台）。また実際に、生産実績が記録され始めた一九三五年にはトラック二〇台が生産されただけで、乗用車は一台も生産されていなかった。これは「ボデーに手の掛からないトラックの製作を先行させる」ことにしたからであろう(150)。

この事情を『トヨタ自動車二〇年史』は次のように言う。

ボデーは、すべて、手たたきでつくっていましたので、時間ばかりかかって、作業は進まず、やっと一〇台のうち七台のボデーをなんとか仕上げました。この作業は、ぜひプレス化しなければなりません。といって、いますぐプレス化するというわけにはゆきませんので、ボデーにはさして手数のかからないトラックの製作を先に進め、その間に、乗用車の設備をととのえることにしました。[151]

乗用車の生産は翌一九三六年から始まる。その年には一〇〇台、翌年には五七七台が生産された。結局、一九三九年の一九台を最後に、合計一九一二台を生産して敗戦を迎えた。一九三九年までにトヨタによる自動車生産の累計は九万一八台だったのだから、乗用車は全生産台数のわずか二%にすぎなかったのである。この理由を単純に戦争による資材不足だと考えるだけでよいのだろうか。その他に生産面での問題はなかったのだろうか。

実際に、ボデー製作がどのように行われていたのかについて書かれた資料を探してみよう。先に引用した喜一郎の文章を掲載している冊子『トヨタ自動車躍進譜』には「トヨタ自動車工場案内」がある。この冊子は一九三七年八月に「豊田自動織機製作所自動車部」から発行されている。[152] つまり、トヨタ自動車工業株式会社が設立される直前であり、本格的な自動車工場である挙母工場に生産が移る前の状況を説明したものである。言い換えれば、刈谷組立工場の時期で、月産四〇〇台を安定的に生産し始めた時期について書かれたものである。この「案内」から「ボデー工場」の説明の一部を引いて検討してみよう。

製作工場内のプレス工場で、数百の型を用いて大小各種のプレスが、自動車のフレームや乗用車のボデー部分を鮮やかに打［ち］出してゆくのを我々は見たが、乗用車のボデーに用いる部分や、トラックやバスのボデー廻りの物は組立工場内のボデー工場に送られるのである。

流線［型］トヨタの美しいターレットトップ、ドアーや、前部、後部、其の他細部各様の形をした鋼板が、フレーム工場に隣［接］しているボデー工場に入ると、此所でも仕上げ迄の作業が流れ式《コンベア》によって行われてゆく。

トヨタ独特の全鋼製ボデーが見る見る出来上がってゆくのである。コンベア・ライン上を流れ進むに随って、鎔接作業が進行すると、まだ塗装されていないから、色は鋼板の生地のままであるが、形は紛れもないトヨタ・セダンのあの麗しい形。これがコンベアラインの最終点《ゴール》に於て鮮かに浮び出す[153]。

まるで現代の自動車工場を見るような説明である。ボデーの生産に何も問題がなかったかのような印象を与える。同じ冊子で喜一郎が「主なる所はプレスで、後は手細工でやる位にしなくては……」と慎重だったのに比べ、この文章はすでに「米国そのままの方法を採用」していたかのような説明なのである。

この冊子『トヨタ自動車躍進譜』の発行時には、刈谷組立工場はほぼ月産四〇〇台を安定的に生産していた。したがって前述の説明は実態を反映していると考える読者も多かろう。だが、乗用車だけに関してみれば、一九三七年の年産は五七七台である。月産平均では四八台、一カ月の稼働日が二五日だとすれば日産二台がせいぜいである。この台数で「コンベア・ライン上を流れ進む」とか「全鋼製ボデーが見る見る出来上がってゆく」のであろうか。一つのボデーが流れ進んだとしても、次のボデーが来るまでは長い時間がかかるはずであろう。「見る見る出来上がってゆく」という形容は、一日に平均して二つのボデーしか製造されない状況に適切な表現かどうか疑問である。それとも、ボデーだけがロット生産される日があって、その日の状況を示したものなのであろうか（この最後の点、つまりロット生産だったのか否かについては本節の最後で考察する）。

全金属製閉鎖型ボデーが導入される前は、木材でボデーの骨格をつくり、その上に金属板を貼り付けていく木骨閉鎖型ボデーが主流であった。豊田自動織機が自動車製造に進出した頃に働いていた従業員は次のように言う。

> あの頃は、会社の参考品などを見ても木骨ボデーが非常に多かった。その頃において、スチール・ボデーを始めたというのは、相当先見の明があったのじゃないか[154]。

喜一郎は「先見の明」があったというより、自動車技術・スタイリングの動向に精通していたのである。この世界的な大きな動向にあって、全金属製閉鎖型ボデーを採用しなければ、乗用車製造事業に参入したとしても、生き残りは絶望的な状況に陥ったはずであった。

この全金属製閉鎖型ボデーを製作するには、大型プレス機が必要である。しかし、トヨタで二〇〇〇トン・プレスが据え付けられたのは一九五一年になってからである。(155) これとても、「サイドフレームの加工を行なう」ものであった。(156)『トヨタ自動車二〇年史』は次のように説明する。

日本では、アメリカのように、ふんだんにプレス機械を使うことは、経済上できないことなので、機械の数は、最少《ママ》限度にとどめ、そのかわり、プレス型をいくつもつくって、取り替えることにしました。(157)

この説明では、プレス機の数を抑えたかわりに、プレス型はたくさん使って、プレスをうまく行ったかのような印象を受ける。だがプレス型の製作にかかる費用が高いことを知っていれば、その型を「いくつもつくって、取り替える」ことは可能だったのかという疑問がわく。

この点について、当時の従業員たちの回顧が答えてくれる。ある従業員は、トヨタが国産の薄鋼板を使わずに外国製を買うようになった点について疑問を提示する。「アームコー［アメリカの鉄鋼会社による鋼板］を相当たくさん買われたけれ共、あれは鉄板に対する国産の見切りをつけたためにああされたのですか(158)」。これに対し、事情を知っていた従業員は次のように答える。

国産ではどうしてもエリクセン値［鋼板が深絞り成形に適しているかどうかをためした実験での測定値］が出ない［つまり、悪い］から破れる。もっともそれは次の様な点があるのです。プレスをやるのに非常に無理をした。一台分だけでプレスの型だけが［で］一五〇万円かかる。それで成丈倹約をしようということで、ドアはアメリカで七工程～九工程でプレスしているのを三工程でプレスした。だから非常に無理があって破れるのです。それだから材料の悪いのではうまくいかない。(159)

つまり実態は、プレス機もプレス型もできるだけ少ない数で作業をしようとしていたのである（このプレス機の節約についても後述する）。

こうした状況ではボデーの加工精度が高かったとは到底考えられない。このことは「産業技術記念館」の展示説明からも窺える。そのうちの主だったものを紹介しておこう。最初は「AA型ボデーの塗装工程」に関する説明である。

当時のボデーは、精度の悪いプレス品を板金加工で成形していたので凸凹があり、その欠陥を塗装工程で補うため、パテ塗りなどの修正が多かった。また塗装そのものの技術も低かったので一層手間がかかり、同じラインや工程を何回も繰り返す、現在よりもむずかしい作業内容であった(160)。

また「AA型乗用車組立工程」の全般的な説明は次のようである。

ボデー精度が低いため、シャシとの寸法調整作業が伴い、ボルト締めもスパナによる手締めで、時間を要する作業だった。また、組立後も調整工場や修理工場で調整、手直し、塗装の補修が行われた(161)。

手作業による板金加工で製造されたボデーは精度が低いため、組付部品はボデーに合わせて加工、修正（現物合わせ）の上、組み付けた。また、ボルト、ナットは手工具で一個ずつしめつけた(162)。

この乗用車組立工程を再現した箇所では、さらに各工程での問題点が説明されている。その中から四工程についての説明を掲げておく。「ラジエータグリルほか組付工程」では、加工精度の低さをカバーするために、「ラジエータグリルなどを組み付ける際のボルト穴は、調整ができる穴で」あったという。また、「ボデー架装工程」ではシャーシとボデーはボルトで組み付けられたが「両者の寸法調整には、ヤスリやハンマ、こじ棒、電気ドリルなどを用いた」といい、これも低い加工精度のために必要だった作業である。「ガラス切断工程」でもボデー精度が低かったために「ボデーのガラス取付部位の形状に合わせて一枚ごとにガラス切りで切断」していたのである。さらに、この再現された組立工程に「ドアー、フード建付修正工具」が置かれており、そこでの説明は次のようになされている。

ボデー精度が低いため、各部品の取付穴はずれており、ドア、フード、ステー類などの取付には、こじ棒でこじったり、木ハンマで打って穴ずれを修正しながら取り付けた。

このような状況では、ボデーが「コンベア・ライン上を流れ進」んで、「全鋼製ボデーが見る見る出来上がってゆく」ことは実現していなかったと考えるほうが実態にあっていよう。

しかも、この状況は第二次大戦後になっても続いていたのである。

昭和二〇年代の薄鋼板ボディーの加工は、鋼板から一枚一枚ゲージに合わせてシャーリングマシンで切り抜き、油圧プレスで型押ししたあと、ハンマー、タガネなどを用いて手たたきで仕上げるといった具合で、手加工が主体であった[163]。

ボデーの加工精度を高めることは、戦後になっても課題として残っていたのである。

生産台数が多くなれば加工精度の高いプレス機とプレス型を投入して、手作業を排除していくことも可能だったろうが、これが不可能な状況では加工精度の低いままでの製作を続けるしかなかった。アメリカでも全金属製閉鎖型ボデーが導入されるや、多数の自動車メーカーが市場から退出していかねばならなかったのも（前掲図1-19参照）、販売台数の少ない企業ではボデー加工への多額な機械設備投資を負担できなかったことが原因の一つであった。

前述のように、トヨタの場合、戦時に突入したためにトラックの生産が主流になる。一九三五年一〇月から四五年八月の敗戦までの自動車生産台数は計九万二二二五台であったが、そのうち乗用車は一九一二台で全体の二％しかなかった。これは資材の不足や、戦争遂行のために乗用車生産が実質的に禁止された（また需要もほとんどなかった）こともあるが、挙母工場に準備された機械設備だけでは高精度の乗用車ボデーを量産することも難しかったからである。乗用車の生産台数が少量にとどまる限り、大幅な機械設備の増強はなされず、手たたきによる低精度のボデー製造が続いたのである。

トラックでもボデー製造には問題があったのだが、当時の商慣行がボデーの製造については大きな問題を引き起こさなかった。つまり、この当時の日本でも乗用車はシャーシにボデーを架装して販売していたが、「トラックはシャシー売りが慣習であり、地方のボデーメーカーで製作・架装が行われていた」[164]。したがって、ボデーを内製する必要がなかった。しかも、全金属製の運転台や荷台ではなく、「木骨運転台と木製荷台」が主流だったため、こうしたボデーに使う金属片をプレスすることは、乗用車の全金属製ボデーと比べれば技術的には容易だった。

ただ、全金属製ボデーへのこだわりは、トラックのボデー製作にもあった。『トヨタ自動車三〇年史』は一九三六年一〇月に「トラックのスチールキャブの試作完成」と記している。けれども、「スチールキャブ」（全金属製の運転台）は実際には製作されなかった。トヨタ車体工業は、一九四五年八月三一日にトヨタ自動車工業から独立するが、その設立に先立って同年三月に作成された「会社設立認可申請書」が「車体工業ノ成否ハ木材歩留ニアリ」[165]と書くほど、木材で骨組みをつくることが当時の常識だったのである。実際、独立した当時のトヨタ車体が保有した機械装置から見ても、トラックのボデー製作がほとんど木工作業だったことがわかる。『トヨタ車体三〇年史』は次のように書いているのである。

> 戦時中木製ボデーの生産が主体であったため、木工関係に優れた機械が設置されていたが、その他の機械は比較的小型のものが多かった。しかし、治工具の製作や木工用の機械・装置の自家製作もしたことから、工作機械の比率が高く一〇二台（三八％）、木工機械八一台（三〇％）、プレス機械二三台（九％）であり、中でも唯一の大型クランクプレスである三〇〇トン・ダブルアクションプレスは貴重な存在で大物プレスを一手に引き受けてよく働き愛着の深いものであった[166]。

機械設備を見ても、トラック運転台を全金属製にして量産していなかったことがわかろう。それも戦後に持ち越された課題だったのである。

（4）自動車の品質とコスト

①劣悪な自動車品質

自動車のエンジンとボデーは、あくまで自動車の一部にすぎない。自動車全体としての品質はどうだったのであろうか。「御使用下さいました方々にも、何とも申［し］訳無い様な車が出来て冷汗ばかりかいて居りました」[167]と喜一郎が言うように、自動車の品質は刈谷時代から悪かった。

一九三八年に出版された書物は、日本の中小企業の状態について次のように指摘している。

> 何ヲ作ルニモ図面ラシイ図面ハ使ッテ居ラズ寸法ノ観念ガ全ク無ク、況ンヤゲージヲ使ウ事ナドハ思イモヨラナイ。材料ノ良否モ考エル余地ハ無ク、安クサエアレバ強サヤ耐久力ハドウデモ宜シイ。工作法モ［許容］公差デアルトカ、間隙デアルトカ、七面倒臭イ事ハ考エズニ全ク感《ママ》デヤッテ居ル。形サエ出来テ廻ル所ガ廻リ、動ク場所ガ動ケバ満足シテ居ルノデアル。此ンナ状態デ良イ品物ガ出キ様筈ハナイ。[168]

自動車製造は多数の部品を使用する。その部品すべてを内製するわけにはいかず、この引用文にあるような状況のメーカーに外注する。その部品を使って自動車を組み立てていたのだから「当社の自動車の欠点の相当の役割を、此の外注部品が持って居ました」と喜一郎は言う。しかし、自動車事業が発達していなかった当時の日本にあっては、「完全なる部品の出来る設備のあろう筈がない、しかも完全なる部品を作れと云う方が無理」なので、「部品工場の製作段取りのつくまで、又技術の進歩する迄、悪くても使用しなくては発達しないので止むを得ず注文してきた」。その結果、自動車の品質に関わる「汚名を一手に当社で引きうけて」きたのが、刈谷時代の実際だったというのである。[169]

刈谷の次にできた挙母工場は、単なる大規模工場を意味したのではなく、それまでの刈谷での試行錯誤に基づいた自動車事業の成否の鍵を握る工場であった。喜一郎は挙母工場の稼働に大きな期待を込めていたが[170]、しかし挙母工場が稼働しても自動車の品質は良くならなかった。一方、政府の側では許可会社であるトヨタ自動車工業に増産を要求していた。そのため、同社は一九四一年までに月産三〇〇〇台を達成できるように準備を始めざるを得なかった。一九三九年五月中旬のことである。しかし五月末には、政府は一転して方針を変更する。自動車の品質が良くならなかったため、増産指示を撤回したばかりか、資材の供給に対しても難色を示し始めたのである。[171] 国産車の育成を目指し、また絶えず増産を要求してきた政府が、材料支給の中止までも考えざるを得なかったほど、自動車の品質は十分なものではなかったのである。

②経営問題としての品質——在庫削減から外注部品への着目

実際、挙母工場が完成し稼働し始めても自動車の品質は悪いままであった。喜一郎は明確に言う。「挙母工場完成後に於ける最初の車は予期に反し余りいい製品ではありませんでした」と。この品質の問題が、本格的な生産に移行していく際の重要な経営問題として把握されることになる。それは次のように在庫問題として整理されていく。次の論点にも関わるので長めに引用しておこう。

今後特に皆様に御注意を願いたいことは、吾々の現今造っている自動車は未だ完全なものでないと云うことを自覚していただき度いことで御座います。最近の様に車の不足する時代に於てこんな車でもどうにか売れて行きますが、今後の如く生産台数が漸次増加して参りますと之を販売して行くことは非常に困難な問題であると申さねばなりません。

最近或る会社に於て此の自動車の不足な時代に二千数百台のストックを持っていると聞いて、まさかと思いましたが、之が事実とすれば実に恐ろしいことです。二千数百台といえば凡そ一千万円近くの金額で御座います。これだけの多くの金額の車が売れずにストックしていると云うことは下手な小会社なら潰れてしまいます。翻って当社を見ますと今迄生産台数も少なく幸いにしてストックも持ちませんでしたが今後生産台数が増加して来れば二三カ月分のストックを持つことは当然生ずる問題と考えます。而もそれが一時的の現象であるなら差支えありませんが、製品が悪い為に売れなくてストックを持ったと云うことになると当社としてはそれが致命的な打撃になるので御座います。[172]

不満足な品質の自動車を造っているままで、在庫を抱えるようになったら重大な経営問題だという認識である。これが遅くとも一九三九年春には明確に意識されていた。

ところが、同年九月頃になると、トヨタ自動車工業は約六五〇〇台分の部品や材料の在庫（金額にして約一五〇〇万円もの在庫）を持っていた。この当時の生産水準は月産一〇〇〇台である。つまり六・五カ月分の在庫に相当する量である。在庫問題は他人事ではなくなったのである。他方、依然として、自動車の品質にもクレームがくるという状況であった。

この対策として、品質に問題のある自動車が市場に出回らないように、検査を厳重にするなどの短期的な対応がとられた。また、不良部品については小手先の改善にとどまらず、材質や設計、製造法についても徹底的な見直しをするなどの対応が社内ではとられた。さらに、この問題の長期的な解決のために、自動車の量産に必要な鋼材を自ら供給すべく新たな製鋼所の建設に向かうことにもなる。

それと同時に、外注部品に焦点があてられた。それは自動車の品質にとっても重要な問題だっただけでなく、自動車のコストにとっても大きな問題だったからである。これは他の経営上の問題とともに、急展開していく。トヨタ自動車工業では、政府の急速な増産要求に応えてきたため、二千万円の過剰投資があると喜一郎は考えていた。これを喜一郎は「当社ノ生マレツキ持ッテイル大キナ癌」と呼ぶ。そして、戦争勃発により外国車の輸入が実質的に途絶する中で、この「癌」を取り去ろうとした。その方策の一つが、部品の在庫に関するものであった。すでに六・五カ月分の在庫を抱えている体制を根本的に見直さなければ、生産台数が増えればそれに比例して在庫も増える。こうしたことが起きないような対策をとろうしたのである。喜一郎は「コレガ私ガ購買方針ヲ根本的ニ改メタイ理由デアル」として、外注部品と内製部品の徹底的な見直しを指示した。具体的には、部品の発注点数を従来の七〇〇点ほどから五〇〇点ほどに絞り、小物部品はできるだけ外注に回し、外注金額は一〇〇〇円以内に抑えるよう指示を出したのである[173]。

③外注部品の内製への切り替え——「協豊会」の形成へ

外注部品を内製に切り替えることは、刈谷時代から挙母工場建設にいたるまでにも実施されていた。その状況を喜一郎は次のように説明している。

その当時国産自動車に対する悪評は頻々として来ました。当社製品と雖も決して満足なものばかりでは無いが、サービス方面からの色々の小言に対して、当社製品として悪かった所は片端から訂正する様に努力し、外注品の悪いものは外注先に注意しましたが、仲々我々の感じている程重大視してくれないこととそれが為には工場設備や機械を変更しなくてはならぬ部分が相当に多数にあったので、その部分はむしろ当社製品になおした方が手早く良いものが出来ると云うものは当社製品になおした為めに、最初挙母を設計した当時より出来上った時には、当社製品に改める種類が非常に多くな［った。[174]］

つまり、挙母工場に移転した際には、すでに一部の外注部品の内製への切り替えは実施されていた。一九三九年九月の指示は、この内製化をさらに推し進めようというものだったのである。

これは実施されたのであろうか。『トヨタ自動車三〇年史』には、外注部品が一九四〇年一月頃までに減った状況が掲げられており、さらに同年一月には一段と厳しい削減目標が具体的に示されたとある（表3-4参照）。この部品内製化は「挙母工場の稼働率の大幅引上げと製品品質の向上の方法の一つとして」促進されたというが[175]、その進め方に特徴があった。

表3-4から明らかなように、名古屋地区の部品メーカーに発注する部品点数は多いが、その部品単価は他の地域に比べて低い。地理的に離れるほど、単価の高い部品が多いだけでなく、そうした地域から購入する部品点数を

表 3-4　外注部品の内製への切り替え目標

地　区	1940 年 1 月頃の状況			設定した目標		
	部品点数（A）	1 台当たり金額(B)	(B)/(A)	部品点数（A）	1 台当たり金額(B)	(B)/(A)
名古屋地区	366 点	764 円 12 銭	2 円 9 銭	300 点	500 円	1 円 67 銭
大阪地区	104 点	273 円	2 円 62 銭	50 点	100 円	2 円
東京地区	100 点	1,888 円 40 銭	18 円 88 銭	30 点	400 円	13 円 33 銭
計	570 点	2,925 円 52 銭	(5 円 13 銭)	380 点	1,000 円	(2 円 63 銭)

出所）『トヨタ自動車 30 年史』(1967 年)，180 頁。

削減しようとする意図が感じられる。フォードなどが日本に参入した際に、日本のメーカーから一部の部品を購入したことにより、外国製自動車などの補修部品の市場が拡大し始めていた。[176] こうした部品のうち、信頼できるもので輸送費を払う価値のあるものについてのみ、遠隔地に発注しようとしたのであろう。それと同時に、小物部品については近隣の名古屋地区の製造業者を利用しようとしたことは明白であろう。一九四〇年二月に外注部品内製切替命令が出され、内製化への動きは一層明確になっていく。

こうしたトヨタ自動車工業の部品内製化の動きは、部品製造業者の不満を生み出さなかったのだろうか。トヨタは挙母工場稼動前の一九三八年に名古屋、東京、大阪の三都市で部品企業を集めて懇談会を開催した。ここでは「本格的自動車生産に伴う諸制度の確立策が説明された」という。[177] ところが、先に述べたように一九三九年九月には大幅な部品の内製化に方針が変化していく。そして開催されたのが、一九三九年一一月八日の東京蔵前工業会館における「トヨタ自動車下請工場第一回『懇話会』」である。一九三八年の懇談会の時の状況とは異なり、この懇話会の時にはトヨタ側は内製品を増加させざるを得ない状況にあった。自動車部品の製造に本格的に取り組む意思があった業者からすれば、このトヨタの対応は変節と思われても仕方のないものである。それにもかかわらず、この一九三九年一一月の会合から、部品業者の団体である「協力会」と名づけられた組織が誕生したことは注目に値しよう。[178] 自動車部品に片手間に関わる意図しかない業者であれば、自動車部品製造から撤退すればいいだけである。しかし、トヨタ側にとって必要な、自動車部品製造に本腰を入れて取り組む姿勢を持った業者に対しても厳しい対応がとられているのである。トヨタ側からすれば部品業者を選別しつつ、後者の業者の不満を取り除く対応が必要であったろう。だが、現実には多くの部品を内製化していき、全体の発注額が下落していく状況で、部品業者の不満を解消することは難しい。そこでトヨタ側のとった対応策が、一九三九年一一月（蔵前で「懇話会」が開催されたのと同じ月）に制定された「購買規定」だったのではないだろうか。

その「購買規定」は次のように言う。

当社ノ下請工場ト決定シタルモノハ、当社ノ分工場ト心得、徒ラニ他ニ変更セザルヲ原則トシ、出来得ル限リソノ工場ノ成績ヲアゲルヨウ努力スルコト(179)

つまり、部品業者が「下請工場」となれば、安定的な発注が約束されたのである。この「購買規定」は、部品業者同士の集まりがトヨタ自動車工業への圧力団体と化すことを巧みに避けたものでもある。「協力会」の結成と「購買規定」の制定は、一体のものとして把握されてこそ意味をなす。

一九四三年一二月にこの「協力会」は発展的に解消し、「協豊会」に改組される(180)。

同じ年、トヨタ側は社内組織として協力工場委員会と資材部を設置し、前者が協力会社の技術指導等にあたり、後者が資材の購入から納入までの業務を担当することになった。一九四四年になると、名古屋地域の協力会社は空襲を避けるために疎開をせざるを得ない状況になり、トヨタ側が輸送面で援助した結果、トヨタ自動車工業の工場周辺に集約されていった。このことは、戦争末期に「協力会」「協豊会」に参画していた部品業者が、トヨタ自動車工業にとっても事業を遂行していくうえで重要なパートナーとなっていたことを意味していよう。まさしく「分工場」としての扱いを受けていたのである。

これらの部品業者の位置づけは、一九四〇年二月二〇日の外注部品内製切替命令との関連で見ると、より明確になる。この命令では、部品全体を大きく三つに部類している。つまり、(1) トヨタ社内製品と (2) 準内製品、(3) 外注部品である。この分類に応じて、工場での製造方法のチェックが必要かどうか、また納入時の検査を省略するか、などの区分を明確にしていこうとしていた。外注部品もさらに三種類に細分されたが、ここで特に触れておきたいのは「準内製品」である。この説明を『トヨタ自動車三〇年史』より引用しておこう。

準内製品トハ豊田系統ノ会社ニテ製造スル製品ニシテコレヲ次ノ四種ニ分ツ。

（イ）豊田自動織機製品

（ロ）豊田製鋼会社製品

（ハ）ピンボルト工場製品　（ニ）部品工場製品

（ロ）・（ハ）・（ニ）ハ将来設立ス可キモノニテソレマデハ一般外注又ハ（イ）ニ於テ代理製作ス。(181)

つまり、本来ならば一般外注に回すべきものも、さしあたりは「準内製品」として取り込むということである。この引用文中の「（ハ）ピンボルト工場製品（ニ）部品工場製品」の製造業者が、「準内製品」担当の製造業者として扱われていたと考えてよかろう。そして、こうした業者は、「製作工場ニ於テ検査ヲナシ当社納入ノ時ニハ検査ヲナサズ(182)」ようにすることが求められていた。

④「協豊会」メンバーの特質

「協力会」「協豊会」に参画した製造業者の特徴は何だったのであろうか。「協豊会」発足時の会社と納入製品を『トヨタ自動車二〇年史』は次のように書いている。

そのころのおもな会員は、明道鉄工所（ねじ）、小島プレス工業所（ワッシャー）、恒川鉄工所（プレス加工）、伊藤金属挽物《ひきもの》製作所（ねじ）、津田鉄工所（ボルト、ナット）、林スプリング製作所（各種スプリング）、合名会社杉浦製作所（ねじ）、昭和鍛工所（ピストン・ロッド）、若林工業所（各種ピン）、丹羽鉄工所（プッシュ・ロッド、ハンドル）、横井製作所（ねじ）、駒井機械製作所（ねじ）、豊臣工業所、中村製作所（プレス加工）、巴製鋲所（ボルト引抜き）、加藤鉄工所（クラッチ・ディスク）、旭ラヂエーター、矢島工業（バルブ回し、各種カバー）などでありました。[183]

ここからは、小物部品の製造を担当した業者であることが明瞭であろう。

こうした業者はどのような業者だったのだろうか。『名古屋工場要覧』（一九三七年版）に掲載されている事業者のうち、上記の業者と同一だと確認できるのは、小島プレス工業所、林スプリング製作所、丹羽鉄工所の三事業者である。このうち、小島プレスを除いた二業者は、「紡織機械用各種スプリング」や「飛行機、自動車、織機部品その他」と製造品目にあるように繊維機械関連の事業者である。また、『昭和十一年十二月末現在愛知県工場総覧』によれば、愛知県碧海郡刈谷町には「紡織機部分品」を生産する事業体として津田鉄工所が確認できる。さらに明道鉄工所は当初、紡織機械部品としてネジの製造に携わり、豊田自動織機製作所との取引があった。これが自動車用のネジに参入していったのである。[184]したがって、自動車部品の製造に参入した業者で、「協豊会」の中核になったメンバーは、多くが繊維機械関連の（より限定すれば、豊田自動織機製作所との取引があった）業者だったと推定される。これは、自動織機の製作が自動車ほどではないとしても精密加工を要求されるものであったため、それらの経験を活用する意味では当然の行動であったろう。

ここで興味深いのは小島プレス工業所の例である。この事業所が製造していたのは、『名古屋工場要覧』（一九三七年版）によれば、自動車部品の他には「カイロ、コタツ」である。しかも職工数は男子一〇名、女子五名の計一五名であり、原動機は一馬力の電動モーターが一基あったにすぎなかった。[185]小島プレスの社史によれば、同社は懐炉や蚊取り線香の製造に従事していたが、事業の先行きに不安を感じた創業者が、熱心にトヨタ自動車工業に通った末に自動車部品を受注したという。この時点で小島プレスには五台のプレス機があったというが、懐炉に必要なブリキ加工のためのもので、到底、自動車部品を製造するだけの精密な加工技術があったわけではない。この会社に対し、トヨタ側は最初に「砂バケツ（焼夷弾の防火用）」の製品図を渡して発注し、その出来映えなどを見て、ワッシャー、さらにトラックのラジエーターグリルの部品、鋳物製造に必要なトンボケレンなどを発注したという[186]。繊維機械製造にも関わっておらず、高い技術能力も保持していない製造業者を、トヨタ側が技術力を高めるように導きながら小物部品の製造業者として育成したのである。まさしく外部の業者を、「準内製品」を製造する「(ハ)ピンボルト工場製品(ニ)部品工場製品」担当業者に転換させていった事例である。

このように初期の「協力会」「協豊会」に参画した製造業者は、トヨタ自動車工業の「準内製品」製造業者であり、まさしくトヨタの「分工場」となった。それゆえ、「協豊会」の初期メンバーの中には、「津田鉄工所(現・津田工業株式会社)」、「伊藤金属挽物製作所(現・イトキンこと伊藤金属工業株式会社)」、「恒川鉄工所(現・株式会社三五)」、「合名会社杉浦製作所(現・株式会社杉浦製作所)」など、戦後も自動車部品製造事業にとどまった有名な企業が多いのであろう。

政府も部品製造業者の組織化を進める政策を導入し、それがトヨタ自動車工業の「協力会」「協豊会」の結成にも影響を与えていたことは事実である。しかし、トヨタ自動車工業には部品の内製化を進めざる得ない事情があった。そして内製化を進める過程で、主に小物部品は完全に社内には取り込むことはせずに、「準内製品」として扱うことになった。それは、小物部品の製造業者がトヨタ自動車工業の「分工場」となり、「準内製品」の製造担当となることを意味した。こうした製造業者を組織化しておくことは、トヨタ自動車工業にとっても意味のある経営判断だったのである。

外注部品の多くを内製化せざるを得なかったのは、かつて小宮山琢二が「経済的技術的隔絶は国営軍需工業と民間工業の間よりはむしろ民間大事業と中小工業との間において救い難きまで深刻なのだ[187]」と述べた状況が、トヨタ自動車工業を取り囲んでいたためである。精密加工の必要な部品はたとえ小物部品であっても、ふんだんに市場から入手できる状況でなかったために、ある程度の技術能力を持った業者を育成する必要があったのである。

（5）挙母工場で企図した「流れ作業」と実現された管理体制

先に提示した第三の問題、つまり挙母工場で本当に流れ作業が実現されていたのであろうかという問題について考えるのが、次の課題である。しかし、現実に流れ作業が実現したかを検討する前に、挙母工場が目指した「流れ作業」方式とはどのようなものだったかを見ておく必要があろう。

①組立工場に関する一般的な説明

挙母工場では「流れ作業」方式を採用したと喧伝されている。例えば、「産業技術記念館」での展示説明に「流れ作業方式を採用した、一九三八～一九四二年のＡＡ型乗用車組立工程」というパネルがある。この題名の下に簡単に次のように書かれている。

一九三八年に稼働を開始した挙母工場の組立工程は月産能力二〇〇〇台で建設され、全長一〇〇ｍのチェーンコンベアライン、二ラインによる流れ作業方式を導入した大量生産工程であった。

このパネル全体の前書き文に、さらに次のような説明が続く。

一九三八年に稼働開始した挙母工場では、トヨタ生産方式のルーツとなる流れ作業方式を採用。組立工程には乗用車用とトラック用に全長一〇〇ｍのチェーンコンベアラインが二ライン設置され、月産二〇〇〇台と、当時の我が国では最大規模の組立ラインであった。

乗用車組立工程は、二階のボデー艤装（車室内組付）ラインと一階のシャシ組付ラインで構成。二階で艤装されたＡＡ型乗用車のボデーを、一階でエンジンや足まわりを組み付けたシャシの上にホイストで降ろして組み付けた。

このような説明文を読むと、挙母工場では円滑に「流れ作業」が実施され「月産能力二〇〇〇台」が実現されていたかのように思い込みがちである。

しかし、この説明は挙母工場全体の説明ではなく、挙母工場の「総組立工場」に関する説明である。この「総組立工場」は挙母工場のごく一部分にすぎない。挙母工場はさまざまな工場から成り立った全体を総称する名称である。我々も挙母工場が工場群であることに留意して、挙母工場全体の考察から入ることにしよう。

②数多く設置された倉庫

挙母工場の配置図を最初に見ることにしよう（図3-10参照）。この配置図では倉庫が多数配置されているのが最初に目につくであろう。北側から鍛造工場の近くに資材倉庫があり、工具機械工場の近くに倉庫と電気倉庫、さらに鋳物製品倉庫、木型工場および倉庫、三河鉄道の線路沿いに倉庫とカーバイト倉庫がある。さらにプレス工場の横には板金倉庫があり、総組立工場の横にも部品倉庫がある。このように挙母工場には倉庫が多い。また、聞き慣れない「整備室」という名称のものが機械工場の横にある（第一から第三機械工場に対応して、第一から第三整備室という名称になっている）。配置からすれば、機械工場のための倉庫のようにも思われるが、この「整備室」とはいったいどういうものだったのか。

挙母工場の具体的な建設計画を担当したと言われている人物による説明を聞くことから始めよう。三つの機械工場は次のように分類されていたという。「第一機械工場」はエンジン部品の製作と部品の組立、「第二機械工場」はトランスミッション、操縦装置、および全歯車の製作、「第三機械工場」では車軸、車輪、ブレーキなど走行系統が製作されることになっていた。それでは、各工場の横にある「整備室」とは何か。これについて彼は次のように説明する。

わたしは、これら三つの工場それぞれのために材料倉庫を三つ建てた。第一の倉庫は鋳物製品を貯え、第二の倉庫は鍛造製品と大きいサイズの鉄棒を保ち、第三の倉庫はマリアブル鋳物製品と鉄棒を供給する。これらの貯蔵品は、三つの工場でつくられる品物にそれぞれ対応し、それぞれ後に続く工場で消費される。その結果、

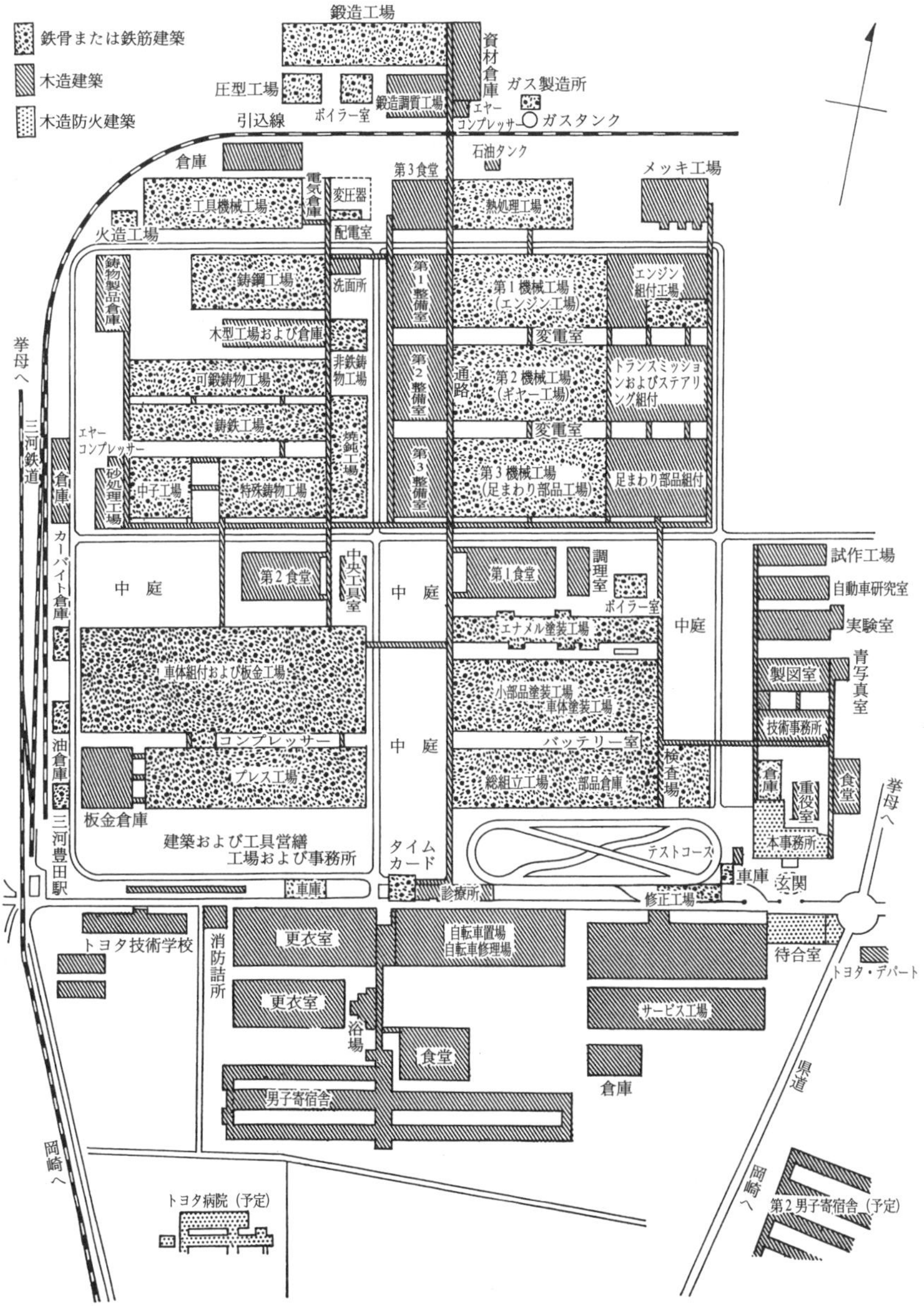

図 3-10　建設当初の挙母工場配置図（1939 年頃）

出所）『トヨタ自動車 30 年史』125 頁。

わたくしはこれらの倉庫を「整備室」と名づけた。これらの倉庫には、常に二週間分の材料が、一日ずつの山に分けて置いてある。それでこのように名づけたのである。[188]

つまり、「整備室」も倉庫であるが、機械工場に出す材料を一日分ずつ整え、二週間分を備蓄しているという意味を込めて「整備室」と名付けたというのである。この引用文は戦後になって担当者によって新たに書かれたものである。実は同じ人物が一九四〇年に論考を発表しているので、これも引用しておこう。

新工場［つまり、挙母工場］では各工場に供給すべき材料を各品目に亘り、一日所要量宛完全に整備し、之れを第一工程前の材料供給台に配給する事とし、之れが整備をなす室を整備室と命名して、此処には少なくとも材料を次々に支給するに差支えない分量、例えば一週間分を各日毎に整備し、それ以上を保有せざる方法を取った。かく材料配給が合理化せられた結果、仕掛数量を減少し得て倉庫管理上益する所が少くないこととなった。[189]

挙母工場にはこの「整備室」も含め多数の倉庫が設置されていた。「倉庫」から「工場」、「工場」から「倉庫」という経路を幾重にも通って部品加工や部品の組立がなされた後、それらは最終工程である「総組立工場」に集まり、完成車に組み立てられていたのである。「半流れ作業方式」が倉庫を利用して作業時間の相違を吸収し、流れ作業的に編成したのと同じような考えで、挙母工場全体を編成しようとしたということであろう（第2章第3節(2)③a参照）。

この意図は、戦時に発表された論考ではきわめてはっきりと語られている。長くなるが、関係箇所を引用しよう。ぜひとも、以下の引用文と第2章の「半流れ作業方式」の説明とを比べられたい。

工程進行中に於ける材料の欠陥による不良品及び加工に於ける不合格品を発生せる場合は之れに応じ直ちにその第一工程に対し材料を支給し、之れを補足せしむる必要があり、尚又各工程にはその工程に応じ検査工を配置し置き、不良品を発生した場合は、早く之れを工程線外に出さしむる必要があり、之れにより工程中途の検査工は常に合格品の生産数を各工程進行中に調査し、不良品の発生した場合は、検査工より補充要求を出し、之れは直ちに材料整備室に報ぜられて補充仕掛けをなさしむる制度を取った。

検査は各工程毎に之れをなすのを理想とするけれど、かくては非常に煩雑となるから全分業を大別して検査所を配置し、一一の工程に就いては別に巡回検査工を置いて検査の目的を達せしむると共に、前述の材料配給を円滑ならしむる方法を取って成績は見るべきものがある。(190)

③部分的なコンベヤー・システム

挙母工場には種々の工場が配置されているが、それらの工場群での作業を含め、作業は「流れ作業」的に整備されていたのだろうか。第2章で紹介したように、経営学者の平井泰太郎は次のように「流れ作業」の表面的な理解を批判していた。

世人は往々流れ作業と言えば直ちにコンベーヤーを連想し、コンベーヤーは流れ作業の要件であるかの如く考えるが必ずしもそうではない。(191)

この批判にもかかわらず、現代においても、コンベヤーが設置されているかどうかで「流れ作業」が実施されているかどうかを判断する人たちが研究者を含めて数多く存在する。ひとまず、この常識的な見解に寄りかかって、挙母工場全体でコンベヤーがどのように設置されていたのかを見てみよう。

再び挙母工場の建設計画を担当した人物の言葉から始めることにしよう。

われわれは運搬設備について考えなければならない。この設備は、一般に日本においてはなおざりにされているが、材料を各作業場にいかに運搬するかということは、最も重要なことである。それにもかかわらず、わたくしは、この工場に部分的なコンベア・システムを発明した。(192)

この引用文の最後で「部分的なコンベア・システムを発明した」とあるのは何を意味するのか。要するに、本来であれば全面的にコンベヤーを設置してこそコンベヤー・システムであるが、それはできないので、部分的にコンベヤーを設置して運用することにしたというのであろう。この引用文に続けて、彼は次のように言う。それは資金がたらなかったからであり、また、工場がフルに運転される日に設置するほうが良いと考えたからであり、［コンベヤーを部分的にしか設置しなければ］余分の資金を持つことができるからである。しかし、わたくしは鋳物工場、塗装工場、総組立工場などのたいせつな所にはコンベア・システムを装備した[193]。

彼がコンベヤーを設置したと明言している三工場で、コンベヤーが何のために設置されていたのかを見ると、次のようになる。

(1) 鋳物工場では鋳型作成用の砂、溶融した鉄を入れた鋳型、さらに使用済みの砂の処理などといった基幹部分にコンベヤーを設置した。

(2) 塗装工場でのコンベヤーの設置は三カ所である。さび防止のためにエナメル塗装を行う工場では、部品の表面を磨き洗浄し乾燥させる工程で「自動式コンベア」を設置。ラッカー塗装を行う工程では全床面につり下げコンベヤーを装備。この他に乗用車ボデーの塗装用に床下にチェーン・コンベヤーを設置し、ボデーを台に載せて運んだ。

(3) 最終工程である総組立工場では、二階でボデーの内張用に三つの運搬ラインを設置した。一階の組立工場では三六〇〇フィート［約一〇九七メートル］のラインを二本設置した。一本は乗用車用で、もう一本はトラック用であった[194]。

先の引用文を注意深く読めば、彼はこの三工場だけでなく、他の工場にもコンベヤーを設置していたと思われる。というのも、彼は三工場の名称をあげた後に、あえて「などのたいせつな所にはコンベア・システムを装備した」と続けているのだから。三工場の他にコンベヤーが設置された場所はどこだったのだろうか。彼の説明によれば、それは機械工場である。エンジン部品の製作と部品の組立を行う「第一機械工場」では、シリンダー・ヘッドなどのエンジン部品をつくる各ラインにはローラー・コンベヤーを設置し、さらに走行系統を製作する「第三機械工場」に付属する組付工場では「多くの組立コンベア」があり、デフ・ギアや前車軸、後車軸が組み立てられていた[195]。

以上が建設計画の担当者が、挙母工場内に設置したコンベヤーだと回顧しているものである。この人物が言うように、たしかに「部分的なコンベア・システム」である。加工された全部品がコンベヤーによって最終組立工程に運ばれる設備ではない。

だが、いつの日にか「この工場で働く技師があらゆる必要な場所に、最良の運搬式工場を敷設することを希望[196]」した設計者は、次のような配慮をした。

> コンベアを取り換えるために、わたくしは電線やコード、動力用ベルトを工場の上方の空間には置かない。全機械は、別個にモーターで動かされ、それぞれの照明燈を持っている。そして、機械を動かす動力が、小型のトランスによって電気をランプに与える。であるから、個々の機械は、そのランプとともに簡単に位置変更ができるのである[197]。

このようにコンベヤーを将来全面的に敷設する配慮をしていたのである。

戦時期の論考でも、機械は個別モーターを設置していたと次のように書いている。

> 使用機械は全部モーター直結又はモーター・インビルト式とし、露出せる調帯［機械に動力を伝達するためのベルト］は一切用いないのを本体としたから機械の上方空間には何物も介在せず、勿論天井に中間軸を用うる等の事なく、工場は極めて明朗で危険防止に対し非常に有効であるのを感じた。尚通路は成るべく幅を広く且つ真直となし、床面は鋳造、鍛造、熱処理及び塗装工場の如く水を使用する工場以外は、全部、床コンクリート上に板張りとした……[198]。

この論考の著者・菅隆俊はハイランド・パーク工場とリバー・ルージュ工場の違いを明確に理解していたように

思われる（「第1章第7節(2)③参照）。

しかし、直結モーターと板張りの床という配慮によって「個々の機械は、……簡単に位置変更ができる」ようになったことは奇妙な結果をもたらすことになる。

この設計者が機械工場に他にどのような配慮をしていたかを次に検討しておこう。

④設置した機械の特徴とユニークな機械工場

アメリカのフォード自動車工場は生産量が大きいので、多数の専用工作機械を工程順に配置して生産していた。これに対し、日本では生産量は当面は少ないと予想された。そのため、挙母工場では調節可能な専用機械を使おうとした。その理由は次のようであった。

生産量について、われわれは両国［アメリカと日本］間に非常に大きな差を見ることができるのであって、われわれは機械を一〇年あるいは一五年、あるいはそれ以上使用しても採算をとることはむずかしい。したがって、われわれは能率のよい専用機械を使用したいが、それはわが国には向かない。なぜかと言えば、われわれは車の型、設計が改良されるごとに機械を、換えなければならないからである。

われわれは、能率的な機械を使用したいけれど、同じ機械を長時間使用しなければならない。そして、このような耐久性のある機械は普通一般機械である。これら両面に合う機械を望むのは最も困難なことである。したがって、わたくしは挙母工場に設置するのに、調節可能の専用機械を選んだ。[199]

完全な専用機械を数多く工程順に並べて効率を追求するのではなく、汎用機械に多少の手を加えて専用機械的に使用するものを多く設置したのである。

さらに資金不足は機械を節約しようという誘因をもたらした。これが前述した自動車のボデー製作に問題を引き起こした原因でもあった。説明を聞いてみよう。

プレスにより乗用車のドア板をつくる仕事について考えてみよう。外国では、十数台のプレス機を使うが、われわれは数台でがまんしなければならない。それは、作業工程を節約することは、プレス型の種類を節約するばかりでなく、プレスの台数の節約にもなるからである[200]。機械の使用を少なくするために調節可能な専用機を用いたうえ、工程数さえも少なくして機械の使用台数を削減しようとしたのである。

だが、ここで注目したいのは奇妙な事実である。現代の自動車工場で、どのように機械が設置されているかを考えてみると、普通はコンクリートの床面にボルトなどで固定されている姿を思い浮かべる。しかし、挙母工場では機械工場の床は全面に木の板が張りめぐらされ、その上に機械が置かれて固定された。それは次のようであった。

機械のすえ付けには共通土台を用いた。これは、全床面で厚さ一二インチ［約三〇・五センチ］のコンクリートで固められ、その上に約一インチ［約二・五センチ］の木の板を置き、これで共通土台がつくられる。機械は、この土台の上にコーチ・スクリューで取り付けられる。この方法は大変良かった。なぜかといえば、機械は一台一台動力モーターを備えており、よくバランスがとれているからである。

電気動力線は柱にそって下げられ、床の上では鉄管の中に収められた。これは、機械の位置を変えなければならない場合には便利な方法である[201]。

ここで「コーチ・スクリュー」と言われているものは何であろうか。それは、ボルト締めでしっかり固定しなくてもよいような場所で、木ねじでは強さが不足しているときに使うもので、コーチねじと呼ばれることもある。「ちなみにコーチねじは木ねじの大型サイズといえるもので物流の木製パレットや機械輸送時の木枠などに使用される」という[202]。

この板張りの機械工場は本当に存在していたのだろうか。現代の自動車工場や部品メーカーの工場を見慣れている人間にとっては、工場の床が板張りでその上に大きな木ねじで機械が固定されていることは想像し難い。そのような設置の仕方では加工精度が保たれるのか疑問に思われるからである。当然ながら、菅も戦時期の論考でその疑問には答えている。

各機械の据付は特殊のものの外は総べて植込み基礎ボールトを用うること無く、単に床上に置いた儘でその位置を定めるためコーチ・スクリウで床板に締付けるに止まり、水準を定めるためには鉄板片を敷き込んだ。此方法でも機械自体に於ける廻転バランスを最初に十分調査したので、運転中振動等に妨害せられる懸念はなかった。(203)

戦時期に、機械配置を簡単に変更できるようにするための試みはトヨタだけが行っていたのではない。前述したように、中島飛行機の武蔵野製作所でも、工作機械を工場の床に固定せず、楔などの簡単な方法で揺れ動かないようにし、また工作機械を原動機に直結して天井の電線から動力をとっていた。同所の工作機械は驚くほど迅速に移動することができ、「二百台ノ機械ヲ三日デ新シイ配列ニ」することができたと言われていた。(204)

機械工場の床に木の板が張りめぐらされることは、少なくとも戦争直後まで続いていたように思われる。戦争直後、喜一郎は工場の床板を張り替えたという。

戦争で荒れた工場の整備が先決問題と、工場の床板を全部張り替えることになった。何千坪かの工場の床板を張り替えるというのだから、中には苦々しい顔をする者もあったが、幸い軍が積み重ねた廃材があったので、一寸厚の松板を張り、壁にはペンキを塗ったところ、社内の空気が一変した。人心をつかむ妙を得ていた。(205)

ここでは、さしあたり機械が板張りの床の上に設置されており、それは敗戦直後にも存在したことを確認しておこう。

⑤工場生産の同期化への動き

挙母工場は、正確に言えば複数の工場（建屋）から構成されている。各工場で実際に行われる生産を複数の工程に分割して、各工程の作業時間を一定にすることを通じて、各工場での作業時間を一定にし、工場から工場へと仕掛品が「淀みなく」運ばれていくことが理想に違いない。だが、そこまで厳密に工程の細分化を推し進める前に、各工場での加工時間を一定にすれば、挙母工場全体が「流れ作業」的な方向に進む。このように考えれば、一九三九年六月（つまり、挙母工場が稼働して順調に月産一〇〇〇台を記録していた後、生産台数が再び落ち込んだ月）の中頃に、喜一郎が出した次のような「通達」の意味もわかろう（参照しやすいように番号を振る）。

①各工場の調子を揃え、一方的に多く作ることによりて、車の台数の減少を来さざるよう、毎月の製作台数の予定を示し、その成績によりて、翌月の台数を決定す。

②予定数量を作りたる者は帰宅することを許す。ただし定時よりも一時間以上早く切り上げる所は［終業一時間前までは］、部品［略］を作らせ［て、工場全体として］能率の上がりたる方へ順次材料を回すような方法を研究す。

③各工場責任者は予定数量を定時間にて出来ざる所の生産高の増加を計るよう尽力すること。[206]

この「通達」から挙母工場における作業の実態もかいま見えよう。①からは、構成する工場の生産が不均等なまま推移していることがわかる。つまり、自動車を組み立てるのに必要な部品のうち、ある部品は過剰なのに別の部品は不足している。生産台数は最も少ない部品の数によって決まるので、ほとんどの部品が余っていても、たった一個の部品でも不足すれば、完成車は生産できない。こうした不均衡がすでに生じていたことがわかるのである。こうした不均衡を是正するための「通達」が②である。「予定数量を作りたる者は帰宅することを許す」とは、いかにも大胆な提案である。だが、こうすることによって作業時間の長い工程や工場を把握することが容易になる。問題のある工程や工場を集中的に修正し、次から次へと問題を顕在化させ、それを修正していく方策をとろうとしたのであろう。そうした対応をとるように命じたのが「通達」の③であろう。

こうした「通達」を受けても、数量不足の工程や工場の責任者は、数量が不足した責任を回避しようとするはずであろう。つまり、作業現場の人員を増やせば、一人当たりの生産効率が同じでも生産数量は増え、目前の問題（現場の責任者にとっては自分の管理責任）は回避できる。もしも雇用人員の増加（臨時雇いの人員増加でさえも）が厳しく制限されていれば、さらに現場責任者は作業時間を増やすことで対応しよう。具体的には臨時出勤や残業を増やし、生産効率を上げずに総作業時間数を増やし、目前の問題を回避しようとするだろう。

こうした現場責任者の対応を見透かしたように、喜一郎は同じ時期の「通達」で次のように指示していた。

工務員数は六月一日現在を以て定員と定め、今後は女子以外に増員せず。若し止むを得ず、男子を増員する時には、工務重役会の許可を受く可し。[207]

さらに、同じ通達の中で「臨時出勤と残業とを徹底的に取締まり、ベンベンダラダラと仕事をせざること」[208]とも命令している。

この人員を増加させないようにする通達は、外的な状況による制約でもあった。つまり、一九三九年五月にはノモンハン事件が起こり、日本は戦争をやめるどころか、戦線を拡大していく状況にあった。こうした状況は、企業経営にさまざまな制約を与え始めてもいたのである。その一つが従業員の雇い入れ、特に男子従業員の雇い入れの制限であった。五月中旬に喜一郎は「ある筋より、我が国は当分の間、日支事変の解決いかんにかかわらず、人的資源の欠乏をきたす故、今のうちより、その対策を講ずべしとのご注意」を受けていた。その「ご注意」を受けて、「若き者は大部分徴兵せらるる故、現在青年工として採用しているものは、九割まで徴兵さるるものと覚悟のもとに、今よりその対策を研究する必要あり」とも通達の中で述べていた。[209]このように男子従業員の新規雇用が困難になることが確実視されていたため、男子従業員がやっていた作業を女子従業員で代替可能かどうかも調査させた。喜一郎はその際、各作業の一通りの手順を紙に書き出させるよう指示を出していた。[210]喜一郎が意識していたかどうかは別として、これは結果的に各工程の詳細な情報を集めることになり、工程の合理化につながったと思われる。

工場現場での人員数を厳しく制限することによって、工程や工場での問題点が顕在化したことは事実だと思われる。実際に一九三九年四月、五月は月産一〇〇〇台を上回っていたのだから、そのままの技術・生産設備、作業の仕方を保持して生産台数を上げるためには、おそらく材料と人員を生産台数の増加に比例して増やしていけば、挙母工場の生産設備の限界に到達するまでは生産台数を増加させることはそれほど難しくなかったに違いない。ところが、「工務員数は六月一日現在を以て定員」といった制約条件が加えられたために、作業方法などに変更を加えなければ生産台数が落ち込む。従来通りの作業方法を続ければ、ある工程や工場では予定数量を超えて生産できているのに、別の部署では予定生産量に達しないことが生じてもおかしくない。実際に一九三九年六月、七月の月産台数は一〇〇〇台を下回っている（前掲図3-9参照）。しかし、この時期は生産台数の変動が激しく、資材不足などの影響が排除できないために、断片的なデータを基に推定を重ねても、事態を見誤る可能性が高いので、これ以上の追究は止めよう。ただ一九四〇年四月に喜一郎が次のような通達を社内に向けて出していることには注目しておいてよかろう。

最近、設備段取りも一通り完成したる故、工場内にて相談したり、打ち合わせをすることは、ほとんどなくなったはずだから、今後は工場内部にて立ち話をしないよう、ご注意下さい。工場にては、（1）命令の伝達、（2）注意を与える時、以外に話をする必要がないはずなれば、長く立ち話をしているのは、結局無駄話が多いためと思われる。この点、一同ご注意下さい。[211]

一応の品質水準に達した自動車が生産され始めていなければ、このような指示も出さないであろう。自動車を安定的に生産することができ始めていたと思われる。

もちろん自動車の量産を実現するまでには達していない。月産一〇〇〇台を超える水準で自動車の生産を続けてみて、真の意味で大量生産の難しさと奥行きの深さが喜一郎にわかり始めたに違いない。彼が材料（とりわけ鋼材）の問題に、さかんに言及することになるのは、この頃からである。彼の書いたものの中に、「マシーナビリティ」(機械加工の容易さ)や、「デュワラビリティ」(高い耐久性)という言葉が頻繁に現れるのはこの時期以降なのである。

⑥挙母工場が目指した「ジャスト・イン・タイム」とは?

挙母工場の稼働前に、喜一郎は雑誌『モーター』のインタビューに答えて、彼の理想を次のように語っている。

> 自動車工業の場合に於ては、質のみならず量に於ても、材料が非常に重要な役割を持って居ります。部分品の種別だけでも二、三千種に及びますが、之について其等の材料や部分品の準備やストックはよく考えてやらないと、徒に資本を要し、完成車の数が少なくなります。私は之を「過不足なき様」換言すれば所定の製産に対して余分の労力と時間の過剰を出さない様にする事を第一に考えて居ります。無駄と過剰のない事。部分品が移動し循環してゆくに就て「待たせたり」しない事。「ジャスト、インタイム」に各部分品が整えられる事が大切だと思います。
>
> これが能率向上の第一義と思います。甲の部分品が早くできすぎて、過多に用意されている事は、乙の部分品が遅すぎて過少に準備されている事になります。一本のボールトやナットに及ぶまで、凡に「丁度適時に間に合うように」、之が連絡上の最大関心事です。[212]

事実、前項で見たように彼は「各工場の調子を揃え」ることなどで、この理想を実現しようとしていた。だが彼が理想を語っているのは、すでに挙母工場の工場配置を知ったうえでのことである。彼の理想である「所定の製産に対して余分の労力と時間の過剰を出さない様にする事」は、実際に挙母工場で行おうとすれば、どこまでが実現できたのかという視点で考えてみよう。簡単に言うならば、挙母工場の物理的制約の中で彼の理想である「ジャスト・イン・タイム」が実現できたとして、それはどのようなものだったのかを考えてみよう。

これまで述べてきたように、多数の倉庫が配置される一方、コンベヤーは部分的にしか設置されなかったのが、挙母工場である。したがって、部品が過不足なく製造され、「各工場の調子を揃え」られたとしても、部品は次の工程や工場にすぐさま搬送されることはない。そうではなく、各工場から出た部品は一度、倉庫に入るように想定された工場なのである。これは飛行機の生産において、各工程での加工時間に差があっても作業が円滑に流れるように意図的に工程と工程の間に倉庫やプールを配置し、加工時間の差を吸収しようとした試みと同じだったと考えたほうがよい。理想は円滑な「流れ作業」であっても、工程間の作業時間に差がある現実では、工程の間に倉庫をおき、この倉庫内での在庫量を最小にしていくことで、円滑な「流れ」を確保したのと同じ発想である。さしあたり多数の倉庫を配置し、この倉庫を意図的に活用しながら「各工場の調子を揃え」る努力をして、次第に倉庫内の在庫を減らしていこうとしたのであろう。また、一定の段階に達すれば、「部分的なコンベア・システム」から全面的にコンベヤーを敷設することも視野に入っていたのである。

この意味で、挙母工場ではその内部に配置された各工場を単位として生産量をコントロールしようとしていた。各工場間の生産量を同じにすることだけに関心が払われ、その工場内部での各工程までコントロールすることは、さしあたって考慮の外だったと思われる。この管理方法が理想的にいけば、『トヨタ自動車三〇年史』が書く次のような状況が生まれるはずだった。

創業当時は、粗形材部門と機械加工部門の中間に整備室を設け、整備室はその日の計画の数量だけ粗形材を機械工場へ渡し、機械工場は受け取った数量に見合うだけの完成品をつくり組立工場へ渡す。組立工場は受け取った数量だけの完成車をラインオフさせる。そして、その日の数量だけの仕事が終わったら、その部署はラインをとめて帰宅せよというもので、伝票などは用いない画期的な管理方式がとられていた。[213]

しかし、この方式は「現場の実情に合わなかったので、その後まもなく修正され[214]」たという。そして「刈谷組立工場時代から行われていた号口制度を加味したいわゆる号口管理制度として運営されるにいたった」という。

挙母工場の生産台数が大きく揺れ動く中で、生産管理は「号口管理制度」に変わったというのである。これまで研究者の多くはこの「号口管理制度」について、社史による説明を引くか、その名称には触れてきたが、その意味内容を詳しく検討することはなかったように思われる。そこで次にこの問題を取り上げることにしよう。これを解明してこそ、先に掲げた第三の疑問、つまり挙母工場で本当に流れ作業が実現されていたのかという疑問に答えることになると思われるからである。

⑦「号口管理制度」

たしかに「号口管理制度」の説明自体は、社史などに頼らざるを得ないのだが、ここでは、挙母工場における機械の配置について、また挙母工場内に配置された各工場内の工程管理がどのようなものだったかについて前もって考えておきたい。

先に見たように、挙母工場では、ふんだんに工作機械を購入して設置することが資金的な面からも制約されていたことから、調節可能な専用機械を設置して加工工程の変更にも対応できるようにしていた。しかも、工作機械ごとに電動モーターを備え、かつ機械の配置が変わった場合にも電源をとりやすいように工夫されていた。さらに、板張りの床に工作機械をコーチねじで固定することで、工作機械の配置を変更できるようにしていた。他方、挙母工場の生産量は平均すれば月産一一〇〇台ほどであり、そのうえ生産台数は月によって大きく変動していた。

このような条件が存在するときに、ほんとうに工程順に工作機械を配置して生産が営まれ続けたのだろうか。ライン方式的に工程順に工作機械を並べてみても、現実の生産台数は少なく変動も激しいのである。もしこの状況でロット生産になったとすれば、工作機械が移動しやい条件が整っているので、機械を種類別に並べ直すことが起きるのではないか。このように考えて利用可能な文献を読んでみると、従業員による興味深い回顧があった。その従業員は次のように語っている。

昔は伝票には五〇台一口と云われた時があって流れ作業と云う様なことは余り考えず、外来者が工場を見学される時に恰好の良い様に機械が並べられた程で、製品がうまく流れると云う様なことは考えなかった。ロット作業と云えばロット作業の様なもので一口分をリフトトラック［昇降台付きの小型運搬車］でひいて、一工程ずつ機械のそばに置いて行くと云う方法だった。其の為手持を相当持っていなければ歩合を付ける［の］に中々うまく行かなかった。と云う訳でロット作業自体が其の組の打算的な考えで行われていた。つまり前にお話しした様に後の組付の事なんか考えず、上手に歩合を付ける事に一生懸命だったと云ってもよかった。[215]

これはまさしくロット生産であり、外来の見学者があるときのみ「恰好の良い様に機械が並べられた」、つまりライン生産に見えるように（流れ作業を行っているかのように）機械が並べられたが、通常はロット生産で、機械は種類別に配列されていたのであろう。

この発言で興味深いのは伝票に関する指摘で、「昔は伝票は五〇台一口と云われた」という点である。ここから推察されるのは、一枚の伝票は五〇台というロット単位で処理された（あるいは、複数ロットの集計処理をする場合でも、五〇台という一つの単位で処理された）ということであり、それを現場では「一口」と呼んでいたということである。つまり、ロット単位で伝票処理されており、ロットは「口《くち》」と呼ばれていたという事実である。

これは、すでに本章第2節でも引用した豊田自動織機製作所『四十年史』の杼製作についての記述を思い起こさせるものである。自動織機用の杼は「完全な設備、適切な工程管理、厳密な検査を必要」としたので、「五〇〇丁を一号口とし」て処理されていたという。[216] トヨタ自動車も、自動織機製作所における生産管理の用語を基本的に受け継ぎ、一定の生産ロットを「口《くち》」として呼び習わしたことは想像に難くない。また「号」とは、順序ないしは番号を示す言葉で、「数詞の下につけて順位・等級などを示す字」（『大漢語林』）である。このように考えれば、「号《ごう》口《ぐち》」が単独で使われることは不自然であり、『四十年史』が書くように「一号口」などと言われていた、つまり順番に一号口、二号口、三号口などと呼び習わされていたと考えるほうが自然で、それらはロット番号を示すものであった。本来は一号ロット、二号ロット、三号ロットなどと呼ばれていたか、そう呼ばれるべきものが、「ロット」

はカタカナの「ロ」と簡略化されて書き表されることから漢字の「口《くち》」と読み違えられ、現場作業者の間で「号《ごう》口《ぐち》」という呼び方が定着したのであろう。

自動織機では杼五〇〇丁を一ロットとして扱っていたのに対し、先のトヨタ自動車工業の従業員による発言では「五〇台一口」という。つまり、最終製品の自動車五〇台を単位にしていたことになる。推定に推定を重ねて、実際に行われていたこととは違う生産現場の慣行を想定する愚は避けねばならないが、最終製品のロットを単位としていたという発言は次のような慣行が存在していた可能性を推測させる。最終製品が多数の部品を組み合わせて作られる組立加工型の製品の場合、最終製品のロット番号ですべての部品を管理する可能性がありうる。このように考えて、『トヨタ自動車三〇年史』による号口管理制度に対する説明を読めば、最終製品（つまり自動車）のロットを単位とした管理を実施しようとしていたことを説明していることがわかろう。該当箇所を引用しよう。

号口管理制度とは、各期の最初にラインオフする完成車のグループを、かりに一〇台なら一〇台をまとめて第一号口と名づけ、そのつぎのグループを第二号口、第三号口……と名づけると同時に、それぞれの号口分の完成車をつくるのに必要な部品も、各工程別に第一号口、第二号口と命名するのである。そして、各号口が今どの工程にあるかを知ることによって進行状況が一目でわかるようなしくみになっていたのである。つまりこの管理方式は、最終組立てラインを基準として、これに各工程の進度を合わせて全体として流れ生産を目ざしたものである。[217]

この説明では、一〇台の完成車を一ロットとして、それに必要な部品もそのロット番号で管理し、そのロット番号がわかれば、完成車に必要な部品がどのような進行状況にあるのかが、伝票さえも使わずにわかるというのである。

こうした状況が出現したと考えよう。最終工程では一〇台の完成車が同時に組み立てられるわけではなく、一〇台は一ロットであるが、順次組み立てられることは間違いない。このように考えれば、同じロット内で完成車に組み立てられる順番に番号を付けることも可能である。

ここまで述べてくれば、読者の中には第2章でふれた「号機」による管理を思い出した方もいよう。号機という考え方は日本の戦時中の飛行機生産の中から生まれた生産管理に関するアイデアの一つである。その説明を、戦後に書かれた書物から、あえて長く引用しておきたい。

現場作業の細部に亙る事である為め説明が困難であるが、仮例を以って説明すると航空機工場があって、一ロット十台として所謂ロット生産をやっていたとする。十台の航空機は部品数にして何十万個の部品より構成されるので、工程数も巨大であるが其一部品を考えても、十個乃至十の倍数個必要となる。従って一ロットが十個乃至数十、数百個となるが、是等が同時に出来る筈はなく、高速自動機を用いても、一個宛作られて行く、其の一個乃至数個が航空機一台分としては充分であり、是を、十台分宛区切って、作って行く様な考え方にする方が便利であるので一ロット十台と云うロット数となるわけである。[218]

この説明は「号口管理」に関する『トヨタ自動車三〇年史』の記述ときわめて似通っている。トヨタの「号口」という用語は豊田自動織機製作所から引き継いだものであろう。だが、その意味内容は、飛行機生産で使われていた「号機」による管理方式の実態と似通ったものであったことに留意しておく必要がある。

しかし、飛行機生産での管理方式はさらに微細になされていた。先の引用文に続けて次のような説明がなされているのである。

実際は一台分宛作られて行ったものが組合わせられ、一台の航空機となって行くのであるから、若し茲に、考え方や取扱いには十台分宛として、実際作られて行く一台分宛又は一個宛の順序の付いた、細かい日付や、時間などを、必要が起った場合に、知り得る方法があれば、其方が更に実際的である事は当然である。此の十台が工事番号の一つで表わされ、一ロットの内の一台宛が、全体を通じての号機番号で表わされると云う仕組みである。

尚工事番号と号機番号を定めるに際して、デシマル、システムの方式を利用し、更に年月を組み入れる様な考え方をすれば、只一つの数字が種々の意味を同時に表現する事になる。例えば工事番号を二一八〇と云えば二一年八月に完成する工事である事を同時に表わし、号機番号二一八〇七と云えば工事番号二一八〇の内の第七番機である事、即ち二十一年八月中に完成さるる何台かの内の七番機である事を意味すると云った具合である[219]。

つまりロット生産でありながら、飛行機や自動車などのような多数の部品から構成される製品の場合、とりわけ繰り返し多数が生産されるものについて、個々の最終製品に対する部品の進捗管理も伝票を使わずに行う工夫が生まれつつあった。これがトヨタで実際に定着したのかどうか、あるいはそもそも試みられたのかも現在のところは不明である。しかし、『トヨタ自動車三〇年史』の号口管理の説明は、戦時期の飛行機生産から生まれつつあった管理方式と似通ったアイデアで、トヨタ自動車工業でも生産管理が試みられたことを示すものと考えることができよう。

⑧「号口管理」を指向させた基盤と戦争末期における生産管理の崩壊

挙母工場は、最終組立ではコンベヤーが敷設され、工作機械も専用工作機械ではないものの調節可能な機械を設置して特定の工程を行うようにし、それを工程順に並べて、加工が済み次第、次の工程に送ることが、理想的にいけば実現できることを想定した工場であった。

しかし、戦時期においては平均の月産台数は約一〇〇〇台程度であり、しかも生産台数は大きく変動していた。このため自動車生産を「流れ作業」的に編成しようとしても困難だったことは間違いない。

問題はそれだけではない。この時期に作業は完全に標準化されていたわけではなく、加工時間を一定にできるように工程を分割することなど、まだできる状況ではなかった。紡績産業には、すでに標準作業についての一定の了解があり、それを基に各社が独自のアイデアを加えながら生産工程を編成する状況があったと考えられるが、そうした状況には、少なくともトヨタの自動車生産は到達していなかった。ある従業員は次のように言う。

> 私は戦時中、上海の豊田紡績［正確な社名は豊田紡織廠であるが、ここでは紡績も行っていたので、こういう表現でも通じたものと考えられる］に度々行ったことがありました、日本の紡績には昔の軍隊の歩兵操典の様な厚い本が数冊あり、全ての工程、動作が標準化されているのです。こちらへ来て少々がっかりしたのですが余りにも標準化されていない[220]。

こうした中で、各工程の加工時間を一定にできないため、各工場の間に倉庫、整備室を設置して、ともかく工場単位での加工時間を一定にしようとしたのが挙母工場であった。

この挙母工場の最終組立工程でコンベヤーが設置されても、組立工程を構成する諸工程の加工時間を一定にすることが困難である状況で、コンベヤーが絶えず円滑に動いているとは想像し難い。結局のところ、間歇的にしか動かすことができなかったのではないか。それにもかかわらず、最終工程で同じタイプの自動車が繰り返し組み立てられていることに対応して、一台ごとに多数の伝票を書く必要を避けるアイデアの一つが、号口管理だったのだと考えられる。つまり、飛行機産業で最終製品の機体一機について多数の伝票を書くのを省略しようとした「号機」の試みを自動車に転用して、例えば五〇台という単位の伝票にし、自動車の組立に用いられる多数の部品ごとに必要であった伝票をなくすとともに、最終製品のロットで部品生産の進行状況を把握しようとしたのであろう。その呼称は「号機」よりは、旧来からの「号口」が好まれたし、事実ロットであれば「号口」のほうが実態をも表していたといえよう。

こうした着想による生産管理でさえ、理想的に運用することは現実にはできなかった。それを阻んだのは、一つには組請負の存在であったと考えられる。労働者の小集団の生産高によって歩合が決まっていたため、生産が大きく変動し材料の入手が難しくなっていく状況では、その小集団が行う作業に必要な部品や材料をとにかく確保してその月の収入を安定的に確保しようとしたのである。それぞれの小集団は、必要な材料や部品などの「手持を相当持って」、その小集団の「歩合を付ける」ことを最優先に行動し始めた。「ロット作業自体が其の組の打算的な考えで行われていた」のである[221]。各小集団の歩合はその集団の「部品の生産の多少によって決」まったため、各小集団は「単価の高い品物を早く作って、其の月末の帳尻をうまく付ける」行動に出て、「工程の組付のことなんか余り考えずに自分の組の帳尻を合すことを考えて仕事をした[222]」。

こうした小集団の利害からすれば、自らの作業現場に多くの仕掛品、材料を持ち、さらに完成品さえも貯蔵しておき、自分たちの収入を確保する方向に動くことになる。その結果、次のような状況が生まれたのである。

> 各工程で各号口ごとのロット生産が行われていたため、各工場内はラインの始まりと末端にはいつも半加工品、完成品が堆積しているのはまだしもとして、ラインの途中においても仕掛り品のたまりがあちらこちらにみられるありさまであった[223]。

こうした状況をさらに悪化させたのは、政府の増産要求とともに、学徒動員などによって過剰な人員が工場に投入されたことであったと思われる。もはや作業現場を全体的に管理して、各工程の加工時間を一定にすることではなく、増産だけに力点が置かれるようになったことは想像に難くない。大野耐一は戦時中の状況について、次のように言う。

> 戦争中の増産は人海作戦で一万人もの人が昼夜勤でやっていた、……各部品を各組で好き勝手に作っていた。とにかく爆撃される前に一つでも沢山作っておけと云う訳で纏めると云うよりも作っておけば何んとかなると云うやり方だった[224]。

このような状況であれば、多数の倉庫を配置した挙母工場では、倉庫は材料の保管場所として機能し始めたであろう。

挙母工場に移り、自動車の品質問題をある程度まで克服した後、「各作業の一通りの手順を紙に書き出」して作業標準の作成に向かう動きがあったことも、すべて水泡に帰した。挙母工場が工場ごとの作業時間を一定にした「ジャスト・イン・タイム」を目指し、「流れ作業」方式を指向していたことも実現しなかった。そして戦争末期には機械の疎開も始まり、実質的に本格的な自動車生産が不可能になる中で、敗戦を迎えることになったのである。

4　擬似的「流れ作業」方式の模索

一九三〇年頃から始まったトヨタの自動車事業創出の試みは、敗戦によって中断することになった。自動車そのものの製造経験がない中で出発したこの事業をどのように評価すべきであろうか。一九四五年八月末までの約一五年間にわたってトヨタが生産した自動車の総計は九万二二二五台である。エンジンは製造できるようになったものの、全金属製の閉鎖型ボデーの製造はまだ不十分であった。外部に発注しても不十分な品質のものしか得られなかった部品は内製化し、小物部品については準内製品扱いで特定の部品メーカーを育成しながら製造していた。しかし、戦時期に機械類は酷使され、生産工程を流れ作業的に編成することが実質的に放棄されたまま敗戦を迎えたのである。

この状況で誰が自動車事業の将来に明るい展望を描けようか。トヨタの自動車事業の実質的な創業者である喜一郎でさえ、敗戦直後には「自分が畢生の事業として携ってきた自動車事業に就て、今後やってゆけるかどうかと云う見通しが全然立たず一時茫然自失した状態に陥」ったというのもわかる。[225] 従業員も将来に不安を抱いて会社を去った。戦時中に動員された学徒、女子挺身隊、さらに軍人が工場などから去った後、トヨタでは敗戦から一カ月後の九月一五日に「将来の生産再開に必要な四五〇〇人を残して、ほかは整理することにした」ものの、「自発的に退社して帰省するものが多く」、退社人数は会社側の予想を大きく上回り、従業員数は「一〇月末には、わずか三七〇一人」になったのである。[226] 喜一郎でさえ「実を云えば戦争が終ってすぐ自転車に転向する計画を立てた」というほど、自動車産業の将来は混沌としていた。[227] しかし彼は、敗戦の二カ月後には「自動車製造の専門工場の一本槍でどこまでも突進し、倒れて後止む」ことを「根本方針」とする。[228]

だが、喜一郎が自動車事業を継続する決心を固めても、挙母工場の設備は次のような状況だった。

本当の処機械設備はほんの一時凌ぎの状態であります。即ち機械も疎開先から帰った物を羅列したにすぎず、而も多年酷使された機械は十分に修理もしてない為に正にガタガタにならんとする一歩手前であります。各種工具も同様であります。全くの処此の機械、此の工具、此の設備段取りで、如何に懸命の努力をするとも優良品を安価に製造できるとは思われません。[229]

彼は「施設、機械のみならず現在並に将来の技術陣拡充を目指して、凡て之を一丸として、一括復興再建してゆく専門の陣容を立てて之を以て処理してゆく事」にし、[230] 一九四六年四月に「臨時復興局」という部局を社内に設置して、自動車産業の再建に乗り出す。

そして同年五月一〇日にトヨタ自動車工業は創業以来の生産台数の累計が一〇万台に達する。しかし、この年の平均月産台数は五〇〇台を下回っていた。周知のように、一九五〇年四月にはトヨタ自動車販売株式会社が設立され、労働争議も起きた。こうした戦後の混乱を経て、翌五一年には、月産三〇〇〇台の生産能力を目指した設備近代化計画を策定する。最初に、老朽化した機械を新鋭機械に入れ替えることから始めた計画は、五六年に一応終了する。この設備の近代化によって生産能力は向上し、それはトヨタの各年ごとの平均月産台数の動きからもある程度わかる。一九五一年に一一八五・七台、五二年に一一七五・五台であったのが、順次一三七四・七台（五三年）、一八九二・八台（五四年）、一九二三・八台（五五年）と伸び、設備近代化計画が終了した五六年には一挙に三八六八・一台に伸びたのである。

トヨタの創業から敗戦前までの期間で、月産台数が最も多かったのは一九四一年一二月の二〇六六台であった。

敗戦後、初めてこの月産台数を上回ったのは一九五四年三月の二二六九台である。この頃になれば、戦前・戦時期に目指した生産管理体制を全面的に見直し、新たな模索が始まっていた。しかし、依然として「流れ生産」の実現にはほど遠かった。一九五四年六月に行われた座談会は、この戦後の状況を示すものとして興味深いので紹介しておこう。司会者が次のように聞く。「大分コンベアーの話が出ましたが現在第一工場でも第三工場でもブザーが鳴っていますがコンベアシステムとしては正式なものですか」。それに対し、大野耐一は次のように答える。

ブザーが鳴っているのは戦時中ドイツでやっていた、タクトシステムと従来の当社で使っているチェンコンベアーシステムとをミックスした様なものでコンベアシステムとしては正式なものではない。今のうちの生産台数だったら其れ程のものでない、其の為にドイツから来たタクトシステム、即ち時間、時間で切る方法とチェンコンベアーシステムを併用したものです。[231]

つまり、月産二〇〇〇台ほどの水準になっても、コンベヤーが絶えず動き工場内を仕掛品が円滑に流れることは実現できていなかった。そのため間歇的にコンベヤーを止め、作業時間を調整したうえで、また動かすことが行われていたのである。

挙母工場内では工場単位での加工時間を一定にしようと努力し、なおかつ工場と工場との間で生じる加工時間の差異は倉庫と調整室で吸収して、挙母工場全体としては加工物や仕掛品の動きが淀みなく流れるように考えていた。これは最終工程で、ブザーを鳴らしてコンベヤーを動かし、次の加工工程に仕掛品を送って一斉に作業をし、またブザーを鳴らしてコンベヤーを動かすといったことも同じ考えである。標準作業が定まらず、各工程の作業に必要な作業時間もわからない状況では、各工場間だけでなく、各工程間の作業時間の差異を吸収する仕組みが必要であったのである。

しかし、タクトシステムでさえ本格的に運用しようとするならば、各工程での作業時間の安定は必要である。タクトシステム発祥の地を見た人物の感想を引用しておこう。

今次世界大戦の初めの頃、タクト［システムによる］作業の家元、独逸ユンカース航空機会社に機体総組立のタクト作業を見た事がある。当時ユンカース会社の総組立タクトは十五分程度であった。即ち十五分毎に笛を吹いて、組立治具が一工程宛前進するのであるが、其の次の職場迄前進するのに約五秒であった。最も下手な工員も、此の移動中には自分の担当作業だけは終ったのを目撃した。即ち九百秒に対して、五秒以内の安定度。パーセンテージで云えば〇・五％以内の安定を保っていると云うわけである。[232]

これほど安定的に運用されていれば、自動車の最終組立をコンベヤーで行うことは、それほど難しくない。だが、日本ではタクトシステムは、間歇的に動かす時間を調整することによって工程間の作業時間のバラツキや不安定な作業時間を吸収するために用いられることとすらあった。しかも、各工程の作業時間が一定ではないため、作業時間が最も長い工程での作業が終わるまで全工程が待ち、加工対象を移動させることになっていた。

ユンカース社での厳密なタクトシステムを観察した人物は、日本でのタクトシステムは作業の前提そのものができていないと考えて次のように言う。

極度の作業の安定を前提条件とするタクト［システムによる］作業を、作業の極めて安定していない我国の工場に於いて先ず作業安定化への努力も尽さないで、突然レールを敷いて、組立治具だけ設けて見ても、実行出来る可能性は全然ない……要するに、個々の作業を、質的、量的、時間的に安定させる様に努力する事が、我国現在の如き製作工業形態其儘に於いても、進歩向上の緒であり、将来生産工業形態迄進む場合には、一層重要な基礎的条件となる事を忘れてはならない。[233]

このように考えた人々は日本能率協会に結集して、第2章で述べた「推進区制方式」を唱道していく。

実際、推進区制方式は高速機関工業という当時の自動車企業で試され、完成度を高めた生産管理方式であった。トヨタ車体も日本能率協会から技師を招き、この管理方式を一九五二年七月から導入した。しかし『トヨタ車体三〇年史』が言うように、「管理面に多数の人員を要することが難点であり、［昭和］三〇年の［同社の］人員整理を境に打ち切った」という[234]。

工程の作業時間を安定させ、各工程の作業時間を同一にして、全工程を「流れ作業」的に編成するという点に関しては、推進区制の提唱者たちとトヨタが目指す方向とは一致していた。推進区制を推進している人たちは、作業現場を細分して管理を綿密にすることによって目的を達成することを考えたのであり、そのためには生産管理を担当する人員が増えることもさしあたりはいとわなかった。だが、一九五〇年に労働争議を経験したトヨタにとっては総人員の抑制は議論の余地もない所与の条件となっており、推進区制をそのまま受け入れる状況にはなかった。これは、トヨタ車体が推進区制の意義を認めながらも、「管理面に多数の人員を要すること」を理由に、それを打ち切ったことと同じ事情だった。

トヨタ自動車工業の実質的な創業者である豊田喜一郎、また初代の社長である豊田利三郎が一九五二年に相次いで亡くなった。創業以来の累計生産台数が一〇万台を超えても、なお擬似的にでも自動車生産を「流れ作業」的に編成することは実現されておらず、依然として模索中という段階でしかなかった。これが一九五〇年代中頃の実態であった。

第4章 自動車事業における流れ作業への模索

——製造現場データの把握とその利用——

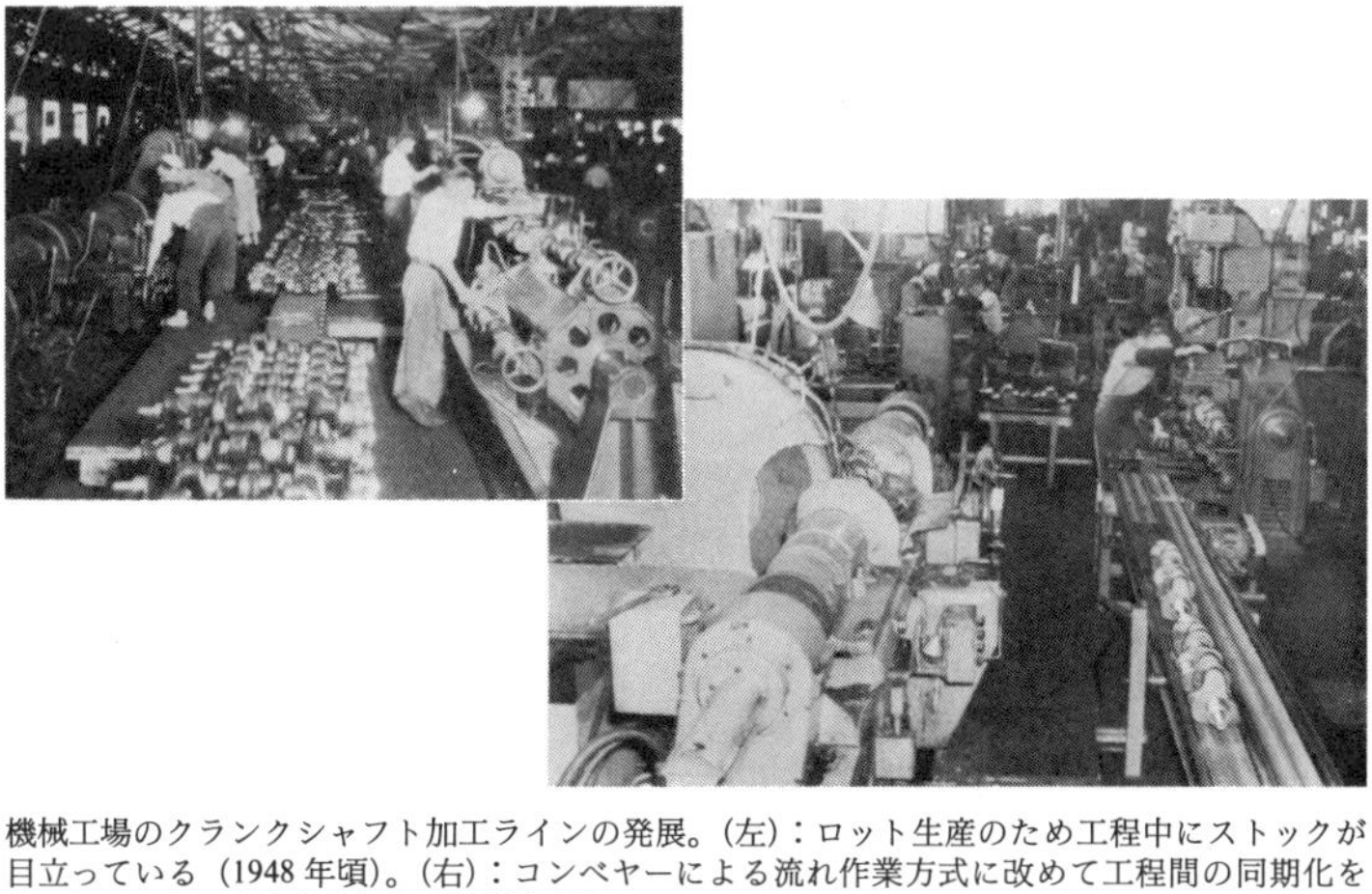

機械工場のクランクシャフト加工ラインの発展。(左)：ロット生産のため工程中にストックが目立っている（1948 年頃）。(右)：コンベヤーによる流れ作業方式に改めて工程間の同期化をはかり，ストックをなくした（1953 年頃）
出所）『トヨタ自動車 20 年史』(1958 年)，417 頁。

1 製造現場の改革と労働争議は無関係だったのか？

戦時下にあって、豊田喜一郎が提唱した「ジャスト・イン・タイム」という理想は実現されなかった。『トヨタ自動車三〇年史』が書くように、トヨタでは、刈谷組立工場時代から行われていた号口制度を加味した号口管理制度によって運営がなされるようになったという。この号口管理制度は、「最終組立ラインを基準として、これに各工程の進度を合わせて全体として流れ生産を目指した」[1]ものと社史では説明されている。しかしこの方式でも、社史によれば、「各工場内はラインの始まりと末端にはいつも半加工品、完成品が堆積して」おり、「ラインの途中においても仕掛り品のたまりがあちらこちらにみられる」状況だったという。[2]また、戦時中の状況を後に大野耐一は次のように回顧していた。「各部品を各組で好き勝手に作っていた。とにかく爆撃される前に一つでも沢山つくっておけと云う訳で纏めるというよりも作っておけば何とかなると云うやり方だった」。[3]こうした社史の説明や関係者の回顧から判断すれば、喜一郎の目指したジャスト・イン・タイムは無論のこと、「流れ生産を目指した」という号口管理制度によっても、それらが理想とした状況は戦時中には実現されていなかった。生産はロットで行われ、作業現場に多くの仕掛品や材料を持ち、さらには完成品さえも貯蔵された（本章扉の写真参照。一九四八年頃でさえ機械工場ではロット生産だったので工程内のストック〔つまり仕掛品など〕が多かったのである）。工場間の加工時間の差異を調整する機能が期待されたはずの中間倉庫や整備室は、おそらく材料の保管場所として機能し始めたに違いない。喜一郎が恐れていた事態、つまり「材料や部分品の準備やストックはよく考えてやらないと、徒に資本を要」する事態が出現していたと考えるべきであろう[4]。

工場内に半加工品や完成品が堆積し、仕掛品があちこちにあるという状況は、二一世紀初頭の製造現場でも虚心坦懐に見て回れば数多く見られる。その当時でも特別にトヨタだけが直面していた問題でもなかっただろう。しかしトヨタは、この状況を問題だと認識していた。そしてそれを問題だと認識していたのであれば、経営陣は何らかの対策をとるはずである。経営陣はそうした状況がなぜ発生していると解釈し、どのような手段で解決しようとしていたのであろうか。それとも、問題を認識していたものの、それを解決する処置はとらずに放置したままだったのであろうか。

多数のジャーナリストや研究者がいわゆる「トヨタ生産方式」と呼ばれるものについて論稿を書いてきた。第1章で取り上げた「フォード・システム」のように汗牛充棟という表現があてはまるほど、膨大な数の書物や論文が書かれている。この生産システムに関するノウハウ本ですら、一九五〇年のトヨタにおける労働争議前後の大野耐一による製造現場改革の努力について（例えば、「大野ライン」や「多台持ち」「多能工」、さらには「集中研磨」といった用語を使いながら）、多少の紙幅を割くのが慣例のようになっている。大野耐一が行っていた製造現場の改革、いわゆる「大野ライン」は、一九五〇年のトヨタでの労働争議と時期的に重なっており、一部の労働者が「大野ライン」を攻撃したことがエピソードとして紹介される。だが、それはまさにエピソードであって、労働争議における争点と関連づけて語られることも分析されることもまずない。労働争議はドッジ・ラインによる経済環境の悪化のせいで始まり、二〇〇〇人を超える人員整理で終わったと述べ、過去の不幸な出来事だったとして話を終えるか、人員整理の結果、労働費用の節約ができ、それ以後の企業経営にとって大きな利点となったと強調される場合すらある。そのため、労働争議の争点があたかも給与や雇用の保障だけであり、製造現場での改革とは無関係な出来事だったかの印象が残る。しかし、本当に給与や雇用だけが労働争議の争点だったのだろうか。

製造現場が混乱していて、その変革を目指す動きがあったと仮定してみよう。通常、製造現場は多数の作業者から構成されている。その改革が大きなものであればあるほど、また徹底的であればあるほど、その製造現場の構成員すべてが賛成するものとはならない。一部の作業者とは利害が一致せず、彼らが不満をいだく場合も多々あり得よう。経営陣が改革を指示し全社的に積極的な支援体制を構築しようとすれば、その方針に賛意を示す従業員もいようが、それに不満を持つ従業員も出現してくる。そうした状況下で、給与の遅配や切り下げなどが契機となって労働争議が始まったと考えてみよう。労働争議が生じた直接的な原因は給与をめぐる問題であったとしても、一部の従業員は製造現場の改革への不満と重ね合わせていくだろう。こうした事態が発生した場合、それに経営陣がどのように対応するかは、彼らが製造現場の改革をどのくらい重要視しているかによって決まろう。たとえ一部の労働者の間には不満があることを知っていても、改革の継続こそが肝要だとして妥協を一切排する経営陣もいよう。あるいは、当面の経営危機を乗り越えるためには、改革に不満を持つ従業員との一時的な妥協も止むを得ないと判断する経営陣もいよう。経営陣の選択としてはいずれもあり得る。どれが最適かは、その時の状況によって異なろう。

トヨタの労働争議中、一部の労働者が「大野ライン」を攻撃した。これは、大野による製造現場の改革が、少なくとも一部の従業員には歓迎されていなかったことを端的に示している。こうした一部の不満に対し、経営陣はどのように対応したのか。人員整理に終わった不幸な過去の出来事として労働争議を理解するのではなく、製造現場における改革の進展と労働争議の関係を問うという視点で見直してみる必要があるだろう。労働争議中の「大野ライン」をめぐるエピソードは、戦時中に経営陣が認識していた問題に対する解決の試みとは関係があったのか、それともなかったのか。関係があったとすれば、問題の認識は戦時期だから、「大野ライン」をめぐるエピソードは、戦時中あるいは敗戦直後からの経営陣による長期にわたる取り組みの中で生じた出来事だったのではないだろうか。あるいは、戦時中の問題点とはまったく無関係で、ただ単に労働争議直前ないし争議中にとられた対策だったからこそ、攻撃されただけだったのだろうか。

これまでの論じ方から予想されるように、本章では一九五〇年代のトヨタの製造現場では、戦時中とは違う状況が生まれつつあったのではないかと考えている。次の節では最初にそれを簡単に確認し、次いで時期を遡ってトヨタの敗戦直後からの復興のあり方について見ていこう。

そしてこれらの議論を踏まえて、本章では、ラインの始まりと終わりに半加工品や完成品が堆積しライン中途にも仕掛品があった状況をトヨタがどのように変えていこうとしたのかという課題を扱うことにしよう。その中心の論点は、製造現場の実態をどうやって把握していったかである。

2　一九五〇年労働争議前後の状況

(1)　一九五〇年代に本当にトヨタの製造現場で変化が起きていたのか？

①生産設備の更新

前章の末尾で見たように、労働争議後、トヨタでは月産三〇〇〇台を目指した生産設備の更新に踏み切り、一九五六年にひとまずそれを終えた。この生産設備更新の結果、実際に月産能力がどのように推移したかを表４-１に示しておく。

この生産設備の更新はまさしく老朽設備の更新という側面が強かったのは否めない。日本の自動車産業全体において、生産設備の状況が当時どのようであったのかについて、次の引用文が的確に言い表している。

自動車の生産設備は大部分昭和一〇年から一五年に設置したものであり、その中には、外国機械から中古機械を輸入したものもある。その後、戦時中に設置されたものは、いずれもいわゆる戦時型の粗悪なものであっ

表 4-1　トヨタの月産能力（1950 年 10 月〜57 年 11 月）

（台）

期　間	普通型トラック	普通型バス	小型トラック	小型乗用車	補給部品	合計
1950 年 10 月 1 日〜 51 年 3 月 31 日	1,000	50	500	150	−	1,700
1951 年 4 月 1 日〜 9 月 30 日	1,000	50	500	150	−	1,700
1951 年 10 月 1 日〜 52 年 5 月 31 日	1,000	50	500	150	−	1,700
1952 年 6 月 1 日〜 11 月 30 日	950	50	500	200	100	1,800
1952 年 12 月 1 日〜 53 年 5 月 31 日	950	50	500	500	200	2,200
1953 年 6 月 1 日〜 11 月 30 日	950	50	500	500	200	2,200
1953 年 12 月 1 日〜 54 年 5 月 31 日	950	50	800	500	200	2,500
1954 年 6 月 1 日〜 11 月 30 日	950	50	800	500	200	2,500
1954 年 12 月 1 日〜 55 年 5 月 31 日	950	50	800	700	200	2,700
1955 年 6 月 1 日〜 11 月 30 日	950	50	800	700	200	2,700
1955 年 12 月 1 日〜 56 年 5 月 31 日	950	50	1,600	900	200	3,700
1956 年 6 月 1 日〜 11 月 30 日	1,000	100	2,900	1,100	350	5,450
1956 年 12 月 1 日〜 57 年 5 月 31 日	1,300	100	3,400	1,300	400	6,500
1957 年 6 月 1 日〜 11 月 30 日	1,300	100	3,400	1,800	400	7,000

注）生産能力は当該時期の設備・人員で日当たり 7 時間の実働時間で生産できる台数。生産台数は各項目でのシャーシおよび完成車の合計。補給部品の場合は普通型・小型車の基準となる車に換算した数値。

出所）『トヨタ自動車 20 年史』（1958 年），708 頁。

た。戦後、軍工廠等の賠償指定機械の中で自動車生産に転用されたものも多少あるが、程度の差こそあれ、老朽化している点は変りなかったわけである。しかも、これらは設置以来十分な補修も行いえなかったので、精度の低下がはなはだしく、生産能率の向上も不可能であった。

したがって、当時の製品は精度も低い上に、歩留は悪く、工数は嵩んでコストも割高にならざるをえない。たとえ、特需という機会に恵まれなかったにしても、自動車工業としては設備改善のために何らかの手段を講ぜざるをえなかったであろう[5]。

表4-2　自動車産業における保有機械の経過年数別構成(1952～57年)

	5年未満	10年未満	15年未満	15年以上
1952年	7.4	15.5	54.3	22.8
1956年	17.8	6.6	21	54.6
1957年	19.1	5.8	9.6	65.6

出所）通商産業省重工業局自動車課編『日本の自動車工業』(通商産業研究社，1959年)，99頁。

この設備改善の実態を見てみると、一九五〇年代末近くになっても老朽設備の割合は高かった。正確に言えば、一九五〇年代中頃までに五年未満の機械の割合は急増したが、その一方で一五年以上も使用されている老朽設備の割合も非常に増大していたのである(表4-2参照)。こうした日本全体の状況を指す「このような投資規模では自動車生産設備の全面的な近代化は不可能であり、単なる応急的隘路補正にすぎなかった[6]」という評価は、トヨタの生産設備近代化計画にも当てはまる。

しかし、こうした「応急的隘路補正」にすぎない機械設備の更新であっても、当時の企業では労働生産性を向上させることができる状況だったことを忘れてはならない。

②一人当たり生産台数の変化

この時期までの従業員一人当たりの生産台数を見てみよう(表4-3参照)。簡便な比較のために一人当たり一カ月間の生産台数を一二倍して年換算したものである。この表によれば、戦後になって、戦前の最高記録を上回ったのは一九五三年一一月であ

表 4-3　従業員 1 人当たり生産台数の推移（1938 年 8 月〜57 年 11 月）

年　月	生産台数	全従業員数	1 人当たり生産台数（年換算）
1938 年　8 月	283	4,065	0.84
1939 年　8 月	1,046	5,348	2.35
1940 年　8 月	1,215	6,427	2.27
1941 年　8 月	1,374	5,335	3.09
1942 年　8 月	1,619	7,195	2.7
1943 年　8 月	651	7,623	1.02
1946 年　1 月	210	3,901	0.65
1946 年　8 月	505	6,463	0.94
1947 年　8 月	313	6,345	0.59
1948 年　8 月	618	6,481	1.14
1949 年　8 月	915	7,457	1.47
1950 年　4 月	619	7,067	1.05
1950 年　5 月	304	5,398	0.68
1951 年　9 月	1,091	5,315	2.46
1952 年 11 月	1,064	5,228	2.44
1953 年 11 月	1,538	5,291	3.49
1954 年 11 月	1,317	5,249	3.01
1955 年 11 月	1,837	5,162	4.27
1956 年 11 月	5,083	5,061	12.05
1957 年 11 月	6,333	5,904	12.87

注）1951 年 9 月以降の従業員数は各月末日の人数を当月の従業員数として算出。1957 年 11 月の従業員数は臨時工を含む。
出所）『トヨタ自動車 20 年史』663 頁他。

る。一九五五年以降、特に五六年以降になれば急激に一人当たりの生産台数が増加していることがわかる。それだけでなく、一九五〇年五月以降は従業員が五〇〇〇人台のまま推移しながら一人当たりの生産台数が増加傾向にあったこと、特に一九五一年九月には一人当たり生産台数が二台になっていることが注目される。

ただし、この資料によれば、あえて一九五七年一一月の従業員数に関してのみ、臨時工を含むとある。単純に考えて相当数の臨時工が雇われたとすれば、一九五六年一一月の従業員数には臨時工が含まれず、五七年一一月には含まれているのだから、この五六年一一月から五七年一一月にかけては表4-3の数値以上に一人当たり生産台数が伸びたことになる。それと同時に、表の一人当たり生産台数は臨時工がどの程度いたのかによって大きく変わる可能性があることに留意しなければならない。

この臨時工を含めた一人当たりの生産台数は、一九五六年七月から五七年七月という限定された時期に関しては判明する（表4-4参照）。この約一年間では、生産台数が一・九倍に伸びたにもかかわらず、全従業員数は一・一倍程度しか増加していない。従業員の増加以上に生産台数を増加させているのである。この表4-4と表4-3の一

表 4-4　従業員1人当たり生産台数の推移（1956年7月〜57年7月）

年　月	生産台数	全従業員数	正規従業員数	臨時工数	1人当たり生産台数（全従業員，年換算）
1956年7月	4,055	5,080	5,001	79	9.58
8月	4,491	5,132	4,956	176	10.50
9月	4,681	5,156	4,958	198	10.89
10月	5,074	5,170	4,952	218	11.78
11月	5,083	5,197	4,948	249	11.74
12月	5,027	5,286	4,943	343	11.41
1957年1月	5,006	5,282	4,935	347	11.37
2月	5,377	5,421	4,953	468	11.90
3月	6,253	5,057	4,493	564	14.84
4月	6,825	5,727	5,066	661	14.30
5月	7,162	5,784	5,061	723	14.86
6月	7,375	5,830	5,056	774	15.18
7月	7,800	5,832	5,051	781	16.05

出所）『設備近代化とその経済効果——実体調査報告書』（昭和同人会，1958年），24頁。

九五六年一一月の全従業員数の数値は異なる（したがって一人当たりの生産台数も異なる）ので、この二つの表の絶対値を比べるには多少の問題がある。しかし、傾向としては一九五一年九月以降から、従業員数が五〇〇〇人台のままで、生産台数を伸ばしていたことがわかる。

この労働生産性に関する議論には武田晴人の労作があり、トヨタにおける一九五〇年の労働争議の前後では「現場従業員一人当たりの生産台数に示される効率の向上」、さらに経費に占める労務比率が低下していることが示されている。(7) この一人当たり生産台数の増加は、労働争議による人員整理で終わったのではなく、その後も継続していたのである。

しかし、こうした労働者一人当たりの自動車生産台数の分析には限界がある。その会社で生産する自動車のタイプが一定でなければ厳密な分析にはならないからである。製造する自動車の大きさや型式が異なれば製造に要する時間は変わる。自動車のタイプ別に分類して算定するなり、算定の基準となる自動車を定め、異なる種類の自動車に何らかの係数を乗じるなどの手続きによって算定基準車に換算するなどの工夫をしなければ、長期間にわたる労働生産性の動向は判明しない。その基準車に換算する情報も企業内部で作成しているとは考えられるが、あ

表 4-5　生産能率指数（1950 年 8 月〜57 年 8 月）

	全工場人員	製造部門人員	生産台数	標準車換算台数	標準車 1 台当り工数
1950 年 8 月	100	100	100	100	100
1951 年 8 月	95	94	118	136	70
1952 年 8 月	93	88	130	142	62
1953 年 8 月	93	87	101	112	58
1954 年 8 月	93	88	175	186	39
1955 年 8 月	92	92	183	219	40
1956 年 8 月	93	100	442	429	29
1957 年 8 月	106	124	712	605	24

出所）岸本英八郎編『日本産業とオートメーション』（東洋経済新報社，1959 年），86 頁。

る意味では企業機密に属する情報のため外部からは窺い知れないのが普通であろう。だが幸いにも、この情報が一九五〇年から五七年の各八月のみ利用可能である（表4-5参照）。これは研究者が書物に掲載しているものであるが、この情報は会社側が研究者に提供したものであることはほぼ間違いあるまい。逆に言えば、一九五〇年以降、トヨタの社内では系統的に労働生産性の推移を把握していたことをも意味する資料である。

一定基準の自動車（表4-5では「標準車」）に換算しても、全工場人員だけでなく製造部門の一人当たりの生産台数が増加し、一台当たりの工数（つまり、延べ作業時間数）が減少している。このことは一九五〇年代に顕著である。特に一九五二年から五四年の期間は人員がほぼ一定であったが、その間にも工数が低減していたのである。

③原単位の推移

生産現場へ労働者を大量に投入すること（つまり、人海戦術）で、自動車の生産台数を増加させていたわけではないとしたら、他の資材をふんだんに投入して生産台数を増加させていたのだろうか。この点を検討してみよう。労働者を効率的に使っていても、他の資材を浪費していたのでは、企業が効率的に運営されているとは言えまい。

この時期のトヨタでの自動車の生産台数と資材消費量を一九五一年四月から九月末までの時期を一〇〇としてグラフに示した（図4-1参照）。生産台数の

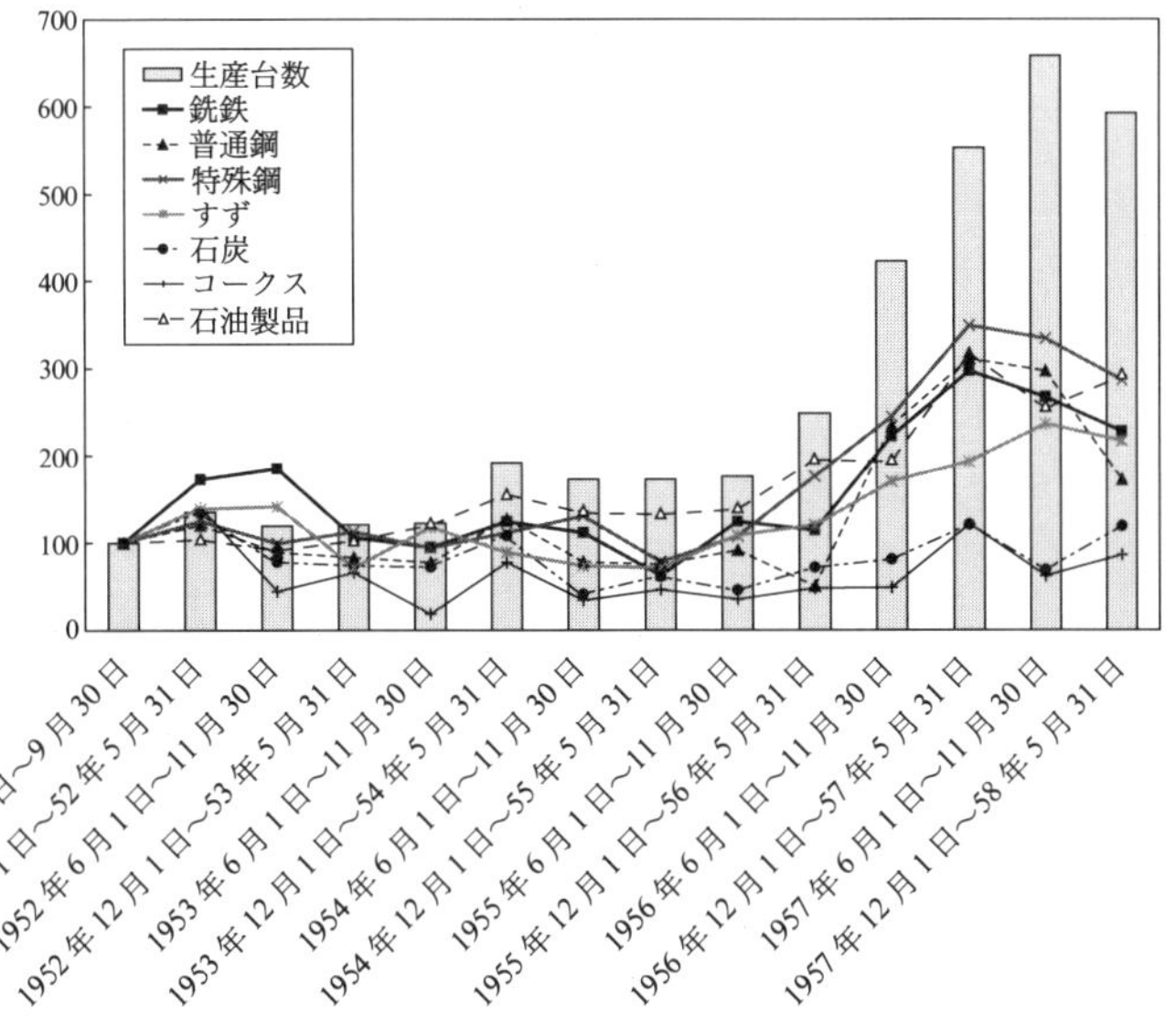

図 4-1　生産台数と資材の消費量の推移（1951年4月～58年5月）
1951年4月～9月末までの消費量を100として算出

出所）『トヨタ自動車20年史』646頁。

増加に比し、資材の消費量がそれほど大きくなっていないことがわかる。さらに、一台当たりの各資材の消費量を算出し、三期移動平均で、一九五一年一〇月から五二年五月を一〇〇として示した（図4-2参照）。対象とした資材は銑鉄と普通鋼、特殊鋼、すず、石炭、コークス、石油製品であり、自動車製造に使う基本的なものが含まれている。傾向的に自動車一台当たりの資材の消費量（原単位）は低減傾向にあった。こうした資材の効率的な利用は、企業経営に大きな影響を与えたことは言うまでもない。

だが労働者一人当たりの自動車生産台数のところで述べたように、この原単位でも生産している自動車のタイプが一定でなければ厳密な分析にはならない。製造する自動車の大きさが異なれば、必要な資材量も違ってくる。実際、この時期のトヨタでは、数多くのタイプの自動車を生み出していたので、生産する自動車の構成も変わり、それにともなって必要な資材構成も大きく変動している。しかし、各資材別に消費量がわかるのも特定

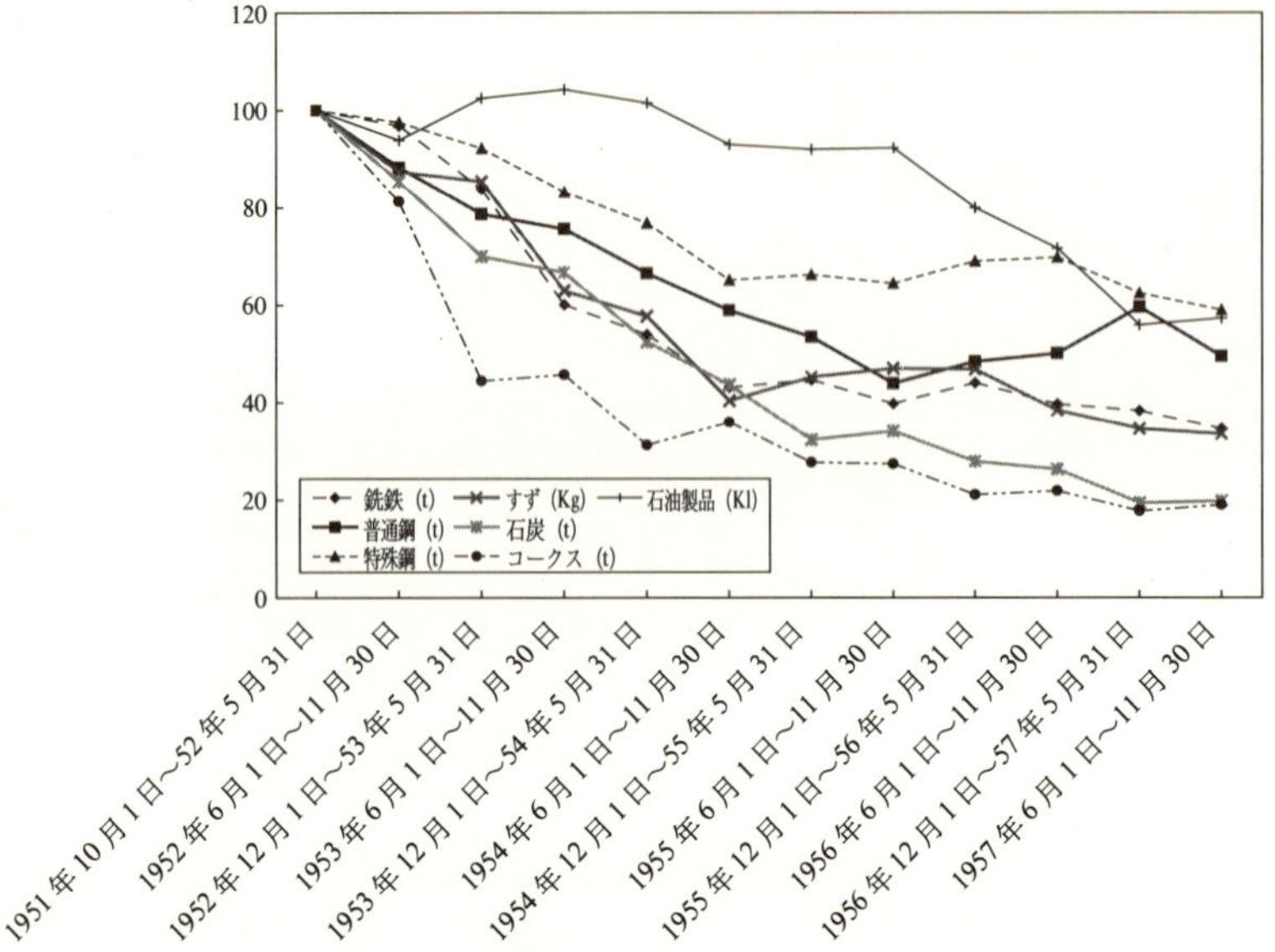

図 4-2　1台当たり資材消費量の推移（1951年10月〜57年11月）
1951年10月〜52年5月末までの消費量を100として算出

出所）『トヨタ自動車20年史』646頁。

の期間だけである。また表4-5のデータを加工して、図4-1や図4-2のデータと照応することも残念ながらできない。現在のところでは、図4-1や図4-2を超えて詳細な分析を行えるほど、精緻なデータは管見の限りでは見あたらなかった。

④機械の配置

労働生産性から見ても原単位から見ても、一九五〇年代のトヨタの生産現場では効率性が高まっていく傾向にあった。問題はその原因である。上述のように、老朽機械設備が更新されたことが大きな原因であったことは否定できない。だが、次に問題としたいのは、機械の配置である。

『トヨタ自動車二〇年史』には一九五一年に始まった生産設備近代化計画に関連して次のような説明がある。

　当時のわが社の生産台数は、朝鮮特需を得て、やっと月に一、五〇〇台前後で、めざす三、〇〇〇台の半分であります。

そこで、月産三、〇〇〇台を達成するために必要で、かつ適切な機械設備を検討し、合理的な配置を研究し、結論を得たものから順次、実施しました。月産能力三、〇〇〇台の合理的な生産工場を考えるとき、新しい配置計画のもとに全面的につくりなおすべきものがたくさんありました。[8]

機械設備を導入する前に、トヨタでは機械の配置についての検討がなされ、さらに必要に応じて機械そのものを変えることまでやっていたというのである。

こうした製造現場の詳細な検討を行った著名な調査研究に、一九五九年に調査を実施した『技術革新の社会的影響』がある。[9] だが、これより二年ほど前に調査を実施し、貴重な情報を掲載している昭和同人会による調査があるので、これによって、特定の作業現場でどのようなことが起きたかを紹介しよう（昭和同人会の報告書では企業名は伏されているが、生産台数などからトヨタであることは容易に推定できる）。

調査対象は直列四気筒一〇〇〇cc自動車用エンジンのシリンダー・ブロックの機械加工ラインである。報告書は一九四九年と五三年の作業現場の状況を比較し、概ね次のように述べる。

(1) ローラー・コンベヤーが全部ボールベアリングに変更された。

(2) 機械と機械との流れがスムーズでなかったため予備のコンベヤーが設置されていたが、このコンベヤーの上に仕掛品が数多く並んでいた。しかし、この予備コンベヤーは一九五〇年に撤去された。

(3) 機械と機械の間隔を狭め、隘路工程に機械を設置したので、ラインの全長はやや長くなった。

(4) いろいろな機械の加工面の高さを揃えるために、背の高い機械は地面を掘り下げて設置していたが、その後、ホイストなどを使うようになり、その必要がなくなった。さらに加工対象物の機械からの取り外しなどには、圧縮空気を使うようになった。[10]

この(1)〜(4)では、新たな機械や設備の設置についても触れているが、ラインを一挙に全面的に変えたのではなく漸進的である。専用機械も一挙に全面的に設置したわけではなく（表4-6参照）、一九四九年八月から五四年一月

表 4-6　シリンダー・ブロック・ラインの変遷（1949 年 1 月〜53 年 1 月）

	工程数	機械台数（この内，専用機の台数）	人員（組長は除く）	1 カ月の生産台数	所用工数の比率
1949 年 1 月					100%
7 月					72%
8 月		53(10)	22〜23		
1950 年 1 月					67%
7 月		65(17)	22〜23	400	48%
1951 年 1 月				300〜400	29%
7 月					25%
1952 年 1 月					22%
3 月		59(19)	13	300〜700	
5 月					20%
1953 年 1 月	86	62(20)	13	800	

出所）『設備近代化とその経済効果』32 頁。

表 4-7　総実働工数と生産台数（1953 年 6 月〜57 年 6 月）

年　月	総実働工数	生産台数
1953 年 6 月	100	100
12 月	104	185
1954 年 6 月	112	235
12 月	83	115
1955 年 6 月	99	195
12 月	98	174
1956 年 6 月	107	357
12 月	114	459
1957 年 6 月	126	674

出所）総実働工数は『設備近代化とその経済効果』35 頁。生産台数は『トヨタ自動車 20 年史』より算出。

まで取り替えられなかった機械も二〇台あったという。これは『二〇年史』の記述とも符合する。こうした機械設備の状況にもかかわらず、自動車生産にかかった工数と生産台数の伸びを見れば、より少ない実働時間で自動車が生産されるようになったことがわかる（表4-7参照）。

こうした事実発見は、オートメーション（この場合には、機械設備の近代化）によって「職場の様相が一変するような不連続点」の発見を期待していた調査者を落胆させたようで、調査者は次のようなコメントを残している。

機械工業の場合……従来の流れ作業方式の中で個々の職場或

は機械に対して、それぞれ独立して合理化或いは近代化の努力がなされるが、その一つ一つを見ると工場全体の生産方式を変貌させるような決定的なものは見つけ難い。しかしその努力が累積して或る限度まで来たとき、振り返ってみて、その生産様式の中に過去においては見られなかった異質のものが生まれているのに気付くということになるのではなかろうか[11]。

この時点では、まだ他の工場と格別に変わった異質な生産様式の生まれている兆候を調査者は見いだすことができなかったのである。しかし、調査者は「若し異質のものが生れるとしたらそれが端的に現われてくるのは労働面[12]」だと考えて、表4-7の総実働工数を記録にとどめたのである。この総実働工数だけでは、実際のところは真の意味で一台当たりの工数が低下したかどうかを検討するには留保がいる。それを調査者は意識してであろう、次の項目を記しているので引用しておこう。

(1) この期間中製品の外注転換は殆んど行われていない。

(2) 直接生産面で社内外注の作業はない。昔、板金作業に組請負の形で外部の労働を利用したことがあるが最近はやっていない。

(3) 間接人員を直接へ転用するため株式関係業務を証券会社に依頼したり、食堂業務（従業員約四〇名）を外部の組請負にするなどの手を打ったがその数は全体から見て微々たるものである。

(4) 一人あたりの残業時間は昭和三一～三二［一九五六～五七］年の生産最盛期において月三〇時間前後に達しているが、第六表の総実働工数比率において昭和三一年五月を一〇〇とした場合、昭和三二年六月は一七％の増加をしているに過ぎない[13]。

外注や構内外注などを増やして見かけの効率を上昇させているとは言えないことを確認し、そのうえで「生産増加は実質的に見てもせいぜい二〇％程度の雇用増加で達成されたことになる[14]」と調査者は判断を下している。

新たな機械設備の設置による「職場の様相が一変するような不連続点」を見いだせなかった調査者は、ともかくも一九五〇年代のトヨタで進行していた事態、つまり自動車一台当たりの工数が低減していることを記録に残したのである。

この調査の妥当性や、どのように工数の低減が推し進められたのかはここでは問わない。ここで問題としたいのは、この調査報告が提示している記録が詳細な点である。表4-6と表4-7で示している工数の推移は外部者では測定しがたいデータである。しかも昭和同人会の調査は一九五七年一〇月一〇、一一、一二日の三日間であったにもかかわらず、数年間にわたる特定の現場での改革や工数の推移、さらに工場全体の工数の推移を記録している。これらは昭和同人会の調査者が自ら収集したものではなく、会社側が彼らに提供したものであろう。これは、ある意味では驚くべきことである。

フォード社での組立ライン導入をハウンシェルが論じた際、「専門の業務日誌係がいれば、この諸変化を正しく整理することが可能であったろう。だが、フォード社では誰も日誌をつけていなかった。彼らはあまりに多忙だったのである[15]」と書いた。製造現場での変化、たとえそれが後に大きな影響力を持つことであったとしても（逆に言えば、そうした大変革の場合であれば、ますます担当者は多忙となり）、その変化の経過を記録しておくことはほとんどない。ところが、昭和同人会の報告書は、トヨタが現場作業に関する記録をつけていたこと、つまり記録者がいたことを示しているのである。

このような記録者がなぜトヨタの現場にいたのだろうか。次に敗戦直後からのトヨタの復興過程を一瞥し、その最後でおのずとこの問いに答えることになろう。

（2） 生産設備の復旧

①自動車事業継続の決断

敗戦直後、日本における自動車事業の将来に対しては、誰しも決して明るい展望を描ける状況ではなかった。前章で述べたようにトヨタの自動車事業の実質的な創業者であった喜一郎でさえ、「自分が畢生の事業として携ってきた自動車事業に就て、今後やってゆけるかどうかと云う見通しが全然立たず一時茫然自失した状態に陥[16]」り、さらに「実を云えば戦争が終ってすぐ自転車に転向する計画を立てた」というほど、自動車産業の将来は混沌としていたのである[17]。

トヨタの従業員も将来に不安を抱き会社を去っていく。戦時中に動員された学徒、女子挺身隊、さらに軍人が工場などから去った後、トヨタでは敗戦から一カ月後の九月一五日に「将来の生産再開に必要な四五〇〇人を残して、ほかは整理することにした」ものの、「自発的に退社して帰省するものが多く[18]」、退社人数は会社側の予想を大きく上回り、従業員数は「一〇月末には、わずか三七〇一人」になったほどだった。だが、喜一郎は敗戦の二カ月後には「自動車製造の専門工場の一本槍でどこまでも突進し、倒れて後止む」ことを「根本方針」とすることを決断する[19]。

しかし喜一郎が自動車事業を継続する決心を固め、トヨタが自動車事業に乗り出すにしても、生産設備が整っていなかった。戦争末期にトヨタは機械設備の一部を挙母工場から別の場所に移管していた。一九四四年一二月に機械工場の機械を疎開させ、それ以降も断続的に重要なグリーソン歯切盤の一部や木型などを疎開させていたのである。さらに敗戦直前の一九四五年八月一四日には鋳物工場が被爆していた。そのため戦後になって自動車の生産を再開しようとしても、まず被爆した工場の復旧や疎開した設備を元に戻し、生産設備の整備を行う必要があったのである。

②臨時復興局による設備復旧

トヨタがどのように具体的に生産設備の復旧を行ったかを時系列に沿って簡単に見てみよう。一九四五年一〇月トヨタは被爆工場の復旧や機械設備の引揚げに着手し、同月末には普通鋳物工場、一二月には第一特殊鋳物工場を復旧させる。[20] それだけでなく、挙母工場の近郊に鍛造工場を新設している。[21] 翌四六年一月には電気炉を除き可鍛鋳物工場が復旧する。同年二月には非鉄鋳物工場、また四月には可鍛鋳物工場の第四号電気炉が復旧。さらに、八月には可鍛鋳物工場の第五号電気炉、一〇月には第二特殊鋳物工場の第一〇号電気炉が復旧し、一二月には可鍛鋳物工場の第六号電気炉も復旧する。[22] 鍛造施設の補強とともに、鋳造関連の施設を矢継ぎ早にトヨタが復旧させていったことがわかろう。

この復旧の過程で、一九四六年四月にトヨタは「臨時復興局」という部局を社内に設置し、自動車産業の再建に乗り出す。これは戦時中に疎開した機械を元に戻して集めただけでは本格的な自動車生産の体制を整えることができないと考えたためであろう。同年六月、喜一郎は挙母工場の設備について次のように述べている。

本当の処機械設備はほんの一時凌ぎの状態であります。即ち機械も疎開先から帰った物を羅列したにすぎず、而も多年酷使された機械は充分に修理もしてない為に正にガタガタにならんとする一歩手前であります。各種工具も同様であります。全くの処此の機械、此の工具、此の設備段取りで、如何に懸命の努力をするとも優良品を安価に製造できるとは思われません。[23]

戦時中に「工場建物は幾多取こわされ、機械は各方面に疎開し、自動車製造の段取は殆ど根本から改変させられ[24]」ていたため、「施設、機械のみならず現在並に将来の技術陣拡充を目指して、凡て之を一丸として、一括復興再建してゆく専門の陣容を立てて之を処理すること」が、臨時復興局の目的であった。[25]「復興局長には、社長豊田喜一郎がみずからこれにあたり、製造部長の斎藤尚一が、その実施にあた」った。[26]

臨時復興局を設置した一九四六年には、トヨタはただ単に施設を復旧させるだけではなく、新たな設備の増強も実施し始め、例えば熱処理工場では仕上清浄用サンド・ブラストが新設された。[27] また同年四月にはS型エンジンの試作を完成し、その量産化にも成功している。一九四六年中に次々と電気炉が復旧したこともあってか、翌四七年一月にはS型エンジンを月に一〇〇台生産する設備を整え、二月にはBM型トラックの生産を開始する。[28] これで

「ほぼ復旧が完了して、本格的な生産が再開され」、一九四七年三月に臨時復興局は解散する。[29]臨時復興局の解散から二カ月後の五月一〇日には、トヨタの生産累計一〇万台目としてBM型トラックがライン・オフする。トヨタは、「これを盛大に祝い、戦後の再出発の決意を新たにした」という。[30]一九四七年春はトヨタにとって、まさしく「戦後の再出発」となった時期であり、その目処がついた時期でもあった。

このように記録を整理してみると、新型エンジンを搭載する新型車の製造用の生産設備を整えることが、臨時復興局の実態だったように考えられる。

③挙母工場の完全復旧

ただし、臨時復興局の解散は、挙母工場の生産設備が完全に復旧したことを意味してはいなかった。その完全復旧は臨時復興局の解散から約一年後である。『トヨタ自動車二〇年史』の年表は一九四八年四月三〇日付の項目として「第二特殊鋳物工場の第九号電気炉復旧を最後に挙母工場復旧成る（復旧費一、七二五万七、〇〇〇円）」と書いている。[31]臨時復興局の解散後も挙母工場の復旧は続けられていたのである。このこと自体、この部局の主たる目的が、挙母工場の復旧、つまりトヨタの工場設備のほぼ全体の復旧ではなく、敗戦後の状況でともかく新型自動車の生産体制をいち早く整えることにあったことを物語っている。

挙母工場それ自体の復旧も単に旧態依然の状態に戻すことを目指していたわけではなかった。生産量増大に対応可能なように設備を増強していたのである。例えば、一九四七年には鋳物砂の運搬用にコンベヤーを延長して鋳物の造型能力を向上させ、[32]熱処理工場では自動焼入槽を設置するなど設備の自動化も図っていた。[33]また一九四八年に電力不足が生じたため、キューポラ二基を増設して電気炉と併用することで対応し、さらに同年には鍛造型工場に電気ホイストを新設し、鍛造工場に五〇〇HPエア・コンプレッサー［空気圧縮機］を据え付けている。[34]一九四九年五月になると「普通鋳物工場のサンド・コンベヤーを延長し、造型能力を増加」し、同年八月には「当時としては思い切った設備」であったという可鍛鋳鉄の焼鈍用トンネル炉を新設した(35)。

このように、臨時復興局の解散以降も、挙母工場での設備の新設や増強は活発に行われていたのである。これは戦後になって、トヨタが新しい自動車を次々と発表したことに対応していよう。一九四七年二月にBM型トラックを生産開始したのに引き続き、同年四月にはSB型小型トラック、一〇月にはSA型小型乗用車を発表した。これらSB型、SA型の自動車に搭載したのはS型エンジンであり、一九四八年一二月にはその製造設備（月産五〇〇台）を整えていたのである(36)。

こうした状況であれば、エンジン製造から車体製造、最終組立工程では機械設備の新増設があったと想定するのが普通であろう。ところが、『トヨタ自動車二〇年史』は次のように書く。

> 機械工場、車体工場、組立工場では、昭和二二［一九四七］年から二三年にかけて、BM型、SB型、SA型の生産体制を整えるため、機械設備の新設こそできませんでしたが、設備の配置変えを行うことにより、生産の合理化を図りました(37)。

機械工場、車体工場、組立工場では機械設備を新設することなく、既存設備の配置変えを行うことで対応したというのである。

敗戦直後からトヨタは生産設備の復旧や増設を積極的に行った。それにもかかわらず、この三カ所の製造現場（機械工場、車体工場、組立工場）では設備を増設せずに「配置変え」だけで、新たに製造する自動車の生産に経営陣は対応しようとしたのである。

上述したように、一九五一年に始まる生産近代化計画でもトヨタは機械の配置を検討しながら設置していた（本節(1)④参照）。こうした機械や設備の配置変えは、一九五一年以降（つまり労働争議以降）に急に始まったものではなく、少なくとも四七年には機械の配置変えにより「生産の合理化を図」ることが実施されていたことになる。

機械や設備の配置を「合理化」のために変更することは、単純に考えれば次のようになろう。すなわち、ある配置と別の配置でのデータを何らかの基準で比較検討した上で、合理的な配置を選択することである。この作業を徹底的に行ったとすれば、それぞれのデータを記録し照合していったことになる。こうした推定が正しければ、製造現場には何らかの記録をとる人物がいたことになる。これは本節(1)での検討とも符合する。つまり、トヨタでは敗戦直後には、何らかの形で製造現場のデータを記録する試みが始まっていたことを想定させるのである。

　ここで予備的考察を終え、次節では戦前の製造現場で仕掛品が山積みになっていた状況がどのように、またなぜ変わっていったのかについての考察に焦点を向けよう。敗戦直後には製造現場でデータを記録する試みがあったことを分析の手掛かりにする。つまり、「製造現場の実態把握」ということが導きの糸となる。

3　製造現場の実態把握へ

(1)　なぜ戦前の製造現場では仕掛品があったのか?

①戦前のトヨタでは製造現場の実態をどのように掌握しようとしていたのか?

すでに述べたように戦前の挙母工場では「号口管理制度」が採用されていた。その具体的な運用の仕方と職制のあり方は、時期によって多少の変更はあったものの基本的に大きな変更がなかったと社史は言う。

　この制度を運用する職制は図4-3のようで、基本的には変化しなかったという。各係の役割分担は次のようである。まず計画係は「生産計画を立案して、命令を発するほか、特定作業の管理」、仕掛係は「請負作業、材加不補充、号口補充など、進行に関する事務」、そして調査係は「請負単位、工数の調査事務」を行っていた。[38]

工務課	計画係
	仕掛係
	調査係

図4-3　トヨタの生産管理関連の職制（1939年4月）

出所）『トヨタ自動車20年史』88頁。

経営側が製造現場の実態をどのように把握していたのかという関心からすれば、調査係の仕事内容が具体的にどのようなものであり、どのように実施されていたかが問題となる。しかし、その内容を具体的かつ詳細に示す資料は公刊資料からは見いだせない。だが、仕掛係の仕事内容が、「請負作業……など、進行に関する事務」、調査係の職務内容が「請負単位、工数の調査事務」というからには、トヨタ内では請負労働が存在したことは確かであろう。調査係の職務が具体的にどのようなものかはこの文言だけではわからないのだが、少なくとも請負作業者に支払いをする以上、その支払いの基礎となるデータを会社側が掌握していたことになろう。もちろん、そのデータの精度がどの程度のものかは不分明であるが。

製造現場の実態を会社側はどのように把握していたのかという問題に、この時期の賃金支払い方法から接近することにしよう。具体的に言えば、賃金支払いの基礎となるデータがどのように収集されていたのかという視角から問題に接近してみたい。

トヨタは創立当初から敗戦直後まで現場の作業員に対して能率給制度をとっていた。念のため言っておけば、職員は月給制である。この現場の作業者に対する賃金支払いがここでの関心事である。

トヨタでは現場の作業者を「請負部門」と「常備部門」に分けて出来高に応じて賃金を支払っていた。その支払い方法を見てみると、請負部門は次の二つの式で表現される。

$$\text{請負給} = \text{日給} \times \text{人工数} \times (1 + \text{歩合})$$

これは請負の組別に支給される。

$$\text{歩合（組別）} = \frac{\text{部品単価} \times \text{出来高個数}}{\Sigma\,\text{日給} \times \text{人工数}}$$

さらに「常備部門」も次のように支払われた。

加給＝日給×人工数×（1＋常備加給率）

常備加給率＝請負部門の平均歩合×常備係数（1以下）

この常備部門の作業員に対しては、毎月各個人の勤務成績をA、B、Cの三段階に分けて、それに応じた係数を乗じて支払った時期もあったという[39]。

この算式を見れば、常備部門の賃金にさえ請負部門の歩合が影響を及ぼしていることがわかる。このことからしても、請負部門の歩合の算定が決定的に重要だったことがわかろう。この歩合は「単価」と「人工《にんく》数」（作業者一人の一日の労働量を基に、作業に要する延べ人数を算出したもの）の算出に大きく依存している。では、これはどのように算出されていたのだろうか。

実に単純な方法で算定は行われていた。単価は「部品別に作業の難易、数量などにより他部品と比較して現場で見積もりし、申請によって決定」されたという。この説明の後に、執筆者が「もっともプリミティブな方法によっていた」と書き加えたくなった心持ちがわかろう。こうした算定方法では実際に労働者がどれほどの時間をかけて作業していたかは把握できまい。さらに人工数も実に単純な方法によって算出していたという。「もっぱらタイムカードの出退勤により把握」したというのである[40]。こうして集められた情報を基に「歩合」が決定されていた。

単価の決定には、作業を請け負っている作業員、とりわけ請負の組長の意見が大きく反映されただろうと想像できる。具体的な作業プロセスについて会社側はほとんど掌握できておらず、製造現場での作業は会社側にとってはほとんどブラック・ボックスと化しており、原材料の投入量と完成した製品個数しか具体的には把握できない状況だったのではなかろうか。作業現場へ入ることと、そこから退出することの情報だけで管理しているのも、製造現場のブラック・ボックス化という比喩に対応する。

作業現場での労働強度については基本的には不問に付す状況が現出していたと考えられよう。たとえ進捗担当の管理者が叱咤激励しようとも、作業の具体的内容がわからない管理者の下では、請負労働をする作業者が自分たちの労働の強度・速度を裁量する余地がきわめて大きくなったと考えられる。

さらに歩合の決定には「出来高個数」が大きく影響している。請負作業集団（請負組）は何種類かの部品を請け負っていたと考えられるので、個々の請負組は「単価の高い品物を早く作って、其の月末の帳尻をうまく付ける」行動に出て、「工程の組付のことなんか余り考えずに自分の組の帳尻を合すことを考えて仕事をした[41]」という状況も生じた。

これを避ける工夫として、生産台数の増加に応じて、職員にも進行賞という奨励金が支給されたこともあった[42]。しかしこれは、職員に叱咤督励を促すという点では機能しても、現場の作業者集団に自らの行動様式を変えさせるインセンティブは何もない。したがって、この効果は極めて限定的なものだったに違いない。牧野昭光が「請負給は職員には適応されなかったが、生産台数に応じ、若干の定額［つまり、進行賞］が加給された時代があった[43]」というふうに、進行賞が給付された時期が限定的だったように書いているのは、そのためであろう。

最終組立作業の進行にあわせて必要とされる部品の製造加工をさせることなく、それぞれの請負組が自らの都合で部品の製造加工を行った。その結果、自動車の最終組立でさしあたり不必要な部品までもが製造加工されて作業現場には仕掛品があちこちに山積みになる一方、もしも最終製品の数量不足が問題となれば大あわてで各担当部署に関係部品の生産が要請されることになったのである。

本章の冒頭で述べたように、号口管理制度は、「最終組立ラインを基準として、これに各工程の進度を合わせて全体として流れ生産を目指した[44]」と社史では説明されている。だが、戦時下では生産の平準化は達成できず、こうしたことは実現されなかった[45]。その大きな要因は、上に述べたような能率給の仕組みとその運用の仕方にもあったのである。

②問題解決の試みと失敗

製造現場での作業について経営側が把握している情報がきわめて限られていれば、与えられた制約条件の中で請負組という小作業集団は作業現場で自らが持つ自由裁量の余地を活かしつつ、その集団にとって最適な行動をとり始め、それを止める必要性を感じなかったであろう。会社全体から見れば最適行動でなくても、小集団からすれば自己の集団だけの利害が（つまり会社全体から見れば部分最適化行動が）優先しがちである。これが製造現場で半加工品、完成品が堆積している主たる原因だと本章では想定しよう。

この想定が正しいとして、これを解決するために会社側がとる方策にはどのようなことが考えられるだろうか。一つには能率給の仕組みを変えることが考えられよう。つまり、制約条件を変えて、小集団の構成員に与えるインセンティブを変えてみるのである。だが、トヨタがとった方策はもっと根源的なものだったと言える。たとえ、インセティブの与え方を変えたところで、作業現場の実態について経営側が具体的な情報を持っていない限り、制約条件の中で小集団は再び部分的最適化行動をとる可能性が高い。それを再びインセンティブの与え方で変えようとしても、同じことが繰り返されることが予想される。それならば、困難ではあるが製造現場について詳細な情報を得ることから始めたほうが良いのではないか、というのが経営側がたどりついた判断であろう。

トヨタは一九四四年の春に組織改革を行い、製造部を設置する。これについて『トヨタ自動車二〇年史』は次のように書いている。

> 従来、製造関係の現場は、粗形材部、機械部、組立部からなっており、その管理部門としては、別に製造企画部がありました。昭和一九［一九四四］年の春、これらの各部を統一して、製造部が誕生しました。このときにあたって、これまで不十分であった製品の完成個数、材［料および］加［工］不［良］数などを的確につかみ、しっかりした原始記録をつくって、賃金計算（組請負制度がひき続き行われていました）、原価計算の基礎資料を整備すべく、同部のなかに、そのための事務担当部署として工務課を設けました。そして、この部署

ではあくした原始記録は、賃金計算課および原価計算課へ送られました。

社長豊田喜一郎も、この方式をもって、全工場を改善するように強く指示しました。戦時中で、用紙その他の点で、たいへん困難なときでありましたが、この新しい方式のために帳票を変更し、事務の流れを改善するなどの努力を払いました。(46)

利用可能な一九四五年八月一日の職制表によれば製造部長は斎藤尚一である。また経理部の下には会計課と経理課と原価計算課があるので、これが引用文中にある組織と対応すると思われる。

この引用文によれば、製品の完成個数だけでなく材料の過不足も把握して、賃金の計算だけでなく原価計算の資料を整備する試みが、戦時中の一九四四年春に始まったことになる。逆に言えば、この時まではトヨタでは賃金や原価計算の資料についての把握が進んでいなかったことになろう。

では、この一九四四年春の組織改革は問題を解決できたのだろうか。実は、組織を設置したにもかかわらず、製造現場の実態把握はそれほど進まなかった。その理由を『二〇年史』は微妙な言い回しで述べている。

終戦前までは、工務に記録工がおかれ、この人たちが、工数の記録をとっていました。こうした方法は、理論としてはよくても、実際問題としては、記録をとる者と、とられる者という関係から、現場の作業者との間に、なかなか微妙なものがありました。それで、おおぜいの記録工を擁していたわりに、実績はさほどあがりませんでした。(47)

つまり、お互いに顔が見える人間関係の中では、作業者の状況を客観的に把握・報告するよりも、情実が優先されがちで、作業現場の実態についての把握が深まらなかったというのである。

だが原因はこれだけではない。『二〇年史』は別の箇所で次のようにも指摘している。

工務課は、作業命令書（号口作業票）を発行しますが、作業の日程計画・進度管理については、各工場とも、すべて作業工長がその実権を握っていました。というのは、当時、工務には、現場の生産能力や実状を判断する資料も十分になく、召集で人材も育ついとまがなかったからであります。しかし、各工場間の連絡、調整は、工務課のたいせつなシゴトでありました[48]。

製造現場のデータを得ようにも、その作業能力を判断するだけの基礎資料がなかったのである。せっかく設置した部署ではあったが、工務課は賃金計算や原価計算の基礎データを蓄積するという本来の目的からは外れ、各工場の連絡係として飛び回ることが主たる業務になったことになる。連絡のために動き回れば、製造現場での作業を落ち着いて観察する時間は減らざるを得ない。

しかし、経営側の意図通りの成果をあげなかったとしても、製造現場に多数の記録工を配置し、工数を算定する試みが戦時期に行われたことは、後の展開を考えれば重要である。

別の角度から問題を考えてみよう。製造現場の作業が経営側の意図通りに進んでいない場合に、綿密なデータを収集することだけが、製造現場での作業を進行させる方策ではないという観点である。インセンティブ・システムの変更などという手段をとらずに、強圧的に現場での作業方法に介入して、経営側の意図を貫徹させることも可能性としては考えられるはずである。実際、戦時中には、これに似通った手段がとられた形跡がある。それは切削工具の集中研磨をめぐってである。

熟練工の立場からすれば、自分が切削加工に使用する工具（特に機械工作の際に使うバイトなどの刃物）を自ら研磨するのは当然の権利と考えられていた。それどころか、熟練工が熟練工と呼ばれるための重要な要件であるとさえ彼らは考えていた。特に出来高によって賃金が決定される場合（したがって、請負労働の場合にも）、工具の研磨は機械加工の能率に影響を与えるので自らの経済的利害に直接かかわる。そのため研磨を自分以外の人物に任せることに対して、彼らの抵抗は大きい。

この工具の集中研磨をトヨタでは戦時期に導入しようと試みている。だが、労働者側の抵抗にあって導入できなかったという。導入が失敗した理由として、「計画・設備・研磨図面・操作方法等に用意の周到性」が欠けていたことと、「無理に現場に押しつけようとして作業者の反感」をかったことがあげられている。[49] この記述から推測すれば、かなり強引に実施を図ったのであろう。その結果、「機械工場に於てはバイト・ドリル［の集中研磨］も戦時中一度計画されたのですが、失敗に終」わり、「以後現場にて各自が自分の工具を研ぎ続けて[50]」いる状況が戦後まで続いたのである。

トヨタが製造現場に記録工を配置し、少なくとも工数の把握を試みても、なかなか正確で精密な情報は得られなかった。また、強圧的に製造現場を掌握しようとしても成功しなかった。したがって、戦時期まで請負組を中心とした小集団は、自己の集団的利害を優先する行動をとっていた。このため会社の意図に反し、製造現場で仕掛品などが堆積する状況が生まれていたのであろう。

（2）製造現場の詳細データ把握

戦時期の製造現場の状態が、経営側にとって望ましいものでなかったとしても、敗戦直後は何よりも物的な生産設備の復旧が急がれた（その過程は第2節(2)参照）。だが、それが一段落すれば、戦時中のような生産や経営全般の管理をどのように変革していくかが、経営陣にとっての大きな関心事になっていこう。この項では製造現場での動きに注目して議論を進め、会社全体の動きとの関連については後述する。

①能率給の復活とその算定方式

戦後になると、製造現場で働く作業員にとって、給与の形態ひとつをとっても大きな変化が見られた。一九四六年一一月には戦後インフレへの対応策として、給与は生活を保障する生活給となる。本給と加給、家族給で給与を構成し、本給は年齢給を基本として年齢別に最低賃金を決めた。この結果、能率給は停止される。さらに一九四七年四月には物価の上昇に対応するために加給部分を物価にスライドさせることになった。基本給に物価上昇に応じてスライドさせた加給率を乗じた金額を加給としたのである[51]。

また戦後の日本企業の大きな変革であった会社内での身分撤廃があり、職員が月給で現場の作業員が日給という区分も一九四九年二月に撤廃され、両者とも日給月給制に統一されることになる[52]。

ただし、この日給月給への統一前に、トヨタでは能率給が復活する。一九四八年七月に導入された「生産手当」がそれである[53]。この復活した能率給制度は戦前の能率給がそのまま復活したものではない。「直接製造部門の集団（グループ）能率を基礎として、その対象となる単位は課（または工場）とし」、「能率は生産手当率」とされ、次の算式によって定義された[54]。

$$生産手当率＝\frac{基準時間×出来高個数＋特定作業時間＋手待ちおよび離業時間}{総実働時間}$$

この「生産手当率」が適用されたのは直接作業部門である。また、間接作業部門と事務・技術職員部門に対しては直接生産部門の平均生産手当率が適用されて、「生産手当」が算出された。その算出方法は次のようである。

直接部門生産手当＝日給×人工数×生産手当率
間接部門生産手当＝日給×人工数×直接部門平均生産手当率×常傭部門係数
事務・技術職員生産手当＝月給×直接部門平均生産手当率×職員係数

一見すれば、戦前の「請負給」や「加給」の算出方法と「生産手当」の算出方法は変わらないように見える（「職員」が新たに付け加えられているが、ここでは問題としない）。戦前の請負給および加給と同じように、直接・間接部門の生産手当は「日給」と「人工数」を掛け合わせたもの（職員の場合には、これが「月給」となる）[55]、それに直接部門の場合には生産手当率が掛け合わされている（間接部門と職員では、これに加えて別の係数が掛け合わされている）。日給に人工数とさらに係数が掛け合わされていると見れば基本的な構造は変わっていない。こうして全従業員の給与が一応、基本的には統一された。ただ明らかに、製造関係の直接部門の能率が全体の給与に大きな影響を与えており、その意味で「製造関係直接部門の団体能率を対象とする団体時間請負給」[56]である。『トヨタ自動車二〇年史』の年表が一九四八年六月の項目に、「工場能率歩合を制定」と書いているのも基本的に「団体」の単位が「工場」だったことを反映していよう[57]。

戦前の「歩合」と戦後の「生産手当率」とを比べてみれば、その違いは明らかである。「歩合」算定の分母には日給と人工数を掛け合わせた総数があり（その日給と人工数を掛け合わせたものが「加給」の算定にも用いられたのだから、これら二要素の算定は重要である）、分子には単価と出来高個数を掛け合わせたものがあった。ところが、すでに見たように、単価の算定そのものが「もっともプリミティブな方法」で決められていたうえ、人工数さえも「タイムカードの出退勤により把握」されている状況であった。このため、現場の作業者は自らの行動でこの算定をかなりの程度まで変更しうる余地があったのである。つまり、単価の算定に作業者は自分たちの意図をかなりの程度まで反映させることが可能であった。それだけでなく、このように人工数が算定されているのであれば、意図的に緩慢に作業をしていても会社側はそれを防ぐ術はさしあたりない。

これに対し、「生産手当率」では、分母には明確に「実働時間」が置かれ、分子にも「特定作業時間」「手待ちおよび離業時間」と、「基準時間」が置かれている。製造現場で作業者が過ごす時間を「もっぱらタイムカードの出退勤により把握」[58]するという状況とは大きく変わっている。製造現場で実際に作業をしているかどうかが厳格に分類されており、図4-4に見られるような、労働時間の細分化がすでに始まっていたと言えるのである。

労働時間が細分化されているということは、トヨタでは現場での作業時間などの情報をすでに入手していたということにならないだろうか。こうした情報なくして、生産手当制という能率給を復活させても機能しないことは自明である。労働時間を細分化して測定することが可能になってこそ機能する算式に基づく能率給を、この時点で復活させたということは、それなりに測定が進みデータを会社側が得ていたことを意味しよう。だとすれば、いつ頃

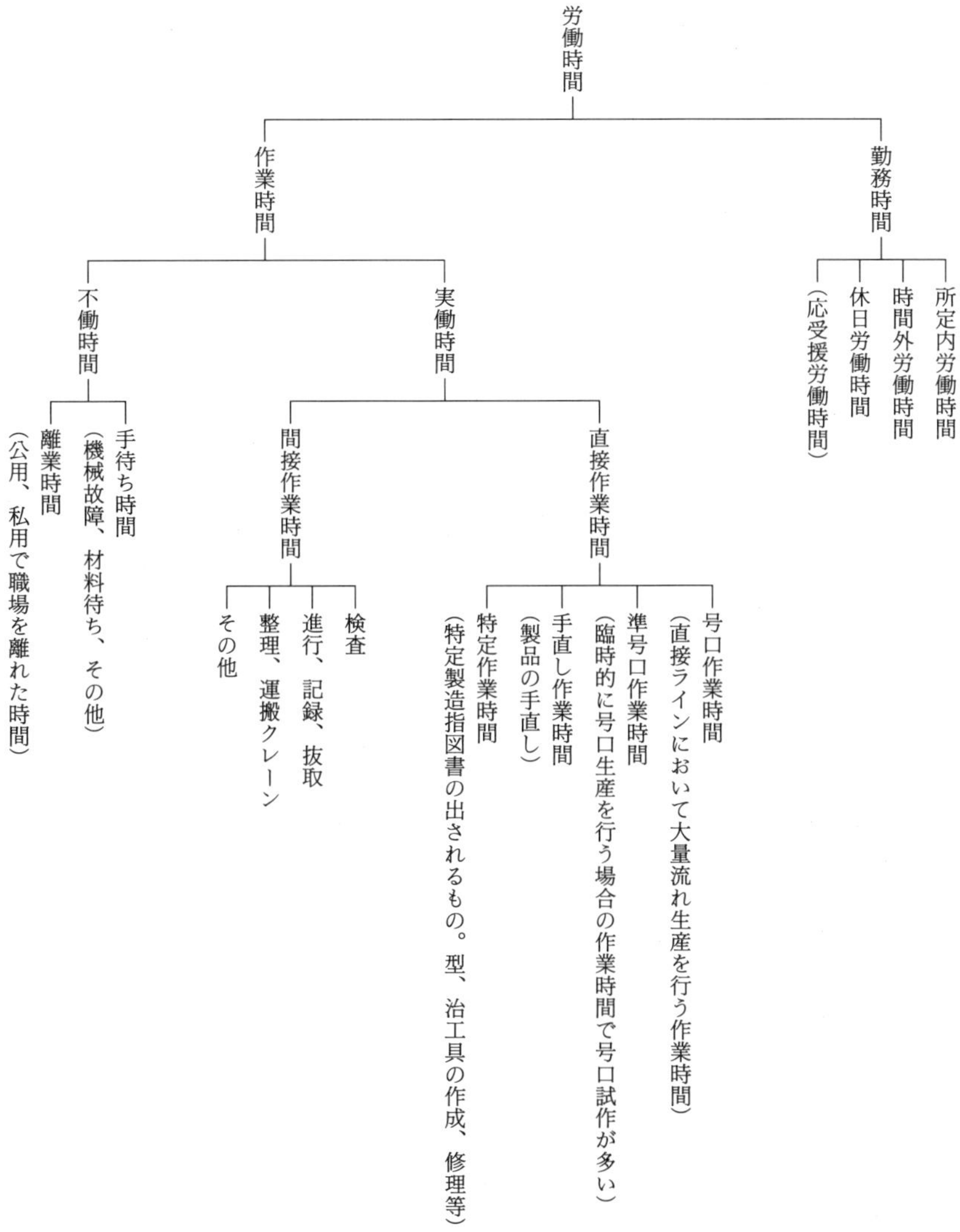

図 4-4　労働時間の構成

出所）牧野昭光「トヨタ自動車の生産手当制度」労働法令協会編『業績給制度の実際』（労働法令協会，1966 年），166 頁。

からデータを収集し始めたのであろうか。この点について、『二〇年史』は次のように書いている。

昭和二二［一九四七］年、約半年間の各部品の実績加工時間の平均を基礎にし、標準加工時間を算定しました。そのご、二五年九月にこれは改正されました。この標準加工時間は、「部品時間」と呼びならわされています。[59]

さらに別の公刊資料を見てみよう。実務家向けに各社の制度を紹介している『業績給制度の実際』（一九六六年）という書物に、当時のトヨタ自動車工業人事部課長が「トヨタ自動車の生産手当制度」という文章を寄稿しており、その中に次のような文章がある。

能率給においては、一般的に能率把握の基準となる時間として標準時間なる概念を用いているが、当社ではこれを「基準時間」と称している。

昭和二二［一九四七］年工務部に資料課を創設し、基準加工時間の実績分析が始められ、基準時間が算定された。[60]

つまり、一九四七年には製造現場での作業時間についてのデータの入手と分析が始まり、各部品の実際の加工時間のデータを約半年間にわたって蓄積していたのである。このデータには、生産手当算式の細分化された労働時間も含まれていたことになろう。

戦時期における能率給とは違い、一九四七年に復活した能率給は、会社側が製造現場についての緻密なデータを蓄積し、それに基づいて算定されていた。生産手当制は単なる能率給の復活を超えた意味を持っていたのである。

②「大野ライン」の起源

能率給が復活したのは一九四八年七月である。[61] この同じ月に、斎藤尚一が大野耐一に指示を出す。その指示とその後の行動について『トヨタ自動車二〇年史』は次のように書く。

> 昭和二三［一九四八］年七月、取締役斎藤尚一は、こんごの自由競争にそなえ、もっと原単位、原価の面から、各工場の実態をつかみ、経営管理に資していきたいと考え、駆動工場をモデルに、工場の合理化を駆動工場長大野耐一に命じました。そこで、駆動工場の事務屋たちは、まず、原始記録を整備し、これを通して、工場の姿を数字的に正しくつかめるようにしたいと考えました(62)。

これは、トヨタの歴史に興味を持っている研究者やジャーナリストにはよく知られたくだりである。なぜなら「駆動工場の事務屋たち」の活動を描いた後、『二〇年史』が次のように書いているからである。

> いわゆる「大野ライン」の基礎資料は、現場の事務屋のこの地味な努力の間から、生れ出たものであります(63)。

やや微細な書き方にこだわって、上記の引用文を考えてみよう。念のために言っておけば、「原単位」とは「鉱工業製品の一定量を生産するのに必要な原料・動力・労働力などの基準量」（『広辞苑』第五版）である。この「原単位、原価の面から、各工場の実態」を把握することが大野に課せられた問題であった。この文章の直前に「もっと」という単語が挿入されている意味も、本節をここまで読み進んでくれば明らかであろう。『二〇年史』は正確な文章表現をとっているのである。

戦時中の一九四四年春にトヨタは製造部を設置し、賃金資料や原価計算の基礎的な資料を整備しようとしたが、これは必ずしも成功したとは考えられない。しかし戦後になると、一九四七年には約半年間にわたって、製造現場についてデータを集めた後、それに基づいて「基準時間」を設定した。それを重要な構成要素とする生産手当率を基礎とした能率給を導入したのが、一九四八年七月だったのである。

この時点では、少なくとも製造現場に関するデータをある程度まで経営側は把握していた。したがって、そのデータの質を高めるか、もう少し焦点を絞るようにという意味で「もっと」の語が付け加えられ、「もっと原単位、原価の面から、各工場の実態をつか」むことを大野耐一に要求したのである。逆に言えば、この時点で経営側が把握していたデータの精度や質にはまだ不満があったことになろう。

一九四八年七月以降に、製造現場のデータの収集・分析は大野耐一の指揮のもとで行われることになる。データの収集・分析自体が目的ではなく、分析を基にした作業改善策は具体的に製造現場のラインで試されていった。それが「大野ライン」である。この「大野ライン」は駆動工場で始まったが、それは会社内で拡大していく。一九四九年八月の職制改革で駆動工場と機関工場は機械工場として統一され、それまで駆動工場の工場長だった大野が、拡大した機械工場の工場長になり、「全機械工場にわたって、合理化を進め」ていくことになる。(64) これが一九五〇年労働争議の前年である。

③「大野ライン」は具体的に何をしたのか?

いわゆる「大野ライン」は具体的に何をしたのであろうか。斎藤尚一から「もっと原単位、原価の面から、各工場の実態をつかみ、経営管理に資」するため、「駆動工場をモデルに、工場の合理化」をするように命じられた大野耐一はどのような対応をしたのであろうか。

駆動工場では現場から提出される報告書の整理が行われている。駆動工場の各組が提出していた報告書類は主なものだけでも八種類あったが、(65) これを整理して「作業日報」と「検査日報」にまとめたという。(66) この二種類の日報によって、生産現場の実績に関するデータを収集しようとしたのである(図4-5参照)。これは一九四八年一一月一日から実施され始めた。(67)

この図を見ると、「工数」(人数×時間)の集計は「作業日報」に基づいて行われている。トヨタでは一九四九年五月に「工数月報」の発行が開始される。(68) この「工数月報」の具体的な内容は公開資料からは不明であるが、「作業日報」の情報が少なくとも一カ月単位で集計された情報が一定のレベルの経営陣には共有され始めたと推定できよう。

だが、情報の収集・蓄積はそれ自体では、経営には何ら寄与しない。「工数」情報の継続的な把握は、「基準時

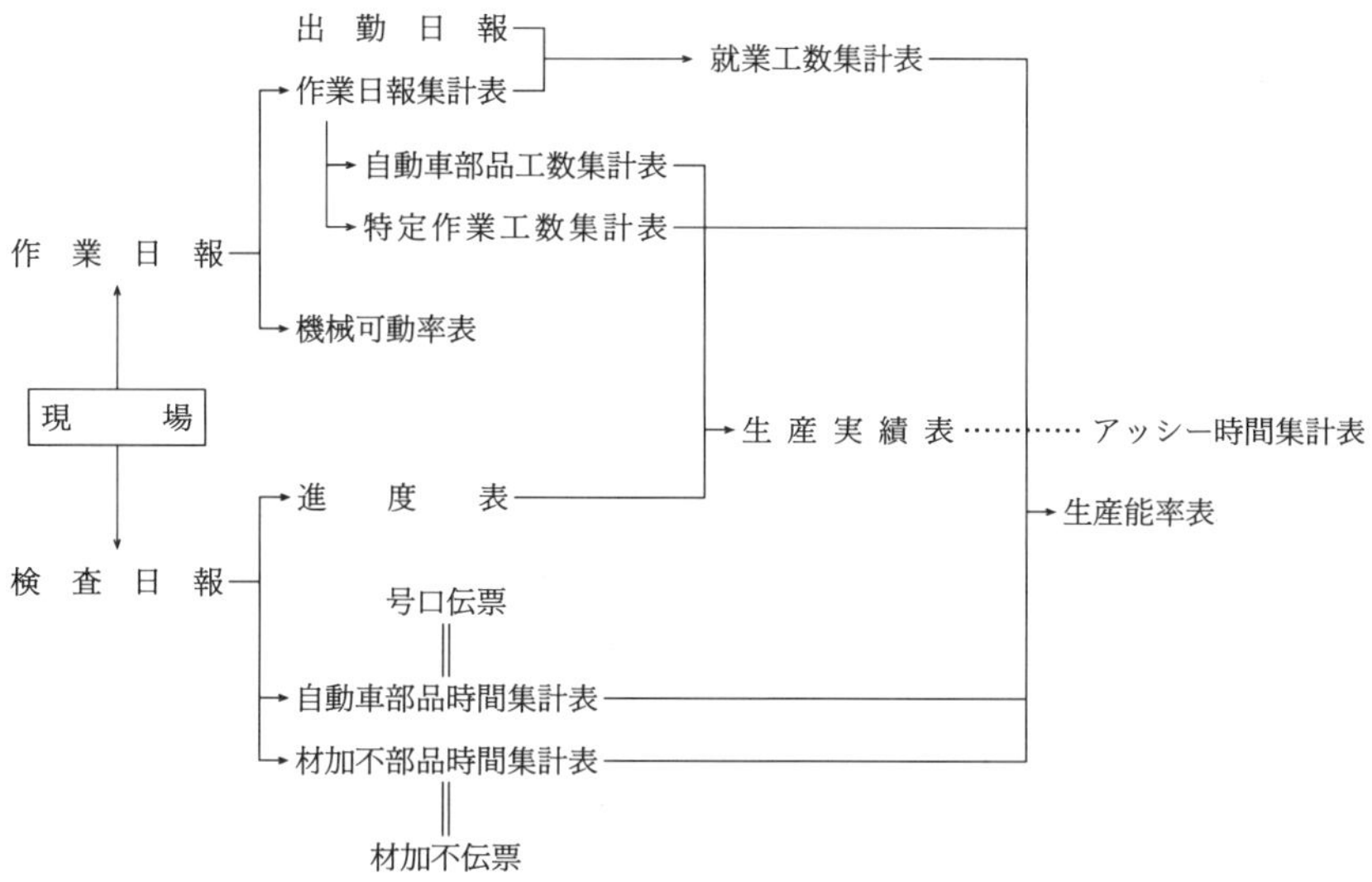

図 4-5　実績資料のまとめ*

注）*トヨタ調査月報（1949 年 3 月発行）所載，永礼善太郎・清水稔「経営合理化の基底としての独立採算制」から。
出所）『トヨタ自動車 20 年史』290 頁。

間」の見直し、「生産手当率」を改訂するための情報を経営側が入手していくことを意味する。もしも実際の作業時間を経営側が把握していなければ、作業者は意図的に緩慢に作業を行うこともできる。そうすれば、作業者にとって有利な「基準時間」が設定され、「生産手当率」も実態以上に作業者に有利な状況が出現する可能性がある。しかし、「工数」の推定精度が次第に上がれば、実際の作業時間に近くなる。これを『トヨタ自動車二〇年史』は次のように淡々と書く。

> 資料をたんねんに積み上げ、分析していって、自動車部品の加工に要する実働時間を算出し、これを基準時間と比較し、各作業組の能率測定をしていきました。現場はこの能率歩合をメヤスにしながら、作業改善を一歩一歩たんねんに進めていきました。[69]

「実働時間」と「基準時間」の比較が進めば、「生産手当率」の改訂も可能になる。こうした状況は、少なくとも一部の作業者にとっては旧来の既得権益が侵されていく事態であった。彼らは不満を高じさせ、こうしたデータ収集そのものにも反発していったであろう。

この駆動工場でのデータ収集に基づく実績は経営側から高く評価されることになる。『二〇年史』によれば「駆動工場の実績をもとにして、昭和二四［一九四九］年七月の職制変更のさい、全工場にはじめて事務主任がおかれ」た。[70] だが、「現実に事務課長に人を配したのは、車体、鋳物、機械の三工場だけ」だったという。既述したように、大野耐一が機械工場の工場長になったのが一九四九年八月の職制改革であったというから、二カ月連続で職制を変更したのか疑問である。しかし、一九四九年八月一日の職制表では事務主任は三工場だけにとどまっていない。[71] 職制改革が短期間で何度も繰り返されたかどうかを確かめることはできないが、一九四九年夏には、駆動工場での実績を経営側は高く評価して、一方では大野を従来の駆動工場をも含めた機械工場の工場長とし、さらに駆動工場でのデータ収集方法を全工場に広める意図をもって全工場に事務主任をおいた。またこれには、「人事、仕掛、工数などの現場事務は、しだいに事務主任のもとに統合」していくという意図もあった。[72]

また、一九四九年七月一六日には「工数計算方法の改善」によって「挙母工場工数計算事務規定」が施行されたことを考えると、[73] 経営側は組織改革や規定の制定によって、「大野ライン」での工数測定のやり方を全社的に拡大させようとしていたと言えよう。繰り返すが、これは労働争議の前年の夏に起きていることである。

さらに同年一二月には、機械工場の一部で切削工具の集中研磨が始まる。[74] これは一一月以降、「従業員の平均賃金ベースを一割引き下げること」[75] に労使が合意した経営の危機的な状況での出来事である。すでに述べたように、トヨタは戦時中にも切削工具の集中研磨を実施しようと試みていたが、そのときは労働者の反対にあって実施できなかった。[76] これを再び実施し始めたのである。しかも、ただ単に切削工具を集中的に研磨するだけでなく、一人の作業者に数台の機械（場合によっては、同種類あるいは別種類の機械）を担当するよう要求し始める。まさしく「ひとりで何台もの機械を受け持つようになると、ドリルやバイトなどといった工具を研磨するシゴトを、専門化せねば」ならないために、集中研磨が機械工場の一部とはいえ導入され始めたのである。[77]

一九四八年七月に「もっと原単位、原価の面から、各工場の実態をつか」むよう大野が命令を受けてから、一年半の間に作業現場は大きく変わろうとしていた。工数の緻密な把握だけにとどまらず、一人が複数の機械を担当する（いわゆる多台持ちの）試みが切削工具の集中研磨とともに一九四九年の年末には始まったのである。これは旧来の作業慣行とかけ離れていたこともあって、作業者からは反対の声があがった。この状況をある人物は次のように語っている。

昔から職人気質と申しますか、機械は一人で一台と云う観念があった。大野工場長が来られてから一人で数台を持ち能率的に仕事をする方針を取られ、最初の中はそのことが呑みこめず、大分反対の声があった様です。[78]

当然であろう。また、前述のように、工作加工の出来に決定的に影響を与える切削工具の研削を他人に任せることは、熟練した作業者にとっては考えられないことだったのである。その事情の説明には次のものが要を得ていよう。

シャフト類を旋削加工するとき、切削条件とバイトの刃先形状、心高等を適正な値に保たなければトラブルを生ずる。トラブルには、精度不良、びびり［工作機械が作業中に振動して工作面に波面ないしうね状ができること］、刃先の欠け、異常摩耗、切屑のまきつき等いろいろあり、適正条件から少しでも外れるとトラブルのいずれかが生ずる場合が多い。この適正条件は、個々の機械の程度や製品形状、取代等により現場の熟練した作業者が選ぶものであり、その理由からバイトの刃先形状は作業者自身が望ましい形に修正研削していた。このような熟練した作業者からみると、他人の研削したバイトを使用することなど考えられなかった。[79]

したがって、「再研削［再研磨と同義］を集中的に行なおうとする動きには反対も多かった」。しかも、切削工具を集中的に研磨してみると、「実際に［切削している部材に］びびりを生じたり、［切削工具の］刃先が欠けたりして苦労が多かった[80]」ので、急速には切削工具の集中研磨は進まなかったのである。「全機械工場にわたって、バイト、ドリルの集中研磨を完了」するのは労働争議の翌年、一九五一年の一一月だった。[81]

これが一九五〇年頃までに、大野ラインが行っていたことの概要である。

今一度、思い返して欲しいのは、第2節で昭和同人会の報告書に依拠して示した表4-6である。そこに見られたデータは、機械工場での代表的な製造ラインである「シリンダー・ブロック・ライン」のものであり、しかも、それは（ラインの実働工数が指数化されているとはいえ）、一九四九年一月からのデータであった。これだけの現場作業を記録する人間が配置されていたのは、大野ラインによる成果だったのである。

この項の最後に、「もっと原単位、原価の面から、各工場の実態をつか」むようにという命令を受けた大野はどのように考えていたのかを彼自身の発言から見ておこう。これは、一九五四年六月に「機械工場の今昔を語る」という題で開かれたトヨタの社員だけによる座談会の締めくくりの大野の発言である。『二〇年史』も含め、大野ラインに対する言及の多くがこの発言を基に書かれていることを考えて長く引用する。

では最後の締［め］くくりとして当社機械工場が此処数年かかってどの様に変って来たか、振りかえって見たいと思います。終戦の翌年、即ち［昭和］二一年五月私は当時の駆動工場、現在の第二、第三、機械課（工作を除く）に配属になった。当時一体どうすれば戦後の自由経済下に於て、トヨタ自動車が立直って行くだろうかと考えたのです。自動車工業は戦勝国アメリカのお家芸だし、アメリカに於ても最も進んだ綜合工業であって、それにひきかえ町工場式の日本で、而もお話しにならない少量生産でどうしたら太刀打ち出来るか、日本民族の優秀性を活用し、加之［「しかのみならず」と読み、「そればかりでなく」の意］この少量生産に適した生産方法を見付け得れば必ず生きる道はある。いな見付け得なければ自滅あるのみだ。而もその方式は誰れも教えてくれない。トヨタの中でトヨタの者が創り出さねばならないと決心して立上った訳です。窮極の目標は作業の合理化の一語に尽きるのですが、此れはどうして生やさしいことではない。実際やる毎に身にしみてこたえて来たが最初の決心の手前どうしても初志を貫く必要があった。先づ手始にやったのが一人当りの生産量を上げる準備であり、兎に角動く習慣をつけること、一人で一台の機械から二台三台と順次に身体を動かすことから生産量を上げる様にすることである。従来は旋盤工とかフライス工とか云う、○○工と云って機械から離れてはいけないと云うふうに永年習慣づけられて来た。当工場の様な生産方式では此の○○工ではいけない、どんな機械でも一連のものは使用できる実力を持たねばならない、アメリカ辺りの単純化された作業より数等［「はるかに」の意］優秀な人でないと出来ないことです。此を我々はやった訳です。これに伴って次に起ってきた問題は多数の機械を操作するには、どうしても機械から安心して離れなければならない、その為自動送り装置の設備、自動ストップ、刃具、材質の均一性、等が絶対必要条件であって、集中研磨も比の一環です。従来は機械が煙を揚げて削っていると自分も湯気を立てて削り、働いている様な錯覚に堕り、人と機械の稼動を混同していた。

丁度比の方針で進んで来た時、例の［昭和］二五年の再建整備になり一部の人々から〝大野ラインを叩きつぶせ〟と云う悪名を頂戴したのですが、少くとも比の方式がつぶれる様なことがあれば、日本の様な少量生産自動車工業は駄目になると信じています。然し其の後残った人達は流石トヨタの再建を真剣に考える人々だけに私の考え方に協力してくれて、此の時から大分合理化による能率向上がはかどる様になった[82]。

大野自らが「窮極の目標は作業の合理化の一語に尽きる」と語っている。

これまで、製造現場での動き（とりわけ製造現場のデータ収集）に注目して議論を進めてきた。しかし製造現場は会社を構成する一部にすぎないことも事実である。したがって以下では、トヨタという会社全体の動きとの関連で、製造現場での動きを評価することにしたい。

（3）トヨタにおける「合理化運動」

①経営調査委員会から経営合理化委員会へ――別角度から見た「大野ライン」

製造現場の状況を正確に反映するデータを取得しようとして、トヨタが意図的にとった施策は、一九四四年春のこう。

製造部の新設であった。最初に、この製造部新設に関する『トヨタ自動車二〇年史』の記述をもう一度確認しておこう。

これまで不十分であった製品の完成個数、材［料］加不［足］数などを的確につかみ、しっかりした原始記録をつくって、賃金計算（組請負制度がひき続き行われていました）、原価計算の基礎資料を整備すべく、同部［製造部］のなかに、そのための事務担当部署として工務課を設けました。そして、この部署ではあくした原始記録は、賃金計算課および原価計算課へ送られました。

社長豊田喜一郎も、この方式をもって、全工場を改善するように強く指示しました。戦時中で、用紙その他の点で、たいへん困難なときでありましたが、この新しい方式のために帳票を変更し、事務の流れを改善するなどの努力を払いました。(83)

この時に社長は、「この方式をもって、全工場を改善するように強く指示」したとある点に着目しよう。つまり、ここでの改革が一過性のものであれば「強く指示」と社史が書く必要は何もない。『二〇年史』の書き手があえて「強く指示」と書くのは、執筆の時点まで何らかの形でその影響が持続していたか、一九四四年春以降に一時的にせよ経営に大きな影響を与えたことが、執筆時には感じられていたということではないだろうか。こうした視点から、製造現場での作業に関するデータ把握を会社の組織機構として、どのように統括していったかを考えてみよう。

敗戦後、自動車事業を継続していくことになれば、経営陣は何よりも物的な生産設備の復旧を急がねばならなかった。だが、それが一段落すれば、製造や経営全般の管理をどのようにするかが大きな関心事になったに違いない。工場のラインの始まりと末端に半加工品や完成品が堆積し、ラインの中途にも仕掛品のたまりが随所にあるという状況の改善を戦時期に手掛けていただけに、とりわけこの問題点が経営陣には認識されていたに違いない。(84)

こうした推測を裏付けるように、臨時復興局の解散から数カ月後の一九四七年七月二日に、トヨタは経営調査委員会を発足させる（『トヨタ自動車三〇年史』では同年五月に設置したとあるが、ここでは『二〇年史』に従うことにした）。[85] この経営調査委員会は重役室の直属であり（ちなみに、重役室はトヨタの「最高審議・決定機関」である。当初は民生担当重役室、生産担当重役室などのように機能分担していた。その後、一九四八年八月一日に「組織上一本化して重役室」になる）[86]、その下に三つの分科会が置かれた（図4-6参照）。

このうち管理分科会の活動範囲が表4-8の「書類規格統一関係」に見られる帳票の変更や事務の流れの改善に関するものとすれば、先に引用した一九四四年春の製造部設置時に企図した改善分野とほぼ重なっているのである。また、特にこの表の「原価計算関係」には「原則として実働工数を採用する」とあり、この経営調査委員会の管理分科会が一九四四年春の社長の強い指示を戦後に体現していくトップ・マネジメント下の組織だったことを窺わせる。

この管理分科会の事務局は当初、総務部の経営調査課であった。一九四八年八月に重役室が最高審議・決定機関として組織上一本化したときに、経営調査課は重役室のスタッフ組織に改編され、名称も「経営調査室」に変更される[87]。これは単なる名称変更にはとどまらない。経営調査室は総務部から分離されただけでなく、「工務部生産資料課から人員をもって来て強化」されることになった[88]。一九四四年春に製造部が新設されたときに賃金計算・原価計算の基礎資料整備の事務を担当していた工務課の部署が、経営調査室に加わり、重役室のスタッフになったのである。この後、経営調査室はトヨタにおける戦後初の長期計画「トヨタ自動車生産五カ年計画」を立案する（会社としての正式決定は一九四八年一一月二二日）[89]。

一九四八年夏の段階で、重役室直轄の下部組織として経営調査委員会が、重役室の

重役室―経営調査委員会
- 労務民生分科会
- 管理分科会
  - 書類規格統一分科会（後に事務管理分科会）
  - 材料管理分科会
  - 原価計算分科会
- 特別分科会

図4-6　経営調査委員会の組織

出所）『トヨタ自動車20年史』254頁。

表 4-8　経営調査委員会管理分科会の活動分野

書類規格統一関係	材料管理関係	原価計算関係
①文書規格の作成による伝票の整理統合 ②文書規定の作成 ③稟議規定の作成 ④メッセンジャーボーイ制度の採用 ⑤数字表記方法の統一(標準数字の制度) ⑥文書取扱い規定の作成	①毎四半期購入計画表の作成 ②毎月購入資材原価表の作成 ③契約残高明細表の作成 ④保管材料の引当材，不用材区分処理の合理化 ⑤受払い残高カードおよび棚札の使用改善	①各現場責任者の下に内面批判を対象に原価計算の一部を行い，その他の計算は経理で行う ②原則として実働工数を採用する ③特定指図伝票乱発防止のため伝票限界を明確にする ④納品書処理方式を改めて起票制度を廃止 ⑤福利施設部門の独立会計

出所）『トヨタ自動車 30 年史』270 頁。

スタッフ組織として経営調査室が、トップ・マネジメント下の組織として設置されたことになる。

しかし、戦後における経済情勢の急激な変化に対応するために、組織はさらに変更された。経営調査委員会が「経営合理化委員会」に改組され、その正式な構成メンバーに労働組合の執行部員も名を連ねることになる。改組の経緯は『三〇年史』によれば次のようである。すなわち、ＧＨＱが一九四八年一一月一一日に企業合理化三原則を発表すると、トヨタは「金融引締めに伴ういっそうの資金難、価格差補給金支払禁止に伴う企業採算の困難など深刻な事態」を想定して対策を練り始め、その結果、「労働組合も含めた経営合理化委員会を設置して、全社をあげて経営合理化促進運動を大々的に展開すること」になったという[90]。

ただしトヨタの経営合理化促進運動はＧＨＱの企業合理化三原則の発表以前にすでに開始されている。『三〇年史』年表が、一九四八年一一月一日の項目に「この日から同三〇日までを第一次期間、一二月一～三〇日までを第二次期間として二回にわけて経営合理化促進運動を実施」と記しているのである[91]。経営調査委員会が経営合理化委員会に改組されたのは、この促進運動が始まる前であれば一九四八年一〇月、この運動が始まった後（つまり、ＧＨＱの企業合理化三原則の発表後の対応）であれば同年一一月であろう。いずれにせよ、一九四八年

一、一月にはトヨタでは経営合理化促進運動が労働組合も巻き込んで全社的に大々的に繰り広げられていた点に着目しておこう。

この経営合理化促進運動を担った組織は、上述のように経営調査委員会を改組した経営合理化委員会である。改組の意図は下部組織の名称からも明らかである。改組前の経営調査委員会の下部組織名称は、労務民生分科会と管理分科会、特別分科会であった[92]（前掲図4-6参照）。これに対して改組後、経営合理化委員会の下に設置されたのは能率向上部会、材加不足防止部会、材料節減部会、経費節減部会の四部会である[93]。合理化に向けた「向上」や「防止」、「節減」という方向性を示す用語が、経営合理化委員会の部会名には使われている。経営調査委員会の分科会名称とは対照的であろう。

この経営合理化委員会は委員長と副委員長に常務取締役が各一人、委員には大野修司や豊田英二、斎藤尚一などの取締役や経理部長、生産技術部長に加えて、労働組合の執行委員長である松尾昇一などが名を連ねていた。まさに労働組合も含めた全社的な体制が敷かれたのである。ちなみに、この委員会の事務局「合理化事務局」の局長は取締役の大野修司であり、局員は経営調査室員であった。

経営合理化委員会の委員は、下部組織の部会の委員も兼任することになっていた。その部会の一つ、能率向上部会の構成メンバーを見てみよう。合理化委員会の委員でもあった取締役の斎藤尚一が幹事である。他の部会メンバーについては、役職のみをあげれば、人事部長と総務部長、工務部次長、民生部次長、鍛造工場長、それに労働組合執行部員から構成されていた。

こうした動きを「大野ライン」の活動と重ね合わせてみよう。

一九四八年七月にトヨタでは能率給が復活し、同じ月に取締役の斎藤尚一が大野耐一に「もっと原単位、原価の面から、各工場の実態を」把握するように指示を出す。しかし、実際に大野が、作業日報・検査日報という二種類の日報によって、生産現場の実績に関するデータを収集しようとしたのはいつからであったか。それは一九四八年一一月一日である（この情報は『二〇年史』に基づく）[94]。この同じ日に、トヨタでは労働組合も巻き込んだ経営合理化促進運動が全社的に始まっていたのである（『三〇年史』に基づく）[95]。

大野自身も、企業合理化委員会の下部組織の一つ材加不防止委員会の委員に入っている。このように考えれば、生産現場の実績データを収集しようとする検査日報に「材加不」という一般には聞き慣れないトヨタ用語があるのも当然である（前掲図4-5参照）。まさしく「大野ライン」の活動は、トヨタにおいて労働組合をも巻き込んだ経営合理化促進運動の展開とともに本格的になったのであり、これは全社的な支援体制による活動でもあったのだ。

②企業合理化推進委員会への改編から労働争議への突入

一九四八年末から展開されたトヨタの経営合理化促進運動も、経済情勢の変化によってその性格をさらに変えていく。いわゆるドッジ・ラインの実施により同社の経営が悪化すると、経営合理化委員会すらも改編される。名称を「企業合理化推進委員会」に改め、「材加不の節減、生産能率の向上、経費の節減などの合理化目標を検討し、各職制を通じて推進することになった」[96]。

一九四九年八月に設立された「企業合理化推進委員会」は、合理化を「各職制を通じて推進」するとした。換言すれば、会社側は労働者の合理化への関与を業務命令として求めたのである。労働組合を含む経営合理化委員会では、原則として、あくまでも労働組合の協力と理解による合理化を促進していた。それが、企業合理化推進委員会の下で合理化を「各職制を通じて推進」するのであれば、会社の組織変更が必要である。その意義を『トヨタ自動車二〇年史』は次のように書く。

昭和二四［一九四九］年八月、従来の合理化運動に、さらに強い推進力を与えるため、経理部に監理課、業務部に業務企画課、工務部に計画課というように、企画監査を担当する課を新しく設け、経営調査室をその総括部署としました。また、経費の節減目標を高め、一段と合理化を進めました[97]。

この表現を文字通りとれば大改革のようである。ただ、ここに記された新設部署に配置された人物はすべて経営合理化委員会の部会に名を連ねているメンバーであった。総括部署となった経営調査室も従前からの事務局である。人的な面から見れば連続していたことも忘れてはならない。

この一九四九年夏の時点で、「従来の合理化運動に、さらに強い推進力を与える」試みは、この引用文で言う組織改革だけではない。すでに見たように、一九四九年七月一六日にトヨタは「挙母工場工数計算事務規定」を施行し、「大野ライン」での工数測定のやり方を全社的に拡大させようしていた。さらに、少なくとも同年八月一日の職制表から判断すれば、大野耐一は駆動工場をも含めた機械工場の工場長に任命されており、「大野ライン」でのデータ収集方法を全工場に広める意図で全工場に事務主任がおかれている。企業合理化推進委員会の設置により、「従来の合理化運動に、さらに強い推進力を与える」試みは、駆動工場で行われていた「大野ライン」の全社的広がりとともに把握される必要がある。

この企業合理化推進委員会が設置された状況でトヨタは一九五〇年の労働争議に突入していく。一九四九年一二月に経営がさらに危機的状況に陥り、会社側は労働組合と覚書を交わす。その内容は、「本年九月以来企業合理化委員会で立案した……企業合理化具体案を確認し、会社は熱意をもって直ちに実行し分会はこれに協力する」ことと、一九四九年一一月以降「従業員の平均賃金ベースを一割引き下げること」、「危機克服の手段として人員整理は絶対行わない」ことを確認するものであった(98)。

しかし、この覚書で「今後の賃金支払いについては、会社は必ず所定日に支払う(99)」と約束していたにもかかわらず、会社は「従業員給与の支払いも完全に支払うことができなかった(100)」。その結果、一九五〇年四月七日にトヨタで労働争議が始まったのである。

一九四九年夏以降、「大野ライン」が全社的に拡大する中で起きた労働争議だからこそ、一部の労働者は「大野ライン」を攻撃の対象とした。会社が上梓する社史が、労働争議の生じた状況や原因、結果はともかくとしても、争議中の社員の行動について詳細に述べることは通例あまりない。だが、『二〇年史』には次のような記述がある。

昭和二五年四月会社再建をめぐって労使間の争議が起りましたが、このとき一部の人々から「大野ラインをたたきつぶせ」という反抗が起りました。しかし、この方式がつぶれることは、トヨタ自動車の存在を否定することになります。そこでこの方式は、あくまでも貫かれ、トヨタの再建に努力する多くの人々の協力を得て、しだいに実を結んでいきました。[101]

「大野ライン」はトヨタにおける合理化運動の象徴ともいうべき存在になっており、一部の労働者にとっては「大野ライン」は攻撃の標的でしかなかった。だが、会社側にとっては「この方式がつぶれることは、トヨタ自動車の存在を否定することになります」と擁護するほどの存在となっていたのである。

一九五〇年の労働争議での会社側の対応はどのようなものだったのだろうか。この点をトヨタで展開されていた合理化運動との関連で簡単に見ておこう。

よく知られているように、一九五〇年四月二二日の団体交渉で会社側が提示した再建案は、希望退職者を募るものであった。だが、それだけでなく、会社に残る者に対しても、「給与制度の改革を行い、かつ一〇％の賃下げを行う」こと、「強力な配置転換および職制の刷新を行なう」ことを会社側は求めていた。[102] 資金不足のため賃下げを行うというだけでなく、「給与制度の改革」や「強力な配置転換」「職制の刷新」といった長期的な影響を及ぼす制度変革やその運用にかかわる事項が含まれていたのである。この点は強調されてしかるべきである。

しかも団体交渉で会社側を代表して会社再建案を説明した人物は常務取締役の大野修司であり、彼こそ経営調査室を担当していた人物だった。[103] 大野は会社が経営危機の中でも、給与制度の改革、配置転換、職制の刷新を行うことを伝え、会社側はこれまでの「合理化」の動きを止めないことを宣言したのである。

この労働争議は六月になって終結する。その過程は次のようであった。一九五〇年六月五日、合理化を促進してきた「常務取締役大野修司を残して、取締役社長豊田喜一郎、取締役副社長隈部一雄、常務取締役西村小八郎の代表取締役全員は、経営上の責任を負って退任する」[104]。この首脳陣退任の頃から退職希望者が急増し、六月一〇日に二カ月に及ぶ労働争議は終結したのである。この争議について、『トヨタ自動車三〇年史』は次のように書く。

会社再建案の実施の結果、退職者は分工場の三七八人を含めて二一四六人に達し、残留者は五九九四人（うち販売部門三五〇人）となった。そして昇進、降職、免職などにより、職制を一新し、二度とふたたび会社をこのような破局に追いこむことのないように肝に銘じつつ、全員が一丸となって会社再建のために奮起し、業務に精魂をかたむけたのであった[105]。

労働争議後、会社側は争議中に提示していたように「強力な配置転換および職制の刷新を行な」った。『二〇年史』は『三〇年史』よりも踏み込んで次のように書く。

昭和二五年七月、あの争議が終るやいなや、トヨタ再建の歴史的な職制が発表されました。このとき、職長、主任制は廃され、作業課、事務課に改められました[106]。

労働争議後に「昇進、降職、免職」などにより、個々人の組織上の地位が変わっただけでなく、組織上の変革も行われた。しかも、新しく導入されたのは「歴史的な職制」だったというのである（この「歴史的な職制」については、後に論ずる）。

③トヨタが合理化運動を展開した理由は何だったのか？

トヨタの社史を再整理してみれば、少なくとも敗戦後から労働争議まで、さらに労働争議後も、会社側が合理化を一貫して執拗なまでに追求していたことがわかる。この「経営合理化」（後には「企業合理化」）の目的は何だったのであろうか。これまでの議論の中では、あえてこの点についてほとんど触れてこなかった。それにもかかわらず、多くの読者はそれほどの違和感もなく読み進んでこられたのではないだろうか。それは「合理化」という用語が広く一般に使われているからでもあろう。

最初に用語について確認しておこう。『広辞苑』（第五版）は「合理化」を次のように説明している。

> 無駄を省き、能率的に目的が達成されるようにすること。労働生産性を高めるため、新しい技術を採用したり企業組織を改変したりすること。

また「産業合理化」についても次のような説明がある。

> 新しい機械設備や技術の導入によって、生産能率を高め利潤の増大をはかること。しばしば雇用の縮小、労働の強化を伴う。

しかし、『広辞苑』は「経営合理化」や「企業合理化」という用語は採録していない。それにもかかわらず、これらの用語に違和感を覚えないのは、「新しい機械設備や技術の導入によって、生産能率を高め利潤の増大をはかること」であろうとか、「無駄を省き、能率的に目的が達成されるようにすること」だと推測できるからである。だが、「無駄を省き、能率的に目的が達成されるようにする」といった場合の「目的」とは何だったのだろうかと考えてみると、事態は必ずしも自明ではない。

日本の戦後史に通じた読者からすれば、「企業合理化」という用語は馴染み深い歴史用語でもあり、「合理化運動」の目的について説明は必要ないと考えるだろう。「企業合理化促進法」が一九五二年に制定され、戦後の日本企業の合理化を推進したと教科書でも強調されている。しかも、トヨタの合理化運動は、この法律が目指したところに重なる。

しかし、論じるべき重要な問題が残る。トヨタでの合理化運動は、この「企業合理化促進法」の影響をうけて始まったのかという点である。政府の施策による影響のもとで、この個別企業が対策をとったものか否かを確かめておこう。

「企業合理化促進法」の目的は何だったのか。法律の第一条は次のような文章である。

> この法律は、技術の向上及び重要産業の機械設備等の急速な近代化を促進すること並びに原材料及び動力の原

単位の改善を指導勧奨すること等によって、企業の合理化を促進し、もってわが国経済の自立達成に資することを目的とする。(107)

すなわち、日本経済の自立に役立つからこそ、企業の合理化を促進させるのだと明確に述べており、まさにこれは戦後の状況を色濃く反映したものだったのである。さらに、技術の向上や機械設備などの近代化だけでなく、「原単位」つまり製品の一定量を生産するために必要な各生産要素の量を「改善」すること、つまり減少させることで企業合理化を達成させることができると考えていた点でも、戦後の日本が直面していた状況を反映したものであった。

戦後の日本で必要とされる合理化は、それまでの合理化とは違ったものとならざるを得ないという認識をより明確に述べていたのは、通商産業省通商企業局の『我が国産業の合理化について』である。企業合理化と産業合理化を峻別せずに、わざと曖昧にしたまま議論を進めているという批判を避ける意味で、最初に同書で「合理化」がどのように考えられていたかを引用しておこう。

一般的にいって、産業の合理化とは一企業内部における生産技術の合理化、経営の合理化、或は企業間の組織的合理化の他、更には産業構造自体を理想的な体系に組立てる為の広義の産業合理化を総称するのであるが、それらは何れも最少の費用を以て共通の目的としている。(108)

広義の「産業の合理化」は個別企業内部の問題、企業間の組織の問題、さらに産業構造全体を含むものであり、一方「企業合理化」といった場合には個別企業の問題に限定される。

だが、「合理化」が「最少の費用」で一定単位の製品を生産することであるとすれば、それは戦後の日本全体だけに特有の問題だったのだろうか。「合理化」が戦後の日本で着目されたのは個々の日本企業の状況について厳しい認識があったからである。「日本産業の諸設備は戦時中の酷使、濫用、罹災等によって甚だしく荒廃し」ていただけでなく、「長年に亘る封鎖経済の状態の結果として、諸外国が今日到達している水準に比して著しく時代遅れ」

となっていた。[109]「個々の企業経営においても、企業間の組織においても、各産業間の連携においても、遥かに世界的水準を下廻った状態に」あったのである。[110]第二次大戦前であれば、日本の商品は「チープ・レーバーという有力な武器に依存することにより諸外国のそれに比し生産費が低廉であったために海外市場でも十分競争することができた」。[111]しかし、状況は変わった。このチープ・レーバーという「武器が必ずしも有力とは云えなくなった」状況では、「近代的機械設備の使用、生産面、経営面における科学的管理方式の採用等により、原材料、動力等の原単位の切下げ、労働生産性の向上品質の向上等を実施することによって対抗する外ない」。[112]したがって、戦後の合理化は「日本で、昭和年代の初頭に実施されたものとも本質的な相異」があり、[113]「日本産業の国際的競争力回復を目的」としており、日本の「諸商品の生産費を国際的水準にまで低下せしめること」に目標があった。[114]

では、トヨタの「合理化運動」は政府の動きに沿ったもの（あるいは、政府の動きを後追いしたにすぎないもの）だったのだろうか。普通は、一九四九年一二月に発足した産業合理化審議会や五二年に制定された企業合理化促進法に、トヨタという個別企業が対応したものだと理解されがちであろう。しかし、この当時の自動車産業が日本経済に占めた役割は小さく、政策担当者の主な関心は紡績業などにあった。しかもそれだけでなく、トヨタの合理化運動は日本の政策担当者が産業合理化や企業合理化についての諸策を講じる前から着手されていたのである。

トヨタの合理化運動は、戦後の日本で追求された「生産費を国際的水準にまで低下せしめる」といった特徴を色濃く持っていた。国際的水準の生産費を実現しなければ、日本で自動車産業を営んでいくことが不可能だということを、他の産業を営む事業者以上に強く意識せざるを得なかったからである。

敗戦の二カ月後、一九四五年一〇月に書かれたと推定されている文書「会社改革の方針」の中で、豊田喜一郎はこれまでのトヨタの自動車事業は「統制経済の下に於いて、育成され保護されて来て、未だ自由経済の荒波にもまれたことがない。いわば温室育ち」だと断じている。また、世界の自動車事業の中では、トヨタは「自動車会社としては、第三流程度の会社」だとも認めている。しかも、工場は罹災して「大きな痛手を負う」状態である。こうした会社を「如何にして統制経済から自由経済組織に」移行させるか、これがトヨタの「生死のわかれ目だ」と喜一郎は述べている[115]。

トヨタにとって戦後経済で生き残ることは、とりもなおさず「温室」を出て世界の自動車会社との競争で生き残らねばならないことを意味していた。そのため他の産業よりも「合理化」を強く意識せざるを得なかったのである。

さらに、一九四六年にトヨタが「臨時復興局」を設置して製造設備の物的復旧に取りかかった頃にも、喜一郎は次のように述べている。

当社を基礎として関係者の生活安定を計るならば、数年先か或いは一、二年先になるかも知れないが、外国車の輸入時代がやって来る迄に之に対抗し得るだけの抜術上の実力と設備の改善を図らなければなりません。外国車に対抗し得ると云う事は、此の二、三年の短時日の間に外国車に比して見劣りせぬ性能の車、それよりも安い車、そうして結論は日本人が喜んで買って呉れるような車を完成する事でありますが、現在の様な資材難、技術難の渦中に在って果してどれ程迄に解決してゆけるでありましょうか[116]。

一九四九年一一月にも彼は次のように書いている。

コストにおいても外国と競争し得る安価なものにする事が是非共要請されるのであって、この質と価格の二面において諸外国車に対抗してゆかねばならないのである。もしこのことが不可能であるならば、それは自動車工業の経営の死を意味する[117]。

自動車事業を継続していくことを決意した瞬間から、「質と価格の二面」で外国車との差を強烈に意識せざるを得なかっただけでなく、「短時日の間に」その差を埋めねばならなかった。トヨタの経営陣にとって、外国車との差を埋めなければ、まさしく同社の「経営の死」を意味することは極めて明瞭に認識されていたのである。この意味で、戦後の日本で展開された「合理化運動」での「生産費を国際的水準にまで低下」させるという課題は、トヨタの「合理化運動」でも共有されていた。

「会社改革の方針」の中で、喜一郎はトヨタの進むべき方向を次のように言っていた。「自動車製造の専門工場の一本槍でどこまでも突進し、倒れて後止む」と。あくまでも競争相手が外国の企業となることを意識して、「海外に負けないためには、各種の自動車製造をなすことを中止し」、「世界一流会社にまけざる製品を作りうるまで突進す」とも述べ、さらに「輸出を目的としてすすむ」とも付け加えている。ともかくも「世界一流会社にまけざる製品を作りうる」ようにするには、自動車の種類を限定し、「工場別に専門工場を作り」、その工場は「専門機械と専門設備とに力を注ぎ、多量方針によりて、安くて優秀なるものを作」るようにする。これが喜一郎が描いた「根本方針」であった。[118]

問題は「根本方針」を実現するために、彼がどのような具体的構想を描いていたかである。論点は多岐にわたるが、ここで注目したいのは「賃金制度は、順次出来高払いに改む[119]」と彼が書いている点である。敗戦後まもない頃に書かれた文書に、あえて賃金制度の改革に触れてあるということは、戦時期までの賃金制度に問題があったと考えていたということであろう。つまり、一九四八年七月の能率給の再導入はすでに構想にあったことになる。この導入のもたらした意義はここでは繰り返さないが、「経営の死」を避けるためには、戦時期の製造現場での状況の変革にも着手せざるを得なかったのである。

（4）労働争議後の「歴史的な職制」

①分散管理方式の意味

一九五〇年の労働争議が終わると、会社は「昇進、降職、免職などにより、職制を一新」する。[120] この労働争議については、ジャーナリストなども度々取り上げるが、この新たな職制についてはあまり注目されることもない。ところが、『トヨタ自動車二〇年史』は争議終結の翌月である一九五〇年七月に「トヨタ再建の歴史的な職制が発表され」、「職長、主任制は廃され、作業課、事務課に改められ」たとまで書いているのである。[121]「歴史的」が、「歴史に記録されるべき」（『広辞苑』第五版）という意味だということを考えれば、「歴史的な職制」とは極めて重要な「職制」つまり「職務の分担に関する制度」（『広辞苑』第五版）が、一九五〇年の労働争議直後に施行されたということになる。

では、この組織上の改革を、『二〇年史』の執筆者はなぜ「歴史的な職制」とまで呼んで重要視したのであろうか。これをただの言葉の綾にすぎないと考える読者も多かろう。また、単に誇張した表現であり、それになぜこだわるのかと疑問に思う読者も多いだろう。それを承知のうえで、もう少し議論を続けよう。

この「歴史的な職制」に対し、『トヨタ自動車三〇年史』は次のような評価を下している。

昭和二五年七月一日、わが社は新職制表案を発表し、九月一五日から実施した。それは、経営能率の向上をはかるために、前年八月には二八もあった部、工場の数をいっきょに一八に削減して組織を簡素化するとともに、従来の経営調査室を拡大強化して、取締役豊田英二がその主査となって経営体制の建て直しをはかり、また、製造部門は一括して取締役斎藤尚一が製造長として合理化の推進にあたろうとしたところに特徴があった。[122]

この評価を読めば、『二〇年史』が「トヨタ再建の歴史的な職制」という内容は、こういう意味だったのかと多くの読者は納得しよう。つまり「組織の簡素化」であり、「経営調査室を拡大強化」したのかと。さらに、トヨタの経営に重要な役割を果たすことになる豊田英二と斎藤尚一の二人が、この職制で重要な職責を担うようになったのかと。なるほど、これならば「歴史的な職制」と呼んでもよいかと思われる。

しかし、『二〇年史』の執筆者は本当に「組織を簡素化」したことを、あるいは「経営調査室を拡大強化」したことを指して「歴史的な職制」と呼んだのだろうか。『二〇年史』は「歴史的な職制」と記した次の頁に、一読しただけでは不可解に思われる次のような文章を記載している。

工場の経営管理のテーマとして、よく分散管理か、集中管理かが、問題になります。形だけの集中管理ならともかく、ほんとの意味で集中管理を行おうと思えば、まず各工場が十分管理されていることが、かならずその前提になります。

わが社も、このようにして、各工場の仕掛管理、作業管理の水準が、年とともに向上してゆくにつれ、集中管理、リモート・コントロールへと移行しうる態勢が、しだいに醸成されつつありました。[123]

『二〇年史』の執筆者が、ここで「分散管理」とか「集中管理」という問題を提起するのは場違いのように思われるかも知れない。また、たとえ「歴史的な職制」と近い場所に、「分散管理」と「集中管理」が書かれているからといって、二つの話題を関連させること自体がこじつけだと考える読者もいるかも知れない。だが『二〇年史』の年表では、一九五〇年七月の項目に「製造の分散管理方式を採用し、各工場に事務課創設」と書かれているのである。[124] つまり、『二〇年史』の本文に「トヨタ再建の歴史的な職制が発表され……職長、主任制は廃され、作業課、事務課に改められ」たと書いてあることは、まさしく「製造の分散管理方式を採用し、各工場に事務課創設」したという年表の記述に対応しているのである。それだからこそ、『二〇年史』の執筆者は本文で「分散管理」とか「集中管理」という問題を論じていたのである。一九五〇年の争議後に採用された「トヨタ再建の歴史的な職制」とは「分散管理方式」であったのであり、それを採用した後、「各工場の仕掛管理、作業管理の水準が、年とともに向上してゆくにつれ、集中管理、リモート・コントロールへと移行しうる態勢が、しだいに醸成され」ていったという認識を『二〇年史』は示しているのである。

二一世紀初頭に生きる読者にとって、半世紀前の日本企業の製造現場について理解することは容易ではない。一九五〇年の時点で、製造現場の管理が「分散管理方式」になったという表現がなされていても、それが具体的に何を意味するのかはなかなか理解し難いであろう。だが、同時代の製造現場に携わっていた人々にとって、「集中管理」と「分散管理」という用語は特定の意味合いを持っていた。

この時代の人々にとって、製造現場の管理について「集中管理」と言えば、伝票式工程管理のことを意味していた。この点を理解するために、一九五一年に出版された生産管理に関する書物から引用しよう。ちなみに、この書物の著者である村井勲は、戦時期の愛知時計電機で生産管理に携わっていただけでなく、『日本能率』誌上に「生産技術講座」を連載したほか、[125]『協力工場の能率増進』という書物を上梓している人物である。[126]さらに、戦後、愛知県商工部に勤務していた時期に愛知県が一九五二年から五三年にかけて実施したトヨタ自動車の「系列診断」に関与した人物であり、[127]この時期の生産技術には詳しい人物であった。その彼は次のように述べている。

伝票式工程管理とは、……多くの伝票を使用し、伝票中心の管理方法であるから斯く名付けられるわけであり、勿論従来はこの管理方式一色であったが、こんな名は付けられていなかった。

それは兎も角、この管理方式に於てはその名の示す通り伝票が非常に大きい役割を果たしており、伝票中心という点がこの管理方式の特色である。依って工程管理とは伝票管理とさえ、一般に考えられておる程である。[128]

この伝票式工程管理は次のように実施される。

先ず手順をきめ、工数を出し、作業量と工場の作業能力とを対比して見て、即ち余力を見当してその結果を基礎とし、進捗の手段としては伝票を中心として管理を進める管理方式である。[129]

そして、この管理方式を支える伝票はどのように管理されているかといえば、管理課が主体になる。

伝票は、工程管理課に於て発行せられ、各作業の完了次第それは管理課に環流してきて、管理が行われるのであって、この方式は同時に管理課中心の管理方式といえる。[130]

したがって、伝票式工程管理は「管理課中心の管理方式」だと言う。

この方式で工程管理に支障がなければ何も問題はない。だが、この管理方式には問題があると、この書物の著者は次のように指摘する。

従来の管理［つまり、伝票式工程管理］は管理課中心であり、管理を当該現場中心で行わないため、管理が現場の活動と遊離し勝ちで、とかくピンとこない感があり、どうもしっくり行かなかった。又管理は管理課で行うにしても、現品を取扱う現場の各組に於ては、やはり貧弱ながら管理の資料を持たねば、管理がやれず、そうした管理は主として「勘」に依って行わざるを得なかったのである。(131)

つまり伝票式工程管理では製造現場は「勘」で管理をやるしかなかったと言うのである。この点を村井はさらに明快に次のように指摘する。

単一製品の場合なら兎も角、機械工業のような多種類の製品をつくる工業に於ては、実際問題として余力を検討すること自体が困難であるし、肝心の伝票に依る作業の着手の統制は殆んど全く「勘」に依っている状態であり、労多くして実際には頗るうまく行っていないのが実状である。(132)

この伝票式工程管理の問題点を克服するために別の工程管理方式が導入されたと、著者の村井は次のように書く。

戦争中から日本能率協会に於ては、この従来の管理方式とは加成趣を異にする推進区［制方］式工程管理を案出せられ、これを機械工業は勿論のこと、あらゆる工業に勧奨し、大きい成果を挙げておられる……。(133)

この推進区制方式の特徴の一つとして、「推進区」を設けた点をあげ、彼は次のように説明する。

推進区とは従来の作業組に、各一名宛の進捗係、検査係を配し、ここに於て作業の進捗を推進するという意味で、斯く名付けられたものである。ところがここに配置された進捗係、検査係は、従来それぞれの課に集団をつくっていたものが現場へ分散、進出したもので、これに依って従来の管理課中心の工程管理は、現場中心の管理と変ったわけである。(134)

『二〇年史』が執筆された頃には、伝票式工程管理と並んで推進区制方式工程管理が実際の現場では採用されており、前者が「管理課中心の管理方式」であり、後者が「現場中心の管理」と特徴づけられていたことが窺えよう。管理課に権限が集中しているか否かという点から、「集中管理」型の工程管理と言えば伝票式を、「分散管理」型と言えば推進区制方式の工程管理を当時では意味していたのである。

こうした分類は、ある意味では推進区制方式工程管理の特徴をよく表現していた。例えば、この方式の歴史的重要性にいち早く着目した中岡哲郎も、その特徴を「分権的」であると指摘している。つまり、推進区制方式の工程管理で「注目すべきは……中央の専門部局による集中的管理の形をとらずに、推進区という一種の work-unit の中に分権的にゆだねられる点である」と。中岡はさらに次のようにも言う。

> 一つの推進区で組長、進行係、検査係が机をならべ、常に相談しながら、最終製品の組立の予定に合わせながら、区内の生産を計画し管理する。中央の管理部門は各推進区の生産の進行状況を最終製品の組立予定とにらみあわせて把握し、すすみすぎている時と遅れすぎている時だけ介入する。こうした手法そのものは、工程管理技術というほどのものではなく、ある程度同一機種の大量生産をめざそうとする機械工場が、いずれにしても到達せねばならない管理の基本型とでもいうべきものだが、その基本型がすでに、ヨーロッパではごく基本となった管理と実行の明確な分離ではなく、このように管理の分権ともいうべき特徴をもっていることは、後の日本的管理の展開と関連して、注目すべき点ではあるまいか。[135]

推進区制方式の工程管理は「工程管理技術というほどのもの」ではなかったかもしれないが、「管理と実行の明確な分離」を伴う「中央の専門部局による集中的管理の形」ではない管理方式を当時の日本企業に示していたのである。それを中岡は「分権的」と呼び、村井は「現場中心の管理」と呼んでいたのである。

この時期、推進区制方式を積極的に提唱していた日本能率協会が発行した書物でも、工程管理の方式を分類する一つの見方として、集中と分散という軸があることを認め、次のように述べている。

> 集中式、分散式、折衷式工程管理等と呼ばれるのは、管理中枢部門で細部工程部にわたる迄の管理をするか、大綱丈を握って他は各職場毎《ママ》に細部の管理をさせるかによって付けられたものである。[136]

このように述べたうえで、「何れを可というわけには行かない。夫々長所短所をもっているから実情に応じて判断せねばならぬこと勿論である」[137]と書く。しかし、このように書きながら、この時期に日本能率協会が実際に推奨していた工程管理方式は推進区制方式であった。どのような論理で推奨したのかを見てみよう。

同じ書物で、「工程管理改善の最大要点」とは「管理の末端業務が遅滞なく確実に実施され得る様な管理の下部構造を確立することである」と主張されている。[138]つまり、現実に実施されている工程管理は「諸種の条件に制約をうけ不満の点」があり、「日夜管理の改善に努力しても、中々実績が上ら」ない。[139]こうした「問題は大なり小なり現場作業組織に於ける管理業務の処理不良に起因して」おり、それは「管理の下部構造が確立されていないため」だとする。[140]こうした観点から、彼らが考える「管理の下部構造」の「輪郭」を示したうえで、「すべての作業組に於けるかかる構造は、謂はば管理組織上の単位細胞とも呼ぶべきもの」であるという。[141]そして、「この細胞組織的なものを〝推進区〟と呼」んだのである。[142]つまり、管理の下部構造である推進区を作業現場に配置して、中枢の管理部門が作成した「予定表に従って［推進区が］自主的に作業を進める」工程管理の方式を推進区制方式として提唱していたのである。これは「管理中枢部門で細部工程部にわたる迄の管理」をせずに、推進区に「細部の管理をさせる」のであるから、まさに分散式工程管理だった。

『二〇年史』が書かれた時期に、「製造の分散管理方式」と言えば、当時、日本能率協会が中心になって導入を勧めていた推進区制方式を指していた。こう考えれば、一九五〇年の争議後に採用された「トヨタ再建の歴史的な職制」とは、製造現場の管理に従来の伝票式工程管理ではなく、推進区制方式の工程管理が採用されたことを意味していたことになる。

② 「歴史的な職制」とは具体的にどのような組織だったのか?

「トヨタ再建の歴史的な職制」が推進区制方式の工程管理によるものだったとして、それは具体的にどのような

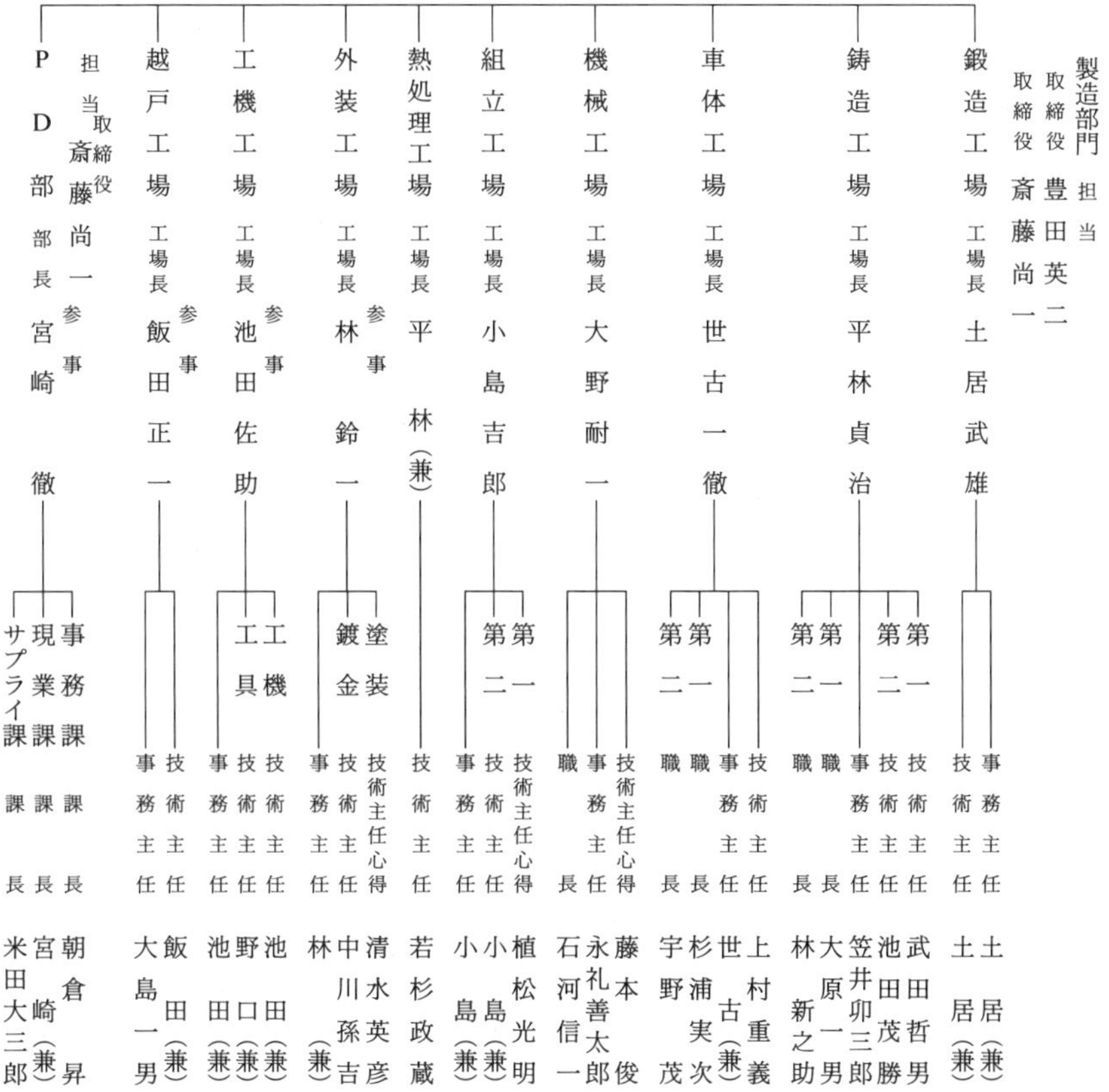

図 4-7　トヨタの工場関連の職制表（1949 年 8 月 1 日）

出所）『トヨタ自動車 20 年史』748 頁。

ものだったのだろうか。『トヨタ自動車二〇年史』の本文には、「職長、主任制は廃され、作業課、事務課に改められ」たと[143]、また年表には「製造の分散管理方式を採用し、各工場に事務課創設[144]」したと書かれていた。これらが具体的にはどんなことだったのかが次に問われるべきであろう。

『二〇年史』の言う「歴史的な職制が発表」される前と後との職制表を比較してみよう。具体的には、一九四九年八月一日と五〇年九月一五日付の組織図（職制表）を検討してみよう（図4-7、および図4-8参照）。これは『二〇年史』

が掲載している職制表から、工場に関連する職制だけを抜き出したものである。図4-7において鋳造工場と車体工場、機械工場にあった「職長」が図4-8にはない。また、図4-7で工場長の下に存在している「技術主任」と「事務主任」が図4-8にはない。「主任」という職位そのものが、後者では消え去っている。『二〇年史』の本文が言うように、「職長、主任制は廃され」ているのである。

図4-8を見ると、熱処理工場だけが工場長の下に熱処理課という一つの課しか持っていないが、他の工場では工場長の下に少なくとも三つの課が存在している。機械工場では第一、第二、第三機械課に加えて事務課があり、総組立工場では組立課、塗装課、鍍金課に加えて事務課がある。これ以外の工場（鍛造工場と鋳造工場、車体工場）では工場長の下に事務課、技術課と作業課という三つの課がおかれ、各工場の課長以下の職位では技術係と作業係が多くなっている。図4-8では熱処理工場を除く工場すべてに事務課が設置されている。機械工場と総組立工場における事務課以外の課は具体的な作業に関する課だと理解すれば、『二〇年史』が書いている「職長、主任制は廃され、作業課、事務課に改められ」たという説明は、留保条件をつける必要はあろうが、概ね正しい。

しかし、『二〇年史』の新たな職制に関する記述が正鵠を得ているとしても、この職制を「歴史的」と高く評価するほど、トヨタの歴史を考えるうえで意味があるものなのかという疑問は残ろう。

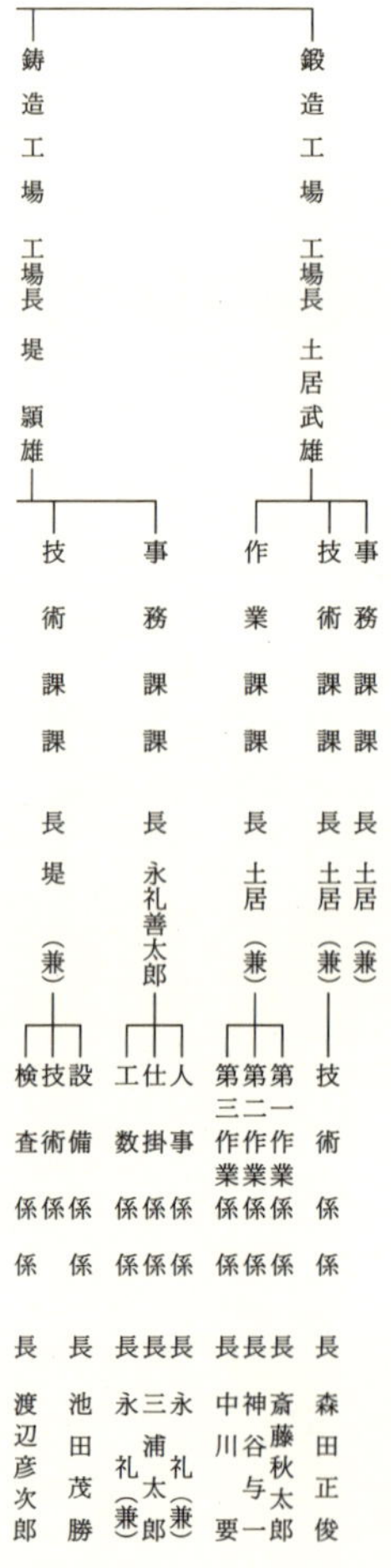

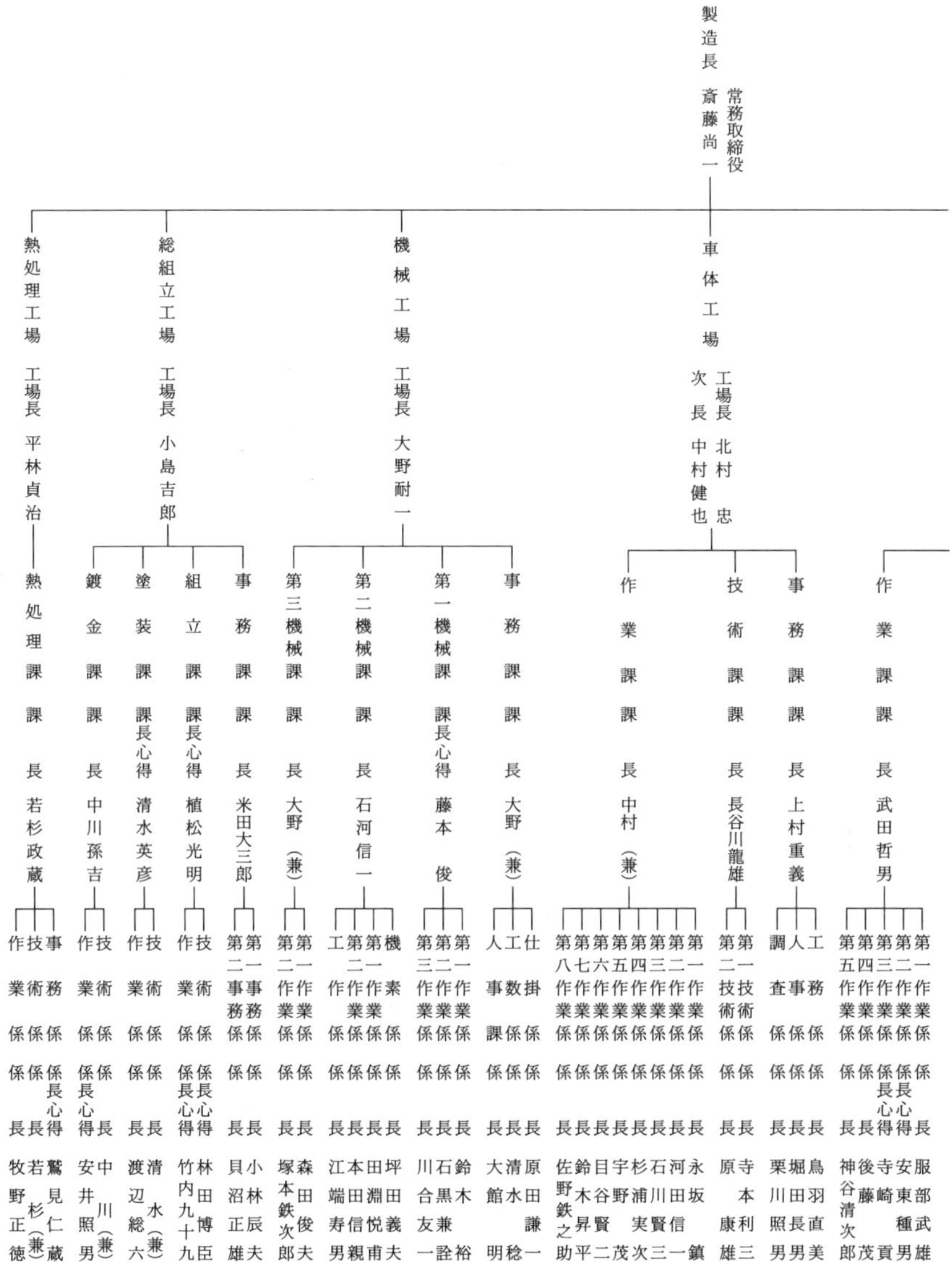

図 4-8　トヨタの工場関連の職制表（1950年9月15日）

出所）『トヨタ自動車20年史』748頁。

問題を事務課に限定して考察してみよう。熱処理工場を除く他の全工場（鍛造工場、鋳造工場、車体工場、機械工場、総組立工場）に事務課は設置された。しかし、総組立工場の事務課の下部組織は、第一事務係と第二事務係であり、具体的な仕事内容は係名からは推測さえできない。鍛造工場では、工場長が事務課の課長を兼ねているが、その事務課の下部組織については職制表には記載がない。機械工場では工場長の大野耐一自身が事務課の課長を兼務し、その下に仕掛係と工数係、人事係が設置されている。これと同じ構成をとっていたのは鋳造工場である。この事務課の課長は、図4-7を参照すればわかるように一九四九年の職制では機械工場（工場長は大野耐一）で事務主任を務めていた人物である。つまり、労働争議後の職制では、少なくとも大野と彼の影響を受けた人物が事務課の課長にあった工場（鋳造工場と機械工場）では事務課の構成は同一になっていた。他方、車体工場では、この二工場とはやや事務課の構成が異なり、工務係と人事係、調査係となっている。

事務課が設置されたといっても、このように詳細に見れば、その構成はすべての工場で同じであったわけではない。「事務課に改められた」としても、これが「歴史的な職制」と評価するほどのものなのであろうか。遠回りのようであるが、事務課に焦点を絞ってさらに検討を続けていこう。

車体工場では事務課に工務係が設置されている（図4-8参照）。この「工務」という言葉を辞書で確認しても、「工場に関する事務」（『広辞苑』第五版）という広い定義で、具体的な仕事内容については曖昧である。しかし、すでに本章では、トヨタに設置された工務課や工務部について述べ、その仕事内容について触れてきた。そこで、同一社内で同じ部署名であれば職務内容が極端に異なったものにならないと仮定し、職務内容を推定してみよう。

すでに述べたことであるが、一九四四年の春にトヨタは製造部を設置し、その部内に工務課を設けている。この工務課は事務担当部署として、「製品の完成個数、材［料］加不［足］数などを的確につかみ、しっかりした原始記録をつくって、賃金計算（組請負制度がひき続き行われていました）、原価計算の基礎資料を整備」していた[145]。さらに「終戦前までは、工務に記録工がおかれ、この人たちが、工数の記録をとっていました」ともいう[146]。ここから推定すれば、労働争議後に車体工場の事務課に設置された工務係とは、事務担当の部署であり、工数に関連した職務であったと考えられよう。この推定が正しければ、鋳造工場と機械工場で工数係が設置されていたのであるから、名は体を表すとすれば、この二工場には工数の記録係が設置されていたはずである。したがって、車体工場、それに鋳造工場と機械工場の三工場で工数を記録する部署が設置されていたことになる。

この工数を記録する部署を設置したことが、なぜ「歴史的な職制」なのであろうか。この部署設置が「製造の分散管理方式」、つまり推進区制方式の導入と何の関連があるのだろうか。

推進区制を提唱していた日本能率協会が勧めていたのは、組長と進行係、検査係との三者で推進区を構成することであった[147]。これまで見てきたように、トヨタが事務課を設け、その下部組織として設置した係の名称とは異なる。しかし、推進区制方式とは何を実現しようとしていたのかを考えれば、名称の違いはあってもこれらの組織に大きな差異はないことがわかろう。日本能率協会発行の書物によれば、推進区制方式が行おうとしたのは現物管理と進度管理、さらに実績資料管理だったという[148]。この最後の実績資料管理に関して、同じ書物では「検査日報（完成日報）及実働月報（作業日報）の報告を提出する[149]」ことが考えられていたという。労働争議前、大野ラインは「工数」算定の基礎になる情報の蓄積とそれに基づく改善策を実際に適用していたことはすでに述べた。この労働争議前から実施されていた「作業日報」と「検査日報」の二本立てによる実績資料の積み重ねによって、「生産手当率」算定の基になる作業時間、つまり工数の測定が行われていった。これを測定するための実績資料が、日本能率協会がこの当時推奨していた推進区制方式での実績資料管理とまったく同じ用語であったことは、留意されてしかるべきである。

日本能率協会が推奨していた推進区制方式でのアイデアと似通った形で、トヨタでは工数の測定が労働争議以前から行われていた。争議後の新たな職制では、かつて機械工場だけで行われていた「作業日報」と「検査日報」という二つの実績資料を蓄積・分析することによる工数の算定が他の工場にも広がったのである。それを端的に示すのが車体工場での工務係、鋳造工場と機械工場での工数係の設置であり、全工場での事務課の設置だったのである。「製造の分散管理方式」、つまり推進区制方式は、中岡哲郎が喝破したように「手法そのものは、工程管理技術というほどのものではな」かった[150]。特に、それが「中央の管理部門は各推進区の生産の進行状況を最終製品の組立予定とにらみあわせて把握し、すすみすぎている時と遅れすぎている時だけ介入する」[151]という進度管理や現物管理の次元で捉えるならば。しかしこの時期のトヨタにとって、おそらくは、日本能率協会の推進区制方式から大きく学んだ点は、実績資料管理の手法だったのであろう。旧来の既得権益を守ろうとし工数の算定に強く抵抗していた職長の職位が、労働争議後に実施された新たな職制で廃止されていることも、トヨタが工数の厳密な把握へと向かうことを阻む要因がなくなったことを象徴的に示すものであろう。

③「歴史的な職制」で何を実施したのか?

労働争議後に導入された職制において、生産現場で「製造の分散管理方式」が採用され製造現場での実績資料が蓄積されたとしても、それだけでは企業経営にとって意味のあるものではない。この「歴史的な職制」の下で何が実施されたのであろうか。企業の構成員のモチベーションやインセンティブに影響を与えるようなことが起きたのであろうか。組織や制度がどのように大きく変化・変革をとげようとも、その変化や変革が企業の構成員の行動様式に変化をもたらし、企業の行動それ自体が変わらなければ、企業経営の運営にとっては意味がない組織改革だったことになろう。

一九五〇年の労働争議の原因は、たしかに賃下げや給与の遅配に対する労働者側の不満が引き金になっていた。このことを否定することはできない。しかし、労働争議の最中にあっても、会社側は賃下げのみを要求していたのではない。「給与制度の改革」と「強力な配置転換および職制の刷新」を会社側は要求し[152]、一切の妥協をしていない。こうした会社側の対応が一貫した意図に貫かれていれば、労働争議後に「トヨタ再建の歴史的な職制」を導入したことは、「強力な配置転換および職制の刷新」を実現したことになろう。しかし、何のための配置転換であり、職制の刷新だったのだろうか。この職制によって、製造現場の実績資料が蓄積されるようになったことは述べた。だが、製造現場でのデータの蓄積が深みを増したからといって、それが実際の企業経営にどのような影響をもたらしたというのであろうか。加えて、労働争議中も会社側が妥協しなかった問題、「給与制度の改革」という問題についての対応はどうだったのであろうか。

結論から述べよう。一九五〇年一〇月に「生産手当制度」が新たな職制の下で採用された。「生産手当の大幅改訂、能率歩合および完成歩合の設定」がなされたのである（『トヨタ自動車二〇年史』年表には、五〇年一一月に「完成歩合、定員係数制を採用」とあるので、設定が一〇月で、その実施が一一月からと理解しておく）[153]。これが「給与制度の改革」だった。その後のトヨタにとって、生産手当はきわめて重要な意味をもった。すでにトヨタでは一九四八年七月に生産手当率を導入して能力給を復活し、翌四九年二月には事務・技術系職員も日給月給制にして、全従業員の給与形態を統一していた。さらに一九五一年六月になると、トヨタは年齢給を廃止し「基本給は、能力給のみとし、生活給偏重から職能給への第一歩を踏み出」すことになる[154]。こうした動きの中で、一九五〇年一〇月に「能率歩合と完成歩合を設けて」実施した生産手当制度こそが、「現行制度の基礎をつく」った[155]。これが『二〇年史』の主張なのである。

実は、さらに興味深い記述を、一九六〇年代初頭の人事課長・牧野昭光が書き記している。一九四八年からトヨタが採用した能率給は、直接作業部門の能率が全従業員の給与を左右する構造になっていた。これを牧野は端的に「製造関係直接部門の団体能率を対象とする団体時間請負給」と呼び[156]、その問題点を次のように指摘する。

団体標準時間請負制は製造部門の各ショップ単位の能率向上にはたしかに役立った。しかし戦後のデフレの深刻化、企業整備（人員整理）等一連の生産縮小過程下において企業総ぐるみの連帯生産性の向上および管理部門、間接部門等の直接部門以外の生産性向上の刺激としてはかける点があった[157]。

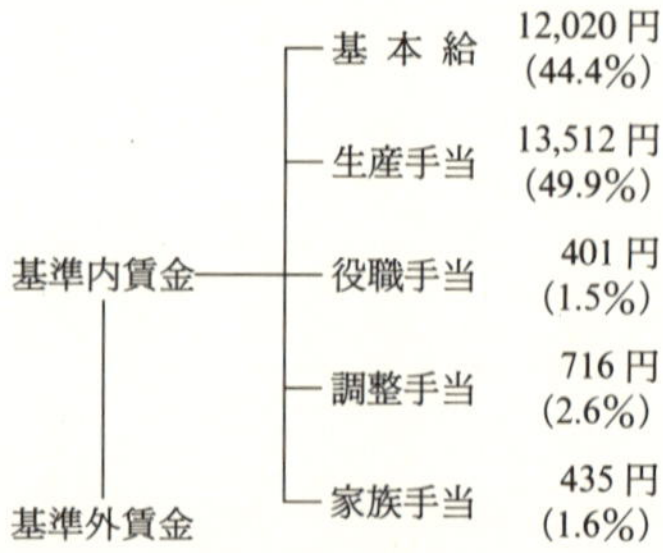

図4-9　基準内賃金に占める生産手当などの割合（1965年6月）

注）基準内賃金とは所定労働時間を働いて得られる賃金で，基本的には基本給と諸手当からなる。基準外賃金は，所定外の労働などによって発生した追加分の賃金。

出所）牧野昭光「トヨタ自動車の生産手当制度」労働法令協会編『業績給制度の実際』（労働法令協会，1966年），162頁。

これについては『二〇年史』もほぼ類似の記述をしており[158]、一九四八年に導入した能率給の問題点を的確に伝えるものであろう。この後、『二〇年史』は「そこで、これらの欠点を是正するものとして[159]」どのような具体的な算定方式がとられるようになったかの説明に論点を移すのだが、それに対して、牧野は次のように続けている。

その結果、

a　企業全体の生産性動向の測定とその反映

b　各部門の連帯性と生産の牽連性に応じた刺激

c　管理部門、間接部門の能率向上に対する責任の付加

等具体的要求が組合よりなされた。そして労使双方さらに検討を加えた結果、昭和二五年［一九五〇］一〇月に現行の生産手当制度の確立をみた[160]。

つまり、牧野の説明によれば、この労働争議後に導入された生産手当制度は労働組合側から、製造関係直接部門の団体能率だけで全従業員の給与を基本的に決定することに異議が唱えられた結果、その「欠点を是正する」ことになったというのである。だが、この時点で全従業員がこの生産手当制度に必ずしも積極的でなかったことも明白である。この点は後に触れることにしよう。

ここで従業員が得る賃金の中で生産手当がどれほどの割合を占めていたかを見ておきたい。生産手当が賃金に占める割合がきわめて低ければ、能率給の欠点是正それ自体をあえて取り上げるまでもないからである。この点についても牧野の論考が詳しく説明している（図4-9、および表4-9参照）。図4-9の、基準内賃金での割合を見れば、基本給を除く諸手当の中では、生産手当の割合が他を圧していることがわかろう。それどころか、基本給をさ

表 4-9　賃金に占める生産手当の推移（1951〜65 年）

	1951 年	1954 年	1957 年	1960 年	1963 年	1965 年
1カ月平均生産台数	1,200 台	1,000	6,600	12,000	26,500	40,000
平均人口	5,400 名	5,300	5,800	8,500	15,100	22,000
基準内賃金	12,600 円	21,000	25,300	26,800	25,100	25,700
生産手当	4,200 円	8,100	10,800	12,800	12,200	12,700
$\frac{生産手当}{基準内賃金}\times 100$	33.3 %	38.6	42.7	47.6	48.6	49.4

注）基準内賃金，生産手当は，社員1人1カ月平均。
出所）牧野昭光「トヨタ自動車の生産手当制度」162 頁。

え上回っているのである。表4-9によっても、年を追って基準内賃金に占める生産手当の割合が大きくなっており、従業員の給与全体の中で生産手当が占める重要性が増していったことがわかる。

また、ここで留意しなければならないのは、田中博秀のインタビューに対する、トヨタの人事管理に深く関わってきた山本恵明（元・トヨタ自工取締役）の返答である。関係する箇所を引用しよう。

田中：……トヨタには制度として定期昇給制度は存在しないと理解していいのか。
山本：その通りである。トヨタの賃金規則……の中には、定期昇給という文字は一切書かれていない。その第九条では「基本給は、職務、能力等を考慮して月額で定め、これを支給する。基本給の改訂は、原則として毎年四月に行う」と書かれていて、昇給とは書かれていない。
田中：これは大変な特徴ではないか。
山本：別に特別のこととは思っていない。企業には栄枯盛衰はつきものであり、賃金についても毎年毎年必ずしも引き上げうるものではない。強いて、このような表現になっている理由を説明するとすれば、昭和二十五［一九五〇］年の大争議の経験から、企業経営にはできる限り弾力性と余裕をもたせておく必要があるという考え方が強かったからであるということであり、賃金についてもその考え方が反映しているということである。[161]

つまり、トヨタには定期昇給制度はなく、基本給の改訂が毎年行われていたのである。

トヨタでは「生産手当は、基本給に生産手当支給率を乗じた額とし、月額で支給」（賃金規則第一〇条）し、「生産手当支給率は、毎月の生産能率に応じて算出する」（賃金規則第一〇条第二項）ことになっていた。[162]ただし、一九五七年制定の「賃金規則」の第八条によれば、「生産手当は、基本給に生産手当支給率を乗じた額に一、〇〇〇円を加えた額とし、月額で支給する」とあるので、[163]時期により多少の変更はあったようである。だが、基本的には、生産手当は基本給×生産手当支給率という算式で支給されていた。したがって、生産手当が「基本給に直接リンクしているので、昇給（定昇とベース・アップを含む）が即生産手当にハネ返ってくる[164]」構造になっていた。山本が先の引用文で述べているように、「基本給は、職務、能力等を考慮して」決定される。これが字義通り徹底して実施されていれば、トヨタにおける賃金は生産手当導入によって「生活給偏重[165]」の賃金体系に終焉を告げるものになる。もちろん、「基本給決定に際しては、能力、職務等を考慮に入れているとはいえ、かなり年功的性格が強い」のが実態であり、生活給的な色彩は残らざるを得なかったと思われる。だが、生産手当が基準内賃金に占める割合が高くなることは、賃金は「毎月の生産能率」に応じて、それに連動して支払われることになったと考えてよかろう。

生産手当の導入は、一九五〇年労働争議後に労働組合側からなされた要求への対応であったことを牧野は強調していた。しかし、生産手当の導入に対して、必ずしも全従業員が賛同していたわけではない。それどころか抵抗は大きかったことを忘れてはならない。『二〇年史』は次のように書く。

世の中が安定して来たので、インフレ時代の生活給オンリーの給与体系から、職能的な給与に重点を移そうとしました。そして、会社は、この線に沿って、昇給を実施しようとしましたが、組合は、従来の生活給中心の賃金を固執してゆずりません。[166]

つまり、生産手当の導入は抵抗なく労働者に受け入れられたのではない。それどころか、トヨタでは一九五三年に「マーケット・バスケット方式による経験年数にもとづく年齢別最低保障賃金制」による賃金引き上げ要求と、夏季一時金要求とをめぐる交渉が長引き、争議に突入している。[167] 同年六月一一日には「組立工場の作業停止に端を発した争議[168]」が始まる。「職場放棄、部長・工場長のつるしあげ等[169]」すらもあった。さらには、「[組合活動のための]職場離業の時間についての賃金の要求」があったものの、会社側は就業時間中の組合活動については、「ノー・ワーク、ノー・ペイ（No work, no pay）の原則」を貫いたという。[170]

この労働争議は一九五三年八月五日の妥結まで五五日間に及ぶものだった。昭和「二十五［一九五〇］年の大争議が、トヨタの労使関係正常化の第一のヤマであったとすれば、この時のノーワーク・ノーペイの原則の確立が、第二の、そして最後のヤマとなったわけか」と聞かれた前述の山本恵明は、一言だけ答える。「全くその通りだ」と。[171] トヨタでは一九五三年の争議後に、社内の労使関係に一定の「秩序」がもたらされた。それまでは牧野の言うように、能率給を会社全体の生産性に連動するように変えようという一群の従業員も出現していたが、生活給の重視を求める従業員も多かったのである。

このように新たな職制の下で導入された生産手当制は、何の抵抗もなく実施されていったものではない。だが、会社側は、「生活給中心の賃金」ではなく、「毎月の生産能率」に基づいた賃金体系をけっして譲らなかった。これは戦中・戦後とトヨタで追求されてきた「経営合理化運動」の集大成でもあったのである。『二〇年史』は言う。「外国車に比べて、『性能が悪い、価格が高い』という国産乗用車の汚名を一掃すべく……ひたむきに努力を続けました。また、コスト引下げを目標に、設備の近代化、生産能率の向上に努めました」と。[172] 外国車に品質と価格で追いつかなければ「経営の死」しかないという状況では、会社側は譲歩する意思も、譲歩する余裕すらもなかったと言うべきであろう。

ここでもう一度、『二〇年史』が一九五〇年の争議後に導入された職制を、なぜ「トヨタ再建の歴史的な職制」

とまで高く評価したのかを考えてみよう。『二〇年史』が発行されたのは一九五八年一一月末である。新たな生産手当制度は労働争議後に採用され運用されて、「そのご、この内容は少し変更されただけで現在〔すなわち『二〇年史』の発行時点〕にいたって」いた。しかも、『二〇年史』は次のように書いている。

〔労働争議後に新しい〕能率給制度を採用したことによって、作業能率を刺激するという直接的な効果のほかに、副次的に、次のような効果がありました。

1　作業研究を促進し、作業の単純化、基準化に寄与しました。

2　会社全体としての生産性に対する関心が高まって来ました。

3　原価管理に寄与しました。

4　残業の規整に役立ちました。

5　創意くふうに対する関心を高めました。(173)

つまり、字義通りとれば、『二〇年史』は労働争議後に導入された生産手当制度が、同書発刊当時のトヨタという会社の経営全般に大きな影響を及ぼしたと評価しているのである。この生産手当制度には工数の算定が欠かせず、それを制度として定着させたのが争議後に導入された職制だった。その意味で、『二〇年史』がその職制を「歴史的な職制」と評価しているのは同書としては首尾一貫しているのである。戦中から製造現場でのデータが徐々に蓄積され、その実績データを収集・分析していく職制が全社的に採用された。そこで掌握された情報をもとに絶えず把握され改訂されていく能率給制度が『二〇年史』発刊時においても内容をほとんど変えずに運用され、さらに経営全般に深く根付いていく。その象徴となったのは、一九六二年二月に調印されたトヨタの「いわば戦後の大混乱の総決算ともいうべきモニュメント」たる「労使宣言」であった。その中では、「生産性の向上を通じ、企業の繁栄と労働条件の維持改善をはかる」とされ、(174)生産能率の枠内での労働条件改善を労使双方とも明確な形で受け入れたことが示されている(トヨタで労使が労働協約を締結するのは一九七四年二月のことであるが、そこでも「生産性の向上を通じて企業の繁栄と労働条件の維持改善を図る」ことがうたわれている)[175]。『二〇年史』の記述は、その発刊当時に、この「労使宣言」に連なる動きがすでに社内に生じていたことを考慮に入れたものだったのであろう。これは戦時中から始まった作業現場での実態把握とその困難さを知る人物たちにとっては、まさしく画期的なことだったに違いない。

(5) 生産手当制度の概要とその運用

①生産手当制度の概要

戦後のトヨタにおける能率給制度について簡単に振り返ってみよう。戦後、トヨタでは一九四八年七月に能率給制度が導入されたが、これは基本的には製造関係の直接作業部門における団体能率が全従業員の給与に大きく影響を与える仕組みであった。端的に言えば、工場の能率が全社員の給与を規定していた。この制度は、製造現場での「製品の完成個数、材［料］加不［足］数などを的確につか[176]」んで賃金計算や原価計算の基礎資料を整備しようと努力した一応の成果であった。能率は「生産手当率」で定義され、その算定に用いられたのは漫然とした労働時間ではなく「実働時間」であり、実績に基づいた、作業にかかる標準的な時間である「基準時間」であった。

しかし、この制度では製造部門の能率（すなわち「生産手当率」）に、あらゆる部門の従業員給与が連動するので、管理部門・間接部門の従業員にとっては、自らの能率を向上させるインセンティブは基本的には働かない。したがって、いかに企業全体としての生産性向上を図る仕組みを整えるかが問題であった。この解決策としてトヨタが導入したのが、「企業全員の生産性を折り込んだ完成歩合と、管理・間接部門の能率を刺激するための定員係数[177]」であったと、『トヨタ自動車二〇年史』は書く。しかし正確に言えば、直接作業部門の能率を測定する能率歩合と完成歩合とが、生産手当支給率を決定する二つの重要な柱であり、さらに管理・間接部門の能率を刺激するための定員係数が用いられたと書くべきであろう。『二〇年史』の説明はやや正確さを欠く。この点は後に詳述する。

表 4-10　生産手当支給率算出の部門別区分

区　分	仕　事　内　容
A 部門（直接部門）	製造工場に所属し，作業時間の設定された作業に従事する部門。たとえばライン作業部門。
B 部門（補助部門）	製造工場に所属し，主として特定作業，間接作業に従事する部門。たとえば型・治工具の作製，修理，運搬など。
C 部門（間接部門）	製造工場以外に所属し，間接，特定の作業に従事する部門。作業の性質は B 部門とほぼ同じであるが，直接生産への寄与度，関連度の程度を考慮し，B 部門とは区別している。たとえば動力関係，工機関係の作業員。
D 部門（管理部門）	事務，技術，特務的な職務に従事する部門。

出所）牧野昭光「トヨタ自動車の生産手当制度」164-65 頁。

この生産手当制度は基本的に全従業員を対象とするものである（「非適用者は課長以上の上級役職者および入社後六カ月未満の見習社員」[178]）。しかし、だからといって全従業員を一律に扱うものではない。全従業員を表 4-10 に示したように四区分し、それぞれの区分ごとに生産手当支給率（基本給に、この支給率を乗じたものが生産手当になる）を決定することになっている。『二〇年史』の記述では直接部門と管理部門、間接部門の三区分になっているが、一九五〇年に導入された生産手当制度の「発足当時より、その対象範囲は若干の整理・変更をみたものの、……四区分に分類され現在にいたっている」と牧野昭光「トヨタ自動車の生産手当制度」にあるので[179]、この四区分を採用する。しかも、この四区分は牧野が執筆した一九六〇年代中頃で終わったのではなく、少なくとも八〇年代初頭までトヨタでは受け継がれていた。それだけでなく、この区分によって要員管理さえも行われていたことがわかる。山本恵明は一九八〇年代初頭に行われたインタビューで次のように述べているのである。

現場の要員管理のために、トヨタでは、社内の全部の職場を仕事の内容によって、A、B、C、D の四つのグループに分けており、これを「歩合部門」と呼んでいる。A 部門は、生産台数などによって技量的に生産計画をたてることが可能な部門であり、したがって要員管理の上からは労働能率の要素などを加味することによってその部門全体としてのマクロの人員予測が可能な部門、B 部門は、作業現場におる間接部門で、作業現場の生産計画に対応しておおよその人員予測が可能な部門、C部門は、能率とか、人員予測の基準が不明確な部門、そしてD部門は、いわゆるオフィス部門となっている。従業員数の比率はA部門が四四％、B部門が五％、C部門が二五％、そしてD部門が二八％となっている。

人事部においては、このうち主としてAとBを対象として、それにCをにらみながら、要員数について年次調整と三カ月調整を行っている。[180]

それでは、生産手当支給率がどのように決められたかを見てみよう。『二〇年史』は各部門の生産手当支給率について、次のような算式を載せている。

直接部門：能率歩合×3／4＋完成歩合×1／3
間接部門：（能率歩合×1／2＋完成歩合×1／2）×間接部門定員係数
管理部門：（能率歩合×1／4＋完成歩合×2／3）×管理部門定員係数

ここで言う直接部門は表4-10ではA、B部門で、間接部門はC部門、管理部門はD部門である。しかし、これは後に（一九五五年一月に）若干改訂され、この表の四区分に沿って生産手当支給率が算定されるようになる（後掲表4-11参照）。生産手当支給率に占める能率歩合と完成歩合の比率が各部門によって違う理由は次のようなものであった。直接部門では「直接、作業との関連が深く、個々の作業に対する能率を重視する観点から能率にウエイトを置」いており、間接部門では「個々の作業に対する能率と全体の生産に対する貢献度とを半々に考え」た。これに対し、管理部門では直接部門や間接部門「とは反対に全体の生産に対する貢献を中心に考え、完成歩合にウエイトをおく[181]」。これが全体の枠組みである。

次に能率歩合、完成歩合、定員係数がどのように算出されたのかを見てみよう。

a：能率歩合　まず能率歩合は次の算式で定義されている。

この能率歩合は、一九四八年に導入された生産手当率と微妙に異なる。生産手当率の算式を再度掲げておこう。

$$\text{能率歩合}=\frac{\text{総生産時間}}{\text{総作業時間}}$$

$$\text{生産手当率}=\frac{\text{基準時間}\times\text{出来高個数}+\text{特定作業時間}+\text{手待ちおよび離業時間}}{\text{総実働時間}}$$

能率歩合の算式での分母は総作業時間なのに対し、生産手当率の分母は総実働時間である。トヨタでは労働時間の区分は厳密になされるようになったため（前掲図4-4参照）、実働時間と作業時間とではまったく意味が異なる。作業時間は実働時間と不働時間に区分され、不働時間は手待ち時間（機械故障、材料待ちなどの時間）と、離業時間（公用や私用で職場を離れた時間）に分けられる。また能率歩合の算式で分子にある総生産時間は次のように分解される。

総生産時間＝基準時間×検査合格数＋準号口作業時間＋特定作業時間＋手待ち時間＋離業時間

この能率歩合の算式から前述の「ノー・ワーク、ノー・ペイの原則」を考えれば、総生産時間の中に「離業時間」が含まれているにもかかわらず、その「離業時間」には組合活動の時間を含まないという確認だったことになる。「離業時間」という一項目をめぐって労使の紛議が起こったことから判断すれば、能率歩合は厳密かつ緻密に経営側に有利になるように設定されたと考えがちである。だが、算式は厳密に能率を算定するという目的からすれば、曖昧模糊な項目が含まれていることを見逃してはならない。

能率歩合でも、生産手当率でも、純粋に能率を測定するとすれば前半の項目だけで十分である。すなわち能率歩合であれば（基準時間×検査合格数／総作業時間）、生産手当率であれば（基準時間×出来高個数／総実働時間）で十分なはずである。そしてこの分母の値を比べれば、能率歩合のほうが生産手当率よりも大きい。他方、能率歩合の分子は検査合格数であるから、ただ単に製品を仕上げただけではなく、品質チェックが入った後の数字である。したがって、この項目だけをとれば、能率歩合の数値は、概して生産手当の数値と比べて低くなる傾向があるだろう。ところが、次の項目は能率歩合では分母が総作業時間、分子は総作業時間から号口作業時間を差し引いたものである。したがって、実際にライン作業を行っている時間が総作業時間に占める割合が低くなれば、この項目の数値は大きくなる。つまり、生産能率が悪い状況になれば、この数値が大きくなるということになる。これは、作業者たちが実際に作業にかかる意思があるにもかかわらず、設備の故障などで作業に取りかかれない状況や、会社側の用件で作業現場から離れざるを得ない状況を考慮に入れて、作業者に不利にならない項目を導入したものであろう。この項目について、牧野は「その変動によって歩合の数値が自動的に調整され補償的意味をもつ[182]」と述べている。つまり、「離業時間」の中に組合活動の時間を含むことに対しては「ノー・ワーク、ノー・ペイの原則」を徹底するという態度をとった経営側も、能率歩合の算式には「補償的意味をもつ」項目を入れていたのである。

b：完成歩合　完成歩合は『トヨタ自動車二〇年史』によれば次の算式によって決定された。

$$\text{完成歩合}^{(183)}=\frac{\text{（会社再建整備計画による）基準実働時間}}{\text{（会社再建整備計画による）基準時生産台数（時間換算）}}\times\frac{\text{当月全社生産台数}}{\text{当月全社総実働時間}}$$

この前項は、企業再建整備計画が一九四九年四月三〇日に大蔵大臣に提出されているから（正式に認可されたのは同年一一月一五日であるが）、四九年春の実働時間を生産台数（を時間換算にしたもの）で除した係数である。これは定数であり、一・二五であった[184]。したがって、完成歩合は次のようになる。

$$完成歩合 = 1.25 \times \frac{当月全社生産台数}{当月全社総実働時間}$$

この生産台数も「基準時間」で時間に換算する。これはトヨタでは「製品時間換算」と呼ばれ、次のような算式で計算された。

$$製品時間換算 = \Sigma(車種別1台当たり基準時間 \times 車種別当月ライン・オフ台数) + 補給部品の製品時間$$

この算式で、「補給部品の製品時間」は「価格を基準に大型トラックと小型トラックの台数に換算」したものである。その上で、大型トラックと小型トラック各一台当たりの「基準時間を乗じて時間換算される」という。完成歩合は、時間を測定基準として算定されるのである。

c：定員係数　定員係数について、『トヨタ自動車二〇年史』は次のような算式を示している。

$$定員係数 = \sqrt{\frac{7時間 \times 当月所定就業日数 \times 当該定員}{管理・間接部門の各部単位の当月総実働時間}}$$

この算式に『二〇年史』は何の説明も加えていないが、定員係数の分子にある「当該定員」が所与だとすれば、分母の実働時間を減らせば定員係数は上昇する。同一の仕事量を少ない実働時間でこなす、つまり能率が向上すれば定員係数は上昇する。これこそ『二〇年史』が「管理・間接部門の能率を刺激する」ためだと書いた理由であろう。しかし、現実には、定員が一定で能率も向上しないまま仕事量が増える状況下では、それに対応するために、（就業日数の増加を含む）残業を増やせば定員係数は低下する。実働時間の増加に比して、残業が増えても（実際には能率が低下しても）定員係数は低下する。この算式からすれば、会社側の意図とは逆の意図で労働者が残業を増やす行動をとろうとしても、定員係数が低下することに留意しなければならない。しかも、意図的に残業を増やしたとしても、定員係数は平方根で算出されているから、定員係数は緩やかに低下する。したがって、この定員係数には、「当初は残業規制の意味も含まれていた[185]」と牧野が言い、『二〇年史』が「残業の規整に役立ちました[186]」と書くのは正鵠を得ていよう。

②生産手当制度は実際に運用されたのか?

以上、生産手当支給率の算定の仕方について簡単に見てきた。この算定を支える二本柱である能率歩合でも完成歩合でも、その算定の根幹にあったのは基準時間である。この算定次第で能率歩合と完成歩合の値は大きく変化し、結果として生産手当支給率も大きく変動することは算式から明らかである。しかも、すでに見たように、この基準時間の算出に、大変な手間と時間がかけられていたことも事実であろう。この制度を字義通りに運用しようとすれば、基準時間を毎月改訂し、それに基づいて能率歩合と完成歩合を改訂し、さらに生産手当支給率を改訂してこそ、「生産手当支給率は、毎月の生産能率に応じて算出する」(賃金規則第一〇条第二項)ことになる[187]。トヨタでは実際に基準時間を度々改訂し、それに応じて生産手当支給率を変動させていたのだろうか。

繰り返すが、能率歩合でも完成歩合でも根幹にあるのは基準時間であり、それゆえ生産手当制度を支えるのは基準時間の算定であった。ところが、基準時間の算定について会社側は次のような対応をとっていたという。

> 基準時間の改訂があっても能率給上は影響のない方法をとっている。すなわち、基準時間は期ごとに改訂されることを前提としているが、その改訂によって能率が切り下げられないようにしている。これは過去からの基準が一定であることを意味している。すなわち、出発点(昭和二五[一九五〇]年)を基準に、作業者の努力による生産性の向上と、企業の設備改善による合理化からもたらされた能率の上昇の双方を包含した能率であるといえる。作業者自身の労働能率の向上を還元するのが真の能率給制度ではあろうが、現実には作業者自身

表 4-11　部門別の生産手当支給率の算定方式

区　分	生産手当支給率の算定方式
① A 部門（直接部門）	（能率歩合×2/3＋完成歩合×1/3）×生産手当基本係数
② B 部門（補助部門）	（能率歩合×2/3＋完成歩合×1/3）×生産手当基本係数
③ C 部門（間接部門）	（能率歩合×1/2＋完成歩合×1/2）×C 部門定員係数×生産手当基本係数
④ D 部門（管理部門）	（能率歩合×1/3＋完成歩合×3/2）×D 部門定員係数×生産手当基本係数

出所）牧野昭光「トヨタ自動車の生産手当制度」171 頁。

の能率と企業の努力による能率との区分付けは不可能に近く、全体能率の向上に基づき合理的な係数修正によって賃金への還元を図るのも一つの方法である[188]。

これは奇妙なことではあるまいか。基準時間を改訂しても能率給（つまり生産手当）には影響させないというのである。能率給で「一般に能率把握の基準となる時間として標準時間なる概念」を、トヨタでは基準時間と呼んでいる。ところが、「能率把握の基準となる時間」を改訂しても、能率給（生産手当）には影響を与えなかったというのである。これでは、何のために標準時間とか基準時間を設定し測定したというのだろうか。

さらに表 4-11 に掲げた生産手当支給率の算定式には、『トヨタ自動車二〇年史』での算定式にはない「生産手当基本係数」が加えられている。この係数についても牧野は次のように説明する。

生産手当基本係数は、各歩合の変動による生産手当支給率の上昇ひいては生産手当の膨張によって賃金体系のバランスを崩すことを防止するため、生産手当支給率を適切な水準に修正する係数である。給与改定の都度若干の変更をうけてきたが、昭和二九［一九五四］年一月以来〇・三六九として現在にいたっている[189]。

これまた奇妙な説明であろう。基準時間の算定に基づいて能率歩合、完成歩合を決定していくというプロセスを経ていながら、「賃金体系のバランスを崩すことを防止するために、生産手当支給率を適切な水準に修正する係数」（つまり、生産手当基本係数）を新たに導入したというのである。それならば、わざわざ歩合の算定をする必要がないのではあるまいか。さらに、この係数を度々改訂し続けていたけれども、一九五四年以降から、牧野の論考が発表される（一九六六年四月）頃までの間に関しては、一定の値に固定し改訂しなくなったというのである。一九五四年までは「賃金体系のバランスを崩す」ことがあっても、それ以降はなくなったというのだろうか。

生産手当支給率の変遷を見ると（図4-10参照）、これも奇妙な感が否めない。図4-10は隔年おきのデータであるが、なぜ一九五三年まで上昇していた支給率が五五年に急落し、その後急上昇したあと、緩やかな上昇をたどっているのだろうか。支給率の値そのものは、〇・八一から一・一程度のごく小さい幅での変動にすぎないと考える読者もいよう。だが、生産手当支給率は一九五一年と六五年の二時点を単純に比較してみれば、各部門とも約三五％の上昇である。単純に各部門の生産手当支給率の平均をとって、前掲表4-9の数値から基本給の平均額を推計してみると、一九五一年で約五一〇〇円だったものが約一万一三六〇円とほぼ二・二倍になり、絶対額では六二八〇円ほど増加している。同じ期間に、生産手当は四二〇〇円から一万二七〇〇円と約三倍になり、八五〇〇円の増額であった。従業員が手にする基本内賃金の金額も約二倍になり、一万三一〇〇円増

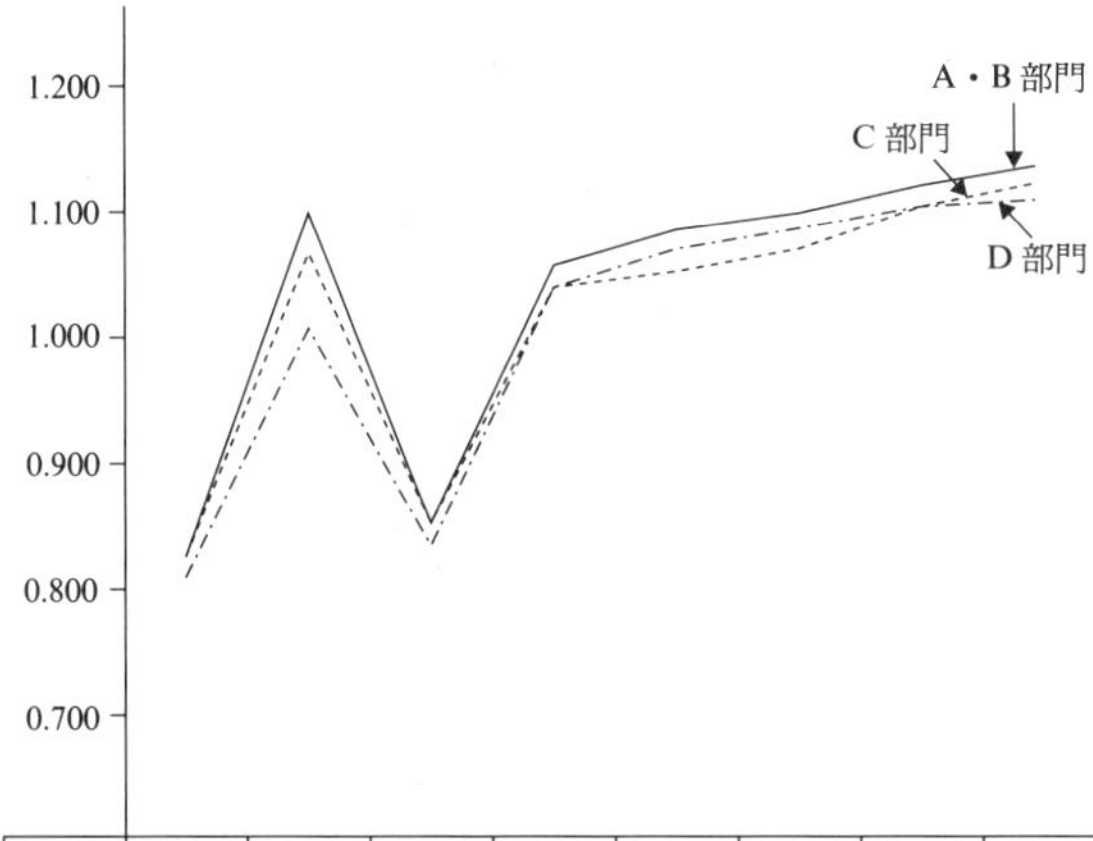

	1951 年	1953	1955	1957	1959	1961	1963	1965
A•B 部門	0.828	1.103	0.848	1.055	1.082	1.095	1.115	1.131
C 部門	0.832	1.070	0.845	1.036	1.048	1.069	1.101	1.116
D 部門	0.810	1.009	0.830	1.042	1.066	1.083	1.099	1.107

図 4-10　生産手当支給率の推移（1951〜65 年）

注）支給率は 1965 年度を除き，各年とも 12 カ月間の単純平均値。1965 年度は 1〜6 月の平均値。
出所）牧野昭光「トヨタ自動車の生産手当制度」171 頁。

えている。この増額分の約三分の二が生産手当の伸びによるものであった。こうした事情であれば、従業員の心理としては生産手当の金額に、つきつめれば生産手当支給率の動向に大きな関心を抱くことになったのではなかろうか。表4-9を見れば、一九五一年から五四年までの三年間でも生産手当の金額そのものは約二倍になっていたのである。そうした中で、一九五三年から五五年にかけて、生産手当支給率が各部門で約二〇％も下落したのはなぜなのだろうか。

こうした点を理解するためには、生産手当制度が実際にどのように運用されていたのかを知る必要があろう。この点についても牧野の論考を手掛かりに考察してみよう。

一九五〇年から五三年の時期について、「能率と生産手当支給はほとんど一致して推移した」という。生産手当制度の趣旨からすれば、「設備改善や作業改善の行われたときは、その度合いに応じて基準時間を改訂すべきである」。基準時間を絶えず改訂し、それと連動して生産手当支給率が変わり、それに基づいた生産手当が支払われる。これが制度の本来の趣旨であろう。しかし、この時期には「これらの改訂を行わ」なかった。なぜか。「この期間は激しい賃上げ要求を可能な限り抑制するため」に改訂しなかったというのである。基準時間は変更せずに、「設備・作業改善も含めて手当として［従業員に］還元」したというのである。[190]

トヨタの労使関係は一九五三年頃でも安定していなかった。「特需ブームが終って、景気が沈滞し、物価が横ばいになった昭和二七〜二八［一九五二〜五三］年にかけても、あい変わらず激しい賃上げ要求」が繰り返されたと、[191]『二〇年史』はこの状況を説明する。この「激しい賃上げ要求」に会社側はどのように対応したのか。ただ賃上げ要求を抑制しただけだったのだろうか。これについて田中博秀が、通常は一般に公開されていない文書と思われるトヨタの『三〇年史』別巻から興味深い記述を引用しているので、紹介しておこう。

昭和二十八［一九五三］年十二月、物価も一応安定してきたことを勘案し、従来生計費を基準として決定していた加給を基本給に操り入れ、スライド賃金制を廃止した。昭和二十九［一九五四］年、会社と労働組合は経常協議会の席でお互いに腹蔵なく話し合い、十一月には従来の賃上げ方式をやめて、昇給方式を確立し、職務と能力に応じた賃金の方向を明確にした。[192]

この引用文も、これまで検討してきたことからすれば奇異な感じがするのを否めない。つまり、田中による山本恵明へのインタビューに引用されている賃金規則にも、『二〇年史』に掲載されている賃金規則にも、また前掲図4-9での基準内賃金の項目にも、「生計費を基準として決定していた加給」部分はないのである。つまり、トヨタは一九五一年六月に年齢給を廃止し「基本給は、能力給のみとし、生活給偏重から職能給への第一歩を踏み出」したものの、[193]実態としては「生計費を基準として決定する」加給を行っていたことにある。つまり、「生活給オンリーの給与体系から、職能的な給与に重点を移そう」としても、[194]一九五四年末頃までは実施できなかったというべきであろう。こうした状況で会社側は、基準時間に基づいて生産手当支給率を改訂し生産手当を支給することを行っていなかったのである。「作業者自身の努力による生産性の向上」と「企業の設備改善による合理化からもたらされた能率の上昇」[195]を峻別するよりは、その二つをないまぜにして従業員に「手当として還元」していたのであろう。生産手当制度は導入されたものの、少なくとも一九五四年末頃までは、その運用は制度の趣旨に沿ったものではなかったと推測される。

また引用文の最後で、「昇給方式を確立し、職務と能力に応じた賃金の方向を明確にした」とある。前述したように、山本は田中に対して賃金規則の中に「定期昇給という文字は一切書かれていない」と明言している。ところが、その直後に山本は次のようにも述べていた。

トヨタに定期昇給という制度がないからといって、これまで定期的に賃金引き上げを行うという事実がなかったかというと、決してそうではない。実態は、それどころか、トヨタは常に生産性の向上に見合った賃金改善や、世界のトヨタにふさわしい賃金水準の実現を目指して人一倍努力をしてきている。[196]

山本はこの実例として、一九六八年の「昇給交渉のなかで、初めて特別昇給分として、それまでの経済成長分、物価上昇分のほかに企業間格差是正分という考え方を打ち出した」ことを別の資料からの引用で示している。

つまり、山本は、賃金規則には「定期昇給という文字は一切書かれていない」と言いながら、インタビューが行われた当時には昇給交渉が毎年のように行われており、実質的に定期昇給が行われていることを認めている。引用したこれらの文章の内容が正しいとして、それらを整合的に理解しようとすれば、一九五四年末の交渉で「昇給方式を確立し、職務と能力に応じた賃金の方向を明確にした」ことによって、トヨタでは賃金規則には定期昇給は規定されていないものの、実質的には毎年のように定期昇給が行われていたということになる。一九五四年には「労使関係の安定に伴い賃金水準の向上は昇給制度および生産手当の増加を支柱として行われていた[197]」という牧野の指摘と、五四年一一月に「職能に応じた昇給方式発足[198]」という『二〇年史』の記述も同じことを指していよう。

実質的に定期昇給が行われるようになるとともに、賃金に占める基本給の割合が減り、生産手当の割合が増えていった（前掲図4-9参照）。これとともに、一九五〇年代後半からは生産手当の支給率も緩やかに上昇していった（前掲図4-10参照）。一九五六年以降は「需要の急激な増加に伴う増産により、能率はなだらかではあるが上昇の一途をたど[199]」ったために、生産手当支給率も上昇したのである。それと同時に、「能率向上による成果配分には生産手当としての還元のほかに資本の貢献度も考慮される[200]」ようになったという。つまり、「企業による生産設備による合理化からもたらされた能率の上昇」に対し、企業側が相応の分け前を要求したことになろう。

一九五〇年の労働争議後、生産手当の考え方や支給方法については基本的に成案が出来上がっていた。生活給に偏重した給与体系から脱するという観点からすれば、生産手当の支給を基準通りに、いわば杓子定規に適用していくことは、経営側の選択肢としてはあり得たであろう。だが、こうした対応を会社側はとらずに、「設備・作業改善による能率向上も含めて手当として還元[201]」し、本来なら行うべき基準時間の改訂を一九五〇年以降行わなかったのである。敗戦直後からの経営協議会の開催回数、経営協議会で議論の対象となった議題の頻度から見ても（図4-11参照）、一九五三年までは開催回数だけでなく賃金・一時金が議題にのぼる頻度が多かった。実際、一九五〇

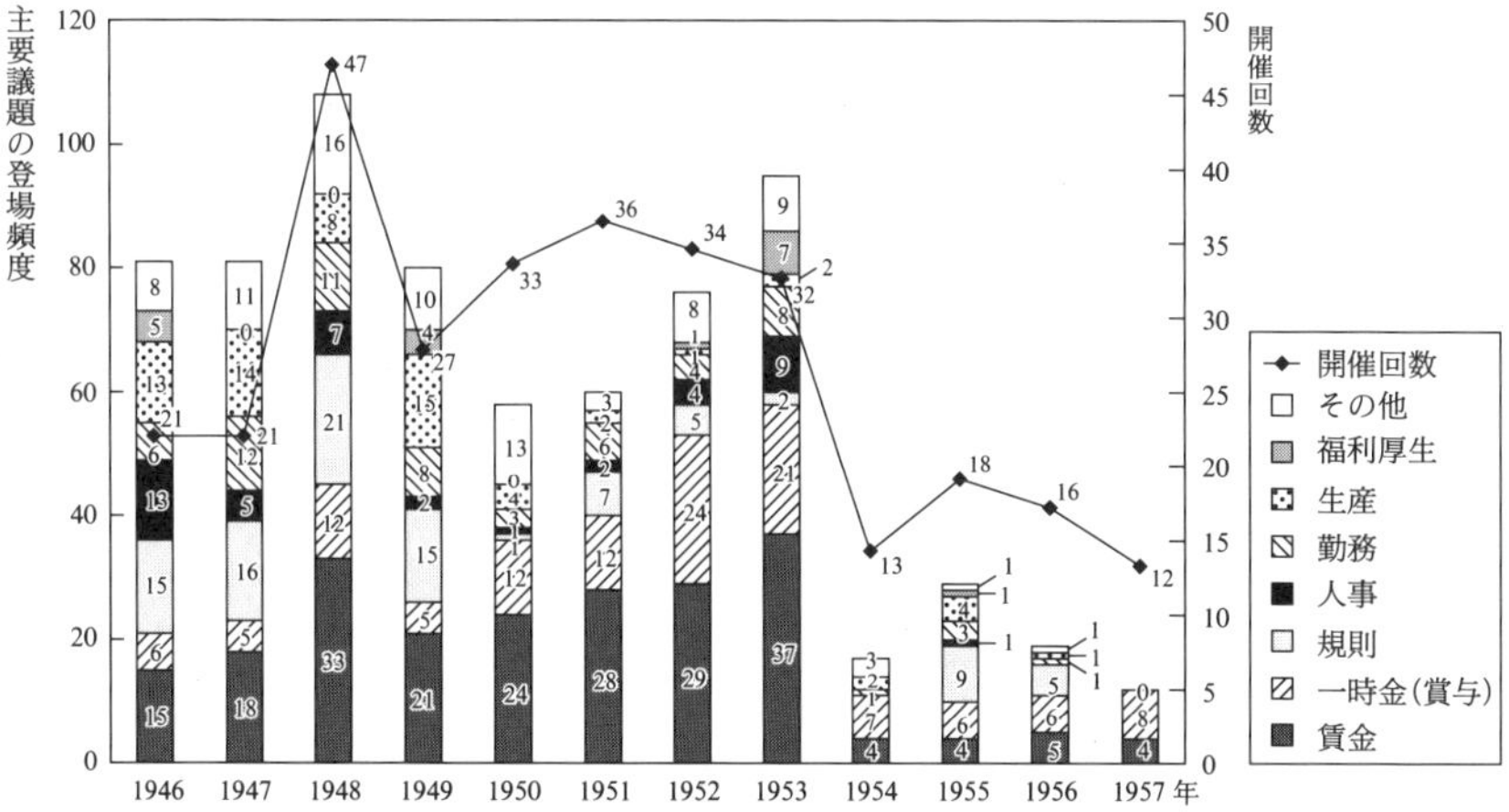

図 4-11　経営協議会の開催回数と主要議題の登場頻度数の推移（1946〜57年）

出所）『トヨタ自動車20年史』758頁。

年から五四年までは経営協議会での主要議題のうち、賃金・一時金の議題が占める割合は六割を超えていたのである（もっとも、五四年ではそれらの登場頻度は少なくなっていたが）。こうした状況では、生産手当の制度が整ったからといって、それを実際に適用していくことは、経営側にとって現実的な選択肢とはならなかったのである。その結果、「基準時間の混乱がはなはなだしくなった」。そしてその基準時間が大幅に改訂されたのは一九五五年である（前掲図4-10参照）。このことから考えても、生産手当制度が労働争議後に整備されたもの、それが実質的に運用され始めたのは一九五五年以降だと考えるべきなのである。

（6）なぜ生産手当制度の実施に時間がかかったのか?

①製造現場データ把握の焦点が「時間」になったのはなぜか?

戦時期から製造現場の詳細なデータを把握しようとし、特に一九四八年には具体的に「もっと原単位、原価の面から、各工場の実態をつか」むよう指示があった。それへの対応の結果として生まれたのが、組織上の変遷をのぞけば、能率給の復活と生産手当制度の制定であった。こうした賃金制度には「工数」つまり延べ作業時間や基準時間、実働時間、離業時間など、時間を基準とした測定をすることが含まれていた。なぜ「もっと原単位や、原価の面から」という指示が時間という基準に特化していったのだろうか。その意味や意義とは何かを考えてみたい。

「原単位」という用語は、『広辞苑』に採用され、「鉱工業製品の一定量を生産するのに必要な原料・動力・労働力などの基準量」と説明されており、日常的にも何の疑問もなく使われていると考えてよかろう。企業合理化促進法の条文にも「原材料及び動力の原単位の改善を指導勧奨す」という文言があった。さらに一九五〇年代初頭頃までの文献を見ると、「原単位」という用語は頻繁に使われている。しかし、その当時の文献で「原単位」が使われている文脈は、現代の『広辞苑』が採録している語義とは違う特有の意味を指示しているのではないだろうか。そうした視点で「原単位」を考えてみよう。

戦後に出版された書物の中で、「原単位」について会計学者の山邊六郎は次のように書いている。

> 戦争末期になってようやく、識者の間に原価管理の必要が問題視されるに至ったが、いくばくもなくして終戦となった……わが国の産業界には、大戦の末期ごろ識者によって提唱された「原単位計算」という名の物量計算が相当多く用いられて今日に至っている。いわゆる「原単位」とは、ある製品一単位の製造に要する材料の標準数量、労働の標準時間数のごとき物量を意味するのであるが、かかる原単位に予定単価や予定賃率を乗じてうる原価数値は、すなわち、標準原価表《スタンド・コスト・カード》に書く製品の標準原価にほかならない。そして標準原価計算とは、簡単にいえば、「かかる標準原価表による原価管理の方法」にほかならないのである。つまり、原単位の把握は標準原価表作成の前階程であり、また原単位計算の実施は標準原価計算導入へのお膳立てができたことを意味するのである。従って、わが国の多数企業が差し当り努力すべきことがらは、結局、原単位の開拓、原単位計算の実施にあるということができる。[202]

原単位は物量の計算であり、この算定は標準原価計算への道を拓くと考えられていた。したがって、「もっと原単位、原価の面から」と原単位と原価が並んで書かれているのには実は意味があったのである。

これは山邊だけが言っていることではない。同じ頃、太田哲三も次のように書いている。

企画院で原価計算を研究している当時、商工省では原単位計算と云うものを提唱し始めた。これは製品一単位に要せられる物とか工数とかを物量的に計算するものである。これは生産統制を完全にするために必要であると論じられた。例えば石炭一屯の生産に坑木が何石、電気が何キロ、勤労は何工数必要であるかと云うような計算であって、これによって工場の能率の比較も適正に行われる。原価計算のような金額計算は誤った判断に導き易いと云うのである。

しかしながら原価計算を単純な金額だけの計算とすることは誤りであり、その前提には常に物量計算が存在すべきである。物価は変動する。原価計算は動かないもの、即ち物量を以て計算の基準としなければならないことは既に当時の実際家によって唱えられていたところである。それで原単位計算と云う特殊な計算体系があるわけではなく、原価計算の一部分として是非とも行わなければならないものである[203]。

この当時、太田は「原価要素及び原単位の意味を形態的分類として余りに厳格に適用することはやめ[204]」たほうが良いと考えていたのであるが、その太田にしても原単位計算は原価計算の一部として行う必要があることは認めていたのである[205]。

トヨタの場合、「もっと原単位、原価の面から、各工場の実態をつか」むようにという指示は、結果的には生産手当制度を生む。そしてその運用には「時間」の測定が欠かせない。では、なぜ原単位という物量の計算が問題となっているときに測定するのは、「時間」なのであろうか。それは測定が簡単だからである。

時間能率の測定というのは非常に原始的で、ほかの計算制度よりは簡単な制度である。これは標準時間をきめて、そして実際時間を合わせればよいのであるから、非常に簡単である。ある製品一個作るに一時間かかるのを、八個作れば八時間である。しかしそれを、九時間かかってやったら時間能率は九分の八ということになる[206]。

この引用文が指摘していることは、ただ単に漫然と時間を測定することではない。そこには能率の問題があり、そのために「標準時間」の設定ということがすでに考慮されていることに留意しなければならない。ちなみに、トヨタでは標準時間を「基準時間」と呼び、一九四七年から「基準加工時間」の実績分析が始まっていた。つまり工程別に実際の加工時間がどのくらいか測定し標準時間（トヨタ流に言えば「基準時間」）が設定されたのである。[207]

山邊の引用文が述べていたように、「原単位の把握は標準原価表作成の前階程であり、また原単位計算の実施は標準原価計算導入へのお膳立て」として当時は受け取られていたし、トヨタもそれを目指していたのである。

しかし復活した能率給（あるいは、その延長線上にある生産手当制度）の下で、時間を測定する場合には、本来ならば生産上の諸条件が一定でなければならない。使用する機械や工具、材料など作業現場での条件が一定であればこそ、時間を測定することに意味がある。これを当時の論者は次のように説明している。

物量計測制度が能率賃金制度から出発すると、そこで時間がきまる。その時間をきめるときにはその当然のこととして、あらゆる作業上の諸条件がきまる。使う機械がきまらなければ時間もきまるはずがない。使う工具がきまらなければ、あるいはまた使う材料がきまらなければ、時間はきまらない。……あらゆる諸条件がタイム・スタディのときに、すでにきまって来るので、原価の中の材料の方もきまって来る。それからだんだん進歩すると、間接費の標準が決定される。たとえば、工具取付時間というようなものがきまって来る。かくのごとくにして、物量標準が進化していったわけである。……時間の標準がきまり、材料の標準がきまれば、標準原価制度が採用できる……。[208]

能率給の復活、それに続く生産手当制度の制定は、表面的に見れば、あくまでも賃金給与制度の整備である。しかし、それは他方で、標準原価計算制度がトヨタの中で定着していくことでもあった。

生産手当制度が実質的に運用されていない状況が続いた理由も一応の推測はつこう。「あらゆる諸条件がタイム・スタディのときに、すでにきまって」いる状況にはなく、絶えず機械の配置を変更していくなどの取り組みがなされていたからである。

しかし疑問も生じよう。なぜ「タイム・スタディ」、つまり時間研究（時間の測定）はそれほど時間のかかることだったのだろうか。

②なぜ時間研究を行うのに時間がかかるのか？

時間研究を行うには、単に作業者の傍らにストップ・ウォッチを持った観察者が立ち、時間を計測すればそれで済むことではないのかと思われる読者もいるに違いない。

また時間研究と言えば、ほとんど反射的に科学的管理法を脳裏に浮かべる読者も多かろう。日本経営史の教科書を通して科学的管理法の普及について知っている読者であれば次のように言うであろう。第一次大戦後の紡績業と電気機械産業では科学的管理法の採用に熱心であり、さらに一九三〇年代ともなれば臨時産業合理局が日本の産業合理化運動を主導して科学的管理法の実施を促していた、と[209]。これは事実である。

しかし、上記の産業以外で時間研究は本当に定着していたのであろうか。

日本の科学的管理法、あるいは能率運動の中でも、小野常雄は知られた存在である。少なくとも戦時から戦後にかけて、日本における製造業の現場に詳しい人物であった。彼が一九五七年に『日本機械学会誌』に「最近の時間研究」と題する論考を寄稿している。彼は最初に次のように言う。

わが国の工場や事務所などで、時間研究手法が現在どの程度に普及しているかについては、量的にも質的にも信頼しうる統計がない[210]。

この意味で彼の論はいわば彼個人の感想にすぎない。だが彼ほどの専門的知識を持ち、その当時、日本能率協会に属していた人物の感想には、単なる一個人の感想以上の意味があろう。

彼にとっての時間研究とは次のような意味を持つ。

時間研究手法を基礎として、生産計画やその統制を行う管理水準を高めること、奨励制度を採用することによって給与水準を上げると共に生産性を向上すること、職務の分類を進めることによって労働の質的な活用度を高めること、品質の管理を容易にすること、製造原価の統制を可能にし第一線監督者である職長の責任を明確にすること等々……[211]

ところが、これらの諸点は「一部の進んだところを除けば、大多数の会社工場ではなお徹底してはいない[212]」という。こうした「大多数の会社工場では、部分的または一時的に時間的研究手法を適用した経験をもっているにすぎないところが多い」と断ずる[213]。

それでは「なぜ時間研究手法が一層広い範囲に拡がり、かつ永続的に行われなかったか」。小野は、その一つの理由として、時間研究を担当する人員の「質と量との弱体を指摘する」。その際に、彼は次のように述べている。

> 標準作業を基礎とした生産管理制度を維持するためには、通常作業者五〇名〜一〇〇名について一名の時間研究係が必要であるといわれている[214]。

標準時間の設定をすることは、前述したように、標準原価の設定に進むためのものである。だが、それは当然ながら「標準作業」が定まることが前提でもある。そのためには時間研究手法を理解した作業者を大量に教育訓練しなければならない。ところが、「労使関係が時間研究の採用を拒んだ場合や、生産現場の混乱がその発展を妨げた場合も」あったのである。トヨタでは、一九五〇年の労働争議を経て生産現場の混乱は収まりつつあった。だが「動作分析、時間研究、稼動分析、疲労研究、標準時間設定、工程研究などについて、徹底した現場実習と研究討論方式によって、生産現場に密着した研究」と[215]、組織的な教育訓練がトヨタで本格的に行われ始めるのは、一九五五年のことであった[216]。こうした人材がそろわなければ、ある意味で、生産手当制度が前提とする時間研究を本格的に行うことはできなかったのである。

③標準作業とトヨタ

また、「あらゆる諸条件がタイム・スタディのときに、すでにきまって来る」ことが、「標準原価が採用できる」前提となるのは、標準作業が定められるからこそである。では、その標準作業の設定はどのようになっていたのだろうか。

製造現場に関するデータを収集していこうとする努力は、一過性の思いつきで行われたことではなく、執拗とも言えるほど長期にわたって繰り広げられた。こうした方向へトヨタが意図的に歩み出すのは一九四四年春で、社長の豊田喜一郎も強く指示したとあった。[217] 社史は多くの場合、歴代の社長などに対して過分な褒め言葉を重ねて用いることが多い（その結果、得てして実相から離れた記述や分析になっていることも多い）。こうした欠陥が社史には往々にしてあるが、こうした点を理解していてもなお「社長豊田喜一郎」がここで「強く指示し」たということは、彼の人生を考えてみれば、ありうる行動のように思われる。

今や周知の事実だと思われるが、豊田喜一郎は父・豊田佐吉から紡績技術者になるよう強く慫慂されていた。ところが紡績業の現場にはなかなか近づけない。彼の言葉を引用しておこう。

その当時［一九二〇年代初頭］の紡績の技術者はなかなか見識が高くて工場主の父でさえ手こずった。私などが学校を卒業して工場に入ってもなかなか教えて呉れぬ。

工場主の息子であるという意味もあって敬遠主義をとられ、機械に触ることさえも許されなかった。[218]

このように当時は工場における労働の実態を経営者が知ることは極めて困難であった。大手の紡績会社では一九二〇年代に入って作業工程の標準化が始まる。特に鐘紡は大手企業の中でも先駆的に工程の標準化を推進した。同社は、一九一二年に綿業関連だけでも一五工場があり、その立地は九州、関西、東京など全国に分布していた。そのため、同年末に鐘紡は「科学的操業法」を定め、各工場間の作業の標準化に取り組んだ。さらに鐘紡は、各工場を調査委員が巡回して、工場ごとに実態を把握し、作業の標準動作の確立をはかった。詳細な注意事項が文書化されて、各工場の現場に配布されたのである。[219] この標準動作は、のちに技術者の移動とともに各地の工場に流出し、普及していった。しかし、引き抜きなどで職場を変えた技術者たちは、移転先の経営者に対して標準作業の内容を秘密にした。そのため、技術者を引き抜いて生産効率の上昇に成功したとしても、経営側にとって標準作業の内容を知ることは、とうていあり得ないというのが当時の状況だった。[220]

喜一郎は、これについて「紡績の技術者が秘密にしていた標準方式がこの秘伝であった」と書いている。その後、彼は豊田紡織と菊井紡織に繊維機械を納入したアメリカのホワイティン社の技術者から、紡績機械の取扱い方法から紡績工場の管理・運営について学んだ。[221] おそらく、その後、豊田紡織では自社で標準作業書を作成したと思われる。なぜなら中国に進出した豊田紡織廠での状況を知っている労働者が次のように語っているからである。

私は戦時中上海の豊田紡績［正確には「豊田紡織廠」を指す］に度々行ったことがありました、日本の紡績には昔の軍隊の歩兵操典の様な厚い本が数冊あり、全ての工程、動作が標準化されているのです。[222]

『歩兵操典』とは歩兵の基本的な訓練や、歩兵中隊や小隊などの基本的動作を標準化して説明したものであるから、それと同じような標準作業書が豊田紡織廠にはあったというのである。もしも中国の豊田紡織廠に標準作業書があったのであれば、日本の豊田紡織でも作成されていたと考えてよかろう。実際、一九二〇年代にもなれば紡績関連の標準作業は秘密どころか、出版物のなかにそうした情報を見いだすことさえできるようになっていた。[223]

アメリカでF・W・テイラーが解決しようとした問題は何だったのかという点に眼を向けてみよう。兵隊が命令に従うふりをしながら怠けること（これをテイラーは「怠業」soldireringという言葉で表現している）、わざと命令に従うふりをしながらあえて緩慢に作業することが作業現場に蔓延している状況の変革が彼にとっての大きな課題であった。日本の紡績業では、標準作業書を作成することによって、各社の経営陣が製造現場に自分たちの意図を貫徹しようとしたことは明らかであろう。豊田喜一郎もこの状況を豊田紡織で自ら経験していた。この意味で、少なくとも日本の紡績業では、テイラーが解決しようと試みた問題に対して積極的に対応していたと言えよう。だが、紡績業を離れて、金属加工業の分野に眼を向けると、そこで標準作業書が作成されていたのかは疑問である。例えば、鋳造に関しては一九三〇年代になって作成された標準作業書が刊行されていることを確認できたが[224]、企業内部の秘密に属するためもあろうが、公設の図書館に所蔵されている書物からは、標準作業書の存在を確認することはほとんどできなかった。また紡績業以外の日本の産業で、この存在に言及する研究も少ないように思われる。

経営学の教科書などでは、ヘンリー・フォードがテイラーの科学的管理法などを援用してフォードの生産システムを完成させたという主張が繰り返されている。これについてハウンシェルは、時期的に考えて、フォードが科学的管理法を事前に知っていて自らのシステムを構築していったはずがないとの反論を行っている[225]。この反論にもかかわらず、経営学の教科書で依然として上述の主張がなされているというのが現状である。これには理由があろう。形成されたフォードの生産システムには、テイラーが主張した論点と親和性のある側面が多数あり、具体的なシステムの形成過程そのものには関心がない人物たちにとってはその親和性を強調することにこそ関心が向かうからであろう。現代の研究者にしてそうであれば、フォードより遅れて参入した企業家にとっては、システム構築を意識的に進める場合には援用できるものは援用するのが常道であろう。ましてや、労働者が製造現場を実質的に自分たちの意のままに管理している状況と対峙したことのあった豊田喜一郎にとって、製造現場に関するデータ収集を積極的に支持し、標準作業書の作成に向かう理由は大いにあった。しかも、戦時中の作業現場には仕掛品があちこちにあり、経営陣が完全に製造現場のデータを掌握し指揮しているといった状況からはほど遠いところにあったのであれば、なおさらデータ収集を積極的に支持する理由があったのであろう。

会社側にとって、製造現場のデータを収集し標準時間を定めていくことは、標準原価を設定することであったが、それはとりも直さず標準作業の確立でもなければならない。しかし、多数の工程からなる自動車事業で各工程での作業のやり方に一定の標準を定めていくことは時間がかかることでもある。しかも、機械の配置だけでなく機械そのものも変わっていく状況の中で標準作業を決めること、それを標準作業票という形で書き起こすこと、さらに状況の変動に応じて、それらを変化させていくのには膨大な手間がかかる。たとえ標準作業票を書き、訂正できるだけの人材が育ったとしても、標準作業の変更から標準時間の変更、さらにそれに基づいて標準原価を変えていくのには、膨大な事務作業量を要したと推定されよう。これをトヨタは一体どのように解決していったのであろうか。

この問題の解決策のヒントは海の向こうにあった。だが、念のために付言しておく。そうしたヒントに基づいて機器や手法を導入しても、それだけでは解決にはならなかった。そのヒントが日本で実施されつつあった手法と結びつき、トヨタという一企業の生産現場の状況の中で生じている問題に対する具体的な解決策に昇華されてこそ（あるいは新しい機器の使い方やさまざまな経営手法を自らの企業の問題解決に利用できるほどに消化してこそ）新たな生産システムへの胎動が生じるのである。労働争議が終結し、新たな組織や賃金制度を導入したからといって、製造現場のデータを把握したからといって、「各工場内はラインの始まりと末端にはいつも半加工品、完成品が堆積して」おり、「ラインの中途に仕掛り品のたまりがあちらこちらにみられる」状況はそう簡単には変わらなかった。変革のための準備はできたが、変革はこれからだったのである。次章以降で、どのように生産現場が変革されていったのかを考察することにしよう。

第5章

経営陣の渡米とその影響

——混流生産とパンチカード、マテリアル・ハンドリング——

パンチカード・システムを導入した様子（1956年頃）。（左）：IBM機械室。（右）：女性キー・パンチャーの活躍
出所）『トヨタ自動車20年史』（1958年），441頁。

1　混流生産の「発見」とそれによる着想

（1）経営陣の渡米による第一の成果

①豊田英二の視察に関する記録

一九五〇年六月一〇日にトヨタの労働争議が終結する。それから約一カ月後の七月一一日に豊田英二はアメリカの自動車製造事情視察のため出発し、一〇月二〇日に帰国する。[1]彼が具体的に観察してきたことは何だったのだろうか。『トヨタ自動車三〇年史』は「デトロイトにあるフォードの［リバー・］ルージュ工場に長期にわたって滞在し、その生産設備ならびに製造技術をつぶさに見学した」と述べたうえで、雑誌『流線型』（一九五〇年一〇月号）から次のような彼の文章を引用している。長文ではあるが、ここでも引用しておこう。

……ここは、流石にフォード最大の工場と自負するだけあって、設備、組織その他のあらゆる点での巨大さに驚かされた。まず、建物面積は一五〇〇万平方フィートでトヨタ挙母工場の一〇倍近くもあり、その中に溶鉱炉やガラス工場、ドック、機械工場、組立てライン、キューポラなど、自動車を生産するための自給自足主義一貫作業といった設備が施されている。フォードの従業員は七万人で、最近は朝鮮戦争の影響を受けて二交替、あるいは三交替で生産に当たっている故か、日産七〇〇〇台のピッチをあげていた。このうちルージェ工場では、約一〇%の七〇〇台が完成車として組み立てられ、残り九〇%は組立用部品として、フォードのアメリカ各地にある組立工場に送られている。

では、一体どのようにして大量生産が行なわれて行くか？　前にも述べたように、ルージュ工場は巨大さでフォード工場随一であるが、大きいばかりでは自動車の生産は完璧でない。われわれの眼からみても、やはり生産組織として幾分改善の余地もあるようにみられたが、最も興味をひいたのは、マテリアル・ハンドリング（運搬管理）である。

フォードはこのマテリアル・ハンドリングにおいて特に進歩したコンベヤーを使い、延々一二〇マイルに及ぶコンベヤーが工場内部に張りめぐらされている。つまり、自動車生産用の各種各様の原材料、部品類がことごとくコンベヤーラインによって接続され、それが次第に完成されつつ間違いなく最後の一本の組立ラインに吸収結合されてゆくのである。(2)

この文章について『三〇年史』は具体的なコメントはしていない。豊田英二自身は引用文中で、「最も興味を引いたのはマテリアル・ハンドリング」だと強調しているが、この問題は次節で別の角度から扱うことにしよう。さらに、通常はサジェスチョン・システム（提案制度）の導入がフォード社視察の成果とされているが、それについては度々語られてきたので、ここでは扱わない。

豊田英二は帰国後、社内報『トヨタ新聞』にも何度かアメリカでの状況を寄稿しているが、これについても本章では触れない。ここでは、これまでほとんどの研究者・ジャーナリストが見落としてきた重要な記事に注目したい。それは、彼と斎藤尚一が帰国後に応じたインタビュー記事である。そこで彼は重要な発言をしているのだ。『自動車技術』誌から関係箇所を引用しよう。

［聞き手］：今度のアメリカ視察でどこに一番長くいた？

豊田：デトロイトだった。Ford の Rouge Plant に約一カ月半いた。

［聞き手］：Ford の工場ではどんな処を主に見た。

豊田：一応全部にわたってみた。よく見せてくれた。特に重点をおいたのは、foundry, motor plant, press shop, assembly shop, gear & axle shop などだった。

……（中略）……

[聞き手]：組立はどんな具合？

豊田：アッセンブルは Rouge 工場の一〇％をここでやってるだけで、残［り］は地方にバラで送って、そこで組立てている。一六時間で七〇〇台を組立てているが、コンベーヤーはタッタ一本である。

[聞き手]：いろんな車が間違いなく、次々に組立られているというが。そのメカニズムはどうなっているんだろう。

豊田：それが面白い。事実コンベーヤーの上に並んでいる車は多種多様で、みんなセダン型だが、二扉、四扉、ク［ー］ペ、ステーション・ワゴン、それにエンジンはV8と6、ミッションはオーバー・ドライヴのあるのとないの、色はいろいろ、タイヤ寸法は三種類、ラジオやヒーターがついたりつかなかったり、種々様々の組合わせの車ができ上ってくる。

[聞き手]：どうやってうまくやっている？

豊田：これは order に合せてうまくやっている。センターで指令を出している。テレタイプといっているが、字を書くと各持場にその字が出てくる。

[聞き手]：ファクシミリー facsimile というんじゃない？

豊田：金属板の上に手で書けば、その字がでるんだからナ。ウチではテレタイプよりこの方を使いたい。これで上のいろいろの組合せの外に歯車比やフェンダーなどが指令されると、その通りにでき上る。受取る方はトイレット紙のように長い紙に書かれてくるのをチギっている。Dodge の工場では本当のテレタイプでやっている。とに角うまい仕掛けだ。(3)

フォード社が一九五〇年の時点で混流生産を実施していたというのである。通常、自動車産業についての研究やジャーナリストの書いた多数の記事はトヨタこそが混流生産を始めた企業だと信じ切っている。あるいは、明示的に書かない場合でも、その前提で書かれている場合がほとんどである。

しかし、『自動車技術』という自動車に特化した専門雑誌で、自動車技術者の豊田英二がフォード社のリバー・ルージュ工場では一本のコンベヤー・ラインに多種多様の車が流れていると言っているのである。セダン型だが扉は二つ、四つ、クーペやステーション・ワゴンで、色もいろいろだと述べている。ということは、彼は自動車の専門雑誌などの情報でアメリカの事情に詳しかったにもかかわらず、こうした混流生産は聞いたことがなかったのであろう。また、当然ながらトヨタでも、この時点では実施していなかったということになる。

②フォード社では混流生産を実施していたのか?

本当に、混流生産をフォード社では実施していたのだろうか?

実は、一九三四年にすでにイギリス・フォード社のダゲナム工場ではモデルCとモデルYの混流生産が行われていたという主張がなされている。サム・ロバーツは一九三四年のダゲナム工場の写真を示し、そこでモデルCとモデルYの混流生産が行われていたと述べている[4]。しかし、彼が掲げている写真からは、色の濃淡が異なる自動車が同じラインで流れていたことは明らかであるが、型式の違いは不明確である[5]。

混流生産の起源を探ることは、本章の関心事ではない。だが、豊田英二が本当に混流生産を見たのかを最初に確認しておくことにしたい。

豊田英二より少し遅れて、常務取締役になった斎藤尚一もアメリカに渡る。渡航期間は一九五〇年一〇月三日から翌年一月三一日であり、豊田の渡米期間と重なる。斎藤は帰国後、『自動車の国アメリカ』という書物を出版する。フォード社での混流生産について、斎藤尚一の観察を見てみよう。彼の本には、この時期のリバー・ルージュ工場の様子が活き活きと描写されている。

> まず、エンジンの組付工場（Motor Assembly Plant）にはいってみると、作業場の上を通路にしてあるから、上からのぞく［と］組付工場には働く人々がはりめぐらされたコンベアーの中にズラリと林立している。それもそのはずである。一五～一六秒に一台づつのエンジンが組付けられて、コンベアーからエンジン・テスト場へ流れているのである。つぎに、そのエンジンはテスト・スタンドの上で数分間モーターリングをする間に、いろいろと検査工（Inspector）によって検査されてゆく。
>
> 総組立工場（Final Assembly Plant）に集ってくる各部品、各組付品は、このラインに沿って一定量ストックされ、コンベアーの流れに従って、上から、横から組付けられ、五〇～五五秒に一台の割合で、色とりどりの、またさまざまなスタイルの車がライン・オフ（組立完了）されてゆく。
>
> ルージュには、フォードのラインとマーキュリー（Mercury）のラインと、組立コンベアーが二本あり、前者は一日に六〇〇台、後者は一日に三〇〇台くらい組付けられている。この工場を川の本流にたとえれば、他の支流の工場から、ちょうど、水の流れのように部品がつぎからつぎへと適時に流れこみ組付けられ、組付けられた車はコンベアーを降りて自力で走り出すが、これをテスト・コースなどで走り回らず、設備されたドラムの上で回転させ、調節し終るとスイスイと走り去っていく。これこそ流れ作業の典型的サンプルである。[6]

斎藤尚一も「色とりどりの、またさまざまなスタイルの車がライン・オフ（組立完了）されてゆく」と書いており、混流生産が実施されていたことを示す。ただ組立ラインが二本設置されており、フォード車とマーキュリー車が入り乱れて同じラインで生産されているというわけではない。その意味では、混流生産といっても限定されたものであったらしい。

豊田英二、斎藤尚一のアメリカ視察から五、六年後には日本生産性視察団が続々と海外、とりわけアメリカに向かう。彼らは混流生産を見たのであろうか。「自動車部品工業」と「電機工業」の視察団報告書から検討してみよう。一九五六年、自動車部品工業視察団はアメリカに六週間滞在し、各地の会社・工場を見学して報告書を発表している。その中に次のような表現がある。

> ある工場におけるコンベアの全長は、延べ二七マイルに及んでいる由であるが、誠に壮観といわなければならない。
>
> ここに注意を喚起すべきは、一本のコンベアに多種類の品物をのせていることである。これは特に組立工場において、多く見うけられた。これは同時に部品ストック管理の面にも関係あり、いわゆる動くストック(Moving Parts Inventory)ともいわれている。
>
> われわれはコンベアに多種類の品物を流す場合、誤作や混合を危惧して、あるいは品種別にコンベアを設けたり、あるいは時間的に品種を揃えて流すなどの方法を考えてきたのであるが、アメリカにおけるこの作業を見るに及んで、機械設備や労力を十分に活用せんとするならば、工程管理が多少困難であっても、これを克服してコンベアの完全な活用をはかる必要があることを痛感した次第である。(7)

この引用文によれば、たしかに組立工場では多種類の品物が一本のコンベヤーの上を流れていることを彼らは観察している。だが具体性には欠ける。ただ、豊田・斎藤の視察から五、六年経っても、複数の品物を一本のコンベヤーで流すことが、自動車部品製造に携わっていた日本の経営者にとってさえ依然として新鮮な驚きだったことがわかる。

この「自動車部品工業」よりも「電機工業」の視察団報告書のほうが詳しく混流について触れている。彼らの日程表によれば、一九五五年一〇月に日本を出発しフォード社のシカゴ組立工場を一一月二六、二七日の二日間訪問している。ちなみに、このフォード社がシカゴで事務所(Branch Office)を構えたのは一九〇五年に遡るが、組立を開始したのは一三年である。その後、需要増大に対応できず、当初とは違う場所で開所したのがシカゴ組立工場であり(8)、現在もその場所に工場は立地している。一九四一年の生産台数は乗用車とトラック、商用車を含めて一カ月で五〇〇台であった。[9] 視察団が訪れたときの状況は次のようであったという。敷地は六八四、〇〇〇平方フィート、従業員は二、四〇〇名であって、部品や材料は一三、九二五フィートの頭上コンベアーと、七、六六七フィートの床型コンベアーとによって総組立ラインに供給される。総組立ラインは一ラインであって、一、一三〇フィートあり、一端にシャーシーを乗せてから八七分後には他端に達し、完成車を送りだしている。[10]

総組立ラインは一つである。ここでは混流か否かは定かではない。報告書には「フォード会社シカゴ工場のコンベアーシステム」という白黒の図版が掲載されている。実はこの図は一九五三年頃にフォード社が出版した『五〇年史』に掲載されたものと同じである（オリジナルはカラー図版である）。[11] ここでも図版からは混流生産かどうか判然としないが、報告書の本文で次のように明確に混流生産が行われていたと書いている。

この組立工場においては、フォードの三種の乗用車とトラックとを生産している。しかも車の色は幾種類もあるが、この工場では一本の組立ラインによってつぎつぎと各型、各色彩の自動車を組立てている。

このように、各型式、各色彩の自動車を一時間六四台の割合で生産しているので、工程は秒ごとに計画されている。[12]

つまり、一九五五年末にフォード社では混流生産を実施していたことになる。

さらに別の生産性視察団、第三次運搬管理専門視察団が一九六一年に訪米した際の報告書『運搬III』もフォード社での混流生産について次のように言及している。訪問した工場はフォード社のサンノゼ（原文では「サン・ホセ」と記されているが、アメリカのカリフォルニア州の工場であり、コスタリカの首都との混同を避けるためにあえて表記を変える。以下同じ）組立工場である。

この工場でもっとも興味深いのは、一本の総組立ラインの上で、五種の型、一六種の色の異なった車体が、まったく任意の順序に、つぎつぎに組み立てられていることである。もちろん精密な時間研究の裏付けはあろうが、一見して時間の波があるように思われる。この方法が選ばれたのは、この方が全体としての能力のバランスが容易だという説明である。

組立ラインに対する主要な部品の供給は、大部分がトロリー・コンベヤーで行なわれるが、たとえば、車輪、ボディーの部品等の塗装したもの、座席等が、一分余のピッチで少しも間違わないで、順序よく供給されている状況は、まったく壮観というほかはない[13]。

この視察団にはトヨタ元町工場の組立機械課長（当時）有馬幸男と新三菱重工水島自動車製造所の生産技術課長（当時）の難波正志という自動車に関する専門家が加わっていたせいか、ただ単に混流生産に驚いているだけでなく「一見して時間の波がある」と喝破しているのはさすがである。

このように種々の観察記録を見てみると、フォード社ではリバー・ルージュ工場だけではなく組立工場の多くで遅くとも一九五〇年代には混流生産が実施されていたようである。

③テレオートグラフ、テレックス、パンチカード・システム

この時期のフォード社で混流生産が実施されていたか否かを確認することは、ここでの主たる関心事ではない。興味は、混流生産をどうやってコントロールしていたかにある。混流生産が実施されていれば、組立ラインへの指示や変更、混流生産にかかわる全体の統制がどうなっているかに、自動車の技術者ならば関心が向くのではないか。豊田英二も『自動車技術』でのインタビューの聞き手も、この点に強く関心を持った。前掲のインタビューで混流生産の指令についてたずねた聞き手に対して豊田英二は次のように答えていた。

豊田：これは order に合せてうまくやっている。センターで指令を出している。テレタイプといっているが、字を書くと各持場にその字が出てくる。

[聞き手]：ファクシミリー facsimile というんじゃない？

豊田：金属板の上に手で書けば、その字がでるんだからナ。ウチではテレタイプよりこの方を使いたい。これで上のいろいろの組合せの外に歯車比やフェンダーなどが指令されると、その通りにでき上る。受取る方はトイレット紙のように長い紙に書かれてくるのをチギっている。Dodge の工場では本当のテレタイプでやっている。とに角うまい仕掛けだ。(14)

疑問は残る。ファクシミリでもなくテレタイプでもない「うまい仕掛け」の説明が一応なされているのだが、具体的に何なのかは不明瞭である。

このファクシミリでもテレタイプでもない「うまい仕掛け」を推定してみよう。おそらく、それはテレオートグラフ（あるいはテレオート、ないしテロートグラフ、テロート）というものである。二一世紀に生きている読者がこの機器についてよく知っているとは考え難いので説明しておこう。実は、簡単な英和辞書でさえ掲載している情報機器の一つである。"TelAutograph" を手許にある『リーダーズ英和辞典』（研究社）で引いてみると「文字・絵画を電気信号に変えて伝送再現する装置の商品名」とあり、これが商標であることもわかる。また『マグローヒル科学技術用語辞典』（第三版）は普通名詞として掲載しており、「書き文字電信機」と訳語を掲載した後、次のような説明を載せている。

送信機のペンを動かすと二つの回路の電流が変化し、これにより受信機のペンが送信機と同じ動きをするような電信装置。手で描かれる文字や図形を有線で直接に伝送することができる。

つまり、ある会社の製品が広く普及して一般名詞のように使われているのである。

一九五四年三月一五日の『オートモティブ・インダストリーズ』にはこの製品の宣伝が掲載されており、「フォード社は巨大なエッジウォーター工場での組立をテレオートグラフで調整している」と題されている（図5-1参照）。製品名が普通名詞のごとくに使用されているのだから、この製品はかなり古くから使われていたに違いない。確認できた限りでは、一九三七年一〇月の雑誌記事には、指令室がテレオートグラフを使って自動車の仕様について指示を出していることが書かれている。[15]

トヨタの方でも、『トヨタ自動車三〇年史』を注意深く読めば、一九五九年八月に元町工場が稼動した後の問題について論じた箇所で次のような記載があることに気づこう。

わが社は……在庫量を最小限に維持しつつ、生産計画の達成率を向上せしめるために、まず、インターホーン、インターライター、テレオートなどの機械を用いて、生産コントロール室の指令により、車両組立工場を主軸にした全工場間ならびに各工場内の主要ラインの同調化の徹底をはかった。[16]

この引用文で満足する読者もいるだろう。なるほどテレオートグラフという機器は役に立ったのだ。しかしよく考えてみると、一九五〇年に豊田英二らが渡米してから一〇年余り後になって、ようやくテレオートグラフは設置されたのである。たしかに、この機器は広い組立工場で中央指令室から現場のラインに細かい指示をするのには役立つ。だが、本当に彼がフォード社で驚いたのは、この機器に対してだけだったのだろうか。また、先述した、「電機工業」の視察団報告書はなぜフォード社の混流生産について詳しい説明をしているのだろうか。

電機工業視察団の報告書は、フォード社の組立「工程は秒ごとに計画されている」と述べた後、次のように続ける。

すなわち、工程はディーラから受注され、パンチされたＩＢＭカードに基づいて工場内の中心にある発信所からテレタイプによって各部品、材料を担当する受

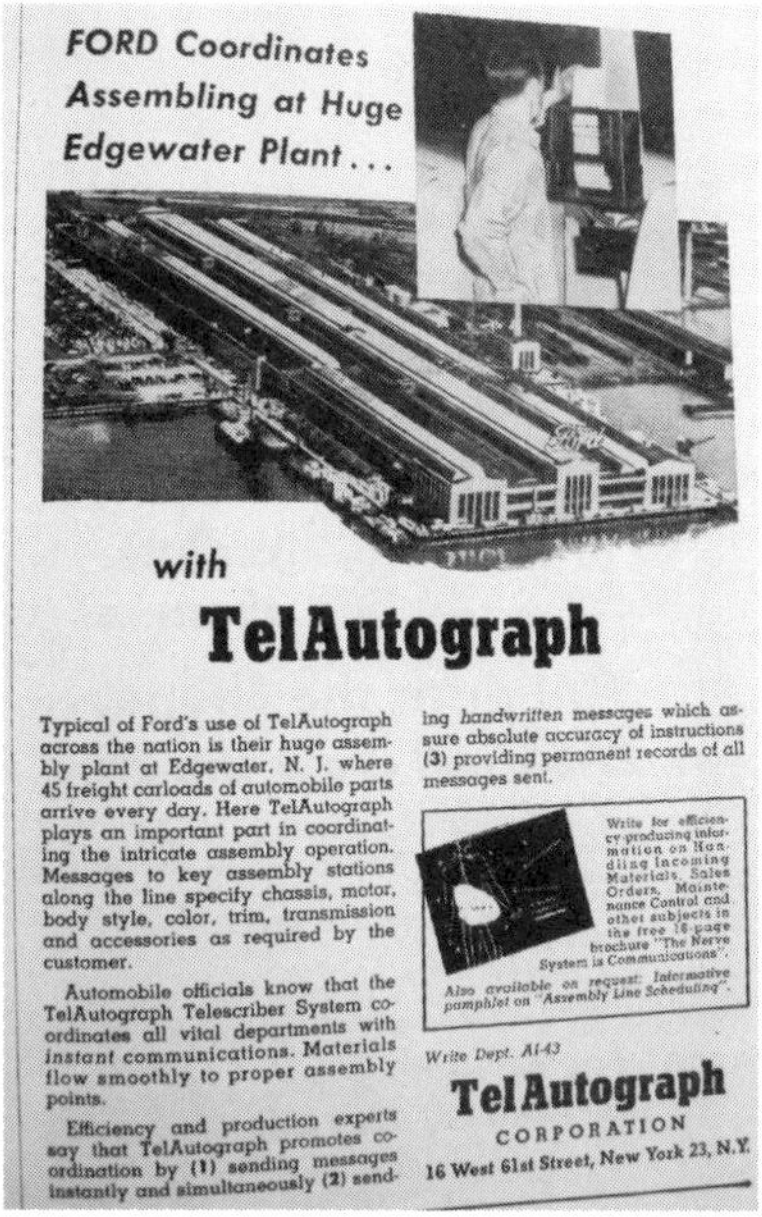

図5-1　テレオートグラフの宣伝（1954年）

出所）*Automotive Industries* (March 15, 1954), p. 519.

信所に指示され、総組立ラインで漸次組立てられてゆくにつれ、同じ型式と色彩の車体、前部、フード等が間違いなく他のコンベアーから供給されるようになっている。[17]

さらに「この工程計画の基本となるＩＢＭカード[18]」まで掲載している。それにとどまらず、他の会社（例えば有名な工作機械メーカーであるブラウン・シャープ社）でも同様にＩＢＭのカードを見いだしたことを書き留めていた。[19]つまり、電機工業界の人物たちにとって、これは特に関心の深い問題だったのである。

豊田英二が見いだした「うまい仕掛け」はテレオートグラフだけだったのだろうか。具体的に「ウチではテレタイプよりこの方を使いたい」と述べているが、他に彼は経営的に重大な貢献する何かを見いだしていたのではないだろうか。豊田英二の発言が掲載されたのは『自動車技術』という誰でも手にとって読むことのできる雑誌である。経営陣の一人として、企業活動にとって極めて重要な影響を与える（他の企業との差異を出すことができる）と判断している情報を、いわば公の席で事細かに話すものであろうか。逆に言えば、経営陣の一人として「使える」と判断したものがあれば、その具体的な情報は胸にしまい込み、故意に曖昧模糊とした表現をしたのではないか。もし、そうであったとして、この「うまい仕掛け」は、電機工業の視察団が観察したＩＢＭカードを使う計算機だったのか。豊田英二が観察した時期と電機工業視察団の時期はずれているから、ＩＢＭ機ではなく、まったく違う事務機器や設備で「うまい仕掛け」を実現しようとしていたのだろうか。

インタビューを受けたのは一九五一年の二月以降である。その席上で「ウチではテレタイプよりこの方を使いたい」と常務取締役の豊田英二が明言し、その席にいた同じく常務取締役の斎藤尚一もその発言に対して否定的な見解を述べていない。少なくとも『自動車技術』の記事には記録されていない。「うまい仕掛け」と二人の常務取締役が認め、一人が「ウチではテレタイプよりこの方を使いたい」と明言しながら、それが具体的に何かについては曖昧とした説明しかなされていない。テレオートグラフのことを心底から「うまい仕掛け」と思っていたのなら、実は元町工場建設以前に、それを導入する機会はあったのである。元町工場建設の前に、（あまり知られていないが）挙母工場の増改築がなされているのだ（これについては後述する）。だが、この増改築に際してインターフォーンは導入されているのに、テレオートグラフが導入されたという記載は資料を渉猟した限りでは発見できない。少なくとも社史にはない。それとも社史などの執筆者にとって、テレオートグラフは興味の対象外だったのだろうか。そうだとしたら、『三〇年史』もテレオートグラフの導入を無視していてもおかしくはない（もちろん『二〇年史』と『三〇年史』の執筆者は異なるが）。

このような推測をめぐらすよりも、経営陣がフォード社を訪問し、「うまい仕掛け」と心底感心し、簡単に導入できる機器であれば帰国後すぐにそうするだろうから、そうならなかった背景に彼らの帰国後に何らかの動きがあったと考えて、また他にも「うまい仕掛け」が存在したのではないかと考えて、その情報を検討してみよう。

（2）新たな事務機械の導入とその応用

①ＩＢＭ機と事務機器の導入

豊田英二と斎藤尚一の帰国後、トヨタはＩＢＭ機を導入する。『トヨタ自動車二〇年史』はその事情を次のように書く。

会社再建のための整理を終り、エンジニア出身の豊田英二、斎藤尚一両常務取締役が、アメリカの自動車工業を視察したとき、アメリカでは、事務の分野でも、機械化がめざましく進んでいることがわかりました。すなわち、すぐれた統計機械や会計機などが縦横に駆使され、はやく正しく事務が処理されていました。

両役員は、帰朝後、ただちに経営調査室に命じて、ＩＢＭ、レミントン・ランドなどの統計会計機をわが社に導入する研究を始めさせました。その結果、わが社の事務組織はまだ十分合理化されておらず、機械化に適した体制ではないことがわかりました。一般に事務の機械化には、まず、事務の組織、手順が、機械にのせられるように合理化されていなければなりません。事務の合理化をまって、機械を入れることが、一番正しい方法であります。しかし、事務の合理化は、そう簡単にできるものではありません。よって、わが社では、いろいろ検討した結果、まず機械を入れて、これを推進力にして、逆に事務の合理化を促進していくことが、最も効果的だと考えました。そこで当初は、授業料を少しく余計に払うつもりでわれわれは、昭和二七［一九五四］年七月、わが国では、当時、ほとんど使われていない新鋭会計機二台を含む二セットのＩＢＭ機械を契約しました。[20]

この引用文を読む限りでは、事務の合理化を図ることを目的にＩＢＭの機械を導入したように読める。しかし、購入すべきかどうかの検討を命じた部署は「経営調査室」である。前章でも見たように、この部署は戦後におけるトヨタの合理化運動の中核となってきた組織であり、ただ単に事務だけを担当していたのではない。

ＩＢＭ機の導入が事務を合理化するためであったことはもちろん事実であろう。一九五三年一二月に「ＩＢＭ社の新鋭会計機械が一部入荷」すると、「さっそく株式事務をＩＢＭ機械にのせることにし、複雑な機械の操作の研究と、事務機械化の準備を始め」たという。[21] だが、エンジニア出身の二人の常務取締役が、株式事務だけを機械化するためにＩＢＭの機械を導入しようとしたのではあるまい。しかも、株式事務はその後一九五六年八月二一日には外部に委託されているのである。[22] ＩＢＭ機での主力の作業が株式事務だったとすれば、株式事務を外部委託できる環境が整えばＩＢＭ機の使用が終わってもおかしくない。ところが、あたかも株式事務は他の用途に使うための練習台だったかのように、『二〇年史』は次のように書くのである。

［一九五四年］六月、すでに入荷していた新鋭会計機械二台のうち、一台をすえつけ、本格的にＩＢＭ機械による機械化を開始し……その年のうちに、材料と部品の原価計算、固定資産の計算、人事統計、昇給・賞与の計算、作業時間の計算、退職引当金計算、部門費計算などをやつぎばやに機械化することに成功しました。……昭和三〇［一九五五］年、給与計算、社会保険料の計算、工具の原価計算、部品・車両の製造基準時間の計算など、機械化の困難なものをこなしていきました。ついで、昭和三一［一九五六］年には、月次製品時間

統計、不良品統計、仕損費計算、奨励率の計算、販売統計などを機械化しました。昭和三二年には、購入部品関係の事務を、かなり機械化することに成功しました[23]。

このような説明を見れば、本格的なＩＢＭ機の利用によって、作業時間だけでなく基準時間の計算が行われたことがわかる。『二〇年史』は上記の引用文で「奨励率」まで計算されたとする。トヨタでは戦前において生産を促進したという意味で「進行賞」と呼ばれる「奨励金」を支払ったことはある。だが、第４章からも明らかなように、また『二〇年史』を注意深く読んでみても、「奨励率」が賃金制度に採用されたことはない。たしかに創意工夫や発明考案に対し、トヨタは従業員に「奨励金」を支払っている。しかし、その算定はＩＢＭ機での計算が必要なほど複雑なものだろうか。そう考えるよりも、基準は設定されていながら実質的にその運用が曖昧な形で進んでいた「生産手当率」の算定を『二〇年史』は言っているのではないだろうか（この点は本項②参照）。

前掲の『二〇年史』からの引用文はＩＢＭ機が製造現場の管理に積極的に使用されたことを示している。しかし、ＩＢＭ機をそのように適用して、どのような変化が製造現場に生じたのだろうか。その具体的な一事例も『二〇年史』は書き記している。それは上の引用文で「工具の原価計算」として触れられている事例である。すでに述べたように、トヨタでは戦時期にも切削工具の集中研磨を試みたが成功にはいたらず、戦後になって機械工場の一部でそれが始まったのが一九四九年一二月であった。そして全機械工場で切削工具の集中研磨が完了したのは、労働争議の翌年の一九五一年六月であった。これを担当した部署は生産技術部であったが、その後、名称を工機部と変更する。「この工機部が昭和三〇年一月から、カッター類の集配・集中研磨を始め、その年五月には、工具のすべてをＩＢＭコードで分類し、その出庫金額をＩＢＭ機械で計算する[24]」。それによって、従来からあった工具室が、「挙母工場の要所ごとにある分室と密接な連絡をとり、工具の技術的な研究をはじめ、適正な工具の買入計画、保管、貸し出し、回収[25]」をするような真の意味での中央工具室に変化したという。

だが、常務取締役たちがアメリカに出発する前にトヨタで問題になっていたことの一つに、「生産手当制度」の運用があった。一九四七年には各部品の実績加工時間の平均から標準加工時間が算定され、これが五〇年九月に改訂された（この標準加工時間をトヨタでは「部品時間」と呼ぶようになる）。[26] こうした準備を踏まえて、生産手当制度が導入されたのだが、これは標準作業から標準原価の設定に向かっていくプロセスだと前章では解釈した。

もしも、このような推定が正しいとすると、経営陣が帰国後ただちに、パンチカード・システムを導入する研究を始めさせたことも違和感なく理解できる。この当時、つまり一九五〇年頃の日本で標準原価計算を学ぼうとする人間が手にした書物の一つに松本雅男著の『標準原価計算』がある。[27] この書物は一九四九年一一月に初版、翌五〇年三月には三版が出ていることから考えて、かなりの部数が刷られ多くの人々に読まれただろうことは想像に難くない。その三版に次のような文章がある。

第一次欧州大戦前既に少数ながら進歩的な会計学者は理想操業度にもとづいて、製造間接費を配賦する必要を認め、その会計機構を説明していたけれども、未だ標準原価の理念に徹せず、原価分析も極めて単純であった。これに反し科学的管理法を研究する能率技師は一般に行われていた原価計算法の欠点を完全にさとっており、将来原価計算が如何なる方向に発展するかをはっきり予知していたけれど、要請された方法を実施するために如何なる方法を採用すべきかについて詳細な説明をしなかった。かかる欠点はあるにしても、これらの人々は既に今日の標準原価計算理念の礎石をしっかりとおいていたのである。しかし一般世人はこれは殆ど注目していなかった。彼らの構想にもとづいてその長をとり短を補って標準原価計算建設の大業を成し遂げたのはチ、チャーターハリソン（G. Charter Harrison）であり、それは欧州大戦直後のことであった。[28]

このハリソンについて、後に山邊六郎は次のように紹介している。

標準原価計算制度が米国において支配的に実施または論議され出したのは、すでに述べたように、第一次世界戦後の不況時における産業合理化、標準規格化運動のさ中であるが、これ以前の時代においてもこの種の計算が研究せられ、また不完全な形態において実施されたことは疑いない。標準原価計算にかんする画期的な書物を書いた[29]。

山邊六郎が言うハリソンの画期的な書物とは一九二一年に出版された『生産を支援するための原価計算[30]』という著作である。この書物を手にとり、内容を読まずとも眺めて見れば驚くに違いない。書物には事務手続きの流れを示す図が多数含まれているばかりか、その図にはパンチカードが示されているのである。

ハリソンは当然のようにこう語る。

パンチカードが統計目的に使われていることは、この書物のほとんどの読者はおそらく十分にご承知であろう。この方法は最初ワシントンで人口調査（センサス）に使われ、今や産業の会計に非常に多く使われている[31]。

そのうえで、ハリソンはこうも述べている。

情報を収集するパンチカードによる方法が格段に有利なのは、非常に柔軟性に富むからである。書面に書かれたデータの場合、情報をどのように再整理しようとしてもまったく新しく表を書き直さねばならない。パンチカードを使えば、望むような情報の組み合わせがカードを再びソートして再度作表すれば得られる[32]。

標準原価計算の発展に画期的な貢献をしている書物、しかも一九二〇年代に上梓された書物にパンチカード・システムの利用が書かれているのである。標準原価計算に関心があり調査すれば、パンチカード・システムの利用を一九五〇年代の日本で考えつくことは決して突飛なことではない。まして、アメリカに渡り、各地の工場や事務所を見聞してみれば、パンチカード・システムがごく普通のように使われていることに目が向くのではないだろうか。

さらに技術畑出身の経営陣であっても、パンチカード・システムの利用に気づく可能性は大きかった。アメリカの雑誌『オートモーティブ・インダストリーズ』に両大戦間期から度々論考を掲載しているゲシュリンが、一九四七年に生産管理に関する書物の三版を上梓していたからである[33]。正確に言えば、一九三〇年頃に初版がヤンガーの

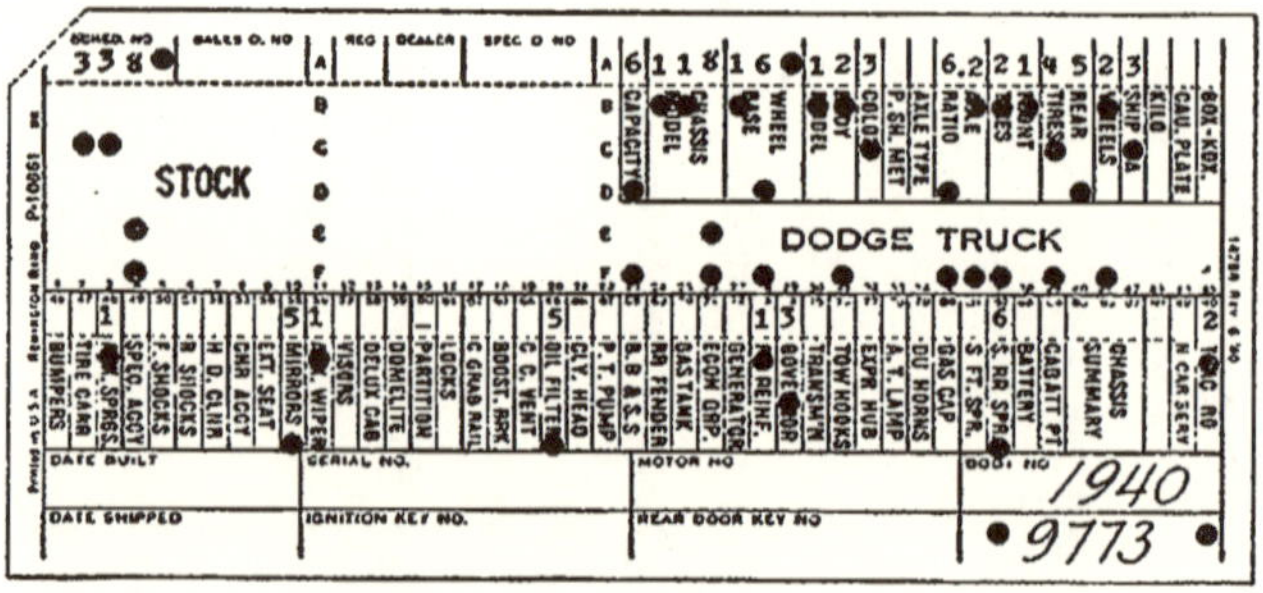

図 5-2　自動車会社で使用されていたパンチカードの実例

出所）John Younger and Joseph Geschelin, *Work Routing, Scheduling and Dispatching in Production*, 3rd ed. (Ronald Press, 1947), p. 133.

単著として上梓され[34]、彼が死去したために三版はゲシュリンによって戦後の状況に合うように内容を改訂されたうえで出版されたのである。これは初版と内容が大きく異なっている。三版では初版にはなかったパンチカード・システムによる生産計画についても述べられている。クライスラーの傘下に入っていたダッジのトラック製造部門の例を示し、次のように説明される。

ダッジのトラック生産が実際にどのように行われているかを考えてみよう。販売部門と生産部門との協調した行動によって行われている。販売部門は先行計画に責任がある。この計画によって、製造部門が仮計画を数カ月前に整えることができる。こうした先行計画によって、購買部門は外部業者からの部品や原料の調達を計画することができる。組立ラインには八日前に暫定計画が示され、毎日、確定計画が示される。

車体の生産にはリード・タイムが必要なため、組立ラインの三日前に計画が示される。

生産計画はブロードカスティング部門と呼ばれる中央指令室からテレタイプで示される。このシステムは販売部門が発行する、各車輌について詳細な仕様が示されているパンチカードから始まる［図5-2参照。原文でも図を掲載している］。このカードには、シャーシの型式やホイールベース、色彩、タイヤの大きさ、車軸タイプ……が記載されている。[35]

豊田英二が『自動車技術』誌上のインタビューで述べていた「うまい仕組み」とは、まさしくこのことではないのか。テレタイプを使用して中央指令室から指示を出してはいるが、その背後にはパンチカード・システムが稼働していたのである。トヨタの経営陣がこの書物を手にしなくとも、一九四七年の時点で書物に書かれている情報であれば、アメリカの自動車工場を見学していれば目にする機会もあったのではないだろうか。

また、ゲシュリンが改訂した書物をたとえ知らなくても、ゲシュリンは『オートモーティブ・インダストリー』誌という戦前から自動車技術者には広く読まれていた雑誌の一九四九年一二月一五日号に「今日の自動車生産計画の複雑性」という論考を書いているので、豊田英二の目に触れた可能性もある。この論考は、異なったモデルの数、同一モデルでも車体のスタイルや色彩、装備などを考慮すれば、二五万種類にもなる製品をどのように生産しているかについてクライスラーを例にとり、ほぼ前掲の書物と同じ内容を記している。しかも、この論考では具体的にどの場所にテレタイプを設置しているかまで懇切丁寧に書かれている。

標準原価だけに関心を抱いていようと、あるいは製造現場（特に組立ライン）の指示だけに関心を抱いていようと、一九五〇年頃のアメリカの自動車製造の現場を専門家の眼で真剣に見てくれれば、そこでパンチカード・システムが使われていることに容易に気づいたに違いない。もちろん、双方に関心を抱き調査を進めれば、さらに容易にアメリカ企業でパンチカード・システムが利用されていることに気づいたと思われる（また、戦時のことに詳しい人物が社内にいれば、そこからもパンチカード・システムに気づく可能性もあったのだが、この点は後述しよう）。

二人の常務取締役がアメリカ視察を終えて帰国した後、トヨタはＩＢＭ機の導入に動いた。それは単なる事務の合理化のためというものではなかった。実際、切削工具の集中研磨を終えた後で、「工具の原価計算」にＩＢＭ機を使うことで製造現場のあり方が変化したことを『二〇年史』は記録しているのである。だが、常務取締役のアメリカへの出発前にトヨタで問題になっていたのは、「生産手当制度」の運用であった。製造現場での詳細なデータを把握する仕組みを作りながら、実際の運用自体はそのデータを活かすようなものになっていなかったのである。この生産手当制度はトヨタの合理化運動の帰結でもあったのだから、それを実際に運用するためにＩＢＭ機が使用されたかどうかを確かめなければならない。

②生産手当制度とパンチカード・システム

一九五〇年の労働争議後に「歴史的な職制」の下で給与制度の改革、つまり生産手当制度の採用がなされた。だが、それはただちに本格的に運用されたわけではなく、実質的に運用が始まったのは一九五五年以降であった。この生産手当制度は標準時間（あるいは「基準時間」）を設定することが重要な要件の一つである。標準時間は標準作業を定めて設定することが必要不可欠であり、そのために、時間研究を理解した作業者を大量に教育訓練して生産現場に投入しなければならないはずである。ところが、「労使関係が時間研究の採用を拒んだ場合や、生産現場の混乱がその発展を妨げた場合も[36]」あった。前章では、ここにトヨタでの生産手当制度が遅れた理由があると、一般的に説明した。だが、この説明は問題点の開示でしかない。ここで再びこの問題を取り上げて詳論してみよう。

トヨタにおける標準時間の設定について、『トヨタ自動車二〇年史』は次のように述べていた（なお部品を加工する標準時間という意味で「標準加工時間」という用語が使われているが、「標準時間」と同義である）。

> 昭和二二［一九四七］年に、約半年間の各部品の実績加工時間の平均を基礎にし、標準加工時間を算定しました。そのご、二五年九月にこれは改正されました。この標準加工時間は、「部品時間」と呼びならわされています[37]。

実績加工時間の平均からであろうとも、一応は一九四七年にトヨタは標準加工時間を設定し、さらに五〇年九月にそれを改訂している。まさしく、この改訂により生産手当制度を運用する準備が整ったはずであろう。だが、『二〇年史』はこの引用文の直後に奇妙な文章を付け加えているのである。

> 「部品時間」は、従来、各工場で査定していました。また、これは生産手当の一要素であったため、生産設備が変り、実情にそぐわなくなっても、改訂が困難でありました[38]。

生産手当制度は標準加工時間（「部品時間」）の算定がその基礎にある。では、なぜ「生産手当の一要素」だから部品時間の改訂が困難だというのだろうか。生産手当制度は「生産設備が変り」作業に変化があれば、その実態に合うように修正された部品時間に基づいて運用されねばならないはずのものである。さらに、「各工場で査定して」いたために部品時間の改訂が困難だったとも読みとれるような一文が、なぜ冒頭に挿入されているのだろうか。

上記の『二〇年史』からの二つの引用文（原文では連続した文章）が端的に示している事実は、生産手当制度を実施するために設定した「部品時間」が、生産現場での実態を示すものではなくなったということであろう。つまり、戦時期から長期間にわたって、製造現場の実態を知るべくデータを収集し、おそらくは満を持して導入した生産手当制度であったにもかかわらず、導入直後からその基礎となる「部品時間」が実態とかけ離れ始めたことを示唆しているのであろう。そして、「部品時間」が実態を反映しなくなった理由として、「生産手当の一要素であった」ことをあげ、さらに「各工場で査定して」いたことをあげているのである。

なぜ「生産手当の一要素」だと、このようなことが起きるのだろうか。おそらく、その理由の一つは、基準内賃金に占める生産手当の割合が一九五一年の時点で三分の一と高かったことにあるだろう。ちなみに日産自動車でも能率給があり、生産奨励金が支給されていた。ただ、一九五四年一二月の支給例によれば、生産奨励金は基準外賃金であり、従業員一人当たりの平均額は二九七〇円で、従業員の平均手取賃金額（二万一七五四円）に占める割合は一四％程度であった[39]。生産手当が基準内賃金で労働者の手取り賃金額に占める割合の高かったトヨタでは、受け取り賃金額に直接大きな影響を与える要素である「部品時間」を変更することに、労働者が抵抗を示したとしてもおかしくはなかったのである。多くの場合、「部品時間」の変更はその短縮、つまりは生産手当額の引き下げになったからである。

また、なぜ「各工場で査定」していると、「部品時間」の改訂が困難になるのであろうか。ここで「各工場」とは組立工場や塗装工場、機械工場などの挙母工場内部にある工場（ショップ）のことである。この工場が独自の立場で査定をすることはある意味で当然である。工場ごとの職務内容が異なるからである。生産手当制度では工場での「部品時間」の査定は生産手当額（つまりは労働者の手取り賃金額）に影響を及ぼす。ところが、職務内容が異なる各工場での能率の向上は一様には生じない。ある特定の工場で能率が大幅に向上したからといって「部品時間」を短く設定し直し、他の工場では何らの変更がなかったと仮定してみよう。従来と比べて、「部品時間」の短縮された工場で働く労働者にとっては、同じ仕事量をしていれば手取り賃金額が減少することになる。あるいは、従来と同じ手取り賃金額を手にするには、完成した部品数が前と比べて増えていなければならない。したがって、その工場の労働者は、まったく「部品時間」の変更が行われない他の工場の労働者の状況と比べて不満を抱く可能性が高い。このように考えれば、各工場の責任者はたとえ自工場で能率が向上して実質的に「部品時間」短縮を所与として生産活動を続けていようとも、会社に対して公的に「部品時間」短縮を報告するインセンティブがあるだろうか。もし何らかの金銭的ないし処遇に関するインセンティブがなければ、「各工場で査定」しても、その結果は会社側には報告されず、「部品時間」は改訂されないまま放置され、実態とは著しくかけ離れたものになる可能性がある。

こうした推論は机上の空論かもしれない。だが、一九五九年二月でもトヨタの社員・簗山康治（当時、工務部査業課勤務）という人物が次のような文章を書いている。これを読むと、上記の推定は現実に起きた事態とそれほど異なっていないのではないかと考えられるのである。

> 当社［トヨタ］の工程管理は、工場長制度により運営されており、工場長のもとにスタッフ（担当員）とライン（職制）があって、工務部から指示された生産計画に基づき、各作業工程の作業計画を立て、その計画通りに作業が遂行されているかどうかを管理しているのであって、そのためには、工場の作業の性格からくる難易や、必要性からくる精粗の度合に差はあっても、一応現状における作業上の標準をもって、管理されているのである。……

したがって程度の差こそあれ、標準化への努力が行なわれ、その度合に応じた倍率をもっており、ただそれが現場だけのもので全社的に統一されていないだけである。

なぜ現場だけのものであるかについては、工場長制度からくるものと、設備や作業の改善が絶え間なく行なわれて、結果をまとめて報告する煩雑さからくる困難と、またそうした報告制度ができていないこと等、その他いろいろの理由が考えられるが、一面生産手当への工場側の配慮もその一つであろう[40]。

各工場がほぼ自立的に工場長のもとで運営されており、標準化の方向に向かっているものの全社的には統一されていないままであった、しかも、その一因は生産手当に反映することに工場側が躊躇せざるを得なかった、と読めないだろうか。

一九五〇年の労働争議後に、各工場がこうした「慣行」をとるようになれば、生産手当制度は実質的に無意味なものに変わっていく。この状況下で「慣行」を破ったある工場で紛議が発生すれば、そもそも生活給を能率給（生産手当）に変えたことで不満が鬱積している状況にあった会社全体にその紛議が広まってもおかしくない。一九五三年にトヨタで生じた争議では「職場放棄、部長・工場長のつるしあげ等[41]」があったという。『二〇年史』は事態の発生からそれほど時間が経っていないせいか、その「年表」でこの争議について一切触れていない。だが『三〇年史』によれば、トヨタの「労働組合は、六月一一日の組立工場の作業停止と工場長のつるし上げに端を発し、八月五日の妥結に至るまで、実に五五日間におよぶ連日の争議行為を敢行した[42]」という。この争議は『二〇年史』『三〇年史』ともに会社側が「ノー・ワーク、ノー・ペイ」を貫いたものと評価する。だが、なぜ「組立工場」から激しい争議が始まったかの説明は一切なされていない。ある種の不満が醸成されたからこそ、組合は就業時間にも組合活動を行ったのであろう。組合が年齢別最低賃金制を要求しただけであれば、どの工場で争議が始まってもおかしくない。たしかに、なぜ「組立工場」で始まったかという疑問に対する答えは、単なる歴史的偶然ということにすぎないのかもしれない。だが、一九五〇年の争議後から労使の間で暗黙の「慣行」として定着しつつあったものを、「組立工場」の工場長が無意識にせよ意図的にせよ破った可能性も捨てきれないのではなかろうか。しかし、これを確かめるすべは現在ではない。

この一九五三年の争議後、トヨタは五〇年争議後の制度に修正を加える。一九五四年一一月に「職能に応じた昇給方式[43]」を発足させたのである。つまり、「賃金水準の向上は昇給制度および生産手当の増加を支柱として行われ[44]」るように変更された。その結果、経営協議会の開催回数も、協議会の主要議題に賃金・一時金が占める割合も少なくなっていった。このことが生産手当制度の本格的な運用を開始する環境を整え、その具体的な実施に際してパンチカード・システムであるＩＢＭ機が大きな役割を果したのである。先に引用した築山康治は同じ論考で次のように書く。

> 昭和二四年［原文のままであるが、社史などでは昭和二五年］生産手当制度が制定されるに当り、その算定基準として当時の実情を中心に「部品時間」が設定されたのであるが、生産手当の賃金に占めるウェイトの増大するにつれ、賃金ベースとの関連および工場間のバランスの点から部品時間の適正な運用が困難となり、逐次実態から遊離して、その機能を失うにいたったことは、そのよい例である。基準時間はこの混乱した部品時間を、工数のＩＢＭ化によって把握できるようになった部品別作業時間の基礎資料をもとに、更生せしめたものであって、［昭和］三一［一九五六］年二月に切換を行なった[45]。

つまり、「部品時間」は実態から遊離したために改訂（実質的に放棄）され、「基準時間」として整備され直す。その際、ＩＢＭ機を利用することで部品別作業時間の基礎資料を作成したことが決め手になった。

一九五〇年争議後に導入された生産手当制度は、ＩＢＭ機を活用して得た「基準時間」を基礎にした制度として生まれ変わったのである。だとすれば、このときＩＢＭ機はどのように使われたのだろうか。この点の考察が次の課題となる。

③ＩＢＭ機利用による「基準時間」の設定

トヨタは本当に「基準時間」の設定にＩＢＭ機を利用したのであろうか。「基準時間の設定」という項目で『トヨタ自動車二〇年史』は次のように書いている。

> この基準時間の管理に必要な各要素は、すべてＩＢＭカードにおり込み、その計算はＩＢＭ機械によって行うようになっています。これまでの基準時間は、組単位の人工時間でありましたが、さらに現在では機械設備単位の機械時間の設定も、可能になりました。そして、生産計画をたてるさいに、必要な工数、機械設備への負荷の計算が、ＩＢＭでたやすく算出され、生産管理の面でたいへん役だっています。[46]

ＩＢＭ機が生産管理に使われていったことは間違いないようである。だが、この記述では具体的な進展具合がよくわからない。少し詳しく整理する必要があろう。[47]

だがその前に留意しておくべき点がある。引用文にある、「これまでの基準時間」は「組単位の人工時間」だったという指摘である。「これまでの基準時間」とはＩＢＭカードにデータが移される以前のものであろう。だとすれば、厳密に書くとすれば、「部品時間」のことに他ならない。『二〇年史』の記述を整合的に理解しようとすれば、一九五〇年の労働争議以降でも、ＩＢＭ機を利用した「基準時間」が設定されるまでは、トヨタの能率給の基礎にあったのは実質的には「組単位の人工時間」であったということであろう。つまり、挙母工場では各工場が工場長により自立的に運営されており、かつ各工場内部を見れば「組単位の人工時間」によって実質的に能率が計測されていたことになる。五〇年争議後に生産手当制度が制度として導入されたけれども、本格的には運用されなかった状況下で、「組単位の人工時間」が強固に根付いていたということであろう（この点は後で問題とすることにしよう）。

ここで、トヨタがＩＢＭ機の借入契約を締結（一九五二年七月）してから、パンチカード・システムにかわって電子的なデータ処理装置つまり本格的な電子計算機（コンピュータ）であるＩＢＭ６５０を導入した頃（六〇年一月）までの社内での事務合理化がどのように進んだかを見ておこう（表5-1参照）[48]。IBM機の導入を決めた後、「帳票管理を全社的に開始」したとある。帳票、つまり帳簿や伝票類などの規格を統一し、パンチカードに情報を移管することが容易になるよう準備が始まったのである[49]。また同じ目的で「業務分析、経路分析、機械化のフローチャートの作成[50]」が始まり、実際にIBM機を扱う「マシン・オペレーターと［キー・］パンチャー[51]」の育成も始まる。こうして一九五三年末にIBM機の据え付けが始まり、IBM機を利用した機械化が本格化したのが五四年六月であった。さらに一九五四年中に工数計算と昇給・賞与計算、原価部門費計算のIBM化が進展する。なお、この進展とほぼ同じ時期（一九五四年一一月）に「職能に応じた昇給方式[52]」も決定されたことは注目すべきである。この表5-1に見られる事務合理化の結果、トヨタでIBM化による作業がどの程度まで進み、どのような作業をしていたのかも図で示しておこう（図5-3参照）。

この図で「基準原価作成」に直接的な影響を及ぼしているのは「工数計算」であり、その工数計算を介して「検査統計」は基準原価の作成に関与している。なお、「基準原価」と「基準時間」とでは対象が、あるいは計算単位が異なる。通常は、標準作業の設定から標準時間を算定し、さらに標準原価が設定されると理解されている（標準原価、標準時間がトヨタではそれぞれ基準原価、基準時間と呼ばれている）。つまり、トヨタで言うところの基準時間が設定されてこそ基準原価が設定されるのであるから、具体的な作業の進展は基準時間の設定から始まるはずである。これは、以下の具体的な説明を読めば、トヨタで実際に起きたこととも符合することがわかろう。

工数計算のうちで最初にIBM化されたのは具体的には「月次工数計算」である。一九五四年六月一日に製造部門の一部だけで実施され、翌五五年二月一日には製造部門全体に拡大した[53]。仕事内容をやや具体的に述べておこう。工数日報を毎日IBMカード、すなわちパンチカードに穿孔する。それを月末に締め切って作業時間を算出する。これで「月次工数計算」が出来上がる。これにより実働時間などの算出が行われた。また部品ごとに作業時間を集計する。各部品の検査合格数を掌握し、それぞれの部品についての単位当たり作業時間を計算し、さしあたり

表 5-1　トヨタにおける事務合理化

年　月	事　　項
1952. 7	IBM 機械借入契約を締結
12	帳票管理を全社的に開始
1953. 6	各部・工場・課に帳票管理担当者を設置
12	IBM 機械の据付開始
〃	株式事務の IBM 化（その後，野村証券株式会社証券代行部に株式事務を委託したため中止）
1954. 1	人事統計の IBM 化
3	帳票管理規則および実施細則の制定
6	材料原価計算および買掛金計算の IBM 化
〃	固定財産減価償却計算の IBM 化
10	工数計算の IBM 化
〃	昇給，賞与の IBM 化
12	原価部門費計算の IBM 化
1955. 3	給与計算の IBM 化
4	社会保険関係の IBM 化
6	消耗性工具計算の IBM 化
10	事故の現状調査の実施
1956. 2	検査統計の IBM 化
〃	クレーム計算の IBM 化
5	無線電話の開通
〃	業務構成表をはじめて作成
6	仕損費計算の IBM 化
7〜10	帳票改善講習会の開催
8	月次製品時間計算の IBM 化
10	マルチリス・ゼロックスの設置
12	中古車統計の IBM 化
1957. 1	事務管理および改善の全体計画の確立
3	購入部品契約，納入指示および受入の IBM 化
4	設備計画の IBM 化
5〜7	事務の流れ分析による改善講習会の開催と改善の実施
1958. 3	機械負荷計算（車体工場第1車体課）の IBM 化
6〜7	ファイリング・システム講習会の開催
9	ファイリング・システム実施委員会発足
12	ファイリング・システム実施
1959. 5〜6	ファイリング・システム実務講習会の開催
6	ファイリング・キャビネットによるファイリング・システムの本格的実施
6	直送品受払計算を IBM 化
6	事務管理委員会の発足（帳票管理担当員会議を発展的に解消）
11	事務管理委に組織専門委員会を設置し全社的な組織改善案をまとめる
12	報告制度の実施
1960. 1	全社的な人事監査を年間計画に組入れ
〃	650 型電子計算機の導入決定，EDPM システム採用準備特定調達手続を IBM 化

出所）岸本英八郎編『事務管理』（日本生産性本部，1961 年），242-43 頁。なお『トヨタ自動車 20 年史』に，1958 年 6〜7 月の「ファイリング・システム講習会の開催」まで同じ情報が掲載されている（同書，799 頁）。

設定されている基準時間と比較した表を作成する。(54) つまり実績時間と基準時間との比較をする。「月次工数計算」で「部品ごとに作業時間を集計し、検査合格数によって部品ごとの単位当たり作業時間を計算し、基準時間と比較した表を作成」する作業を行うためには、実は部品ごとの基準時間と検査合格数を把握している必要がある。それも手作業で行うのではなく、IBM機でのデータ処理で簡便に参照できるシステムが構築されている必要があろう。そのためであろう、一九五五年九月一日になると「工数管理計算」が実施され始める。部品ごとに、工程別などに基準時間（期首、および期中）をカード化する作業が行われた。つまり、基準時間のマスターカードをIBM化する作業が開始されたのである。このカードにより基準時間台帳や加工時間台帳が作成され、さらに各種の統計表も作成されるようになる。

また検査統計の整備も一九五六年二月一日に始まる。検査票が毎日IBMカード化され月末に締め切られ、不良の理由別に統計を出す。また部品ごとに検査数や合格数、不良数・不良率などを計算し月報を作成する（合格率一覧表、検査合格月報）。部品ごとの合格数を基に工数の分析と結びつける。検査カードによって、材料不良や加工不良にともなう工数を計算し、責任工場別・発生工場別に「材加不工数集計表」を作成する。こうして図5-3の「基準原価作成」にいたる経路が整うことになる（この時期のトヨタ社内での様子については本章扉の写真参照）。

だが、その進捗状況は各工場同時ではなく時間差があった。検査統計で見れば、一九五六年二月一日には鍛造と熱処理、車体、鋳物の各工場で始まる。さらに一カ月後の三月一日には総組立工場で始まった。機械工場での開始は遅れ、五月に第三機械工場、六月には第一機械工場、第二機械工場で開始されたのである。

『二〇年史』によれば、一九五五年一〇月に基準時間の設定が試みられる。それが簡単には実現できなかったことは次の引用文からも明らかであろう。

査業課では、部品別の実績資料から、新しく別個に基準時間を設定し、これによって、工場能率を測定し、工数計画を立て、実状に則した原価計算をしようとしました。査業課で昭和三〇［一九五五］年一〇月に、第一

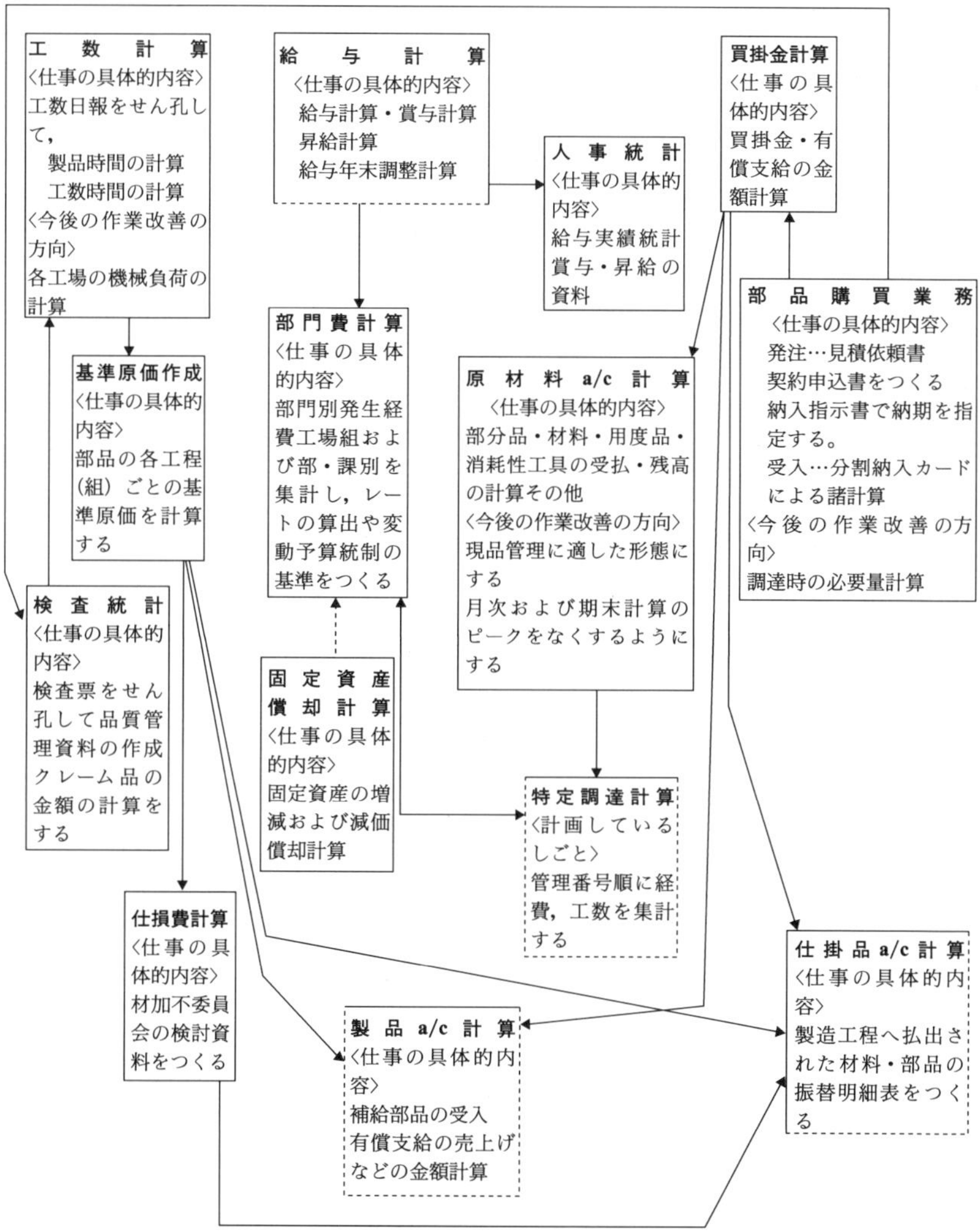

図 5-3　トヨタにおける IBM 作業の経路図（1960 年頃）

注）実線は機械作業。点線は手作業。
出所）岸本英八郎編『事務管理』266 頁を一部改定。

回の基準時間設定を、ついで、昭和三一年三月に第二回の設定を行いましたが、原価計算への適用は、資料が不十分のため、三一年六月の第三回の設定分からとなりました。そのご、期ごとに基準時間を設定するようになり、さらに、タイム・スタディによって、これの裏づけをしようと現在努力中であります。(55)

生産設備そのものの更新が進み、またその配置が絶えず変更されている状況では、実績の加工時間を基準にして標準加工時間を設定しようとしても、その前提が変わってしまう。標準加工時間を現実の状況に合わせようとすれば、絶えず変更をしていく必要がある。それにかかる作業時間は膨大である。しかも加工時間の計測は、標準原価の設定を通して原価計算に利用できるようにしてこそ経営的には意味を持つ。もしも作業条件に変更があれば、基準加工時間の設定の修正をしていかねばならない。したがって、簡単には原価計算に適用できなかった。それにもかかわらず「期ごと」つまり当時では半年ごとに基準時間を設定したというのである。

一九五六年三月に実施された第二回目の基準時間の設定でも「資料が不十分」なため原価計算には適用されなかったという。その理由はＩＢＭ機で検査関係のデータを処理する体制ができていなかったためであろう。検査関係や材料不良や加工不良によって生ずる工数などの統計がＩＢＭ化されるのは、一九五六年二月一日のことである。しかも機械工場では、『二〇年史』の記述によれば作業に着手していないのである（前述したように、一九五六年五月以降に順次始まっている）。

標準原価についての情報は経営内部の情報に密接に関連しているためか、外部資料から情報を得ることはできなかった。だが、標準原価設定に導く状況が形成されても、それに関する情報が得られなければ生産手当も算出されない。したがって、生産手当の算出がどうなっていたかを検討することから接近してみよう。

生産手当について詳しく論述した牧野の論考も、一九五五年になって「生産管理部に査業課が新設され、基準時間の規正にあたった」と書いており、そこでとられた具体策は次のようであったという。

①原始データのＩＢＭ化、歩合計算の集中、一元化

②部品別実働時間把握の徹底と相互のバランス適正化
③設備作業環境の改善、合理化による基準時間の適切な改訂[56]

こうした中で、一九六一年から「基準時間の設定・把握の質的向上に努め[57]」ながら、本格的な運用が開始されていく。この生産手当の本格的な運用がなされていくためには、多数の複雑な計算が必要であり、それはＩＢＭ機の援用なくしては困難だった（図5-4参照）。

このように、ＩＢＭ機の導入によって基準時間が設定されるようになり、それを基に基準原価の設定へトヨタは向かった。そうした動きの中で、生産手当制度も本格的に運用されることになった。しかし、生産手当制度の運用に必要な情報を収集することは困難であった。特に製造現場が変化し続ける中で情報を更新し計算を行うことは難しく、それを克服する手段の一つがＩＢＭ機の導入であった。だが問題点も明らかであった。基準時間から基準原価を設定することがまだできていなかったのである。基準時間の設定さえままならない状況ではあったが、それがトヨタでは、ある時期の実績作業時間が実質的に基準時間とされ、基準時間が引き下げられるように作用していたように思われる。

それでは基準原価の設定はどうなっていたのか。科学的管理法の歴史（あるいは標準原価計算の発達史）に詳しい読者なら、基準時間の設定がそのようであれば、この段階ではトヨタでは基準原価は設定されていなかったと考えるに違いない。ところが、『三〇年史』は次のように書く。

わが社［トヨタ］は……昭和二七［一九五二］年四月の職制異動で、……従来の原価計算課原価計算係を原価調査係と改めて、原価に関する統計、新製品の見積り原価計算などの業務を強化した。また、このころから基準原価計算制度の導入がはかられ、原材料、貯蔵品の払出し、加工費の予定配賦、仕掛品、製品の払出しが、すべて基準原価により計算されるようになった。さらに、この基準原価と実際原価の差異分析を通じて、合理的な原価管理が可能になり、その結果、利益計画のために、より正確な基礎資料を提供できたので、ここ

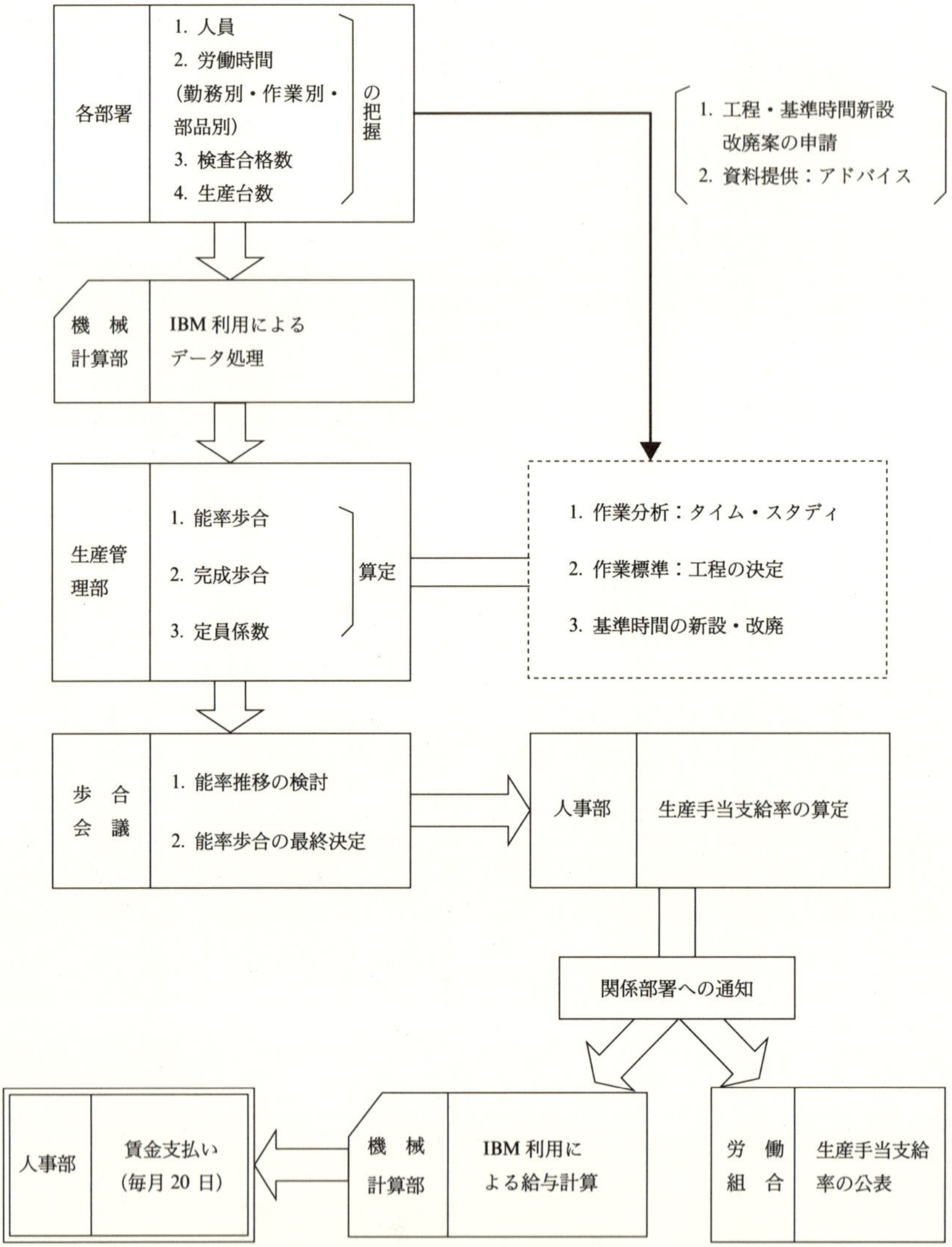

図 5-4　生産手当の算出経路図

出所）牧野昭光「トヨタ自動車の生産手当制度」173 頁。

にはじめて事前原価計算、利益計画に結びついた原価計算制度が確立された。

昭和二八年には、これらの成果をもとに、従来の原価報告書を改善して、各期ごとに利益計画、販売計画に役立つような「予想損益に関する報告書」がまとめられ、きめの細かい経営戦略がたてられるようになった[58]。社史の執筆者も基準原価の重要性を認識しており、ここだけ読めばきわめて円滑にトヨタでは基準原価制度が成立し運用されていたように見える。たしかに制度はできたのであろう。生産手当制度と同じように。そして、生産手当制度が実際には制度設計の意図通りに運用できなかったように、基準原価制度も実際には本格的な運用はできなかったと考えるべきであろう。基準時間の設定がなされずに運用される基準原価制度とは、まるで砂上の楼閣だからである。「基準時間設定を……行いましたが、原価計算への適用は、資料が不十分のため、［昭和］三一［一九五六］年六月の第三回の設定分からとなりました[59]」というのが本当のところであろう。

さらに、ＩＢＭ機を導入しそれを活用して、基準時間の設定（正確には、基準時間の設定という視点から、生産手当制度の本格的運用）がどのようになされていったかを検討してみると、奇妙なことが浮かび上がってくる。それは他の工場と比較すると、機械工場でのＩＢＭ化の進展が遅いのである。これは何を意味していたのであろうか。この点を理解するためには、遠回りのようであるが「マテリアル・ハンドリング」についての理解が必要だと考えるので、次節で検討することにしたい。

しかしその前に、次項でＩＢＭ機の導入がその後トヨタでどのように展開していったのかを考察し、さらにトヨタがＩＢＭ機を導入して行った試みを簡単に歴史的に位置づけておきたい。

（3）ＩＢＭ機の生産管理への利用について

①トヨタにおけるＩＢＭ機導入のその後

ＩＢＭ機の導入は経営の計数管理を促していく。自動車製造事業がトヨタ社内だけで完結するものでなく、多数の部品・資材を使用する以上、その契約・納入・受け入れといった作業がある（ここでは問題を簡単にするために、販売の問題はさしあたって捨象する）。トヨタ社内でのＩＢＭ化が進めば、トヨタというアセンブラー（自動車の組立メーカー）は、部品などを納入するサプライヤーとの業務にＩＢＭ機の情報処理を活用しようとするのではないだろうか。

ＩＢＭ機が購入部品の契約から納入指示、受け入れの業務に一部使われるようになるのが一九五七年三月一日であり、同年九月一日には全面的に実施されたという。具体的なプロセスを見てみよう。購入部品の形式や品名、数量や何回に分けて納入するのかなどの情報をＩＢＭカードに穿孔してマスターカードを作成する。これでＩＢＭ化した契約台帳を作成して購買部に渡す。これにより購買部が購入部品の管理を行う。発注および納入の指示のために、翌月の生産計画と在庫の状況から購入数量と納入回数を決めたのち、ＩＢＭカードで分割納入カードを作成する。納入品が注文通りであることを確かめて受け取り、その情報をＩＢＭ化して検収通知カードとする。この二つのカードを照合して間違いがなければ、サプライヤーには受け入れ日や数量などの情報を付加して、検収したことを通知する。こうした作業が円滑に進むには生産計画だけでなく、資材の在庫状況や、場合によれば受け入れのための倉庫が空いているかどうかの情報までもＩＢＭ機で把握していなければならなくなる。

こうした業務にまでトヨタは本当にＩＢＭ機を利用していたのだろうか。また、機械がパンチカード・システムから電子的なデータ処理が可能になる機械（電子計算機）へと移行していく中で、トヨタの利用に何らかの変化が生じたのだろうか。それを、機械をトヨタに提供した側である日本ＩＢＭの社史により簡単に見ておこう。

トヨタ自動車工業では［昭和］二八［一九五三］年にＩＢＭのＰＣＳ［パンチカード・システム］を導入し、株式、人事給与、材料原価、買掛金、工数、検査、外注部品納入などの実績計算をほとんど集中機械化していた。この基礎の上に［昭和］三五年［ＩＢＭ］六五〇［多数のユーザーを得た実質的に初の実用的電子計算機（コンピュータ）］を導入して上記の実績計算をコンピュータ化するとともに、部品管理を中心とする生産管理的

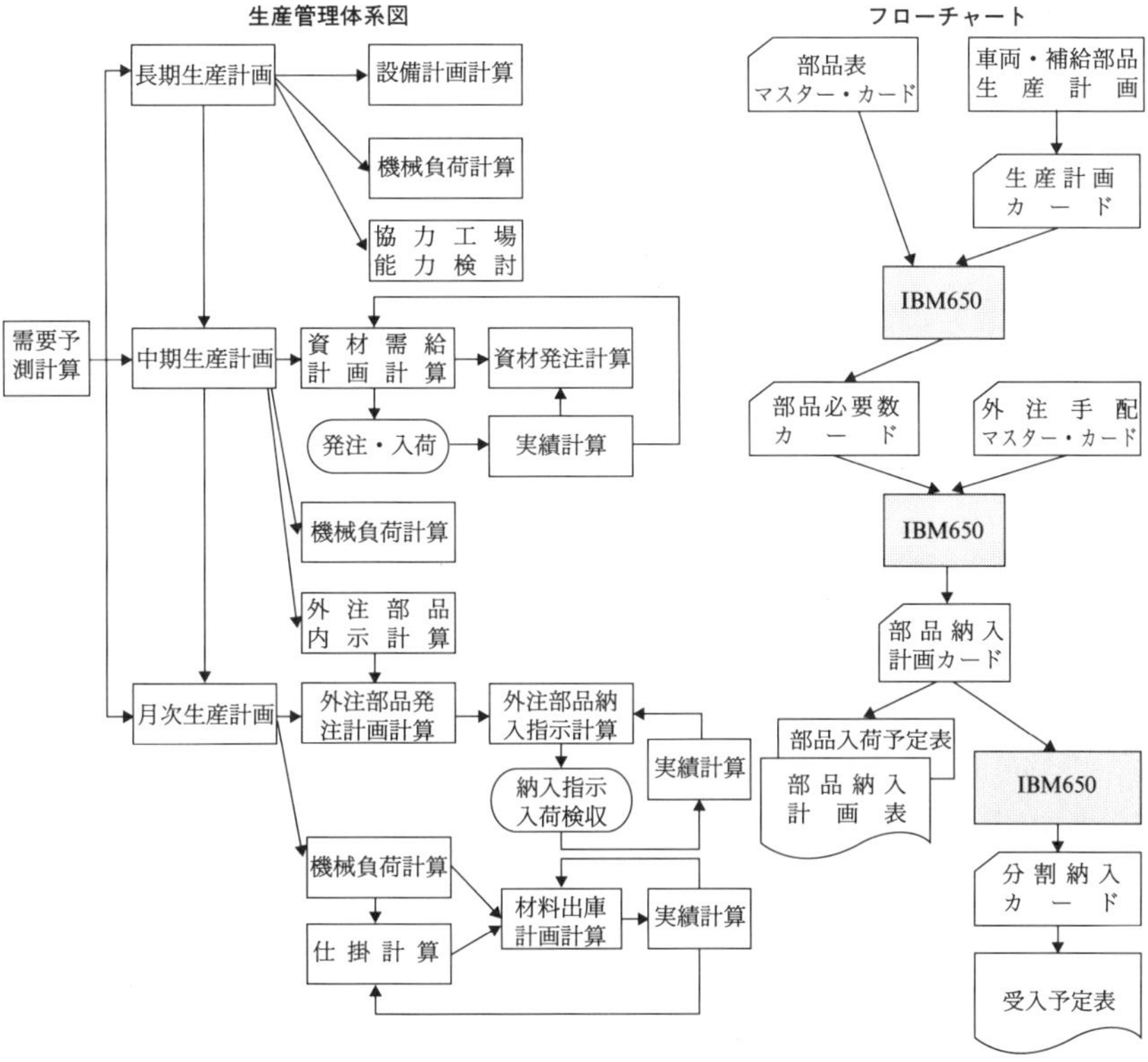

図 5-5　トヨタの生産管理体系図（1960 年代初頭）

出所）日本経営史研究所企画・編集『日本アイ・ビー・エム50年史』（日本アイ・ビー・エム，1988年），174頁。

な業務の機械化を展開した。……当時毎月約一〇万個の部品が納入されていたが、翌月の部品ごとの納入日と納入量をＩＢＭ六五〇を用いて算出する納入指示プログラムが開発された[60]。

この『日本アイ・ビー・エム五〇年史』が掲載しているトヨタの生産管理体系図をここでも掲げておこう（図5-5参照）。自動車製造事業は、（いや、実はあらゆる製造事業が）多用な要素を含み、それを緊密に統合運用してこそ効率的な生産が可能になる。図5-5では、需要予測から長期・中期、月次の生産計画から外注部品の発注・納入指示・入荷までが体系的にあらわされており、これがコンピュータ化されているのである。

トヨタとサプライヤーとの業務で

コンピュータが、これほど活用されるようになれば、当然のこととしてトヨタ社内での利用も進んだのではないかと想定できる。それを窺わせるような情報を次に引用しておこう。

昭和三三［一九五八］年において［トヨタにおける］機械化適用業務のうち経理、人事、総務などの実績計算が四六%を占めていたが、三八年には生産管理、資材管理などの計画ないし事前計算に重点をおくものが二九%から五〇%へと増加している。[61]

一九五〇年代では、工程に適用された場合でも、実質的には実績を整理することが多かったと思われる。だが、一九六〇年代初頭に生産管理や資材管理などへのコンピュータ利用が進んだことがわかる。

このように、トヨタ社内での生産管理にとどまらず、サプライヤーとの業務でも一九六〇年代初頭にコンピュータ利用が大幅に進んだ。こうした取り組みを可能にさせたのは、トヨタが一九五〇年代に開始していたＩＢＭ機の導入であったことに注目すべきである。

②ＩＢＭ機の工程管理への利用は普遍的に行われていたのか？

ＩＢＭ機に着目して、それを生産管理に適用していくことは革新的かつ独創的であったのだろうか。これを検討する前に、ＩＢＭ機の導入が一九五〇年代初頭であったことを考えておく必要がある。一九五〇年代はまさに「オートメーション」の幕開けを告げる時代だったからである。

「オートマティック・オペレーション」（自動操作）を一語にしたと言われるオートメーションという言葉は一九四〇年代末にアメリカで盛んに使われるようになる。このオートメーションという言葉自体が、第二次大戦後のアメリカ自動車産業の本拠地デトロイトで、より限定的に言えばフォード自動車会社のクリーブランド・エンジン工場で進行していた製造現場の変革と密接に関連していた。このために、オートメーションという用語が「デトロイト・オートメーション」として地名を冠して使われることもある。フォード社が実施した「デトロイト・オートメーション」は、トランスファーマシンをエンジン製造工程に配置するものであった。かのドラッカーも一九五一年にはヘンリー・フォードの大量生産方式に比肩できるほど重大なものだと、オートメーション称賛の輪に加わる。一九五三年には能率運動で著名な上野陽一も大阪の講演会で「オートメーション」という用語を使う。数年後の一九五五年には『週刊朝日』(五月二九日号)が「人間無用時代来る?」という記事を掲載し、タイトルの「人間無用」にあえて「オートメーション」とルビを振った。まさにアメリカでは工場から人間が消え去る「革命」が進行しており、この推進役こそが「オートメーション」だと、センセーショナルに報道したのである。この記事は「デトロイト・オートメーション」のみならず、プロセス・オートメーション、ビジネス・オートメーションも含めて紹介していた。この結果、世界の趨勢であるオートメーションに乗り遅れるなというコンセンサスが、一九五〇年代中頃には日本で形成されはじめたのである。

また一九五〇年代後半になれば、こうしたオートメーション・ブームはさまざまな調査報告を生んでいる。例えば、通商産業省企業局編『わが国産業のオートメーションの現状と将来――オートメーション調査報告書』[62]などが著名である。この報告書の前段階で発表された報告書『わが国オートメーションの現状』[63]には、五八年末の時点で、当時のパンチカード・システムの代表的機種であったＩＢＭ機とレミントン・ランド社(ＲＲ)の機械がどれほど導入されていたか、またその導入時期がいつかを一二一社について調べた貴重な記録が掲載されている(表5-2参照)。これとトヨタの導入時期(一九五三年末)を比較してみれば、トヨタでの導入は他の企業と比べて突出して早かったわけではないことがわかる。他の自動車企業での導入時期と比べても、トヨタの導入は決して早くない。日産自動車ではトヨタよりも早く一九五二年に[64]、東洋工業(現・マツダ)はトヨタよりやや遅れてＩＢＭ機を導入している[65]。

違いがあるとすれば、その使い方であったと思われる。東洋工業の場合は一九五三年八月にＩＢＭのパンチカード・システムの導入を検討し、翌五四年九月に二セットを設置している。これは設置の時期としてはトヨタと比べ

表 5-2　パンチカード・システムの業種別導入時期

業種＼年	1949以前	1950	1951	1952	1953	1954	1955	1956	1957	1958	不明	計
鉱業				1	1	2			1	1		6
紡織業			1	1	1	1	3			1		8
化学工業	2					6	2	1	2	1		14
第一金属工業				1	1		2	1	1			6
機械工業				6	3	1	1	1	1	1	1	15
輸送用設備				1	1	4	1		2	1		10
その他製造								1		2		3
卸売りおよび小売り									1	3	1	5
金融および保険	5			3	5	9	2	2	1	7	3	37
公益企業				1			2	2		3		8
運輸通信									1	2		3
その他の産業		1	1				1	1	1	1		6
合　計	7	1	2	14	12	23	14	9	11	23	5	121

出所）通商産業省企業局編『わが国オートメーションの現状』（日本電子計算センター，1960 年），170 頁。なお，これは 1958 年末現在での「IBM と RR の機械を利用している全企業の実態を把握」する狙いで 1959 年 1 月中旬に 164 企業に調査票を発送し，3 月初めまでに 121 社の回答を得た調査をまとめたものである（同書，164 頁）。

て遜色ない。では、東洋工業はどのように使ったのか。同社の社史から検討しておこう。

原価計算、給与計算、販売計算などに活用され、その迅速かつ正確な計算処理によって事務能率の向上に大きく寄与したが、さらに事務合理化活動を推進する有力な機縁ともなった[66]。

この引用文で「原価計算」に活用したというのは具体的にはどのようなことだったのだろうか。こうした観点で同社の社史を読むと、戦後に東洋工業が標準原価計算制度を導入・確立しようと試みたことがわかる。関連した記述を引用しよう。

戦後、一般に管理会計への関心が高まり、原価計算の管理機能が重視されて、標準原価計算制度が注目されるようになった。東洋工業でも昭和二五（一九五〇）年なかばごろからその導入が準備され始めたのである。さしあたり鋳造部門への導入が計画され、現場との共同作業により計算の基礎となる原単位その他の資料を集め、二八年五月、まず鋳造部門の原価計算方法が標準原価計算制度にあらためられた。さらに約一年間にわたって、熱処理、鍍金、塗装の各部門にも同制度が導入されていった(67)。原単位などの資料を集め、かなりの部署が一九五四年のなかばには標準原価計算制度を導入したかのように読める。だが、機械加工や総組立の部門には導入されていないのである。その後、標準原価計算を拡大するとともにパンチカード・システムの導入が始まる。この様子を社史は上の引用文に続けて次のように書く。

> その後もなお、他の部門は個別原価計算制度によっていたが、生産規模の拡大によって計算業務も増大し、その機械化への要請が強まってきた昭和三二［一九五七］年後半から、全部門にわたる標準原価計算制度導入のための本格的な準備に着手した。部品原簿の確立や査定時間の精度向上などがすすめられ、管理推進スタッフとして［昭和］三二年一一月には調査室に管理課が新設され、同課を中心に、間接経費の標準化、工程管理の指導、パンチカード・システムによる計算業務の機械化の研究などもすすめられていった。こうして［昭和］三四年二月には歯車、車軸両工場をモデルショップとして試験的な実施の段階にはいり、いよいよ同年五月、自動車製造部門は、全体として標準原価計算制度に移行していったのである(68)。

社史の記述から判断する限り、一九五九年五月に自動車製造部門全体がパンチカード・システムに基づいて標準原価計算制度に移行したことになる。しかも、「月々の工場別の標準費用と実績費用の差額分析がおこなわれ、製品一台あたりの原価の推移が原因別に分析されうるようになった」というのであるから、出来上がったシステムの機能としてはトヨタとそれほど変わらなかったことになろう。結局、大きな違いはパンチカード・システムに基づく標準原価計算制度への移行時期であろう。トヨタでは一九五〇年代半ばであったのに、東洋工業は数年遅れての移行だったのである。

もう一社、日産自動車の例を、これも社史から確認しておこう。日産はパンチカード・システムであったＩＢＭ機を一九五二年に導入した後、「昭和二八［一九五三］年六月には二セット目のＩＢＭ計算機がすえつけられて、給料計算や受取手形業務があつかわれ、昭和二九年には固定資産減価償却計算、部品買掛計算、原価計算などがＰ

CSに乗せられた」[69]という。では、パンチカード・システムで扱われるようになった「原価計算」は具体的な工程と密接に関連して進められていたのだろうか。

日産では一九五五年八月に「事務機械化の推進機関としてIBM委員会」を設置し、五六年には「種々の会計計算を一歩すすめ、生産管理事務がPCSに乗せられるなど、事務管理部門の合理化が着々と推進[70]」されたという。この記述からは、一九五六年には日産もトヨタと同じ用途でIBM機を使っていたように読める。これを確かめるために、IBM委員会が具体的に何をしたかを社史の記述に見てみよう。

IBM委員会の設置目的について、社史は具体的に次のように書く。

> 昭和三〇［一九五五］年には全社的に事務のIBM化を促進することによって、その改善をすすめるとともに、機械の稼働率を高めることを目的としてIBM委員会が設置された[71]。

このIBM委員会の下でデータ処理を機械化したものは、「サービス部品の入出荷業務、購入部品の納入管理業務、オフライン後の車輌管理業務など[72]」であったという。これらの業務が「軌道にのるまでには多くの時間と労力が費されたが[73]」、会社の業務にIBM機が浸透していったと社史は主張する。ここまでは日産のIBM機利用は順調に進展したかのように読める。

ところが、このIBM委員会は発展的に解消され、事務機械委員会が一九五六年一二月八日に設置される。この事務機械委員会は何をしたのだろうか。社史は次のように書く。

> この［事務機械］委員会のもとで、部品番号の改訂案の作成、材料、工具等の諸コードの設定など機械化推進のため必要な前提条件の整備、ならびに車輌出荷にともなう業務のIBM化など、生産管理の総合的な機械化のための広範な検討がおこなわれた。この結果、昭和三二［一九五七］年六月現在では、人事関係業務の二四%、経理関係業務の二一%がIBM化され、販売、株式、生産関係にもPCSが適用されていった[74]。

この記述によれば、一九五六年末にはまだ、工程管理にIBM機を運用する前提条件を整備中であり、五七年にも本格的な運用にはいたらず、「適用されていく」段階にあったようである。トヨタと比べて、ＩＢＭ機の導入は早かったものの、生産関係へのＩＢＭ機の適用は数年ほど遅れていたように思われる。

自動車業界でお互いが何をしているかという情報は、遅かれ早かれ、いろいろなルートで伝わる。そして競争相手の企業も、その試みを追試して、有効であればすぐに採用に向かうのである。逆に、競争相手が模倣し実施していくこと自体、その試みが企業経営にとって有効だと認められたということでもあろう。したがって斬新な試みをした企業が、その試みだけによる優位性を競争相手に保てるのもそれほど長い期間とはならないであろう。トヨタのＩＢＭ機の利用方法だけに限れば、競争相手が気づき模倣するまでに五年とはかかっていない。それゆえ、日本の自動車企業では、こうした利用方法が一九六〇年代以前に一般的に見られるようになったのである。コンピュータ利用分野の調査によっても、一九五八年、五九年に「工程管理」に利用した割合が一〇％を超えていた産業は、鉄鋼金属製品業と輸送用機器業、機械電機機械業の三業種だけなのである。[75]

パンチカード・システムによる生産管理は一九六〇年代初頭の日本では少なくとも知識としては特殊な先端的なものではなくなった。それは次のことからもわかろう。『日本機械学会誌』（一九六一年）に東洋工業の社員が「パンチカードシステムによる生産管理方式について」[76]という論考を寄稿していること、あるいは『工程管理便覧』（一九六〇年）の「生産統制」の項目で「パンチカード方式の適用」が論じられ、「ＩＢＭ方式による工程管理」が図示されるまでになっていたことなどである。[77]具体的な実施の詳細は各社の機密事項であったにせよ、その利用法の大枠については広く知れ渡るようになっていたのである。

③トヨタはこの利用法の先駆的企業だったのか？

パンチカード・システムだけでなく、電子化された計算機つまりコンピュータが生産管理や工程管理にどのように適用されていったかも興味深い話題ではある。だが、その利用の具体的事例の詳細な情報を入手するのは難しい。時として、企業秘密に属する情報の場合があるからである。それでもあえて問うなら、はたして日本企業で、しかも自動車製造事業のような事業でこうした用途でパンチカード・システムの機械を使った事例は戦後のトヨタ以前にあったのであろうか。この問いに対する答えは「存在した」である。この事例について簡単に紹介しておこう。

日本ＩＢＭの前身、日本ワットソン統計会計機械株式会社は一九三七年六月に設立された。そのワットソン統計会計機械を工程管理に用いた事例が戦時中の日本にあったのである。「原価計算機の国産化」という座談会の記録が雑誌『工業グラフ』の一九四二年七月号に掲載されている。これは「原価計算規則」が同年四月に公布され、統一原価計算を実施することが要請されるようになったことをうけて、原価計算機つまりワットソン統計会計機械を使用中の会社に、その経験を聞き、機械自体の国産化を論じようという座談会であった。こうした趣旨説明が冒頭にあった後、一人の人物（寺沢浅義という立川飛行機の企画部長）が最初に次のような発言をする。

実は私の方では、原価計算にこれを使用して居りません。工程管理に使って居ります。それで工程管理をしました結末の一部分が、原価計算の方へ資料を提供して居りますから、多分これの事だろうと思ってお邪魔したのでありますが[78]。

立川飛行機がワットソン機を導入した経緯を寺沢は次のように説明する。

この機械を備えつけましたのは、昭和十三［一九三八］年で、丁度、私がアメリカに行って居りました時原価計算、工程管理に使って居るのをみたのであります。然しこれは少くとも持って来て実用にしようとは考えて居なかった。……

昭和十三年の夏頃、向うから他の目的で技師を一人呼んだのです。そしてその時にワットソン会社統計機械の話が出て、是非使ったら良いだろう、と云うので、ワットソンの方に話をして、丁度その時手持ちの機械が一揃えあったものですから、それをすぐその儘借りて来た、と云う様なわけです。

その借りた機械で取敢ず出来るだけの仕事をすると云う、そんなわけで、すっかり準備が出来ない儘で、今に至ったわけです。

これを原価計算だけ切り離して仕事をする、と云う事になると相当無駄もあるだろうと思います。工程管理と結びつけてやれば、その目的に使ったカードが、すぐ原価計算に振り向けられる利便さがあると思います。[79]

「向うから他の目的で技師」が立川飛行機に来て、同社でのワットソン機械を用いた工程管理が始まったというのである。

工程管理にパンチカード・システムの機械を使っていた企業があったことは耳目を驚かせたらしく、翌一九四三年五月号の『科学主義工業』に、立川飛行機株式会社部品課長という立場で中野功一という人物が論考を寄せて次のように述べている。

私共の工場では、既に数年前からワットソン統計会計機械の応用に目をつけて、これを作業の工程管理に使用して来た。[80]

一九四三年の数年前、つまり遅くとも一九四〇年代のごく初頭には、すでに日本企業が、しかも少なくとも何千点にもおよぶ部品の組立が必要な飛行機製作を行っている企業が、パンチカード・システムを利用して工程管理を行っていたというのである。

日本ＩＢＭの社史も実はこの事例について言及している。その内容はさらに驚くべきものである。

昭和一五［一九四〇］年に立川飛行機……がカストマーに加わった。ことに立川飛行機におけるＩＢＭのＰＣＳは、航空機の生産現場におけるシステマティックな管理に適用されて成果をあげ、戦時下のＰＣＳ利用のモデルとなった特筆すべき事例であった。……昭和一四年末、立川飛行機は、主力工場の立川工場へのＩＢＭ・ＰＣＳの導入を決定した。日本ワットソンでは……一年半を要しながら、資材管理、作業管理、原価計算、賃金計算を含む同社の生産管理システム設計を完成させた。[81]

『科学主義工業』という誰でもが手にすることのできる雑誌に事例が発表されており、かつ「戦時下のＰＣＳ利用のモデルとなった特筆すべき事例」と日本ＩＢＭの社史が主張しても、その信憑性に疑心を抱く読者もいるだろう。おそらく、そうした反応を予期してのことであろう、日本ＩＢＭの社史は立川飛行機での生産管理のシステム図を掲載して次のように説明している（図５-６参照）。

同社のシステムは……中央の事務管理機関である計画課にＰＣＳを設置し、各種のクーポンとカードが工程をほぼ並行して進むようになっており、資材管理や原価計算と賃金計算が同時に遂行されるようになっている。ここで照合機（コレーター）が用いられていることは注目に値する。一九三九年（昭和一四）に開発されたばかりのこの照合機の実現によって、二組のカードを照合したり組み合わせることが可能になり、多数の部品を使用する製品の生産管理にＰＣＳが適用されるようになったのである。[82]

この説明は簡略化されていて、クーポンとカードの役割がよくわからないので、やや具体的に説明しよう。パンチカード・システムは一枚が一〇行・八〇桁のカードを使う。最初は計画表にしたがって、穿孔機を使いカードに孔をあける。その後カードを検査機にかけてチェックをする。さらにカードを翻訳機にかけて、カードの任意の指定した場所に、孔が意味する数字を印刷する。これで穿孔カード（つまり、基本となるパンチカード）の完成である。

穿孔カードが完成したら、「何百枚かの穿孔カードを会計機にかけて①材料出庫票［倉出票］、②作業票、③検査票、④支払い票が横に連続したもの（これをクーポンと呼ぶ）が、必要事項の印刷を終えて出来る」[83]。このクーポンは仕掛品などとともに製造現場を動き、穿孔カードは生産を管理する部署（立川飛行機では企画課管理係）で保管される。

ある部品製作工場での例を考えてみよう。クーポンは材料課で必要な事項を記入された後、倉庫係を経て、部品製作工場に材料とともに移動する。ここでクーポンの「①材料出庫票［倉出票］」の部分に材料の受領責任者の印

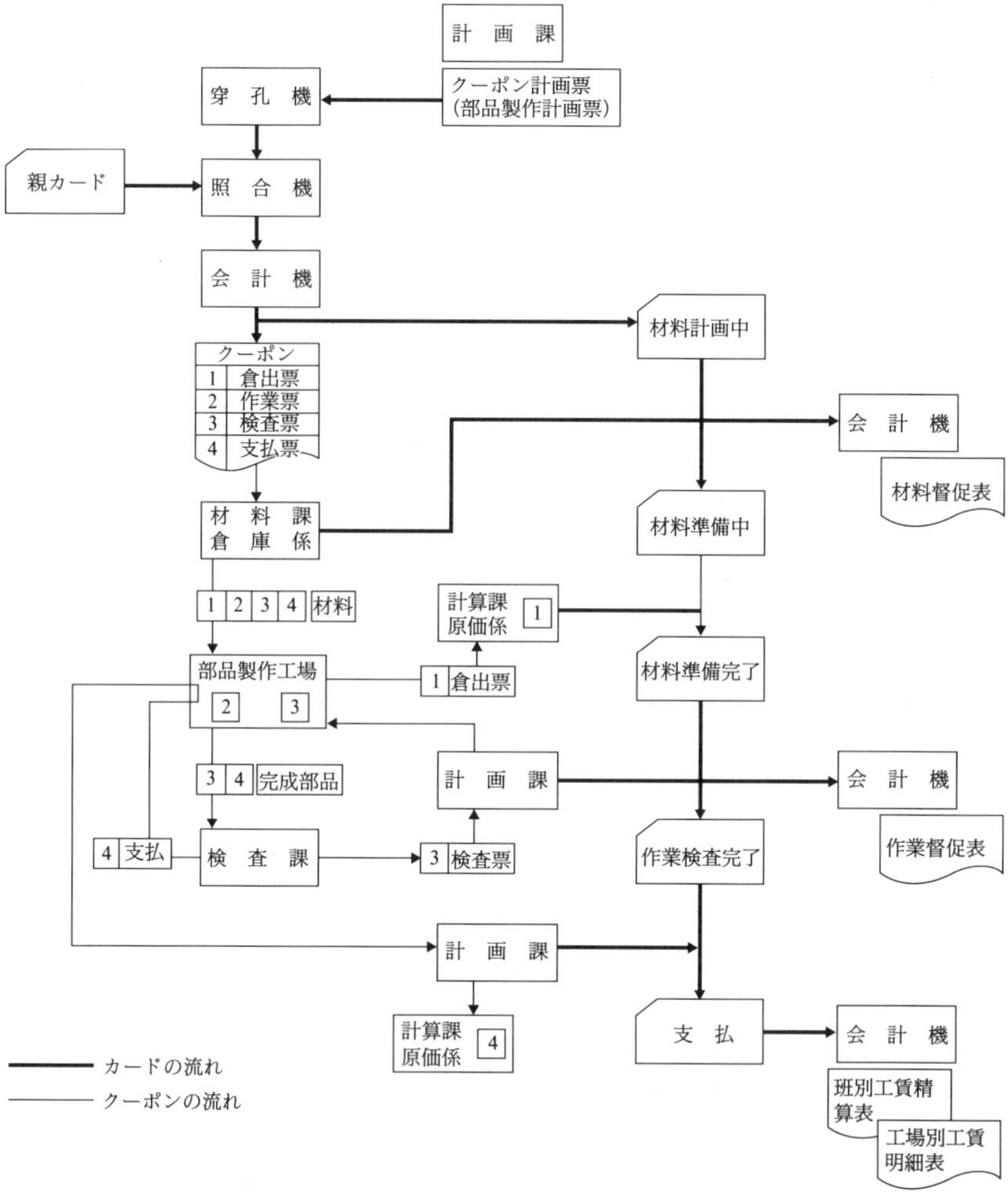

図 5-6　立川飛行機における生産工程概略（1942 年頃）

出所）『日本アイ・ビー・エム 50 年史』64 頁。

が押され、①部分だけが切り離されて企画管理係に戻される（管理係では対応する穿孔カードを「材料準備中」の箱から「材料準備完了」の箱に移す）。部品製作工場での作業が終わると、クーポンの②部分は部品製作工場に控えとして残される。作業を終えた部品はクーポンの③と④とともに検査課に移動する。部品検査の結果がクーポンの③と④に記入され、③は部品製作工場に戻され検査成績を現場が確認する（図5-6では、③は一度、計画課に戻り、穿孔カードが「材料準備完了」の箱から「作業検査完了」の箱に移された後で、部品製作工場に戻る）。合格印が押された④は部品製作工場の現場に戻るが、次工程の作業現場に完成した部品とともに運ばれ、その作業現場の責任者は④に受領印を押す。合格印と受領印が押された④が計画課に戻ると、穿孔カードが「支払」の箱に移される。それと同時に、支払いの手続きに移る。こうした手続きが理想通り運べば、穿孔カードがどの箱にあるかを見ることで、部品製作の進行状況がわかることになる。

クーポンと作業途中の部品が生産工程を一緒に動き、一方で穿孔カードを企画課で管理して現場の状況を把握しようとしたシステムである。これを実現するには生産工程の全体をまさしくシステムとして理解しなければならないであろう。これを実現するための困難さを中野功一は次のように書く。

飛行機製作に於て、工程管理の困難な点の一つは、それを構成する部品が圧倒的に多いことである。一機種でも数万種という部品があるから、幾つかの機種にでもなると夥しい数にのぼる。而も一品でも遅延すれば、すぐ作業上支障を来す。「必要なる時期に必要なる部品を揃えて渡す。」といった、僅かこれだけのことが実行となると仲々の仕事である。では、係員の努力とか精神で行くかというと、それだけでは不十分で、色々と方法を考えねばならなくなるのである。(84)

後工程が前工程に必要な部品を取りにいくのではなく、「必要なる時期に必要なる部品を［次工程に］揃えて渡す」ことを実現するだけでも、そこには精神論ではなく、生産工程全体をシステムとして捉えることが必要になる。そのために立川飛行機ではどうしたのであろうか。

製作には緩急順序の決定が必要である。製作は出来る限り必要順序に行わねばならない。そこで計画者としては、現場を握る方法として部品組立表を書く。即ち、部品を組立てられて行く順序に、遠慮なく枝で紙上に書いて行く。その紙がどんなに長くなろうとも、完成するところまで行く。……こうして書き上ったものは、……沢山の葉を持った一本の樹木の如きものになる。各々の葉は部品を表わす。組立工場では、どの単一部品を、どの集成部品を、いつ頃欲しがっているか明瞭に表示されている。更に各々の部品の製作に、どの位の時日を擁するかを調査すると、結局どの部品はいつ完成させるために、いつ作業を始めれば良いかがわかる。部品所要の緩急度に応じ番数をつけ、部品製作の日時の大小に応じて級数をつけ、番数と級数と加え合わせることにより部品手配の緩急順位を明瞭ならしめることが出来る。(85)

多種多様な部品の集合体からなる飛行機の製作工程全体を一本の樹木になぞらえながら、システムとして認識しようとしている。このように生産工程全体を概観できれば、予定より早く製作することも、過剰に製作することも無駄だという理解にも達しよう。中野功一は次のようにも書く。

工場の生産には、資材其他の関係上、特殊なものを除いては、時期的に過剰品を造ることは出来るだけ慎まねばならない。半製品が工場内に積み上がっていると、素人目には誠に景気がよい。然し必要以上に半製品を積み上げることは、資材や労力からいっても甚だ当を得ない方法で、我々の望むべき生産増強なりとはいえないのである。(86)

このような認識に達している立川飛行機で、実際にパンチカード・システムを用いた工程管理は機能したのだろうか。これを推し量ることは実は大変困難であり、当時、実際に見聞した人物の記録や記憶に頼らざるを得ない。困難は承知のうえで、立川飛行機での斬新な試みがはたして機能し大きな成果を残したかを検討してみよう。

パンチカード・システムの時代からコンピュータが企業経営にどのように活用されているかを丹念に調べてきた研究者に米花稔がいる。彼も立川飛行機の事例を見逃してはいない。「生産管理というきわめて複雑な分野への機械化を目指した試み」と立川飛行機の事例を評価し、自ら同社の立川工場を訪問しているのである。米花は次のように書いている。

筆者［米花稔］が戦争末期に近い昭和一九［一九四四］年七月同工場を訪れ、ＩＢＭによる機械化を視察したさい、機械化は生産管理から原価計算へ進む段階であり、統計機械自体の工程管理も必要になってきたなどの意欲的な説明がなおきかれたのを思い出すのである。(87)

この米花による見聞からすれば、立川飛行機がパンチカード・システムによって工程管理を行い、立派に機能させていたように見える。

しかし、このような記録があっても、実は筆者には腑に落ちない点がある。その最大のものは、一貫して原価計算と工程管理が別次元のことのように捉えられ語られている点である。工程管理を行うためには、作業研究がなされ工程の分析がなされ標準作業が決まり、それに伴って標準原価も決まっていく。それゆえに、原価を管理することが工程を管理することでもあり、工程を管理することが原価を管理することであるといった状況が生まれるはずであろう。これまでの立川飛行機の事例に関する資料からは、飛行機の製造工程全体を一つのシステムとして考えようとしたことは見て取れる。だが、その一つ一つの工程が安定的に運用されているかについては何の説明もない。こうした基礎的な作業が十分に実施されていなければ、パンチカード・システムで工程管理をしても、それはすぐに崩れ去るのではないか。作業研究などは当然行うべき基礎的な準備作業だから、それについての説明を当事者がしないということもあり得る。したがって、若干の疑問はあるものの、米花の見聞を信じるなら、立川飛行機での工程管理は機能していたと考えるしかない。

だが、さらに疑問が残る。もしも立川飛行機の事例が日本ＩＢＭの社史が言うように「戦時下のＰＣＳ利用のモデルとなった特筆すべき事例」であり有効に機能していたとすれば、戦時下で増産が課題となっていた時点で、この方式を他の企業に広めようとする動きが生じたのではないだろうか。しかし、そのような動きは寡聞にして知らない。広めようとしても、外国製の機械だからパンチカード・システムを利用することが困難だったと考えることもできる。ただ、神戸商業大学（現・神戸大学）の平井泰太郎らはこの機械の国産化に一応は成功したという。いわく「神戸商業大学に於ては……経営計算研究室を設け、平井泰太郎教授を主任教授とし昨年来各種機械の運用並に適用の研究をも行って来たのであるが、今回同研究室技術員の手に依りそのうち数種の機械の国産化に成功、旧臘［前年一二月の意］十六日に発表会が行われ、その驚異的成功が公にされた」のである(88)。これは基本的に同時代のパンチカード・システムを国産化しようとした試みであり、「今回完成を見たのは従来ワトソン式またはI・B・M式として知られているものであった(89)」。しかし、平井がほぼ一九四四年に発表した論考「戦力増強完整と機械記録」は、航空機の増産について彼なりの洞察を含み示唆に富むものであるが、工程管理に統計機械を使うという点についてはまったく触れていない(90)。

こうした疑問を持って資料を探索すると、わずかに利用可能な資料からでさえ、立川飛行機のパンチカード・システムが機能しなかったことが見えてくる。たとえ一時的に機能していたとしても、少なくとも数年にわたって機能することはなかったことが判明するのである。

一九四〇年六月発行の立川飛行機『社報』によれば、同社のパンチカード・システムの導入の経緯は次のようである。

> 昨年米国「ロックヒード」［「ロッキード」のこと］会社の計画部長……が来朝せられて、我が国航空機製造会社の為に、其の工程管理に就き、最も適切と考えられる科学的管理の「アイデヤ」を普及せられ、特に当社の為に相当の期間駐在せられて、直接その指導をなし以後当社も其の必要を感じ、其の理想に到達すべく努力しつつ現在に及んでいる。其の結果「タービレーティングマシン」［「作表機械《タビュレーティング・マシン》」のことで、一連のワトソン機のことをここでは指す］の整備となり、仕事票は一部「クーポン」様式になり、工程管理の中央集権化に向って諸設備の整備に努めてきた(91)。

先述の立川飛行機企画部長の『工業グラフ』での説明によれば、「昭和十三［一九三八］年の夏頃、向うから他の目的で技師を一人呼んだのです。そしてその時にワットソン会社統計機械の話が出て、是非使ったら良いだろう」ということで、パンチカード・システムを使った工程管理を導入したということであった。上の引用文と『工業グラフ』の記述とを比べると、導入時期については一九三八年と三九年の違いがあるものの、アメリカのロッキード社から技師が来日し、その勧めで立川飛行機がワットソン機を導入して工程管理を始めたということになろう。

ちなみに、一九三九年一月にはやはりアメリカのカーチス・ライト社から二人の技師が、陸軍航空本部の招待で来日し、飛行機の発動機の大量生産について講習会を開き、その記録も残されている[92]。したがって、この時期にアメリカの飛行機製造会社から技師が来日すること自体は不自然なことではない。

立川飛行機の工程管理の状況はどうだったのか。問題点が山積していたようである。前述の『社報』の記事は次のように続く。

> 最初の内は未だ馴れない故もあるだろうと思って様子を見て居たのであるが、直接作業者の声として「クーポン」の悪評を屢々耳にする。それが相当の時日を経過した今日、尚やまず否次第に大きくなる様な気がするのは一考を要しはしないだろうか[93]。

しかも、前述した工程管理の仕組みからして「クーポンは部品と共に動くのが原則[94]」であることは言うまでもないのに、次のように言うのである。

> クーポンの性質上、絶対に其の一枚一枚を溜めない様にする事が望ましい。三日分も四日分も溜めて、一度に処理したのではクーポンは全然無価値になってしまう。少なくとも一日に二度位の間隔で動かしてこそ、中央部の工程管理が大いに力を発揮するのである[95]。

クーポンと部品が一緒に動いていないのである。この記述からすれば、立川飛行機の工程管理は機能していなかったのではないかと推測せざるを得ない。

この記事はさらに次のようにも書く。

> もう当事者の各位にはよく御承知の事であろうが、工程の科学的管理は先づ其の基礎となる原簿の完成に努力せられたきことである。これは時間研究、作業研究等を伴う大きな仕事ではあるが、凡ての基礎となる事であるから万難を排して充分信頼し得るものを作って欲しい。現場としても出来得る限りの協力を吝まない積りである。(96)

つまり、立川飛行機では時間研究や作業研究も充分に実施しないまま、この新しい工程管理を採用したということである。『科学主義工業』に掲載された中野功一の論考では、航空機の製造工程の全体を一本の樹木に喩えて説明していたが、その樹木を構成する枝や葉の測定が杜撰だったということになる。また、上の引用文からは設計や製造の段階で変更があったときには、「基礎となる原簿」が出来ていないのであるから、工程全体の手直しは大変な作業になると推測される。

こうした状況では、立川飛行機の工程管理が円滑に機能するはずもなかった。一九四三年一一月二五日から一二月二五日までの一カ月間、陸軍航空本部東京監督班の指導下で陸軍航空工業会と日本能率協会が立川飛行機の立川工場と砂川工場で実施した能率診断の記録が残っており(97)、そこにはこの能率診断の結果として簡単に次のように書かれている。

> 立川飛行機製作所ハ今回ノ診断ニ依リ其ノ現有施設ヲ以テ之ガ能率向上ニ依リ約九〇%ノ増産余地アルヲ発見シ飛躍的増産ノ為ノ素地ヲ与フルヲ得タリ。(98)

既存設備のままで九〇%も増産することが可能なことを見いだしたのであるから、この診断班の実力は並々ならぬものであったのだろう。また、その一方で、これだけの増産余地があることを見逃していた会社側の生産管理能力はそれほど高くなかったはずである。

この診断班が行った具体的な診断内容についてはここでは触れないが、彼らはその『成果報告』の付表で、パンチカード・システムによる工程管理についても検討している。彼らの言葉で言えば「会計機械ニ依ル伝票発行原価計算並ニ諸統計作成」方式、つまりはパンチカード・システムによる「本方式ノ継続若シクハ中止如何ヲ判断シコレニ対スル方策ヲ考究」することも診断班の視野に入っていた。[99] 当然であろう。『工業グラフ』や『科学主義工業』に紹介されており、おそらく当時の日本では斬新な試みであったのだから、診断班にとっても関心事の一つであったに違いないのである。

この診断班が立川飛行機を観察し能率向上策を練っていた一九四三年の末頃、パンチカード・システムを使う工程管理はどのようになっていたのだろうか。診断班は次のように書く。

現在会計機ニヨル伝票発行ハ整備機（而モ立上リ初期ニ於テハ本方式ニ依ラズ）ノ単一部品及集成部品ノミニシテ鍛造部品ニ対シテハ行ワレズ普遍性ヲ有セズ。[100]

これだけではない。

集成部品ニ対スルクーポン発行モ次第ニ廃止サレ、コレガタメ集成作業班長ニテクーポンノ検査票、支払票ニ該当スル伝票ヲ発行シアル現況ナリ。

さらに現状についての説明が続く。

会計機械ノ故障等ニ依リ伝票発行期日ノ遅延ノ恐レナシトセズ、又日程計画管理ノ手違等アル場合モ手伝ッテ、材料ガ送達書ニテ現場ニ配給サレタ後ニ於テクーポンガ届クト云ウ事モアリ得。[101]

『科学主義工業』に記事が掲載されてから半年後の状況では、すでにパンチカード・システムによる工程管理が実質的に破綻しかけていたのである。したがって、診断班は次のように判断する。

現在ニテハ種々ノ原因ニヨリ本来ノ目的タル材料出庫管理、進捗管理ヲ本方式ニ依リ全面的ニ行ウコトハ、係員ノ努力ニカカワラズ困難ナル状況ナリ。[102]

つまり、もはや工程管理をパンチカード・システムで行うことは、もはや「困難ナル状況」に陥っていた。それだけでない。「将来ノ諸情勢ヲ考察セバ、現行方式ニヨル管理ハ益々困難トナルモノノ如ク推察サル[103]」とまで言われていたのである。

このような状況で会社側が無策だったわけではない。システムの稼働目的を変えていったのである。実際、パンチカード・システムで工程を管理することは困難であっても、その機械の特徴を活かせば、生産実績の結果の集計に活用することは可能である。「賃金計算計画基準（例エバ或ル時期ニ於ケル鈑切作業ノ計画基準等）原価計算資料労務諸統計等主トシテ其ノ特徴ヲ充分発揮[104]」することはできるのである。会社による機械の利用方法が変わってきていることを診断班は次のように書いている。

最近ノ傾向トシテハ本方式ハ管理業務ヨリ統計業務ニ漸次移行シツツアルモノノ如シ[105]。

立川飛行機では生産実績の「統計業務」に絞ってパンチカード・システムを使うようになったのである。米花稔が一九四四年七月に同社工場を訪ねたときに、「生産管理から原価計算へ進む段階[106]」であるという説明を受けたという。その説明に間違いはない。だが、実際はパンチカード・システムによって工程を管理することは放棄して、統計業務（その中に原価の計算も含む）にしか、機械の活用用途を見いだせなくなっていたのである。

戦時期に日本では組立加工型産業の現場において、パンチカード・システムで工程管理を行おうとした試みがあったことは事実である。しかし、ここまで検討してきたように、そのシステムは長期にわたって有効に機能したわけではない。ただ、こうした方法があるということは、一部の識者には知られていたであろう。その情報が戦後のトヨタで活かされたのかどうかは確認できないが、それよりも興味深いのは、一九三〇年代末に来日したロッキード社の技師がごく当然のようにパンチカード・システムによる工程管理を立川飛行機に推奨していたことである。当時のアメリカにあっては、それは隠すべき重大な企業秘密ではなく、彼らからすれば企業間の競争優位をもたらすような格別の意味を持ったシステムでもなかったことを意味していよう。第二次大戦前における日米の組立加工型産業での工程管理能力には実に大きな差があったということであろう。

2　「マテリアル・ハンドリング」の重要性の認識

——経営陣の渡米による第二の成果——

前述のように、一九五〇年の労働争議後にトヨタの経営陣（具体的には、豊田英二と斎藤尚一）はアメリカに渡った。前節では、彼らが帰国後にパンチカード・システムを導入したこととその影響を論じた。次にこの節では、豊田英二が「最も興味をひいた」という「マテリアル・ハンドリング」とその導入がもたらした影響を論じることにしよう。

最初に彼らが何を観察してきたのかを見た後、日本における「マテリアル・ハンドリング」の認識の変遷を検討してみたい。この「マテリアル・ハンドリング」こそが工場の建築そのものを変えていったのである。

（1）トヨタ経営陣が見た「マテリアル・ハンドリング」の意義

豊田英二がどのような文脈で「マテリアル・ハンドリング」を論じているかを再び確認しておこう。前節で引用した雑誌『流線型』（一九五〇年一〇月号）の文章から一部をもう一度引用する。

> 一体どのようにして大量生産が行なわれて行くか？　前にも述べたように、［リバー・］ルージュ工場は巨大さでフォード工場随一であるが、……最も興味をひいたのは、マテリアル・ハンドリング（運搬管理）である。フォードはこのマテリアル・ハンドリングにおいて特に進歩したコンベヤーを使い、延々一二〇マイルに及ぶコンベヤーが工場内部に張りめぐらされている。つまり、自動車生産用の各種各様の原材料、部品類がことごとくコンベヤーラインによって接続され、それが次第に完成されつつ間違いなく最後の一本の組立ラインに

吸収結合されてゆくのである。[107]

この文章では、マテリアル・ハンドリングの実例としてはコンベヤーしか書き記されていない。読者の多くは、これを当然と考え何の疑いも抱かないであろう。だが、本当にマテリアル・ハンドリングで彼らが観察したことは、コンベヤーだけだったのであろうか。

リバー・ルージュ工場におけるコンベヤーの敷設距離が長くなっていたのは事実である。だが、その長さにだけ感心している彼らではない。実際、材料や資材を効率的に運搬し、その経路を効率的に配置することは、自動車製造事業全般に大きな影響を与えるのである。こうした観点からすれば、次の斎藤尚一の文章は、その後のトヨタを考える上でも示唆的である。長くなるが、本節の論点に関係する「材料取扱法（Material Handling）の高度化」という項目を全文引用する。

> 材料の取扱方法の改善が大量生産においては、いかに原価の切り下げ（Cutting Costs）と生産の増強（Increasing Productivity）に役立つものであるかは驚くほどである。アメリカにおける諸工場の実績の示すところによれば、その製品の価値になんらの寄与をしない材料取扱にたいして、支払賃金（Payroll）の四〇％も支払っている現状であり、場合によっては、生産労務費の六〇％以上が、材料の取扱に費されていることさえあるといわれているから、事業経営上重大問題であることは論をまたない。
>
> フォードにおいても、生産労務費（Production Labor Cost）を一〇〇とすると、材料取扱費（Material Handling）は一〇〇であり、この材料取扱費の内訳は、材料取扱労務費が三五％で、他の六五％はこん包材料費、運賃、運搬設備費であるとのことである。これは直接生産労務費一〇〇に対して、材料取扱労務費は三五ということになる。したがって、材料運搬の合理化に重点をおき、このためフォードでは、材料取扱法に関する専門の研究所があって、あらゆる角度から運搬の研究をしている。たとえば容器に入れた荷物に振動を与えたり、斜面をすべり落したりする試験を行い、内容物および荷造箱のいたみ方の技術的調査や、設備の償却、運

賃を考えにいれた原価の比較研究をしている。

かようにして、フォードでは調査、研究ならびに原価分析（Cost Analysis）を行い、荷造り方式、輸送方法、設備を決定し、ここ数年間に数百万ドルを費して、その近代化をはかった。このうち一番費用をかけたのは、一括積荷（Unit-load）方式と容器方式（Containerization）に対してであり、フォーク・トラック（Fork Truck）と標準型鋼製容器（Steel Tube Container）を現存の施設、コンベアー、工場内の配列などとうまく融合させたことが、最も効果的であったと報じている。

なお、一般に材料取扱法の改善は作業の流れを順調にするから、作業員の数を安定し、企画を簡単にすることができ、また製造周期を短縮し、管理が容易になり、原料や部品のストックをキン少［僅少］ならしめ、その上、場所を有効に利用することができる。たとえば空間につり下げられた動くコンベアーなどは、作業の流れを順調にし、労力と時間を省くばかりでなく、空間を利用した「動く倉庫」としての意義はまことに大である。このように作業条件が良好になり、疲労を少なくし、生産の増強、したがって原価の低下をもたらすことができるばかりでなく、さらに必然的に安全な清潔な工場になることは、それを有意義なものにしている。

かように、アメリカにおける材料取扱法の研究が、工場経営全体の一基底をなしていることを、アメリカは労力が高いからと簡単にかたずけるべきでなく、安全衛生の立場からも十分とりあげるべき研究問題である。事実、［リバー・］ルージュ工場にみられるムダのない立体的な作業の流れも、こうした研究の成果によるのだ。[108]

一九四八年七月に「もっと原単位、原価の面から、各工場の実態をつかみ、経営管理に資していきたいと考え……工場の合理化を」[109]大野耐一に命じた人物こそ、この斎藤尚一であった（第4章第3節(2)②参照）。経営陣の一人としてトヨタにおける合理化運動で重要な役割を果たしていた人物が、「材料の取扱方法」（つまりマテリアル・ハンドリング）の改善が「原価の切り下げと生産の増強」に大きな効果があることを、具体的な数値をあげて説明しているのである。おそらく斎藤は多大な関心を寄せたからこそ具体的な数値をあげ、フォード社が「材料運搬の合理化に重点」を置いた意味を説明したのであろう。さらに、「アメリカにおける材料取扱法の研究が、工場経営全体の一基底をなしている」とまで彼は言い切っている。

企業経営を担っている人物が一般に市販される書物に、それを知れば競争相手の企業が圧倒的に有利な立場になる情報は、少なくとも明確には書かないと考えたほうがよい。ここで具体的に書かれていることは、当時のアメリカ企業の製造現場ではとりたてて変わったことではない。ただ二一世紀の日本人には、「フォーク・トラック」と「標準型鋼製容器」という表現が具体的に何を指しているかがわかりにくいだろう。斎藤は書物の中で「標準型鋼製容器とフォーク・トラック」と題した写真を掲載している（図5-7参照）。この写真を見ればただちにわかるように、「フォーク・トラック」は現在では通常フォークリフトと呼んでいるものであり、「標準型鋼製容器」は鉄製のコンテナーやパレットである（現在では樹脂製もあるが）。フォークリフトとパレットやコンテナーで資材を運ぶことは、現在の製造現場では日常的に見られることである。

図5-7　フォード社内部での運搬管理の一例（1950年）

出所）斎藤尚一『自動車の国アメリカ』（誠文堂新光社，1952年），90頁。

このマテリアル・ハンドリングを実務家は略して「マテハン」と呼ぶことも多いが、この用語についても簡単に説明しておこう。引用するのは一九五〇年代末の文献であり、そこでは次のように説明されている。

> 従来の常識では、運搬とは〝ある距離だけ物を移動すること〟と考えられていた。これは輸送と混同されていたためである。輸送は英語でTransportationと言い、工場構外の公道、鉄道、航路等による移動であり、運搬は英語でMaterial handlingと言い、工場構内の物の移動と取扱である。……輸送では距

離が重要な要素であり、……運搬では積みおろしの回数が重要な要素である……。この差が輸送と運搬との根本的な差である。……そこで運搬とは〝物を持ち上げたり、移動したり、おろしたりする作業〟となり、運搬を移動（Moving）と取扱（Handling）とに分けて考えることになってくる。[110]

一九五〇年に渡米したトヨタの経営陣は、このマテリアル・ハンドリングの重要性を認識して帰国したのである。

（2）日本生産性本部視察団の「マテリアル・ハンドリング」についての認識

一九五〇年代半ば以降、日本の実務家はマテリアル・ハンドリングについて多大な関心を寄せていた。それを端的に示すのは、日本生産性本部が一九五五年から生産性向上をテーマに一二年間にわたって視察団を海外に派遣し現地調査に基づいて発表した一七〇点の報告書に含まれる「運搬」に関する報告書であろう。この一七〇点の報告書中で、報告書が第三次まで存在するのは「運搬」だけなのである。詳しく述べれば、第一次の視察団（運搬専門視察団）は一九五六年一月一七日から三月一日までアメリカに滞在する。しかも、これ以降の視察団は「運搬管理専門視察団」と名称も変わる。第二次の視察団は一九五八年五月二九日から七月一一日まで、第三次は五九年五月二八日から七月八日まで滞在する。この視察団は帰国後それぞれ報告書を発表している。[111]しかも、トヨタはこの視察団のメンバーとして第二次、第三次と社内の人物を派遣しているのである。[112]この三次にわたる視察団に他の自動車組立メーカーのメンバーが加わったのは第二次と第三次の視察団に各一名であり、[113]他のメーカーが二度派遣したことがなかったことを考えれば、少なくとも他の組立メーカーに比べてトヨタがマテリアル・ハンドリングを重視していたことを示すものと言えよう。

この視察団はさまざまな運搬用の機器について写真を交えながら紹介している。それは斎藤尚一が紹介したフォークリフトなどを含む実に多様な機器である。ただ、留意しなければならないのは、すでに戦前にもドイツの文献の翻訳、特に東京商工会議所が翻訳して上梓した三部からなる『軌道に由らぬ水平運搬[114]』を通じて、こうした機器の一部は日本に紹介されていたということである。この著作は、実質的にマテリアル・ハンドリングのことを「運搬」という用語で表現しながら、その意義を次のように述べていた。

物品を一の場所より他の場所へ移動さすことと其の運搬施設と運搬組織とを包含する運搬なるものは工場経営に於いては単に一個の補助作業としか認められていない。併乍ら製造作業は運搬と極めて密接なる連絡を有し、特に機械化せられたる製造作業の成績は運搬作業の良否によって直接左右せらるるものであるから、運搬問題の適当なる解決の意義は頗る重要である。運搬費用は往々にして総製造費用の著しき部分を占め、過半以上に及ぶことすら決して稀でない[115]。

しかも原材料や仕掛品を、一九世紀の工場が前提としていたような重力を利用して垂直的に移動させるのではなく、二〇世紀の工場で顕著になってきた水平的な移動の重要性、しかも小回りの効く機器を用いた短距離の運搬の重要性を次のように問題にしていたのである。

短き距離を小型なる運搬器具により、時には若干の附随運搬車を以て積荷を運搬することを意味するところの軌道に由らぬ水平面運搬も亦著しき進歩の見るべきものがあった。併乍らそれは大掛りなる設備によって注目を牽くということの出来ないものであるところから、その経済的意義よりして当然受くべき一般的注意を尚お未だ引かなかったのである。水平運搬に対する総支出は疑もなく他の一層眼に着きやすい大なる運搬に対するものよりも高い[116]。

また、商工省の生産委員会も「工場ニ於ケル運搬施設ノ改善」を一九四〇年には提案している。この提案が必要な理由を彼らは次のように説明する。

工場ニ於イテハ従来兎角加工時間ノ短縮ニノミ力ヲ尽シ、材料ノ選択、加工方法ノ改善、加工機械器具ノ改良等ニノミ注意ヲ集中シ、運搬方法ニツイテ余リ考慮ヲ払ワナカッタノデアルガ、コレハ生産能率ノ向上ノ上カラ見テ甚ダ遺憾デアル。製造作業ハ運搬作業ト極メテ密接ナ関係ヲ有シ運搬作業ノ良否ニヨリソノ成績ガ直接ニ左右サレルモノデアルカラ、運搬ニ関スル適当ナ施設ハ加工機械等ト同様ニ重要ナモノデアル[117]。

それまでの工場運営や作業研究は「運搬方法ニツイテ余リ考慮ヲ払ワナカッタ」と認めたうえで、その重要性を訴えているのである。その理由は一方で製造現場への理解が深まっていったことによることが次の文章から窺える。

運搬方法並ニソノ組織ノ不完全ナ工場デハ、製品ノ流レガ順調ヲ欠クコトガ多イノデ、徒ニ熟練工ノ手待時間ヲ多クシタリ、高価ナ機械ヲ離レテ、熟練工自身ガ運搬ヲ行ウ場合ガ多イ。又折角予定ノ時刻ニ製品ヲ完成シテモ、運搬計画ガ不完全ナタメニ製品ガ放置セラレルトキハ、製品、材料等ガ高ク積マレ、通路ヲ塞グト共ニ、職工ヲシテ予定セラレタ日程ヲ軽視セシメ、従ッテ工程ヲ管理出来ナイヨウニナッテ来ル[118]。

製造工程全体に淀みない「流れ」を生み出すことを重視し、工程分析や作業分析に努力を集中していた生産管理技術者たちは、ただ単に作業を徹底的に分析し各工程だけの効率化を図るだけでは不十分で、工程と工程との間を仕掛品や原材料を持ち上げたり、移動させたり、降ろしたりする作業、つまりマテリアル・ハンドリングが製造工程全体に「流れ」をつくり出す重要な要素だということを認識し始めていたと考えてよかろう。

このように戦前には少なくとも一部の人たちにはマテリアル・ハンドリングの重要性が認識されるとともに、それを円滑に行うためのさまざまな機器類が日本には紹介されていた。だが、そうした機器類が一般に広く知られることも、その意義が充分に認識されることもなかったのであろう。そのため、視察団はマテリアル・ハンドリングの実態を驚きの眼で観察し、それらを担っている機器を詳しく報告書に記していたのである。斎藤尚一の書物もその一つである。

運搬に関する第一次視察団は、「運搬の定義」と題する節を「Materials Handling というコトバを、彼ら［アメリカ人］がいかに定義しているか」という文章から始めている[119]。このことからもわかるように、この使節団はマテリアル・ハンドリングを運搬という用語で理解している。このことに留意したうえで、彼らが運搬をどのように理解したかを見てみよう。以下の引用文は第一次の使節団報告書の「運搬の定義」という節からである。

運搬とは、最高の能率をあげうるよう、機械を使用して、科学的にものを取扱うことであるといわれる。一例をあげれば資材を受取り、これを生産工程の流れに沿って移動し、倉庫を経て完成された製品を、配分することに関連するすべてのものの取扱いを包含している。

これをいいかえると、運搬とは加工、消費を除き、一平面上またはいくつかの平面上にある貯蔵中を含めたあらゆる資材または製品を持ち上げたり降したり、移動させたりすることであるともいえる。Materials Handling が Flow といわれるゆえんもそこにある。[120]

マテリアル・ハンドリングが「Flow」、生産工程の流れにとって重要なことは意識されているが、ここで留意したいのは「一平面上またはいくつかの平面上」に移動するということに報告書があえて言及している点である。この点は第二次の視察団も別の観点から（「通路に力を入れること」という項目で）着目していた。その報告書は次のように書いている。

アメリカの運搬を見て、もっとも強く感じたのは、通路面や作業床面の整備である。この点が日本ともっともひどく違っていた。

手押車運行に支障がないように、路面は平坦に成形され、戸溝、しきい、段などの障害物がなく、プラットフォームと自動車や貨物は渡り板でつながれていた。

国際運搬展示会を見ても、床掃除や床みがきの自走装置や、床材料が、出品物中で相当大きな割合をしめていた。

車両の運行抵抗が、床の状況と、車輪とによって大きく左右されることは、すでに常識であるが、その常識がここまで徹底していたのは、やはり想像以上であった。この点がもっとも緊急に導入を要する点であると感ぜられた[121]。

マテリアル・ハンドリングを実施することを考えた場合に、視察団は日米の床面の差にまで関心を及ぼしていたのである。第二次視察団はその報告書でより具体的に次のようにも書いている。

アメリカ工場と日本工場とでは、最もひどく違っている点は、床面の整備である。資金のすくない日本の工場に手頃なはずの手押車が案外活用されていないのは、この床面整備の差が大きいのが影響しているのである[122]。

工場の床については第三次の視察団も次のように述べ、日米の工場の差に言及している。

工場の床面は例外なく、日本より優れている。とくにフォード工場の床のごときは、日本のどの百貨店の床よりも滑かだといってよい。同時に床の高さが高低なく、段のないいちような平面にまとめられている。このことによって、フォークリフトその他の床面運搬車の運行がきわめて円滑であり、利用範囲が広い。また、力の弱い運搬車、小さな車輪の運搬車、鉄輪の手押運搬車等の利用度が高くなり、しかも大きな能力を発揮することになる。……

アメリカ人の床、道路に対する感覚は日本人とはかなり違っているようである。床や道路に十分な手を加えておくことによって、日常の通行、運搬設備等の活用度が非常に高くなる。床や道路に合わせた運搬機を使うのでなくて、運搬機をもっとも有効に活用できるような床や道路をつくる方が得だという考え方が徹底している。

だが同一テーマの視察団が三次にわたって派遣されると、日本側の認識も深まり（おそらくは日本での実施状況も進展し）、報告書には次のように自信に満ちた言葉も並ぶようになる。

アメリカで行なわれているマテリアル・ハンドリングは、個々の機械の能力が優れていることと取扱量が大きいこと等は別として、個々の方法としてはとくに日本で行なわれている方法と比較して変わっているとは思われない。前述したマテリアル・ハンドリングの方法は、われわれがまったく知らなかったものは、一つとしてないといってもさしつかえない。差があるとすれば、それらの普及度と手馴れて円滑な応用という点にあるといってよい[123]。

第一次の視察団が「アメリカのMaterials Handlingという専門技術ないし学問をソシャク吸収してくるということよりも、その前段である実態の把握とそれを紹介することに、より以上の意義[124]」があると考え、マテリアル・ハンドリングに用いられている多数の機器の写真や図をその使用方法とともに報告書に掲載していたことを思えば、わずか数年で知識がいかに吸収されたかに驚かざるを得ない。

念のために付け加えるならば、第一次視察団もけっして運搬に用いられている機器だけに関心を向けていたのではない。彼らが工場の建物にまで触れているのは慧眼と言うしかない。彼らは「運搬仕事の手法および運搬機器等について記述したが、これらが直ちに日本の工場に役立つかどうか、これは問題である。なぜ問題であるかを判断するための前提として、われわれはアメリカの工場そのものについて述べる必要を感ずる[125]」と述べて、ある工場の例をあげながら次のように書く。重要な点であるので、あえて長く引用する。

この工場はアメリカでも新しい、模範的なレイアウトの工場であるといわれている。……一棟であり、平屋建である。古い工場は、四階建くらいのところが多いが、新しい工場はほとんど平屋建になっている。このほうが運搬コストが安くつくからだといわれている。

棟の大きさが全く異り、一棟が大きい。したがって中小企業においては棟間運搬はほとんどない。このことは小型運搬器の発展を招来している。たとえば、トラクタにしても、構内のけん引であるから、運転手が乗って運転するものが少なく、運転手が歩いてかじをとるものが多く、乗って運転するにしても立運転のものが多い。

床面は見事である。スムーズにできている。鋳造工場でもスムーズな飾装ができているという有様で、その上をブラシュのついた掃除専用車（バキューム・クリナの取りつけられた車）が走って床上の塵芥を掃除しているのである。

この美しいスムーズな床面を、多くの特殊な型をした手押車が動いているし、この手押車が何台か連結されてトレーラとなっている。したがって日本のように、高価な四輪旋回のトレーラは使用されていないし、特殊な連結器をつけるとトレーラ列車のバックをも可能とする。

棟が大きいので自然光線の利用は余り重大視されず、人工光線が利用され、夜昼の関係なくいつも同じ照度が保持され、天然の影響をうけないようになっている。

また天井空間が完全に利用されているので、それらの運搬物のために、作業面の照度が影響をうけないことも大切な点である。さらにアメリカの工場では二交替ないし三交替制が普通のようであるから、夜間の作業能率を低下せしめないためにも、夜昼同じ照度にあることが考えられているようである。

工場建屋の中は空気または蒸気により適当な温度が保持されている。われわれは零下一〇度か二〇度の地帯を見学して歩いたのだが、工場建屋のなかでは夏シャツ一枚で仕事しているところが多い。倉庫まで暖房されている有様である。夏冬による外気温の差によって生産能率に差の生じないように配慮されているのであろう。

したがって、工場建屋への出入口の扉は自動的に開閉されるようになっている。わが国のように大きな扉があけっぱなしになっているところは見なかった。(126)

工場内のマテリアル・ハンドリングとそのために使用されている機器を詳細に観察しているうちに、そうした機器を使いこなすための条件が工場の建物そのものにあることに気づいたのであろう。日米の工場建築に大きな違いがあり、その相違をそのままにしておいてさまざまな運搬用の機器を日本で導入しても、期待される効率を発揮できないのではないかと考えたに違いない。彼らが観察した一九五〇年代中頃のアメリカの工場は平屋で、その棟が大きく(つまり、床面積が広く)、床がスムーズになっており、建屋の出入口は通過時だけ開くが普通は閉じており、建物全体に空調がなされ、照明は自然光によらず人工照明だったというのである。第三次の視察団も「全体を通じてレイアウトの良さ」[127]が印象に残ったとして、工場の建屋についても次のように言及している。

日本では、従来の習慣から、木造建築が多く、構造上また災害予防上、小型の建物を次々に建増していくことが多く、一部の新しい工場をのぞいては、工場の敷地一パイに数多くの小建築を無計画に建てている例が多い。このことは運搬経路や工程を煩雑にし、運搬費を高め、天候による障害が多く、建築の無駄になっていることは、来日したアメリカの運搬専門家にしばしば指摘されるとおりである。

アメリカの工場では、木造の小工場の場合、特殊の条件がある場合をのぞいては、ほとんどが例外なく単一平屋構造であり、しかもはなはだ巨大な建物である。[128]

一九五〇年代中頃から三次にわたったマテリアル・ハンドリングに関する視察団は、個々の運搬用の機器についての紹介も丹念に行った。その結果、個々の機器は日本でも次第に使用されるようになる。しかし、結局のところ、視察団がマテリアル・ハンドリングの効率的な運用をするために何が重要かと考えをめぐらしたときにたどり着いた結論は工場建物の構造とその床面だったのである。

（3）マテリアル・ハンドリングがもたらしたフォード社工場の変革

フォード社の効率の良い生産方式こそが、戦前から日本企業にとって追いつくべき対象であった。特に自動車製造事業に携わる企業にとってそれは自明のことだった。だが、日本生産性本部が派遣した運搬管理専門視察団の報告書はそのフォード社の工場も戦前とは大きく変わっていたことを示唆していた。この点を明確にしておこう。

この視察団が見逃さなかったように、アメリカでは工場は一般的に平屋構造（単層）になっていた。少なくとも新しい工場は平屋構造になっていた。このことは、斎藤尚一もその著書の中で次のように言及していた。

一般的にみて、古くから建っている工場は、街の中にあるというより、街がのびて行って工場を抱きこんだような位置にある。建物もレンガ造りの二階建とか、三階建とかになったものが多い。新設の工場は自動車の大衆化もてつだって、郊外にユッタリと敷地をとり、必要なもの以外は鉄骨の平屋建になり、明るく窓を取ったものになっている。(129)

斎藤は工場建築についてこれ以上言及することはなかった。トヨタの工場も基本的には平屋構造であったため、彼にとっては特に注意を払うべきことがらとは受け止められなかったのであろう。

だが、第三次の視察団は、一般的に工場の建築様式が単に平屋構造になっていたことだけではなく、「単一平屋構造」で、かつ「はなはだ巨大な建物」であることを述べていた。この視察団には新三菱重工水島製造所とトヨタの元町工場から各一名が参加していたことも関係してか、自動車工場（具体的にはフォード社工場）の建築について詳しく言及している。彼らはフォード社のクリーブランド工場の図を示しながら次のようにいう。

フォードでは全国の数多くの工場の規模は、ほとんど同じようなこのような型に統一しているようである。この個々の建物はそれぞれ約四万坪であり、一つの単一工場として必要な施設は、すべてこの建物の中にまとめられる。……単に工場ばかりでなく、事務所等も、この単一平屋の一部として接続して建てられており、食堂、更衣室、手洗所等もすべてこの中にある。

フォードの場合は、このような矩型の工場を一単位ずつ建てていくので、単一平屋構造にすることは比較的簡単であるが、古い工場を逐次建増していく場合も、この考え方はそのまま行なわれている。(130)

このクリーブランド工場はエンジン工場であり組立工場ではない。この点にも留意して視察団報告書は次のように書く。

［クリーブランド工場］はFord社のエンジン工場の一つで、四つの組立工場にエンジンを供給している。広大な地域に一つの鋳物工場、一つの鍛造工場、二つのエンジン工場ならびに一つの部品倉庫が存在する。この一

つ一つが、ほぼ正方形に近い単一建屋になっている。思うに、フォード社では、この大きさの建物が一つの工場の単位として適当なものとされているのではないかと思われる（サンフランシスコのフォード組立工場もだいたい似た規模である）。[131]

この視察団はさらに、フォード社のリバー・ルージュ工場がもはや同社の技術陣からさえも先端的工場とは考えられていないことを、マテリアル・ハンドリングという側面を介して明らかにする。彼らによれば、フォード社ではマテリアル・ハンドリングの研究を熱心に進めており、彼らが同社のサンフランシスコ南にあるサンノゼ組立工場を見学した際には「総合マテリアル・ハンドリング」（Integrated Material Handling）という用語を耳にし、これについて次のように説明している。

フォード社では、インテグレーテッド・マテリアル・ハンドリングと呼ばれる方法が採用されている。これは、ハンドリングを個々にとらえるのではなく、運搬、包装、貯蔵の全体を総合的に考えて、全体としてのコストの低下をねらった思想であって、個々の運搬法だけを見たのではよく理解できない場合がある。[132]

このインテグレーテッド・マテリアル・ハンドリングという観点から、戦前のフォード社は大いに批判されてしかるべき対象となっていた。戦前においては、部品供給は主としてコンベヤーで行われていた。それさえも「われわれの組立工場はコンベヤーの迷路だった」と批判し、「戦前の完全にコンベヤー化された、一方からいえば単純で融通のきかない方法から一歩前進することが」必要だと言い、戦前に「床の上の物の移動は、手押車か人手のみ」しか使用していなかった点を反省さえしていたのである。

また第三次の視察団はフォード社サンノゼ工場の内部における床面が「かたい平滑な床」であることを次のように報告する。

床面は鉄粉を含ませたコンクリートであってきわめて堅く、かつ平滑である。一日数回ブラシをつけたトラックで表面を磨いている。このために鉄輪の運搬車でも静かに運搬することができる。[133]

同時に、次のようにも言う。

正方形に近い単一建屋のなかにすべて（事務所も含め）がまとめられている。鉄道の引込線も建屋内に引き込んであって、この積卸しはほとんどフォークリフトで行なわれている。工場内でフォークリフトが使われているのは、ほとんどここだけだといってよいほどである。[134]

こうした説明から判明することは、フォード社の工場はマテリアル・ハンドリングを総合的に考慮した工場となっていたが、フォークリフトの使用を見ても、同社の工場のマテリアル・ハンドリングのあり方はまだアメリカ企業全般にあてはまるものではなかったことである。しかも、そのフォード社の工場でさえ、マテリアル・ハンドリングを総合的に重視した工場になっていったのは戦後だった。戦後になって、ようやく「コンベヤーの迷路」のような工場は時代遅れだという認識にいたったのである。そうだとすれば、第1節で引用した豊田英二の視察記録で強調されていた「延々一二〇マイルに及ぶコンベヤーが工場内部に張りめぐらされている」状況は、実はフォード社にとって理想ではなく、まさしく克服すべきものとなっていたのであり、それゆえ工場の内部を広く床面を「かたい平滑な床」にして、フォークリフトなどを使った新たなマテリアル・ハンドリングを行っていたのである。

（4）トヨタ経営陣帰国後のマテリアル・ハンドリングへの対応

豊田英二、斎藤尚一の帰国後、トヨタのマテリアル・ハンドリングは大きく変わる。彼らの帰国後まもない一九五一年の初めには、「運搬能率の向上について、方策を立て、それを実施するために、運搬対策委員会が発足」[135]する。その委員長は斎藤尚一であった。この委員会での討議によりマテリアル・ハンドリングの改善が進行する。もちろん「各種のコンベアを全工場にわたって採用」[136]もしたが、その他に「パレットとパレット・ボックスの規格を定め、ユニット・ロードの運搬により、ハンドリングの手数を大幅に減らし」た。これにはフォークリフト・トラックなどが利用された。また、それまで一定の距離以上の運搬にはトラックを使用していたが、トラックでは

「積み降ろしのために、作業を中断することが多く、積み降ろしの回数が重なって、製品の損傷もよく起る」ことがあったため「トレーラーを広範囲に採用」した。また「従来、原材料を貨車からおろす場所と材料が離れて」いたので、貨物の「引込線を延長して、起重機、またはり下走行起重機によって、すぐさま荷降ろし、貯蔵、検査ができるように」し、加えて、電機ホイストでも「ムダな移し変え作業をなくすように」したという。

表 5-3　運搬器具保有台数（1953〜57 年）

種　類	容量	1953 年	1955 年	1957 年
大型トラック用トレーラー	4〜7 トン	2	2	6
トラック	0.75〜4 トン	58	65	88
フォーク・リフト・トラック	1/2〜3 トン	18	31	55
パケット・リフト・トラック	1.35〜2 トン	2	3	4
バッテリー車	0.3〜1 トン	1	1	5
トレーラー	0.5〜2.5 トン	—	—	278
牽引車		—	—	12
合　計		81	102	448

出所）昭和同人会『設備近代化とその経済効果——実態調査報告書』（昭和同人会，1958 年），29 頁。

　こうした運搬機器が一九五三年以降にどれだけ増加していったかについて、昭和同人会の調査が記録している（表5-3参照）。この表からも、さまざまな運搬用機器が導入されたことがわかろう。さらに『トヨタ自動車二〇年史』によれば、一九五八年八月末におけるフォークリフト・トラックは六一台になっている。ただし、これらは運搬用機器であって、工場設備と一体化している運搬用設備については表5-4に掲げた。一九五八年八月末の時点しかわからないが、きわめて多数のホイストが工場に設置されていたのである。

　トヨタが一九五三年に倉庫内にフォークリフトを導入した様子を、『マネジメント』誌が「フォークリフトの採用で、床面積の利用率を四［倍に！」という見出しで具体的に紹介している（図5-8参照）。

　倉庫内の保管及び運搬方法を改善した比較例である。従来は……［図5-8左］のような運搬車を使っていたため、床面積の利用度が低く、新旧部品の区分もむずかしい上に、積卸しや運搬に費す労力は極めて大きかった。新方法ではフォークリフト・トラックを採用し、これに伴い

表 5-4　運搬設備別保有台数（1958 年 8 月末）

運搬設備	保有台数		
	生産部門	間接部門	合計
ホイスト	398	232	630
クレーン	83	27	110
コンベア	154	16	170
合　　計	635	275	910

出所）『トヨタ自動車 20 年史』662 頁。

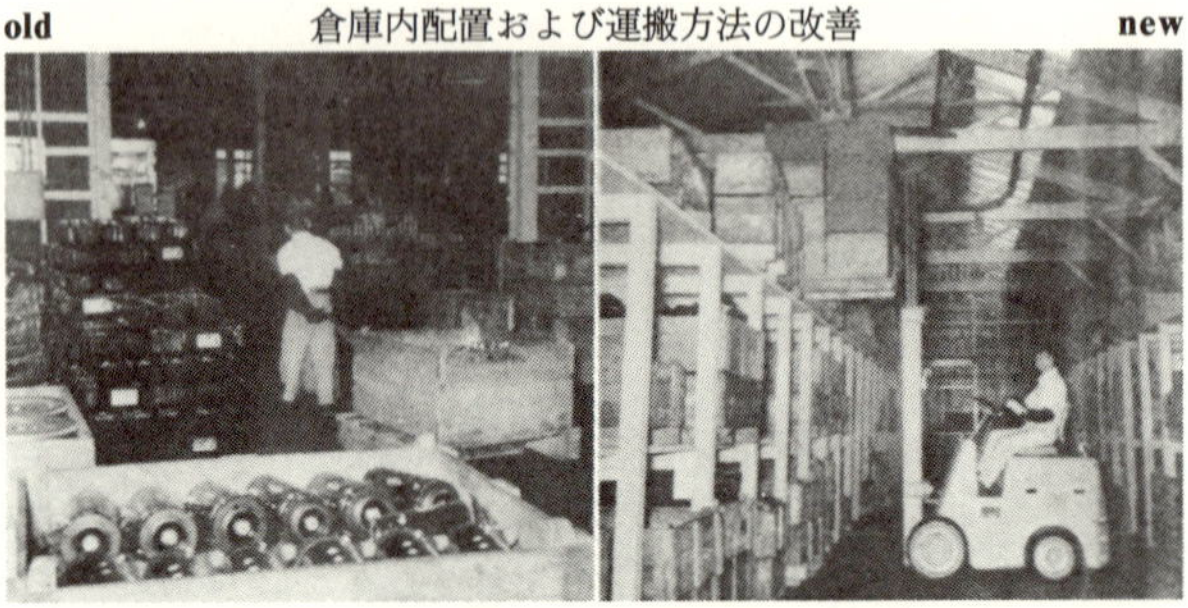

図 5-8　トヨタで倉庫内にフォークリフトを利用した改善例

出所）「作業改善のアルバム［その 2］トヨタ自動車工業株式会社」『マネジメント』第 13 巻 6 号（1954 年 6 月），55 頁。

全面的に倉庫内の様式を改めた結果（1）床面積の利用率は四倍に（2）新旧部品の類別が容易になり（3）積卸しの運搬能率は六倍になった。［昭和］二八年七月から実施し、好成績を収めている。[137]

この他にも、「鉄材の整頓および積卸し作業」で二人の作業者が手で運んでいたものを「移動式のクレーンを考案して」「作業工数は半減し」たという記事も、[138]同じ『マネジメント』誌に記載されている。

このように運搬用機器や設備が、「ムダな移し変え作業をなくす」ためや、「積み降ろしの回数」を少なくするため、「ハンドリングの手数を大幅に減らし」すために導入されていることから、まさしく〝物を持ち上げたり、移動したり、おろしたりする作業〟を意味するマテリアル・ハンドリングを意識した機器の導入であったことがわかろう。

しかも、導入された機器や設備の数も多かったのである。

これだけ多数のフォークリフト・トラックが設置され、工場内を動き回っていたのである。そのためには、おそらく工場内の床面にも工夫がなされたと考えられる。だが、日本生産性本部からアメリカに派遣された運搬管理視察団は、工場の建物内部の広さに言及していた。これほど多数の運搬機器や設備を設置しながら、工場の建築については変更しなかったのであろうか。トヨタが挙母工場以外に、新たな組立工場を建設するのは一九五九年に稼働開始した元町工場である。とすれば、少なくとも組立工場に関する限りでは旧来の挙母工場をそのまま使用していたのであろうか。事実、『二〇年史』『三〇年史』の本文には工場の建物が改変されたという情報は一切掲載されていない。あれほど視察団がマテリアル・ハンドリングの効率的な運用に関して工場建物の広さに言及していたにもかかわらず、運搬機器や設備の導入だけですませたのであろうか。

こうした疑問を抱いて『二〇年史』の年表の方を調べてみると、一九五四年四月の項目に「組立工場北側増築」「調整工場、組立工場間増築」とあり、同年八月の項目には次のように記載されている。

組立工場改築完成（トラック、乗用車ライン新設、エレベータ移設、ホイスト付クレーン、トロリー・コンベア、参観通路新設）[139]。

さらに『三〇年史』の年表には、一九五五年四月の項目に次のような記載がある。

組立工場の設備改造計画（約一〇〇〇坪・三三〇〇m^2の増築、トロリーコンベヤー、走行クレーン、インターホーンの設備など）が完了し、月産三〇〇〇台の体制がととのう[140]。

この『二〇年史』『三〇年史』における年表の記述は、挙母工場における組立工場の建物に改築がなされていることを示している。つまり組立工場の北側が増築され、調整工場と組立工場との間に増築が行われている。組立工場自体の床面積を広げる努力がなされていたのである。

とはいえ、『二〇年史』が改築完成と、『三〇年史』が改造計画と言いながらも、具体的な年月が相違しているのはどういうことであろうか。実際に何が起きていたのであろうか。この疑問を解くのは社内報『トヨタ新聞』（一九五四年一〇月一二日）に掲載された「組立工場の完成近し：連絡、指揮はインターホーン」という記事である。そのリード文は次のようであった。

新鋭機械への更新とともに本年［一九五四年］初頭から組立工場の設備更新が進められ、建物、照明、各種運搬、連絡、通信設備及び諸工具の新設、改造と広範囲にわたり、おそくとも来春には完成する見通しとなった。[141]

つまり『二〇年史』が書いているように、一九五四年初頭から組立工場の増改築が進められ設備更新が進行していた。そして、その完成は、『三〇年史』が述べているように一九五五年だったのである。

挙母工場における組立工場がどのように改築されたのかを見るために、今度はこの記事本文から引用しよう。

組立工場の設備改造計画は新トヨペット乗用車生産のため、現在の組立、塗装工場との間に六九〇坪、三〇〇〇坪の建物を増築し、色彩調節と蛍光灯による照明で、同工場内の環境は見違えるようによくなり、トロリーコンベアー、梁下走行クレーン、トレーラーフォークリフトトラックによる合理的な部品の輸送方式とインターホーンによる連絡指揮系統の改善と相まって、乗用車ライン、大型小型トラックラインのラインコンベアーも新位置に移設改造され、組付けが終った車は、スラットコンベアー上で調整を終え、さらに検査工程へと理想的な流れ作業となる。……おそくとも来春には日本ではじめての近代的組立工場が完成することとなった。[142]

マテリアル・ハンドリングを学んだ成果は、一九五五年に最初の国産自動車といわれるトヨペット・クラウン生産開始に向けた体制整備に活かされたのである。挙母工場の組立工場は増築され運搬装置が設置されたのはもちろん、運搬機器が動きやすいように整備された。それだけでなく、「人工光線が利用され、夜昼の関係なくいつも同じ照度が保持され、天然の影響をうけないようになっている」という第一次の運搬管理視察団による観察も活かされ、照明に蛍光灯が用いられた。さらに豊田英二の視察ではフォード社で混流ラインが実現されていることを見いだし、生産ラインへの指示方法に特別の関心を抱いていたが、この時はインターホン（構内電話）による音声での連絡・指揮を選択している（豊田英二が帰国後のインタビューで述べていたテレオートグラフがこの時点で設置されたという記録は見いだせない）。

このように、挙母工場における組立工場の増改築は、まさしく労働争議後に渡米したトヨタ経営陣の見聞を活かしたものだったのである。しかもこれがトヨペット・クラウン生産開始への準備とともに始まっていたことは重要な意義を持つだろう（後述）。

トヨタの競争企業であった日産がマテリアル・ハンドリング対策を検討し始めたのは一九五五年になってからであった。日産が正式に全社的な運搬合理化委員会を設置したのは、トヨタが組立工場の増改築を終えた後の一九五五年一一月一〇日である。一九五五年度に「最も緊急度の高いフォークリフトトラックおよびトレーラーによる運搬合理化」などの計画を立て、五五年一一月には「フォークリフトなどが大量に入荷しはじめた」という[143]。マテリアル・ハンドリングがいかに重要かを競争企業も認識し、トヨタを猛追し始めたのである。

挙母工場の組立工場は、増改築後に実際にどのように稼働していたのだろうか。岸本英八郎がその編著『日本産業とオートメーション』に観察記録を掲載している。この書物の刊行は一九五九年五月で、元町工場稼働（五九年八月）以前である。岸本が挙母工場の状況を書いたのは、おそらくは一九五八年後半から五九年春先までのいずれかの時点であろう（岸本は「月産八〇〇〇台もこなせる状況になった[144]」と書いているので、トヨタの月産台数から考えて刊行寸前の五九年四月ないし五月の状況である可能性が高い）。その時点での稼働の様子を岸本は次のように書く。

日本では、単一車種を一日に何百台と流すわけにはいかない。仕様のひどく違っている車を何種類も一日のうちに組立てねばならない。そこで、事前に決められた組立日程にしたがい、同一車種同一仕様の車を五台単位でアッセンブリー組立ライン、総組立ラインを《ママ》［に］流してゆくしくみになっている。これらの指示管制はすべて中央統制室によっておこなわれている。中央統制室には、組立指示ランプのスイッチボード、指示番号燈、台数表示器、ライン可動標示ランプ、ライン可動標示時計など組立、組付けのコントロールに必要な計器類がならんで、管制係長と係員がつねにそれらを操作し監視している。各工場の要所と縦横に連結されたインターホーンもあり、中央統制室の係員はラインストップの未然防止の手をうち、各種のアッセンブリーの進行状況や異常をキャッチしている。このように工場内においては、ほとんど従来のようなペーパーワークをおこなわないで組付、組立ラインを正確に迅速に管理し、調整している。こうした自動化は工場内だけでなく、一八キロほど離れた刈谷のボデー製造会社、トヨタ車体との間にもおこなわれている。当社［トヨタ］の組立日程にもとづきトヨタ車体でつくられた運転台や荷台は、決められた運行計画により、長いトレーラートラックに数個ずつ、つみこまれ、タイムリーに当社の総組立ラインに乗せられている。(145)

この引用文冒頭の「仕様のひどく違っている車を何種類も一日のうちに組立て」ていたのはもちろん日本だけではない。それどころかフォード社からその混流ラインを学んだのであった。逆に、日本での生産台数の少なさゆえに混流生産が日本で考案されたかのように理解する傾向が、この頃にはすでにあったことを引用文は示している。と同時に、岸本が観察した時点では、トヨタが「同一車種同一仕様の車を五台単位」で組み立てながら、五台ごとに車種や仕様を変えることで多数の車種・仕様の組み立てを始めていたことがわかろう。それだからこそ、一九六一年に訪米した第三次の運搬管理視察団は、フォード社のサンノゼ組立工場で「一本の総組立ラインで、五種類の型、一六種の色の異なった車体が、まったく任意の順序に、つぎつぎに組み立てられている(146)」ことを観察しながらも、その状況にただ驚くだけでなく、「一見して時間の波があるように思われる(147)」と批判的に観察することができたのであろう。

さらに岸本による観察記録の引用文で、筆者が注目したい点はその末尾である。一八キロ離れたトヨタ車体とトヨタの間でトレーラートラックに積み込まれた運転台などが運ばれているというのである。この状況を考えれば、挙母工場内部だけのマテリアル・ハンドリングだけで、マテリアル・ハンドリングの問題は完結しないことを示している。しかも、この引用文で「決められた運行計画により」とやや曖昧に書いてあるのは、『二〇年史』によれば次のような状況なのである。

トレーラーの運行時間を定めることによって、必要な製品を、必要な場所に、必要な時に、正しく送りとどけることができます。これによって生産の管理も円滑になり、デッド・ストックも減少するわけです。[148]

マテリアル・ハンドリングを担う重要な機器であるトレーラーの「運行時間を定めること」で、「必要な製品を、必要な場所に、必要な時に、正しく送りとどける」ことができるだけでなく、生産管理を円滑にし、「デッド・ストック」（不良在庫）さえ減らすことができるというのである。

第三次の運搬管理専門視察団（一九六一年訪米）は、マテリアル・ハンドリングにとって在庫量が重要な意味を持つことを次のように述べていた。

工場内の在庫の変更は、つねに作業に影響がある。手持が多すぎれば余計な貯蔵面積が必要であり、移動距離が長くなり、多くの場合外部からの距離も増大する。手持が過少であれば不足をきたし、不足の物を組立ラインに供給するために不規則なやり方をやらなければならないので、円滑な物の流れが損なわれる。

在庫管理の方法がまずいことは、支払運賃、運搬費、倉庫費、滞船車料、管理費の増大を意味する。[149]

さらに、フォード社サンノゼ組立工場の在庫量について、「日本の工場に比較すると決して少ないとはいえない。一般に、人手をはぶくために、日本よりは在庫は多いように思われる」とまで、この第三次の視察団報告書は書いているのである。

一九五〇年の労働争議後から、アメリカのマテリアル・ハンドリングに大いに学び、トヨタは工場を増改築し効率性を高める努力をしてきた。そのトヨタでは一九五〇年代末頃からトヨタとその重要なサプライヤーとの間で「運行時間を定め」てトレーラーを運行することで、アメリカ企業（とりわけ比較の対象となっていたフォード社）の工場とは違った運営をし始めたようである。

マテリアル・ハンドリングがトヨタ社内の問題にとどまらず、（互いに歴史的に深い関係のある、重要な取引相手の企業であるが）、複数の企業間の問題となったのである。しかも、「運行時間を定め」てトレーラーが企業間を往来するようになった事実は、単に密接な取引関係が構築されたこと以上に重要な意味を持つ。トヨタの最終組立ラインに、トヨタ車体という重要な取引相手（サプライヤー）の生産が同期化されていくことをも意味するからである。

この「運行時間を定め」ることが、どのような発想で生まれ、どのような影響を及ぼしたのか。そこから次章の考察を始めることにしたい。

第6章 ダイヤ運転からジャスト・イン・タイム、「かんばん方式」へ

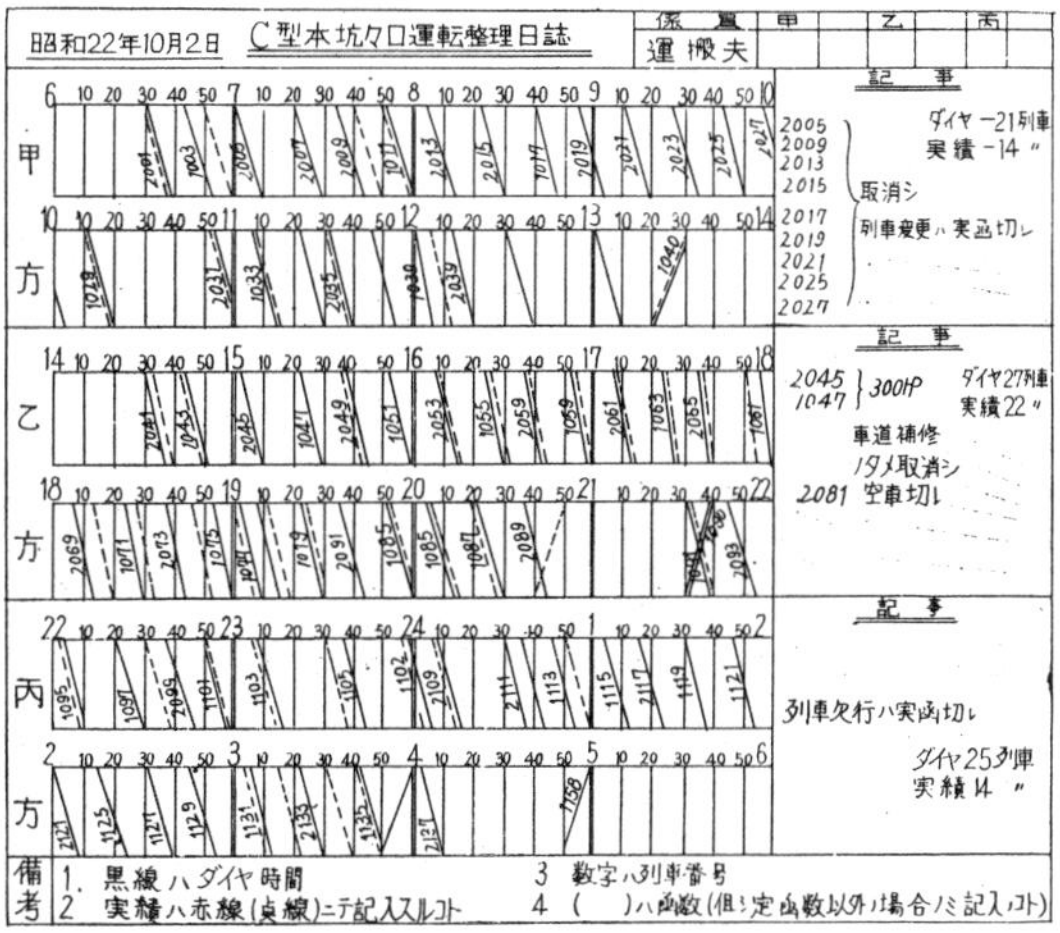

ある炭坑でのダイヤ運転の日誌例（1947年10月）

出所）通商産業省合理化審議会一般部会編『運搬管理』（日刊工業新聞社，1953年），43頁。

1　日本における運搬管理
――ダイヤ運転――

(1) ダイヤ運転の提唱

戦後の日本でマテリアル・ハンドリングの重要性が認識されたのは、アメリカ企業の視察によるものだけではなかった。日本でも運搬管理こそが生産効率の増大に重要だと独自に考えて、それを実際に試みていた人物たちがいた。

戦時中に生産管理技術について訓練を受けた数多くの技術者が民間企業に散った。その中には、日本能率協会で生産技術や工程管理に関するコンサルタント業務に従事した人物たちがいる。日本能率協会は多岐にわたる業種でコンサルタント業務を行い、多数の人間を派遣した（表6-1参照）。この表によれば、戦後すぐに鉱山にもコンサルタントが派遣されている。おそらく戦後日本にとってエネルギー源の確保は重大問題であったため、石炭鉱業にもコンサルタントが派遣され、生産の増大を目指した取り組みが行われたと考えられる。

炭坑における彼らの成果が『マネジメント』誌に「ダイヤ運転とその管理」という題で紹介されている。この論考によりながら、炭坑で能率を向上させるために彼らは炭坑での調査に基づき何を実施したのかを最初に考察することにしたい。自動車製造事業におけるマテリアル・ハンドリングと炭坑での能率調査との間にどんな関係があるのかと疑問に感じる読者も多いだろうが、石炭採掘事業では「採炭そのものによって採炭場所が移動し、運搬距離

表 6-1　戦後復興期の工場調査件数とコンサルタント人員数（1946〜54年）

業種＼年	1946	1947	1948	1949	1950	1951	1952	1953	1954
鉄道車両	6								
通信機電線	9	8	13		3	5	7		
金属機械	7	10	15	12	15	15	26		
鉱山	3	5	9	12	22	12	12		
繊維	3	4	6	8	16	16	9		
化学		3	9	10	10	8	9		
山林，パルプ，製紙					25	8	6		
耐久消費財			4	4	17	9	22		
その他	7	12	17	15	18	29	21		
造船					3		3		
自動車		2			2	8	11		
鉄鋼5社					4	3	8		
合計	35	44	73	61	135	113	134	—	—
コンサルタント人数	12	27	38	55	55	57	55	52	60
協会全員数	17	32	45	65	70	75	75	78	80

注）この表は中岡哲郎が集計したものである。「集計にあたって，1分野年間2件以上のもののみひろい，1分野1件の場合および業種不明のものをその他に集計した」とある。
出所）日本能率協会編『経営と共に――日本能率協会コンサルティング技術40年』（日本能率協会，1982年），52頁。

が増大すると、運搬過程は採炭過程から独立した一過程」になるだけでなく、「運搬は補助過程ではなく、採炭と並ぶ生産過程の二大要因の一つ」なのであり、[1] したがって、炭坑の能率向上を図ろうとすれば、マテリアル・ハンドリングの問題に直面せざるを得ないのである。では、そもそも「ダイヤ運転」とはどういったもので、またそれによって炭坑におけるマテリアル・ハンドリングの問題に何らかの解決策が見られ、炭坑の能率は向上したのだろうか。もし炭坑で能率が向上したとしても、それが製造業に応用可能なものだったのだろうか。これらの点を考察してみよう。

　石炭の採掘現場（切羽）は採掘が進むにつれて絶えず移動していく。採掘した石炭は通常は炭箱に入れて炭車で運ぶ。石炭が予定通り切り出されても、炭箱、炭車の手配が遅れれば、地下から地上には予定通りの石炭を運び出すことができない。このように「石炭鉱業にとっての運搬管理は、誠に重要な役割を持つものであるが、遺憾ながら今日まで一般に見逃されやすい傾向にあった[2]」。そうした状況で、向山鉱山では「運搬の実態を明確に把握し、これを改善する調査員一二名をもって作業研究および工程研究[3]」を行った。そしてその成果に基づいて、鉄道輸送と同じように運行ダイヤを定めて炭車を運行して出炭を計画的に管理しようとした。「切羽の先端より運炭の末端に至るまでダイヤを中心に関連作業ないし諸施設を調和協調せしむること[4]」、つまり炭車を予め決めたダイヤによって運行することで、採炭から出炭までの全プロセスを統制しようという試みであった。

このダイヤ運転によって、「出炭の標準化をはばむ最大の原因とされていた切羽における函待ち」を「完全に解消させることができた[5]」。その結果、向山鉱山における出炭可能量は倍増したという。「一坑口当たりの可能出炭量は従来三、五〇〇トン（薄層炭丈〇・四米）とされていた観念を打破して、ここに現有設備をもってしても、なお八、〇〇〇トン[6]」が出炭可能になったというのである。

この炭坑におけるダイヤ運転の事例は、通産省の産業合理化審議会が編集した『運搬管理』にも紹介されており[7]、当時から着目されていたと思われる。それだけでなく、この当時の日本能率協会では、能率調査などのコンサルタント業務に従事した人物がその経緯や目的、成果などをまとめて内部で閲覧可能にすることが慣例になっていた。したがって、この運搬によって生産プロセス全体を統制していく試みは、日本能率協会内部の他の人物にも影響を与えたと思われる。実際、少なくとも『マネジメント』誌は、この記事の後もこの問題を追いかけている。同誌一九五三年七月号は「工場運搬に新機軸！　ダイヤ運転の採用から実施まで」という記事を次のようなリード文で掲載する。

工場内の運搬をダイヤに組めないものだろうか。炭坑のダイヤ運転が可能なのだから、屹度どこかで実施しているにちがいない。と云うわけで国鉄に照会したら、小倉工場で実施して大きな効果を挙げているとのこと。

流石は国鉄だけあって、全く本格的なダイヤ運転振りである[8]。

小倉工場での事業は車輛修繕作業であり、「物の移動をする仕事が、全作業が約五〇％を占めていることに着眼し、工場作業改善の中央突破は先ず物の運搬であるという目標のもとに、これが合理化に着手した」のだという[9]。具体的には、「廉く入手できるトレーラーに着眼し[10]」、一九五二年五月にトレーラー三〇台（さらに八月に追加の二〇台）を入手し、工場内に二つの路線を設け「全職場倉庫を連絡し、所謂トレーラー列車による輸送を開始した」という。その運行は予定を定めて、それにしたがって運転をしており、まさしくダイヤ運転だった。この方式を導入することで何が変わったのかを、担当者は次のように語っている。

トレーラー運搬によると、物の流れを一貫してみることが出来るので、大体の作業工程が解り、概括的な工程管理が出来ることは予期しなかった利点と思う[11]。

トレーラーを使う「ダイヤ運転」の実施によって、なかば強制的に仕掛品や材料などが運び出されるだけでなく、トレーラーの運行経路を明確にしておかねばならない。その結果として生産担当者が工程間のつながりを具体的に把握できただけでなく、工場全体の作業工程の流れについて概括的なイメージを抱くことができたということであろう。

さらに、『マネジメント』誌は一九五六年にも国鉄の松任工場におけるダイヤ運転による運搬管理を「運搬は工場の動脈である！」という記事で紹介している[12]。

一九五〇年代中頃になると、日本の企業もマテリアル・ハンドリングの重要性を認識し始めていた。したがって、コンサルタント企業がダイヤ運転という考えでその意義を強調することもあったであろう。だが、同時にマテリアル・ハンドリングの意味も深く考えずに、単に運搬機器を導入すればそれで事足りるという企業も出現し始める。新郷重夫は一九五六年の『マネジメント』で次のような出だしで始まる短文を寄せていた。

最近はＰＲが盛になって、諸所の工場を見学に行くと、いわゆる〝観光道路〟が整備され、優秀な機械がズラりと並び、コンベアがエンエンと動いている、といった情景に出会うことが多い。ところが、その間を流れる〝製品〟の経路を聞いてみると、右往左往、迂路曲折で、運搬に大変な手数をかけている。ときには長い運搬距離が必要になるような機械配置をしておいて、その間を長いコンベアで繋ぎ、〝これこそ運搬の合理化〟だと信じているところもある。(13)

ここで指摘されているように、コンベヤーなどの運搬機器を設置して〝これこそ運搬の合理化〟だと考える企業も出現するほど、ある意味で運搬の合理化・機械化はこの時期にはブームとも呼ぶべき状況にあったのであろう。こうした状況が生まれたのも、日本能率協会などのコンサルタントがマテリアル・ハンドリングの意義を強調したことが影響力を持ったということである。新郷は先の引用文に続けて次のように書き、こうした状況に警鐘を鳴らしている。

鉱山や炭坑のように、「地底の物を地上に**運び出す**」ばあいの運搬は別として、一般に〝加工により行われる生産〟においては、〝運搬はあくまでもマイナスの現象〟だと徹底して考える必要がある。このことは、鉱山のような運搬を主とするばあいにも、「地底より地上への最短距離の運搬だけが必要」で、それ以外の運搬はマイナス現象である点、全く同様である。(14)（太字は原文）

この引用文で鉱山の例が繰り返されていることに、ここまで読み進んでこられた方はそれほど違和感をおぼえないだろう。まさしく、運搬、マテリアル・ハンドリングの重要性を認識させることに、鉱山でのダイヤ運転が大きな影響を与えていたからである。そしてその重要性を認めながらも、〝運搬はあくまでもマイナスの現象〟だと、つまり企業経営からすれば、運搬自体は価値を生み出さないのだから、それにかかる費用・時間は切り詰めることのみに意味があると、新郷は当時の風潮に警告を発したのである。

(2) ダイヤ運転の応用例――トヨタ車体でのマテリアル・ハンドリング

岸本英八郎が観察し、また『トヨタ自動車二〇年史』が言及していたトヨタとトヨタ車体との間でのトレーラートラックの運行に、このダイヤ運転は大いに関係があるものだった。

最初に、トヨタとトヨタ車体との間でトレーラートラックが運行するにいたるまでの経緯を、トヨタ車体側の業務の動きに即して見ておこう。なお独立の会社として、トヨタ車体が設立されたのは一九四五年八月であるが、その後同年一二月には刈谷車体と社名が変更され、五三年六月に再び社名を変更してトヨタ車体となった。ここでは一貫してトヨタ車体と記す。

戦後、トヨタ車体が直面した最初(でおそらく最大)の難関はトラック運転台(キャブ)の全金属製化(スチール化)であっただろう。戦後にいたるまで、日本ではトラックのキャブは木骨製であった。戦後になり、日本でもキャブをスチール化しようという動きが始まる。トヨタがシャーシをキャブ付きで販売する計画をたて、同時にキャブはオールスチール製とする決断をすると、これはトヨタ車体にとって大きな岐路となった。同じ車体製作といっても、車体がオールスチール製になれば、それまで木骨製キャブで培ってきた加工技術では製作できない。それまでトヨタ車体の製作していたキャブ(およびデッキ)は地方販売店に販売していた。しかし、トヨタがキャブを付けたシャーシを製作し販売すればトヨタからキャブ製作を受注することはなくなるし、販売店からのキャブ発注量も激減することが見込まれる。トヨタ車体がボデーメーカーとして生き残るには、オールスチール製キャブの製造に進出しなければならない。この状況に直面したトヨタ車体は社史に次のように書いている。

当社[トヨタ車体]の経営陣は頭を悩ました。ボデーのスチール化はアメリカ製トラックによって今後の方向が示唆されているようなものであり、シャーシーメーカーのボデー量産とボデーを含めた製品製作、品質保証を行おうとする姿勢にも必然性があるため、いずれはその道を進まなければならないが、いまここで木工加工を専門とする当社でオールスチール製キャブの量産がこなし得るか、市場が受入れじっさい量産の線まで台数を伸ばし得るのか、不安が先に立った。
連日協議を重ね、技術、設備、資金、職種転換にともなう作業者教育など山積する諸問題の対策を検討し、ともかく見通しをつけられるところまでこぎつけ、オールトヨタとして考えても当社が製造に当たるしかないと、社運を賭してオールスチール化へすすむことを決意した。
この決意によってトヨタ自動車工業と最終折衝が行われ、検討二カ月にわたった末、当社へのスチールキャブ発注が正式に決定したのであった。[15]

こうしてトヨタ車体は木骨ボデーからスチールボデーの製作へと大きく舵を切る。木工から金属加工への転換であり、トヨタ車体の「体質を根本から立て直す大手術[16]」だったというのもあながち誇張ではない。『トヨタ車体三〇年史』年表によれば、オールスチール製キャブ（BX型）が生産開始されたのは一九五一年六月であった。

さらに大きな転換が訪れたのはシャーシにキャブを架装する場所であった。当初、トヨタがトヨタ車体にシャーシを搬送し、キャブを架装するのはトヨタ車体社内であった。ところが、一九五三年になるとトヨタ車体からキャブをトヨタに搬送し、トヨタ社内でシャーシにキャブを架装することになる。やや詳細に経緯を述べれば次のようになる。トヨタ車体が製作したオールスチールボデー（BX型）では、車台に体を乗り入れるための踏段（ステップ）はドアーを開けた内側にあった。その後、競争企業との対抗もあって、ステップはドアーの外側に設計変更される。この設計をトヨタが一九五三年三月に承認し、「キャブの決定版[17]」となったのだが、この時の様子を六五年発行の『トヨタ車体二〇年史』は次のように書いている。

この時［一九五三年］から〝当社［トヨタ車体での］架装〟を変更して、現在の工程のようにトヨタ自動車挙母工場でキャブ架装が行われるようになり、〝一体キャブ〟の名前通りトヨタ自動車と当社とは生産ラインでも直接結びつくことになりました。[18]

それまでトヨタからトヨタ車体に向かってシャーシが搬送されていたのに対し、一九五三年になってキャブの設計変更にともない搬送の向きが逆になったということである。その後、一九五七年一月にトヨタ車体の新工場（1B）が稼働を始めると、その搬送は本格化する。その結果、岸本英太郎が観察し『トヨタ車体二〇年史』が言及しているトヨタとトヨタ車体との間でのトレーラートラックの運行が行われ、キャブがトヨタ車体からトヨタに運び込まれていたのである。

トヨタ車体内部でのマテリアル・ハンドリング改善の一例を『マネジメント』誌（一九五七年九月号）が「作業改善のアルバム」で次のように伝えている。

従来は、……手から手へ渡すもの、リヤカーで運ぶもの、手押車を押すもの、バッテリーカーで運ぶもの、フォークリフトで運ぶものなど雑多な運搬が秩序無く行われていたが、新方法では……タクト式の流れ作業を実施し、タクトに合わせて部品の供給を牽引トレーラーによって行うように改めた。すなわち、必要とする部品を、必要の数だけ、必要の時刻に、倉庫および部品加工工程から、牽引トレーラーが予め定められた時間表通りに運行して、万遍なく供給を続けるように改善した。

この結果、組合せ作業はタクト通りに滞りなく継続され、欠品とか遅延品とかによる手待ち、作業者自体の運搬などは全く跡を絶つとともに仕掛品は著しく減少し、整理整頓の行き届いた作業場は実に良く環境が改善された。[19]

この「予め定められた時間表通りに運行」することは、まさしくダイヤ運転である。また同一記事中の写真には新旧のマテリアル・ハンドリングに関する写真が掲載されている（図6-1参照）。新しいマテリアル・ハンドリングを示す写真の方には「牽引トレーラによって定時運搬する新しい方法」というキャプションが付けられており、ダイヤ運転は「定時運転」とも言い換えられていたことを窺わせる。トヨタ車体が一九四九年七月に日本能率協会から技師を招き推進区制方式による工程管理を導入していたことを考えれば、[20]日本能率協会が提唱していたダイヤ運転という考えに触れることもあったと考えられよう。

old　職場間の運搬を手押車でやっていた従来の方法　　牽引トレーラによって定時運搬する新しい方法　new

図 6-1　トヨタ車体内部でのマテリアル・ハンドリング改善

出所)「作業改善のアルバム——トヨタ車体（株）」『マネジメント』16 巻 9 号（1957 年 9 月），60 頁。

マテリアル・ハンドリングから考えれば当然であるが、トレーラーをトヨタ車体敷地内で定時運行するためにも構内道路が舗装されていく。トヨタ車体の社内報は次のように状況を伝えている。

　最近どんどん舗装改善されつつある当社の社内道路の上を長いトレインが多くの部品を積んで赤い牽引車に引かれて行くのが見られる。以前、手押車で一台一台倉庫から部品を運搬していたのとは、能率に雲泥の差が見られる。道路の舗装整備そしてけん引車による部品の運搬、当社の運搬管理も次第に改善されつつある。[21]

トヨタとトヨタ車体との間でトレーラーが定時運行されているので、その運行に支障がないように道路の幅も次のように拡張されていく。

　［トヨタ］自工からの長いトレーラーが通行するには、巾五米そこそこの旧来の［トヨタ車体の］正門は狭くて不便であったばかりか安全の見地からもこれが拡張は兼ねてから考えられていたのであるが、此の度それが実現された。……メインロードに真直ぐ入れる位置に変り巾もそのメインロードの巾九・五米に拡張された。[22]

また、この時期、トヨタ車体は日本電装との間でもトレーラーの定時運行による部品の搬送を始める。

　この［一九五七年］八月一日から、当社［トヨタ車体］と隣り合わせの［日本］電装から、電装部品がリフトで直接現場へ搬入されている。重油タンクわきの通用門を開けて、電装のリフトトラックが、ラヂエーター、ホーン、ボルテージレギュレーター、イグニションコイル等をトレーラーで一日二回定期便で運び入れている。これによって両社の益するところは莫大であり、ジャストインタイム制により、必要なだけ、必要な時間に搬入するから余分の手持ちは要らないのでスペースも助かり、有形無形の合理化に役立っている。[23]

ここではトレーラーの定時運転は「ジャストインタイム制」と呼ばれるようになっている。つまり列車のダイヤ運転による運搬が、創業者の豊田喜一郎の用語「ジャスト・イン・タイム」に呼び変えられているのである。このほうが、古くからの従業員にとっては抵抗がなかったことも一因であろう。

さらに、この「ジャスト・イン・タイム」という用語は『マネジメント』誌（一九五八年二月号）に次のように紹介される。

コンベアを主役とする生産が行われる以上、コンベアの稼働を完全無欠なものとする努力が払われなければならぬ。コンベア（ラインまたはサブ・ライン）への部品供給時刻を定め、Just in time の部品供給が的確に行われるためには、所要の部品は所要の時刻に必ず部品整備室の棚の上に届けられていなければならない。[24]

この『マネジメント』誌の記事が広く知られて話題となり、「社外から注目され、視察のための来訪者も多かった」という。こうしてトヨタ車体外部でも「ジャスト・イン・タイム」という用語は広まっていくことになる。

『トヨタ車体三〇年史』はこのジャスト・イン・タイム方式の採用について、部品供給のマテリアル・ハンドリングから次のように説明する。

牽引車とトレーラー（一編成四台）を使用し、半製品を積み込み作業場所へ送りつける。作業者はトレーラーから部品を取り出し、加工後はトレーラーへ戻す。一定時間が経過するとトレーラー上は加工品が満載となる。これを専任の運搬員が新しい半製品積載のトレーラーと交換し、加工品は次工程へ送りつける。トレーラーはあらかじめ作業所要時間から割出し設定したダイヤ（供給必要時刻表）によって循環させる方法に切換えた。[25]

まさしく、この時期に用いられるようになったジャスト・イン・タイム方式とは、ダイヤ運転に直接的な根源を持つものなのである。

2　スーパーマーケット方式の導入

（1）ダイヤ運転の改変――スーパーマーケット方式の導入

トヨタ車体で定時運転（ジャスト・イン・タイム）方式による部品納入が始まったのは一九五三年であった。その翌年、トヨタでも新たな動きがある。一九五四年春の『日刊自動車新聞』にロッキード社がマリエッタ分工場でスーパーマーケット運営に似た方式を採用して一年間で二五万ドルを節約したという記事が掲載され、それにヒントを得てトヨタでは新しい生産方式「スーパーマーケット方式」を考案したと言われているのである。[26] しかし残念ながら、この時期の『日刊自動車新聞』は少なくとも日本の公的な図書館に保存されておらず、そのためこの記事の内容については管見の限り確認できなかった。

だが、このトヨタにおける「スーパーマーケット方式」の誕生にも深く関わったと考えられる有馬幸男（この人物は日本生産性本部がアメリカに派遣した第三次運搬管理専門視察団のメンバーである）が次のように書いている。

トヨタ式スーパーマーケット方式はロッキード航空会社の真似では決してない。彼等がどういう方式を行ったかも新聞の記事からはつかみとることはできなかった。ただそういう会社が採用した所のものは何であろうかと考えて[27]［いった］。

そういうことであれば、当事者の思考過程をたどってみることにも意味があろう。

社史などのスーパーマーケット方式に関する記述は、ほとんどがこの有馬の論考に依拠している。ある意味では整理がなされすぎて、逆に当事者の思考の流れが理解し難い側面もある。その当時どのように考えてスーパーマーケット方式を生み出したかを見るために、当事者の一人である有馬が一九六〇年に書いた論考をここでは紹介することにしたい。有馬はスーパーマーケットというもののあり方から、それをトヨタに適用するまでの思考の流れを次のように整理する。

スーパーマーケットはお客の欲しいものが何時でも、売子に強制せられることなく一個でも二個でも欲しい個数だけ得られるということだ。しかもこちらから買いに行く。そうだ、機械工場の組付は、機械加工された部品を市場の品物と考えて買いに行くという方法をとれば、現在組付工場で部品の中にうずくまって作業をするということは無くなると考えた。そこでこのやり方を機械工場内と、機械工場と総組立工場間の運搬にあてはめたのである。すなわち、総組立工場から考えれば機械工場はマーケットであり、組付工場から考えれば加工工場はマーケットである。従っていずれも後工程から前工程に取りにいくということにした[28]。

ここで有馬があえて「運搬にあてはめた」と書いていることに注意しながら、読み進むことにしよう。

それとともに、マーケットならどんなものでも揃えておくのであるが、同じ会社の中であるなら、総組立工場が必要とする型式のものが、あらかじめわかっておれば、それを用意しておけばよいということになる。こうして総組立工場の型式別の組立日程の順序に、先行して機械工場の組付ラインは組んで行き、総組立工場に運ばれて行けば、必要な車が計画日程の順に組立てられることになる。また組付工場は、自分の所で組む順序に、機械加工のマーケットに必要部品をとりに行くというやり方が生まれてくる。これがトヨタ式スーパーマーケット方式の原理である[29]。

これが有馬による、スーパーマーケット方式誕生にいたる思考の整理である。これは繰り返し社史などでも援用されている。

しかし、ここまでの引用文からでは、有馬が「運搬にあてはめた」と書いた意味がまったく理解できない。だが先の引用文に続けて有馬は次のように書いているのである（だが、社史では以下の記述には関心がないせいか、まったく触れていない)。

こうして会社は需要者の必要な車を、必要な台数だけ、日々の計画通り生産して行く方向にむかった。また、ちょうどその当時にトレーラーが当社にも入荷され、けん引車の「けん引能力」と、「計算の簡単」ということから、必要な個数を五ときめた。

すなわち、必要な部品のみを、必要な個数だけ、必要な時間にちょうど運搬するという、トレーラーによる定時制運搬となったわけである。勿論この場合、エンジン、フロント、リヤー、プロペラ、ステアリングと各々五台分を「セット」して運搬するわけである。

こうしてトレーラーの定時制運搬から拡大して、別なダイヤ式定時制運搬にも発展して、現在では、鍛造、鋳造、車体、塗装、焼入、鍍金、第一工機、第二工機の工場とも定時制運搬が行なわれている。[30]

トヨタの五〇年史『創造限りなく』は、大野耐一が「現場で実地勉強させていた技術員を集め、いよいよこの[スーパーマーケット]方式を実行させること」にしたとし、そのメンバー三名の名前を記しているが、そこでこの有馬幸男とともに鈴村喜久男の名前をあげている。[31] この鈴村も一九七〇年代後半の論考で次のように書いている。

五台分ずつ部品を前工程へ取りにいく。これは今われわれが水すましと呼んでいる運搬方式の原型であるが、実際自分たちが集めながらダイヤを組んでいった。[32]

一九五〇年代後半における日本の製造現場ではダイヤ運転とか定時運転は非常によく知られた手法になっていた。だからこそ、一九七〇年代後半になって当時の様子を回顧した鈴村でさえ「ダイヤを組んでいった」という表現をごく自然に使ったと考えてよかろう。

なお引用文での「水すまし」についても説明しておこう。昆虫の水すましは、水面をくるくるまわって泳ぐ習性がある。つまり水面上を旋回している。そこでトヨタの工場内でも、前工程と後工程の間を繰り返し巡回しながら仕掛品や部品などを搬送していることを「水すまし」と呼んでいるのである。

話を元に戻そう。有馬や鈴村の論考を、前章から明らかにしてきた事実と考え合わせてみれば、スーパーマーケット方式の導入にいたるまでの経緯は次のようになろう。

経営陣がアメリカ視察で学んだ効率的なマテリアル・ハンドリングを導入する過程で、トヨタはトレーラーなどの運搬機器を導入する。そのトレーラーを日本能率協会が戦後に積極的に提唱していたダイヤ運転（定時運転）の考えでトヨタで試行してみる。次いでそのダイヤ運転という手法を次第に、別の運搬機器を用いた運搬やさまざまな仕掛品や部品の搬送に導入してみる。だからこそ、有馬は「トレーラーの定時制運搬から拡大して、別なダイヤ式定時制運搬にも発展して、現在では、鍛造、鋳造、車体、塗装、焼入、鍍金、第一工機、第二工機の工場とも定時制運搬が行なわれている」と書いているのである。スーパーマーケット方式の導入にいたるまでの大まかな経緯は、極論すればこの一文が示しているといってよい。

有馬が「必要な部品のみを、必要な個数だけ、必要な時間にちょうど」とあえて書いているように、豊田喜一郎が提唱した「ジャスト・イン・タイム」という用語が、この方式とともに蘇る基盤があった。一九五〇年代後半のトヨタ車体内部で「ジャスト・イン・タイム」と呼ばれていたことはすでに確認したが、それより数年前の五〇年代中頃には、トヨタでも「ジャスト・イン・タイム」が蘇っていたか、蘇る基盤が生じつつあったのである。これは用語だけの問題ではなく、まさしく喜一郎が語る次のような「ジャスト・イン・タイム」の内容を実現するだけの現実的な基盤がようやくできあがりつつあったということである。もう一度引用しておこう。

私は之を「過不足なき様」換言すれば所定の製産に対して余分の努力と時間の過剰を出さない様にする事を第一に考えて居ります。無駄と過剰のない事。部分品が移動し循環してゆくに就て「待たせたり」しない事。「ジャスト、インタイム」に各部分品が整えられる事が大切だと思います。

これが能率向上の第一義と思います。甲の部分品が早く出来すぎて、過多に用意されている事は、乙の部分品が遅すぎて過少に準備されている事になります。一本のボールトやナットに及ぶまで凡に「丁度適時に間に

合うように」之が連絡上の最大関心事です。(33)

ダイヤ運転（定時運転）は一九五〇代末になれば、他の業種の企業でも行われていた。例えば、『工場管理』（一九五九年一〇月号）は三菱電機での取り組みを「工場間定時巡回運搬」として次のように伝えている。

工場間の運搬を合理化するために倉庫を中心とする工場間定時巡回運搬方式を研究し実施した。機能別に分散配置された工場間の運搬による仕掛品の停滞はほとんど解消し、現品受渡票の改善により現品の移動が迅速確実に工程課へ伝達されるようになった。(34)

こうした個別企業の実例を提示しても、どれだけ広く知られている情報だったかを論証するためには不十分であろう。だが、一九六〇年発行の『工程管理便覧』には「定時運搬方式（Diagram Handling System）」として次のように書かれているのである。

これはこぶものができたたびに車をもってきてはこぶことをやめ、ダイヤグラムを使って定期的に巡回して集配する方式である。これによるとカラ運転が減るばかりでなく車の平均積載量もふえ、また時間の予想が立つので手待［ち］も減る。(35)

工程管理に関心があれば少なくとも一度は参照すると思われる書物に書かれている情報は公知の事実だったということを示していよう。しかも、その扱いは小さく、もはや詳しく紹介するまでもない情報だったということであろう。

（2）なぜ一九五四年の記事に反応したのか？

トヨタとトヨタ車体との間で、トレーラーによる定時運転によるキャブ搬送は一九五三年に始まっている。有馬が先の引用文で「トヽヽヽ、ヽ、ヽ、ヽ、ヽ、トレーラーの定時制運搬から拡大して、別なダイヤ式定時制運搬にも発展し」たと言うとき、このトヨタとトヨタ車体間でのキャブ搬送を指すかどうかはわからない。だが、従来の搬送方向と逆向きに、キャブがトレーラーの定時運転でトヨタに搬送される事実は一九五三年に眼前で繰り広げられていた。ところが、有馬は一九五四年の『日刊自動車新聞』掲載記事に鋭敏に反応して、後工程による前工程の引き取りを論理的につきつめて考え、意識的に工程間の搬送を後工程から前工程に向かって運搬用機器を定時運転することを実施していったと主張しているのである。つまり、従来の運行方向とは逆向きにフォークリフト・トレーラーの定時運転が開始された事実・その時期には反応せず、一九五四年の新聞記事からヒントを得たという。雑多な情報を含む眼前に展開している現実の生産活動ではなく、論理的に整序された文字情報のほうが現実の把握に役立つ場合は多々ある。だが、彼らの鋭敏な反応から考えれば、一九五四年頃に何か差し迫った状況があったのではないかと考えることもできるのではないだろうか。スーパーマーケット運営に似た方式をロッキード社が導入して経費を節減したことを知ったのが一九五四年春で、トヨタが「スーパーマーケット方式による定時運搬を行った頃は昭和三〇［一九五五］年」[36]である。一九五四年春以降、あるいは翌年にトヨタでは何か新しい事態が展開することを大野や有馬、鈴村らは予期できる状況にあり、今までの方式を変えねばならないと思慮をめぐらしていたのではないか。

実はトヨペット・クラウンの生産準備が彼らの眼前に迫りつつあったのである。

①トヨペット・クラウン製作にいたる経緯

一九五〇年代中頃からのトヨタという企業の発展にとってトヨエースとトヨペット・クラウンは実に大きな役割を果たした自動車である。

トヨエースは一九五四年九月にSKBライトトラックとして販売される。この車はシャーシとボデーを完全に統合したトラックとして売り出されたが、当初の売れ行きはかんばしいものではなかった。しかし一九五六年一月一日に大幅な値下げを断行し、その後も数度にわたる値下げを行い、またトヨエースと名称も変更した。このトヨエースは後に「トラックの国民車」と呼ばれるほど数多く販売され、それまでトラック市場で支配的であった小型

表 6-2　トヨペット・クラウン生産準備の進展状況

年　月		準備の進展状況
1952 年	1 月	計画を開始
	8 月	ボデーの現図に着手
1953 年	6 月	シャーシ第 1 号を完成
	8～10 月	試作第 1 号車で乗鞍岳を登坂。第 2 号，3 号車と合わせて，3 台で 1 万 km 耐久運行試験を実施
	9 月	シャーシ第 2 次試作図（工準図）出図を開始
1954 年	1 月	ボデーの工準図を出図開始
	6～7 月	第 2 次試作車 2 台で 2 万 km の運行試験を実施
	7 月	生産用図面を出し終る
	9 月	生産車ライン・オフ
	12 月	試作第 16 号，本格的生産第 22 号 1 万 km 運行試験を実施

出所）『トヨタ自動車 20 年史』386 頁。

三輪トラック販売が一九五七年をピークに下降していくほどの影響力を持った。(37)

しかし、ここで問題としたいのはトヨペット・クラウンである。これは「初の国産乗用車」と呼ばれた自動車であり、一九五五年一月に販売が開始された。この販売に向けた準備は、実は一九五一年末にまで遡る。『トヨタ自動車二〇年史』は次のような説明をする。

昭和二六［一九五一］年一二月から本格的乗用車RS型［トヨペット・クラウン］をつくる目的で、……RS型の第一号ボデーの試作を開始しました。ついで、昭和二七年初め、R型エンジンの生産準備に着手すると同時に、この乗用車RS型の計画を、本格的に開始し、車体工場の中村健也（当時、車体工場次長、現技術部主査）に、ボデーとシャシーの設計および車体工場の増強を、工機工場の野口正秋にエンジン関係を分担させるようにしました。同年九月、野口が欧米視察に旅立ってからは、エンジン関係を技術部の薮田東三（当時、技術部設計課長、現技術部主査）が受持ちました。(38)

このトヨペット・クラウン生産準備の進展状況を『二〇年史』によって表6-2に記載した。この表以外の情報を付け加えれば、それまでの乗用車の製造とは異なってボデーを内製することにし、(39)シャーシとボデーともに挙母工場で生産することになった。(40)ボデーの試作は一九五一年一二月から始まり、その後十数台の試作を繰り返して、五二年六月にトヨペット・クラウンのモデルを決定する。[41] トヨタ創業以来、初めての「関係会社総動員の措置[42]」をとって型製作が進められ、一九五四年七月にはボデー用型が入荷する。「必要な型数はそろったが、寸法精度が十分でなかったので、型修正に多くの労力を必要とした[43]」ものの、なんとか一九五四年九月に「トヨペット・クラウンのボデー第一号が、車体工場から流れ出[44]」る。

トヨタは一九五一年四月から五六年三月までの五年間で、設備を近代化して月産三〇〇〇台を達成する長期計画をたてていた。この計画期間の半分を過ぎた時点で計画を見直し、一九五三年四月に倍額増資を行う。この資金も生産設備の増強にあてられ、トヨペット・クラウンのボデー製作は月産五〇〇台を目標とすることにした。このため車体工場でも「生産台数の確実を期するために、タクト・システムを採用[45]」することになる。他の工場でも生産設備の増強がなされていく。さらに、前述のように、トヨタの経営陣がアメリカ視察で得た成果を体現した挙母工場の組立工場増改築が一九五四年春には進行しており、その完成が翌五五年だった。

こうした状況が大野や有馬、鈴村らが直面していた事態だった。つまり、トヨペット・クラウンの生産準備が急速に進んでいたのである。その頃の機械工場の状況もけっして悲観すべきものではなかった。新しい機械が設置され、また機械の再配置で生産性が上昇していた（例えば、第4章第2節(1)④参照）。しかも一応、第一、第三機械工場には搬送機械も設置されていたのである。第3章末尾で引用した例を再度思い出しておこう。一九五四年六月にトヨタ社内で開かれた座談会で、司会者が「大分コンベアーの話が出ましたが現在第一［機械］工場でも第三［機械］工場でもブザーが鳴っていますがコンベアシステムとしては正式なものですか」と聞いたのに対し、大野耐一は次のように答えていた。

ブザーが鳴っているのは戦時中ドイツでやっていた、タクトシステムと従来の当社で使っているチェンコンベアーシステムとをミックスした様なものでコンベアシステムとしては正式なものではない。今のうちの生産台数だったら其れ程のものでない、其の為にドイツから来たタクトシステム、即ち時間、時間で切る方法とチェ

ンコンベアーシステムを併用したものです。(46)

第3章で、「月産二〇〇〇台ほどの水準になっても、コンベヤーが絶えず動き工場内を仕掛品が円滑に動くことは実現できていなかった。そのため間歇的にコンベヤーを止め、作業時間を調整した上で、また動かすことが行われていたのである」と筆者はあえて記しておいた。

しかし賢明な読者ならば気づくように、車体工場がタクトシステムで稼働し、機械工場と同期がとれれば何ら問題とする必要はない。この座談会が開催されたのが一九五四年六月だということは、有馬らの言によれば『日刊工業新聞』の記事を見てスーパーマーケット方式について思いをめぐらせている時期のはずであろう。しかし、大野の発言からは、この時点で何か新しい方式を考案した後だという印象はない。また「今のうち［トヨタ］の生産台数だったら其れ程の［つまり、正式なコンベヤー・システムを設置してやるほどの］ものでない」とも言明している。

それでは大野にとっては何が不満だったのだろうか。この問題を検討する前に、大野らがトヨタ社内の問題に意識を集中していく前提ができあがっていたかどうかを簡単に見ておくことにしよう。それはトヨタのサプライヤーの問題である。

②サプライヤーに対する技術指導

「スーパーマーケット方式をとる工程」という図が『トヨタ自動車三〇年史』に掲載されている（図6-2参照）。この図の「シャシー組立工程」に「購入部品」として運び込まれるキャブを提供したのがトヨタ車体であり、前述の岸本はこのトヨタ車体とトヨタとの間でのトレーラーによるキャブ搬送の様子を記していたのである。だがトヨタの部品購入先はトヨタ車体だけではない。とりわけ乗用車ボデーは内製化することに決定したのであるから、その他の部品を供給していたサプライヤーからの納入部品も視野に入れた管理を目指さねばならない。

トヨタがサプライヤーの経営や技術面に積極的に指導・介入する状況が生まれたのは、一九五二年から五三年に

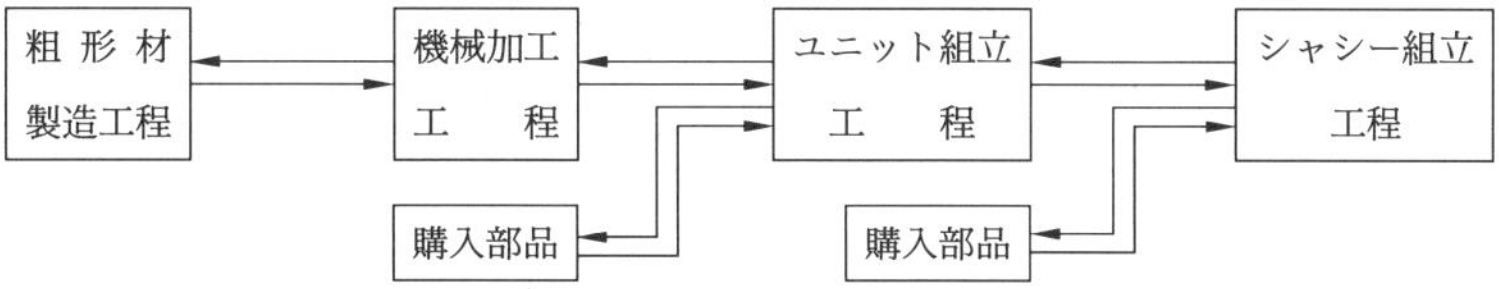

図 6-2　スーパーマーケット方式をとる工程

出所）『トヨタ自動車 30 年史』421 頁。

かけて実施された「系列診断」が契機となっている。[47] つまり、この系列診断の後、トヨタはサプライヤーの工程にも積極的に関与するようになるのである。トヨタは自社内の全製造工程に品質管理を導入することを企図し、一九五三年一〇月に品質管理委員会を設ける。これはトヨタ内部だけにとどまらず、常務取締役斎藤尚一が同年秋の協豊会総会でサプライヤーに対し、品質管理の実施と外注の受入検査の合理化に協力するよう要請した。トヨタは協豊会主催の品質管理講習会に講師を派遣し、講習会終了後にはサプライヤーの工場に出向いて品質管理実施状況の調査と指導を行う。このようにトヨタが多数のサプライヤーの工程に立ち入り、指導を行うことは、それまで例のないことであった。

協豊会も研究会や相互の工場見学会を開催し、従来の親睦会的な性格を大きく変えていく。それは後に、「この時期から協豊会としてのほんとうの活動」が始まった、「経営の合理化あるいは経営に科学をもち込む最初のチャンスでありました」と言われるほどであった。トヨタは単に講師を派遣して協豊会活動を活性化しただけでなく、個々のサプライヤーの努力とその結果を把握していった。サプライヤーが「自主的に合理化を計画するようになり、経営諸数値の向上が目立ってよくなってきた」とトヨタの購買担当者が述べているように、系列診断によって得た企業評価のノウハウを用いながら、トヨタはサプライヤーに関する「経営諸数値」などの情報を蓄積していった。[48] トヨタはサプライヤーの実態を的確に把握することができるようになっていったのである。

さらに注目すべきは、系列診断後にトヨタは、サプライヤーから購入する部品価格の決定方式を変える。「従来、時価を基準として多分に経験者の『カン』に頼っていたのを改め、標準作業時間を基礎とした原価計算方式を採用し[49]」たというのである。『三〇年史』の文脈からすれば、これが実施されたのは第一回の系列診断の受診結果を得て（一九五三年七月）以降の対応で、第二回の系列診断を受診する（五四年四月）以前である。これはトヨタ社内への適用よりも早い。トヨタ社内で部品の標準加工時間を最初に算定したことが確認できるのは一九四七年であるが、トヨタ社内で標準加工時間を原価計算に適用し始めたのは、査業課が行った標準時間（トヨタ用語では基準時間）の第三回目の設定（五六年六月）からだった。ただし『三〇年史』の基準原価制度導入についての記述は、実施時期を前倒しに書き、スムーズに制度が導入された点を強調する傾向がないわけではない（第5章第1節(2)③参照）。トヨタ社内でまだ標準時間が完全に実施できる状況にない時期に「サプライヤーから購入する部品価格」に「標準時間を基礎とした原価方式」が適用できるのであろうか。おそらく、そうした方式を採用して完全に実施したというのではなく、その方式を採用するための模索が始まったと解釈すべきであろう。『三〇年史』が「原価計算方式を採用し」と書いた直後に、「これにより協力工場［サプライヤー］側との話し合いで、相互に納得のゆく価格を決定するようにした[50]」と書き加えているのは、こうした事情だと推察されよう。

それだけではない。サプライヤーが「従来のワンマン経営から組織による経営管理に切りかえ」ることをトヨタは支援し、トヨタの「指導のもとにMTP研究会、TWI教育などを導入して、中級管理者層の育成にのりだ」した。加えて、「材料取りの研究、切削速度の改善、プレス鍛造型の研究、治工具の改善、工程管理の研究などを通じて作業方式の改善を行ない、生産性の向上に努力した[51]」というのである。

トヨタが意図したことが『三〇年史』の描く通りに実施されたかどうかについては小さな疑問符がつく。しかし、サプライヤーの実力も少なくともある程度までは向上し、それを持続させる仕組みもトヨタは構築しつつあったとは考えられよう。

(3) スーパーマーケット方式が試行された場所とは？

一九五四年春に『日刊自動車新聞』の記事を読み、大野や有馬・鈴村らはトヨタでスーパーマーケット方式を行うことを思いつき実施したという。この年の春には挙母工場の組立工場増改築が進行しており、何よりも社運をかけたトヨペット・クラウンの生産準備が急ピッチで進んでいた。同年九月には生産車がライン・オフする。本格的な生産体制を稼働していく寸前とも言える状況である。

トヨタはトヨペット・クラウンのボデーを内製化することに決め、ボデーが安定的に生産できるようにと、車体工場にはタクトシステムで運用できる設備を整えた。一九五四年六月の段階では機械工場の第一、第三工場はタクトシステムで操業を行っている。タクトシステムであれ、そうでない場合であれ、少なくとも挙母工場全体にある各種の工場間で生産量や生産のタイミングを同期化していけば問題はなさそうに思われる。「今のうち［トヨタ］の生産台数だったら其れ程の［つまり、正式なコンベヤー・システムを設置してやるほどの］ものでない」と大野も言明している。このことから考えれば、トヨペット・クラウンの予想生産台数に必要な部品を、機械工場の設備では製造できないということでもなさそうである。

実務家、特に生産現場で実務を行っている人たちが直面していた問題は何かを彼らの言明から探ることは難しい。とりわけ数十年も経た後での回顧録やインタビューからその当時に直面していた問題を探し出すのは困難な場合が多い。その後の状況によって、当事者の記憶違いや思い込みが生じてくるからである（もちろん、インタビューをする人物の力量と、インタビューされる側の記憶力やその人物を取り巻く利害状況によって異なるが）。ここでは彼らの数十年経った証言ではなく、その当時に具体的に何をしたかを通して、彼らが直面していた問題を探ることにしよう。

有馬による一九六〇年の論考により彼らが何をしたかということを再確認しておけば、それは定時運転である。つまり、次の表現が彼らのしていたことの一面を簡潔かつ具体的に伝えている。

トレーラーの定時制運搬から拡大して、別なダイヤ式定時制運搬にも発展して、現在では、鍛造、鋳造、車体、塗装、焼入、鍍金、第一工機、第二工機の工場とも定時制運搬が行なわれている[52]。

鈴村も「自分たちが集めながらダイヤを組んでいった[53]」と一九七七年に書いた論考で述べている。これはダイヤ運転（定時運転）であり、この手法は他の工場でも広く行われており別に変わったことではない。これについてはすでに十分に紙幅を割いて述べてきた。

おそらく読者はこのように言うのではないか。一番重要なのは「後工程から前工程への引き取り」だと。たしかにトヨタの四〇年史『トヨタのあゆみ』は大野耐一の言葉として次の文章を引用している。

われわれは昔から「部品というものはジャスト・イン・タイムに集めるべきもの」ということを聞いて、なんとかこのジャスト・イン・タイムというものをうまくやる方法はないものだろうかと考え、運搬の系統を逆にしたわけです。

どこの会社でも、だいたい物をつくったところが後工程へもっていく。これを逆に、できたものはそこに置いておきなさい。欲しいところは、そこへ、いるだけ取りにいきなさい。しかも、いる時に取りにいけばいいということで、そういうことを一つの物の考え方として運搬を後工程につけたのです。……結局、運搬工程を逆にしたことが、非常に効果があったのではないかと思います[54]。

しかし奇妙ではないか（何が奇妙かは後で説明しよう）。これと似たような見解は何回も繰り返し聞く。後工程から前工程に部品や仕掛品を集めに行くことは必ずしも彼らの独創ではない。戦時中の三菱重工で実施された前進作業方式でも、部品を「容易に集める為」に、最終工程の組立から前工程の部品を引き取ることを始め、結果的に流れ作業を生んでいたのである。ところが、中島飛行機では、その中核工場である太田製作所で「芋蔓式」に前工程を「引張り」ながら生産を行ったが、おそらく成功しなかったため組織変更を行っている（第2章第3節(2)②b参照）。前進作業方式が最終組立工程から前の工程に向かって部品の引き取りを行ったように、多数の部品から構成される組立加工型産業においては全工程に影響を及ぼしていくには最終工程で前工程への引き取りが始められねばならない。そうすれば、最終製品に使われる全部品の工程に影響が及んでいくからである。後工程から前工程への引き取りで全工程への波及を説明するには、最終工程から前工程への引き取りが開始されてこそ論理的に意味のある説明となる。

有馬がスーパーマーケット方式の原理だと説明した記述を思い返してみよう。それは次のようであった。

> 総組立工場の型式別の組立日程の順序に、先行して機械工場の組付ラインは組んで行き、総組立工場に運ばれて行けば、必要な車が計画日程の順に組立てられることになる。また組付工場は、自分の所で組む順序に、機械加工のマーケットに必要部品をとりに行くというやり方が生まれてくる。これがトヨタ式スーパーマーケット方式の原理である。[55]

有馬は当然のごとく総組立工場（つまり、最終工程）から前の工程に引き取りに行くように説明している。彼はまったく無意識だったかもしれないが、「後工程から前工程への引き取り」による全工程への適用を原理的に説明しようとすれば、最終工程を含んだ説明をせざるを得ないのである。

だが実際に、この方式の適用が始まったのは機械工場からだという。『トヨタのあゆみ』はスーパーマーケット方式に関して次のように述べている。

> スーパーマーケット方式は、当時の機械工場長大野耐一が中心となり、適用範囲を機械工場から総組立工場、車体工場へと広げていった。[56]

また、有馬はスーパーマーケット方式の展開を次のように説明していた。

> このやり方を機械工場内と、機械工場と総組立工場間の運搬にあてはめたのである。すなわち、総組立工場から考えれば機械工場はマーケットであり、組付工場から考えれば加工工場はマーケットである。従っていずれも後工程から前工程に取りにいくということにした。[57]

この有馬の説明を彼が使っている言葉にこだわってみれば、機械工場の内部のみに後工程引き取りが最初に適用されて、その後に総組立工場に適用範囲が広がったとは彼は書いていない。書いてあるのは、「機械工場内」と「機械工場と総組立工場間」の運搬とが同列である。つまり、有馬が用いた言葉から実際に生じた事態を再構築してみれば次のようになる。最終工程である総組立が行われている工場の建屋から、機械工場がある建屋に向かって、総組立工程で必要になった部品などを機械工場の最終工程から引き取りにいく。それが起点になって、機械工場内部での後工程から前工程への引き取りが進行していく。これが有馬の書いていることである。彼の書いている字句を素直に読めば、最終組立工場からの引き取りが起点となっていると彼が説明していることに留意しておきたい。

ただ、多くの読者は次のように言うだろう。そういう微細なことにこだわったところで何になるのかと。所詮、後工程から前工程への引き取りが数多く行われ、試行されたのは機械工場内部ではないのかと。しかし、この疑問は逆に別の疑問を呼び起こさないだろうか。もしも後工程から前工程の引き取りという原理で全工程の運営を覆い尽くすとすれば、必ず最終工程から始めなければならない。それなのになぜまず機械工場内部でスーパーマーケット方式が試行されたのだろうかと。

この疑問について考える前に、有馬が書いているスーパーマーケット方式を開始したときの状況を次に見ておきたい。

（4）スーパーマーケット方式を始めたときの会社の状況

①「セット生産」を徹底できた状況

スーパーマーケットは「お客の欲しいものが何時でも、売子に強制せられることなく一個でも二個でも欲しい個数だけ得られる」[58]と有馬は説明していた。だが実際に、スーパーマーケット方式を実施する際には、「一個でも二個でも」ではなく「五台分を『セット』して運搬」した。鈴村も「五台分ずつ部品を前工程へ取りにいく[59]」という。この五台分という意味は、「エンジン、フロント、リヤー、プロペラ、ステアリングと各々五台分を『セット』して運搬する[60]」ことであった。なぜ五台かは、さしあたりトレーラを牽引する車の「牽引能力」と「計算の簡単さからであったという[61]。この五台を「セット」として生産したことを、有馬は「セット生産」と呼ぶ。

このセット生産はどのように運用されたのだろうか。五台という単位を厳格に守ったこともあると有馬は言う。セット生産は、総組立工場から機械工場にとりに来た場合、各々のアッシーが五台分に不足の時はこの五台分は、運搬しないというやり方をとったこともある[62]。

ここに言う「アッシー」とは部品単体ではなく、部品が組み合わされて一つの構成ユニットとなったものである。具体的にはサプライヤーから別々の部品として供給されたものを、トヨタ側で組み合わせて(つまり、アセンブルして)一つの部品に仕立てたもののことである。つまりこの引用文は次のことを言っているにすぎない。例えばエンジンが四台分しかないときに、一緒に運ぶ他の「アッシー」(部品)が五台分揃っていても運搬を許さず、すべての「アッシー」が五台分揃うまで待たせたこともあったということである。

トヨタでスーパーマーケット方式の試行を始めた人たちにとって幸いだったのは、この時期が自動車販売の低迷、それにともなって生産台数を抑制していく時期と重なったことであろう。『トヨタ自動車三〇年史』がトヨタだけでなく他社も含めた生産台数と販売台数の推移を示した図を掲載しているので、ここでもそれを載せておこう(図6-3参照)。トヨタの生産台数に限って、時期をやや広げた図も掲げておく(図6-4参照)。これを見ればスーパーマーケット方式が試行されたという時期が生産台数の激増している時期ではなかったことがわかろう。一九五四年六月に二五七六台という戦後最高の月間生産台数を記録した後、トヨタの生産台数は低減し五四年一二月には一二五九台まで落ち込む。再び一九五五年五月に戦後最高の月産台数二六五九台を記録した後、生産台数が低下し、五五年後半は月産二〇〇〇台を割り込む月が続く。ところが一九五六年に入るや生産は増加を続け、五七年七月には月産七八〇〇台に達する。一九五八年一月に六〇〇〇台を一時的に下回ったものの、その後は、月産六〇〇〇台を上回っていった。

トヨタの経営陣は経済状況を考え、また自動車の販売台数の状況を見ながら生産台数を調整していた。トヨタは

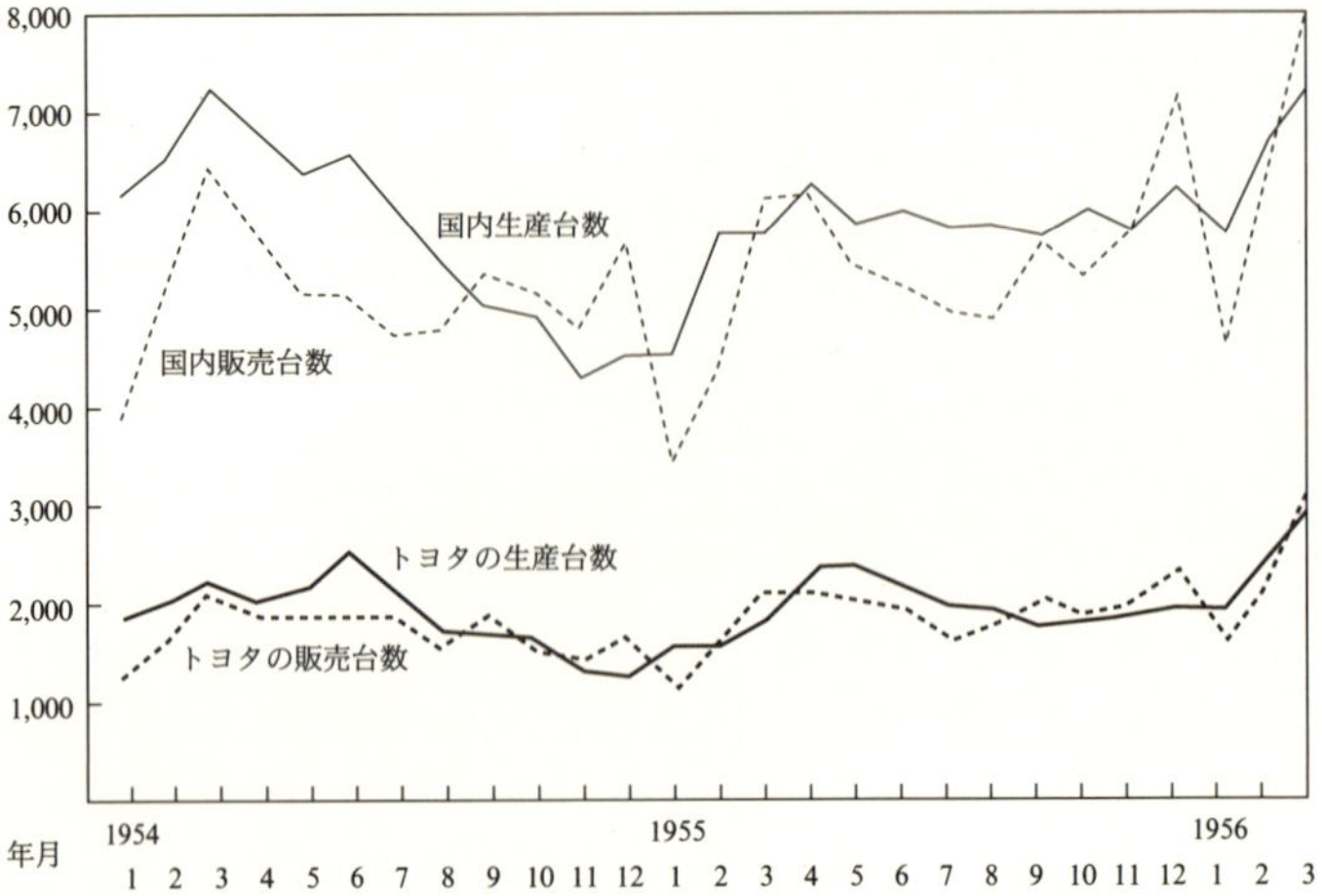

図 6-3　生産，および販売台数の推移（1954 年 1 月〜56 年 3 月）

出所）『トヨタ自動車 30 年史』391 頁。

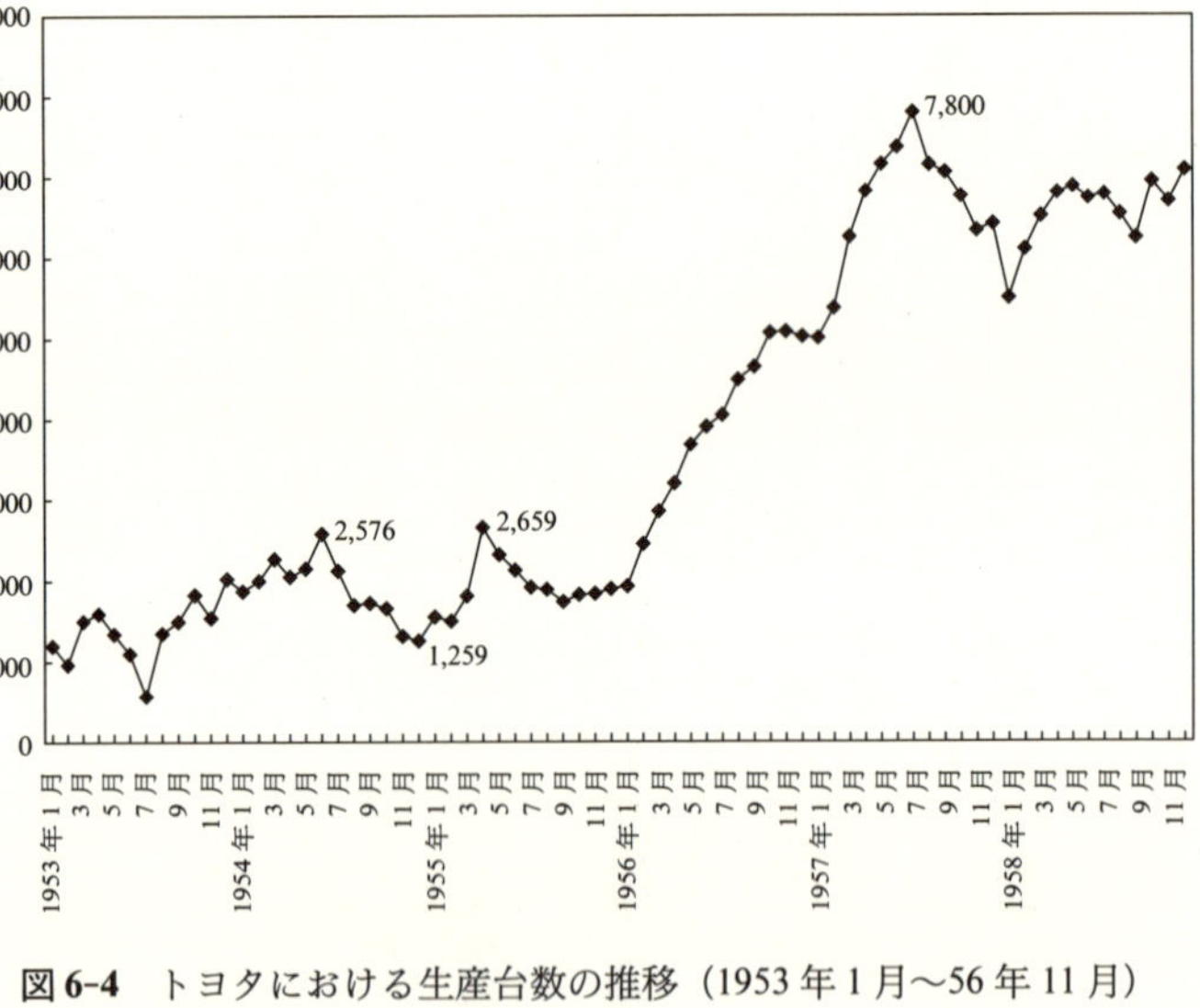

図 6-4　トヨタにおける生産台数の推移（1953 年 1 月〜56 年 11 月）

出所）『トヨタ自動車 30 年史』766〜67 頁。

一九五四年一一月から五五年三月まで土曜日を休日にし、従来週六日が操業日であったのを週五日の操業にした。さらに一九五五年六月から五六年二月も週五日の操業にした。

　このように会社として生産調整をしていた状況下であれば、「五台分揃うまで待たせ」ることも可能だったということもうなずける。だが、なぜ五台分の組付け用のアッシー（構成ユニット）を「セット」にして運ぶことにこだわったのであろうか。五台分のアッシーが揃わなければ、後工程で作業を中断しなければならないはずである。なぜ、そこまでして「セット生産」にこだわったのだろうか。これについて有馬は次のように説明する。

　各々のアッシーが五台分に不足の時はこの五台分は、運搬しないというやり方をとったこともある。そのときは当然の結果として総組立工場のラインはストップするのである。しかしこれは組立工場を止めるのが目的でなく、あくまで止まることによってその問題点をおこした所の職制がそれを解決する対策を早急に行う事を無言で教えるためであった。それとともに、総組立工場だ、機械組付工場だ、加工工場だというふうにその責任を独立的にせめるのでなく、自動車生産という一貫した流れ作業とは、どこに問題があっても、その打撃は大きいのだという認識と責任感を身をもって感じてもらうためであったともいえる。又一つの組で一〇の部品をやっている場合、欠勤のため九つの部品は予定通りできて一つの部品が半分しかできないのよりも、一〇の部品とも九五％セットで出来る方がはるかによいということをわかってもらうこともこの方式のねらいである。[63]

　ここで着目したいのは、有馬がおそらく何気なく書いた「総組立工場だ、機械組付工場だ、加工工場だというふうにその責任を独立的にせめるのでなく」という表現である。これは、ややわかりにくい表現だが、各工場の責任が独立していると考えてはいけないことを実感させるためだったということであろう。逆に言えば、少なくとも各工場は自分たちの工場は独立していると考えがちだったということであろう。もう一点、注目すべきは、「一〇の部品とも九五％セットで出来る方がはるかによい」という表現である。これは要するに、完成車一台を組み立てるのに必要な部品をセットで用意したほうが、個々の部品を余分に作るよりもよいということである。組み立てる完成車に必要な全部品を、一つのまとまりとして（つまりセットとして）製造していこうということである。有馬たちはそのセットを五台分としたのである。この有馬が使った表現こそは、彼らが直面していたトヨタの状況を示している。

②挙母工場における進度管理――「号口管理制度」は進度を管理する制度か？

挙母工場は、複数の工場（建屋）から構成されていたことを想起しておこう。こうした状況であったからこそ、戦前に喜一郎は挙母工場に立地する各工場での加工時間を一定にして、挙母工場全体が「流れ作業」的な方向に進むよう試みる通達を出していたのである（第3章第3節(5)⑤参照）。戦時期から戦後まで、トヨタで採用されていた生産管理の方式は、この多数の工場からなる挙母工場を前提としてなされていたことを忘れてはならない。『トヨタ自動車二〇年史』は刈谷工場時代の進度管理について次のように書いていた。

刈谷工場時代は、各作業現場ごとに事務所をもって、そこで、生産関係の事務はもちろん、工場人事、用度、営繕補修などにいたる、事務という事務はなんでもやっていました。そして、作業はすべて請負制度で、進度管理は、各工場（本社工場、組立工場）ごとに、仕掛単位の基準をきめて、その進度をはかっていました。[64]

刈谷工場では工場ごとに進度管理をやっていたのである。

では、挙母工場の進度管理はどのようになされていたのだろうか。『二〇年史』は前掲引用文の後、「このように、各工場で、それぞれに行っていた管理を、挙母工場では、全工場を初工程から、最終工程まで、一貫して管理する方式にあらため[65]」たと書く。ここから『二〇年史』は最終製品のロットによって進度を把握する制度だとして「号口管理制度」を説明する。つまり、すでに何度か引用したように「部品ごとに適当な数（たとえば一〇台分、三〇台分など）を一つのグループとし、これを一号口と名付け、その部品の生産上の進度をはあくする制度[66]」を導入したという。

これは厳密には進度管理のやり方ではない。『二〇年史』も言うように、「部品の生産上の進度をはあくする制度」ではあっても、進度の遅れを誰が主体となってチェックし、予定通りに生産上の進度を達成していくかという管理上の方式については何も書かれていない。刈谷工場と挙母工場の時代では、『二〇年史』の説明の論点が微妙にずれているのである。

『二〇年史』の説明は、「号口管理制度」という用語が二重の意味で使われており、微細な点に立ち入って考察する必要がある。関係箇所を引用して説明しよう。

> 挙母工場では、全工場を初工程から、最終工程まで、一貫して管理する方式にあらため、従来行って来たわが社のいわゆる「号口管理制度」(a)を、さらに合理化しました。この号口管理制度(b)は、部品ごとに適当な数（たとえば一〇台分、三〇台分など）を一つのグループとし、これを一号口と名づけ、その部品の生産上の進度をはあくする制度です[67]。

この引用文では「号口管理制度」という用語は二度使われている。傍線部（a）の用語にはあえて「従来行ってきたわが社のいわゆる」という修飾句がついている。『二〇年史』には、この修飾句の意味する具体的な内容については何も説明がなされていないが、これは豊田自動織機製作所におけるロット生産で、一定の数量を順番に一号口、二号口などと呼んでいたことを指すとしか理解できない。つまり、何号ロットと呼んでいたものが、おそらく何「号口」に転じたものであろう。このように考えれば、傍線部（a）はロットで管理していたと読める（第3章第2節（2）②）。

傍線部（b）の「この号口管理制度」は、傍線部（a）で言う「いわゆる『号口管理制度』」とは違う。引用文を厳密に読めば、論理的に違うことになる。つまり、「いわゆる『号口管理制度』」をさらに合理化したものが傍線部（b）の「号口管理制度」だからである。まるで判じ物のようにトリッキーな文章である。この『二〇年史』の文章を厳密に捉えて、傍線部（b）が「いわゆる『号口管理制度』」と違うと考えれば、傍線部（b）以下の文章が新たな

「号口管理制度」の説明であることは間違いなかろう。

このように考え、傍線部(b)の用語「号口管理制度」の説明を読めば、これはまさしく「号機」という概念の説明でしかない。言ってみれば、「号機」概念を「号口」と読んで、「号機」という概念を使って管理しているということにすぎない。「号機」とは戦時中の飛行機の生産から生まれた用語で、「製造番号又は号機——第何番目の生産機の意味[68]」である。具体的には、最終製品である飛行機の一機ごとに番号をつけておき、それに必要な部品すべてに同一の番号をつけて、部品の生産進度を把握しようとした方法である。飛行機の場合には一機ごと把握しようとする試みがなされたが、トヨタの場合は「(一〇台分、三〇台分など)を一つのグループ」、つまりロットで把握しようとしていた。おそらくは、そのために「号車」などと最終製品一台を示す言葉よりも、ロットを意味していた「号口」のほうが実態を表すだけでなく、当時の従業員の感覚にも合っていたのであろう。傍線部(b)は「号機」から転じた意味で使われ、最終製品である自動車のロット番号である「号口」で部品の進度を把握しようとしたものだったと言えよう。

しかしこの「号口管理制度」では、挙母工場の進度管理は説明できない。それでは、挙母工場における進度管理はどのように行われていたのだろうか。実は、刈谷工場時代に行われていたのと同じように各工場が進度管理の責任主体だったのである。

『二〇年史』は「二〇万台突破のころの生産管理」という項目で次のように書いている[69](ちなみに、トヨタが二〇万台目の自動車をライン・オフするのは一九五四年一二月一六日である。まさに、スーパーマーケット方式の試行がなされている時期と重なっていることに留意されたい)。

鋳物工場、鍛造工場、車体工場などの内製品の仕掛については、工務部工務課(昭和二七年七月、計画課となる)で、月に何を何個つくれという生産指示書を各工場へ出すだけでありました。この生産指示書にもとづいて、上記の各工場の事務課では、日程計画をたて、自工場の仕掛管理を行っていました。また、総組立工場のうち、組立をのぞいて、塗装・めっきの各工場や機械工場でも、この方式をとっていました。[70]

挙母工場でも「月に何個つくれ」という月単位の生産指示書に基づき、各工場が「日程計画をたて、自工場の仕掛管理を行って」いた。つまり、挙母工場全体としては月次計画しか示さず、後の詳細な運用は各工場に任されていたのである。この引用文は、先の刈谷工場の進度管理について述べた引用文の内容とも対応している。たとえパンチカード・システムが導入されようと、こうした管理を基盤にしたものだったから、工数の計算もあくまで「月次工数計算」でしかなかったのである（第5章第1節(2)③参照)。

(5) なぜスーパーマーケット方式は機械工場から試行され始めたのか?

①機械工場の製造工程における位置

なぜスーパーマーケット方式は機械工場から試行され始めたのだろうか。開始した場所は歴史的偶然であるという答え方もあろう。あるいは偉大な工場運営責任者やその下で働いた部下たちの類稀な能力によるものだという答え方もあろう。だがすでに疑問を投げかけておいたように、後工程から前工程への引き取りという原理で、挙母工場の全工場、全工程の資材や仕掛品の流れを覆い尽くすとすれば、その発端は最終工程でなければならない。それがなぜ機械工場だったのだろうか。

自動車製造の全工程の流れを脳裏に抽象的に思い浮かべてみればよいだろう。機械工場はその流れのどこに位置するだろうか。鉄鉱石から製鉄所を経て薄板鋼が完成し車体が作られる。その車体は組立工場に運ばれシャーシに架装されよう。また鋳物や鍛造を使う部品は機械工場で加工され、他の部品とともにエンジンとして完成される。他にも雑多な部品が機械工場で加工されて、アッシー（構成部品）として完成される。エンジンやその他のアッシーは機械工場を経て組立工場に運ばれ、車体とともに組み立てられて完成車となり、出荷されていく。他にも多数の資材や仕掛品の流れがあり、その全体を示すために、各部品や資材の流れを線で示せば、非常に複雑だが最終的には完成車の組立工程にたどりつく多数の線を引くことができる。機械工場が管轄する工程は、必ず最終組立工程よりも前の工程である。自動車の製造工程は技術水準や使用資材が変化すれば多少は変化するが、大枠は上記のようなものである。

自動車の製造工程の流れを前提として、なぜ機械工場でスーパーマーケット方式の試行が始まったかを考えてみたい。だが、このような問題設定に対して、厳密に論理を組み立てて推論していこうとする読者は次のような疑問を提起するに違いない。スーパーマーケット方式が試行されたのは一九五〇年代中頃であり、しかも挙母工場の機械工場で始まったと考えられている。そうした時代性や場所の特殊性という要因を無視して、いわば超歴史的で粗雑な製造工程の流れを前提として推論を進めるのはおかしいと。その通りである。だが一九五〇年代中頃の挙母工場の中で各工場がどのように配置されており、資材や仕掛品がどのように流れているか、つまり工程の経路を示す図を見つけ出すことはできなかった。ただ時期が数年ずれるものの、一九五八年一一月一日時点の図がある(図6-5参照)。

機械工場の製造工程の流れにおける位置づけをこの図から確認しておこう。機械工場の第一〜第三工場で加工されたものの一部は直接、その他のものは第四工場を経て総組立工場(最終組立工場)に運ばれている。機械工場は総組立工場の前工程を担う工場であることがわかろう。

②「セット生産」開始前の機械工場

五台の「セット生産」を開始する前の機械工場の様子、ならびに組立工場と機械工場との関係を見ておこう。これについても情報は、さしあたり有馬の論考に依拠する。有馬は「昭和二八〜二九年当時のトヨタの状況」つまり一九五三〜五四年の状況を次のように描写している。

当時の機械工場では、機械加工された部品はすべて、運搬班が一品一葉の伝票によって組付工場に運搬をして

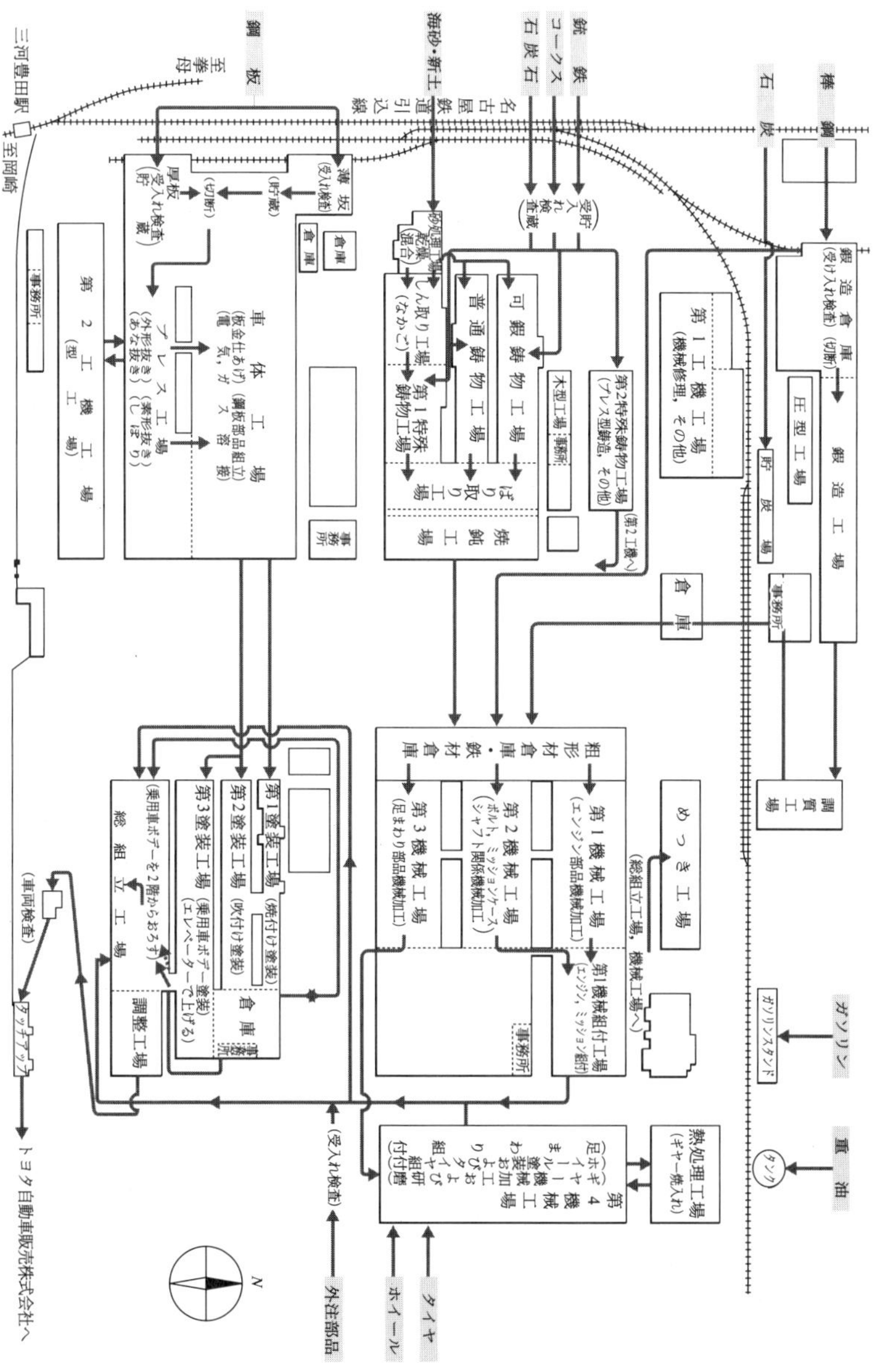

図6-5　挙母工場内部の配置と工程の流れ（1958年11月1日）

出所）『トヨタ自動車20年史』658-59頁。

いた。すなわち「前工程から後工程に運ぶ」という方法であり、また出来上った数は相手の事など少しも考えずに送っていたのである。機械加工の各組は、機械の予防保全は確立されて居らず機械故障も多く標準作業票通りの生産も、十分管理されていないため、毎日安定した数が後工程に運搬されることは、期待する方が無理であったのかも知れない[71]。

労働争議を経て、トヨタでは標準時間の推定・測定が進んでいたから「標準作業票」も一九五三年頃には作成されていたのである。だが、機械の故障だけでなく、その「標準作業票」に従って生産を行うことが完全には守られていなかったことになる。

この状況では、後工程は前工程から入ってくるはずの部品が運ばれてこない（あるいは、その部品が運ばれてきても数量が不足している）状況を想定して対応せざるを得ないだろう。その結果、次のような状況になる。

組付工場の方は、組付作業場としての面積よりも、部品置場として占める面積がはるかに多かった[72]。

生産の責任者とすれば、自分が管理する部署（工場）の生産を円滑に遂行することが、さしあたりの目的となり、そのために自工場に必要以上の部品を保管して、自工場の生産に支障をきたさないようにすることを第一義的に考える行動に出ていたのである。そうした行動の結果、会社全体にどのような影響が及ぶかは、さしあたり彼らの考慮の外にあった。おそらく、生産数量が不足すれば何らかの叱責や罰則があっても、部品を必要以上にため込んでも計画数量を達成すれば褒められこそすれ叱責されることはほとんどなかったに違いない。したがって会社全体のことより自工場のこと、つまりは全体最適化よりも部分最適化が指向されていたのである。

自動車を完成させるには、さまざまな部品をその集合体（アッシー）に組み立てておく必要がある。有馬らが「セット生産」を試行する前の状況はどうだったか。

組付工場は部品の様子をみながら、どの型式が組付けられるかをしらべて組むのであるが、フロントはA部品が無い、リヤーはBとCが無いとか、この型式は内製品は皆あるが外注品が揃っていない、といった調子で、部品を途中まで組んで別の所に置いたり、そろっているだけ組んで残ったのは一時のけておけといった具合で、コンベアー組付の稼動時間は非常に少く、特に部品の揃わぬ月初め、予定の半分程度しか組付けられないといった有様であった。

足廻り組付自体が、フロント、リヤー、プロペラシャフト、ステアリングの、型式別の組付完成数がバラバラであるため、エンジン組付やミッション組付と結合した場合においては、そのバラツキはひろがることはあってもせばめられることは無く、生産の管理という面は、管理以前の段階であったといえよう[73]。

自動車一台を完成するために必要な部品の数と種類は決まっている。部品を組み付けてアッシーを生産し、何種類かのアッシーを組み立てて自動車が完成する。ところが、アッシーを生産する段階でもう不足の部品がある。その結果、あるアッシーは必要な数量をつくったものの、別のアッシーは組み付けることができない。こうした状況が機械工場内部で生じている。だが、予定数量の組み付けを終えたアッシーを工場内部に置いておけば作業スペースが足りなくなる。部品が足りなくて未完成のままのアッシーが工場内部に置いたままであれば、なおのこと作業スペースは不足する。こうした状況であれば、機械工場の生産担当者は、組み付けを終えたアッシーをともかくも総組立工場に運ぼうとするだろう。たとえ総組立工場でまだそのアッシーが必要でないとわかっていても、自工場の作業スペースの確保を優先することを選択するだろう。その結果、次のようなことが起きたのである。

機械工場の組付で出来上ったアッシー部品は、出来上ったものから大型トラックに山とつみこんで、総組立工場のライン側に持って行く状況であるから、総組立工場とて、決して予定した型式をその台数だけ組立てるための主体性はあり得ず、なんでもそろったら組んでやるといった感があった。すなわち大型トラックは、外注品やエンジン等はあるけれども、フロントが一〇台しかないから車として一〇台しか組めないとか、小型トラックは外注品や機械工場関係部品は予定数あるが、フレームが一二台分しかないからこれだけしか組めない。といった調子で、多くの部品の中には何かに問題点があって、月半ば位までは日程計画を予定通りすすめいなければならなかった。[74]ることは非常にむつかしかった。また、多数の進行係がその間にあって数の現物調査や部品の督促にあたって

この引用文によれば、多数の進行係がいたという。一読すれば、小分割された生産単位が工場全体に完全に配置されて、その単位に進行係が常駐しており、生産の進行に責任を負っていたかのようにも解釈できる。つまり、全面的に推進区制方式が採用されていたかのようにも読みとれる。実際、労働争議後に採用された「歴史的な職制」では工数測定のために少なくとも一部は推進区制方式の特徴を取り入れた組織が採用されていたのである。それだからこそ「分散管理方式」を採用したと『トヨタ自動車二〇年史』は書いていたのであった（第4章第3節（4）参照）。推進区制方式を推進していた人たちは、作業現場を細分して作業の管理・検査・進行を綿密に行うことで全工程を流れ作業的に編成しようとした。それは戦時期における生産の管理に対する反省から生まれたものであった。戦時期の航空機生産では月末に駆け込み生産が行われており、この経験を踏まえて推進区制方式では進度管理がきめ細かく行われ、かつ計画変更に柔軟に対応できるように生産予定の指示の仕方に工夫がなされた（第2章第4節（1）参照）。しかしながら、この方式は管理に多数の人員が必要だった。ある意味で、相対的に人件費が安く人員の増加がそれほど問題とならない状況下では推進区制方式を採用する企業はあった。しかし人員を大量に投入できない状況になれば、推進区制方式の利点を認めたとしても、その実施をやめる企業もでてきた。

この時点のトヨタで「多数の進行係がその間にあって数の現物調査や部品の督促にあたっていなければならなかった」というのは深刻な状況であろう。しかも、多数の進行係がいながら平準化生産が行われていない。では、どういう状況が生じていたのだろうか。推測するに、次のようなことであろう。ある部署が生産を円滑に続けるために人員を前工程に送り、必要部品を探し出して自分たちの部署に持って帰るか、必要部品の生産をしきりに督促する。こうなると他の部署も同じように人員を派遣して必要な部品を確保する行動にでなければ、人員を派遣した部署の部品だけが生産されていき、自分たちの部署に必要な部品は後回しにされてしまう。まさに部署単位の利害

が優先され挙母工場全体の生産計画は後回しにされる。部分的最適化だけが追求され、会社としての全体最適化などは考慮すらもされなくなったと言える。多数の人間が生産現場を飛び回りながら、どこに必要な部品があるかと「現物調査」を行い、まだ必要な部品が生産されていなければ、その「部品の督促」をする、といった混乱状態が出現したのであろう。

実は第4章から対象としてきた「各工場内はラインの始まりと末端にはいつも半加工品、完成品が堆積して」おり、「ラインの中途に仕掛り品のたまりがあちらこちらにみられる[75]」状況とはいつのことだったのか。この文章を本書ではあえて『トヨタ自動車三〇年史』から引用し続けてきた。この状況を『三〇年史』では号口管理制度と関連づけて語り、あえて時期を特定していない。そのため、こうした状況が戦時から戦後にかけてあっただろうと推測する書き手としては、くどくどしい説明をせずに問題を設定するのには便利だったからである。だが、この引用文には元の文章がある。それは『二〇年史』に掲載された文章であり、『三〇年史』のものはそれを書き直したものであろう。ここで『二〇年史』がどのように書いているかを紹介しよう。

わが社では、ながい年、流れ作業方式を広く採用して来ましたが、ラインのはじめと終りに未加工品、完成品が堆積していました。それはまだしもとして、ラインの途中にも仕掛品のたまりが散見されました。このようなことは、一見職場が活気を帯びているような印象を与えますが、実際は管理が不完全であることの現われであり、工場面積がムダに使われるばかりでなく、運転資金の無意味な膨脹により、コスト高の原因となります。このような状態を打ち破るために採用されたのが、スーパー・マーケット方式であります[76]。

つまり「ラインのはじめと終りに未加工品、完成品が堆積し……ラインの途中にも仕掛品のたまりが散見」される状況を打破するために採用されたのが、「スーパー・マーケット方式」だというのである。だとすれば、機械工場こそ、こうした状態だったと言っていることになる。

③挙母工場における生産指示はどのようになされていたのか？

挙母工場での生産指示の仕方を確認しておこう。この頃には生産計画全体の月次計画が各工場に示され、それぞれの工場で独自に日程計画を作成して生産を行っていたことは、先に『トヨタ自動車二〇年史』を引用して見た通りである（本節(4)②参照）。

その引用文から確認できることは、機械工場に対する生産指示は月単位の指示であったことが第一点であるが、第二点として、総組立工場のうち「組立」工程は月単位の指示でなかったということがある。正確を期そう。引用文には、「総組立工場のうち、組立をのぞいて、塗装・めっきの各工場や機械工場でも」[77]とあった。前掲図6-5を参照すれば、総組立工場がある同じ建屋には、第一〜第三塗装工場と倉庫、それに調整工場がある。この建屋を総称して「総組立工場」と引用文は呼んでいる。図6-5では「めっき工場」は確認できない。だが、機械工場と総組立工場で働く人員数を調べた表6-3からは、「課」レベルの職位として、総組立工場には鍍金《めっき》「工場」ないし「工程」が、少なくとも一九五八年三月三一日には存在していたことがわかる。これ以後に移転した可能性も捨てきれないが、図で表示する際にあまりに煩雑になるのを避けるために図6-5には記載しなかった可能性が高い。いずれにせよ機械工場から考えれば、後工程は総組立工場内の組立工程である。その組立工程への生産指示は月単位ではなかったということである。

機械工場への生産指示が月単位でなされ、その後工程である組立工程への生産指示は月単位ではない。このことは何を意味するのだろうか。生産指示が月単位でなければ、週単位あるいは二週間単位、それとも一日単位なのだろうか。このような疑問に答えるには生産現場の様子を知る必要がある。そのために組立ラインないしはコンベヤー・ラインが導入されている様子を示す写真を次に掲げよう（図6-6参照）。

この三枚に共通する特徴は何だろうか。簡単なことである。ボデーが整然と並んでいるのである。つまり、ライン生産では乗用車の組立ラインであれ、車体の組立ラインであれ、ボデーが一列に整然とコンベヤーなどの搬送機

表 6-3　挙母工場における機械工場および組立工場の人員数（1958 年 3 月 31 日時点）

部	課	区分 事務員・技術員・特務員 男（人）	女（人）	計（人）	作業員 男（人）	女（人）	計（人）	合計（人）
機械工場	事務	3	1	4	59	1	60	64
	第 1 機械	11	—	11	210	1	211	222
	第 2 機械	1	—	1	48	—	48	49
	第 3 機械	4	—	4	178	4	182	186
	第 4 機械	4	—	4	168	4	172	176
	計	23	1	24	663	10	673	697
総組立工場	事務	4	2	6	2	—	2	8
	組立	9	—	9	165	6	171	180
	塗装	1	—	1	111	18	129	130
	鍍金	2	—	2	40	—	40	42
	計	16	2	18	318	24	342	360

注）組織上では機械工場，総組立工場は「部」レベルで，その同じ建屋に配置された各工場と事務組織は「課」レベルとして取り扱われていたことを，この表は示そう。なお「休職者，出向者，嘱託，臨時工」は除外されている。
出所）『トヨタ自動車 20 年史』667 頁。

の上に並び、完成車に向かってライン上を進行していくのである。それは機械で搬送機を動かそうと手で押そうと、また動き方に早い遅いがあろうが、移動テンポが一定であろうがなかろうが、ともかく一列に整然と並ぶのである。もちろん、二本のラインがあれば、ライン一本につき一列だから計二列に並ぶ。ただ、組立ライン一本に着目してみれば、一列に並びながら完成車に向かって進んでいくのである。

　これは別に変わった観察でも何でもない。ごく当たり前のことである。そして、この組立ラインには組立が始まる地点と終了する地点があり、組立ラインの長さは無限ではない。したがって、組立ラインで組み付け作業が進行するということは、必ず一台ずつ進行していくということである。適正な間隔が保たれて作業が進行するとすれば、一台が最後の組立作業を終えて、組立ラインから離れたところで、組立ラインの始点では新たな一台が組立ラインの上に載せられ作業が始まることになる。組立ラインの作業を五台ロットで管理するにしても、一〇台ロットで管理するにしても、組立ラインの始点で新たに組立作業が開始される

a）車体工場の乗用車専用ボデー組付ライン

b）コンベア化を完成した乗用車の内張工場

c）乗用車組立てライン《組立工場》

図 6-6　コンベヤー・ラインが導入された現場の様子

注）a）b）c）ともキャプションは出所通り。なおc）については「昭和 28～30 年に増強された設備(2)」（つまり 1953～55 年の設備増強）という表題で 5 枚の写真が掲載されているが，そのうちの 1 枚。

出所）『トヨタ自動車 30 年史』485 頁，490 頁，341 頁。

のは一台ずつである。組立ラインの始点で絶えず次の一台を組立ラインに載せる準備が必要となるからといって、組立ラインの始点で余裕をもって組み付け部品の手持ちを何台か持とうとも、組立ラインに載せるのは必ず一台ずつなのである。

挙母工場全体に対する生産計画の指示が月単位でなされているにもかかわらず、総組立工場の「組立（工程）をのぞいて」というのは、このような意味である。もちろん、具体的な組立ラインへの指示にはまだすべきことがあるが、ここでは触れる必要がなかろう。

④機械工場に対する月単位の生産指示の結果、何が起きていたのか？

挙母工場では多くの工場に対して月単位での生産計画を提示していた。各工場の建屋が独立しており、建屋と建屋の間に整備室と呼ばれる倉庫もまだ存在していた状況である。しかも日程計画は各工場の責任で立案できる。部品生産の進度は「号口管理」によって把握はできても、その生産を進行させる責任主体は各工場にある。戦時期から長い時間をかけてトヨタでは標準時間の測定を行い、一九五〇年の労働争議後には生産手当制度をつくり、またＩＢＭ機を導入して、その制度の運用を開始した。とはいえ、それによって会社が把握していたのは依然として「月次工数」であった。

こうした状況から生ずることは、毎日平均的に同じ量を生産することではなく各月の末になってその月の生産量を月次計画で示された量に合わせることであろう。まさしく「月別生産数量を上位の管理組織が末端の管理単位に示すだけでは、月末に駆け込み生産の行われる弊害を招じやすく、生産の平準化は達成できにくい」のである（第2章第4節(1)参照）。現実に、同じような状況で戦時中の航空機生産では、月末に駆け込み生産が行われていたのであった（前掲図2-13参照）。

有馬たちが直面していた状況も月末に駆け込み生産が行われる状況だったはずである。彼の論考が発表されたのが一九六〇年であることを念頭におき、また月末の駆け込み生産が彼の用語では「月末追込生産」となっていることを承知のうえで次の文章を読んで欲しい。

この言葉［月末追込生産］を、現在のトヨタの生産に口にする人はいなくなった。しかし五～六年前は、何の疑問もなくこの言葉がつかわれ、また、堂々とそれを実施していた。

月末になって機械加工ラインの標準手持の部品も、組付コンベアー上の手持もすっかり空にして追込をかけて組立工場に送るのである。勿論こうして月末追込生産をやって、生産台数の完遂出来た部品もある代りに、それでも足りぬ部品もあったわけである。また、こうして追込をかけた反動として、当然組付けは月始めに手待を生む結果ともなり、予定の一日分に何台かのマイナスを生ずる。そしてこの悪い循環は、一たびそのふかみに落ち込んでいると、多少の努力ではふり切ることが出来ぬとみえて、毎月同じような状態がくりかえされていたわけである。[78]

つまり機械工場では月末の駆け込み生産が常態化していたのである。このことは組立工場にどのような影響を及ぼすのだろうか。機械工場では多数の部品が加工されている。その多種多様な部品が等しい割合で月単位の生産量をこなしていく場合もあろう。だが、可能性としては部品によって生産量を達成する進度がばらつく場合のほうが多いだろう。つまり、Aという部品は月の初旬で生産量を達成しても、Bという部品の機械加工は例えば下旬になるまでまったく着手されないというように。

総組立工場の組立ラインでは順次一台ずつの組立が進行する。もしも組立ラインの始点（あるいは始点より前の地点）で数台ないし数十台分の組立に必要な在庫を把持している場合は、その在庫が続く限りは円滑に組立ラインでの組立作業を続行することは可能である。ところが在庫がなければ、あるいは少なくとも一台を組み立てるのに必要な部品が組立ラインの始点になければ、組立ラインの作業は停止する。

だが別の可能性もある。組立ラインの始点で必要部品が山のように保管されていても、たった一つの部品が不足していれば組立ラインでの作業を開始しても、途中で作業を停止せざるを得ない。こういう事態が生じれば、その部品を探し求めて組立工程から人員が機械工場に、あるいはさらに前の工程に派遣され、その部品の生産を督促するなり、作業上で生産が終了されているにもかかわらず現場に放置されていたものを持って組立工場に帰ることになろう。先に有馬の言葉を引用した通りであり（本節(5)②参照）、まさしく機械工場での生産が平準的に行われていないために、組立ラインでの作業に支障が生じていたのである。

組立ラインでの作業は一台ずつ進行するから、機械工場から一台の組立に必要な部品全体がタイミングよく組立ラインの始点に届けられればよい。ところが、これを機械工場が達成していないのである。つまり後工程（組立工程）から見れば、前工程（機械工場）の生産進行に問題があることは明らかなのである。問題は機械工場であり、そこでの生産進行を一台の自動車に必要な部品を過不足なく一定の間隔で加工を終えて、何らかの方式で遅滞なく、それらの部品群が組立ラインの始点に届くようにしなければならなかった。

後工程（組立ライン）は、前工程（機械工場）に対して部品が不足していると訴えており、機械工場がそれに応えることが求められていたのである。それに成功すれば、まさしく最終組立工程から少なくとも機械工場の内部まで、後工程から前工程への引き取りで、部品の移動を行うことになる。したがって、スーパーマーケット方式が実施される場所は機械工場をおいてない。問題の焦点は、まさしく機械工場だったのである。

しかもクラウンの生産準備は着々と進行しており、もはや機械工場の生産責任者たちに残された時間は限られていた。

（6）スーパーマーケット方式の重要な点とは何か？

①セット生産

ここでスーパーマーケット方式についてあらためて整理しておこう。有馬が提起した論点を整理すれば次の二点になる。

(1) 後工程から前工程への引き取り

(2) セット生産

この(1)の論点がスーパーマーケットとの類比でなされていた。つまり、「お客の欲しいものが何時でも、売子に強制せられることなく一個でも二個でも欲しい個数だけ得られる(79)」という説明の仕方で、スーパーマーケットに譬えられたのである。これによって後工程から前工程への引き取りは説明できる。もちろん、これとて一九五三年末にトヨタ車体からトヨタに向かってシャーシが搬送され始めたから、機械工場での独創かと言えば疑問符がつく。

独自性を言うならば、後工程からの引き取りを意識的に追求し始めた点にあろう。このことを認めたうえで、彼らが試行し始めた方式を、スーパーマーケット方式と呼び、スーパーマーケットとの類似点で捉えるには限界がある。つまり、有馬はスーパーマーケットでは「売子（販売員）に強制されることなく」と強調するが、スーパーマーケットと違い生産現場では必要数量を確保することが要求されているのである。まったく自由に自分の都合でというわけではなく、生産計画の枠組みの中での行動なのである。また、有馬は「一個でも二個でも欲しいだけ」と説明するが、「エンジン、フロント、リヤー、プロペラ、ステアリングと各々五台分を『セット』して運搬する」[80]ことこそ彼らが行ったことである。だからこそ有馬は途中で「セット生産」と呼び変えているのである。

機械工場と組立工場の当時の状況を考えるならば、実は一台分を組み立てる部品がまさに「セット」で組立ラインの始点に運び込まれればよかった。もう少し厳密に言えば、組立ラインの始点で次の一台の作業にとりかかる寸前までに、「セット」で届いていれば組立工場での生産の進行には問題がない。結果的に、後工程からの引き取りは大きな役割を果たしたとは思われるが、当座の必要を考えれば「セット生産」こそが肝要な点だったということにならないだろうか。スーパーマーケット方式というが、自動車一台を組み立てるのに必要な部品群が「セット」として取りそろえられて、組立ラインに載せられていく（あるいは組立工程における各作業所にそこで必要な部品が的確に配送されていく）ことが当時では何よりも重要だった。その配送方法として後工程から前工程に取りにいこうが、前工程が後工程に届けにこようが、一台分の部品群が「セット」として、組立工程が作業に取りかかる直前までに手元にあればよい。

組立工場に「セット」が届いていると想定してみよう。「セット」が完成車一台分の部品群で構成されていれば、作業は次のようになる。直接、組立ラインに載せるものであれば、そのままラインに載せる。また組立ラインの長さは当時でも一〇〇メートルを超え、その長い組立ラインのところどころで作業者が特定の作業に従事していたわけだが、その特定の作業に必要な部品を「セット」の中から取り出して作業現場に配送する。

「セット」が一台分の部品群から構成されている場合には、このような作業を行えば、組立ラインの途中で混乱が生じることはない。複数の車種で型や色も多様な完成車を組み立てる場合でも（つまり混流生産が行われている場合でも）、「セット」が一台分の部品群からなっており、前のパラグラフで述べたような作業を繰り返し行う限り組立ラインの作業には混乱は起きない。

しかし問題はある。コストである。一台分の部品群が届くたびに、組立ラインのところどころにある作業現場にそこで必要な部品を届けるためには、それに従事する人間が必要であり機器が必要となる。また機械工場側でも一台分の部品を「セット」にまとめる作業、さらにそれを運ぶ作業がある。卑近な言葉で言えば、「セット」にまとめる手間や搬送の手間が大きいのである。民間の営利企業としては（民間企業でなくとも、人的資源を含む資源の効率的利用を考えるならば）、手間のかかる作業方法を改善しコストを下げていこうという誘因が働こう。

ただこの問題を回避する方策が一つある。それは「セット」の部品群を組立ラインの始点でラインに載せてしまうやり方である。もちろん、これは「セット」の分量と重量に依存する。これが可能なほど「セット」の嵩が小さく重さもそれほどでないとしたら、前のパラグラフでの問題を一応は回避できる。ただ組立ラインを稼働するエネルギー・コストと組立ラインを構成する機器の耐久性が問題とはなろう。また組立ラインでの作業者が「セット」から必要な特定の部品を簡単に取り出せるような工夫が求められよう。ともかく自動車一台分を組み立てる部品群を「セット」として組立ラインに載せるというのは、現実問題としては難しいだろう。最終製品の形状がもう少し小さく、かつ重量も軽ければ、こうした方策を実施することは合理的であろう。二一世紀になってから、筆者も実際に「セット」が組立ラインの始点で載せられて順次組み立てられていく製造現場を目にしたことがある。ただ、その作業が全体として効率的であるかどうか、そこまで深く考えられた様子が見受けられなかったことは残念であったが。

自動車一台分が「セット」として組立ラインに届くことで発生する「手間」を省く問題に戻ろう。簡単な解決策は数台分の「セット」をまとめることであろう。数台分にまとめて、機械工場と組立工場、さらに組立ラインの作業現場に届けるようにすれば搬送の回数は減る。さらに自動車一台分を「セット」にせずに、複数の台数をまとめて「セット」にしてしまえば、「セット」にする手間は一台ずつ「セット」にするよりは省ける。

一台分の「セット」をまとめて、複数台を「セット」とするとしよう。それでも考慮すべき点がある。第一は、何台分をまとめて一回で運べるかである。これを有馬らは五台とした。トレーラーの牽引能力による制約だという。だが、そこには機械工場と組立工場との間の搬送回数などが考慮されていたことは言うまでもないだろう。第二に、一台ではなく五台分を「セット」にするとしても、その「セット」をどのように構成するかである。各種の部品（正確にはアッシー、つまりユニット部品）を一台分ずつ区分けして五台分にするか、各種の部品を五台分ずつまとめるかである。後者の方策をとれば、五台分の組立に必要な数量が部品ごとに区分けされ、それらをまとめたものが「セット」となる。前者より後者のほうが実務担当者にとっては魅惑的である。機械加工の現場では五台分ごとのロット生産を行い、それを台車に積み込み、その台車をつなげてトレーラーで牽引運搬して組立工場に向かうことができる。組立工場で五台分ごとになっている部品を、それが必要な作業現場に運べばよい。大きな部品の場合には別の台車に積み替える必要があろうが、小さな部品で台車も小さく、トレーラーが組立ラインの通路を運行できるならば、直接トレーラーが組立ラインの脇を運行して定められた場所に順次、部品を降ろしていけばよい。うまく台車を設計すれば、台車そのものを組立ラインの脇に置いてくることも可能になる。この時期にトヨタ車体で使われていたトレーラーの様子を見れば、それが可能だったことが推察できる（前掲図6-1参照）。このような作業を続けて改良点を洗い出していけば、大物と小物部品に分別して、組立ラインに直接向かうトレーラーと、組立工場のどこかに大物部品を一時的に置く場所を定めてそこに置いてくるトレーラーとに分けることも可能になる。つまり「セット」で運ぶことが徹底して作業が安定すれば、トレーラーが一台である必要もなく、複数のトレーラーが運ぶ部品群を「セット」として把握していればよい。その場合には、今度は複数のトレーラーを

「セット」として運行に配慮すればよいことになる。これこそがトヨタの場合に生じていたことだと思われるが確証はない。

五台分を「セット」として運び、しかも「セット」中の部品が同じものであれば、機械工場で「セット」にする手間は軽減される。だが、それに伴って、組立ラインで流れる自動車も五台分は同一の車種で同じ型式と色になる。つまり混流生産は一台ごとに変わった車種が流れるのではなく、五台ごとに異なった車種が組立ラインを流れていくことになる。

②「セット」生産はトヨタ独自のものか？

「セット生産」はトヨタ独自のものだったのだろうか。今までの説明を読み、おそらくキット・マーシャリングという手法を思い出された読者もいるのではなかろうか。

このキット・マーシャリングという手法は工程管理者には広く知られていたもので、一九六〇年発行の『工程管理便覧』には「キット方式による組立準備」として次のように紹介されている。

> 標準品またはこれに近い特殊仕様品（一部の仕様が変るのみで組立順序や試験調整の方法が大体同じもの）を多量に生産している工場では、最終工程たる組立試験工場に対して必要なる部品の一切を取そろえてやることが、工程管理の重点になる。つまり多種多様の部品を個々バラバラに組立職場に送るようでは、組立職場としては部品の整理や不足品の督促に時間や労力が費やされるようになるので好ましくないからである。これに対しては組立の前工程の職場（部分組立職場）または部品倉庫において部品の取りそろえの業務を担当し、組立に必要な部品や、部分組立品を一切そろえて、いわゆるキットの形にして供給してやるようにすればよい。この方式による効果としては、
>
> a.不足部品が事前に発見できるので、手配が促進される。

b.組立職場で部品不足のために作業が中断されることがない。
c.各製品に共通する部品の要求数が早期にわかるので、部品計画や引当統制（在庫管理）の上にも便利である。[81]

ている。

この説明ではキット・マーシャリングがどのように生まれてきたかはわからない。だが、これは第二次大戦中のイギリスにおける飛行機生産で生み出された方式であることがよく知られており、研究者は次のような評価を下している。

〔航空機〕産業が深刻な管理スタッフ不足に見舞われている時に、キット・マーシャリングは生産の流れを維持するために必要な管理的な手間を減らし、特定の部品が足りなくなることがないようにした。この方策の結果、大戦中に労働効率は著しく改善した。[82]

まさしくトヨタが「セット生産」を導入した当時、達成したかった目的をかなえるのに適した方策だったのである。トヨタの技術者たちが、キット・マーシャリングを意識していたかどうかは定かではないが、「セット生産」には似通った方式があったことに留意しておく必要があろう。

イギリスでは第二次大戦中にキット・マーシャリングが実施されていた。この事実を知っていれば、戦後になってイギリスの自動車会社オースチン社と提携した日産自動車に、この方式が導入されているのではないかと推測されよう。調べてみると、『日産自動車三十年史』年表の一九五五年一〇月の項に「横浜工場第一工場組立課に近代的マーシャリング方式採用」とある。そして本文には次のような記載がある。

各種の需要に応じて、多種な仕様の組立てを同一ラインでおこなっていたなど、管理が複雑なばかりでなく、直接作業者の負担も相当なものであった。これらの問題を解決する方策が、かねてから研究されていたが、昭和三〇〔一九五五〕年一〇月、横浜工場（Bライン）の組立管理にマーシャリング方式が採用されることになった。[83]

これは具体的にどのように運用されていたのだろうか。これについても同社『三十年史』は次のように説明する。

このマーシャリング方式は、組立ライン中央の二階コントロール室にあるメインコントロールボードと、これに連動するサブボードによって、ライン各部に明確に指示をおこなうことにより、順序正しく、整然と、サブアッセンブリーされたユニットや部品をラインに流し、作業員が能率よく、しかも確実に組立作業をおこなえるようにする方法である。

この生産管理方式の成功は、日本では当社が最初であり、画期的なことであった(84)。

さらに、この方式の利点も次のように説明する。

(1)部品の管理が容易である。

(2)組立部品の補給運搬が容易で、合理的になる。

(3)組立てに要する面積が縮小できる(85)。

トヨタが実質的にこの方式の変形ともいえる「セット生産」をしていたからといって、日産の社史執筆者を責めることはない。また、この説明は見事なものだと思う。だが何か違和感を覚える読者もいるのではないだろうか。上記の説明は組立ラインや組立工場内部だけに終始しているのである。トヨタでは組立工場でのライン生産が進展するにつれて、次第に機械工場から組立ラインへの部品納入に対する圧力が高まってスーパーマーケット方式が始まったというように、組立ラインをその前工程との関連で語ることができる。これに対し、なぜ日産ではキット・マーシャリング方式の説明が組立ラインや組立工場内部だけの説明に終始しているのであろうか。

この最大の理由は、日産の工場敷地と立地にある。自動車産業に詳しい研究者でも、少なくとも一九五〇年代末までは日産における工場内の詳細なレイアウト図（つまりトヨタで言えば図6-5に対応するもの）を見たことがないはずである。見たとしても、大まかな工場の敷地を示す図にとどまるはずである。また『日産自動車三十年史』をざっと眺めわたすと次のような記述に出会う。「当社は発足当初は第一敷地内の工場で操業していたが、昭和一二［一九三七］年初めごろには工場の建物は敷地いっぱいに建てられ、もはや拡張の余地がなかった[86]」とか、「本社のほかに九工場が分散していたため[87]」とか、さらには「疎開工場の集結は戸塚工場を鶴見工場内に復帰させるとともに、鶴見工場の被接収地区は返還されることを前提とし[88]」という記述である。一九五五年になっても次のような状況だったのである。

接収解除を契機として、全社的な生産設備の拡張と合理化をはかり、各工場間の生産業務の分担と、これにともなう機械設備の配置替えをおこなうために、昭和三〇［一九五五］年一一月一四日、社長を委員長とし、専務取締役を副委員長とする長期工場配置計画委員会を設置した。この委員会の当初の計画によれば第二敷地の接収解除にあたり、この全面的な利用を推進するはずであったが、資金面と採算の点から考えて、早急に実施することができなかったため、実施可能な範囲で、前述のとおり昭和三〇年九月にまず厚木工場の移転を計画した。これにより、この実施は第一次として、同工場の第二作業課歯車関係のグリーソンやトランスミッションの工作機械約四二二台の移転が、一〇月一三日から開始された[89]。

第3章では一般の常識的な考えに依拠しながら「日産は、アメリカから製造設備一式を輸入して製造事業を開始したため、『受容』を考察するのに限界がある」ことを主な理由として、同社を本書の考察対象からは除外した。またトヨタと日産を時おり比較することはあっても全面的な比較研究はしてこなかった。本書の観点からすれば、トヨタと日産とでは基礎的条件が違いすぎ、二社を比較するのはためらわれたからである。トヨタは創業初期に挙母工場という広大な工場敷地を確保し、工場設備をそこに配置して、資材や仕掛品の流れを確保できる体制を整えた。試みに、図1-27と図6-5を比べてみればよい。図が対象とする時期も工場も違う。一方は写真を利用したもので、他方は簡単な図である。だが、両者とも資材や仕掛品の流れを矢印で示していることに変わりはない。逆に言えば、そのように表すことのできるように工場を配置することができたのである。だが、日産の場合は創業期からトヨタとは大きな差があっただけでなく、米軍による接収などにより戦後も広大な敷地に合理的な工場配置を実現することは一九五〇年代中頃でも実現していなかった。先の引用文が言及している時期の後も、何度も工場移転や機械の再配置を繰り返さざるを得なかったのである。

こうした状況に直面していた生産担当の責任者は、せめて組立工場だけでもキット・マーシャリングによって整然とした作業を実現しようとしたのではないだろうか。しかも、こうした対応はキット・マーシャリングが生まれたイギリスの状況とも似通っており、この手法を適用している人たちにとっては違和感すらなかったのではないかと思われる。キット・マーシャリングを生み出したイギリスの状況とは次のようだったのである。

> 一九四一年以降、この［航空機］産業に広まった［キット・マーシャリング］手法とそれが幅広く適用されたことは、一九四〇年に生産が急速に伸びた際に使われた生産方法と明確に決別することになった。事実、［一九四〇年秋にイギリス空軍がイギリス上空でドイツ空軍を迎え撃った航空戦である］バトル・オブ・ブリテンの間に激減していた部品や構成部品の手持ち在庫《クッション》が再び積み増された。これは……平時であれば、財務面でも（余計な作業を進行させるので）、また工場の生産能力から見ても（余分な在庫スペースをとるので）不経済に違いない[90]。

キット・マーシャリングには、このような弱点がある。実際、おそらく日産では部品をキットに整備しなおす作業とその場所の確保が必要だったに違いない。また、日産の工場全体が度重なる移転で工場の配置、機械の配置さえ一定できない中にあっては、まだ平時といえる状況ではなかったのであろう。

トヨタでの試みにおいては、「セット」で運ぶという着想そのものはキット・マーシャリングと似通っていた。だが、組立工場の前に中間在庫を積み上げ、それをセットで組立工場に供給することで生産の中断を避けようという考えは、トヨタが目指す方向とは大きく異なっていたと言わねばならない。

③ダイヤ運転から後工程の引き取りへ

トヨタにおけるスーパーマーケット方式というのは、実際のところダイヤ運転が変化したものとして理解したほうがわかりやすい。五台分の部品を搭載したトレーラーが、予め定められている時刻表（ダイヤ）にしたがって運行している。つまり、トレーラーに搭載されている部品は「セット」になっているが、トレーラーはダイヤ運転を行っているのである。これは当時の日本の製造現場で普及していた手法であった（本章第1節(1)参照）。

ダイヤ運転だということは、スーパーマーケット方式を実施していた人々にも理解されていた。すでに述べたように、鈴村喜久男は一九七〇年代後半になっても「自分たちが集めながらダイヤを組んでいった[91]」と書いていたし、有馬幸男も「トレーラーの定時制運搬から拡大して[92]」と書いている。

しかし、後工程から前工程への引き取りは、単にダイヤを組むという考えからは生まれない。例えば、A駅とB駅という二つの駅の間を貨車が往復しているとしよう。B駅から荷物を積み込みA駅で降ろしカラの貨車がB駅に向かう。またB駅で荷物を積み込む。こうした作業を連続的に行っていると想定してみよう。A駅の駅員にとって最大の関心事は貨車がB駅を何時何分に出発するかではなく、A駅への貨車の到着時刻であろう。B駅の場合はどうであろうか。カラの貨車が到着して所定量の荷物を積み込み、荷物を積載した貨車を間違いなく定時に出発させることが、B駅の駅員の責務ということになる。貨車が荷物の積み込みに必要な時間だけB駅に留まっているという条件が満たされていれば、任務の遂行にはそれほど問題はないだろう。もちろんこの譬えでも、安定的に貨車の定時運行を確保するためには他に考慮すべきことは数多くあり、また貨車運行にあたって改善する方策もあるのだが、ここではそうした論議はしない。問題にしたいのは、ダイヤの組み方である。この例で、ダイヤを組む（つまり、貨車の発着予定時刻表をA駅、B駅向けに作成する）際に、A駅から貨車をB駅に差し向けるか、その逆かは、ダイヤ作成者にはまったく念頭にない問題であろう。それでは、なぜ後工程から前工程に引き取りに行くと（例では、A駅からB駅に貨車を差し向けて、荷物を引き取りに行くと）強調されねばならないのだろうか。

この問題に迫るには、A駅とB駅を使った例から離れて具体的に問題に接近する必要がある。トヨタが製造している自動車は組立加工型の製品である。同じ組立加工型製品である飛行機の製作で戦時期に何が起きていたかを思い出してみよう。三菱重工の名古屋航空機製作所では前進作業方式が考案実施され成果をあげていた。陸軍による表彰さえあったという（第2章第3節（2）②b参照）。そしてこの前進作業方式の実施に携わった土井守人は次のように語っていた。

三菱の前進作業は流れ作業を初めから実施する為に行ったのではなく、現在より少しでも作業を容易にして生産を挙げる為と、部品を合理的に、又容易に集める為、詰り部品は組立の方から逆に引張ると云った意味で、先づ組立工場から始めたのである。実際は部品工場から始めた方が計画的で宜いと思うが入り方としては組立から入った方がやり易いと云う意味で、組立から実施した訳である。[93]

日本で最も早い時期に組立加工型製品の製造を、流れ作業方式に整備した先達の言葉に、問題を考えるヒントはある。

部品を合理的かつ簡単に集めるために最終組立工程から部品を引っ張ったと土井は言う。つまりは、後工程から前工程に向かって部品を引き取ることにしたのである。ただ条件がついていた。「部品が予定通り入手出来る」ことが「現状としては直ちに是が望めない」という状況で、後工程引き取りの実施を行ったと。[94] さらに土井は前工程から後工程に部品を送ること（つまり、前工程が後工程に部品を届けること）のほうが「計画的で宜い」とも述べているのだ。

二〇世紀末頃になると、多くの生産管理の書物には「プル」か「プッシュ」かの議論が記載されるのが当たり前のようになった。「プル」とは、後工程から前工程を引っ張る（「プル」pull する）ことである。反対に「プッシュ」とは、前工程から後工程に向かって押す（「プッシュ」push する）ことである。卑近な言葉で言い換えれば、後工程から前工程に向かって「部品を取りに伺う」（プル）か、逆に前工程から後工程に向かって「部品をお届けする」

（プッシュ）かの違いである。土井は実際的見地からプルを選択した。と同時に、プッシュのほうが計画的だと述べていることになる。

また戦時期にパンチカード・システムによる工程管理を試みた立川飛行機の人物の言葉も思い起こしておこう（第5章第1節(3)③参照）。彼は「必要なる時期に必要なる部品を揃えて渡す」（つまりプッシュで「部品をお届けする」）ことさえ実行するのは難しいと述べていた。しかし、彼は飛行機の生産工程全体をシステムと捉え始めていた。

> 製作には緩急順序の決定が必要である。……計画者としては、現場を握る方法として部品組立表を書く。……［それは］沢山の葉を持った一本の樹木の如きものになる。……組立工場では、どの単一部品を、どの集成部品を、いつ頃欲しがっているか明瞭に表示されている。更に各々の部品の製作に、どの位の時日を擁するかを調査すると、結局どの部品はいつ完成させるために、いつ作業を始めれば良いかがわかる。[95]

つまり、最終製品が組立型加工製品である場合、「どの部品はいつ完成させるために、いつ作業を始めれば良いかがわかる」ことが重要だと言う。立川飛行機の場合、不幸にして、パンチカード・システムによる工程管理は挫折した。だが日本の技師たちは、「どの部品はいつ完成させるために、いつ作業を始めれば良いかがわかる」ことを示す専門用語を生み出している。それは「手配番数」、あるいは略して「手番」という。各部品を最終製品の組立日から逆算した日数（当時は、日単位で数えていたので）をこのように呼んだのである。αという部品の手番が二〇ということは、最終製品の組立開始二〇日前に製造に取りかからねばならないということを意味した。こうした手番がすべての部品について明らかになれば、全体の作業の基準となる日程が書けるわけである。

手配番数ないし手番という言葉は、一般にはなじみのない用語である。だが上の説明を読めば、二一世紀初頭の普通の日本人がよく使う言葉を思い出すのではないだろうか。「リードタイム」である。俗に言う、「できるサラリーマンは逆算で考える」ということと同じである。つまり、最終的な仕事の完成に必要な各種の作業にかかる先行時間を勘案して全体の予定を調整しなければならないと言っているに等しい。

製造現場の状況に詳しくない読者も多いので、別の譬えで話を進めよう。ここに納期を厳密に守る小説家とその作品を出版する会社の編集者がいると仮定しよう。小説家は取材から執筆にいたるまで、小説を書き上げるために必要な作業のリードタイムを見事にコントロールし、小説を書き上げるものとしよう。この小説家の仕事ぶりは安定的で常に完成予定日は厳守されていると仮定しよう。こうした場合、編集者が小説家のところに「小説原稿を取りに伺う」（プル）べきなのだろうか、それとも小説家が編集者のところに「小説原稿をお届け」（プッシュ）すべきなのだろうか。いずれを選択しても、小説の出版にはほとんど影響を与えない。どちらが選択されるかは、小説家と編集者の力関係で決まるとしか言いようがないだろう。売れっ子の小説家であれば、編集者が「伺う」のが慣例となろう。だが、同じような設定で、小説家が締め切り日を守らない人物だったとしよう（締め切り日を守ることもあれば、守らないこともある人物でもよい）。編集者の側は、ある一定の余裕を持って印刷・出版までの日程を組んでいても、肝心の原稿が大幅に遅れれば、すべての日程に狂いが生じる。こうなれば、小説家から原稿が「お届け」されるのを待たずに、自ら原稿を「取りに伺う」事態が生じよう。これこそが土井守人が引用文で述べていることなのである。

「できるサラリーマンは逆算で考える」ように、製造現場でも手番（つまりリードタイム）を考慮しながら全体の日程計画を考える。基準は最終工程である。したがって、各部品のリードタイムが明確で安定していれば、トレーラーやその他の搬送機器を定時運転するためのダイヤは最終工程を基準に設定することとなる。まさしく製造現場でも「逆算で考える」のである。製造現場における日程が多少ぶれる状況（リードタイムが必ずしも一定ではなく、一定の範囲内で揺れ動く状況）であれば、時刻表を掲示することで作業現場での進捗目標を具体的に示すことにもなる。そのことが結果的には、リードタイムを安定させるという副次的効果さえ期待できよう。リードタイムが安定的で、トレーラーなどが時刻表通りに定時運行されていれば、「取りに伺う」か「お届けする」かは、担当者にとってはどうでも良いことになろう。

残された問題は、なぜ「取りに伺う」（プル）が強調されねばならないかである。さらに、ダイヤ運転から始まったにもかかわらず、出来上がったシステムから時刻表（ダイヤ）がなぜ消え去っているのか、これが疑問として残る。

前工程のリードタイムが不安定であれば、後工程から「部品を取りに伺う」（プル）ことは部品の確保には有効である（ちょうど、締め切りを守らない小説家のもとに編集が「お伺い」して脱稿を促すように）。リードタイムの不安定さが一定の範囲内に収まってくれれば、定時運転に必要な時刻表を作成して、リードタイムを安定させる方向に利用することになろう。本当にリードタイムが安定すれば、時刻表を作成し直して、新たな時刻表で定時運行を行えばよい。しかし、これでは時刻表は残ったままである。また、リードタイムが安定するようになれば、定時運行開始時の名残として「取りに伺う」ことが強調されても、実質的な意味は持たなくなる。疑問は依然として疑問のまま残る。

自動車の製造は、基本的に不安定さを内に秘めていることを忘れてはならない。自動車では最終組立ラインに同調するように（同期化して）あらゆる部品の製造がなされる。これが一定であれば、ある時期にリードタイムが確定するので、それを固定化して定時運行用の時刻表を作成し、この時刻表に従ってトレーラーなどを運行すればよい。土井守人が言う「計画的で宜い」世界が現出するのである。だが、自動車の生産台数を需要に合わせて増減させようと考えたときには別の世界が見えてくるはずである。大きな需要の変動の場合は、組立工場の稼動を停止する非稼動日を設定するが、もう少し小幅の変動に対しては、組立ラインのスピード（サイクル・タイム）の変更で対応するようになる。後者の場合、組立ラインに同期化しようとすれば、大別すると二つの方策が考えられる。一つは、組立ラインの変動に対応した何種類かの時刻表を用意しておいて、何らかの合図によって時刻表を取り換えていく。さまざまな部署でなされた改善活動の結果、作業時間が短縮した場合も時刻表の変更で対応していくことになる。もう一つの方策は、時刻表を撤廃して、組立ラインのスピード変更に着実かつ即座に対応する信号や合図によって、その変更に対応していくことであろう。組立ラインから出発するトレーラーなどの搬送機器であれば、その役割を果たす。ただ、この方策が導入されるには、ある程度まで製造現場での作業方法が安定化し、多少の作業時間の変動に対応できるだけの能力を獲得しなければならないだろう。それはともかく後者の方策であれば、後工程から前工程に部品を取りに伺う（プル）ことが強調されねばならず、また時刻表も必要なくなる。

トレーラーの定時運転から時刻表がなくなり、トレーラーだけが後工程から「部品を取りに伺う」ことが常態化する。こうなれば、トレーラーの到着に間に合わせるという表現として「ジャスト・イン・タイム」という言葉は実態に合ったものになろう。

言い換えれば、これが筆者なりの、定時運転から「ジャスト・イン・タイム」に移行するプロセスの思考実験の結果ということになる。これを完全に追認するだけの資料は今のところ見いだせていない。だが、管見した限りの資料とは符合するのである。

④中間在庫はどのようにして消えたのか？

トレーラーの定時運転ないしダイヤ運転から時刻表が消え去り、トレーラーなどの搬送機器が製造現場に到着した時には仕掛品の積み込み準備が完了しており、まさに「ジャスト・イン・タイム」が実現していたと想定しよう。そうした状況でも、中間在庫が存在したまま事態は推移することができる。それどころか工程と工程との間に中間在庫が存在すれば、簡単に「ジャスト・イン・タイム」は実現する。作業時間の不安定さは手元に仕掛品の在庫を持つことで容易に吸収できるからである。

イギリスの技術者ウラードは流れ生産を次のような比喩で説明していた。

流れ生産の理想的な配置は流域（a watershed）に似ている。主要な組立を行う経路である河川には、部分組立のラインである支流が流れ込む。……水が河口――販売業者――、さらに究極的には海――消費者――にまで必然的に流れていくことを妨げる逆流やダム、嵐、凍結もない(96)。

この比喩を用いるならば、水流に満杯のダムがところどころ存在していれば（つまり工程内に在庫が隠匿されていても）、仕掛品が「ジャスト・イン・タイム」で引き取られることができる。それどころか、ダムに水を満々と蓄えていればいるほど、工程作業に何らかの非常事態が生じても円滑に「ジャスト・イン・タイム」での引き取りに対応できる。工程内に作業者が仕掛品を隠し持つ誘因がここにある。

これまで論じてきた仕組みには、こうした行動をやめさせる手段がない。極端な方策は、最初にすべての工程内在庫を一掃してしまうことである。その上で、新たにダムが形成される（つまり、工程内に仕掛品を隠し持つ）ことを防止すればよい。だからこそ『トヨタ自動車三〇年史』は、「従業員全部がストックは一つも持たないという考え方に徹するように、頭の切替えを行なった(97)」と書いていると考えられよう。さらに工場内では「部品を絶対に床上に置かない(98)」よう徹底したことも同様の理由からであろう。

各工場内部の工程内在庫は、このような強引とも言える手法で排除して、「ジャスト・イン・タイム」を実施し、注意深く仕掛品が隠匿されることを防げばよい。だが、挙母工場では工場と工場の間に中間倉庫や整備室が配置されていた。これが挙母工場の特徴であった。この中間倉庫での在庫量が積み上がらないように、さらには最終的には在庫が消え去るようにせねばならない。実は、これも戦時期の生産方式を参考にすれば、どのように在庫を消滅させたのかは推定できる。その参考になるのは、半流れ生産方式で意図的に配置されていた、作業区と作業区との間の「プール」である（第2章第3節(2)③a参照）。このプールは、作業区と作業区との間における加工時間を吸収する緩衝帯（バッファー）として存在するとともに、このプールでの在庫をなくす方向に動くことができれば、半流れ作業は流れ作業に近くなるというシグナル的な意味合いもあったと言える。

このような観点から資料を探索してみると、トヨタ内部ではないが日本電装（現・デンソー）に興味深い事例があることに気づく。挙母工場内ではないが、トヨタと密接な取引関係のあった日本電装で一九五八年頃から倉庫業務に大きな変化があったことが確認できるのである。その手法の名前もなかなか変わっている。「日産制」という。この「日産制」とは日産自動車と何らかの関わりがあるのだろうか。

最初に日本電装の社内報『電装時報』（一九五八年二月号）により「日産制」の説明を見ておこう。

最近社内特に製造部で日産制という言葉が盛んに使われる様になってきました。……膨大な在庫を処理する為に、経営方針としてこの様な日産制が採用され徐々に実施に移されて来た訳であります。[99]

この説明から、「日産制」はどうやら在庫を削減する手法らしいことはわかる。

さらに『電装時報』は説明を続ける。

第一に製品の在庫量を減らそうとする為には、一年前の当社の〃同一型式一ロット集中生産方式〃では減量に限度があります。

倉庫からはみ出した製品の山を解決する為にも、昨年［一九五七年］六月頃から〃一型式分割循還生産方式〃が、次いで本年［五八年］一月からの〃同一型式日産分割生産方式〃の採用が要請された訳です。これによって納入先メーカーと当社のコンベアーの間の流動量は最小となり、とうとうトヨタ自工向け製品は、工場の一隅に積まれた分で運転出来る様になった事は御承知の通りです。[100]

「日産制」とは日産自動車とは何の関係もなく、一日当たりの生産量で倉庫に入る分量を制限していったから付いた名前なのである。さらに、一日分の生産量を何回かに分割して管理し、その分割した分量で納入することにしていった。

これはどのように実施されたのだろうか。「分割加工、分割納入、分割組付を前提とする、生産計画から日産計画への綜合日産体制は昨年［一九五七年］三月度より準備段階に入り六月度より実施に移されて来た」[101]という。この成果は目覚ましい。一九五七年三月時点では「月末に翌月生産分の材料の一・五カ月分程度を仕掛で保有していた」のが、同年一一月末には「〇・七カ月分程度の仕掛で運転」するようになっていたというのである。製品在庫高で見ても、一九五七年一一月末には、同年六月末の最高時点と比べて「約一億九千万円の減少（営業所＋本社在庫合計売価）」、割合では「最高時の四十％減と云う高い減少率」を達成したという[102]。

「日産制」がどのように実施されたかについても説明がなされている。「組立日より投入日迄の手番は、各部品毎に調査され、余裕手番は出来るだけ短縮[103]」する。つまり、リードタイムを部品ごとに調べ、さらにリードタイムの短縮に努めたというのである。

今までの説明を読んだ後ならば、次の説明も理解しやすいだろう。

> 部品投入後工程の複雑なもの、量の多いものは部品ダイヤを作成し……最終組立日に向って各工程毎に加工すべき期日と日産量が振当てられます……。又素材の投入も例外を除き最高一ヶ月ロットとし半成品のダンゴを極力防いでいます。これらの流動は中央統制推進区方式によって管理され、一部品の移動は全て整備室で把握される方式です[104]。

日本電装でも基本的にダイヤ運転が導入されていたのである。しかも、月単位で生産工程に流すのではなく、一日当たりの生産量で統制し、生産の平準化を図る努力が行われた。つまりは、月末の駆け込み生産が出現することを防ごうとしたのである。さらに興味深いのは「中央統制推進区方式」という用語であろう。推進区方式とは一面では「伝票管理方式」との対比で使われ、「伝票」によらず「現物」による管理を徹底した方式である。それはまた「分散管理方式」とも言われ、中央の生産管理担当部署からの指示で動くのではなく、現場に配置された小規模な自律的管理単位に依拠するものであった。伝票に依拠した管理ではないが、管理に関する情報や権限は次第に集中的に統制されてくる。日本電装では、その集権的な情報を得る場所が整備室だったのである。部品メーカーであり、生産ラインから直接にトヨタなどの取引先に納入されない状況であれば、生産した部品は必ず一時的に整備室（つまりは倉庫）に保管されるからである。こうなれば、倉庫業務が生産管理の焦点になる。その整備、そしてその廃止に向けて動いていくことになる。

日本電装の社内報は、将来の見通しについても語る。将来のあるべき姿は「完全な日産連続生産となります。この意味では現在の日産制は将来への大きな準備段階(105)」だと言う。もっと言えば、トヨタとの取引だけを考えるならば、最終的には完全にトヨタの最終組立ラインと連動した生産が見据えられ始めたとも言えよう。

おそらくトヨタの挙母工場内部でも似たような状況が起きたのであろう。各工場でリードタイムを把握して逆算で日程計画を組み、作業を始める。だが、工場と工場が独立しており、その間に中間倉庫（整備室）があれば、それをさしあたりはバッファーとして使う。次第に、そこに収容する量を限定していく。最終的にはその廃止を目指しながら倉庫管理を整備していく。こうした過程が進行していく途中で、最終組立ラインに全工場の作業が同期化するように、後工程引き取りが始まっていったのではないだろうか。いたるところで、部分的に後工程引き取りが施行されても、最終的には最終組立ラインを始点とした後工程引き取りで整備されてこそ意味を持つ。もはや、この点は再論し強調するまでもないことであろう。

⑤解決した問題と残された課題

トレーラーの定時運転で始まった「セット生産」は、機械工場に大きな変化をもたらした。しかし、一面では大きな問題を解決しながらも、他面では未解決の問題を残したままだった。

解決した問題は、月末の駆け込み生産を排除したことであろう。それまで、会社側が機械工場に与える生産計画の指示は月単位のものだけであった。たとえ組立ラインの上に自動車が一台ずつ乗せられ生産が逐次進行していったとしても、機械工場での月末の駆け込み生産を排除することはできていなかった。それを、組立ラインでの生産に対応しようと五台分の部品を「セット生産」し、その「セット」をトレーラーで時刻表（ダイヤ）に従った定時運転により運搬することで、小刻みな（小単位での）生産を進行させた。その結果、会社が機械工場に示す月次生産計画の中にありながら、月末の駆け込み生産を防ぐ仕組みを手にしていった。
しかも、当初の定時運転によって時刻表を作成する（ダイヤを組む）ためには、各部品について手番（リードタイム）を明確にする必要がある。それは結果的に、生産管理責任者が次第に生産工程全体を一つのシステムとして理解せざるを得なくしたように思われる。

本来のキット・マーシャリング方式では、同一種類の部品がロットで運び込まれた（しかも多数の種類の部品がそれぞれロットで運び込まれた）部品置き場で、最終製品に必要な「セット」として並べ直されて組立ラインに流されていた。これを五台という小単位のロットで「セット」にして、しかも搬送機器であるトレーラーを利用することによって、大きなロットで運び込まれた何種類もの部品を組立工場側で「セット」し直す必要をなくしたという点で卓抜なアイデアだったと言わねばならない。「昔は伝票には五〇台一口と云われた時があつ[106]」たというから（第3章第3節(5)⑦参照）、それを五台という小ロットで「セット生産」する、つまり従来よりも小単位に区分けした生産をすることは、少なくとも人員を増加させずにできたであろう。キット・マーシャリングの持つ最大の弱点を克服することになったのである。

この「セット生産」部品を定時運転の搬送機器で運ぶ方式が到達すべきは地点とは何か。それは、すでに示唆したように「時刻表」（ダイヤ）が消え去り、組立ラインの生産に完全に同期化して前工程の生産が行われていくことであろう。「時刻表」が存在し、搬送機器が定時運転されている状況は、実はまだ各部品の手番（リードタイム）が安定していない可能性が高い。あるいは、機械の再配置などが行われ多少の作業時間の短縮などがあっても、その変動に関する情報をたえず手番の変更、さらに全体の生産計画の変更に反映させることができていない可能性がある。ある時点で設定した「時刻表」がかなりの期間にわたって維持されるとすれば、絶えざる改善が生産現場で行われても、それが会社全体の生産計画に反映されないことをも意味する。つまりは、各工場やさまざまな作業現場で生産性の向上が実際に生じた場合、その生産性向上が会社全体に反映する際にタイム・ラグが発生していることになる。あるいは、その生産性向上はそれが生じた作業持ち場にとっては、作業時間内に生じた余裕として意識されるだけで、会社全体の生産性向上に反映すらされないことも生じよう。

こうした観点から、トヨタが一九六〇年の時点でどこまで到達したかを考えてみよう。こうした調査を丹念に行った研究は少ない。またトヨタの元従業員にインタビューしたところで、その記憶の信憑性を確かめるすべはない。トヨタの生産システムに対するジャーナリストや研究者の関心が高まった後では、そうした論文や記事に影響を受けた元従業員がその論旨に沿って事態が進展していたと思い込んでしまう可能性すらある。ここで一九六〇年としたのは、前述の有馬の論考が同年に発表されたものだったからである。これでさえ、思い込みがある可能性は否めないが、有馬が論考で何気なく書いている言葉の端々から一九六〇年の時点での到達点が浮かび上がってくる。つまり、有馬は一九六〇年の時点でスーパーマーケット方式の生産管理の意義を論じているのだが、上記の観点から読めば、この時点でのトヨタの到達点を示すものとして読めるのである

すでに見たように、この論考で有馬は「月末追込生産」と書き、「この言葉を、現在のトヨタの生産に［対し］口にする人はいなくなった。しかし五～六年前は、何の疑間もなくこの言葉がつかわれ、また、堂々とそれを実施していた[107]」と説明していた。ここからは、一九六〇年の時点で生産の平準化がある程度までは達成されていたことがわかる。だが問題は、「時刻表」（ダイヤ）が消え去っていたかである。彼の論考の意図はスーパーマーケット方式の意義を説明することであり、この点にはほとんど関心がなかったことは事実であろう。しかし、彼は次のように書いていた。

　トレーラーの定時制運搬から拡大して、別なダイヤ式定時制運搬にも発展して、現在では、鍛造、鋳造、車体、塗装、焼入、鍍金、第一工機、第二工機の工場とも定時制運搬が行なわれている[108]。

「定時制運搬」という用語が使用されていることからわかるように、一九六〇年の時点では時刻表がトヨタの工場では使われていたのである。たとえ時刻表が使用されていなくとも、定時に運ぶことが強調されており、各部品

の手番を把握し、その安定を図ることが課題だったのであろう。しかも引用文からわかるように、ほぼ挙母工場全体に定時運転が広まっていた。前に引用したウラードの比喩にならえば、挙母工場を流れる大きな河川に流れ込む支流にまで、定時運転が行われていたのであり、これが一九六〇年時点での実状であった。言い換えれば、曲がりなりにも、挙母工場のほぼ全工程についてリードタイムが判明しつつある段階であった。

一九五四年頃からスーパーマーケット方式を試行しながら、六〇年の時点になっても、なぜトヨタは新たな段階に歩みだせなかったのだろうか。ほぼ五、六年間たっても、なぜ時刻表を使った定時運転をしていたのだろうか。いや、問題を次のように、より具体的に言い換えるべきだろう。月末の駆け込み生産を排除し、生産の平準化をかなり高い水準で達成していながら、なぜ組立ラインでのサイクル・タイムの変動に柔軟に対応できなかったのだろうか、と。

これはこれまで先送りにしてきた問題（第5章第1節(2)③参照）と密接な関連がある。そしてこれこそが次に論じるべき残された問題である。

3　人材育成と「かんばん」の導入

(1)　標準作業票を書き換える必要性

機械工場は機械の再配置などで目覚ましい生産性の向上をなしとげた部署である（第4章第2節(1)④参照）。何度も機械の配置を変えていったというが、実際にどのようなことを行い、なぜ機械の配置を変えていく必要があったのだろうか。この点について、前述の有馬の論考が詳しい。彼は機械工場の状況を次のように説明する。

［機械工場は］大別的には、第一機械工場はエンジンの機械加工と組付、第二機械工場は歯車とミッション部

> 品、第三機械工場は足廻り部品といった具合に分れてはいたが、その例外という部品があまりにも多かった。これ等の部品を逐次機械移動をして行くとともに、……標準作業とあいまって機械間隔を極度にちぢめて行き、完成品がどの部品も同じ側に出るようなラインの考慮が大いに払われた。[109]

有馬の説明は具体的である。第一に、例外的な部品の数・種類が多かった。これを順次「機械移動」していくとは、実際に機械を移動することではあるまい。手作業などで製作せざるを得ない部品を順次、機械加工に移していったということであろう。これだけでも、作業方法の大幅な変更である。簡単な機械を設置したり、新しい機械が設置された際に旧来の機械を再利用するなどして対応していったのであろう。第二に、「機械間隔」を短くしたという。これを読んで、フォードがハイランド・パーク工場で行っていたことを思い浮かべる読者もいるだろう。ハウンシェルは次のように書いている。

> コルヴィンは工作機械の近接した配置を力説し、この空間の経済性により、どれほど通路に仕掛品を貯めなくなり、かつまた仕掛品が工作機械群の中を円滑に流れていくことを至上命題とするようになったかを力説している。[110]

この引用文にハウンシェルは注をつけ、このコルヴィンや後のジャーナリストたちが「工作機械の近接した配置を強調したのは、ヘンリー・フォードや彼の生産技術者達が強調したからであった」という。[111] ハイランド・パーク工場で、工場の中での資材の流れを円滑にするだけでなく、資材の運搬距離を短くするための試みがなされていたのである。ただハウンシェルも言及しているように、後の技術者たちは「工作機械の近接した配置は拡張やモデル変更には悪いアイデアだった」と考えるようになる（なお、コルヴィンについては、第2章第1節(2)参照）。

機械の配置を変更することで、機械工場で具体的に行っていたことの第三の点は、ラインの編成の変更である。必要な機械加工を終えた部品が同じ方向に出てくるようにする。これは製造現場を歩いて丹念に見て回ったことがあれば、簡単なようで難しいことがわかろう。と同時に、こうしたラインになれば、後の搬送作業が容易になることもわかろう。

機械工場で行っていた機械の配置を変更する試みは、いずれも工数の削減に大いに寄与するものだったと考えられる。と同時に、個々の部品の加工作業についても、大幅な変更が加えられなければならない場合もあった。

このことは次のことを意味する。トヨタは生産手当制度を労働争議後に導入した。それはトヨタで言う「基準時間」ないし「部品時間」、一般には標準時間と呼ばれるものを基礎にしている。標準時間が定まるということは、その前提として標準作業が定まっていることを意味する。ところが、この機械工場のように機械の配置に相次ぐ変更が加えられており、作業者の作業内容が大幅に変わっているところでは、標準作業に変更が加えられねばならない。したがって、現場の作業者に作業の仕方を具体的かつ明確に指示する標準作業書ないし標準作業票にも変更が加えられなければならない。もし、作業者の作業方法が変わったにもかかわらず、作業者に具体的な作業方法を指示する書類になんらの変更も加えられていなければ、トヨタの生産手当制度は砂上の楼閣に等しい。少なくとも標準作業票に変更が加えられ標準時間が変更されてこそ、生産手当は実質的に機能する。

有馬の一九六〇年の論考はこの点についても、ちゃんと目配りがされており、次のように論じている（標準作業票について、初歩的なことから説明されているので、製造現場に詳しくない読者のためにも、あえて長く引用する）。

標準作業票というものは、段取換［プレス型などの交換］を行なわない専用の機械加工ラインでは、定時間（七時間）かかって必要な個数を作るためには、一人の作業者は何台の機械を、どういう順序で作業をすればいいかということと、その一つずつの要素作業が、どれだけで出来るという時間が記入されたものである。また、この標準作業票には、どの機械とどの機械には品物がおかれていなければならぬという標準手持も記入されていて、「看板」として作業者の前に掲示することになった。このことにより、監督者はこの様に作業をさせるべく教育した事を意味し、作業者は看板通り仕事をして、記入された時間毎に品物を生産していることを表明したものであるともいえる。

生産台数がかわって、定時間に作る品物の個数が変れば、当然この標準作業票も作り直さねばならないものであり、監督者としての重要な仕事の一つとなると共に、管理能力ということも監督者としての資格の一つとなった。

現在においても、ずっとこれは実施されて居り、看板を掲げていない監督者はみずから管理能力のないことを表明したものともいえるし、ましてや、古い看板や、現作業とちがったいつわりの看板を掲げているのがあるとすれば恥じなければならないのである。(112)

有馬は実に明快に標準作業票を説明するとともに、一九六〇年の時点では標準作業票の書き換えがかなり定着していたことをも示している。ただ引用文の最後で、「いつわりの看板を掲げているのがあるとすれば恥じなければならない」とあえて書いていることから、逆に言えば、そうした部署もまだ残っていたということであろう。なお、一九六〇年の時点で、「看板」と言えばトヨタでは標準作業票のことを指していた、このことにも注目しておきたい。

トヨタではいつ頃から標準作業票を書き換えることができるようになったかが、すなわち残された問題ということになる。

(2)「基準時間」設定単位の問題

実際の作業方法について詳しく作業者に指示したものが標準作業票であった。実際の作業が変更されているにもかかわらず、標準作業票が書き直されていないということは、標準時間（トヨタ用語では「基準時間」ないし「部品時間」）が設定し直されていないことになる。さらに、機械工場は「基準時間」の設定でも、検査統計のＩＢＭ化でも、挙母工場の他工場より遅れていた（第5章第1節(2)③参照）。さらに留意すべき事態は、機械の配置を変えることで工数の大幅な削減を実現したにもかかわらず、機械工場では「ラインのはじめと終りに未加工品、完成品が堆積し……ラインの途中にも仕掛品のたまりが散見」される状況が、労働争議を経て生産手当制度が整備されても生じていたということである（本章第2節(5)②参照）。なぜ機械工場の「基準時間」の設定が遅れ、かつ製造現場がこうした状態であったのだろうか。

単に機械工場の生産管理が劣悪だったというのであれば、それほど深く立ち入って考察する必要もなかろう。また、機械工場における機械の配置変更はかなりの管理的負担を強いるもので、そのためにラインの途中に仕掛品がたまるなどの状況が出現したという説明も可能であろう。こうした説明で状況を解釈したとしよう。この後、「ラインのはじめと終りに未加工品、完成品が堆積し……ラインの途中にも仕掛品のたまりが散見」される状況は変わった。先ほどの説明で満足するのであれば、管理的負担が激減して生産管理の状態が改善したためだということになろう。こういう説明も可能である。

だが疑問は残る。トヨタでは戦時期にも製造現場は似たような状況だったと思われる。ある意味では、この状態を変革するために、長年にわたって製造現場に関するデータ収集の末に生産手当制度を導入したのではなかったか。経営陣は労働争議でも妥協を拒み、この争議後に導入したのが生産手当制度であった。生産手当制度がその後すぐには本格的に機能しなかったことも事実であるが、ここではこの点にこだわって生産手当制度を検討してみたい。つまり、労働争議後に成立した生産手当制度そのものに、仕掛品の山が製造現場に生じる原因があったのではないかということである。

これは前章で（第5章第1節(2)③参照）先送りにした問題でもある。そこでは次のように述べた。「一九五〇年の労働争議以降でも、ＩＢＭ機を利用した『基準時間』が設定されるまでは、トヨタの能率給の基礎にあったのは実質的には『組単位の人工時間』であったということであろう。つまり、挙母工場では各工場が工場長により自立的に運営されており、かつ各工場内部を見れば『組単位の人工時間』によって実質的に能率が計測されていたことになる。五〇年争議後に生産手当制度が制度として導入されたけれども、本格的には運用されなかった状況下で、

『組単位の人工時間』が強固に根付いていたということであろう」。

この議論を単なる当て推量だと考える読者もいるだろう。だが、前掲図5-3を参照願いたい。この図を詳細に見てみれば、次のことに気づくはずだ。その中に「基準原価作成」という項目があり、そこで仕事の具体的内容として「部品の各工程（組）ごとの基準原価を計算する」と書かれているのである。

こう説明しても、納得しない読者は多かろう。この図が掲載された『事務管理』という書物は岸本英八郎が編集したものにすぎないではないかと。しかし、この本を一度も手にしたことがない読者に説明しよう。これは実質的に会社（トヨタ）が提供したデータを編集したものなのである。同書の「はしがき」は次のようにこの書物の成り立ちを説明している。

生産性向上が現実に展開されているのは個々の企業内であります。……

しかも、この努力の結果が一企業内に秘蔵されるのではなく、協同と交流の精神に則って企業相互間に交流されてこそ、はじめて産業全体の生産性の向上が期せられるのであります。企業も個人も相互の対立と競争という現実にたちながらも、なお、協同と知識交流によって進歩していこうというのが生産性向上運動の基本的な考え方であります。

すでにこの考え方から、海外視察団の派遣事業が行なわれてまいりましたが、その構想を国内において実現するために別に国内視察団を編成し、派遣したのであります。

視察団は、産業界、学界、官界および民間の諸機関の関係者一〇名ないし一二名によって構成されています。視察は、約七日間、わが国の代表的企業について行なわれ、かつ視察に当っては活発な現場討議を通じて、相互に有益な経験交流が行なわれました。

本書は、このような視察の成果に、各企業で提供された貴重な資料の裏付けをえて作成された報告書をもとにして、一般にも理解しやすく、かつ読みやすいよう再編集したものであります(113)。

この書物は日本生産性本部による海外視察団派遣の日本国内版であり、企業から提供された資料が掲載されているのである。どの程度までの正確さなのかを確認する根拠も実はすでに示しておいた。前掲表5-1に掲載されている情報は、一九五八年六~七月の「ファイリング・システム講習会の開催」までは、『トヨタ自動車二〇年史』が掲載している情報と一字一句違わない。もちろん、『二〇年史』が上梓された後にこの『事務管理』が出版されたわけであるから、単に編者が勝手に『二〇年史』から転記したと考えることもできよう。だが、日本生産性本部の事業であり、他の内容から考えても会社側の資料と考える方が妥当のように思われる。

このように考えると、図5-3で「部品の各工程（組）ごとの基準原価を計算する」と書いてあるのは重要な意味を持っているように思われる。あくまでも基準原価の計算単位は工程ないし組という小単位であった。ということは、戦前の組請負での能率給から変化していても、管理単位が工程単位であり月次の生産計画しか示されていない状況では、後の「工程の組付のことなんか余り考えずに自分の組［工程］の帳尻を合すことを考えて仕事をした」[114]という戦前・戦時期の状況が再現することを防ぎ得なかったのではないだろうか。

しかし、ここで奇妙なことに気づく。『事務管理』が上梓されたのは一九六一年である。原稿提出から出版までの時期を考えても、その書物の内容は一九六〇年の状況を反映していよう。それならば、「基準原価」の設定単位が、少なくとも表面的には変化していない中で、製造現場から仕掛品の山が消えていったことになる。なぜだろうか。

これに対する解答は、スーパーマーケット方式の偉大さを称えることであろう。事実、「セット生産」と定時運転は、製造現場の状況をある程度まで改革する効果があった。この方式が導入されたのは一九五四年頃で、六〇年になれば挙母工場のほぼ全体に定時運転が完全に定着し、仕掛品が製造現場にうず高く積み上がっている状況もなくなっていた。「スーパーマーケット方式の導入が製造現場での仕掛品の山を消滅させた」という因果関係は成立しそうである。

しかし、スーパーマーケット方式の導入、つまり「セット生産」と定時運転が挙母工場に広まったといっても、仕掛品の山がなくなるのになぜ約五年もかかったのだろうか。逆に、前述のように、なぜ一九六〇年になってもまだ定時運転であり、組立ラインに完全に同期化して仕事が進められていなかったのだろうか。それに、なぜ「基準原価」の設定単位が一九六〇年になっても変更を加えられていないのに、生産手当制度の本格的運用は始まっているのだろうか。これらの疑問は実はほとんど似た問題をめぐって生じている。列挙してみよう。標準作業の設定と改変。標準作業票の作成と改訂。標準時間の設定と改訂。標準原価の設定と改訂。

列挙した問題のうち、標準作業票の作成について、有馬は「トヨタ式スーパーマーケット方式による生産管理」の中で、「生産管理が可能になってきた機械工場の素地」という項目で次のように述べている。

T・W・Iによる教育の応用問題として、標準作業票の作成、ならびにこれによる作業の指導が急速にすすめられた(115)。

先に引用したように、標準作業票の改訂についても彼は次のように述べていた。

生産台数がかわって、定時間に作る品物の個数が変れば、当然この標準作業票も作り直さねばならないものであり、監督者としての重要な仕事の一つとなると共に、管理能力ということも監督者としての資格の一つとなった(116)。

有馬が言うように、標準作業票の作成が「教育の応用問題」であれば、標準作業票の改訂にもそれを作成するだけの教育を受けた人物が必要だということだろう。さらに標準作業票に基づいて「作業の指導が急速に」進んだということであれば、そうした教育が重要だったということではないだろうか。前に列挙した問題が互いに関連しているとすれば、この教育の問題を手掛かりに議論を進められるのではなかろうか。

（3）人材の育成

①ＴＷＩは人材育成の主たる柱だったのか？

トヨタが人材育成で、戦後に新たな動きを示したのは一九五〇年である。それはＴＷＩ（Training Within Industry）の導入として始まる。これについては、一九六四年に上梓されたトヨタの教育訓練課教育係長（当時）の横瀬儀の論考が詳しいので、それによりながら検討していこう。ＴＷＩの導入された経緯について、横瀬は次のように説明する。

ＴＷＩの導入が企画されたのは昭和二五［一九五〇］年であるが、当時は創立以来の経営上の危機であった。二、〇〇〇人に近い従業員の大量整理と組合のそれに対する反対闘争をきりぬけ、おりからの朝鮮特需の大量発注、景気全般の上昇気運等企業全体に苦しいながらも、明るさと、活気がみられはじめた時であった。しかし……職場における従業員＝組合員に対するＰＲも組合側からの一方的なものに終始し、会社の職制を通ずる企業の考え方のコミュニケーションははなはだ弱かった。これにつれて、管理・監督者も、自信をもって職制として業務を遂行していく理論的根拠をもてないままに組合活動にひきづられていくといった状況であった。このなかで敗戦で打ちくずされた企業の基盤を回復し、企業目的にそって、体制を整備していくために、全社的な職制を通じての意思統一の一つの方法として監督者訓練をとりあげようという気運が生じてきた。またこのことは、封建的な残滓を一掃して、近代的な労務管理体制の基礎をつくるものとして、労組関係者にも積極的に賛意を表すものがいた(117)。

トヨタには一九四九年にＴＷＩの実施への呼びかけがあったが、一九五〇年頃に初めて人事教育課の中に教育担当者をおき、実際にＴＷＩの「仕事の教え方」の指導員一〇〇名を養成したのは五一年一二月である(118)。

言うまでもなくＴＷＩは、アメリカで実際の職場での経験に基づいて開発された監督者訓練技法であり、戦後になって日本に移植された。一九四九年にＧＨＱより得た資料を翻訳し、国鉄の大井工場での試験的な講習会を経て、五〇年に日産自動車などでも講習会を実施した。一九五〇年夏以降になると、労働省が全国的な普及に積極的な支援策をとっていく。ＴＷＩは監督者訓練であり、「内容としてはそうむずかしくない原則を、十時間の基礎訓練によってわかり易く教え、それに引続いて追指導を行う」[119]ものであった。その訓練で教えられるのは「仕事の教え方」（Job Instruction；TWI-JIあるいは単にJIと略される）と「改善の仕方」（Job Methods；JM）、「人の扱い方」（Job Relations；JR）の三つである。

トヨタにおけるＴＷＩ訓練の実績を示すものとして、横瀬が掲げた表をそのまま引用しておこう（表6-4参照）。この表における効果の欄を見れば、大きな成果があがったようにも考えられる。だが、横瀬の論考が発表されたのが一九六四年であり、表6-4が「今日にいたる主要実績」として掲げられていることを考えれば、十数年間における実績ということになる。一〇時間の基礎訓練とその後に追指導を受けた者を「被訓練者」、一〇時間講習の指導員になる資格を持つ者が「［職場］補導員」である[120]。たしかに職場補導員の「訓練期間は比較的短い」ので、「短期間に多量の補導員が訓練される」とはいうものの、最低でも八日間ほどの訓練期間が必要であり[121]、修了者には労働大臣から資格が付与されることになっていた[122]。したがって職場補導員の育成にはそれなりに時間がかかるだけでなく、認定手数料を国に納付することにもなる。こうしたことを考えても、十数年間で育成された職場補導員の数が「仕事の教え方」（ＪＩ）で三一名、「改善の仕方」（ＪＭ）一〇名、「人の扱い方」（ＪＲ）二五名というのは、人数的には決して多いとは言えないだろう。

このようにＴＷＩによる指導実績について横瀬は好意的な書き方をしているが、その内容を吟味してみれば管理としては初歩的なものである。こうした実績とともに、横瀬は問題点が出てきたことも指摘している。その例をあげれば次のようになる。「基礎訓練過程で指導員の能力差がはっきりし、指導員に訓練意欲の低いものがでてきた」[123]とか、「部工場により非常に熱心に、……改善提案を行う雰囲気を作りあげたところもあるが、係長・組長によっては、教育を受けることと実行することとは別だというように割り切っているものがいる」[124]という。

表6-4　トヨタにおけるTWI導入による実績

項目	補導員	被訓練者数	効果
JI	三一	二〇八六	一、職責の自覚と部下指導の自信を強めた。 二、民主的な新しい考えを会得し、受持従業員に対する見方と態度を変えた。 三、個々の数字で表現し難いが、職場の親密度を増しながら生産諸要素を向上した。 四、科学的管理の雰囲気を作った。 五、各職場共大部分の作業を作業分解し、これに伴う改善が出来た。 六、訓練予定を作る慣習が向上した。
JM	一〇	九一〇	一、職場の作業改善をした。正規報告による改善実施件数約六〇〇件、義務的実施件数約一、三〇〇件、提出しないが、実際に実施したと推定されるものを含めると約二、〇〇〇件（二七年八月〜二八年八月）この実益は素晴しいものと思う。 二、職場における改善観念を向上し、抵抗となる封建的な考えを廃している。 三、今後の改善、創造《ママ》工夫に対する実力を体得せしめた。 四、自問、反省、企業合理化的考え方を増した。
JR	二五	二〇九九	一、職場における苦情を少くして勤労意欲を向上させる。 二、職場規律を良くする（出勤状態、執務ぶり） 三、チームワーク（協調心）を良くする。 四、仕事への愛着心と忠実さを向上する。 五、社内におけるトラブル（問題）を減少する。 六、察知力、注意力を増して問題の未然防止に努める習慣を得る。 七、監督者の観察追求視野を増大し、部下のことをよく考えるようになる。

出所）横瀬儀「トヨタ自動車工業の管理監督者教育」労働法令協会編『管理・監督者訓練の実際』（労働法令協会，1964年），100頁。

ＴＷＩの受講者数は少なく、その内容も基本的な技能である。これで応用問題として標準作業票の作成ができるのだろうか。その作成のために必要な具体的かつ体系的な訓練が施されていないように思えるのである。たしかに有馬も横瀬も一読した限りではＴＷＩを高く評価しているように読める。さらに、多くの研究者も、この有馬や横瀬のような企業関係者が書いたものを手掛かりに、ＴＷＩが戦後の日本企業の監督者訓練に多大な貢献をしたと説く。しかし考えてみれば、企業から見て監督官庁である労働省が普及に努めていたＴＷＩの意義について、企業

（に勤務する関連部局）の人物が批判的な見解をたとえ一個人の見解だとしても書かないのではないか。彼らの言葉を額面通り理解してＴＷＩの意義を高く評価して良いのだろうか。

このような疑問を氷解させてくれるのが小野常雄の論考である。実に明快に彼は次のように言う。

> 戦後、ＴＷＩ（Training Within Industry）、ＳＱＣ（Statistical Quality Control）などのアメリカの現場管理の手法が会社工場に断片的に持込まれ、かつ無批判的に受け入れられていた一時期があった。現在ではこれらの受け入れの結果が反省されて、地道で総合的な生産諸管理の整備が必要であることが改めて感じられている。[125]

この論考は一九五七年一月に受理され同年六月に上梓されたものである。小野は生産管理には一家言持った人物である。もちろん彼の肩書きはこの論考では「正員、日本能率協会」となっており、その意味ではバイアスがあることは否めない。

ただ、この引用文の後に彼は次のように続ける。

> 作業の標準化を可能にするような、現場管理についての考え方、組織、制度、その運用法などの基本的な技術の一つとして、時間研究手法はその存在を認められているのである。したがって、会社工場はいつまで経っても過去の過ちを繰返しつづけなければならないであろう。[126]

まさしく「作業の標準化を可能にする」ことがトヨタに求められていたはずなのである。小野は日本能率協会の正員として、この時期にあえて論考を『日本機械学会誌』に投稿している。だとすれば、すでに日本能率協会は何らかの対応をしており、それを世に知らしめる意味もあった投稿だったのではないかという推測が働こう。

②生産技術講習会による人材の蓄積

その推測通り、小野は次のように書いている。

> 日本能率協会は時間研究の普及については、長い歴史をもっている。最近の状況としては、時間研究、動作研

究、作業改善などの現場実習を主体とした一個月間の長期訓練コース、ＷＦの一〇日間の訓練コース、Ｍ・Ｔ・Ｍ手法などの講習会の随時開催、会社技術者をメンバーとするＷＦ研究会の開催、あるいは作業研究、ドイツのRefa Buchなどの解説図書の発行を行っている。また会社工場の依頼による時間研究を含む生産技術の組織、制度、手法の開発などのコンサルタント活動をも行っている。[127]［なおＷＦはWork Factor、ＭＴＭはMethod Time Measurementの略で、いずれも時間・動作研究の手法］

当時トヨタに必要だったのは「時間研究、動作研究、作業改善などの現場実習を主体とした」訓練を受けた人材だったのではないか。こうした訓練を受けた人材と、ＴＷＩのような訓練を受けた人材がうまく組み合わされることこそが、当時のトヨタに必要だったのではなかろうか。

横瀬も言う。「ＴＷＩ、ＭＴＰはたしかに全社の意志統一をはかるという意味での啓蒙的効果はあったが、その具体的効果を実現するために、さらに強力な教育が望まれた」と。「啓蒙的な効果はあった」とは、実質的な効果がなかったと婉曲的に言っているにすぎない。彼が言う「強力な教育」とは何だったのだろうか。彼の言葉を引用しよう。ＴＷＩなどについて述べたときの奥歯に物のはさまったような書き方とはうって変わり、きわめて率直な書きぶりで次のように説明する。

そこで日本能率協会主催の第一七回生産技術講習会（略してＰ講習）が当社［トヨタ］で行なわれ、これに当社の工場技術員一二名と関係協力工場の技術員一〇名が参加しこれが当社における第一回のＰ講習となり、その後今年［一九六四年］にいたるまで、一四回にわたって三六六名の工場技術員、工組長の教育を行なってきた。この結果、生産技術について、協力工場を含めた全社的な意思統一が行なわれ製造ラインの合理化が、大きく進展した。動作分析、時間研究、稼動分析、疲労研究、標準時間設定、工程研究などについて、徹底した現場実習と研究討論方式によって、生産現場に密着した研究を行なうもので、一カ月間のフルタイム、全員合宿制で行なった。昼間は現場観測、調査を行ない、整理と発表資料作成は、夜間宿舎に帰ってから行なうの

表6-5　トヨタにおける主要な監督者教育の受講者数（1950〜64年）

項目 / 年度	MTP	TWI			職長訓練計画	PMC	MMC	生産技術講習会	マネジメントゲーム	備　考
		JI	JR	JM						
1951		T10 10								T は ト レーナー
1952		631		T9						
1953	205	202	T8	220						
1954	103		156	208						
1955			48	183				12		
1956			246	70						
1957	74	38	36	31						
1958	21	66	T2 62			9				
1959	47	32	63					16		
1960	40	194	T12 116	157				29		
1961	78	T12 164	T2 622					26		
1962	69	158	233		86	23	17	19		
1963	72	T1 103	T1 200	8	235	21	12	18		
1964	81	T8 488	257	T1 33	201			19	30	
計	790	(T) 31 2,086	(T) 25 2,099	(T) 10 910	522	47	29	148	30	

出所）横瀬儀「トヨタ自動車工業の管理監督者教育」129 頁。

で、毎晩九時・一〇時におよび時には徹夜もするというハード・トレーニングである。(128)

トヨタで生産技術講習会が最初に行われたのは一九五五年であり、それを含めトヨタで行われた主要な監督者教育の受講者数を表6-5に掲げた。

横瀬の引用文中の数字と表の生産技術講習会受講者の総数は食い違うが、この表はトヨタだけの数値であり、引用文は「関係協力工場」からの受講者を含んでいると考えればつじつまがあう。

また自動車の製造を最終

組立ラインに同期化しようとすれば、まさしく「関係協力工場」と一体になった教育訓練には意味があったであろう。

この生産技術講習会の内容が、「動作分析、時間研究、稼動分析、疲労研究、標準時間設定、工程研究などについての、徹底した現場実習と研究討論方式による、生産現場に密着した研究」であったことは、標準作業・標準作業票などの設定や改訂に有益だったであろう。「製造ラインの合理化が、大きく進展した」というのも、誇張とは思われない。しかも、生産技術講習会が初めてトヨタで開催されたのが一九五五年だったことも示唆的であろう。スーパーマーケット方式を導入したのが一九五四年頃である。まさしく標準作業・標準作業票・標準時間などについて訓練を受けた人材が必要になった時期にあたる。

そしてこの講習会の講師こそ、新郷重夫だった。彼についての略歴などは省くが、この講習会に関する評価をある書物から引用しておこう。

トヨタ自動織機を実習工場とした講習会に参加したトヨタ自工の社員が、帰社後に顕著な成績をあげる教育として評価したことが契機となり、トヨタ自工内で独自の講習会が企画され、その講師として招かれた彼［新郷重夫］は、三〇年余にわたり教育指導にあたり、回数にして九〇回、受講者二、〇〇〇名に及ぶといわれている。これが彼のトヨタ生産方式に関与する機縁となっているのである。(129)

民間営利企業が有益でない講習会をただ単におつきあいというだけで九〇回も開催しまい。ましてや二〇〇〇人以上の従業員を長期に拘束するような講習会を受講させることはないだろう。

この生産技術講習会の受講者とＴＷＩの受講者が一体となって標準作業・標準作業票・標準時間の設定・改訂を行っていたのが一九五五年のトヨタにおける状況だったのではないか。

③蓄積された人材が目指したもの

こうした人材が企業内部に蓄積されたからこそ、一九五六年になって工数のＩＢＭ化によって混乱していた部品時間を「基準時間」として設定し直すことができたのであろう（第5章第1節(2)②参照）。だが、これでも十分ではなかった。これは実績資料にたよったものだったからである。一九五九年に書かれた論考では次のように述べられている。

実績資料にたよることは、そこに避けられない時間的ズレと、また実績のとり方について、必ずしも適正とはいえないものもあって、現状に対し、常に一定の間隔と、あいまいさを持つことになり、作業管理に適用できない点において、［実績を基に算定される］部品時間の域を脱し得ない原因をなしている。[130]

何を目指しているかは明確であろう。究極の目標は標準時間の算出から標準原価に基づく管理である。そのために何を行ったか。

最初に「各工場の関係者とよく話し合い……現場の作業管理や仕掛計画に用いている生の資料の提供を求めた。これは実は大変難しいことである。だが、こうした資料を提供してもらう代わりに、「現場の必要とする管理資料」を現場に「還元する」。つまり、管理部署（かつての計画課資料係で、一九五五年五月に工務部査業課として独立した部署）と製造現場とが「相互補充関係」を確立することによって、製造現場が実際に使用している「生の資料」を査業課に集める。[131] その後、査業課で資料を分析し、「必要な諸要素の選定」を行う。それらの資料をどのように蒐集するかを調査したうえで、「すべての計算や作業をＩＢＭ化の中で検討」する。これにより一九五八年三月には「第一車体課負荷調査票」、同年末には「鋳物工場負荷調査票」という「手計算では到底不可能とされていた管理資料」を手にし「逐次進捗しつつ」あったという。[132]

この「負荷調査票」という言葉の内容を理解しにくい読者もいるかもしれない。そもそも「負荷」という用語が専門的な意味を持つことを確認しておこう。辞書では次のように説明されている。

> 電灯、テレビ、エアコン、電動機など電気を消費する機器を総称していう。発電機、電源、電池など電気を発生させるものに対することばであり、需要ともよばれる。負荷は機器種別、電気的特性、供給条件などによっていろいろに分類される。（『日本大百科全書』）

この定義によれば、「負荷調査票」とは、鋳物工場などに設置された機器に対して「負荷」つまり「需要」がどの程度あるかを調査したものだと推測がつく。したがって、前のパラグラフが述べていたのは、査業課が現場の資料を集めて一九五八年春には鋳物工場などの工場で設置された機器に対してどれだけの「需要」があるかを具体的に把握し、それがＩＢＭ化されていたということになる。

実際、『トヨタ自動車二〇年史』は次のように書いている。

> 計画課資料課（昭和三〇［一九五五］年五月査業課として独立）を充実し、工場の能力を調査し、能力と負荷を調整して、生産指示書を出すようにしました。工場の能力について、従来は、どの工場は、月産何台分というふうに大ざっぱにみていましたが、この時から、各部門ごとに、各工場の能力を調べるようになりました。そして、昭和三二［一九五七］年には、プレス、鍛造について、機械別の生産能力をつかむようになりました。[133]

おそらく「機械別の生産能力をつかむ」ことができたということは、それに対する負荷、つまり各機械にどれだけ仕事を与えるかも決めることができるようになったことを意味する。

教育訓練を受けた人材が蓄積されたことによって、製造現場では標準作業の設定・改訂、それに基づく標準作業票と標準時間の設定・改訂を絶えず行うことが可能になった。それに加えて、挙母工場全体の生産計画を各工場の生産能力・負荷についての緻密な情報に基づいて立てることも可能になったのである。これについても、『二〇年史』は次のように述べる。

> 各工場の工程の作業管理の水準が、しだいに高まるにつれ、まずてはじめに、昭和三二［一九五七］年二月に、組立および機械工場の仕掛係を、工務部計画課に移し、ついで、昭和三三年二月、車体工場のボデー、フ

レームの仕掛係を、計画課に移しました。このようにして、工程管理は、しだいに、分散管理から集中管理へ進み、リモート・コントロールが、的確にできるようになってきました[134]。

この「分散管理から集中管理へ」、あるいは「リモート・コントロールが、的確にできる」といった文言を読めば、本書を読み進んできた読者ならば『二〇年史』から引用した次の文章を思い出そう（第4章第3節（4）①参照）。

> 工場の経営管理のテーマとして、よく分散管理か、集中管理かが、問題になります。形だけの集中管理ならともかく、ほんとの意味で集中管理を行おうと思えば、まず各工場が十分管理されていることが、かならずその前提になります。
>
> わが社も、このようにして、各工場の仕掛管理、作業管理の水準が、年とともに向上してゆくにつれ、集中管理、リモート・コントロールへと移行しうる態勢が、しだいに醸成されつつありました[135]。

この文章に関連して説明したように、トヨタが分散管理、つまり、当時の用語法から考えれば「推進区制方式」を導入したのは一九五〇年の労働争議後であり、必ずしも純粋な推進区制方式を導入したわけではない。だが、この分散管理の導入について『二〇年史』の年表は一九五〇年七月の項目に「製造の分散管理方式を採用し、各工場に事務課創設」と書き[136]、本文では「歴史的な職制」と呼んでいたのであった。それがついに一九五七年にその分散管理から集中管理、リモート・コントロールへと移行し始めたのである。一九五〇年から七年後のことであった。

トヨタ用語で言う「基準時間」が適正に設定されるようになれば、次のステップも視野に入ってくる。当時のトヨタの一社員も次のようにその展望を語っている。

> 基準時間が正しく管理せられる限り、基準時間は作業遂行度の測定や、能率に応じた賃金支払、実情に即した原価計算、定員算定等の基礎となりうるとともに、能力に応じた生産計画、日程計画等の基礎資料を提供できることとなり、工場の時間的管理への一端の寄与をなすものと考え、またそれを願っている[137]。

実際にも一九五七年頃から生産手当の支給率が安定的に推移するようになる（前掲図4-10参照）。すなわち、生産手当制度が本格的に運用され始め、前掲図5-4に示したような経路で生産手当が算出され始めたことを意味していた。つまり、標準作業、標準作業票、標準時間に基づいて運用され始めた。トヨタでは標準時間（トヨタ用語では基準時間）を設定・変更できる人材が育つことによって、ようやく一九五〇年の労働争議後に導入した生産手当制度も運用が可能になったのである。これは個別機械の生産能力まで把握したうえで集中管理を始めたことと大いに関係がある。個別機械の生産能力まで把握するようになれば、生産手当制度での「基準時間」設定単位がたとえ工程別であったとしても、より詳細なデータを会社側は知り得ており、あえて生産手当制度の算式などを表面的に変更する必要がなかったのではないかと思われる。

そして、標準時間が正しく設定されるようになるということは、標準原価も適正に設定されるようになったことを意味する。その意味で一九五七年頃は、トヨタにおける管理水準が新たな段階に向かって加速度的に整備される起点となった時期であった。

④時刻表の消滅――「かんばん」の導入

トヨタでは時刻表に基づいてトレーラーなどの搬送機器が定時運転されていた。これが「セット生産」と組み合わされたことによって、挙母工場は大きく変わっていった。定時にトレーラーなどの搬送機器がセットにした部品を引き取りにくることから、まさに列車の運行に間に合うことを連想させる「ジャスト・イン・タイム」という用語が広まる基盤があった。実際に、トヨタ車体では一九五七年頃にはひろく「ジャスト・イン・タイム」が用いられていたのである（本章第1節（2）参照）。

しかし、いくら定時運転あるいはダイヤ運転に起源の一つを持つといっても、そこから時刻表ないしダイヤは消え去った。それはなぜなのだろうか。

搬送機器が定時に運行されることが確実になるためには、工程管理が安定して手番（リードタイム）が一定になる必要がある。そして作業方法に変更があった場合、それに対応して、すぐさま手番（リードタイム）の修正から時刻表の再編を行う必要もある。そのためには、工程管理にたけた人材が豊富に蓄積される必要があろう。それを可能にしたのは、一九五八年以降さらに監督者教育の受講者が増大したことにあったと思われるが（前掲表6-5参照）、さらに五八年には、トヨタにおける人材育成にとって新しい試みが始まることになった。この当時のトヨタでは職制表から判断する限り、製造関係では課長の下位にくる監督者層は工長（現場ラインの長）で、その下位に組長、班長が位置するが、この工長と組長に対する教育が始まったのである。しかも職位にある人物全員に対してであった。

［昭和］三十三［一九五八］年九月、工長六〇名、組長二〇〇名に対し、動作分析教育二〇時間を実施した。講師はP講習［生産技術講習会］を修了した工場技術員スタッフ一五名がこれにあたりさらにその追指導過程として、最低工長三件、組長五件の改善案の提出を命じ、その発表研究会を各職場ごとにスタッフが立案して行ない、補足教育を三カ月にわたって行なっていった。この課題作業を通じて各職場の部長・課長がその部下の工・組長を教育、指導、助言するというOJT方式による教育が行なわれ、作業改善に対する熱意と関心が全社的な高まりをみせたのである。[138]

しかも、彼らに対する教育はこれにとどまらず、さらに追加的な訓練の対象となる工長や班長がいた。その教育訓練と成果は次のようであったという。

全工・組長に対して教育を行なった結果、大量生産ラインの職長に対しては、さらに高度の能力を与える必要が感ぜられたので［昭和］三五［一九五八］年八月から、三〇名の工・組長に対し、一六日間フルタイム、合宿制による短縮P講習を行なった。この講習は、正規三〇日のP講習コースのうち、現場監督者に必要な部分だけを抽出し、重点的に行なったのであるが、年齢四〇歳以上、停年間近の工長たちも、毎晩九時一〇時、ときには徹夜して昼間の調査資料をまとめるなど、非常な意欲をみせ成果が大いに上がった[139]。

トヨタでは一九五九年八月には日本初の乗用車専門工場である元町工場が稼働を開始するから、それに備えた人材の育成もかねた教育訓練だったと考えられる。いずれにせよ、トヨタには、一九五〇年代末から六〇年代初頭には、教育訓練を受けた人材がこれまで以上に蓄積された。こうした人材が安定的な工程管理の確保に大いに寄与したことであろう。

こうした人材が豊富に育成されたという条件で、どのように定時運転から時刻表を消し去ることができるか推測してみよう。工場全体で生産が平準化されるという条件は一九五七年頃から徐々に整備されていたので、以下の推測では平準化が達成されていることを前提としよう。そのうえで、最初に工程の作業時間が一定で不変な場合を想定してみよう。工場全体でも一種類の自動車しか製造しないと仮定すれば次のようなことが起きよう。ある工程に部品などを引き取るために搬送機器が到着する時刻は一定である。例えば、五分刻みで来るとすれば〇時五分、一〇分、一五分……となるから、作業者は時刻表がなくても記憶ができるか、一定期間を経れば対応していくことが可能である。つまり、現場から時刻表がなくなってもよい。

次に、最終組立ラインに各工程が完全に同期化しているときに、組立ラインのスピードが変動するものとしよう。工場全体では一種類の自動車が製造されていると仮定し、各工程で製造加工する部品・ユニット部品は一定だとする。搬送機器が工程と工程の間を移動する距離は変動しない（工場の改築等がなければ、工場の位置関係は一定なので）。したがって搬送機器が移動する時間は一定で、変動するのは最終組立ラインから後工程に部品の引き取りに出発する搬送機器の時刻だけだということになる。これでさえも、ラインスピードに対応した時刻のパターンをいくつか（例えば五分刻み、十分刻みなど）取りそろえておけば対応可能であろう。柔軟にラインスピードを変える度に時刻表を取り換えることは煩雑なだけでなく、実質的に対応不可能であろう。いずれにしても、定時運転が最終組立ラインのスピード変更に完全に同調することは不可能に近い。

しかし、工場全体で生産を平準化するという条件は、実際には一種類の自動車を製造することによっては達成が困難である。車の型式や色などを組み合わせてこそ部品レベルまでの生産の平準化が行われる。こうした作業を手作業で達成することはほとんど不可能である。たとえ達成できても、実際には工数がかかり過ぎて実用には向かない。したがって、工場全体で生産が平準化されているという条件を満たすためには、そもそも工場全体の生産が部品レベルまでIBM化されており、各製造工程の手番も明確になっていることが条件となろう（もちろん、製造工程での作業変更に対応して、手番を順次変更できる人材も必要となろう）。つまり、生産を平準化するという条件を満たすだけでも実質的にはIBM化が進展していることが不可欠である。しかもIBM化すれば、実質的に細かい生産計画を各工場だけでなく各工程にも示すことができる。その細かい生産計画にしたがって、最終組立ラインで組み立てる車種の順番を指示し、前もって各工程に対して最終組立ラインで組み立てられる車種に応じた部品を示すことができ、各工程でその予定にしたがって順序よく部品を、指示された数量、指示された期日までに製造を終えていたと仮定してみよう。この場合には、時刻表はなくても、トレーラーなどの搬送機器が後工程から出発して、順序よく並んでいる部品・ユニット部品を前工程から引き取っていけば生産は円滑に進行することが論理的には可能であろう。

したがって工程を安定化させることができ、標準作業の変更にも対応できるだけの人材が揃い、かつ工程の詳細な情報をIBM化して、生産の平準化を達成する計画を機動的に編成し、各工場・各工程単位に示すことができれば、搬送機器の出発時刻は定時でなくてもかまわない（このように考えれば、「セット生産」と組み合わされた定時運転とは、ある意味で工程の作業時間を安定的に移行させるための手法だったとも言えることがわかろう）。したがって、論理的には時刻表が消え去っても生産は円滑に進行するはずである。

だが、これは論理の世界では可能であっても、現実には実現困難であろう。第一に、製造現場では部品・部品ユニットを順序正しく並べようとしても、スペースの関係で多少とも不規則な配置で並べざるを得なくなる場合が

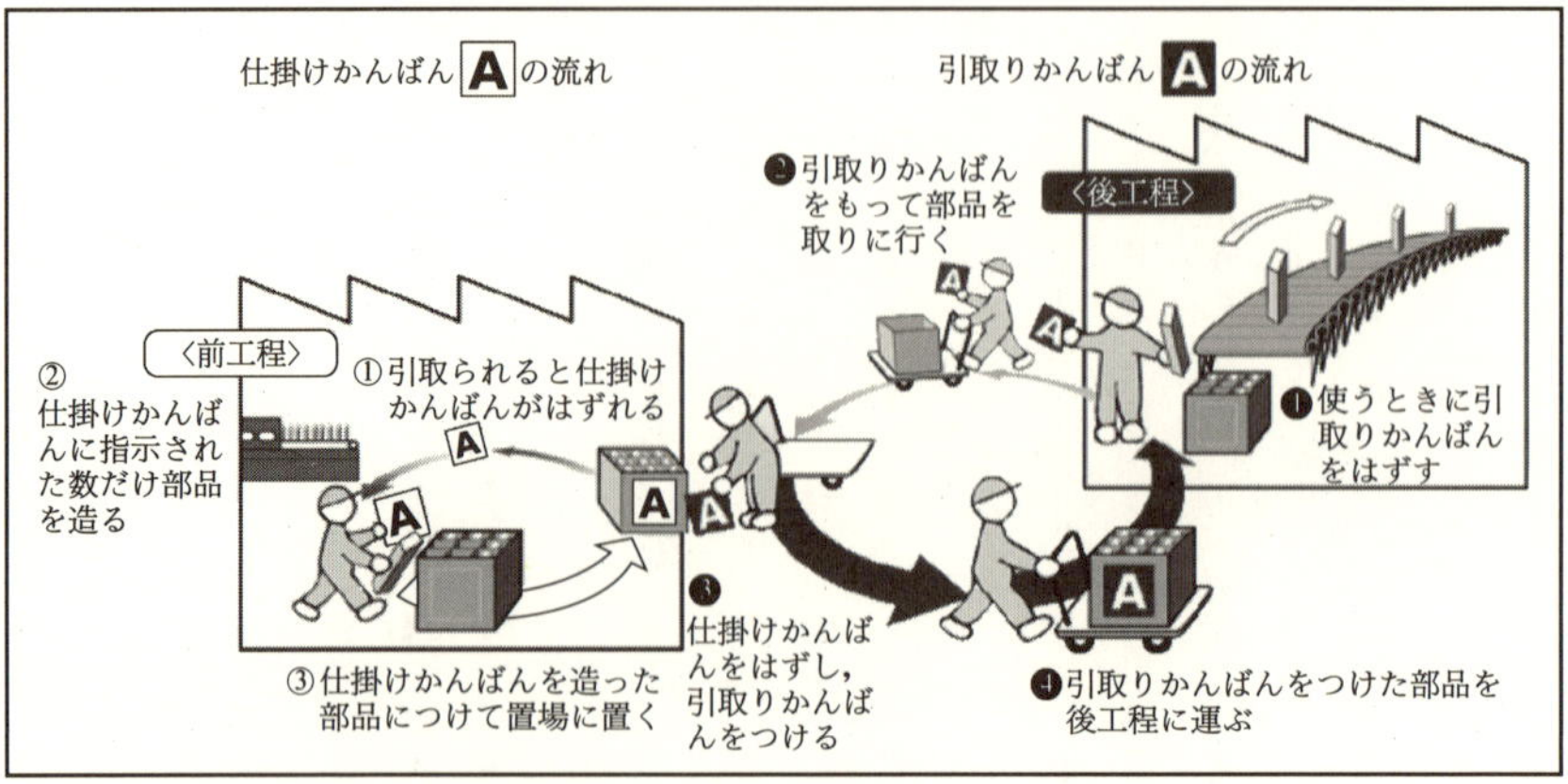

図 6-7　かんばん方式の概念図(1)

注）この図には「かんばんには『仕掛けかんばん』と『引取りかんばん』の 2 種類があり，部品の管理を行います」という説明がついている。

出所）トヨタ自動車ホームページ：http://www.toyota.co.jp/jp/vision/production_system/just.html アクセスしたのは 2008 年 12 月 29 日である。

多々生じる。その結果、後工程に異なった部品・部品ユニットが運ばれる可能性を完全に排除することは難しい。しかも、ひとたび、そうした間違いが生じれば工場全体は大混乱に陥る。第二に、生産計画が工程レベルでも事前にある程度判明していれば、必ずしも示された順番通りに部品を製造しなくてもかまわないのではないかと工程の製造責任者が考えて行動する誘因が生じる可能性が高い。つまり、各工程で勝手に、中央から示された短期の生産計画すらも変更して、まとめて製造した後に生産計画に示された順番通りに部品を並べ替えようという誘因が生じる。これを防ぐためには、「かんばん」がきわめて有効な方策である。おそらく、「かんばん」はこのためにこそ導入されたと言ってよいのではないだろうか。

二〇〇八年にトヨタが自社のホームページで説明している「かんばん方式」の概念図を見れば、「仕掛けかんばん」と「引取りかんばん」の二種類によって、部品の管理が行われていることがわかる（図6-7参照）。たしかに、かんばんによって製造を指示すれば、組立ラインのスピードに同期化して各工程で製造が小さな単位で行われることになり、上記の問題を解決することになる。トヨタの『三〇年史』も「かんばん方式」の導入について次のように書く。

昭和三八［一九六三］年には新たに〝かんばん方式〟と呼ばれる管理方式を採用して、同調化管理を個々の部品加工に、さらに進んで粗形材製造工程にまで拡大強化した。

この〝かんばん方式〟というのは、それぞれ各部品ごとに一種類のかんばん（多くは鉄板だがビニール袋に入った帳票式のものもある）をつくり、これに後工程が前工程に注文する品物の品番と数量などを記入し、これによって前工程は、後工程が必要とする品物を、必要なときに、必要な数量だけ生産を行ない、これを全工程を通じて繰り返すことによって全工程が回転的に運用される〝かんばん〟によって結びつけられるようになっている。(140)

こう説明したうえで、「どんな未経験者であっても、生産上あるいは運搬上のミスをおかさなくてもすむなど、作業上の便利さを考えて数多くのくふうがなされている」と付け加えられているのは、先に述べた論理の世界では時刻表の消失が可能であっても、現実の世界では起きる不都合を解消しようとしたために導入されたからだと考えることができる。さらに図6-7を見ても、「かんばん」の基本的な役割は、実質的に「仕掛けかんばん」と「引取りかんばん」の情報を対応させることで、これは部品や部品ユニットの引き取りに際して違うものを運搬していかないための機能なのである。

さすがに『トヨタ自動車三〇年史』の執筆者はこの点に気づいているようで、重要な指摘をさりげなく次のように書いている。

この〝かんばん方式〟を採用したことにより、従来、管理部署だけで集中的に行なっていた仕掛業務のうちの一部が、ごく限られた範囲内ではあるが、現場の組長、班長に移管されて、各工程の責任体制が確立され(た)。(141)

トヨタの工程管理はすでに管理部署が集中管理する体制、つまり製造現場をいわばリモート・コントロールする体制に移行していた。その中で「仕掛業務のうちの一部が、ごく限られた範囲内で」製造現場に移管されたのが「かんばん方式」だったというのである。

一九六〇年の時点でも、トヨタでは「看板」とは標準作業票のことであった（本章第3節(1)参照）。これに対して、いわば部品の引き取りを確実にするための符牒が新たに「かんばん」と呼ばれ、新たな管理方式が「かんばん方式」と名付けられた。このため多くのジャーナリストや研究者は多大な関心をこの「かんばん」とその動きに注ぎ込むことになった。一方、仕掛業務を集中的に管理部署で行うシステムについては関心が払われなくなったのである。このシステムがどのように形成されてきたかは、もはや本書の読者には繰り返す必要はないだろう。

だが、一九六三年にトヨタが「かんばん方式」を採用したことは、同社の管理水準が新たな段階に達したことも意味しているのを忘れてはならないだろう。おそらくは標準原価の原価管理がほぼ達成されたのであろう。また、一九六三年が新しい段階を画することを示すかのように、トヨタは自社の電子計算機をＩＢＭ７０７４型に機種変更した[142]。このＩＢＭ７０７４は回路をトランジスター化し、主記憶装置には磁気コアを用いて高速化したものであった[143]。トヨタでは一九六〇年に、回路に真空管を用い主記憶装置には磁気ドラムを使ったＩＢＭ６５０を導入したばかりであったが、「導入三年にして早くも能力不足を感じるようになった[144]」ためというほど、電子計算機の利用が進展していたのである。

「かんばん」そのものについて本書がこのように説明しても、「かんばん」方式の有用性を体験した実務家にとっては納得がいかないかもしれない。「かんばん」が彼らにとって実に有用だったのも事実である。産業技術記念館による「かんばん」方式の説明を使いながら、その理由を説明しておこう。産業技術記念館には、「かんばん」方式がトヨタの組立工場とさまざまな部品工場などとの間でどのように運用されているかについて明確に説明する図が展示されている（図6-8参照）。「かんばん」方式は、「①注文情報を素早く生産に反映させる」ことから始まり、「②一台ずつ違った車を確かな品質で手際よくタイムリーに生産する」ために、「③使われた部品だけをタイミ

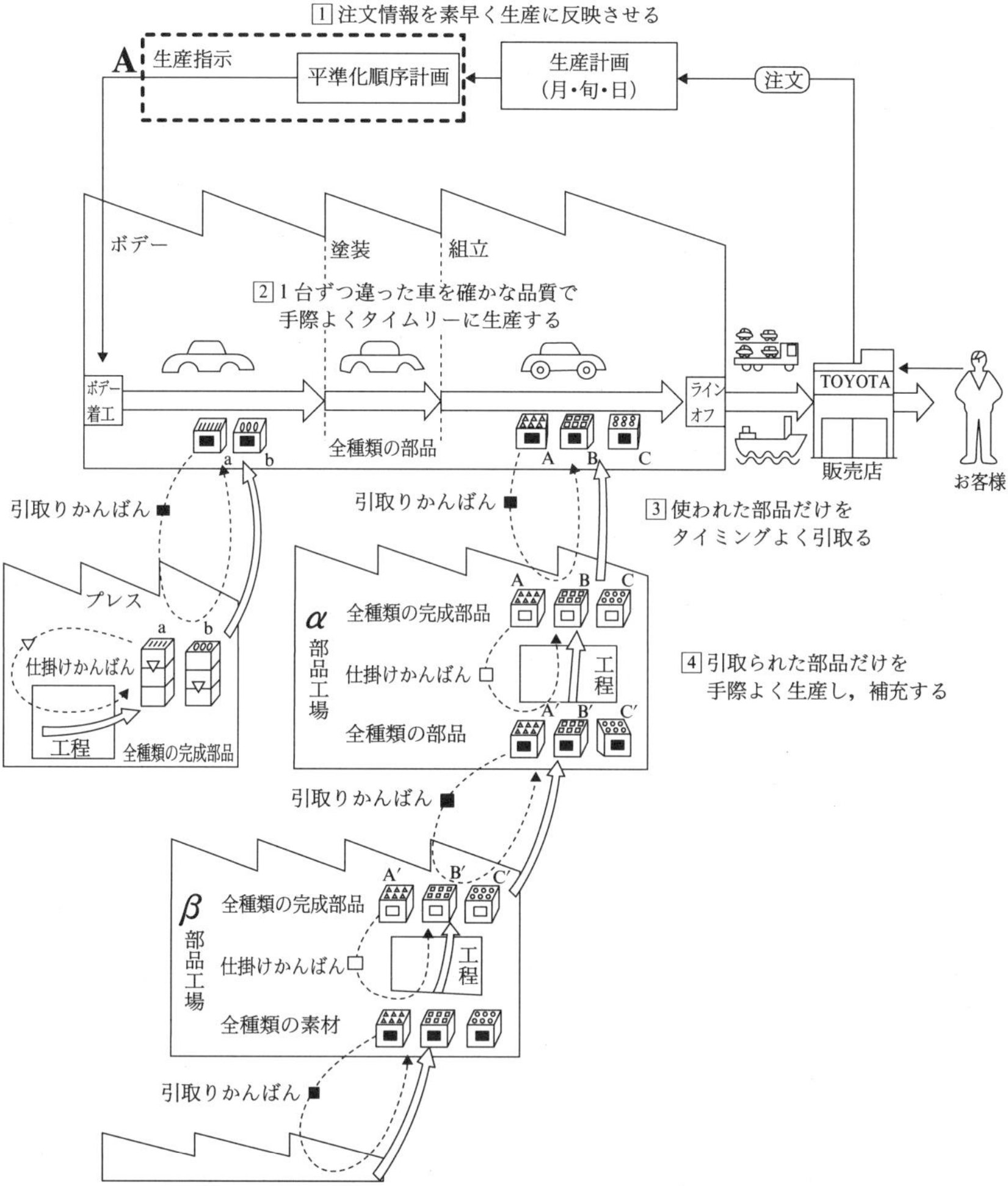

図6-8　かんばん方式の概念図(2)

出所）産業技術記念館の展示説明を一部修正。

ングよく引取る」ことを行うと同時に「④引取られた部品だけを手際よく生産し、補充する」ことが行われる。この③と④を確実に行うために、「引取りかんばん」と「仕掛けかんばん」が用いられるのである。この説明は前掲の図6-7とも矛盾せず整合的である。ただ図6-8のほうが「かんばん」がよりひろくトヨタの組立工場とサプライヤーの工場を含む工場群で一体的に運用されていることを示しているだけの違いである。

実際に「かんばん」を使ったサプライヤーは、その実施当初には戸惑うことが多くても、次第に「かんばん」によって生産が平準化され、在庫回転率の上昇などによって経営状態が改善することを実感するケースが多い。そのため、「かんばん」の有用性については確固たる自信を持っている企業が多い（生産を小ロットにすることなど、「かんばん」運用の基礎的な条件を満たすことができなかった企業が反感を示すことはある）。「かんばん」の指示にしたがって生産を行うとなぜ経営状態が改善できたのかと経営者に聞いたところで、通常は「かんばん」を運用することによって生産が平準化したのだと説明するだけであろう。つまり、前述の③と④の説明を繰り返し、生産の平準化を説明するのである。「かんばん」は実際の工場現場で、生産指示を確実に伝えていく点では実に有用性が高い。勘違いなどによるヒューマン・エラーを防げるからである。だが、生産の平準化を「かんばん」が自動的に保障しているわけではない。生産が平準化されるようにしているのは、図6-8で太い点線で囲んだAの箇所である。すなわち、平準化順序計画を策定して生産指示をしているからである。産業技術記念館の展示説明を引用しておこう。

> 確定した一日分の生産計画に基づき、多様な車種を一日を通じて平均して作れるように生産順序を決定。これにより、さまざまな部品の使用量も平均化（平準化）。[145]

まさしく平準化順序計画が「平準化」を保障しているのであり、その確実な実施をするための生産指示を行っているのである。

ただし、図6-8には一つの組立工場だけしか示されていない。たしかにこの組立工場の生産計画は平準化している。一方、β部品工場はこの組立工場から直接の生産指示がなされておらず、α部品工場からの指示にしたがって生産をしている。こうしたβ部品工場には、実際には、α部品工場の立場にあるいくつかの企業から指示が来る場合（それもいくつかの組立工場やプレス工場などの生産指示を経て）がある。一つの組立工場の生産計画は平準化していても、このような場合には、いくつかの組立工場が出した生産指示の一部がいろいろな工場を経て複合されることになる。したがって、生産水準の変動は帳消しされて平準化される場合もあれば、逆に変動が増幅される場合もあることになる。丹念にインタビューをしてみると、β部品工場の場合には生産が平準化しないことが度々生じていることが明らかである。この工場が生産を平準化するには、図6-8のA部分の機能を自社で持つかどうかである。これはただで実現できるものではなく、コストがかかると同時に、時間のかかることなのである。本書がめざしてきたことは、現場を観察したと称する研究者たちが見落としがちなA部分の機能をどのようにトヨタが獲得してきたかを示すことであったのである。

ところで、「時刻表の消滅」を示すことがここでの課題であった。だが、少なくとも日本国内のトヨタの工場を見ていくと、まだ完全には時刻表が消滅していないことも明白である。産業技術記念館にはトヨタでの改善活動の事例が紹介されているコーナーがあり、その中に、「従来のかんばん」が「e-かんばん」（「電子かんばん」と呼ばれることもある）に置き換えられたとある。そして、この改善により「リードタイムの短縮とライン側の部品在庫の低減ができる」と説明され、新旧の「かんばん」による指示の違いが図によって説明されている（図6-9参照）。ここでの関心は、図に示された車両組立工場と部品工場との間で行われている部品の配送にある。新旧「かんばん」の違いは、車両工場側から部品工場が「かんばんを持ち帰る」かネットワークで指示を受け取るかの違いである。図から明らかなように、部品工場が車両工場に「部品とかんばんを納入」することには変化がない。ここでこだわりたいのは、明らかに部品工場が主語になった「部品とかんばんを納入」するという書き方である。これは本章第2節(6)③で説明した「お届けする」ことではないのだろうか。だとすれば、ここでは時刻表、運行ダイヤは消滅していないのではないかと読者は考えないだろうか。

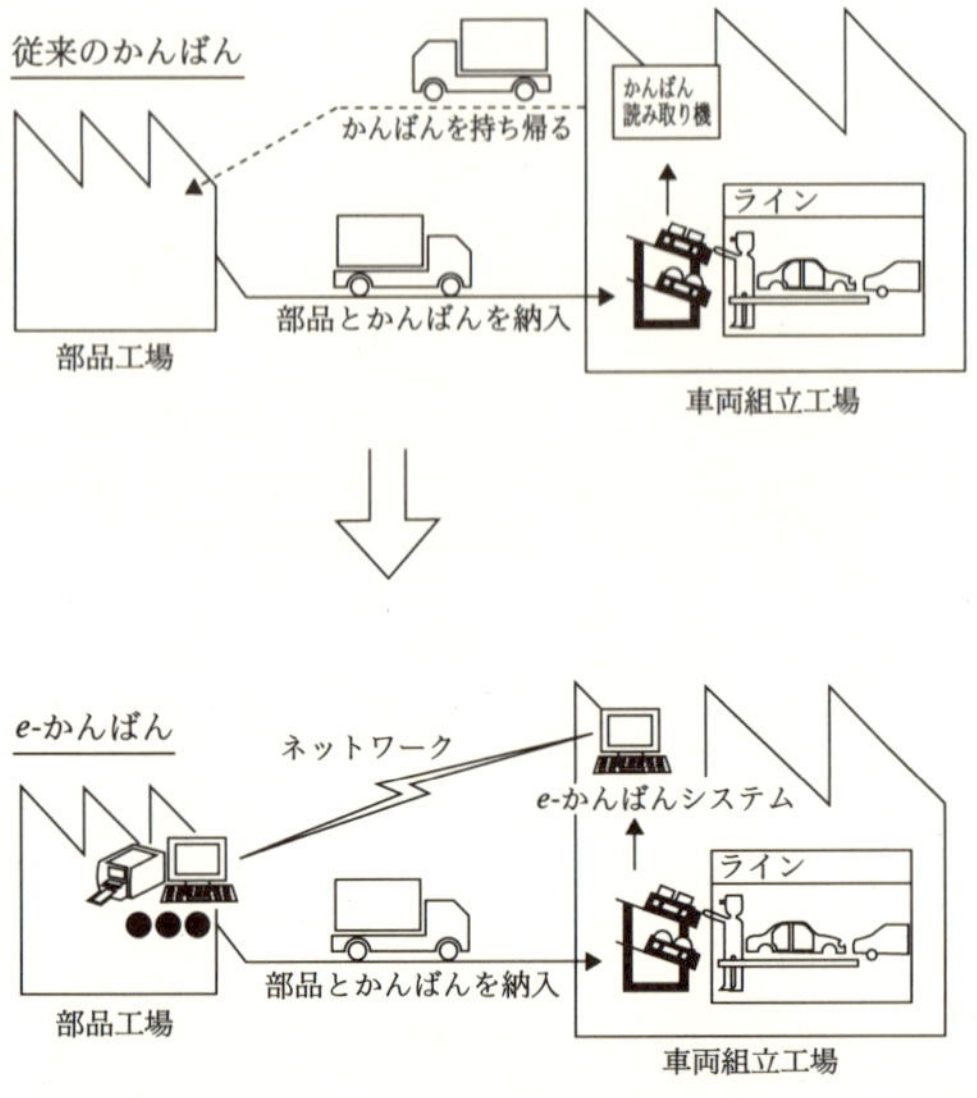

図 6-9 かんばんの方式改善事例

出所）産業技術記念館の展示説明を一部修正。

産業技術記念館ではこの展示に近いところで「トヨタ生産方式の源流」というビデオを見ることができる。その中で「かんばん」の使い方を説明した後、（ビデオのほぼ終わり近くに）次のようなナレーションが流れる。トヨタに部品を出荷する工場で、必要な作業を終えた部品がどのように動くかを説明している場面である。

……集荷された部品は「この部品を運ぶトラック」一台分にまとめられ、出荷場に運ばれたあと、運行ダイヤにしたがって組立工場に運ばれます。

つまり、トヨタの工場内部では「後工程から前工程に部品を取りに伺う（プル）」ことが実施されているが、トヨタとサプライヤーとの間では、「部品をお届けする（プッシュ）」ことが運行ダイヤにしたがって行われているということになる。事実、サプライヤーの工場を見学していれば、（サプライヤー単独か数社の共同運行かはともかくサプライヤー側が調達した）部品搬送用のトラックが運行ダイヤにしたがって出発するのを眼にすることがある。二一世紀初頭になっても、少なくとも日本では、トヨタとそのサプライヤーとの間では、サプライヤーがトヨタに「部品をお届けする（プッシュ）」ことが運行ダイヤにしたがって行われているのである。

完成したシステムには、それがどのように生成したかを示す痕跡がまったく消え去ってしまうことも多々ある。だが、独立した会計単位のサプライヤーとトヨタとの間での配送では、運行ダイヤが消え去らずに、過去の痕跡を残しているのである。少なくとも部品の動きから見れば、後工程から前工程への引き取りという原理は、トヨタの自動車生産の全工程には貫徹されていないことになる。この状態でも生産は円滑に続行されてきた。これで良しと考えるか、「後工程から前工程に部品を引き取りに伺う（プル）」ことを最終工程から生産の全工程にわたって徹底して行うべきと考えるかは、コスト面を含む経営判断に委ねられよう。ただ、ダイヤ運転がジャスト・イン・タイム、かんばん方式の形成に歴史的に大きな役割を果たしたという本章の主張は、このわずかな痕跡によって、読者に説得力を持てると考えるのだがどうだろうか。

終章

最適な生産規模と立地を求めて

——「部品表」の完成——

キャプションに「1分=1台」とあるが，1ラインで達成しているのではなく，ここに写っている4ラインの合計で「1分=1台」の生産を達成しているのが，この当時の実態であった。
出所）『トヨタグラフ』(1960年7月)

本書の出発点は、「日本でフォード・システムを移植しようとした場合に、原価という計数で生産工程自体を把握し、工場全体を管理しようという動きはあったのだろうか、あったとすればそれはどのように展開したのだろうか、という疑問」だったと「はじめに」で書いた。まさしく、たんなる原価ではなく標準原価という計数で生産工程を把握し工場全体を管理するようになって、トヨタはフォード・システムの日本への移植を成し遂げたのである。日本初の国産車トヨペット・クラウンの発売によって、自動車（正確に言えば、全金属製の閉鎖型ボデーを持つ乗用車）の量産を行うフォード・システムの移植が実現したことは誰しも否定しまい。しかしその背後では、生産を平準化したスムーズな流れにするための努力が営々と根気強く続けられていたのである。

研究の出発点になった着想を与えてくれた教科書的な書物では、計数で生産工程を把握することは「合理的かつ理論的に筋の通るもの[1]」だとしつつ、続いて次のような文章が書かれている。

しかしこの手法が課業管理ないしフォード・システム的工場管理と結びついたとき、現場で働く労働者は金額表示をもってますます精密に作業を管理され、彼の主体性はいよいよ軽視される。そればかりか、工場内の人間関係まで貨幣関係のみで捉えることになる。こうした管理の非人間的側面に強い反発が生じたのは自然の成行きであった。しかし、工場の労働者を主体性ある個人の集団として理解する視点のないテイラー＝フォード的工場管理に対して、その方法論的反省は、一九三〇年代に登場する人間関係論（human relations）と戦後に現われる行動科学とを待たねばならなかった[2]。

したがって、一九三〇年代になって自動車製造事業に参入しようとしたトヨタでは、この点がどうなっていたのかという問いに答えずに本書を終えることはできないであろう。

トヨタにおける標準原価という計数による管理は、当然のことながら標準作業・標準時間を定めることが基礎になっていた。それに加えて、標準作業票を書き換える能力を持った人材が現場に大量に存在するように教育をすることによって確立したというのが本書の結論の一つであった。これは、互換性部品を使って製品をつくる場合、つまり同一の製品を繰り返し製造する場合には、合理的な企業行動である。同じ機械設備を使っていても、そこで働く人物が作業に習熟すれば作業時間が短縮する。また、現場の作業に習熟した彼らからすれば、既存の機械設備の配置を少し変えることで作業が容易になることも理解できるようになる。そうした現場の人材があってこそ真の意味で標準作業票の変更ができる。そうした人材を育成し、彼らに標準作業票を書き換える権限を委譲したのがトヨタであろう。

現場の作業者が標準作業票を書き換えることで生じる生産性の効率アップが、彼らにも享受できるように賃金制度が作られ、それによって金銭的インセンティブも与えられたのである。自動車製造は数多くの工程から成り立つため、ややもすればそれぞれの工程がその工程だけの部分最適化を狙った行動にでる可能性がある。それを防ぐために、生産工程全体の成果に連動するように賃金制度が構築された。それだけでなく、作業者のモチベーションをあげるためにさまざまな取り組みがなされた。本書で扱わなかった提案制度もその実態を見れば作業者のモチベーションに関係がある運用をされてきたように思われる。

人材の育成つまり教育が、システムを効率的に運用するためには重大な要素なのである。教育とは「教え育てる」ことであり、教育を受ける側からすれば「学ぶ」ことであり「習得」することである。「学ぶ」「習得」には時間がかかるだけでなく、「深く」学ぶことも「浅く」学ぶことも可能である。ある工程での作業を表面的に行うだけであれば、「習得」期間は短くてすむかもしれない。だが、促成栽培のように「速成」された人材では、現場で生じるさまざまな状況に対応が難しい。それだけでなく、需要の変動に最終組立ラインのスピード（サイクルタイム）をこまめに変動させて対応することもできない。したがって、「トヨタでは国をとわず、その車種にもっとも経験の長い工場が生産の変動をこなす役割をひきうける」[3]ということになったのであろう。そしてその背後には、作業現場を注意深く観察するだけでは見えないシステムが存在しているのである。

フォード・システムを移植した後に、トヨタが自社のつくり上げたシステムを「かんばん」システムと呼んだことは、ある意味では、自らの最大の強みを知っていたということかもしれない。「かんばん」は、それまでは「看板」であり標準作業票だったのであるから。また、システムそのものではなく、「かんばん」の方にジャーナリストや研究者が多大な関心を寄せるという副次的効果もあったのである。

本書を別の視点から捉え直してみよう。フォード・システムの実現していた高い効率性の源泉がコンベヤー・システムの存在にあるという視点を拒否して、各工程の作業時間を一定にして仕掛品が流れるように工程全体を動くことにあると日本の生産技術者たちは考えた。高精度の互換性部品も、多数のコンベヤーを敷設する潤沢な資金も手にできない状況での対応であったことも事実であろう。それゆえ、工程の細部にまでわたる作業研究や、生産工程を全体として管理する工程管理（とりわけ進度管理）に彼らは重点を置かざるを得なかった。そのためには現場に出向いて動作研究や時間研究を徹底的に行うことになった。まさに彼らは生産現場に精通した技術者とならざるを得なかったのである。そうした人材が戦後の製造企業に職場を求め、また日本能率協会などに代表されるコンサルタントとして働いた。日本能率協会で一九四八年に出版された『工程管理』の中の「生産合理化の目標と工程管理」という項目には次のように書かれていた。

凡ゆる生産活動（経済活動）から、〃ムリ・ムダ・ムラ〃を取除いて、終局に於ては〃良品を安価に〃生産し、〃好結果を少経費〃で遂行することが生産合理化の二大目標である。そしてそれに到達するために〃難儀せずに（楽に又は、疲労を増さないで）[〃]〃早く（生産期間の短縮）〃と云う二つの要素は必要且つ影響の大きい条件である。[4]

いささか古めかしい表現ではあるが、日本の生産技術者たちの生産現場に取り組む姿勢がよく示されている。それだけでなく、現在でもトヨタの生産現場で日常的に使用されている「ムリ、ムダ、ムラ」という用語が使われていることや、一九四八年時点で「生産合理化」を見据えていることからも、彼らがトヨタのシステム構築に果たした役割や影響は看過できない。これらの論点は本書では不十分にしか論じられなかった。

トヨタが労働争議後にアメリカ企業から吸収したものにマテリアル・ハンドリングがある（ここではパンチカード・システムについては触れないことにする）。ただ搬送機器だけではなく、工場の床面や通路の幅などにも眼を向けたのである。これについて、一九九四年に豊田英二（現・トヨタ自動車最高顧問）がインタビューに応じ、次のように答えている。

……労働争議の片がついたところで、僕達［豊田英二と斎藤尚一は］アメリカに行ったんだ。……何れにしても、近代化しようということだが、貧乏で、近代化するのに金が無いわけですよ。

それで一番初めに、何をやろうかということで考えたのが輸送。

要するに、一番金がかからんでできそうなことをまずやろう。一番金がかからないで、できそうなことは「物を動かすことを合理化することだ」。

そういうことで、輸送をあっちこっち直したんですね。(5)

彼が「物を動かすことを合理化」したというのは、日本の生産技術者たちの伝統的な考えに沿っている。つまり、生産工程を「流れ作業」的に編成することは、コンベヤーやフォークリフトに眼を向けることではなかったのである。それらは、「物」つまり仕掛品や原材料を搬送する機器であって、「流す」対象ではない。生産工程を流れるように動かす対象は「物」の方なのである。そのためには作業研究などの地道な努力が必要であるが、さしあたり既存の設備であっても「物」の「流れ」は改善できる。つまり、「ものづくり」とは工程内や工場内部の製造技術だけに眼を向けるのではなく、仕掛品や原材料などの「物」を水が流れるように淀みなく動かすことだというのが、日本の生産技術者たちの考えだったのである。そしてそこから、工程内や工場内部を超えて、サプライヤーとアセンブラーの工場群、さらには最終消費者までの「物」（原材料や部品、最終製品を含む）の流れ、つまり実務家の言う「物流」の重要性を示唆することが本書の隠れた意図でもあったのである。フォード社の工場建築が大きく変化したことも、個別の搬送機器にこだわらなければ、「物流」という切り口で理解できるのである。

トヨタは一九五〇年代末までにフォード・システムを移植し、さらに六〇年代初頭には標準作業票を書き換え得る人材を現場に多数投入し始めた。しかしだからといって、これだけでは一九六〇年代以降のトヨタの成長をすべて説明できないことも事実である。魅力的な最終製品を設計し、それを高品質かつ低コストで生産するためには、トヨタには設備機械の高度化も含めてまだ克服すべき事柄はたくさんあったのである。それにもかかわらず、なぜトヨタがこれほどまでに急成長できたのかという点に触れずに本書を終わることは、二一世紀初頭に出版する書物としてその責務を果たしていないことになるだろう。

以下、この点について簡単に述べておこう。トヨタが自社のシステムを構築したときが、高度成長にともなう自動車需要の増大期にあたっていたと説明することもできようが、ここでは欧米の自動車企業の奇妙とも思える経済合理性からはずれた行動が、トヨタ（あるいは他の日本企業）に成長機会を提供したことを強調してみたい。

第6章が分析を終えた時期は、トヨタが元町工場を新たに建設し始める時期とほぼ同じであった。正確に書けば、日本初の乗用車専門工場であるトヨタの元町工場が稼働を開始したのは一九五九年であった。同じ年に、自動車産業の実務家にも多大な影響を及ぼすことになる一冊の書物が出版された。マキシーとシルバーストンの『自動車工業論』である。本書の第1章でも触れたこの書物の最適生産規模という概念は実務家に自らの工場のあり方を考える手だてを与えるものであった。そこでは、最終組立だけでなく鋳造やプレス、機械加工についても最適な生産規模の推定が行われていた。

この最適生産規模の概念に対する関心は日本の技術者の間でも高かった。それを端的に示すのが、著名な技術者・中川良一による「自動車工業の生産規模と装備」という論考である。中川は欧米の主要な乗用車メーカーの生

表終-1　欧米の主要乗用車メーカーの生産規模

	1961	1962		主要銘柄数	年産台数別各銘柄分布（1962）					
		年　間	月平均		1万以下	1～5万	5～10万	10～20万	20～50万	50万以上
1. アメリカ										
G. M.	2,726,581	3,741,538	311,794	10				4	5	1
Ford	1,689,936	1,935,203	161,266	8		1	2	2	2	1
Chrysler	648,670	716,809	59,734	5		1		3	1	
A. M.	372,458	454,784	37,899	3		1		1	1	
2. 西ドイツ										
V. W.	841,877	967,654	80,638	4	1	1		1		1
Opel	289,486	294,885	24,574	5		3	1	1		
Daimler Benz	137,431	146,393	12,199	6	3	2	1			
Auto Union	106,309	105,763	8,814	5	3	1	1			
B. M. W.	39,527	43,556	3,630	6	5	1				
N. S. U.	35,914	55,598	4,633	2	1	1				
Neckar	41,175	50,297	4,191	5	3	2				
Ford-Werke	201,711	243,006	20,250	7	3	1	3			
3. フランス										
Renault	349,689	499,888	41,657	4		1	1	2		
Citroen	250,662	308,925	25,744	3			2	1		
Panhard	29,746	33,698	2,808	1		1				
Simca	201,621	245,900	20,492	5	2	1	1	1		
Peugeot	193,338	217,840	18,153	2			1	1		
4. イタリア										
Alfa Romeo	57,181	56,460	4,620	7	4	3				
Autobianchi	25,553	24,296	2,020	1		1				
Fiat	566,284	748,608	62,300	11	4	2	2	2	1	
Innocenti	16,598	20,906	1,740	2	1	1				
Lancia	27,119	26,615	2,210	3	1	2				
合　計				105	31	27	15	19	10	3

出所）中川良一「自動車工業の生産規模と装備」『自動車技術』18巻7号（1964年），537頁。

産規模を銘柄別に示した（表終-1参照）。この表は欧米メーカーの銘柄別の意外な年産台数をも示しているが、その数字には中川も驚いた様子で、次のように書いている。

> 自動車工業はよく量産工業であるといわれ、大規模生産の経済性を十分に享受するためには、少なくとも年産一〇万台を超えなくてはならないともいわれている。もちろん、生産規模は企業規模によりカバーされるものではあるが、欧米における乗用車メーカの主要銘柄の七〇%前後が年産一〇万台以下であることは注目すべきであろう。(6)

この中川の数値は組立ライン別の数値ではないから、もしも乗用車の生産が複数の組立ラインで実施されているとすれば、組立ラインごとの年産台数はさらに低くなる。中川の論考は欧米メーカーの生産規模は銘柄別に見たときに意外なほど小さいことを示したのである。

また、『日刊自動車新聞』（一九六七年一〇月一六日）はある日本メーカーの過去一二年間の生産規模の推移と一台当たりの原価についての調査を図示して掲載している（図終-1参照）。この図は、大きな工場拡張などの変化がなかった一企業全体での原価の変遷を示している。これによれば、複数の種類にわたる自動車を生産していても、年産台数で四万台から八万台くらいまでで急激に製造原価が低落していることがわかる。

一九六二年一年間におけるトヨタの生産台数はトラックや乗用車などの全車種をあわせて四二万五七六四台であった。このうち小型乗用車の年産台数は一七万九七八六台である。これらの数値は複数車種によるもので、単一

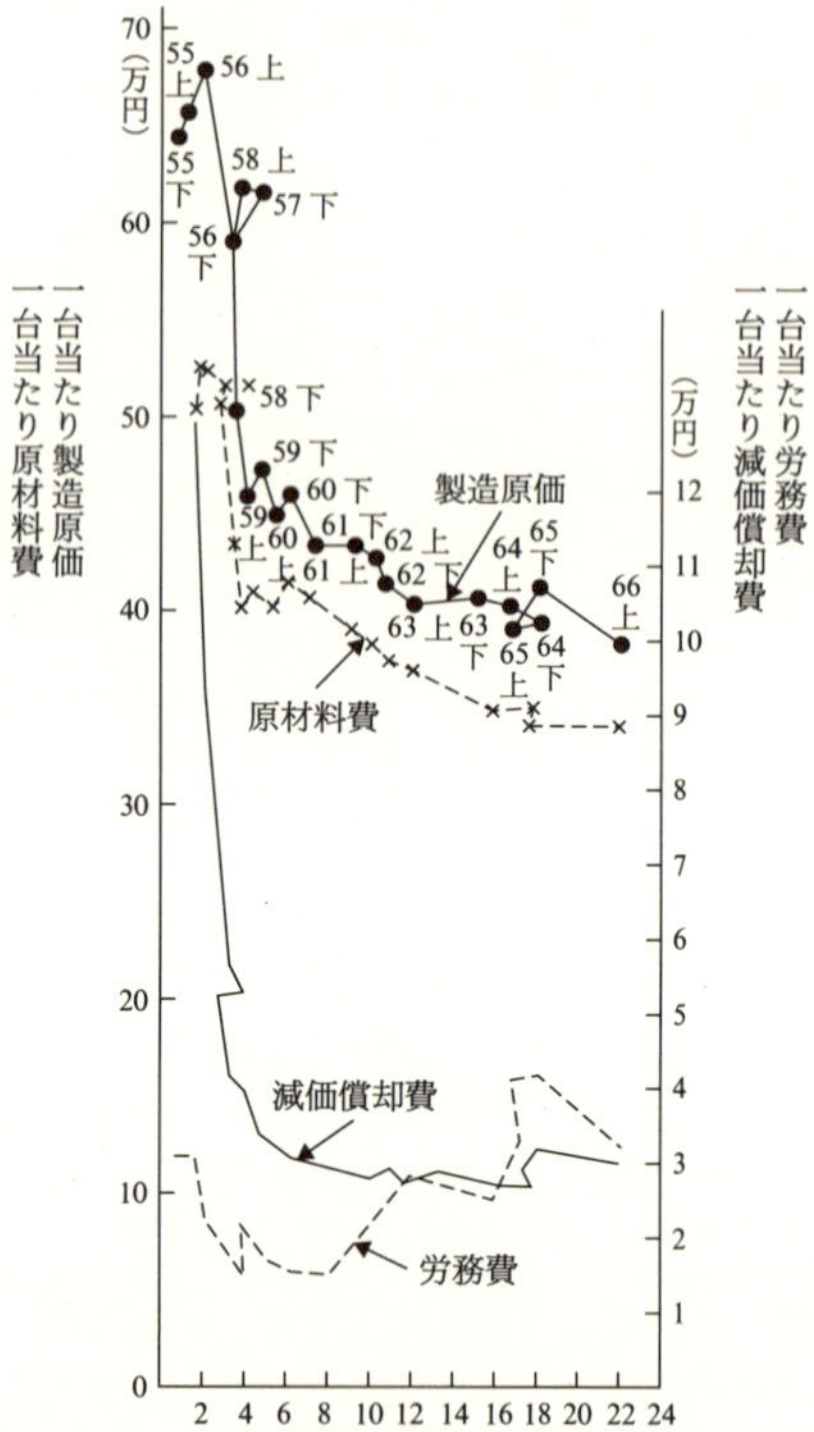

図終-1　ある日本の組立メーカーにおける生産規模と製造原価の推移（1955〜66年）

注）横軸は生産台数（万台）を示す。ただし会社全体としての数値であることと，半期の数値であることに注意。1年間の生産台数ではない。製造原価で「63上」とあるのは1963年上期での数値であることを示す。

出所）「自動車産業の規模の経済性」（下）『日刊自動車新聞』1967年10月16日。

車種の生産台数を示すものではないが、図終-1からすれば、トヨタの製造原価は急激な低落から緩やかに低落する状況になっていたと想像される。ともかく、トヨタの製造原価は日本の他のメーカーに比べて低くなっていたと考えられる。また、前掲表終-1とあわせて考えれば、トヨタが生産する車種は多かったものの、欧米メーカーと隔絶した数値ではなくなっていたことも事実であろう。

こうした事情はトヨタの経営陣にも十分理解されていたように思われる。トヨタでは自社独自に長期の需要予測を行い、一九六五年に月産五万台に到達することを目標にした。そしてこの目標を一九六一年初頭に再確認すると、「これを実現するため、大がかりな設備計画に着手(7)」する。この設備計画について、同社の『トヨタ自動車三〇年史』はきわめて興味深い説明をしている。

> この計画の作成にあたっては、いわゆるマクシー・シルバーストン曲線で有名な生産規模の経済性に関する新しい考え方を導入し、わが社の実情に合わせて、各工場の最適規模についての検討が進められた。この〝規模の経済性〟についての考え方が当時全社的に推進されつつあったTQCの考え方と結びつき、設備企画面でも全体的なバランスが強調されるようになった。
>
> わが社の設備投資に対する考え方は、このような事情から、昭和三六［一九六一］年を境に、従来のようにタイミングのよい先行投資により、単なる量的拡大を目ざすだけでなく、経済的な効率を重視して、バランスのとれた設備投資を行ない、全体的に品質の向上をはかる方向を目ざすようになった。その結果、設備計画面でも、既存工場内部のレイアウトの合理化ないしは設備の強化よりも、むしろ、新しい工場を、最適な規模で、最適な位置に、最適な時期に建設するという「工場単位の設備計画」が中心になった(8)。

トヨタでは一九六〇年代初頭より、「規模の経済性」を意識した設備計画を立て、複数の工場を展開していくことになったのである。それは挙母工場や元町工場の内部で試され本格的に実施されてきた生産管理のシステムを、複数の工場に展開する新たな段階にトヨタが移っていったことを示すものである。

トヨタの実質的な創業者である豊田喜一郎が、一九四九年一一月に次のように書いていたことを想起されたい。

コストにおいても外国と競争し得る安価なものにする事が是非共要請されるのであって、この質と価格の二面において諸外国車に対抗してゆかねばならないのである。もしこのことが不可能であるならば、それは自動車工業の経営の死を意味する。(9)

戦後におけるトヨタの合理化運動は、まさしく「質と価格の二面」において国際市場で通用する自動車を製造することができなければ「経営の死」を迎えなければならないという認識(危機意識)で貫かれていた。戦前、繊維機械事業で国際市場の競争にさらされていた人物にとって、こうした認識はごく当然のことだったに違いない。手の届かない目標に見えても、その地点に到達しなければ「経営の死」を意味する。それはビジネスの世界で生き抜く人物たちにとっては冷徹な事実である。この最適生産規模の議論は、トヨタの経営陣にとって国際市場で競争するために達成すべきコストの水準を示す道標の役割を果たすことになったのではないか。しかも、それは業界で従来から言われてきた「一分一台」(一分間に完成車一台を組み立てること)と整合的だっただけに受け入れやすいものであったろう(本章扉の写真参照)。

トヨタの副社長であった楠兼敬は後に次のように回想している。

「月産一万台、年産十万台を達成すれば、自動車会社として生き残れる」——。明確な根拠はないが、あのころ[一九五〇年代中頃以降]はそう言われていたし、私たちもそれを目標にしていた。(10)

一カ月の稼働日が二五日間、一日の労働時間が七時間で「一分一台」を達成すれば、月産一万五〇〇〇台である。年産一〇万台程度がマキシーとシルバーストンによる組立ラインの最適生産規模であった。したがって、少なくとも一九五〇年代末には、月産一万台、年産一〇万台に明確な根拠が与えられていたのである。さらに鋳造やプレス、機械加工でも最適生産規模の推定がなされていた。先に引用した『三〇年史』が言う「工場単位の設備計画」とは、まさに各工程での最適生産規模を組み合わせた形で工場群を形成していくことにほかならない。そうすれば、少なくとも自動車製造を担う工場レベルでのコストでは国際的にも最低限の水準に近づくことになるはずだということを、マキシーとシルバーストンの『自動車工業論』は示していたのであった。トヨタが元町工場の後、「機能別に工場建設を進め」たことも、[11]これに沿った企業行動だったと解釈できる。

しかも欧米の有名メーカーが、意外にも『自動車工業論』の説くロジックから乖離した企業行動をとっていたことは、これから国際市場での競争に立ち向かっていかねばならなかったトヨタにとっては予想外の利点となった。生産面でコスト優位に立ったとしても、現実に同一の市場で互いに競争を行うことを考えれば、自動車の品質や新技術の開発などに潤沢な資金が必要である。そのためには、ある程度の企業規模が必要であり、トヨタは資本自由化に備えて月産一〇万台の体制構築を目指し、こうした複数工場の展開を行っていく。本社工場（かつての挙母工場が名称変更）、「元町、上郷の三工場に加えて、高岡工場および東富士工場」をトヨタは建設する。[12]最後の東富士工場（一九六七年竣工）は、トヨタでは愛知県外に立地した最初の本格的な生産拠点であったが、「工場内の管理および作業はすべて関東自動車工業が行なうといういわゆる場内外注加工方式」[13]をとった。その結果、遠隔地での工場管理という問題にトヨタが直面することはなかった。しかし、愛知県内に工場が集中・集積すれば、人員や工場敷地の確保に困難をきたすことは時間の問題であった。おそらく一九六〇年代末には愛知県外への工場展開は真剣に考慮されていたと思われる。それを裏付けるように、楠兼敬は次のように回想する。

高度成長の中で、次々に作る工場はフル稼働だった。堤工場完成の時［一九七〇年一二月］、金銭ではなく、人間で限界に達したと痛感した。人集めのため、九州工場の検討にも入った。[14]

愛知県、しかも豊田市を中心とした狭い地域に工場群を集積してきた企業行動は人材の確保で限界が見え始めたのである。だが、一九七〇年代初頭の第一次石油ショックに遭遇して投資計画は大幅な変更が加えられ、問題は顕在化しなかった。「九州工場の計画は、もちろん取り止め[15]」られることになる。

しかし、石油ショックによる経済的混乱にもかかわらず、トヨタ社内で根気強く続けられていたプロジェクトがあった。それについて一九七五年二月に、『日刊自動車新聞』が「トヨタ自工　コスト戦略を推進」という記事で紹介している。この記事の副題は「国際競争力回復へ　電算機システム多面利用で合理化」である。この記事のリード文から一部を引用してみよう。

> ［トヨタは］あらゆる部門で電算機の総合システムを開発しながら長期のコスト戦略を進めていくことになった。このため、電算機システムの応用を、現在進めている製品の企画設計のほかに製造工程の合理化を狙った新しいシステムによる工数低減や品質をめざす開発にとりかかった。トヨタでは不況下で同時に、省資源・低公害の課題に直面してまずコスト戦略が競争の第一条件になるとして車種別の原価改善委員会を発足させているが、電算機による総合システムによって合理化プロジェクトを進めていく考えである。(16)

この引用文からは、新たなコンピュータ（電算機）の利用にトヨタがこれから取り組んでいく方向を記事が示しているように判断できよう。だが、記事本文の冒頭は次のように始まっているのである。

> 同社［トヨタ］の電算機による合理化は現在、大別して受注生産管理、技術計算、財務、人事、経理の計算および管理の分野で完了し、それぞれ四割近い生産性の向上を達成できたという。また昨年［一九七四年］、世界でも画期的といわれた部品表の電算化システム（SMS）の開発に成功したことによって、技術情報の管理、工数低減、原価計算および発注管理の合理化を大きく前進させ、さらに同システムが各種計算、管理業務に役立っているとしている。(17)

ここで注目したいのは「部品表の電算化システム（SMS）」である。ちなみに、SMSとは二一世紀のトヨタ社内でも使われているSpecifications Management Systemの略であろう。「名は体を表す」とすれば、経営管理に役立つように部品の仕様がコンピュータで処理できるようになったことを、この記事は伝えているのではないかと推測できる。なぜこれが「世界でも画期的」なのだろうか。というのも、鋭敏な読者ならば気づいているように、すでに本書でも第5章で「部品表」に言及しているからである。図5-5の右上部に「部品表マスター・カード」

という用語が記載されており、そこでこの図の引用元の『日本アイ・ビー・エム五〇年史』を参照しながら、一九六〇年代初頭には「当時毎月約一〇万個の部品が納入されていたが、翌月の部品ごとの納入日と納入量をＩＢＭ六五〇を用いて算出する納入指示プログラムが開発された」と説明していたのである[18]。それなのに、なぜ一九七五年になって『日刊自動車新聞』は「世界でも画期的といわれた部品表の電算化システム（ＳＭＳ）の開発に成功」などと報じているのであろうか。

この時期に完成したという「部品表」をトヨタの社史は次のように説明している。

> 車両を構成するすべての部品について、品番（部品番号）別に①車両と部品の関係②部品と部品の関係③製造工程④部品の内容（品名、材質など）の四つの内容を明示したもの[19]。

この説明によれば、生産しているすべての車種に対し「車両を構成するすべての部品」についての情報をコンピュータ上で処理できるようにしたのが、ここで問題とする「部品表」になる。『日本アイ・ビー・エム五〇年史』が言及している「約一〇万個の部品」を含み「翌月の部品ごとの納入日と納入量を……算出する納入指示プログラム」を遙かに上回る情報量をコンピュータ上でトヨタが処理できるようになったことを意味する。『日刊自動車新聞』が言及している部品表とは前掲図5-5でのものとは量的にも質的にも異なったものになっていると考えたほうが良さそうである。さらにもちろん、たとえ一個の部品の仕様を変更しても、部品表に直ちに反映されない限り役に立たないから、そのメンテナンスにも多大な作業量とコストのかかることが予想される。

それでも疑問は残ろう。一九六〇年代初頭には、少なくとも部品表の原型らしきものはあったのに、「部品表の電算化システム」がなぜ「世界でも画期的」と言われるのだろうか。これには、トヨタの社史が引用している当事者（電算部の水谷聡）の説明が説得的である。全文を引用しておこう。

> 部品表は、技術情報として社内外の多部署の関連業務の中核をなすものであるが、多様化の進展、品番・設計変更の増加、工程変更などによって正確な部品表が存在しなくなり、つとに、その対策が望まれていた。

電算技術上の可能性の検討についていえば、品番改正（［昭和］三十八年）以降のアプローチはことごとく失敗していた。それは、要するにわが社の規模に耐えるような、ハード、ソフト、開発組織の三位一体の条件が不備であったためである。

部品表電算化の可能性が見いだされたのは、四十四年秋であった。ハードについてはマス記憶装置の出現が、また、ソフトについてはＩＭＳ［インフォメーション・マネジメント・システムの略で、ＩＢＭのメインフレーム機用に開発されたシステム］と呼ばれる情報集中管理法の発表（四十五年春）が見込まれてきたからである。

部品表の電算化は、これらの新しい電算技術を導入して、わが社の長年の問題解決を図ろうとしたものである。[20]

ここで述べられているのは、部品表が扱う情報量が膨大なだけでなく、絶えず変更していく必要があり、その並外れて膨大な情報量を処理できるハード（コンピュータ）もソフトも存在しなかったということである。だが、「工程変更など」も部品表に反映する必要があることや、あえて昭和三八年、つまり一九六三年という年次が明確に記載され、それ「以降のアプローチはことごとく失敗」したと書かれているのだろうか。こうした点を詮索する前に、トヨタでこの部品表作成がどのように展開してきたのかを簡単に見ておこう。

一九七〇年四月に技術管理部と生産管理部、電算部が「プロジェクト・チームを編成し、部品表の電算化に着手」する。[21] その後の展開も、社史の記述からたどることができる。研究者もジャーナリストもほとんど注目してこなかった箇所なので、あえて関係箇所を長く引用しておこう。

プロジェクト・チームは、三年間に三〇〇回を越える研究・検討会議を重ね、［昭和］四十八年五月に部品表の電算化を完成、トヨタ自販、全ボデー・メーカー、社内各部の協力のもとにデータの移行を行い、十二月には本格的に実用化した。

これによって、部品表の情報を電算機に記憶、管理させ、必要な情報を必要な時にいつでも提供することが可能となった。その結果、企画、設計、原価、生産準備、生産、販売、品質保証など、あらゆる業務における管理活動のレベル・アップに役立った。また、電算機による集中管理のため、メーンテナンスも非常に楽になった。

部品表の電算化は、クラウンに始まり、つづいてセンチュリー、コロナと、次第に適用車種を追加、五十年十一月には全車種の部品表電算化が完了している。[22]

先の『日刊自動車新聞』記事による完成時期とはややずれているが、部品表に適用車種が順次追加されている折り、どの時点をもって完成とするかを外部から窺い知ることが困難なことを考えれば、記事の内容自体は概ね正確だったと評価できよう。一九七五年一一月の時点で製造している全車種については部品表をコンピュータで処理することができるようになったのである。そのためにトヨタ自販だけでなく、委託生産をしているボデー・メーカーからも情報を集めてコンピュータ化しているのである（さらに興味深いのは、部品表が車種別に付加されていったことであるが、この点については後で論じよう）。

このトヨタが完成させた部品表が、現代の生産管理手法、例えば追番管理（SNS）やMRP、BOMなどとどのような差異があるのか、あるいは共通点があるのかは、本書の考察範囲を超える。[23]むしろ本書が検討すべき点は、何よりも標準時間（トヨタ用語では「基準時間」）の設定との関係である。この点に関して「機械別の生産能力をつかむ」ことを契機に、前掲図5-4で示した経路で生産手当が運用され始めた。だが、そこでの「基準時間」設定単位はまだ工程別であった（第6章第3節(3)③参照）。しかしトヨタが戦後から目指していたものは、工程別の「基準時間」設定ではなく、部品単位での加工時間に基づく「基準時間」の設定であり（第5章第1節(2)②参照）、『トヨタ自動車二〇年史』は次のように述べていた。

昭和二二［一九四七］年に、約半年間の各部品の実績加工時間の平均を基礎にし、標準加工時間を算定しました。そのご、二五年九月にこれは改正されました。この標準加工時間は、「部品時間」と呼びならわされています。[24]

つまり、トヨタが狙っていたのは機械別や工程別での「基準時間」の設定ではなく、あくまでも個別部品の加工時間を基に「基準時間」を設定することであったのである。先に引用した部品表に含まれている四つの情報には明示的に加工時間は含まれていない。だが、部品表が完成したことによって、「企画、設計、原価、生産準備、生産、販売、品質保証など、あらゆる業務における管理活動のレベル・アップに役立った」という。トヨタの「基準時間」（「部品加工時間」）への強いこだわりからして、部品表の中に加工時間が含まれていないとは想定しがたい。しかも部品表作成の当事者が部品表に反映させる情報の中に「工程変更など」と明示しているのである。製造現場で工程が変更されれば、その工程で加工している部品などの作業に変更がなされたことを意味し、それについて標準作業票に変更を加えねばならない。標準作業が変更になったのであるから、原単位も変わり、何よりも標準時間も変わる。そして結果的に、標準原価にも変更が加えられることになる。このことは、個別の部品単位で標準原価を会社側が把握できるようになった、言い換えれば、真の意味で「部品（加工）時間」を把握できるようになったことを意味する。先の『日刊工業新聞』の記事に「工数低減、原価計算……の合理化を大きく前進」させることになったと書かれてあることもこれと符合しよう。

このように考えれば、なぜ一九六三年以降に部品表の完成に向けたアプローチが始まったのかについても多少の推測ができよう。本書第6章末尾に「一九六三年にトヨタが『かんばん方式』を採用したことは、同社の管理水準が新たな段階に達したことも意味している」と書いた。この「かんばん方式」によって「管理部署だけで集中的に行なっていた仕掛業務のうちの一部が、ごく限られた範囲内ではあるが、現場の組長、班長に移管されて、各工程の責任体制が確立され」たのであるが[25]、管理部署が行う業務はまだ個別の部品レベルの情報に基づくものとは言えなかった。それを意識してか、トヨタは自社の電子計算機の機種変更を行い、ＩＢＭ７０７４を導入した[26]。これが一九六三年だったのである。これ以降、トヨタは真の意味での「部品時間」を把握しようとしてきたのであろう。しかも、部品時間こそが、原価管理、正確に言えば経営管理全般の基礎的情報と考えたからこそ、長年にわたって部品表の完成に向けた取り組みがなされたのであろう。実際、この部品表が少なくともトヨタの経営全般の根幹になったことは、「企画、設計、原価、生産準備、生産、販売、品質保証など、あらゆる業務における管理活動のレベル・アップに役立った」という表現からも窺い知れるのである。

「部品表の電算化システム」の完成を一九七五年一一月とすれば、その目標を定めて新しい機種のコンピュータを導入した一九六三年を始点としても一二年間にわたる実に長期にわたる取り組みだった。また、本書が何度も引用したように斎藤尚一が「こんごの自由競争にそなえ、もっと原単位、原価の面から、各工場の実態を」把握しようという指示を大野耐一に出したのが一九四八年七月である。この指示はトヨタの合理化運動の展開から出てきたものであったから、さらに遡った時点を始点とすることも可能であるが、仮に一九四八年七月のこの指示に「部品表の電算化システム」の淵源があるとしても、四半世紀を超える実に長い取り組みだったのである。

先の『日刊自動車新聞』の記事は「部品表の電算化システム」完成を「世界でも画期的」と述べていた。残念ながら、この時点で他の自動車メーカーがこうしたシステムを完成させていたのか否かを知る情報を筆者は持ち合わせていない。業界の情報には精通しているはずの業界新聞の情報を信じるとしても、歴史研究に携わっている立場からすれば、一九七〇年代中頃に完成したトヨタの部品表で把握されていったトヨタの標準原価が、一九二〇年代中頃に完成したと言われるＧＭでの「投資収益率」（ＲＯＩ）による製造原価の把握とは異なったものだったことは強調しておくべきであろう。

投資収益率を構成する諸要素の関係を簡単に図示しておこう（図終-2参照）。この投資収益率の算式はデュポン社で試みられた後、ＧＭでさらに精緻にされたものであり、時にデュポン・チャートとも呼ばれるものである。この図中の製造原価ないし売上原価をＧＭはどのように算定していたのであろうか。これについてはスローンの『Ｇ

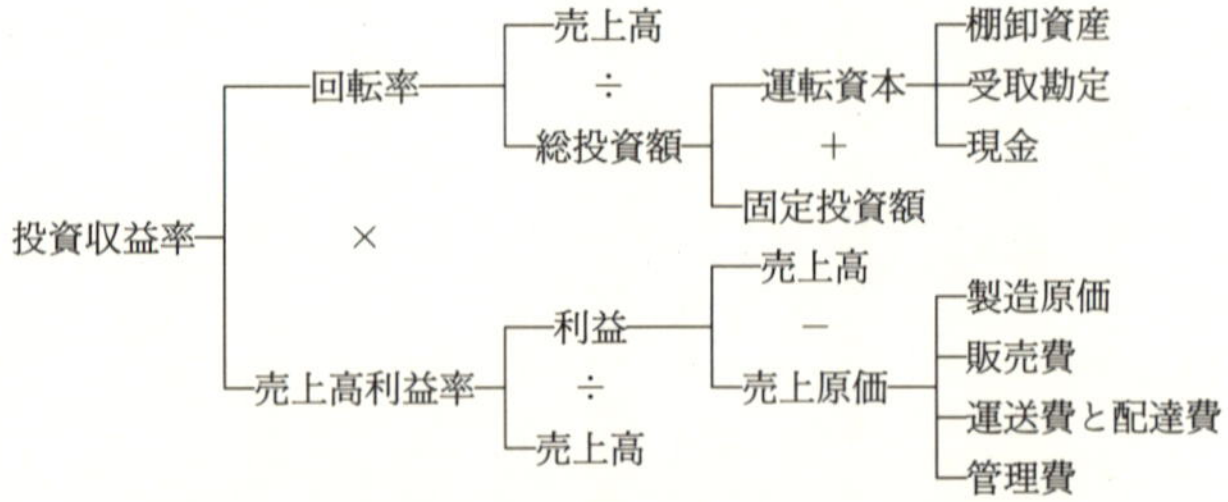

図終-2　投資収益率に影響を与える要素間の関係

出所）アルフレッド・D. チャンドラーJr，鳥羽欽一郎，小林袈裟治『経営者の時代――アメリカ産業における近代企業の成立』下（東洋経済新報社，1979年），764頁。

Mとともに』が次のような説明をしていることは広く知られている。

われわれ［GM］は投資収益率の概念を案出・応用して、各種の手続きの統一化の面で進歩を遂げたが、一九二五年以前には、われわれの事業成績と対比させて、その成果をはかるはっきりとした目標がなかった。実際的なこととして、生産量の変化が原因でわれわれの事業成績は年ごとに大きな変動を示し、その比較評価をことさら困難にした。そこでわれわれは、一九二五年から、長期的な投資収益目標を何年かにまたがる平均もしくは標準生産台数［standard volume］と結びつけた考え方を採用することにした。……標準生産台数の概念は、多年の平均的生産台数を根拠にして、ＧＭの事業および事業部の長期的業績ならびに可能性を検査する方法である。……標準生産台数にもとづく原価計算の考え方によって、われわれは、ある年から次の年にかけての車のコストを、それぞれ異なる生産能力をもった工場の生産台数の変動に影響されない基礎に基づいて検討し、分析することができるようになった。……標準生産台数にもとづく単位原価［unit costs］は、コストと価格の関係をつき合わせて吟味する水準基標［bench mark］として役だった。(27)

この標準生産台数はどのように決定されていたのだろうか。これについてはチャンドラーが『経営戦略と組織』の中で簡明に述べ、さらに投資収益率の図式を意識した説明を次のように行っている。

ＧＭでは標準生産量は、工場設備能力の八〇パーセントにおかれていた……。製造経費または「標準工場経費（standard factory burden）」は、……標準生産量から推計することができる。……一九二四年には販売経費については、製造経費ほどの注意は払われていなかった。……過去の経験にもとづいて、簡単に売上高の七パーセントを標準の「販売経費（allowance for commercial expenses）」とした。上記の標準生産量に見合う製造経費と、標準販売経費を使って、……各製品ごとに「標準」または「基準」価格を設定できるようになり、これによって、原価が現実の市場価格に見合っているかを、調べることができるようになった。(28)

つまり、GMの単位原価、標準販売経費も「工場設備能力の八〇パーセントにおかれていた」のである。単位原価や標準販売経費といった用語は、表面的にはトヨタの基準原価と似通っているようにさえ思われる用語であるが、基準時間ないし部品時間（つまり標準時間）を算定の基準にもつトヨタと、工場設備能力に基準を置くGMでは大きな違いがあったと言うべきであろう。(29)しかも、トヨタの部品表はあくまでも部品を主体としたものであり、「次第に適用車種を追加」しながら完成したということは、部品や車種ごとに標準原価を算定するのは容易であっても、工場別に（あるいは事業体別に）投資収益率を算定することは、おそらくそれほど簡単にはできなかったのではないだろうか。事実、一九七四年頃よりトヨタが積極的に展開していくのは、新しい車両の計画段階から利益確保とコストダウンに取り組む活動（「原価企画」）であり、これは「部品表の電算化システム」の整備と軌を一にしている。対してGMのやり方は、部品レベルでの情報に基づいた経営管理とはまったく異なっていたのである（スローンとチャンドラーが述べている状況が大きく変化していなければという条件付きではあるが）。

ともあれ、一九七五年末にトヨタが「全車両の部品表電算化」を完了させたことは、同社の生産システムのみならず、経営全般にとっての一大画期だったと、本書の観点からは評価できる。この頃から、次第にトヨタの生産システムはジャーナリスト、研究者から注目されるようになる。だがその焦点は、コンピュータを使うシステムが背後にあったことではなく、「かんばん」に注目が集まったのである。とりわけ大野耐一の書物が一九七八年に出版されると、(30)それは顕著になった。

さて一九七九年一月に、トヨタは豊田市近郊の工場群の集中する地域から離れた場所で本格的な生産拠点を自ら管理することに乗り出した最初の工場、田原工場の稼働を開始する。

この田原工場は「トヨタとして初めて海に面した組立工場」[31]であった。この工場はトヨタの歴史にとって大きな転機だったと、田原工場の工場長も務めた楠兼敬は次のように言う。

この田原工場への異動は、生産だけでなく、トヨタ全体にとっても一つの大きな転機だった。それまでは、豊田市を中心にした所に、トヨタの工場は固まっていた。どこも通勤可能。転勤がないという、大きな会社には珍しい特徴があった。同じ愛知県内とは言え、初めて住所を変えるということにぶつかったわけである。しかも、トヨタになじみの薄い地域に……。[32]

この工場はトヨタにとって大きな転機だったことは事実だが、それと同時に自動車工場が二〇世紀初頭から大きく変化したことを如実に示す工場でもあった。

第1章で扱ったハイランド・パーク工場はその当時としては画期的な工場であった。内部にはクレーンが設置されるなど多くの点で斬新な特色を持っていた。鋼鉄製の窓枠を使い日光をふんだんに室内に取り込む工夫や、コンクリート平板を用いることで工場床面の広さと強度を確保していた。さらに、新増された六階建てのW棟やX棟では鉄筋コンクリートを使っていた。鉄筋コンクリートの利用は、ただ単に工場建築だけでなく建築一般に新しい時代を切り拓くものであり、ほぼ同時期の建築家ル・コルビュジエは一九二四年の講演で次のように語っている。

一五年前あるいは二〇年前であれば、建築は自己表現しなかったでしょう。なぜなら、私たちは鉄筋コンクリートのような手段を……自由に使いこなせなかったからであります。

確かに鉄筋コンクリートは六〇年以上前から存在してはいますが、それが広く実践され、万人に認められたのは少し前のことです。……鉄筋コンクリートは、それが私たちの美的快の基本原則を内包するが故に私たちを魅惑するべくできているのです。[33]

「住宅は住むための機械」と主張したル・コルビュジエにとっては、鉄筋コンクリートを多用し始めたアメリカの工場建築は注目すべき対象だった。だからこそ彼は「アメリカの技術者《エンジニアズ》の助言には耳を傾けよう。だがアメリカの建築家には警戒しよう」[34]とまで言っていたのである。

しかし、ハイランド・パーク工場は新しい設計思想を持っていたものの、工場設計の発想は産業革命期の綿工場と共通する面も多かった。仕掛品や資材の移動は垂直的な移動を主体に考えられており、工場の建物は多層階であった。ハイランド・パーク工場の新棟壁面に装飾的に貼られた赤煉瓦は、この工場が斬新でありながら、旧来の綿工場の特色を色濃く引き継いでいたことを象徴的に示していた。

これに対して、リバー・ルージュ工場では工場敷地全体に多数の平屋建ての建物が建設された。この工場は、ハイランド・パーク工場で試行され実用化されたコンベヤーを徹底的に活用した工場でもあった。この工場に魅惑された二人の芸術家がいる。一人は本書のカバーにもその作品が使われているディエゴ・リヴェラである。彼は工場内部の機械と人間によって生み出される熱気や活力を表現した。もう一人の芸術家は『マンハッタ』(Manhatta)という映画で、大都会ニューヨークの摩天楼が出現しつつある中でのマンハッタンの一日を文字通り活写したチャールズ・シーラーである。彼はリバー・ルージュ工場内部の写真撮影を依頼されて撮影したのにとどまらず、その後も繰り返し同工場をモチーフに絵画を描いていく。彼にとってマンハッタンの高層建築と対照的な平屋構造建築群が立ち並ぶリバー・ルージュ工場こそが都市だったのである[35]。

このリバー・ルージュ工場の特色を引き継いだのが、トヨタの挙母工場であった。広大な敷地に、基本的には平屋建ての工場が多数建設された。この工場では創業時にはコンベヤーの敷設は必要最低限に抑えられていたが、戦後になって、コンベヤーと同じ搬送機器であるトレーラーなどを使って、マテリアル・ハンドリングが徹底的に改善されていった。それによって、中間在庫が排除されていくとともに、仕掛品や資材を運搬する距離をできるだけ短くする傾向に拍車がかかった。その到着点は、仕掛品や資材の移動距離を短くするために組立工場と塗装工場、車体工場を、近接する建屋か同一の建屋内に収めることであった。そしてこれを実現したのが田原工場だったのである。

トヨタはフォード社の工場から学びながら、田原工場という新たなタイプの工場を二〇世紀末に生み出した。他方、フォード社のリバー・ルージュ工場は一九六〇年代末になると同社首脳部自らが「単一製品生産構想にはうってつけであるが現在の多車種生産には向いていないことを認めて」おり、「ある部品は［リバー・］ルージュ［工場］へ流れこみ、他の部品はルージュから出ていくといった不都合があるために、車一台あたりの利益率でGMに及ばない結果をまねいている」と酷評さえされていたのである。(36)

田原工場のように工場敷地全体で運搬距離を短くすることが徹底されればされるほど、今度は遠隔地に立地した工場と工場との物流が大きな経営問題として浮かび上がってくる。つまり、工場敷地内のマテリアル・ハンドリングの効率化を考えるだけでなく、それを含む会社全体での資材や仕掛品の流れを効率化することが大きな問題として意識され出さざるを得ない。

田原工場は工場敷地内での効率化を徹底した形で示すとともに、固まった工場群から離れて立地した工場だけに次にトヨタが直面すべき問題（工場の配置までも含む物流問題）をも示すことになったのである。

前のパラグラフで本書を終えるべきかも知れない。だが、書名にある「寓話」の意味が不明確だと考える読者もいよう。『広辞苑』（第五版）は「寓話」を次のように説明している。

(fable) 教訓または諷刺を含めたたとえ話。動物などを擬人化したものが多い。

さらに「寓話」の使用例として「イソップ寓話」があげられている。しかし本書は「動物などを擬人化」した「たとえ話」ではない。本書では『広辞苑』が説明の冒頭に掲げている英語（fable）の訳語として「寓話」を使った。英語（fable）には日本語の用例にはない「多くの人々が真実だと信じているが、間違っている説明や言説」という意味がある。学術研究の意義はまさに「寓話」を明らかにすることにあると考えて本書のタイトルに使用したのである。もちろん本書そのものを「寓話」と考える読者もいよう。内容を精査していただければ幸いである。また読者によっては「ものづくりの寓話」と題された書物であるにもかかわらず、「寓話」が章のタイトルにあったのは第1章だけではないかと訝しく思われるかもしれない。

その疑問には直接は答えず、コルタダによる『デジタル・ハンド』という書物から文章を引いておこう。念のために書くが、著者はきわめて優秀な研究者の一人である。その彼が次のように書いているのである。

一九七〇年代初頭に、日本の製造業者が、より具体的にはトヨタのような自動車企業が、伝統的なアメリカ的なアプローチとは違う組立ラインを建設し始め、やがてそれはトヨタ・システムとして広く知られるようになった。この新しいラインは同一の組立ラインで複数のモデルの車輛を製造することができた。[37]

彼に「誰がそう言ったのか？」とたずねても無駄であろう。この記述には具体的な文献は何も示されていない。もはや周知の事実だと思っているに違いない。まさに寓話は世界を駆けめぐったのである。身の回りに寓話が満ちあふれているときに、誰がそう言っていたのかと論難するようなことをしても始まらない。誰もが信じ切っているのだから。

研究者として自らを鍛えてくれた既存の研究成果を消化し、自分なりに体得した準拠枠に従って、また実証科学に携わる一研究者（経営史家、歴史家）として文献資料や実地の調査、聞き取りなどを自ら行い、また他の研究者などの研究成果を精査したうえで、少なくとも必要最低限の証拠を示すことにより、寓話を論じようとしたのが本書である。これは、かつて第二次大戦後にフォード社がどのような方向に向かうかを決定づけた取締役会での議論をめぐる実に興味深い論考で[38]、ハウンシェルがとった手法に大きく学んだものである。

レズリー・ハンナは高校生向けの書物で、次のように書いていた。

直観が示す真実らしきものを過去に遡って探し求めるのでなく、事実を本当に見つけ出すように自分を鍛えなければ、経済成長とビジネスが成功した原因を見誤ってしまうことになるのです。[39]

世の中には寓話を真実だと信じ切っている人々が多い。世に言う「成功体験」とは、「直観が示す真実らしきものを過去に遡って」提示されることが多い。それを何度も耳にし、また寓話が世界を駆けめぐるようになれば、どうなるだろうか。寓話こそ真実だと思い込む人々が世の大半を占めるようになる。こうした状況は寓話の対象になった企業にとって幸いなこともある。寓話を信じ切っている競争相手は、蜃気楼こそ実体だと思い込み、それを追い求めるからである。競争相手は「逃げ水」を追いかけることになるので、どんなに精力を傾けても、本当の水には到達できない。

だが、いずれ寓話の対象となった企業の構成員すらも、それこそが事実だと思い込むようになる。彼らも世の中の状況とまったく無縁だとはいかない以上、寓話に浸りきり、それを寓話とも思わない状況になったとき、その企業では何が生じるだろうか。「直観が示す真実らしきもの」を信じ、深き洞察力を欠く人々の集団は、先人たちが成し遂げた成果を次の世代にうまく引き継ぐことができるだろうか。寓話を寓話だと冷徹な目で判断している人々が、その企業に多いことを祈るだけである。

注

はじめに

（1）トヨタ自動車工業株式会社編『トヨタ自動車二〇年史――一九三七〜一九五七』（トヨタ自動車工業、一九五八年）、一二六〜一二七頁。

（2）Robert S. Woodbury, "The Legend of Eli Whitney and Interchangeable Parts", *Technology and Culture*, vol. 1, no. 3 (1960).

（3）デーヴィッド・A・ハウンシェル、和田一夫・金井光太朗・藤原道夫訳『アメリカン・システムから大量生産へ――一八〇〇〜一九三二』（名古屋大学出版会、一九九八年）。原著は次の書物。David A. Hounshell, *From the American System to Mass Production, 1800-1932: the Development of Manufacturing Technology in the United States* (Baltimore: Johns Hopkins University Press, 1984).

（4）『トヨタ自動車二〇年史』一二六頁。

（5）大河内暁男『経営史講義』二版（東京大学出版会、二〇〇一年）、一五四頁。

（6）同前。

（7）ハウンシェル『アメリカン・システムから大量生産へ』三四二頁。

第1章

（1）D・Aハウンシェル、和田一夫・金井光太朗・藤原道夫訳『アメリカン・システムから大量生産へ』（名古屋大学出版会、一九九八年）、一四頁。なお同書によれば「コストの最小化と生産量の最大化によって利潤を最大にできる」はハウンシェル自身の言葉ではなく、ピーター・ドラッカーの『企業の概念』（P. F. Drucker, *Concept of Corporation*〔New York: John Day, 1946, 1972〕）からの引用である。

（2）Charles E. Sorensen, *My Forty Years with Ford* (New York: W. W. Norton, 1956), Chap. 10（高橋達男訳『フォードの栄光と悲劇』産業能率短期大学、一九六八年）.

（3）ハウンシェルの批判を再批判することなく、組立ラインの展開を詳細に記述することは、もはや無意味と思われる。

（4）米倉誠一郎『経営革命の構造』（岩波新書、一九九九年）、一五六頁。

（5）Horace Lucien Arnold and Fay Leone Faurote, *Ford Methods and the Ford Shops* (New York: Engineering Magazine, 1919). アーノルドとファウロートは、この記録達成の月をある箇所では一九一三年八月と書き（*Ibid.*, p. 136）、別の箇所では一九一三年九月と書いている（*Ibid.*, p. 139）ので、ここではさしあたり一九一三年夏としておく。

（6）米倉は本文の引用文で「固定式の平均一二時間二八分」と書いているが、筆者の管見する限り、日本語文献でこれに近い表現をしているのは次のものである。念のために引用しておく。「その［一九一三年］八月のハイランドパークの生産分析によれば、二五〇人の組立工と八〇人の部品運搬係が一日九時間労働で二六日間働き、六一八二台のエンジン付きシャシーを完成させた――要した一人一時間当たりの仕事量、〝人時〟は、シャシー一台当たり平均一二・五時間であった」（ロバート・レイシー、小菅正夫訳『フォード――自動車王国を築いた一族』上巻〔新潮文庫、一九八九年〕、二〇三頁）。この表現はその限りでは正しい。なお、この邦訳本は原著の注を一切省略しているが、原著、Robert Lacey, *Ford: The Men and the Machine* (London: Heineman, 1986) が参照しているのはアーノルドとファウロートの『フォード方式とフォード工場』(一九一九年) のデータに依拠して論議しているハウンシェルの書物と、ネヴィンズの研究である (*Ibid.*, p. 675, n. 46)。

(7) Arnold and Faurote, *Ford Methods and the Ford Shops*.

(8) *Ibid.*, p. iii.

(9) J. E. Gibson and Nasr Mahmoud, "The Moving Assembly Line: Real Labor Productivity Improvements Produced", *Journal of Manufacturing and Operations Management*, vol. 3, no. 4 (1990), p. 295.

(10) Wayne Lewchuk, *American Technology and the British Vehicle Industry* (Cambridge: Cambridge University Press, 1987), p. 49.

(11) Arnold and Faurote, *Ford Methods and the Ford Shops*, p. 139.

(12) *Ibid.*, p. 136.

(13) Allan Nevins, *Ford: The Times, The Man, The Company* (New York: Scribner, 1954), p. 473.

(14) 日給五ドル制については、簡単にはハウンシェル『アメリカン・システムから大量生産へ』三二五頁以下参照。また日給五ドル制を論じるには次の文献が欠かせない。Stephen Meyer III, *The Five Dollar Day: Labor Management and Social Control in the Ford Motor Company, 1908–1921* (Albany: State University of New York Press, 1981).

(15) Nevins, *Ford*, p. 545.

(16) 加えて、九時間二交代から八時間三交代へと一日の勤務体制が変更になったことも忘れてはならない。Cf. Meyer III, *The Five Dollar Day*, p. 109. ただし、この勤務体制が分工場を含むフォード社全体に適用されたわけではなかったようである。Cf. Nevins, *Ford*, p. 547.

(17) William J. Abernathy, *The Productivity Dilemma: Roadblock to Innovation in the Automobile Industry* (Baltimore: Johns Hopkins University Press, 1978), p. 24.

(18) Bruce W. McCalley, *Model T Ford: The Car That Changed the World* (Iola: Krause Publications, 1994), p. 149.

(19) *Ibid.*, p. 175.

(20) *Ibid.*, p. 149.

(21) Arnold and Faurote, *Ford Methods and the Ford Shops*, p. 139.

(22) *Ibid.*

(23) Lewchuk, *American Technology*, p. 49.

(24) Arnold and Faurote, *Ford Methods and the Ford Shops*, p. 136.

(25) *Ibid.*

(26) アーノルドは、この一台の組立にかかった労働時間を「一二時間二八分」と書く。彼が示した数値を単純に計算すれば、一時間二九分を上回っているが、ここでは問うまい。

(27) Arnold and Faurote, *Ford Methods and the Ford Shops*, p. 139.

(28) *Ibid.*, p. 136.

(29) *Ibid.*

(30) *Ibid.*, pp. 135–36.

(31) *Ibid.*, p. 136.

(32) 塩見治人『現代大量生産体制論』(森山書店、一九七八年)、二三一頁。

(33) Fred H. Colvin, "Building an Automobile Every 40 Seconds", *American Machinist*, vol. 38, no. 18 (May 8, 1913), p. 762.

(34) それだからこそ、コルヴィンの論考が「四〇秒に一台の自動車製造」というタイトルになっているのである。

(35) 近年のT型愛好家たちの調査によれば、T型一号車は一九〇八年九月二七日の生産であるが、それ以前にも試作車あるいは開発途上のT型車は生産されていたと彼らは主張している。Cf. McCalley,

Model T Ford, p. 11.

（36）George Maxcy and Aubrey Silberston, *The Motor Industry* (London: G. Allen & Unwin, 1959), p. 77（今野源八郎・吉永芳史訳『自動車工業論——イギリス自動車工業を中心とする経済学的研究』〔東洋経済新報社、一九六五年〕）. 引用文はこの邦訳書とは多少変えてある。

（37）Ford Motor Company, *Ford Factory Facts* (Detroit: Ford Motor Company, 1912), p. 46.

（38）Arnold and Faurote, *Ford Methods and Ford Shops*, p. 136.

（39）ハウンシェル『アメリカン・システムから大量生産へ』二八五頁。

（40）Arnold and Faurote, *Ford Methods and the Ford Shops*, p. 23.

（41）A・D・チャンドラーJr、内田忠夫・風間禎三郎訳『競争の戦略——GMとフォード：栄光への足跡』（ダイヤモンド社、一九七〇年）、四〇頁（Alfred D. Chandler, Jr., *Giant Enterprise: Ford, General Motors, and the Automobile Industry: Sources and Readings* 〔New York: Harcourt Brace & World, 1964〕）.

（42）Lindy Biggs, *The Rational Factory: Architecture, Technology, and Work in America's Age of Mass Production* (Baltimore: Johns Hopkins University Press, 1996), p. 126.

（43）ハウンシェル『アメリカン・システムから大量生産へ』三二五頁。

（44）Arnold and Faurote, *Ford Methods and the Ford Shops*, p. 139.

（45）*Ibid*.

（46）ハウンシェル『アメリカン・システムから大量生産へ』三二五〜三二六頁。

（47）アルフレッド・D・チャンドラーJr、鳥羽欽一郎・小林袈裟次訳『経営者の時代』上（東洋経済新報社、一九七九年）、四八〇頁（Alfred D. Chandler, Jr., *The Visible Hand* 〔Cambridge, Mass.: Belknap Press, 1977〕）.

（48）ハウンシェル『アメリカン・システムから大量生産へ』四七七〜七八頁、注(79)。

（49）本章の第2節(1)参照。

（50）藤本隆宏『生産マネジメント入門』（日本経済新聞社、二〇〇一年）、七一頁。

（51）J. E. Gibson and Nasr Mahmoud, "The Moving Assembly Line: Real Labor Productivity Improvements Produced", *Journal of Manufacturing and Operations Management*, vol. 3, no. 4 (1990). 本項は、この論文に大きく依拠している。

（52）*Ibid*., p. 298.

（53）マクシーとシルバーストンはその著書の中で、一九五四年に大量生産で組み立てられた乗用車の最終組立の原価構成は全体の五%と推定している（Maxcy and Silberston, *The Motor Industry*, p. 77）。だが、原価構成は技術的変化により大きく変動するので、この数値は議論には使わない。最終組立工程のコストが製造コストの中でどの程度の割合だったかという点に留意せずに、移動式組立ラインのコスト変化のみを議論することは誤った結論を導く可能性があることをここでは指摘しておきたい。

（54）Henry Ford in collaboration with Samuel Crowther, *My Life and Work* (Garden City: Doubleday, Page, 1923), pp. 73-74. 同書には大正一五年発行の加藤三郎訳『我が一生と事業——ヘンリーフォード自叙傳』をはじめ多数の訳書があるが、引用は拙訳による。

（55）Karel Williams, Colin Haslam and John Williams, with Andy Adcroft and Sukhdev Johal, "The Myth of the Line: Ford's Production of the Model T at Highland Park, 1909-16", *Business History*, vol. 35, no. 3 (1993).

（56）実際に、ラフは次のワーキング・ペーパーで、「月ごとに生じている変化を、年次データが要約的に示しているのか、ゆがめているのか検証できない」と批判している。Daniel M. G. Raff, "What Happened at Highland Park?", *Working Paper at the Wharton*

School and National Bereau of Economic Research (Revised at April 20, 2003), p. 6.

(57) Dr. James M. Wilson and Margalet Milner, "Measuring Myth : Cost Reduction and the Model T : The Assembly Line and Other Stories", *Working Paper at the Department of Accounting and Finance* (March 2000). ただし、彼らの提示するグラフからは各年次のデータを具体的に読みとれない。原著者たちに問い合わせても、現時点までのところ回答を得ていない。年次がどこで切れるかで解釈が微妙に異なるため、本章の論旨に必要な箇所は著者たちの本文から直接引用する。

(58) *Ibid*., p. 15.

(59) *Ibid*.

(60) Daniel M. G. Raff, "Productivity Growth at Ford in the Coming of Mass Production : A Preliminary Analysis", *Business and Economic History*, vol. 25, no. 1 (1996) ; Raff, "What Happened at Highland Park?".

(61) Raff, "Productivity Growth at Ford", p. 183. ラフによるアメリカの産業セクター別の推定は、次の書物によるものである。John W. Kendrick, *Productivity Trends in the United States* (Princeton : Princeton University Press, 1961).

(62) ラフも同様な見解を述べている。Cf. Raff, "What Happened at Highland Park?", p. 6.

(63) Williams et als. "The Myth of the Line", p. 73.

(64) 筆者の問合せに対するフォード文書館からの回答による。したがって、McCalley, *Model T Ford* も、一九二一年以降しか工場別の組立台数を示していない。なお筆者も同書が依拠したオリジナル文書を入手したが、結果は同書と変わらないので、組立台数は McCalley の書物の頁数を掲げる。

(65) 米倉誠一郎『経営革命の構造』一五六頁。

(66) このパラグラフは次の論考に大きくよっている。Gerald T. Bloomfield, "Coils of the Commercial Serpent : A Geographical of the Ford Branch Distribution System, 1904-33", in Jan Jennings ed., *Roadside America : The Automobile in Design and Culture* (Ames : Iowa State University Press〔for the Society for Commercial Archeology〕, 1990).

(67) チャンドラー『競争の戦略』四二頁。

(68) Ford Motor Company, *Ford Factory Facts* (Detroit : Ford Motor Company, 1912), p. 61.

(69) Ford Motor Company, *Ford Factory Facts* (Detroit : Ford Motor Company, 1915), p. 62.

(70) 組立分工場の設立をめぐる標準的な説明は、チャンドラー『競争の戦略』四〇〜四一頁に掲載されているものであろう。しかし、一九一〇年代にフォード社が発行した『フォード・ファクトリ・ファクツ』に掲載されている情報と矛盾する。また同書に掲載されている情報は、フォード文書館の資料から見いだされる情報とも時として異なる。またフォード文書館の情報も、組立工場の立地が異なれば別工場として考えたり、情報を収集した時点の工場がいつ開業したかという視点で整理されているためか、資料ごとに微妙に情報が異なっている。そのため、各組立工場の開業年月を掲載していない。

(71) このように利益を再投資していくことは、必然的に配当を抑制することになった。これは後に有名なダッジ兄弟による訴訟につながっていく。この訴訟は今日いたるまでアメリカ企業の行動に大きな影響を及ぼすことになる。だが、紙幅の制約もあり、この問題には本書では触れない。

(72) Nevins, *Ford*, pp. 500-01.

(73) *Ibid*., p. 501.

(74) Abernathy, *The Productivity Dilemma*, p. 23.

(75) 塩見治人「フォード社と自動車産業」同他『アメリカ・ビッグビ

ジネス成立史』（東洋経済新報社、一九八六年）、二二二頁。

(76) チャンドラー『競争の戦略』四〇頁。

(77) Ford Motor Company, *Ford Factory Facts* (Detroit: Ford Motor Company, 1917), p. 26.

(78) チャンドラー『競争の戦略』四〇頁。

(79) Biggs, *The Rational Factory*, p. 131.

(80) Ford Motor Company, *Ford Factory Facts* (1917), p. 67.

(81) Ford Archives: Acc. 429-Box1 (Branch Histories-Branch Summaries, 1941 Folders 3 of 3).

(82) *Ibid*.

(83) *Ibid*.

(84) *Ibid*.

(85) なお一九一三年に建築が進められたシアトルの組立分工場でも、床面積はセント・ルイス工場とほぼ同じであった。Cf. *Ibid*.

(86) Allan Nevins and Frank Ernest Hill, *Ford, Expansion and Challenge, 1915–1933* (New York: Scribner, 1957), p. 255.

(87) *Ibid*., p. 256.

(88) Arnold and Faurote, *Ford Methods*, p. 31.

(89) *Engineering Magazine*, May 1914, p. 179.

(90) さしあたり、トヨタグループ史編纂委員会編『絆――豊田業団からトヨタグループへ』（トヨタグループ史編纂委員会、二〇〇五年）、一二二～二六頁参照。

(91) フォード自動車会社編『フォードの産業――フォード自動車会社と関係事業の梗概』（横浜：日本フォード自動車、一九二七年）、九～一一頁。

(92) マキシー、シルバーストン『自動車工業論』八三頁。この最高の組立実績を記録した翌月に、トヨタの新工場、元町工場が自動車の組立を開始する。

(93) Ford Motor Company, *Ford Factory Facts* (1917), p. 27.

(94) *Ibid*., p. 68. これは一九一五年版では生産能力は年産五〇万台となっている。だが、一九一二年版にはこのような表現はない。また一九一七年版にはカナダのオンタリオ工場が年産五万台、イギリスのマンチェスター工場が二万五〇〇〇台となっている。

(95) これを明示的に書いたものとしては、おそらく次の論考が最初と思われる。Steven Tolliday, "The Diffusion and Transformation of Fordisim: Britain and Japan Compared", in Robert Boyer et al. eds., *Between Imitation and Innovation: The Transfer and Hybridization of Productive Models in the International Automobile industry* (Oxford: Oxford University Press, 1998), p. 59.

(96) マキシー、シルバーストン『自動車工業論』八三頁。

(97) このハイランド・パーク工場の対応がコスト的に合理的な行動だと仮定すれば、ほとんどのフォードの組立工場は最適生産規模の半分にも達していない台数しか組み立てておらず、フォード社全体としてみれば最終組立工程のコストは押し上げられていた可能性が高かい。だが、これがフォード社全体のコストを高めていたかは、組立分工場を分散配置したことによる配送費の削減による相殺分を考慮する必要がある。この問題に立ち入った分析をすることはここでの課題ではないので、問題点だけ指摘しておく。

(98) マキシー、シルバーストン『自動車工業論』八九～九二頁。この生産規模は稼働時間をどのくらいに推定するかによって大きく数値が異なることは当然であろうが、ここではあえて考慮しない。

(99) 東北大学経営学グループ『ケースに学ぶ経営学』（有斐閣、一九九八年）、六八～六九頁。執筆担当者は谷口明丈。

(100) チャンドラー『競争の戦略』一七四頁。邦訳が「フォード自動車の人気低下の原因は」という小見出しを付けているので、それにならった。ただし原著に小見出しはない。

(101) チャンドラー『競争の戦略』一七四～七五頁。

(102) Ford, *My Life and Work*, pp. 73–74.

(103) これはアメリカ国内だけでなく、国際的にフォード社の生産プロセスについての解明、同社の高い生産性に追いつこうという取り組みが起こっていたことも無視すべきでない。これを何よりも活き活きと示すものとして、ルノー社の事例を数多くの写真と絵図で示した次の書物を挙げておく。Alain P. Michel, *Travail à la chaîne Renault 1898–1947* (Boulogne-Billancourt : ETAI, 2007). 特に第二章は圧巻である。

(104) A・P・スローンJr、田中融二他訳『GMとともに――世界最大企業の経営哲学と成長戦略』(ダイヤモンド社、一九六七年)、一九三～九四頁 (Alfred P. Sloan, edited by John McDonald with Catherine Stevens, *My Years With General Motors* 〔Garden City : Doubleday, 1963〕)。一部訳を変えた。なお、この古典的な書物の成立過程については次の書物が是非とも参照されるべきである。John McDonald, *A Ghost's Memoir : The Making of Alfred P. Sloan's My Years with General Motors* (Cambridge, Mass. : MIT Press, 2002).

(105) スローン『GMとともに』二〇七～〇八頁。

(106) 同前、二一〇頁。

(107) Abernathy, *The Productivity Dilemma*, p. 13.

(108) McCalley, *Model T Ford*, p. 193.

(109) *Ibid*., p. 231.

(110) *Ibid*., p. 308.

(111) Karel Williams, Colin Haslam and John Williams, "Ford Versus 'Fordism' : The Beginning of Mass Production?", *Work, Employment & Society*, vol. 6, no. 4 (1992), p. 535.

(112) ハウンシェル『アメリカン・システムから大量生産へ』三四五頁。

(113) 全鋼鉄製ボデーについては、次の論文を是非とも参照。Paul Nieuwenuis and Peter Wells, "The All-Steel Body as A Connerstone to the Foundations of the Mass Production Car Industry", *Industrial and Corporate Change*, vol. 16, no. 2 (2007).

(114) J・M・アッターバック、大津正和・小川進監訳『イノベーション・ダイナミクス――事例から学ぶ技術戦略』(有斐閣、一九九八年)、六一頁 (James M. Utterback, *Mastering the Dynamics of Innovation : How Companies Can Seize Opportunities in the Face of Technological Change* 〔Boston : Harvard Business School Press, 1994〕).

(115) 塩見治人『現代大量生産体制論』二三四～三六頁。

(116) 大河内暁男『経営史講義』二版(東京大学出版会、二〇〇一年)、一四九～五〇頁。

(117) 塩見治人『現代大量生産体制論』二三四頁。

(118) Nevins and Hill, *Ford, Expansion and Challenge, 1915–1933*, p. 110.

(119) Biggs, *The Rational Factory*, p. 143. また次の書物も参照。David L. Lewis, *The Public Image of Henry Ford : An American Folk Hero and His Company* (Detroit : Wayne State University Press, 1976), p. 103.

(120) Biggs, *The Rational Factory*, p. 143.

(121) 中岡哲郎『工場の哲学――組織と人間』(平凡社、一九七一年)、三六～三七頁。

(122) 同前、三七頁。

(123) 同前、三九～四〇頁。

(124) 同前、四〇頁。

(125) ハウンシェル『アメリカン・システムから大量生産へ』二九四～九五頁。

(126) John H. Van Deventer, "Ford Principles and Practice at River Rouge : IX—Machine Tool Arrangement and Parts Transportation", *Industrial Management*, vol. 65, no. 5 (May 1923), p. 265.

(127) *Ibid*., p. 266.

(128) Warren D. Devine, Jr., "From Shafts to Wires : Historical Perspective on Electrification", *Journal of Economic History*, vol. 43, no. 2 (1983), p. 349. なお、この推定の基になっているのは次の著名な博士論文のデータである。Richard B. DuBoff, "Electric Power in American Manufacturing, 1889-1958" (Ph. D thesis, University of Pennsylvania, 1964).

(129) 南亮進『動力革命と技術進歩——戦前期製造業の分析』（東洋経済新報社、一九七六年）、一九二頁。

(130) 同前、一九三頁。

(131) 柳瀬駿訳「工場建築の歴史的観察（資料）——アルバート・カーンの工場建築より」『建築雑誌』（一九四二年一〇月）、七八五～八六頁。この論考は「訳」となっているので、原論文があるはずであるが、それについての情報は一切掲載されていない。

(132) カーンの建築については、次の二冊を特に参照。Grant Hildebrand, *Designing for Industry : the Architecture of Albert Kahn* (Cambridge, Mass. : MIT Press, 1974) ; Federico Bucci, *Albert Kahn : Architect of Ford* (New York : Princeton Architectural Press, 1993).

(133) Bucci, *Albert Kahn*, p. 55.

(134) Hildebrand, *Designing for Industry*, p. 51.

(135) *Ibid*.

(136) *Ibid*., p. 111.

(137) Bucci, *Albert Kahn*, pp. 55-56.

第2章

(1) Allan Nevins and Frank Ernest Hill, *Ford : Expansion and Challenge, 1915-1933* (New York : Scribner, 1957), p. 1.

(2) *Ibid*., p. 2.

(3) Frank Morton Todd, *The Story of the Exposition : Being the Official History of the International Celebration held at San Francisco in 1915 to Commemorate the Discovery of the Pacific Ocean and the Construction of the Panama Canal* (New York : Published for the Panama-Pacific International Exposition Co. by G. P. Putnam), vol. 4, p. 247.

(4) Ford Motor Company, *Ford Factory Facts* (Detroit : Ford Motor Company, 1915), p. 5.

(5) Ford Motor Company, *Ford Factory Facts* (Detroit : Ford Motor Company, 1917), p. 5.

(6) Cf. Joseph P. Cabadas, *River Rouge : Ford's Industrial Colossus* (St. Paul : Motorbooks International, 2004), p. 13.

(7) Patrick Fridenson, "Fordism and Quality : The French Case, 1919-93", in Haruhito Shiomi and Kazuo Wada eds., *Fordism Transformed : The Development of Production Methods in the Automobile Industry* (Oxford : Oxford University Press, 1995), p. 161.

(8) Fred H. Colvin, *60 Years with Men and Machines : An Autobiography* (New York : Whittlesey House, Mcgraw-Hill, 1947), pp. 129-30.

(9) Holace H. Arnold, "Ford Methods and Ford Shops", *Industrial Magazine*, vol. XLIII, no. 1 (April, 1914), p. 7.

(10) *Ford Factory Facts* (1917), p. 60.

(11) *Ibid*., p. 61.

(12) Charles Franklin Kettering and Allen Orth, *American Battle for Abundance : A Story of Mass Production* (Detroit : General Motors, 1947), pp. 52-53. この書物はGM社から出版された小冊子であり、結果的にヘンリー・フォードがオールズモビル社から多くを学んだ点を強調したことになっているが、短い記述の中にも的確な指摘が多くなされている好著である。この小冊子の本文引用箇所に基づいて、オールズモビル社の研究書も、オールズが「動力を使ったコンベヤーを除けば、現代的な組立ラインのすべての要素を持つ、前進式（progressive）組立ラインを考案した」と述べている。Cf. Glenn A. Niemeyer, *The Automotive Career of Ransom E. Olds* (East Lansing: Bureau of Business and Economic Research, Graduate School of Business Administration, Michigan State University, 1963), p. 48.

（13） *Ford Factory Facts* (1915), pp. 22–23.

（14） *Ford Factory Facts* (1917), pp. 27–29.

（15） Ford Motor Company, *Ford Industries* (Detroit: Ford Motor Company, 1925), p. 9.

（16） Ford Motor Company, *Ford Industries* (Detroit: Ford Motor Company, 1929), p. 12.

（17） Henry Ford, "Mass Production", *The Encyclopaedia Britanica: A Dictionary of Arts, Sciences, Literature & General Information*, 13th edition, Supplementary vol. II (London, 1926), p. 822.

（18） Frank G. Woollard, *Principles of Mass and Flow Production* (London: Iliffe, published for "Mechanical Handling", 1954).

（19） *Ibid.*, p. 48.

（20） *Ibid.*, p. 19.

（21） *Ibid.*, p. 15.

（22） この委員会設立時の委員長は波多野貞夫であったが、波多野が病に伏したため佐久間一郎が委員長の任務を代行した。この工業改善第十六特別委員会の目的を佐久間の言葉で記しておこう。この委員会の「目的トスル処ハ、大東亜戦争完遂ト大東亜共栄圏確立ノタメニ、我国工業ガ、如何ニセバ、最モ必要ナ生産力拡充ト新シイモノノ案出ヲ、果タシ得ルカヲ調査研究シ、以テ、我国現下ノ工業改善ニ資シ、国策遂行ニ寄与セントスルニアル」（波多野貞夫『工場ニ於ケル専門学校以上の技術関係卒業生採用直後ニ於ケル教育ニ関スル調査事項報告』日本学術振興会学術部工業改善研究第十六特別研究委員会調査研究報告第1輯〔斯文書院、一九四二年〕の佐久間一郎による「序」）。

（23） この第十六特別委員会の第三分科会以外の分科会の研究テーマは次のようであった。第一分科会は工業関係の専門学校以上の学校教育改善に関する調査研究、第二分科会は工場における技術者教育の改善に関する調査研究を、また第三分科会と第四分科会は各々、各種工業会社における研究統制に関する調査研究、工業財務・監査組織制度に関する調査研究。日本経済連盟会調査課『産業能率運動の現況』（日本経済連盟会、一九四二年）、六〜一〇頁参照。

（24） 日本学術振興会学術部工業改善第十六特別委員会『我国ニ使用セラルル流レ作業及之ガ原則ノ応用ニ関スル調査報告』（斯文書院、一九四三年）。報告書には二〇工場の回答の概略が添付されているが、工場名を特定できないだけでなく、回答内容も簡略にすぎるので、詳細な分析はここでは行わない。

（25） 佐々木聡「太平洋戦争期における『科学的管理』の一側面」『静岡県立大学・経営情報学部』四巻一号（一九九二年）、四九頁。

（26） 『我国ニ使用セラルル流レ作業及之ガ原則ノ応用ニ関スル調査報告』二頁。

（27） 同前、序。

（28） 委員長の波多野が一九四二年一月に死去したため、日立製作所専務取締役の馬場粂夫が委員長となった。このため、報告書の序は馬場の署名となっている。

（29） 『我国ニ使用セラルル流レ作業及之ガ原則ノ応用ニ関スル調査報告』序。

（30） 日本経済連盟会調査課『産業能率増進運動の現況』（日本経済連盟会、一九四二年）、七〜一〇頁参照。

（31） 沢井実「太平洋戦争期科学技術政策の一齣——科学技術審議会の設置とその活動」『大阪大学経済学』四四巻二号（一九九四年）参

照。

（32）波多野貞夫『戦時下ニ於ケル工場経営管理』（千倉書房、一九四〇年）、第一編・総論。この書物は彼が個人で書いたものの他に、共著論文等が収録されている。

（33）波多野貞夫「現下ノ機械工業ノ生産増加ノ主要手段トシテノ生産技術者ノ教育養成ト流レ作業ノ実施」『産業能率』一四巻九号（一九四一年）。この論文は、前掲の波多野貞夫『工場ニ於ケル専門学校以上の技術関係卒業生採用直後ニ於ケル教育ニ関スル調査事項報告』の中に、付録として再掲載されている。

（34）波多野貞夫「現下ノ機械工業ノ生産増加ノ主要手段トシテノ生産技術者ノ教育養成ト流レ作業ノ実施」八〇五頁。

（35）同前、八〇七頁。

（36）同前。

（37）同前。

（38）同前。

（39）同前。

（40）同前。

（41）同前。

（42）同前、八〇八頁。

（43）日本能率連合会は、各地の能率研究団体を統合する民間の全国団体として一九二七年に発足した団体である。なお、日本能率連合会の活動については次の文献を参照。奥田健二『人と経営』（マネジメント社、一九八五年）の特に一九二～九三頁。佐々木聡・野中いずみ「日本における科学的管理法の導入と展開」原輝史編『科学的管理法の導入と展開』（昭和堂、一九九〇年）、二五二頁以下、および高橋衛『「科学的管理法」と日本企業――導入過程の軌跡』（御茶の水書房、一九九四年）、一〇〇～〇一頁。

（44）「日本能率連合会は、事変以来、機械工場の流れ作業の研究と普及に力を入れて来た」と波多野は述べている（波多野貞夫「多量生産特ニ流レ作業ノヤリ方」『産業能率』一三巻一号〔一九四〇年四月〕）。

（45）「流れ作業」の純概念的な考察は本章の埒外にあるが、戦後に出版された藻利重隆の書物『流れ作業組織の理論』（アカギ書房、一九四七年）、『工場管理』（新紀元社、一九五〇年）、および山本潔『日本における職場の技術・労働史』（東京大学出版会、一九九四年）は参考になった。

（46）例えば次の書物を参照。平井泰太郎監修、神戸商業大学経営学研究室『産業合理化図録』（春陽堂、一九三二年）。

（47）日本学術振興会第十六特別委員会第三分科会『生産力と流れ作業』（大日本工業学会、一九四四年）。この報告書がまとまった形で公表される前に、その内容は部分的に雑誌や書物で公にされている。例えば、第一部は佐久間一郎の論稿として『日本能率』に発表された（佐久間一郎「流れ作業実施に関する条件の検討」『日本能率』二巻八号〔一九四三年〕）。また他にも第一部、第二部の内容は、佐久間一郎によって報告書の題名と同じ「生産力と流れ作業」という名で発表されている（佐久間一郎「生産力と流れ作業」日本経済連盟会調査課編『多量生産方式実現の具体策』〔山海堂、一九四三年〕所収）。

（48）日本学術振興会第十六特別委員会第三分科会『生産力と流れ作業』二九頁。

（49）相川春喜『技術及び技能管理』（東洋書館、一九四四年）、一三五～三六頁。

（50）日本学術振興会第十六特別委員会第三分科会『生産力と流れ作業』二九頁。

（51）平井泰太郎監修、神戸商業大学経営学研究室『産業合理化図録』二三三頁。

（52）同前、二三二頁。

（53）産業能率短期大学編『上野陽一伝』（産業能率短期大学出版部、一九六七年)、八八頁。

(54) 前川正男『流れ作業』(山海堂、一九四四年)、一八頁。

(55) 同前。

(56) 日本学術振興学会第十六特別委員会第三部会『生産力と流れ作業』四〜五頁。

(57) 野田信夫「増産決戦と多量生産」『日本能率』二巻五号(一九四三年)。野田信夫の活動については、佐々木聡「三菱電機にみる科学的管理法の導入過程——時間研究法の導入を中心に」『経営史学』二一巻四号(一九八七年)、および野田信夫談「科学的管理法から生産性向上運動へ」『経営と歴史(日本経営史研究所)』九号(一九八六年)参照。なお時間研究の導入のプロセスについて、佐々木がウエスティングハウス社との技術提携を契機に三菱電機に導入されたと考えるのに対し、高橋衛は呉工廠がそれより早く、しかも自発的に導入していたと批判している(高橋衛『「科学的管理法」と日本企業』一二六頁参照)。だが高橋の批判は、野田が日本における「時間研究」導入の先駆者の一人であったことまでを否定するものではなかろう。

(58) 野田信夫「増産決戦と多量生産」二頁。

(59) 同前。

(60) Henry Ford, "Mass Production", *The Encyclopaedia Britanica*, 13th edition, Supplementary vol. II, p. 822.

(61) 野田信夫「増産決戦と多量生産」二頁。

(62) 同前。

(63) 同前、三頁。

(64) 戦時経済の展開については、簡単には中村隆英編『「計画化」と「民主化」』日本経済史7(岩波書店、一九八九年)所収の論稿、ならびに村上勝彦「軍需産業」大石嘉一郎編『日本帝国主義史3 第二次大戦期』(東京大学出版会、一九九四年)参照。

(65) 美濃部洋次「企業整備と決戦経済」産業経済新聞社編『企業整備読本』(産業経済新聞社、一九四三年)、二〇頁。

(66) 同前、二六頁。政府は膨大な数の下請工場を整理するために企業の整理および統合を行おうとして一九四二年になって企業整備令を施行したが、工場整理は実際には進展していなかった。また機械工業では一九四〇年末の機械鉄鋼製品工業整備要綱によって専属下請制の展開が図られていた。さしあたり植田浩史「戦時統制経済と下請制の展開」近代日本研究会『年報・近代研究』九巻「戦時経済」(一九八七年)参照。

(67) 美濃部洋次「企業整備と決戦経済」二五頁。

(68) 野田信夫「増産決戦と多量生産」五頁。

(69) 同前。

(70) 内燃機関編輯部編『航空機の多量生産方式』(山海堂、一九四四年)、二頁。この書物は、内燃機関編輯部編『産業能率増進に関する諸問題』(山海堂、一九四三年)の続編である。

(71) 同前、二頁。

(72) 同前、四頁。

(73) 同前、七頁。

(74) 中川秋穂「フォード・システム」増地庸治郎編『生産管理の理論』(日本評論社、一九四五年)、一五一頁。

(75) これ以外にも、フォード社は自動車事業以外の事業に数多く取り組んでいる。その詳細は次の書物を参照にされたい。Ford R. Bryan, *Beyond the Model T: The Other Ventures of Henry Ford* (Detroit: Wayne State University Press, 1990).

(76) Fred E. Rogers, "Ford Methods in Ship Manufacutre—I", *Industrial Management*, vol. 57, no. 1 (January 1919) からの連載参照。

(77) Henry Ford in collaboration with Samuel Crowther, *My Life and Work* (Garden City: Doubleday, Page, 1922), pp. 246-47.

(78) Allan Nevins and Frank Ernest Hill, *Ford: Expansion and Challenge, 1915-1933* (New York: Scribner, 1957), p. 75. 本書の

テーマとは異なるので論じないが、イーグル船の事業はフォード社の拡張にとっては実は大きな意味があった。

(79) David A. Hounshell, "Ford Eagle Boarts and Mass Production during World War I", in Merritt Roe Smith ed., *Military Enterprise and Technological Change : Perspectives on the American Experience* (Cambridge, Mass. : MIT Press, 1985), p. 201.

(80) Bryan, *Beyond the Model T*, p. 164.

(81) I. B. Holley, Jr. "A Detroit Dream of Mass-Produced Fighter Aircraft : The XP-75 Fiasco", *Technology and Culture*, vol. 28, no. 3 (1987), p. 578.

(82) Nevins and Hill, *Ford*, p. 189.

(83) Lowell Juilliard Carr and James Edson Stermer, *Willow Run : A Study of Industrilization and Cultural Inadequacy* (New York : Harper & Brothers, 1952), p. 9.

(84) Jonathan Zeitlin, "Flexibility and Mass Production at War : Aircraft Manufacture in Britain, the United States, and Germany, 1939–1945", *Technology and Culture*, vol. 36, no. 1 (1995), pp. 375–76.

(85) 佐々木渉「航空機の多量生産」内燃機関編輯部編『航空機の多量生産方式』六六〜六九頁。

(86) 同前、六九頁。

(87) 同前。

(88) 同前。

(89) 同前。

(90) この内容は『サットン・パーク両氏　航空機発動機大量生産ニ関スル講習録』第一巻（三菱重工名古屋発動機製作所、一九三九年）によった。

(91)『サットン・パーク両氏　航空機発動機大量生産ニ関スル講習録』第二巻「質疑応答」（三菱重工名古屋発動機製作所、一九三九年）、四八頁、および五五頁。

(92)『サットン・パーク両氏　航空機発動機大量生産ニ関スル講習録』第三巻「航空機発動機月産三〇〇台ノ工場計画」（三菱重工名古屋発動機製作所、一九三九年）。

(93) 注(90)〜(92)の『講習録』参照。

(94) この情報は以下の資料に基づく。ユンカース社機体技師ヘルテル技師『飛行機ノ多量生産ノ組織ニツイテ』（三菱重工業名古屋航空機製作所第二工作部、参考資料第三六号、一九四二年二月）、ユ［ンカース］社取締役営業部長ハーゲマン博士『航空機工業経済的指導問題』（三菱重工業名古屋航空機製作所第二工作部、参考資料第三八号、一九四二年三月）。

(95) 戦時期の中島飛行機については、高橋泰隆『中島飛行機の研究』（日本経済評論社、一九八八年）、佐々木聡「第二次世界大戦期の日本における生産システムの合理化の試み――中島飛行機武蔵野製作所の事例を中心に」『経営史学』二七巻三号（一九九二年）、麻島昭一「第二次大戦末期の中島飛行機」『専修大学経営研究所報』六五号（一九八二年）、同「戦時体制期の中島飛行機」『経営史学』二〇巻一号（一九八五年）を、また、三菱重工業の航空機部門については藤田誠久「航空機部門の経営」三島康雄他『第二次大戦と三菱財閥』（日本経済新聞社、一九八七年）参照。なお、戦時期の日本の航空機産業の動向については、この他に山崎志郎「太平洋戦争後半期の航空機関連工業増産政策」『土地制度史学』一三〇号（一九九一年）、「太平洋戦争後半期における動員体制の再編」『商学論集』（福島大学）五九巻四号（一九九一年）がある。

(96) 守屋学治「航空機の多量生産」小林吉次郎著者代表『多量生産研究』（兵器航空機工業新聞出版部、一九四四年）、四三頁。

(97) 富士重工業株式会社社史編纂委員会『富士重工業三十年史』（一九八四年）、二九頁。

(98) 村上勝彦「軍需産業」一六九頁。

(99) 日本機械学会編『日本機械工業五十年』(日本機械学会、一九四九年)、九七七頁。
(100) 同前。
(101) 同前。
(102) 守屋学治「キ―六七飛龍の試作その後」三菱重工業株式会社名古屋航空機製作所『名航工作部の戦前戦後史――私と航空機生産・守屋相談役』(一九八八年)、一八七頁。キ―六七の累計生産機数は六〇六機である(同書、三六八頁)。
(103) 奥田健蔵「キ―六七 飛龍の生産技術革命」『名航工作部の戦前戦後史』一三〇頁。
(104) 植田忠七(談)「第二工作技術課の回想」『名航工作部の戦前戦後史』一七五頁。
(105) 奥田健蔵「キ―六七 飛龍の生産技術革命」一三一～一三二頁。
(106) 同前、一三四頁。
(107) 同前、一三四～一三五頁。
(108) 同前、一四一頁。
(109) 植田忠七(談)「第二工作技術課の回想」一七五頁。
(110) 引用文は、戦後日本の造船工法の改革に貢献をしたといわれる真藤恒の『造船生産技術の発展と私』(海事プレス社、一九八〇年)、二一頁からである。彼は引用文の直前の段落で「飛行機の予定生産機種の全体一式の設計と、エンジニアリング資料を細かく分析していくうちに、……造船技術者としては、全く未経験であった複雑な構造物を量産する時の生産体系と、設計から出される資料とが完璧に一致していることに気がついた」という(同書、二一頁)。
(111) なお、溝田誠吾『造船重機械産業の企業システム』(森山書店、一九九四年)も三菱重工名古屋航空機製作所の機体分割方式に着目している。なお、また共通部品、標準部品の使用を拡大するとともに、従来は手加工であった鈑金作業をプレス機械加工によって行い、合計八千種類にもなる鈑金部品の約七割をプレス作業によって行った。また現場の工作技術を一元的に統括する部署として工作技術課を新設し、組織上の強化も図った写真原図、ジグのことなどが重要である。『名航工作部の戦前戦後史』参照。
(112) 山本潔によって、中島飛行機の小泉製作所での前進作業方式の施行の実態が解明されている。それによれば、一組立ラインの生産機数は一日二機が標準的な状態だったが、この生産機数でも安定的には生産できなかった(山本潔『日本における職場の技術・労働史』第四章参照)。
(113) 日本産業経済新聞社政経部編『全国模範工場視察記』(霞ケ関書房、一九四三年)、八～九頁。
(114) 西川武「思い出」三菱重工名古屋菱光会編『往時茫茫――三菱重工名古屋五十年の懐古』第三巻(菱光会、一九七一年)。
(115) 相川春喜『技術及び技能管理』一〇七頁。
(116) 同前、一九三頁。ただし、『名航工作部の戦前戦後史』三六〇頁によれば、タクトシステムに対して陸軍大臣表彰を受けたのは、一九四二(昭和一七)年である。
(117) 土井守人「組立作業に於ける前進作業実施に就いて」『日本能率』二巻九号(一九四三年)、一〇頁。
(118) 三菱重工名古屋航空機製作所は昭和一七(一九四二)年末に次のように書いている。「資源的ノ制約ヨリ要求セラルル代用材料ノ使用ハ今後益々其必要増加スルモノト予想セラル、ニッケル、銅、マグネシューム等其主ナルモノナリ」(同製作所『昭和十七年十二月卅一日現在、現況報告』)。この材料不足は航空機産業だけではない。当時、沖電気で働いていた人物も一九四三年一月一四日の日記に次のように記していた。「材料の不足は実に容易ならぬ問題だ。自分の係の捻子のうち、無線機を作るのに最も必要な直径五・五ミリ、六ミリなどの黄銅丸棒が全然入らない……材料はいつ入るかお先真っ暗なことになった」(山田風太郎『戦中虫けら日記』(ちくま文庫、一九九八年)、九八～九九頁)。

(119) 航空機工業史編纂委員会編『民間航空機工業史』（謄写版刷り、一九四八年）。

(120) 立川飛行機株式会社の場合には、「昭和一五年頃より分割組立方式を採用してキ七〇、キ七七等に応用したが、昭和一七年キ四三の製作で部品及［び］切組［部品組立］工場では、高架レールに依る前進作業方式を採用して生産能力の向上に努力した」とある。だが、機体組立に関しては前進作業方式を導入したとの記述はないので、本文のように記しておく。同前、一〇八頁参照。

(121) 同前、五三頁。

(122) 同前、九四頁。

(123) 同前、一四三頁。

(124) 同前、八八頁。

(125) 山本潔『日本における職場の技術・労働史』第四章参照。山本によれば、タクトタイムは機種によって短いものでも四・五時間、大型機にいたっては九ないし一〇時間と著しく長く、またタクトタイムそのものが揺れ動いていたという。

(126) 「日本工業協会の頃を語る」『インダストリアル・エンジニアリング』九巻六号（一九六七年）、五六三頁。

(127) The United States Strategic Bombing Survey (Aircraft Division), *Mitsubishi Heavy Industries, Ltd (Mitsubishi Jukogyo KK) Corporation Report No. 1 (Airframes and Engines)* (June, 1947), p. 156（米国戦略爆撃団調査団『太平洋戦争白書』第九巻「航空機部門②」〔日本図書センター、一九九二年〕所収）。

(128) 「日本工業協会の頃を語る」五六三頁。

(129) 土井守人「組立作業に於ける前進作業実施に就いて」一〇頁。

(130) 濱田昇「飛行機工場に於ける工程管理改善」『日本能率』一巻一号（一九四二年）、五六頁。なお、高橋泰隆『中島飛行機の研究』一一四頁以下も参照。

(131) 濱田昇「飛行機工場に於ける工程管理改善」五九〜六〇頁。

(132) 同前、六〇頁。

(133) 土井守人「組立作業に於ける前進作業実施に就いて」一〇〜一一頁。

(134) 奥田健二『人と経営』五一二頁。

(135) 『名航工作部の戦前戦後史』三八頁参照。

(136) 本章の直接的な課題ではないが、次の点は注目しておく必要がある。すなわち、機体組立の分野で「最も能率を上げ得る方策」とされる二方式のうち、前進作業方式は明らかに三菱重工業名古屋航空機製作所で生まれ、また分割組立方式も日本機械学会の評価によれば「最も進歩したもの」が同所で、しかも第二工作部という陸軍関係の機体を生産していた工場で実施されたという事になる。この理由の一つは、第二工作部の拡張に当たって工場の配置を決定する際「材料が入って飛行機が完成するまでの製造工程の流れ」を重視し、職場の編成も変えていったことにあると想定される。しかし、この点については内部資料に基づいた詳細な研究によらねば明確にできないであろう。

(137) 守屋学治「航空機の多量生産」小林吉次郎他『多量生産研究』下巻（軍事工業新聞出版局、一九四四年）、四五〜四六頁。

(138) 半流れ作業方式に関する説明は、佐久間一郎の「半流れ作業生産方式に関する研究」という『日本能率』誌に掲載された論稿や『多量生産方式実現の具体策』という書物に掲載された佐久間の「生産力と流れ作業」という論稿により、通例は説明が行われる。これらは日本学術振興会による『生産力と流れ作業』報告書の一部が転載されたものである。なお、この方式は高橋泰隆『中島飛行機の研究』にも紹介がある。

(139) 部品によって工数（延べ加工作業時間数）が違うことを考慮に入れれば、本文のような単純な説明にはならない。だが単純化のために全部品の工数が一定だと仮定しておく。

(140) 佐久間一郎「生産力と流れ作業」一二八頁。

(141) 場合によって、この「作業区」には同一種類だけでなく、二、三種類の機械を置き、部品が後戻りしないように配慮する。
(142) 各作業区での加工時間が一定となるように工程を編成するために、作業工程の「綿密な研究」や「治工具の研究」が重要なことは言うまでもない。
(143) 佐久間一郎「生産力と流れ作業」一四一頁。
(144) 村井勲「流レ作業ニ就テ」『産業能率』第一三巻第四号（一九四〇年四月）、三四三頁。
(145) 日本経済連盟会調査課編『産業能率と生産技術及組織問題』（山海堂、一九四四年）、三二一～三二二頁。
(146) 三菱電機の技術部長であった正木良一が「機械の据え付け方について、近頃ある会社で、工作機械を据つけるのにセメントを使わない。臺の下に楔を多数に打込んでそれですませる。又機械を動かして場所をかえるために、走行起重機などは使わないで、特別にこしらえた臺車をつかう。これによって据付換えが非常に敏速にできる。……いま申した方法は非常に私、感服しまして、是非こうすべきものである」と述べているほどであるから、この機械の設置方法は一般的だったとは想定しがたい。内燃機関編輯部編『産業能率増進に関する諸問題』（山海堂、一九四三年）、三一〇頁。
(147) この問題については次を参照。南亮進『動力革命と技術進歩――戦前期製造業の分析』（東洋経済新報社、一九七六年）。
(148) 内燃機関編輯部編『航空機の多量生産方式』一三二～三七頁を特に参照。
(149) 川崎航空機の野村大度は、生産単位が小さくても「流れを計画し得る」とすれば次の二つの場合しかないと言っている。すなわち、第一に「総ての生産技術検討が一段落し、作業が安定し、標準作業方法並びにその作業時間が確実に設定できる場合」。第二に、「技術上の資料が整備し、計画通りの標準作業方法並びに標準作業時間が、確実に実行出来得る確信のついている場合」である（野村大度『航空発動機の生産と生産管理』（山海堂、一九四三年）、五七頁）。この書物が発表された時期には、これはほとんど実現できない状況だったのである。
(150) 内燃機関編輯部編『航空機の多量生産方式』一三九頁を特に参照。
(151) 日本能率協会作業部編纂「推進区制工程管理方式」『日本能率』五巻四号（一九四六年）、三一頁。
(152) 小野常雄「まだまだ運用の妙に暗い工程管理――今後は事務技術的面の改良に俟つ」『マネジメント』一一巻五号（一九五二年）、六九頁。
(152) 新居崎邦宜「工程管理の一方式」『日本能率』三巻五号（一九四五年）、五頁。
(154) 新居崎邦宜「工程管理の一方式」参照。
(155) 同前、七頁。
(156) 荒木東一郎『能率一代記――経営顧問三十年』（日本経営能率研究所、一九五五年）、八九～九〇頁。
(157) 三菱の名古屋航空機製作所でも、部品についての取り組みが構想されていた。筆者の聞き取りによれば実施されることはなかったというので、本文では触れなかった。しかし、その文書は機体組立部門での生産方式が変革されたために、部品部門での生産のあり方を再考しようとしたことを示しているので以下に引用する。「先ニ我ガ三菱名古屋航空機製作所デハ佐々木、土井、石井技師等ノ努力ニ依リ組立工場ニ於ケル『タクトシステム』ヲ実施シ組立作業ニ於ケル流レ作業ヲ完成シタノデアルガ此処ニ残サレタ問題ハ部品ノ計画的流レ生産デアル」（高木貞彰『計画的責任流レ生産ニ於ケル作業管理ニ就テ』〔三菱航空機製作所第二工作部作業課、一九四四年三月〕、一頁）。
(158) 航空工業史編纂委員会編『民間航空機工業史』二二三頁。
(159) 江木實夫『外注管理と下請工場』（日刊工業新聞社、一九五五年）、一一二頁。

(160)『東洋経済新報』一九四三年一一月一二日、七三一頁。

(161)経済懇話会「機械工業ニ於ケル協力工場實態調査第一次報告」（一九四四年四月実施）『国策研究会文書』ＡＣ-一二-五参照。

(162)柴孝夫「戦時体制期の財閥系重工業の株式所有の構造――三菱重工の場合」『大阪大学経済学』三五巻四号（一九八六年）参照。

(163)「座談会――推進区制工程管理を語る」『生産能率』昭和二四年五月号（一九四九年）参照。この座談会は、戦時中に推進庫方式を紹介した新居崎邦宣が司会をし、島村武一、小野常雄、新郷重夫が出席している。この座談会で、小野は推進区制方式が「戦時中の航空機工場で生まれた」と明確に話をし、「昭和八年の一〇月に川西航空機で私［小野］と新居崎が初めて、推進区方式を実施に移したのが初まり」だったと述べている。また、同じ座談会で、新居崎は「推進区制については、大分前に私が書いた」と述べ、前述した新居崎の推進庫方式に関する論稿を参照するよう注記している（新居崎邦宣「工程管理の一方式」『日本能率』三巻五号（一九四五年））。すなわち、新居崎や小野にとっては推進区制方式の起源は推進庫方式であることは自明なことだったのである。小野によれば、最初の頃は「基準日程の概念と現場進駐、ならびに職務の分業による方式」にすぎなかったものが、立川飛行機や中島飛行機で実施され、「手配番数や生産予定」などが整備されていき「推進区制工程管理」という名称となったが、この方式は「その後十数社で実施されて相当の成果を上げたように思いますが、終戦と共にそれらの方式も立ち消えとなった」という。

(164)小野常雄へのインタビューに基づいた、中岡哲朗による推進区制方式の紹介によれば、小野らは自動車メーカー、高速機関工業で一九四九年より六月一日より二年間の長期調査を行い、「「推進区制管理」システムの総仕上をねらった」という（中岡哲郎「戦中・戦後の科学的管理運動」（中）『経済学雑誌』（大阪市立大学）八二巻三号（一九八一年）、四八頁）。戦時中の推進庫方式にそのアイデアの起源を持つ推進区制方式が、戦後になって総仕上げされ、体系化された点を考え、本章では戦時の「推進庫」方式と戦後の「推進区」制方式を区別した。なお、推進区制方式の戦後における体系化の過程とその意義については、中岡の次の論考が最も有益であり示唆を受けることが大きかった。中岡哲郎「戦中・戦後の科学的管理運動」（上）、（中）、（下）『経済学雑誌』（大阪市立大学）八二巻一、三号、八三巻一号（一九八一～八二年）、特にこの論考の（中）参照。

(165)中岡哲郎「戦中・戦後の科学的管理運動」（中）を是非とも参照のこと。

(166)『キヤノン史――技術と製品の五〇年』（キヤノン株式会社、一九八七年）、「工場探訪――面目を一新した日本ビクター」『マネジメント』一四巻一〇号（一九五五年）、高田幸男「管理方式に新機軸――ダム方式を加味した工程管理の実際」『マネジメント』一一巻一二号（一九五二年）、『ヂーゼル機器四〇年史』（ヂーゼル機器株式会社、一九八一年）、『三菱重工名古屋機器製作所三〇年史』（一九九一年）、吉田晃三「推進区制工程管理実施の体験」『マネジメント』一三巻二号（一九五四年）、『カヤバ工業五〇年史』（カヤバ工業株式会社、一九八六年）、『トヨタ車体三〇年史』（トヨタ車体株式会社、一九七五年）、水野桃一「断続個別性産における工程管理の改善」『マネジメント』一三巻二号（一九五四年）参照。

(167)「工程管理」（小野常雄執筆）古川栄一他編『経営学ハンドブック』（同文館、一九五〇年）、五九三頁。

(168)中岡哲郎「戦中・戦後の科学的管理運動」（中）、四七頁。

(169)中野功一・中島芳治・倉本茂「小型自動車の推進区工程管理」『マネジメント』一〇巻五号（一九五一年）。なお、この高速機関工業での日本能率協会の試みについては、中岡哲郎「戦中・戦後の科学的管理運動」（中）を是非とも参照されたい。

(170)この組織図は、従業員一〇〇〇名、月産一一〇〇台の小型自動車を生産する自動車工場の実例として、次の書物に掲載されたものである。通商産業省合理化審議会編『工程管理』(日刊工業新聞、一九五三年)、五〇頁。推進区制方式の詳細については、同書を参照のこと。
(171) 森川覚三『経営合理化の知識』(ダイヤモンド社、一九五〇年)、一七九〜八〇頁。
(172) 村井勲『企業合理化のための生産技術』(コロナ社、一九五一年)、九四頁。
(173) 『キヤノン史——技術と製品の五〇年』七〇頁。
(174) 同前、四四頁。
(175) 同前。
(176) なお、トヨタ車体が推進区制方式を実施した時期については、同社社史の七二頁には、昭和二七(一九五二)年とあり、また別の箇所では昭和二四(一九四九)年とあるが(一九七頁および同社史の年表)、文脈から判断すれば昭和二四年と考えられるので、本文のように記述しておく。『トヨタ車体三〇年史』参照。
(177) 『トヨタ車体三〇年史』七二頁。
(178) 『ヂーゼル機器四〇年史』一〇八頁。
(179) 同前、一〇八〜〇九頁。
(180) このブロック建造方式それ自体が戦時期の航空機メーカーで試みられた生産方式から大きな影響を受けたものである。戦時期の船舶建造においても、船体を分割し、流れ作業方式を行おうとした試みはあった。しかし、それは航空機工業が戦時期に行った図面分割に基づいた生産方法とは異なっていた。戦後のブロック建造方式は飛行機分割組立の図面、生産方法に学びながらNBC呉造船所でまず実施され、それを他の造船所が模倣した結果、日本の造船業で一般的になった。この点については、さしあたり以下の論稿参照。和田一夫・柴孝夫「日本的生産システムの形成」山崎広明・橘川武郎編『「日本的」経営の連続と断絶』日本経営史4(岩波書店、一九九五年)、寺谷武明『造船業と復興』(日本経済評論社、一九九三年)、一六二〜六六頁、および真藤恒『造船生産技術の発展と私』(海事プレス社、一九八〇年)。
(181) 喜多喜久一「工程管理の改善で建造期間を大幅に縮少——三菱造船・長崎造船所における大型油漕船建造の実例」『マネジメント』一六巻四号(一九五七年)、三四頁。
(182) 宮下武平「造船業の発展と構造」有沢広巳編『現代日本産業講座IV 機械工業I』(岩波書店、一九六〇年)、一八三頁。なお、「ステージ・コントロール」については、一八二〜八八頁参照。
(183) 喜多喜久一「工程管理の改善で建造期間を大幅に縮少——三菱造船・長崎造船所における大型油漕船建造の実例」『マネジメント』一六巻四号(一九五七年)、三四頁。
(184) 宮下武平「造船業の発展と構造」一八八頁。
(185) 中岡哲郎「戦中・戦後の科学的管理運動」(中)、四九頁。
(186) 『トヨタ車体三〇年史』七二頁。
(187) 同前、一九七頁。
(188) 同前、七二頁。
(189) 同前。しかし、推進区制方式の「考え方は長く保持され実務に活かされた」と社史は記述している(同前)。
(190) 『ヂーゼル機器四〇年史』一一〇〜一一頁。
(191) 「生産のバラツキをなくした推進区制工程管理」『工場管理』二巻一号(一九五六年)、三二頁。
(192) 『ヂーゼル機器四〇年史』一一一頁。
(193) 同前、一四八頁。
(194) 『キヤノン史——技術と製品の五〇年』六八〜六九頁。
(195) 森川覚三『経営合理化の知識』(ダイヤモンド社、一九五〇年)、一七二頁。
(196) 同前、一七三頁。
(197) 『キヤノン史——技術と製品の五〇年』六八〜六九頁。
(198) 奥田健二『人と経営』(マネジメント社、一九八五年)、五一八頁。

(199)『キヤノン史——技術と製品の五〇年』三八五～八六頁。
(200)中岡哲郎「戦中・戦後の科学的管理運動」（中）、四八頁。
(201)同前、四七頁。

第3章

（1）『東洋経済新報』一九四二年四月二五日、七五頁。
（2）大島卓・山田茂樹『自動車』（日本経済評論社、一九八七年）、六四頁。
（3）デーヴィッド・A・ハウンシェル、和田一夫・金井光太朗・藤原道夫訳『アメリカン・システムから大量生産へ——一八〇〇～一九三二』（名古屋大学出版会、一九八八年）、三三七頁。
（4）いすゞ自動車史編纂委員会編『いすゞ自動車史』（いすゞ自動車、一九五七年）、二四頁。
（5）Fred H. Colvin, *60 Years with Men and Machines : An Autobiography* (New York : Whittlesey House, Mcgraw-Hill, 1947), pp. 131-32.
（6）後進国が新規事業に参入する場合には、製造設備一式を先進国より移管して、事業を始めることは少なくとも短期的には合理的な企業行動と思われる。ただ本書の目的にはそぐわないために、日産は対象としては選択しなかった。
（7）中岡哲郎『日本近代技術の形成——〈伝統〉と〈近代〉のダイナミクス』（朝日新聞社、二〇〇六年）、四五八頁。
（8）豊田喜一郎「神戸製鋼所に於ける実習日記」和田一夫・由井常彦『豊田喜一郎伝』（名古屋大学出版会、二〇〇二年）、七一頁。
（9）豊田喜一郎「今の技術者の立場」和田一夫編『豊田喜一郎文書集成』（名古屋大学出版会、一九九九年）、五〇九頁。
（10）自動車工業振興会『日本自動車工業史座談会記録集』自動車史料シリーズ1（自動車工業振興会、一九七三年）、一一頁、および一四頁。
（11）「準備は出来たトヨタは邁進します」和田一夫編『豊田喜一郎文書集成』一〇三～〇四頁。
（12）「豊田自動車製造株式會社設立趣意書」和田一夫編『豊田喜一郎文書集成』二一三頁。
（13）同前。
（14）楫西光速『豊田佐吉』（吉川弘文館、一九六二年）。この他にも、佐吉の発明に関しては多くのものが書かれているが、その多くはトヨタ自動車工業株式会社編『豊田佐吉傳』（豊田佐吉翁正傳編纂所、一九三三年）や佐吉死去後に新聞紙上に書かれた英雄譚を無批判に模しているものが多い。学術的な色彩の強い論考でも、それらに依拠していたり、あるいはほぼ同時代に書かれたものに依拠したものが多く、歴史研究にとっての初歩的な資料批判が行われないまま繰り返し似たようなエピソードが記されている。松平道夫『工業と技術の雙璧豊田と田熊』（潮文閣、一九四二年）も比較的初期の英雄譚的な書物である。
（15）東條恒雄「技術者小傳　豊田佐吉傳」（一）（二）『科学主義工業』五巻二号、三号（一九四一年）。これは後、東條恒雄『技術家評伝』（科学主義工業社、一九四〇年）に収録される。本文に書いたように執筆者の本名は三枝博音である。ただ本文では名前を併記することも煩わしいので、執筆者名を東條として書く。なお、この『技術家評伝』は三枝の名前でも発表されている。三枝博音『三枝博音著作集』第九巻「技術と技術家」（中央公論社、一九七二年）参照。
（16）東條恒雄「豊田佐吉傳」（一）、二三三頁。
（17）同前、二三八頁。
（18）同前、二四〇頁。
（19）同前。
（20）東條恒雄「豊田佐吉傳」（二）、一五八頁。
（21）同前、一五九頁。
（22）同前。

(23) 同前。
(24) 同前、一五八頁。
(25) 鈴木淳「地方機械工業と互換性生産——明治期の力織機製造業」東京大学社会科学研究所『社会科学研究』四六巻一〜三号（一九九四年）。後に、鈴木淳『明治の機械工業——その生成と展開』（ミネルヴァ書房、一九九六年）に所収されているので、引用などはすべて後者の書物による。
(26) 鈴木淳『明治の機械工業』三三六頁。
(27) 同前、三四六頁。
(28) 同前、三三七頁。
(29) 『万国工業会議世界動力会議全記録』（日刊工業新聞社、一九三〇年）、三頁。この万国工業会議開催を受けて、世界動力会議の招聘も決め、同じく一九二九年一〇月二九日にこの二つの会議が開幕したのである。この事情については簡単には同書を参照のこと。
(30) Kiichiro Toyoda, "The Toyoda Textile Machinery", in *World Engineering Congress, Tokyo, 1929: Proceedings*, vol. 28 (Refrigerating Industry; Textile Industry; Automotive Engineering), edited and published by World Engineering Congress (Kogakkai, 1931), pp. 151–68.
(31) 一九二九年九月一二日にアメリカに向けて旅立ち、イギリスではプラット社と「豊田プラット協定」を結び、三〇年四月二日に帰国している（和田一夫・由井常彦『豊田喜一郎伝』参照）。
(32) Kiichiro Toyoda, "The Toyoda Textile Machinery", p. 154.
(33) *Ibid*.
(34) *Ibid*.
(35) *Ibid*., p. 168.
(36) 石井正「特許からみた産業技術史——豊田佐吉と織機技術の発展(5)」『発明』七六巻五号（一九七九年）、二三頁。
(37) このため新たな考案が必要となった。それを豊田自動織機製作所の社史は次のように述べるのである。「特許六五一五六号として登録された『杼換式自働織機』は高速運転中に少しもスピードを落すことなく、また杼を傷つけることなく、円滑に杼を交換する画期的なもので、後年英国プラット社の技術者からマジックルームと呼ばれて感嘆されたものである」（豊田自動織機製作所史編集委員会編『四十年史』（豊田自動織機製作所、一九六七年）、八四頁）。
(38) 『豊田喜一郎伝』第四章を参照のこと。
(39) 帝国発明協会から佐吉、喜一郎の父子はそれぞれ恩賜記念賞を受賞している。佐吉は一九二六年に「経糸解舒及び緊張装置並びに自動織機」の発明に対してであった。これに対し、喜一郎は一九三八年に「杼換式自動織機」に関する発明に対してである。これが父子の発明に関する評価である。
(40) 機械振興協会経済研究所・日本繊維機械協会『わが国繊維機械の技術発展調査研究報告書II（製織機械・編組機械編）』（機械振興協会・経済研究所、一九九〇年）、四一頁。
(41) 豊田喜一郎「豊田自動織機に杼替式を採用したる理由」和田一夫編『豊田喜一郎文書集成』（名古屋大学出版会、一九九九年）、五九頁。
(42) 同前。
(43) 同前、六〇頁。
(44) 同前、六一頁。
(45) 同前、六八頁。
(46) 同前、六九頁。
(47) 東條恒雄「豊田佐吉」（一）、一四〇頁。
(48) The Lancashire Cotton Corporation Ltd., "Official Report Concerning A Test of Automatic Looms, etc., made in 1931", *Journal of Textile Institute*, vol. 23, no. 3 (March 1932), p. 26.
(49) 石井正「特許からみた産業技術史」二三頁。
(50) 「豊田式織機会社の杼替自動織機の完成近し」『紡織界』二〇巻九

号（一九二九年九月）、一一頁。

(51) 石井正「特許からみた産業技術史」二三三頁。

(52) 同前。

(53) 同前。

(54) 和田一夫・由井常彦『豊田喜一郎伝』一六七頁。

(55) 豊田喜一郎「豊田自動織機に杼替式を採用したる理由」六二頁。

(56) 同前。

(57) 同前。

(58) 特許庁監修、発明図書刊行会編『日本発明家五十傑選』（発明図書刊行会、一九五二年）。

(59) 宇野米吉「国産自動織機の出現――豊田自動織機の完成。有馬式、阪本式、萩野式、自動織機各完成の緒に就く」『紡織界』一七巻一二号（一九二六年一二月）、八頁。

(60) 阪本久五郎は「現在世上に使用せらるる自動織機の研究」（『紡織界』一八巻八号（一九二七年八月））を書き、管替式のほうが木管式よりも優れていると主張した。これには反論が寄せられ、さらに彼は「コップチェンジ型自動織機に対する誤解を正す（紡織界九月号を読みて）」（『紡織界』一八巻一〇号（一九二七年一〇月））により再反論をした。だが、この論争は編集者の判断で長く続くことはなかった。

(61) 遠州製作社史編集委員会編集『五〇年史――遠州製作』（遠州製作株式会社、一九七一年）、二〇四～〇六頁。

(62) 遠州織機株式会社『第弐拾期営業報告書』昭和四（一九二九）年下半期、三頁。

(63) 豊田自動織機製作所『四十年史』六九八頁。『五〇年史――遠州製作』二一三頁。

(64) 「遠州織機会社杼替自動織機の研究」『紡織界』二〇巻九号（一九二九年九月）、一一頁。阪本が生み出した杼替式自動織機は、喜一郎のものと違ったタイプの杼替方式であった。新しい杼が空の杼を打つことで杼を替えるG型自動織機とは異なり、杼替えの際に二つの杼がまったく接触しない方式による杼替式自動織機を阪本は開発したという。阪本久五郎「阪本式自動織機が斯界に知られるまで」（『日本発明家五十傑選』参照）。

(65) 遠州織機株式会社『第弐拾期営業報告書』三頁。

(66) 阪本久五郎「阪本式自動織機が斯界に知られるまで」、および『五〇年史――遠州製作』一八七～八八頁。浜松商工会議所遠州機械金属工業発展史編集委員会編『遠州機械金属工業発展史』（浜松商工会議所、一九七一年）、一三四六～四七頁参照。これらの著作は阪本が一九一九年頃まで木本鉄工にいたことについては一致しているが、木本鉄工が豊田式織機へ併合された年については、豊田式織機株式会社『創立三十年記念誌』の記述と異なる。また鈴政式織機への着任時期も微妙に異なっているが、阪本久五郎自身の論考の記述によった。また、一九一九年以前に阪本が木本鉄工を去っていたとしても、彼が残した部品製作の伝統が紡機製作に大いに貢献したと解することも可能であろう。

(67) 阪本久五郎『力織機の研究』（阪本久五郎、一九二五年）、一二五頁。この書物は阪本久五郎が著者兼発行人である。

(68) 阪本久五郎『力織機の研究』一二六～二八頁。

(69) Fred H. Colvin, "Building An Automobile Every 40 Seconds", *American Machinist*, vol. 38, no. 19 (May 8, 1913), p. 761.

(70) ハウンシェル『アメリカン・システムから大量生産へ』二九一頁。

(71) 阪本久五郎『力織機の研究』の「自序」。

(72) 『五〇年史――遠州製作』四三五頁。

(73) 『日本工業大観』（工政会出版部、一九三〇年）、三四七頁。

(74) 鈴木自動車工業社史編集委員会編『五〇年史』（鈴木自動車工業、一九七〇年）、二〇頁。

(75) 鈴木自動車工業『五〇年史』四八三頁。

(76) 同前、四八三～八四頁。

（77）日本工業協会編纂（竹崎瑞夫述）『限界ゲージ（リミットゲージ）ノ解説（工場管理資料四號）』（日本工業協会、一九三四年）の「序」が次のように述べていることも、限界ゲージの考えが一九三〇年代には次第に普及していったことを示していよう。「……我国デハ一〇年前商工省ノ工業品規格統一調査会ガ此ノ方法［限界ゲージ］ノ標準化ヲ計画スルニ至ッテ実際家ノ間ニ具体的問題トナッタノデアル。此ノ限界ゲージノ方式ハ或ハ特殊工業ニ必要トスルカモ知レナイガ、ソノ原理ハ一般ノ常識トシテ工業家ガ知ッテ居ッテヨイコトト考ヘルノデ通俗的ナモノトシテ茲ニ刊行スル次第デアル」。

（78）『日本自動車工業史稿』3（日本自動車工業会、一九六九年）、一九五頁。なお本文中の「中京デトロイト計画」の概要は同書に基づく。

（79）愛知県編『愛知県昭和史』上巻（愛知県、一九七二年）、一四八〜四九頁。

（80）同前、一四九〜五一頁。

（81）『名古屋新聞』一九三一年二月五日。

（82）一九三七年一月二〇日の『名古屋新聞』は「アツタ号」の製造が中止されることを伝えている。

（83）絹川太一『本邦綿絲紡績史』（日本綿業倶楽部、一九三七年）、二四〜二六頁。宮本又次『五代友厚伝』（有斐閣、一九八一年）、七〇〜七一頁。なお正確に言えば、鹿児島紡績所の力織機はプラット社製ではなく他社製である。実は、このように他社の製品を含めて、工場設備一式を請け負えるところに、プラット社の強みがあったと思われる。

（84）Thomas R. Navin, *The Whitin Machine Works Since 1831: A Textile Machinery Company in An Industrial Village* (Cambridge, Mass.: Harvard University Press, 1950), pp. 324–25.

（85）D. A. Farnie, "The Textile Machine-Making Industry and the World Market", *Business History*, vol. 32, no. 4 (October, 1990), pp. 152–53.

（86）R. H. Eastman, *Platts—Textile Machinery Makers: Civic Leaders in Oldham Country Squires in North Wales* (Oldham: R. H. Eastman, 1994), p. 41.

（87）*Engineering*, July 27, 1894, p. 114. なお Jonathan Zeitlin, *Between Flexibility and Mass Production* (Oxford University Press, forthcoming) も参照。このザイトリンの未だ公刊されていない書物は、イギリスの機械製造分野を包括的に扱った力作であるが、繊維機械メーカーについては情報が限られているため取り扱いは極めて限定的なものとなっている。

（88）Zeitlin, *Between Flexibility and Mass Production*.

（89）以下の喜一郎による観察については、和田一夫・由井常彦『豊田喜一郎伝』第三章（和田執筆）による。喜一郎のプラット社での工場実習が可能になったのは、プラット社の日本での総代理店であった三井物産の仲介であったと考えられる。このプラット社での工場実習期間中に、喜一郎は自動織機についての構想を抱くようになる。これが後に「豊田・プラット協定」にも間接的な影響を与えることになったのである。この「協定」については次を参照されたい。Kazuo Wada, "The Fable of the Birth of the Japanese Automobile Industry: A Reconsideration of the Toyoda-Platt Agreement of 1929", *Business History*, vol. 48, no. 1 (January 2006).

（90）和田一夫・由井常彦『豊田喜一郎伝』一一八頁。

（91）同前、一二〇頁。

（92）ハウンシェル『アメリカン・システムから大量生産へ』一一六頁参照。付言すれば、たとえ互換性部品の製造に向かっていても、許容公差を厳しく設定すれば生産コストが上昇する。そのため特定の組み合わせでしか使用しない部品であれば、その稼働を確かめた後、それらを組み合わせた状態で出荷する場合もある。これで、実際の使用には何ら支障を来さないのである。こうしたコストと許容公差の関係を理解した事例としては次を参照されたい。「大量生産ノ原則トシテ狭範［リミットゲージ］製作ノ制度ヲ用ヒ交互交換シ得ル品ヲ出スヲ普通トス。是レヲ聞クニ公差範囲ヲ狭ムル事Aトスレバ生産費ハAノ二乗ノ割ヲ以テ増加スト、……。

［紡錘の二つの部品］ハ個別ニ製作シ、各独立ニ狭範［リミット・ゲージ］検査ヲ経ルトモ、最後ノ運転検査ニ於テハ、此ノ二ツヲ組合セテ検査ヲ行イ、結果良好ト認メタルモノハ再ビ決シテ取外ス事ナク、組合セタルママ油ヲ差シテ包装シ、特別ノ箱ニ詰メテ出荷スル事トナセリ」（桑田権平『日本スピンドル製造所略伝』〔日本スピンドル製造所、一九三九年〕、五一～五二頁）。

(93)『豊田佐吉傳』一四八頁。

(94)豊田自動織機製作所社史編集委員会編『四十年史』（一九六七年）、一三八頁。

(95)豊田自動織機製作所『四十年史』六九八頁。同書の年表、一九二七年六月の項には「工場建設第二期工事完了、工事本格稼働（自動織機月産三〇〇台）」とある。

(96)『「産業技術記念館」総合案内』第三版（二〇〇二年）、三八頁。

(97)産業技術記念館における展示説明による。この説明は二〇〇一年四月の筆者調査時点のものである。

(98)『「産業技術記念館」総合案内』第三版、五一頁。

(99)『産業技術記念館　ガイドブック』改訂版（二〇〇七年）、七二頁。

(100)この定盤の説明は次に依拠した。マグローヒル科学技術用語大辞典編集委員会編『マグローヒル科学技術用語大辞典』改訂第三版（日刊工業新聞社、二〇〇〇年）。

(101)産業技術記念館における展示説明による。この説明は二〇〇一年四月の筆者調査時点のものである。なお、『「産業技術記念館」総合案内』第三版、三八頁には、「バイス台」が明示されているが、『産業技術記念館　ガイドブック』改訂版、七二頁には明示されていない。

(102)豊田自動織機製作所『四十年史』一四六頁。

(103)「鈴木周作」と『四十年史』は書いているので、それに従う。だが多くの場所で、同一人物と思われる人物に対して、「鈴木修作」と記載されていることも指摘しておく。

(104)Lancashire Record Office: DDPSL/1/97/1 Platt Brothers and (Holdings), "Original Minutes of Book", February 12, 1931.

(105)Lancashire Record Office: DDPSL/1/97/1 "Original Minutes of Board Meetings", May 13, 1931.

(106)桑田権平『日本スピンドル製造所略伝』（日本スピンドル製造所、一九三九年）、一三二頁。

(107)Lancashire Record Office: DDPSL1/106/37 Bissett Report (No. 4) April 8, 1931, p. 4.

(108)*Ibid*. (No. 7) May 9, 1931, p. 13.

(109)日付を順に書けば次のようである。一九三〇年七月三〇日、八月一日、一七日、一〇月七日、一一月九日、一二月一七日、一九三一年一月四日、一三日、それに二月一五日であり、計九回にわたっている。

(110)豊田自動織機製作所『自動の友』一九三一年六月、三～五頁。

(111)『産業技術記念館　ガイドブック』改訂版、七二頁。

(112)和田一夫・由井常彦『豊田喜一郎伝』第6章（和田執筆）。

(113)Lancashire Record Office: DDPSL1/106/37 Bissett Report (No. 9) May 25, 1931, pp. 4-5.

(114)古市勉「温故知新」（2）『紡織界』一九五九年一一月、七七六～七七頁。

(115)同前、七七六頁。

(116)製造現場での工程管理や進捗管理などを熟練工に大きく依存してきたプラット社では、ものづくりの新たな方式の導入が遅れたのではないかと思われる。

(117)日本機械学会編『日本機械工業五十年』（日本機械学会、一九四九年）、八五九頁。
(118) 同前、八六一頁。
(119) 同前。
(120) 同前。
(121) 和田一夫「プラット・ブラザーズ社の衰退――世界に冠たる高品質を誇った機械メーカーによる国際カルテルの結成」大東英祐編『ビジネス・システムの進化』（有斐閣、二〇〇七年）参照。
(122) 豊田喜一郎「トヨタ自動車の出現より現在の躍進まで」『名古屋新聞』一九三七年五月二六日。
(123) 「国産自動車は完全なものが出来るか」和田一夫編『豊田喜一郎文書集成』（名古屋大学出版会、一九九九年）、三五五頁。
(124) 同前、三五六頁。
(125) 同前、三五五頁。
(126) 同前、三五三～五四頁。
(127) 「自動車製造部拡張趣意書」和田一夫編『豊田喜一郎文書集成』一九四頁。
(128) この「自動車部」設置についての筆者の考えについては、次を参照。和田一夫「豊田喜一郎による自動車事業の創出」同編『豊田喜一郎文書集成』の特に「三、喜一郎と利三郎の合意――『自動車部設置』の意味」参照。
(129) 各工場や倉庫の面積については、トヨタ自動車工業株式会社社史編集委員会編『トヨタ自動車二〇年史』（トヨタ自動車工業、一九五八年）、三三頁参照。
(130) トヨタ自動車工業株式会社社史編集委員会編『トヨタ自動車三〇年史』（トヨタ自動車工業、一九六七年）、五五頁。
(131) トヨタ自動車株式会社編『トヨタ創業期写真集――大いなる夢、情熱の日々』（トヨタ自動車株式会社、一九九九年）、四二頁参照。
(132) 『トヨタ自動車三〇年史』八三頁。
(133) 豊田自動織機製作所『四十年史』二一五頁。
(134) 同前。
(135) 通商産業省編『商工政策史』第一三巻「工業技術」（商工政策史刊行会、一九七九年）、四五三頁。
(136) 『トヨタ自動車二〇年史』五四頁。
(137) 同前、七〇二頁。
(138) 『トヨタ自動車三〇年史』一二三頁。
(139) 豊田喜一郎「トヨタ自動車の出現より現在の躍進まで」。
(140) 『トヨタ自動車二〇年史』三七頁。
(141) 「準備は出来たトヨタは邁進します」和田一夫編『豊田喜一郎文書集成』一〇三頁。
(142) 「材料面からより見たトヨタ車の歩みを語る（粗形材分科会関係）」『技術の友』一二号（一九五五年）、四一頁。これは座談会で鋳物工場の「池田課長」（当時）による発言。
(143) 同前。
(144) 同前。
(145) 「会長対談：機械工業の先達に伺う――乗用車生産のスタートから世界のトップへ」『機械学会誌』八七巻七九二号（一九八四年一一月）、四頁。
(146) 『トヨタ自動車三〇年史』一六〇頁。
(147) 同前、一六一頁。
(148) 「トヨタ自動車躍進譜」和田一夫編『豊田喜一郎文書集成』一三三頁。
(149) 「自動車製造部拡張趣意書」和田一夫編『豊田喜一郎文書集成』一九四頁。
(150) 『トヨタ自動車二〇年史』三八頁。
(151) 同前。その当時の従業員は次のように言う。「乗用車は最初のスタートとしてやりかかったけれども、一〇台のうち七台くらいはボデーを叩いて」いたが、完成までに時間がかかりすぎ、自動車の製造実績を示す必要もあって「待ちきれんようになって、乗用車は一時やめた」（「『トヨタ自動車生い立ちの記』座談会」『技術の友』一六号（一九五六年）、一〇八頁）。これが本文で引用した『トヨタ自動車二〇年史』のおそらく資料的根拠であろう。

(152)「トヨタ自動車躍進譜」一七〇頁。

(153) 同前、一六〇～六一頁。

(154)「『トヨタ自動車生い立ちの記』座談会」一一一頁。

(155)『トヨタ自動車二〇年史』三六七頁。

(156)『トヨタ自動車三〇年史』八三六頁。

(157)『トヨタ自動車二〇年史』一二一頁。

(158)「『トヨタ自動車生い立ちの記』座談会」一一一頁。

(159) 同前。

(160) 産業技術記念館での「手作業が中心であった創業当時のAA型ボデーの塗装工程」というパネルの説明。

(161) 産業技術記念館での「流れ作業方式を採用した、一九三八～一九四二年のAA型乗用車組立工程」というパネルの説明。

(162) 産業技術記念館での「低いボデー精度に苦労した、一九三八～一九四二年のAA型乗用車組立工程」というパネルの説明。

(163) 楠兼敬「塑性加工の周辺30年」(2)『プレス技術』一八巻七号（一九八〇年）、七六頁。

(164)『トヨタ車体三〇年史』二二頁。

(165) 同前、四二頁。

(166) 同前、四四～四五頁。

(167)「自動車工業の確立に就て」和田一夫編『豊田喜一郎文書集成』二八〇頁。

(168) 藁谷英彦述、日本工業協会編纂『中小鉄工業助成指導策』（日本工業協会、一九三八年）、九頁。

(169)「挙母工場への移転と新製品に就て皆様へのお願い」和田一夫編『豊田喜一郎文書集成』二七二～七三頁。

(170) 同前、二六八～六九頁。

(171) 和田一夫・由井常彦『豊田喜一郎伝』三五七～六〇頁。

(172)「第五期に於ける吾等の覚悟」和田一夫編『豊田喜一郎文書集成』二九四～九五頁。これはトヨタ自動車工業が一九三八年一〇月一日から三九年三月三一日までの営業期間を終え、従業員向けに書かれた文書で、『トヨタ文苑』（一九三九年六月）に発表されたもの。

(173)「今後ノ経営方針」和田一夫編『豊田喜一郎文書集成』三〇一～〇二頁。

(174)「国産自動車は完全なものが出来るか」和田一夫編『豊田喜一郎文書集成』三四八～四九頁。

(175)『トヨタ自動車三〇年史』一八〇頁。

(176) この事情については、尾高煌之助「日本フォードの躍進と退出」猪木武徳・高木保興編著『アジアの経済発展、ASEAN・NIES・日本』（同文舘、一九九三年）参照。

(177)「挙母（工場）の操業開始で下請制度の整備拡充」『流線型』二巻一〇号（一九三八年）、二二頁、および和田一夫「第四編解題」和田一夫編『豊田喜一郎文書集成』二三八頁。

(178) 協豊会のあゆみ編集委員会編『協豊会二十五年のあゆみ』（協豊会、一九六七年）、一〇頁。

(179) 和田一夫・由井常彦『豊田喜一郎伝』三五六頁。

(180)『協豊会二十五年のあゆみ』一三頁。

(181)『トヨタ自動車三〇年史』一八一頁。

(182) 同前、一八二頁。

(183)『トヨタ自動車二〇年史』一〇九頁。

(184)『明道五〇年の歩み』（明道鉄工所、一九七四年）、二四～二六頁。

(185)『名古屋工場要覧』一九三七年版、一三七頁。「合名会社小島商会工場」として記載されている。

(186) 小島プレス工業㈱社史編集プロジェクト編『おかげさまで50年みんな元気で』（小島プレス工業株式会社、一九八八年）、三七～三八頁。

(187) 小宮山琢二『日本中小工業研究』(中央公論社、一九四一年)、四〇頁。
(188)『トヨタ自動車二〇年史』六一六頁。
(189) 菅隆俊「私は何を改良したか——重工業に於ける多量生産工場施設」『科学主義工業』四巻三号(一九四〇年三月)、三九〜四〇頁。
(190) 同前、四〇頁。
(191) 平井泰太郎監修、神戸商業大学経営学研究室『産業合理化図録』(春陽堂、一九三二年)、二三二頁。
(192)『トヨタ自動車二〇年史』六〇八頁。
(193) 同前。
(194) 同前、六一二頁、および六一九〜二二頁。
(195) 同前、六一七〜一八頁。
(196) 同前、六〇八頁。
(197) 同前。
(198) 菅隆俊「私は何を改良したか」四一頁。
(199)『トヨタ自動車二〇年史』六〇六頁。
(200) 同前、六〇八頁。
(201) 同前、六一六頁。
(202) イワタボルト㈱社長室編集・作成『二〇〇四年のねじ産業に関する報告』(二〇〇四年)、一四頁。
(203) 菅隆俊「私は何を改良したか」四二頁。
(204) 村井勲「流レ作業ニ就テ」『産業能率』一三巻四号(一九四〇年)、三四三頁。また、以下の文献も参照。内燃機関編輯部編『産業能率増進に関する諸問題』(山海堂、一九四三年)、三一〇頁。および日本経済連盟会調査課編『産業能率と生産技術及び組織問題』(山海堂、一九四四年)、三一〜三二頁。
(205) 尾崎正久『自動車販売王——神谷正太郎伝』(自研社、一九五九年)、一一一頁。
(206) トヨタ自動車工業「通達録第八号」(一九三九年六月一四日)。これは次の書物より引用。和田一夫・由井常彦『豊田喜一郎伝』三六三頁。
(207) 同前、これは次の書物より引用。和田一夫・由井常彦『豊田喜一郎伝』三六二頁。
(208) 同前。
(209) 和田一夫・由井常彦『豊田喜一郎伝』三六〇頁。
(210) 同前、三六一頁。
(211) トヨタ自動車工業「通達録第四九号」(一九四〇年四月二三日)。これは次の書物より引用。和田一夫・由井常彦『豊田喜一郎伝』三六九頁。
(212)「豊田氏理想を語る——記者と一問一答」『モーター』一九三八年七月号(和田一夫編『豊田喜一郎文書集成』二五四頁)。
(213)『トヨタ自動車三〇年史』四二二頁。
(214) 同前。
(215)「機械工場の今昔を語る」『技術の友』一一号(一九五四年)、一七頁。
(216) 豊田自動織機製作所『四十年史』一三八頁。
(217)『トヨタ自動車三〇年史』四二二頁。
(218) 森川覚三『経営合理化の常識』(ダイヤモンド社、一九五〇年)、一七八頁。
(219) 同前、一七八〜七九頁。
(220)「機械工場の今昔を語る」一九頁。
(221) 同前、一七頁。
(222) 同前、一六頁。
(223)『トヨタ自動車三〇年史』四二二頁。
(224)「機械工場の今昔を語る」一七頁。
(225) 豊田喜一郎「自動車工業の現状とトヨタ自動車の進路」和田一夫編『豊田喜一郎文書集成』四八五頁。
(226)『トヨタ自動車三〇年史』二四〇頁。

(227) 豊田喜一郎「今後の技術者の立場」和田一夫編『豊田喜一郎文書集成』五一三頁。
(228) 豊田喜一郎「会社改革の方針」和田一夫編『豊田喜一郎文書集成』四八一頁。
(229) 豊田喜一郎「自動車工業の現状とトヨタ自動車の進路」和田一夫編『豊田喜一郎文書集成』四九一頁。
(230) 同前、四九三頁。
(231)「機械工場の今昔を語る」一八頁。
(232) 森川覚三『経営合理化の常識』一一〇頁。
(233) 同前。
(234)『トヨタ車体三〇年史』七二頁。

第4章

(1) トヨタ自動車工業株式会社社史編集委員会編『トヨタ自動車三〇年史』（トヨタ自動車工業、一九六七年）、四二二頁。
(2) 同前。
(3)「機械工場の今昔を語る」『技術の友』一一号（一九五四年）、一七頁。
(4)「豊田氏理想を語る――記者と一問一答」『モーター』一九三八年七月号（和田一夫編『豊田喜一郎文書集成』〔名古屋大学出版会、一九九九年〕、二五四頁）。
(5) 通商産業省重工業局自動車課編『日本の自動車工業』（通商産業研究社、一九五八年）、一七頁。
(6) 同前、一八頁。
(7) 武田晴人「自動車産業――一九五〇年代後半の合理化を中心に」同編『日本産業発展のダイナミズム』（東京大学出版会、一九九五年）、一九七頁。
(8) トヨタ自動車工業株式会社編『トヨタ自動車二〇年史――一九三七～一九七五』（トヨタ自動車工業、一九五八年）、三六一頁。
(9) 日本人文科学会『技術革新の社会的影響』（東京大学出版会、一九六三年）。
(10)『設備近代化とその経済効果――実体調査報告書』（昭和同人会、一九五八年）、三三頁。
(11) 同前、三四頁。
(12) 同前。
(13) 同前。
(14) 同前、三五頁。
(15) D・A・ハウンシェル、和田一夫・金井光太朗・藤原道夫訳『アメリカン・システムから大量生産へ』（名古屋大学出版会、一九九八年）、三〇八頁。
(16) 豊田喜一郎「自動車工業の現状とトヨタ自動車の進路」和田一夫編『豊田喜一郎文書集成』四八五頁。
(17) 豊田喜一郎「今後の技術者の立場」和田一夫編『豊田喜一郎文書集成』五一三頁。
(18)『トヨタ自動車三〇年史』二四〇頁
(19) 豊田喜一郎「会社改革の方針」和田一夫編『豊田喜一郎文書集成』四八一頁。
(20)『トヨタ自動車二〇年史』八三八頁。
(21) 同前、八四〇頁。
(22) 同前。
(23) 豊田喜一郎「自動車工業の現状とトヨタ自動車の進路」四九一頁。
(24) 同前、四八九頁。
(25) 同前、四九三頁。
(26)『トヨタ自動車二〇年史』二五〇頁。
(27) 同前、二五二頁。
(28) 同前、八四二～四三頁。
(29)『トヨタ自動車三〇年史』二四五頁。
(30) 同前。

(31)『トヨタ自動車二〇年史』八四四頁。
(32)同前、二五一～五二頁。
(33)同前、二五二頁。
(34)同前。
(35)同前、二八四頁。
(36)同前、八四四頁。
(37)同前、二五二頁。
(38)同前、八八頁。
(39)同前、三五七頁、および牧野昭光「トヨタ自動車の生産手当制度」労働法令協会編『業績給制度の実際』(労働法令協会、一九六六年)、一五五～五六頁。
(40)牧野昭光「トヨタ自動車の生産手当制度」一五六頁。
(41)「機械工場の今昔を語る」一六頁。
(42)『トヨタ自動車二〇年史』二一六頁、および三五七頁。
(43)牧野昭光「トヨタ自動車の生産手当制度」一五六頁。
(44)『トヨタ自動車三〇年史』四二二頁。
(45)同前。
(46)『トヨタ自動車二〇年史』一九三頁。
(47)同前、二九一頁。
(48)同前、二八九頁。
(49)岡野威「切削工具の集中研磨に就いて」『技術の友』五号(一九五四年)、七三頁。
(50)同前、七三～七四頁。
(51)『トヨタ自動車二〇年史』三五七頁、および三四六頁。ただし同前、七五六頁には、賃金のスライド制採用は一九四七年一一月だったとの記載がある。
(52)同前、三四六頁。
(53)同前。
(54)牧野昭光「トヨタ自動車の生産手当制度」一五七頁。なお、『トヨタ自動車二〇年史』(三五七頁)には、生産手当についての記述はあるが、この「生産手当率」の算式についての記述はない。
(55)戦後の改革にともない、一九四九年二月に事務・技術職員の給与は日給月給制となり、全従業員の給与体系が一応は統一された(『トヨタ自動車二〇年史』三五七頁)。
(56)牧野昭光「トヨタ自動車の生産手当制度」一五七頁。
(57)『トヨタ自動車二〇年史』八四四頁。
(58)牧野昭光「トヨタ自動車の生産手当制度」一五六頁。
(59)『トヨタ自動車二〇年史』四九四頁。
(60)牧野昭光「トヨタ自動車の生産手当制度」一五八頁。
(61)「賃金の一割をベースアップによる上昇源資のなかから抽出し、能率給制度を復活した」という(牧野昭光「トヨタ自動車の生産手当制度」一五七頁)。
(62)『トヨタ自動車二〇年史』二八九頁。『トヨタ自動車三〇年史』三七九頁にも似たような記述があるが、これは『二〇年史』の記述の書き直しと考えるべきであろう。
(63)『トヨタ自動車二〇年史』二九〇頁。
(64)同前、二八一頁。
(65)同前、二八九頁によれば、駆動工場では各組から次のような報告書が提出されていたという。
1　就業状況(組における勤怠報告書)
2　出勤日報(工務部へ提出)
3　離業時間報告書
4　手待時間報告書
5　応援時間報告書
6　自動車製作外作業時間報告書
7　機械可動票
8　組付支障部品・組付日報
(66)同前。

(67) 同前。
(68) 同前、八四六頁。
(69) 同前、二八九～九〇頁。
(70) 同前、二九〇頁。事務主任という名称になったのは、当時、「現場には課長という名称はなく、作業課長は職長と称され、これにあわせて、事務課長も事務主任にした」ためだという。
(71) 同前。
(72) 同前。
(73) 『トヨタ自動車三〇年史』三七九頁。
(74) 『トヨタ自動車二〇年史』二八二頁。
(75) 『トヨタ自動車三〇年史』二九四頁。
(76) 岡野威「切削工具の集中研磨に就いて」七三頁。
(77) 『トヨタ自動車二〇年史』二八二頁。
(78) 「機械工場の今昔を語る」二一一頁。
(79) 岡野威「機械加工技術の進歩」トヨタ技術会編『明日に向かって——トヨタ技術会創立三〇周年記念号』（トヨタ技術会、一九七七年）、二〇九頁。
(80) 同前、二〇九～一〇頁。
(81) 『トヨタ自動車二〇年史』二八二頁。
(82) 「機械工場の今昔を語る」二一一～二一二頁。
(83) 『トヨタ自動車二〇年史』一九三頁。
(84) 『トヨタ自動車三〇年史』四二二頁。
(85) 『トヨタ自動車二〇年史』二五三頁。なお『トヨタ自動車三〇年史』（二七〇頁）には「昭和二二［一九四七］年五月、わが社は従来の企画調査室を発展的に解消して、監査改良委員会と並んで、経営上の重要問題について立案、審議する経営調査委員会を設置した」とある。だが、『三〇年史』年表では「経営調査委員会発足」は一九四七年七月二日と記載されているので、本文もそれに従った。
(86) 『トヨタ自動車三〇年史』二七〇頁。
(87) 同前、二七一頁。
(88) 『トヨタ自動車二〇年史』二五五頁。
(89) 『トヨタ自動車三〇年史』二八四頁。これは経済安定本部が一九四八年五月に発表した「経済復興五か年計画第一次試案」を基に、商工省が同年一〇月に発表した「自動車工業基本対策」に呼応したものであった。この点については以下参照。日本自動車工業会編纂『日本自動車産業史』（日本自動車工業会、一九八八年）、七六～八〇頁。
(90) 『トヨタ自動車三〇年史』二七一頁。
(91) 同前、八三〇頁。
(92) 同前、二七〇頁。
(93) 同前、二七一頁。
(94) 『トヨタ自動車二〇年史』二八九頁。
(95) 『トヨタ自動車三〇年史』八三〇頁。
(96) 同前、二九二頁。
(97) 『トヨタ自動車二〇年史』三〇三頁。
(98) 『トヨタ自動車三〇年史』二九四頁。
(99) 同前。
(100) 同前、二九八頁。
(101) 『トヨタ自動車二〇年史』二八二～八三頁。
(102) 『トヨタ自動車三〇年史』二九九頁。
(103) 同前、二七一頁。
(104) 同前、三〇二頁。
(105) 同前。『トヨタ自動車二〇年史』（三一二頁）にも同様の表現がある。
(106) 『トヨタ自動車二〇年史』二九〇頁。
(107) 「企業合理化促進法」（第一条）。戦後の合理化運動やそれをめぐる政府の諸施策の背景などについては、通商産業省編『商工政策史』第一〇巻「産業合理化（下）戦後編」（商工政策史刊行会、一九七二年）参照。
(108) 通商産業省通商企業局編『我が国産業の合理化について』（通商産業省通商企業局、一九五一年）、七頁。
(109) 同前。
(110) 同前、八頁。
(111) 同前、三二頁。
(112) 同前。
(113) 同前、九頁。
(114) 同前。
(115) 和田一夫編『豊田喜一郎文書集成』四八〇頁。
(116) 豊田喜一郎「自動車工業の現状とトヨタ自動車の進路」四九〇頁。この文書は一九四六年五月末に発表されたものである。
(117) 豊田喜一郎「自由経済下の自動車技術」和田一夫編『豊田喜一郎文書集成』五二二頁。
(118) 豊田喜一郎「会社改革の方針」和田一夫編『豊田喜一郎文書集成』四八〇〜八一頁。
(119) 同前、四八二頁。
(120)『トヨタ自動車三〇年史』三〇二頁。
(121)『トヨタ自動車二〇年史』二九〇頁。
(122)『トヨタ自動車三〇年史』三一六頁。
(123)『トヨタ自動車二〇年史』二九一頁。
(124) 同前、八四八頁。
(125) 村井勲による「生産技術講座」は『日本能率』誌上で「戦争と生産増強について」（二巻六号（一九四三年六月））から、「技術的作業改善」（二巻一一号（一九四三年一一月））まで六回、連載された。
(126) 村井勲『協力工場の能率増進』（高山書院、一九四三年）。なお、村井によれば、この書物は文部省推薦となったという（村井勲『村井式経営指導のノウハウ一八一』（日本経営士会、一九八七年））。手許にある『協力工場の能率増進』によれば、この書物は一九四三年五月に一版、一〇月に二版が出ており、比較的読まれた書物であったように思われる。
(127) 村井勲は、この「系列診断」の実施責任者であり、トヨタならびに部品メーカーに加え、通産省、中小企業庁、東京都商工指導所からの出席者の前で、診断結果を発表した。『トヨタ新聞』一九五三年四月二日。なお、この「系列診断」については、本書第5章参照。
(128) 村井勲『企業合理化のための生産技術』（コロナ社、一九五一年）、九〇頁。
(129) 同前、九五頁。
(130) 同前、九〇頁。
(131) 同前、九五〜九六頁。
(132) 同前、九五頁。
(133) 同前。
(134) 同前。
(135) 中岡哲郎「戦中・戦後の科学的管理運動（中）日本能率協会と日科技連の活動にそって」『経済学雑誌』（大阪市立大学）八二巻三号（一九八一年）、四七頁。
(136) 日本能率協会『工程管理』（日本能率協会、一九四八年）、一二頁。
(137) 同前。
(138) 同前、三〇頁。
(139) 同前、四頁。
(140) 同前、三〇頁。
(141) 同前、三一頁。
(142) 同前。
(143)『トヨタ自動車二〇年史』二九〇頁。
(144) 同前、八四八頁。
(145) 同前、一九三頁。
(146) 同前、二九一頁。
(147) 日本能率協会『工程管理』三七頁。

(148) 同前、三六〜三七頁。
(149) 同前、三七頁。
(150) 中岡哲郎「戦中・戦後の科学的管理運動（中）　日本能率協会と日科技連の活動にそって」四七頁。
(151) 同前。
(152) 『トヨタ自動車三〇年史』二九九頁。
(153) 『トヨタ自動車二〇年史』六八九頁、および八五〇頁。
(154) 同前、三四六頁。ただし、年齢給は廃止されたものも、年齢別初任給が設けられている。
(155) 同前、三四六頁。
(156) 牧野昭光「トヨタ自動車の生産手当制度」一五七頁。
(157) 同前、一五九頁。
(158) 『トヨタ自動車二〇年史』三五八頁。
(159) 同前。
(160) 牧野昭光「トヨタ自動車の生産手当制度」一五九頁。
(161) 田中博秀「日本的雇用慣行を築いた人達（その二）　山本恵明氏にきく（2）」『日本労働協会雑誌』二八一号（一九八二年八月）、三五頁。
(162) 田中博秀「日本的雇用慣行を築いた人達（その二）　山本恵明氏にきく（1）」『日本労働協会雑誌』二八〇号（一九八二年七月）、四八頁に掲載されている「賃金規則」による。
(163) 『トヨタ自動車二〇年史』六九三頁。
(164) 牧野昭光「トヨタ自動車の生産手当制度」一六三頁。
(165) 『トヨタ自動車二〇年史』三四六頁。
(166) 同前、四四七〜四八頁。
(167) 『トヨタ自動車三〇年史』四一六頁。
(168) 同前、八四〇頁。
(169) 『トヨタ自動車二〇年史』四四八頁。
(170) 同前。
(171) 田中博秀「日本的雇用慣行を築いた人達（その二）　山本恵明氏にきく（2）」四七頁。
(172) 『トヨタ自動車二〇年史』四四七頁。
(173) 同前、三五八頁。
(174) 田中博秀「日本的雇用慣行を築いた人達（その二）　山本恵明氏にきく（2）」五三〜五四頁。
(175) トヨタ自動車工業株式会社編『トヨタのあゆみ――トヨタ自動車工業株式会社創立四〇周年記念』（トヨタ自動車工業、一九七八年）、四三八頁。
(176) 『トヨタ自動車二〇年史』一九三頁。
(177) 同前、三五八頁。
(178) 牧野昭光「トヨタ自動車の生産手当制度」一六三頁。
(179) 同前、一六五頁。
(180) 田中博秀「日本的雇用慣行を築いた人達（その二）　山本恵明氏にきく（2）」六九頁。
(181) 牧野昭光「トヨタ自動車の生産手当制度」一六九〜七〇頁。
(182) 同前、一六七頁。生産手当率では、二番目の項目は分母に実働時間があり、分子が特定作業時間（実働時間の一部）の和になっている。「補償的意味をもつ」という意図からすれば、能率歩合のほうが純化、あるいは明確になっている。
(183) 『トヨタ自動車二〇年史』三五八頁。
(184) 牧野昭光「トヨタ自動車の生産手当制度」一六九頁。
(185) 同前、一七二頁。
(186) 『トヨタ自動車二〇年史』三五八頁。
(187) 田中博秀「日本的雇用慣行を築いた人達（その二）　山本恵明氏にきく（1）」四八頁に掲載されている「賃金規則」による。
(188) 牧野昭光「トヨタ自動車の生産手当制度」一六八頁。
(189) 同前、一七一頁。
(190) 同前、一七四頁。このパラグラフの引用部分はすべてここからのものである。

(191)『トヨタ自動車二〇年史』四四七頁。

(192)田中博秀「日本的雇用慣行を築いた人達（その二） 山本恵明氏にきく（3）」『日本労働協会雑誌』二八二号（一九八二年九月）、三五頁。

(193)『トヨタ自動車二〇年史』三四六頁。

(194)同前、四四七頁。

(195)牧野昭光「トヨタ自動車の生産手当制度」一六八頁。

(196)田中博秀「日本的雇用慣行を築いた人達（その二） 山本恵明氏にきく（3）」三五頁。

(197)牧野昭光「トヨタ自動車の生産手当制度」一七四頁。

(198)『トヨタ自動車二〇年史』六八九頁。

(199)牧野昭光「トヨタ自動車の生産手当制度」一七六頁。

(200)同前。

(201)同前、一七四頁。

(202)中西寅雄他『管理のための原價計算』（白桃書房、一九五三年）、二～三頁。この文章は同書の「序」であり、執筆は山邊六郎。

(203)太田哲三「原価要素と原単位」『企業会計』五巻五号（一九五三年五月）、六一頁。

(204)同前。

(205)太田は、あまりに形式的で厳格な適用で原価要素に分解して原単位を計算すると「極めて不自然な結果」なることを憂慮していたのである。彼は次のような例をあげている。「例えば船一隻に付汽罐用の燃料炭何キロと云うような数字が表われる。間接費の配賦額は操業度によって著しく変動する。従って船一隻だけを作ると仮定すればその何キロの石炭では汽薩は働かない。元来直接に分割が出来ないから間接費（又は部門費）として一括して配賦するのであって、その構成部分を製品別に分けること自体が不合理な計算となるのである」（太田哲三「原価要素と原単位」六二頁）。したがって、彼は次のような警告を書いていた。「原価分析の真の観点からすればかくの如き要素分析よりも、むしろ固定費変動の分界を定めて操業度による原価の変化を研究するとか、統制費と非統制費を区分して工場の管理の実績を検討する方が、より重要な意味を持つのでなかろうか」（太田哲三「原価要素と原単位」六三頁）。ここで問題としたいのは、この主張の当否を検討することではまったくない。こうした基礎的な問題をあえて太田が論じなければならないと感ずるほど、「原単位計算と云う特殊な計算体系」があるかのような風潮が当時の日本にはあったのである。この時期には原価計算の議論と原単位の議論が密接に結びついていたのである。

(206)中山隆祐「管理会計の特色とその実施機構」中西寅雄他『管理のための原價計算』八一頁。著者の所属は「日本電気株式会社」とだけ記してあり、同書の中では「実務編」の中に入っている論考である。

(207)牧野昭光「トヨタ自動車の生産手当制度」一五八頁。

(208)中山隆祐「管理会計の特色とその実施機構」。

(209)さしあたり宮本又郎他『日本経営史（新版）』（有斐閣、二〇〇七年）の三章五節、四章五節など参照。

(210)小野常雄「最近の時間研究」『日本機械雑誌』六〇巻四六一号（一九五七年六月）、八〇頁。

(211)同前。

(212)同前。

(213)同前。

(214)同前。

(215)横瀬儀「トヨタ自動車工業の管理監督者教育」労働法令協会編『管理・監督者訓練の実際』（労働法令協会、一九六四年）、一一三頁。

(216)同前、九八頁。

(217)『トヨタ自動車二〇年史』一九三頁。

(218) 豊田喜一郎「自動織機生い立ちの記1　自動織機の思い出話」和田一夫編『豊田喜一郎文書集成』三九頁。

(219) 鐘紡株式会社社史編纂室編集『鐘紡百年史』（鐘紡、一九八八年）、一二八〜一二九頁。

(220) 和田一夫・由井常彦『豊田喜一郎伝』（名古屋大学出版会、二〇〇二年）、一四九頁。

(221) 同前、一五一頁。特に同頁の注(3)を参照。

(222) 「機械工場の今昔を語る」『技術の友』一九頁。

(223) 筆者が直接閲覧したのは以下の同一編者による書物である。名取義男編『紡績工程標準動作』混打棉之巻（紡織雑誌社、一九二六年）。同編『紡績工程標準動作』精紡科・仕上科（紡織雑誌社、一九二六年）。同編『紡績工程標準動作』粗紡科（紡織雑誌社、一九二六年）。同編『紡績工程標準動作』梳棉・練篠科（紡織雑誌社、一九二六年）。

(224) 海軍艦政本部編纂『鋳造作業標準』（日本鋳物協会、一九三二年）。

(225) ハウンシェル『アメリカン・システムから大量生産へ』第6章、特に三一六〜一八頁参照。

第5章

(1) トヨタ自動車工業株式会社社史編集委員会編『トヨタ自動車三〇年史』（トヨタ自動車工業、一九六七年）、八三四頁。

(2) 同前、三二七〜二八頁。

(3) 「Ford自動車工場の視察帰朝談」『自動車技術』五巻三〜四号（一九五一年）、八〇頁。

(4) Sam Roberts, *Ford Model Y: Henry's Car for Europe* (Dorchester: Veloce Pub., 2001), p. 77.

(5) Cf. *Ibid*., p. 77.

(6) 斎藤尚一『自動車の国アメリカ』（誠文堂新光社、一九五二年）、七七〜七九頁。

(7) 日本生産性本部編『自動車部品工業——自動車部品工業生産性視察団報告書』（日本生産性本部、一九五六年）、九五頁。

(8) "History of Chicago Branch, reported March 4, 1941" [typescript], Ford Archives, Acc. 429, Box1.

(9) *Ibid*.

(10) 『電機工業——日本電機工業生産性視察団報告書』（日本生産性本部、一九五六年）、一三八頁。

(11) *Ford at Fifty, 1903–1953* (New York: Simon and Schuster, 1953), pp. 46–47.

(12) 『電機工業』一三八〜三九頁。

(13) 日本生産性本部編『運搬III　第三次運搬管理専門視察団報告書』（日本生産性本部、一九六二年）、一六一頁。

(14) 「Ford自動車工場の視察帰朝談」八〇頁。

(15) J. W. Scoville, "Production Control: Some Methods of Organisation in the American Industry", *Automobile Engineer* (October 1937), p. 368.

(16) 『トヨタ自動車三〇年史』四二五頁。

(17) 『電機工業』一三九頁。

(18) 同前。

(19) 同前、一五〇頁。

(20) トヨタ自動車工業株式会社社史編纂委員会編『トヨタ自動車二〇年史』（トヨタ自動車工業、一九五八年）、三四八頁。

(21) 同前、四四一〜四二頁。なお、一九五三年八月には、当時のＩＢＭ機械も含むパンチカード・システム（ＰＣＳ）の輸入関税を日本政府は免除した（日本経営史研究所企画・編集『日本アイ・ビー・エム五〇年史』〔日本アイ・ビー・エム、一九八八年〕、九六頁）。

(22) 『トヨタ自動車二〇年史』七九九頁、および八〇六頁。

(23) 同前、四四二頁。

(24) 同前、二八二頁。消耗性工具の受け入れや出し入れ、その消耗破損月報の作成が始まるのは一九五五年六月一日からである（同書、八〇一頁）。試験的な試みは五月には始まり、本格的な体制が整ったのは六月からということであろう。

(25) 同前、二八二頁。

(26) 同前、四九四頁。

(27) 松本雅男『標準原價計算』（同文舘、一九四九年）。

(28) 松本雅男『標準原價計算』三版（同文舘、一九五〇年）、五二頁。

(29) 山邊六郎『原価計算論――管理会計としての原価計算』（千倉書房、一九六一年）、二七二頁。

(30) G. Charter Harrison, *Cost Accounting to Aid Production : A Practical Study of Scientific Cost Accounting* (New York : The Engineering Magazine Co., 1921).

(31) *Ibid.*, p. 103.

(32) *Ibid.*

(33) John Younger and Joseph Geschelin, *Work Routing, Scheduling and Dispatching in Production*, 3rd ed. (New York : Ronald Press, 1947).

(34) John Younger, *Work Routing in Production : Including Scheduling and Dispatching* (New York : Ronald, 1930).

(35) Younger and Joseph Geschelin, *Work Routing, Scheduling and Dispatching in Production*, p. 133.

(36) 小野常雄「最近の時間研究」『日本機械雑誌』六〇巻四六号（一九五七年）、八〇頁。

(37) 『トヨタ自動車二〇年史』四九四頁。

(38) 同前。

(39) 日産自動車株式会社総務部調査課編『日産自動車三十年史――昭和八年～昭和三十八年』（日産自動車株式会社、一九六五年）、二九一～九二頁。

(40) 築山康治「基準時間の管理」『トヨタマネジメント』（一九五九年二月）、三頁。

(41) 『トヨタ自動車二〇年史』四四八頁。

(42) 『トヨタ自動車三〇年史』四一六頁。

(43) 『トヨタ自動車二〇年史』六八九頁。

(44) 牧野昭光「トヨタ自動車の生産手当制度」労働法令協会編『業績給制度の実際』（労働法令協会、一九六六年）、一七四頁。

(45) 築山康治「基準時間の管理」三頁。

(46) 『トヨタ自動車二〇年史』四九四～九五頁。

(47) 同前、八〇二～〇五頁。

(48) ＩＢＭ６５０機については、さしあたり次を参照。日本経営史研究所企画・編集『日本アイ・ビー・エム五〇年史』（日本アイ・ビー・エム、一九八八年）、一四六～四七頁。

(49) 『トヨタ自動車二〇年史』四四〇～四一頁。

(50) 同前、四四一頁。

(51) 同前。

(52) 同前、六八九頁。

(53) 同前、八〇三頁。

(54) 同前。

(55) 同前、四九四頁。

(56) 牧野昭光「トヨタ自動車の生産手当制度」一七四～七六頁。

(57) 同前、一七六頁。

(58) 『トヨタ自動車三〇年史』三八三頁。

(59) 『トヨタ自動車二〇年史』四九四頁。

(60) 『日本アイ・ビー・エム五〇年史』一七三頁。

(61) 同前、一七四頁。

(62) 通商産業省企業局編『わが国産業のオートメーションの現状と将来――オートメーション調査報告書』（通商産業局企業局、一九六二年）。

(63) 通商産業省企業局編『わが国オートメーションの現状』（日本電子

計算センター、一九六〇年）。

(64)『日産自動車三十年史』三〇五頁。年表によれば「経理部にＩＢＭ計算機入荷」が一九五二年九月である（『日産自動車三十年史』年表の記述）。

(65)東洋工業株式会社五十年史編纂委員会編『東洋工業五十年史——沿革編 1920-1970』（東洋工業、一九七二年）、二五〇頁。

(66)同前、二五〇頁。

(67)同前、三〇〇〜〇一頁。

(68)同前、三〇一頁。

(69)『日産自動車三十年史』三〇五頁。

(70)同前。

(71)同前、三八三頁。

(72)同前。

(73)同前。

(74)同前、三八四頁。

(75)通商産業省企業局編『わが国産業のオートメーションの現状と将来』二二五〜二六頁。ただし、輸送用機器業の「工程管理」への利用割合は、一六・四％（一九五八年）、二三・四％（一九五九年）の後、六〇年に二・九％と激減している。その代わり、一般経理（四四・五％）と市場調査（一九・八％）、販売管理（二二・〇％）が激増している。しかし、一九六一年以降の使用予定では五八年、五九年の状況が継続しているかのような数値である。一九六〇年の数値が集計ミスか異常値であると考えて、本文のような記載にとどめた。

(76)渡辺昭雄「パンチカードシステムによる生産管理方式について」『日本機械学会誌』六四巻五一五号（一九六一年一二月）。

(77)工程管理便覧編集委員会『工程管理便覧』（日刊工業新聞社、一九六〇年）、二九二〜九八頁参照。

(78)「原価計算機の国産化」『工業グラフ』二巻七号（一九四二年七月）、一二頁。

(79)同前。

(80)中野功一「工程管理と統計会計機械の応用」『科学主義工業』七巻五号（一九四三年五月）、八三頁。この「中野功一」という人物と同一人物かどうか特定できなかったが、同姓同名の人物による別の論稿が第2章注(169)にある。

(81)『日本アイ・ビー・エム五〇年史』六四頁。

(82)同前。

(83)中野功一「工程管理と統計会計機械の応用」九一頁。

(84)同前、八九頁。

(85)同前。

(86)同前。

(87)米花稔『日本経営機械化史——事務機械化から経営機械化への発展』（日本経営出版会、一九七五年）、四〇頁。

(88)「計算の機械化と国産計算機の完成」『科学朝日』三巻三号（一九四三年三月）、二五頁。

(89)同前。

(90)「戦力増強完整と機械記録」『国民経済雑誌』七六巻一号（一九四四年）。なお、この論考は一九四四年四月に開催された経営記録講習所の開所記念講演会での平井の講演と同一タイトルである。

(91)Ｔ・工場長「科学的工程管理とクーポンに就て」『社報』（立川飛行機株式会社）第四輯（一九四〇年六月）、一〇頁。

(92)三菱重工業株式会社の名古屋発動機製作所は二人の技師による講習会の記録・質疑応答、さらに技師による発動機月産三〇〇台の工場計画までも全訳しタイプ印刷して社内で閲覧している。『サットン・パーク両氏航空発動機大量生産ニ関スル講習録』一巻、『サットン・パーク両氏航空発動機大量生産ニ関スル講習録』二巻（質疑応答）、『サットン・パーク両氏講習録』三巻（航空発動機月産三〇〇台ノ工場計画）。このような記録が作成されること自体、彼我の技術力（少なくとも量産化のための技術力）の差が大きかったことを示している。
(93) T・工場長「科学的工程管理とクーポンに就て」一〇頁。
(94) 同前。
(95) 同前。
(96) 同前、一一頁。
(97) 軍需省航空機兵器総局能率課『立川飛行機株式会社立川工場及砂川工場ニ対スル能率診断成果報告（抜粋）』（一九四四年一月二九日）。これは『国策研究会文書』に収録されており、そのレジスター番号は〈00002896〉である。
(98) 『立川飛行機株式会社立川工場及砂川工場ニ対スル能率診断成果報告（抜粋）』一頁。
(99) 同前、「付表　第六　伝票発行並ニ統計要領ニ就テ」。
(100) 同前。
(101) 同前。
(102) 同前。
(103) 同前。
(104) 同前。
(105) 同前。
(106) 米花稔『日本経営機械化史』四〇頁。
(107) 『トヨタ自動車三〇年史』三二七～三二八頁。
(108) 斎藤尚一『自動車の国アメリカ』八八～九一頁。
(109) 『トヨタ自動車二〇年史』二八九頁。
(110) 日本機械工業連合会編『生産性研究会運搬管理部会報告書』（日本機械工業連合会、一九五八年）、四～五頁。
(111) 日本生産性本部編『運搬　運搬専門視察団報告書』（日本生産性本部、一九五七年）、日本生産性本部編『運搬II　第二次運搬管理専門視察団報告書』（日本生産性本部、一九五九年）、日本生産性本部編『運搬III　第三次運搬管理専門視察団報告書』（日本生産性本部、一九六二年）。
(112) トヨタからは第二次に「生産技術部第二生産技術課長」（当時）の大原栄が、第三次には「組立部機械課長」（当時）の有馬幸三が派遣されている。
(113) 第二次視察団にはいすゞ自動車川崎製造所の管理課長が、第三次には新三菱重工水島自動車製造所の生産技術課長が参加している。
(114) 独逸産業合理化協会経済的製造工業委員会編、技師ヘルマン・ヘルミッヒ著、東京商工会議所訳『経済的水平運搬の基礎』（産業合理化資料第二八号「軌道に由らぬ水平運搬」第一部）（東京商工会議所、一九三一年）、『手力車輛』（産業合理化資料第二九号「軌道に由らぬ水平運搬」二部）（東京商工会議所、一九三二年）、『機械的運轉の運搬車輛』（産業合理化資料三九号「軌道に依らぬ小距離水平運搬」第三部）（東京商工会議所、一九三三年）。
(115) ヘルミッヒ『経済的水平運搬の基礎』一頁。
(116) 同前、二頁。
(117) 商工省生産管理委員会編『工場ニ於ケル運搬施設ノ改善』（日本工業協会、一九四〇年）、二頁。
(118) 同前、五頁。
(119) 『運搬　運搬専門視察団報告書』三五頁。
(120) 同前、三六頁。
(121) 『運搬II　第二次運搬管理専門視察団報告書』三二頁。
(122) 同前、八二頁。
(123) 『運搬III　第三次運搬管理専門視察団報告書』六〇頁。
(124) 『運搬　運搬専門視察団報告書』三〇頁。
(125) 同前、一四三頁。
(126) 同前、一四三～四四頁。
(127) 『運搬III　第三次運搬管理専門視察団報告書』六〇頁。
(128) 同前。
(129) 斎藤尚一『自動車の国アメリカ』九七頁。
(130) 『運搬III　第三次運搬管理専門視察団報告書』六一頁。

(131) 同前、一六七頁。
(132) 同前、一六〇頁。
(133) 同前、一六一頁。
(134) 同前。
(135) 『トヨタ自動車二〇年史』三三九頁。
(136) 同前、三四〇頁。このパラグラフの以下の引用は、すべてここからのものである。
(137) 「作業改善のアルバム［その2］トヨタ自動車工業株式会社」『マネジメント』一三巻六号（一九五四年六月）、五四頁。
(138) 同前。
(139) 『トヨタ自動車二〇年史』八五四頁。
(140) 『トヨタ自動車三〇年史』八四四頁。
(141) 『トヨタ新聞』（一九五四年一〇月一二日）。
(142) 同前。
(143) 『日産自動車三〇年史』三三五頁。
(144) 岸本英八郎編『日本産業とオートメーション』（東洋経済新報社、一九五九年）、八七頁。
(145) 同前、八七〜八八頁。
(146) 『運搬III　第三次運搬管理専門視察団報告書』一六一頁。なお同書の別の箇所には「一つの組立ラインで、型式で五種類、色別で二〇種類以上、さらに細部の意匠で多くのものに区別されるかなり多くの種類のものが、つぎつぎに生産されている」という記述もある（同書、四二頁）。
(147) 『運搬III　第三次運搬管理専門視察団報告書』一六一頁。
(148) 『トヨタ自動車二〇年史』三四〇頁。
(149) 『運搬III　第三次運搬管理専門視察団報告書』八三頁。

第6章

(1) 隅谷三喜男『日本石炭産業分析』（岩波書店、一九六八年）、三七六頁。
(2) 浜中幸之進「ダイヤ運転とその管理」『マネジメント』一一巻七号（一九五二年）、三五頁。なお浜中は向山鉱山の調査室に勤務していた人物。
(3) 同前。
(4) 同前、三九頁。
(5) 同前、三七頁。
(6) 同前、三八頁。
(7) 通商産業省産業合理化審議会一般部会編『運搬管理』（日刊工業新聞社、一九五三年）、三四〜四九頁。
(8) 朝長実「工場運搬に新機軸！　ダイヤ運転の採用から実施まで」『マネジメント』一二巻七号（一九五三年）、四八頁。
(9) 同前。
(10) 同前。
(11) 同前。
(12) 松任工場車両課「「運搬は工場の動脈である！　国鉄・松任工場における運搬管理の実際」『マネジメント』一五巻六号（一九五六年）。
(13) 新郷重夫「改善は誰にも出来る——「生産の改善」その2」『マネジメント』一五巻六号（一九五六年六月）、六〇頁。
(14) 同前。
(15) トヨタ車体株式会社社史編さん委員会編『トヨタ車体三〇年史』（トヨタ車体、一九七五年）、五八〜五九頁。また、トヨタ車体株式会社社史編纂委員会編『トヨタ車体二〇年史』（トヨタ車体、一九六五年）、一〇七〜〇九頁参照。
(16) 『トヨタ車体二〇年史』一一二頁。
(17) 同前。
(18) 同前。
(19) 「作業改善のアルバム——トヨタ車体（株）」『マネジメント』一六巻九号（一九五七年九月）、六〇頁。

(20)『トヨタ車体二〇年史』一一七頁。および本書の第2章第5節参照。

(21)『トヨタボデー』(トヨタ車体)七号(一九五七年七月一日)。

(22)同前。

(23)『トヨタボデー』(トヨタ車体)八号(一九五七年八月二三日)。

(24)鈴木善三郎・河田義春「外注管理の実際的なやり方・考え方」『マネジメント』一七巻二号(一九五八年)、四五頁。

(25)『トヨタ車体三〇年史』一九八頁。

(26)有馬幸男「トヨタ式スーパーマーケット方式による生産管理」『技術の友』一一巻二八号(一九六〇年)、九三頁。

(27)同前。

(28)同前。

(29)同前。

(30)同前。

(31)トヨタ自動車株式会社編『創造限りなく——トヨタ自動車五〇年史』(トヨタ自動車、一九八七年)、二七七頁。

(32)鈴村喜久男「トヨタ式生産方式について」トヨタ技術会編『明日に向かって——トヨタ技術会創立三〇周年記念号』(トヨタ技術会、一九七七年)、二七七頁。

(33)「豊田氏理想を語る——記者と一問一答」和田一夫編『豊田喜一郎文書集成』(名古屋大学出版会、一九九九年)、二五四頁。

(34)福中希生「工程・運搬の改善で仕掛品を2/3に低減」『工場管理』五巻一一号(一九五九年)、一三頁。

(35)工程管理便覧編集委員会『工程管理便覧』(日刊工業新聞社、一九六〇年)、六七二頁。

(36)有馬幸男「トヨタ式スーパーマーケット方式による生産管理」九三頁。

(37)トヨタ自動車販売株式会社社史編集委員会編『モータリゼーションとともに』(トヨタ自動車販売、一九七〇年)、一六八~七二頁参照。

(38)トヨタ自動車工業株式会社編『トヨタ自動車二〇年史——一九三七~一九五七』(トヨタ自動車工業、一九五八年)、三八二頁。

(39)同前、四〇六頁。

(40)同前、三八三頁。

(41)同前、四一五頁。

(42)同前。

(43)同前、四〇七頁。

(44)同前、四一六頁。

(45)同前。

(46)「機械工場の今昔を語る」『技術の友』一一号(一九五四年)、一八頁。

(47)「系列診断」とその意義については以下を参照。「準垂直統合型組織の形成——トヨタの事例」『アカデミア』経済経営学編(南山大学)八三号(一九八四年六月)。「自動車産業における階層的企業間関係の形成——トヨタ自動車の事例」『経営史学』二六巻二号(一九九一年)。"The Development of Tiered Inter-firm Relationships in the Automobile Industry: A Case Study of Toyota Motor Corporation," in W. Lazonick and W. Mass eds., *Organizational Capability and Competitive Advantage* (Edward Elgar, 1995).

(48)市川雄三「外注管理の改善とその効果」『マネジメント』一三巻一一号(一九五四年一一月)、七一頁。

(49)トヨタ自動車工業株式会社社史編集委員会編『トヨタ自動車三〇年史』(トヨタ自動車工業、一九六七年)、三九五頁。

(50)同前。

(51)同前、三九六頁。

(52)有馬幸男「トヨタ式スーパーマーケット方式による生産管理」九三頁。

(53)鈴村喜久男「トヨタ生産方式について」二七七頁。

（54）トヨタ自動車工業株式会社編『トヨタのあゆみ――トヨタ自動車工業株式会社創立四〇周年記念』（トヨタ自動車工業、一九七八年）、一八七頁。
（55）有馬幸男「トヨタ式スーパーマーケット方式による生産管理」九三頁。
（56）『トヨタのあゆみ』一八七頁。
（57）有馬幸男「トヨタ式スーパーマーケット方式による生産管理」九三頁。
（58）同前。
（59）鈴村喜久男「トヨタ式生産方式について」二七七頁。
（60）有馬幸男「トヨタ式スーパーマーケット方式による生産管理」九三頁。
（61）同前。
（62）同前。
（63）同前、九三〜九四頁。
（64）『トヨタ自動車二〇年史』八七頁。「刈谷組立工場」は挙母工場の完成とともに「刈谷工場」と名称が変更される。ここで言う「刈谷工場時代」とは「刈谷組立工場」が主力工場だった時期のことを言う。
（65）同前。
（66）同前。
（67）同前。
（68）日本能率協会『工程管理』（日本能率協会、一九四八年）、一二〜一三頁。
（69）『トヨタ自動車二〇年史』四五二頁。
（70）同前、四五一頁。
（71）有馬幸男「トヨタ式スーパーマーケット方式による生産管理」九一頁。
（72）同前。
（73）同前。
（74）同前。
（75）『トヨタ自動車三〇年史』四二二頁。
（76）『トヨタ自動車二〇年史』四九〇頁。
（77）同前、四五一頁。
（78）有馬幸男「トヨタ式スーパーマーケット方式による生産管理」九一頁。
（79）同前、九三頁。
（80）同前。
（81）工程管理便覧編集委員会『工程管理便覧』（日刊工業新聞社、一九六〇年）、二七二頁。
（82）Sebastian Ritchie, *Industry and Air Power : the Expansion of British Aircraft Production, 1935-41* (London : Frank Cass, 1997), p. 244.
（83）日産自動車株式会社総務部調査課編『日産自動車三十年史――昭和八年〜昭和三十八年』（日産自動車株式会社、一九六五年）、三三〇頁。
（84）同前。
（85）同前。
（86）同前、八二頁。
（87）同前、二四六頁。
（88）同前、一八〇頁。
（89）同前、三一六〜一七頁。
（90）Ritchie, *Industry and Air Power*, p. 244.
（91）鈴村喜久男「トヨタ式生産方式について」二七七頁。
（92）有馬幸男「トヨタ式スーパーマーケット方式による生産管理」九三頁。
（93）土井守人「組立作業に於ける前進作業実施に就いて」一〇頁。
（94）同前。

(95) 中野功一「工程管理と統計会計機械の応用」『科学主義工業』七巻五号（一九四三年五月）、八九頁。
(96) Frank G. Woollard, *Principles of Mass and Flow Production* (London : Iliffe, published for "Mechanical Handling", 1954), p. 48.
(97)『トヨタ自動車三〇年史』四二三頁。
(98) 同前。
(99)「日産制について」『電装時報』（日本電装）六三号（一九五八年二月一〇日）。
(100) 同前。
(101) 同前。
(102) 同前。
(103) 同前。
(104) 同前。
(105) 同前。
(106)「機械工場の今昔を語る」一七頁。
(107) 有馬幸男「トヨタ式スーパーマーケット方式による生産管理」九一頁。
(108) 同前、九三頁。
(109) 同前、九二頁。
(110) D・A・ハウンシェル、和田一夫・金井光太朗・藤原道夫訳『アメリカン・システムから大量生産へ――一八〇〇～一九三二』（名古屋大学出版会、一九九八年）、二九一頁。
(111) 同前。
(112) 有馬幸男「トヨタ式スーパーマーケット方式による生産管理」九二頁。
(113) 岸本英八郎編『事務管理』（日本生産性本部、一九六一年）、一頁。
(114)「機械工場の今昔を語る」一六頁。
(115) 有馬幸男「トヨタ式スーパーマーケット方式による生産管理」九二頁。
(116) 同前。
(117) 横瀬儀「トヨタ自動車工業の管理監督者教育」労働法令協会編『管理・監督者訓練の実際』（労働法令協会、一九六四年）、一〇四～〇五頁。
(118) 同前、一〇五頁。
(119) 労働省職業安定局編著『ＴＷＩの実務必携』再版（労働法令協会、一九五二年）、四三頁。
(120) 同前、六九頁。
(121) 同前、七六～七八頁に掲載されている訓練日程を参照。
(122) 同前、七三頁。
(123) 横瀬儀「トヨタ自動車工業の管理監督者教育」一〇九頁。
(124) 同前、一一〇頁。
(125) 小野常雄「最近の時間研究」『日本機械学会誌』六〇巻四六一号（一九五七年六月）、八〇頁。
(126) 同前、八〇～八一頁。
(127) 同前、八一頁。
(128) 横瀬儀「トヨタ自動車工業の管理監督者教育」一一五頁。
(129) 並木高矣・斎藤毅憲・中嶋誉富・松本幹雄『モノづくりを一流にした男たち――日本的経営管理の歩みをたどる』（日刊工業新聞社、一九九三年）、一四二頁。なお新郷重夫には数多くの著書があり、彼の貢献はそれらを是非とも参照。
(130) 築山康治「基準時間の管理」『トヨタマネジメント』（一九五九年二月）、三頁。
(131) 同前。
(132) 同前、四頁。
(133)『トヨタ自動車二〇年史』四五二頁。
(134) 同前、四五一～五二頁。
(135) 同前、二九一頁。
(136) 同前、八四八頁。

(137) 築山康治「基準時間の管理」四頁。
(138) 横瀬儀「トヨタ自動車工業の管理監督者教育」一一六頁。
(139) 同前。
(140)『トヨタ自動車三〇年史』四二五頁。
(141) 同前。
(142) 同前、四三〇頁。
(143) 日本経営史研究所企画・編集『日本アイ・ビー・エム五〇年史』（日本アイ・ビー・エム、一九八八年）、一五五頁
(144)『トヨタ自動車三〇年史』四三〇頁。
(145) 図6-8の「[1]注文情報を素早く生産に反映させる」を詳しく説明している産業技術記念館の展示説明の文章。

終　章

(1) 大河内暁男『経営史講義』二版（東京大学出版会、二〇〇一年）、一五五頁。
(2) 同前。
(3) 小池和男『海外日本企業の人材形成』（東洋経済新報社、二〇〇八年）、七三頁。
(4) 日本能率協会『工程管理』（日本能率協会、一九四八年）、一頁。
(5) 豊田英二「日本における自動車技術の革新と国産乗用車の開発」自動車技術史委員会編『自動車技術の歴史に関する調査研究報告書』（自動車技術会、一九九五年）、一四九〜五〇頁。インタビュー実施日は一九九五年四月一九日。
(6) 中川良一「自動車工業の生産規模と装備」『自動車技術』一八巻七号（一九六四年）、五三七〜三八頁。
(7) トヨタ自動車工業株式会社社史編集委員会編『トヨタ自動車三〇年史』（トヨタ自動車工業、一九六七年）、四八七頁。
(8) 同前。
(9) 豊田喜一郎「自由経済下の自動車技術」和田一夫編『豊田喜一郎文書集成』（名古屋大学出版会、一九九九年）、五二二頁。
(10) 楠兼敬『挑戦飛躍――トヨタ北米事業立ち上げの「現場」』（中部経済新聞社、二〇〇四年）、二四〜五頁。
(11) 同前、二九頁。
(12)『トヨタ自動車三〇年史』五九七頁。
(13) 同前、六〇五頁。
(14) 楠兼敬『挑戦飛躍』三一頁。
(15) 同前。
(16)『日刊自動車新聞』一九七五年二月二二日。
(17) 同前。
(18) 日本経営史研究所企画・編集『日本アイ・ビー・エム五〇年史』（日本アイ・ビー・エム、一九八八年）、一七三頁。
(19) トヨタ自動車工業株式会社編『トヨタのあゆみ――トヨタ自動車工業株式会社創立四〇周年記念』（トヨタ自動車工業、一九七八年）、三五四頁。
(20) 同前。
(21) 同前、三五三頁。
(22) 同前、三五四頁。
(23) これらの手法については、さしあたり以下の書物を参照。藤本隆宏『生産マネジメント入門』I「生産システム編」（日本経済新聞社、二〇〇一年）、田中一成『追番管理』（図解でわかる生産の実務）（日本能率協会マネジメントセンター、二〇〇五年）、戸沢義夫・四倉幹夫『グローバル生産のための統合化部品表のすべて――BOM/部品表の一元管理法』（日本能率協会マネジメントセンター、二〇〇六年）。
(24) トヨタ自動車工業株式会社編『トヨタ自動車二〇年史――一九三七〜一九七五』（トヨタ自動車工業、一九五八年）、四九四頁。
(25)『トヨタ自動車三〇年史』四二五頁。
(26) 同前、四三〇頁。

(27) アルフレッド・P・スローンJr、田中融二・狩野貞子・石川博友訳『GMとともに――世界最大企業の経営哲学と成長戦略』(ダイヤモンド社、一九七九年)、一八六～八九頁。
(28) アルフレッド・D・チャンドラーJr、三菱経済研究所訳『経営戦略と組織――米国企業の事業部制成立史』(実業之日本社、一九六七年)、一五六頁。
(29) アメリカにおける「管理の科学」が成立してくる背景、そして標準原価が生まれてくる背景を知れば、その伝統にトヨタが深く根ざしていることがわかる。さしあたり以下の論考を参照。土屋守章「アメリカにおける『管理の科学』生成の基盤」『経営史学』一巻二号(一九六六年)、辻厚生『管理会計発達史論』改訂増補(有斐閣、一九八八年)。トヨタが標準原価にこだわっていったのは、日本における「科学的管理運動」を支えた能率技師たちの影響が大きい、少なくとも彼らの思考方法から大きく学んだように思われる。
(30) 大野耐一『トヨタ生産方式――脱規模の経営をめざして』(ダイヤモンド社、一九七八年)。
(31) 楠兼敬『挑戦飛躍』三六頁。
(32) 同前、三九頁。
(33) ル・コルビジェ、山口知之訳『エスプリ・ヌーヴォー――近代建築名鑑』(鹿島出版会、一九八〇年)、四五頁。ただし訳文中の「補強セメント」だけは「鉄筋コンクリート」に変えた。
(34) Le Corbusier, *Towards A New Architecture* (Translated from the thirteenth French edition and with an introduction by Frederick Etchells) (New York : Dover Publications, 1986), p. 42.
(35) 二人の業績についてはさしあたり次の書物を参照のこと。Detroit Institute of Arts, *The Rouge : The Image of Industry in the Art of Charles Sheeler and Diego Rivera* (Detroit : Detroit Institute of Arts, 1978). これはフォード社創立七五年を記念して開かれた展覧会のカタログである。なお二人の芸術家の画集は多数あるので参考にされたい。
(36) 『フォード本社現地実態調査報告書』(日本貿易振興会、一九六九年)、一三七頁。
(37) James W. Cortada, *The Digital Hand : How Computers Changed the Work of American Manufacturing, Transportation, and Retail Industries* (New York : Oxford University Press, 2004), p. 97.
(38) David Hounshell, "Assets, Organizations, Strategies, and Traditions", in Naomi R. Lamoreaux, Daniel M. G. Raff, and Peter Temin eds., *Learning by Doing in Markets, Firms, and Countries* (Chicago : University of Chicago Press, 1999).
(39) レズリー・ハンナ、和田一夫訳「経済成長の『本当の原因』を見極めるために」東京大学編『学問の扉――東京大学は挑戦する』(講談社、二〇〇七年)、一四四頁。

あとがき

「間に合わなかった」。これが脱稿したときの感想である。本来ならば二〇〇八年には出版したかった。フォードT型だけでなく、GMが誕生して百年目の区切りだったからである。しかし、GMの経営破綻というニュースを耳にしながら二度目の校正作業をすることになった。

漠然とした疑問や関心を持った段階から研究は始まる。そうした疑問をいつ抱き始めたのかと著者に聞いても普通は時期を正確には答えられない。ところが本書の場合はきわめて明確である。どうしてかと言えば、他人からの強制力によるものだからである。南山大学に勤務していた時に、経営史の大先輩でもあるヒルシュマイヤー先生から研究室に電話があった。先生は学長をしていたので、学長室に来るようにとのことであった。部屋に伺うと、ある会社を訪問するようにとの「命令」だった。これが本書の起点である。「命令」にしたがって会社訪問をすると、何かものすごく懐かしい空気が流れ、耳慣れた音がしていた。プレス機が出す音や現場でのざわめき。これはホワイトカラーの家庭に育った人物なら単なる騒音であろう。だが小さな金属加工業の町で育った人間にとって、なんとなく懐かしいとしか表現しようのない奇妙な感覚にとらわれたのである。五〇代後半くらいの社長さんにお会いしたときも、イメージしていた厳めしい感じよりも、生まれ故郷の経営者たちに似通っているような気さえしたものである。ただ、経営者の言葉はなかなか理解し難い。それを鋭敏に見抜いた秘書役の方が会社から大学までの帰路、車で送ってくれながら、「社長がこう申しましたが、その意味はわかりましたか?」と私にたずねた。正直に「よくわかりませんでした」と言うと車中でレッスンが始まった。「命令」のウラにあった本当の指令(社史執筆)を遂行すべく、月に一度ほどその会社を訪問し往復とも欠かさず車中レッスンを受ける贅沢な時間をすごすことができた。

日本企業について何も知らない状況だったので書物や論文を単に乱読や精読するだけでなく、製造現場や地域を歩き回った。この頃、南山大学で安岡重明先生が開講されていた日本経営史の講義に出席させてもらったことが大いに役立った。ところが大学の事情で三年間イギリスに行くことになり社史執筆はできなくなった。それどころかヒルシュマイヤー先生も急死された。イギリス出発前に先生の追悼号にそれまでの研究メモをとりまとめたのが「『準垂直統合型組織』の形成——トヨタの事例」（『アカデミア』経済経営学編、八三号〔一九八四年〕）である。これが私の自動車に関係する最初の論文である。イギリスから帰国した後、この論文を書き直したものが「自動車産業における階層的企業間関係の形成——トヨタ自動車の事例」（『経営史学』二六巻二号〔一九九一年〕）である。その後、"The Development of Tiered Inter-firm Relationships in the Automobile Industry : A Case Study of Toyota Motor Corporation"（*Japanese Yearbook on Business History*, vol. 8〔1991〕）として英文になり、二度ほど海外の論文集に再録された（これらの論文は第6章第2節(2)②に少しだけ利用した）。当時、名古屋大学出版会におられた後藤郁夫さんが研究室に来られ、本書の出版につながる話がまとまったのもこの頃である。

通称「富士コン」という日本で開催される経営史の国際会議を手伝うことになり、戦前の生産システムに関する文献を読みながら簡単なものを英文で発表した（"The Emergence of 'Flow Production' Method in Japan", in Haruhito Shiomi and Kazuo Wada eds., *Fordism Transformed : The Development of Production Methods in the Automobile Industry*, Oxford University Press, 1995）。さらに調査を続けて論文にした（「日本における『流れ作業』方式の展開——トヨタ生産方式の理解のために」(上)(下)、『経済学論集』六一巻三号〔一九九五年一〇月〕、四号〔一九九六年一月〕）。ほぼ同時期に柴孝夫さんと共著論文を発表した。これは依頼原稿でタイトルに「日本的」とあり、内容に造船と自動車の情報を含む条件だった。業種が異なるから別個に書くことも考えたものの、二人で悩みながら書きあげた（「日本的生産システムの形成」山崎広明・橘川武郎編『「日本的」経営の連続と断絶』日本経営史　第4巻〔岩波書店、一九九五年〕）

柴孝夫と共著)。この後、ジョナサン・ザイトリンから富士コンの論文を拡張しないかとの誘いがあり、柴さんと共同で英文の論文を発表した（"The Evolution of the 'Japanese Production System': Indigenous Influences and American Impact", in Jonathan Zeitlin and Gary Herrigel eds., *Americanization and Its Limits: Reworking and Management in Post-War Europe and Japan*, Oxford University Press, 2000)。この論文の草稿にザイトリンが編者の立場で丁寧なコメントをしてくれた。問題点のほとんどは簡単に解決できたが、大問題が一つあった。やや矛盾する論点があり、一方を解決すれば他方の論点が成立しないことがコメントによって明確になったのである。ほとんど三カ月間というものの講義や会議以外の時間はこの問題の検討に明け暮れた。朝早く研究室に入り、パソコンに向かって数行を書き訂正、黙考、昼食を取りに外出した後、また同じように過ごす。一日の終わりには一行も文字が残っていない。この繰り返しの日々を過ごした。そうした作業を繰り返しているうちにヒントが閃き、その細部を詰めて資料とつき合わせることで解決できた。この数カ月間は精神的に苦しかったものの、終わってみると爽快感が残っていた。これこそ研究者の醍醐味だと思わざるを得なかった。ザイトリン、柴の両氏には深く感謝する次第である。こうした一連の論文は第2章の一部に使った。

富士コン後から、委託研究が続いた。『豊田喜一郎文書集成』、それに『豊田喜一郎伝』（由井常彦との共著）である。これらは第3章の一部に使った。この研究の要旨は急死した友人、盧啓文（Lu, Qiwen）を追悼する研究集会で発表した後、学術誌に掲載した（"The Fable of the Birth of the Japanese Automobile Industry: A Reconsideration of the Toyoda-Platt Agreement of 1929", *Business History*, vol. 48, no. 1〔Januuary 2006〕)。研究集会を組織したビル・ラゾニックが活字にすることを促し、パトリック・フリダンセン、レズリー・ハンナが積極的に批判やコメント、助言をしてくれた。伝記執筆のために多くのインタビューをさせていただいた。かつてイギリス石炭産業史研究に着手し始めたころ、筑豊を訪れて聞き取りのまねごとをしたことが有益だった。伝記の英語版が上梓された後、ジェフリー・ジョーンズから経営史以外の分野で自分の研究に大きな影響を受けたことについて書くよう慫慂された。最初出は断ったものの、インタビューの基礎を教わったことを書き記しておこうと考え執筆した（"Hidenobu Ueno, Oware-yuku Kofu-tachi [The Plight of Chikuho miners], in a section of "Books That Made A Difference", *Business History Review*, vol. 80, no. 1〔Spring 2006〕）。

実は『豊田喜一郎伝』のための調査をしながら私は奇妙な感覚にとらわれていた。学生時代から聞いていたフォードの生産システムに関する説明が、調査過程で読む資料から描き出される像と違うのである。その頃から積極的にフォードに関する論文や資料を集めて読むようになった。その成果は事情があって原稿の一部を先に発表した（「『フォード・システム』の再検討」、大東英祐他『ビジネス・システムの進化』有斐閣、二〇〇七年）。第1章第6節以降は未発表であるだけでなく、章全体としても多少の修正をした。第4章以降はこれまでどこにも発表したことがない。

初出の原稿でいかなる方針で書かれていても、本書では引用文の旧字・旧かなは新字・新かなに改め、引用文中の［　］は引用者による補足として統一した。

この研究に踏み込むようになった契機の一つは前述した社長さんとの出会いであったことは間違いない。その人物が七〇歳代後半になった頃に、私なりに解釈すると「戦後トヨタがどうして大きくなったのかね。あの生産システムがどうして出てきたのかね。いろんな本がでているけれども、どうも納得できない」と言われ、また「トヨタのことをちゃんと書き残すというのは学問的にも重要じゃないのかね」と。個人的な思いも込めて木訥な調子で何度も私に話された。自分でも考えていたテーマで、それが本書になったのである。さらに大学に時限の講座まで寄付してくださった。その人物が小島鐐次郎さんである。本書の内容が小島さんの要望にあうものかどうかはわからないし、この内容については私個人に全責任がある。ただ小島さんがその思いを熱く語られなかったら、研究は中途で挫折していたに違いないと思う。

この研究は長期にわたってしまった。小さかった子供たちは成人してしまい、和田龍介・佳代・航希、それに鈴木誠司・茜と独立の生計を営むようになった。わが家に残ったのは芳と凜太郎、趨である。彼らは時折、気分転換につきあってくれた。感謝したい。もう一つ個人的なことを書く。それは冒頭の「間に合わなかった」の意味である。一年ほど海外の工場を見学していた私が、それをひとまず中断したのが二〇〇八年の八月だった。その頃、医者嫌いの父が自ら病院に行ったことがわかった。しばらくして余命幾ばくもないことが医者より伝えられた。その日から、なんとか父が生きているうちに原稿だけでも完成したいと頑張ったが、最終章にとりかかっている年末に父は他界した。亡くなった父・母に連れられ、プレス機で打ち抜かれたステンレス端材の収集を小さな工場で何度かした小・中学生の頃の記憶が本書の記述には役立った。それほど裕福でもない家庭の長男の大学院進学には特に小さな町では「世間」の眼は冷ややかであった。その冷ややかな周囲を説得するために一芝居を打ってまで（私には父が心底反対しているかのようにしか見えなかったのだが）私が大学院に進む道を切り開いてくれた父には無論のこと、その芝居を見抜けなかった私に「行間の読める」研究者にならなくてどうするのだと励ましてくれた亡き母と姉には感謝の言葉もない。

本書のような研究を続け発表できたのは世界中の図書館・文書館による協力があったためである。特に東京大学経済学部図書館の蔵書だけでなくそのサービスがなければ本書は完成できなかった。また清明会による援助がなければ第1章に使用した資料を収集できないどころか、本書の完成もおぼつかなかった。心より感謝したい。名古屋大学出版会の橘宗吾、長畑節子さんのお二人とは何度か一緒に仕事をしてきたが、今回の書物ほど助けられたことはない。原稿を書き下ろしに近い状況で短期間にまとめたため、普通よりも誤字脱字の多い原稿から書物の形になったのはお二人のおかげである。初校で引用文の正確さに欠ける箇所もまだ多数あり、その訂正も不十分だった。ところが手元に再び校正刷りが戻ってきたときには引用元のオリジナルの書物と照らし合わせなければ絶対に修正できない箇所にも彼らは赤ペンで訂正してくれていた。執筆者としては恥じ入るだけだが、編集者がいかに丁寧に熱心にチェックしてくれたかがわかろう。うわべだけの感謝ではなく、本当に彼ら二人がいなければ、もっと読みにくい誤字脱字に満ちた不完全な書物になっていたのである。大学に進学して以降、多くの先生や友人に支えられて研究を続けることができた。ここに名前をあげることのできなかった諸先生・同僚・研究仲間や友人に、そして製造現場やオフィスでさまざまなことをご教示いただいた実務家の皆さんに、心より感謝します。

二〇〇九年六月

和田一夫

索　引

ア　行

カ　行

サ　行

タ　行

ナ　行

ハ　行

マ　行

ヤ　行

ラ　行

《著者略歴》

和田《わだ》一夫《かずお》

1949年生
1973年　一橋大学商学部卒業
1989年　ロンドン大学（LSE）でPh.D. を取得
南山大学経営学部助教授などを経て
現　在　東京大学大学院経済学研究科教授
著訳書　*Fordism Transformed*（共編著，Oxford University Press, 1995）
『豊田喜一郎伝』（共著，名古屋大学出版会，2002）
『豊田喜一郎文書集成』（編，名古屋大学出版会，1999）
D. A. ハウンシェル『アメリカン・システムから大量生産へ』（共訳，名古屋大学出版会，1998）
G. オーウェン『帝国からヨーロッパへ』（監訳，名古屋大学出版会，2004）
『企業家ネットワークの形成と展開』（共著，名古屋大学出版会，2009）

ものづくりの寓話

2009年 9 月10日　初版第 1 刷発行
2012年 9 月10日　初版第 5 刷発行

定価はカバーに
表示しています

著　者　和　田　一　夫

発行者　石　井　三　記

発行所　一般財団法人　名古屋大学出版会
〒464-0814　名古屋市千種区不老町 1 名古屋大学構内
電話(052)781-5027/FAX(052)781-0697

印刷・製本 ㈱クイックス　ISBN978-4-8158-0621-7